ISBN 978-1-332-36427-5
PIBN 10342680

NEW YORK

INTERNATIONALE

WISSENSCHAFTLICHE BIBLIOTHEK.

LIX. BAND.

DIE MECHANIK

IN IHRER ENTWICKELUNG

HISTORISCH-KRITISCH DARGESTELLT

VON

DR. ERNST MACH,

PROFESSOR AN DER UNIVERSITÄT ZU WIEN.

MIT 250 ABBILDUNGEN.

DRITTE VERBESSERTE UND VERMEHRTE AUFLAGE.

LEIPZIG:

F. A. BROCKHAUS.

1897.

VORWORT ZUR ERSTEN AUFLAGE.

Vorliegende Schrift ist kein Lehrbuch zur Einübung der Sätze der Mechanik. Ihre Tendenz ist vielmehr eine aufklärende oder, um es noch deutlicher zu sagen, eine antimetaphysische.

Auch die Mathematik ist in dieser Schrift gänzlich Nebensache. Wer sich aber für die Fragen interessirt, worin der naturwissenschaftliche Inhalt der Mechanik besteht, wie wir zu demselben gelangt sind, aus welchen Quellen wir ihn geschöpft haben, wie weit derselbe als ein gesicherter Besitz betrachtet werden kann, wird hier hoffentlich einige Aufklärung finden. Eben dieser Inhalt, welcher für jeden Naturforscher, jeden Denker das grösste und allgemeinste Interesse hat, liegt eingeschlossen und verhüllt in dem intellectuellen Fachapparat der heutigen Mechanik.

Der Kern der Gedanken der Mechanik hat sich fast durchaus an der Untersuchung sehr einfacher besonderer Fälle mechanischer Vorgänge entwickelt. Die historische Analyse der Erkenntniss dieser Fälle bleibt auch stets das wirksamste und natürlichste Mittel, jenen Kern blosszulegen, ja man kann sagen, dass nur auf diesem

Wege ein volles Verständniss der allgemeinern Ergebnisse der Mechanik zu gewinnen ist. Der erwähnten Anschauung folgend, bin ich zu einer etwas breiten, dafür aber sehr verständlichen Darstellung gelangt. Bei der vorläufig noch nicht hinreichend entwickelten Genauigkeit der allgemeinen Verkehrssprache konnte ich von dem Gebrauch der kurzen und präcisen mathematischen Bezeichnung nicht überall absehen, sollte nicht stellenweise die Sache der Form geopfert werden.

Die Aufklärungen, welche ich hier bieten kann, sind im Keime theilweise schon enthalten in meiner Schrift: „Die Geschichte und die Wurzel des Satzes der Erhaltung der Arbeit" (Prag, Calve, 1872). Obgleich nun später von Kirchhoff („Vorlesungen über mathematische Physik. Mechanik", Leipzig 1874) und Helmholtz („Die Thatsachen in der Wahrnehmung", Berlin 1879) einigermassen ähnliche Ansichten ausgesprochen wurden, und zum Theil sogar schon den Charakter von Schlagworten angenommen haben, scheint mir hiermit dasjenige, was ich zu sagen habe, doch nicht erschöpft, und ich halte meine Darstellung keineswegs für überflüssig.

Mit meiner Grundansicht über die Natur aller Wissenschaft als einer Oekonomie des Denkens, die ich in der oben citirten Schrift sowie in einer andern („Die Gestalten der Flüssigkeit", Prag, Calve, 1872) angedeutet, und in meiner akademischen Festrede („Die ökonomische Natur der physikalischen Forschung", Wien, Gerold, 1882) etwas weiter ausgeführt habe, stehe ich nicht mehr allein. Sehr verwandte Ideen hat nämlich in seiner Weise R. Avenarius entwickelt („Philosophie als Denken der Welt gemäss dem Princip des kleinsten Kraftmaasses", Leipzig, Fues, 1876), was mir zu besonderer Befriedigung gereicht. Die Achtung vor dem echt philosophischen Streben, alles Wissen in einen Strom zusammenzuleiten, wird man in meiner Schrift überhaupt nicht vermissen, wenngleich dieselbe gegen Uebergriffe der speculativen Methode entschiedene Opposition macht.

Die hier behandelten Fragen haben mich schon in früher Jugend beschäftigt, und mein Interesse für dieselben wurde mächtig erhöht durch die wunderbaren Einleitungen von Lagrange zu den Kapiteln seiner analytischen Mechanik, sowie durch das klar und frisch geschriebene Schriftchen von Jolly („Principien der Mechanik" Stuttgart 1852). Das schätzbare Buch von Dühring („Kritische Geschichte der Principien der Mechanik", Berlin 1873) hat auf meine Gedanken, welche bei dessen Erscheinen schon im wesentlichen abgeschlossen und auch ausgesprochen waren, keinen bemerkenswerthen Einfluss mehr geübt. Gleichwol wird man, wenigstens in Bezug auf die negative Seite der Kritik, manche Berührungspunkte finden.

Die hier abgebildeten und beschriebenen neuen Demonstrationsapparate sind durchgängig von mir construirt und von Herrn F. Hajek, Mechaniker des unter meiner Leitung stehenden physikalischen Instituts, ausgeführt worden.

In loserem Zusammenhange mit dem Text stehen die genauen Nachbildungen in meinem Besitz befindlicher alter Originale. Die eigenthümlichen und naiven Züge der grossen Forscher, welche sich in denselben aussprechen, haben aber auf mich beim Studium sehr erfrischend gewirkt, und ich wünschte, dass meine Leser dieses Vergnügen mit geniessen möchten.

Prag, im Mai 1883.

E. MACH.

VORWORT ZUR ZWEITEN AUFLAGE.

Infolge der freundlichen Aufnahme dieses Buches ist eine starke Auflage in weniger als fünf Jahren vergriffen worden. Dieser Umstand, sowie die seither erschienenen Schriften von E. Wohlwill, H. Streintz, L. Lange, J. Epstein, F. A. Müller, J. Popper, G. Helm, M. Planck, F. Poske u. A. beweisen die erfreuliche Thatsache, dass man gegenwärtig Fragen der Erkenntnisstheorie mit Theilnahme verfolgt, die vor zwanzig Jahren fast noch niemand beachtet hat.

Da mir eine durchgreifende Aenderung meiner Darstellung noch nicht zweckmässig schien, habe ich mich, was den Text betrifft, auf Verbesserung von Druckfehlern beschränkt und habe die seither erschienenen Schriften, soweit mir dies möglich war, in einigen Zusätzen als „Anhang“ berücksichtigt.

Prag, im Juni 1888.

E. MACH.

VORWORT ZUR DRITTEN AUFLAGE.

Bei der sorgfältigen Revision, welche Herr Mc Cormack bei Gelegenheit der Uebersetzung des vorliegenden Buches ins Englische vorgenommen hat, wurden einige Versehen gefunden, die in dieser dritten Auflage beseitigt sind. Auch von Anderen gelegentlich bemerkte Fehler habe ich verbessert.

Das Interesse für die Grundlagen der Mechanik ist noch immer im Zunehmen begriffen, wie die seit 1889 erschienenen Schriften von Budde, P. und J. Friedländer, H. Hertz, P. Johannesson, K. Lasswitz, Mac Gregor, K. Pearson, J. Petzoldt, Rosenberger, E. Strauss, Vicaire, P. Volkmann, E. Wohlwill u. A. beweisen, von welchen viele, wenn auch in knapper Form, berücksichtigt werden mussten.

Durch die Publication von K. Pearson („Grammar of Science", London 1892) habe ich einen Forscher kennen gelernt, mit dessen erkenntnisskritischen Ansichten ich mich in allen wesentlichen Punkten in Uebereinstimmung befinde, und welcher ausserwissenschaftlichen Tendenzen in der Wissenschaft frei und muthig entgegenzutreten weiss. Die Mechanik scheint gegenwärtig in ein neues Verhältniss zur Physik treten zu wollen, wie sich dies insbesondere in der Publication von H. Hertz ausspricht. Die angebahnte Umwandlung in der Auffassung der Fernkräfte dürfte auch durch die interessanten Untersuchungen von H. Seeliger („Ueber das Newton'sche Gravitationsgesetz." Sitzungsber. d. Münchener Akad. 1896) beeinflusst werden, welcher die Unvereinbarkeit des strengen Newton'schen Gesetzes mit der Annahme einer unbegrenzten Masse des Weltalls dargelegt hat.

Wien, im Januar 1897.

E. MACH.

INHALT.

Seite

DRITTES KAPITEL.

FÜNFTES KAPITEL.

Einleitung.

1. Jener Theil der Physik, welcher der älteste und einfachste ist, und daher auch als Grundlage für das Verständniss vieler anderer Theile der Physik betrachtet wird, beschäftigt sich mit der Untersuchung der Bewegung und des Gleichgewichtes der Massen. Er führt den Namen Mechanik.

2. Die Entwickelungsgeschichte der Mechanik, deren Kenntniss auch zum vollen Verständniss der heutigen Form dieser Wissenschaft unerlässlich ist, liefert ein einfaches und lehrreiches Beispiel der Processe, durch welche die Naturwissenschaft überhaupt zu Stande kommt.

Die instinctive unwillkürliche Kenntniss der Naturvorgänge wird wol stets der wissenschaftlichen willkürlichen Erkenntniss, der Erforschung der Erscheinungen vorausgehen. Erstere wird erworben durch die Beziehung der Naturvorgänge zur Befriedigung unserer Bedürfnisse. Die Erwerbung der elementarsten Erkenntnisse fällt sogar sicherlich nicht dem Individuum allein anheim, sondern wird durch die Entwickelung der Art vorbereitet.

In der That haben wir zu unterscheiden zwischen mechanischen Erfahrungen und Wissenschaft der Mechanik im heutigen Sinne. Mechanische Erfahrungen sind ohne Zweifel sehr alt. Wenn wir die altägyptischen oder assyrischen Denkmäler durchmustern, finden wir die Abbildung von mancherlei Werkzeugen und mechanischen

Vorrichtungen, während die Nachrichten über die wissenschaftlichen Kenntnisse dieser Völker entweder fehlen, oder doch nur auf eine sehr niedere Stufe derselben schliessen lassen. Neben sehr sinnreichen Geräthen bemerken wir wieder ganz rohe Proceduren, wie z. B. den Transport gewaltiger Steinmassen durch Schlitten. Alles trägt den Charakter des Instinctiven, des Undurchgebildeten, des zufällig Gefundenen

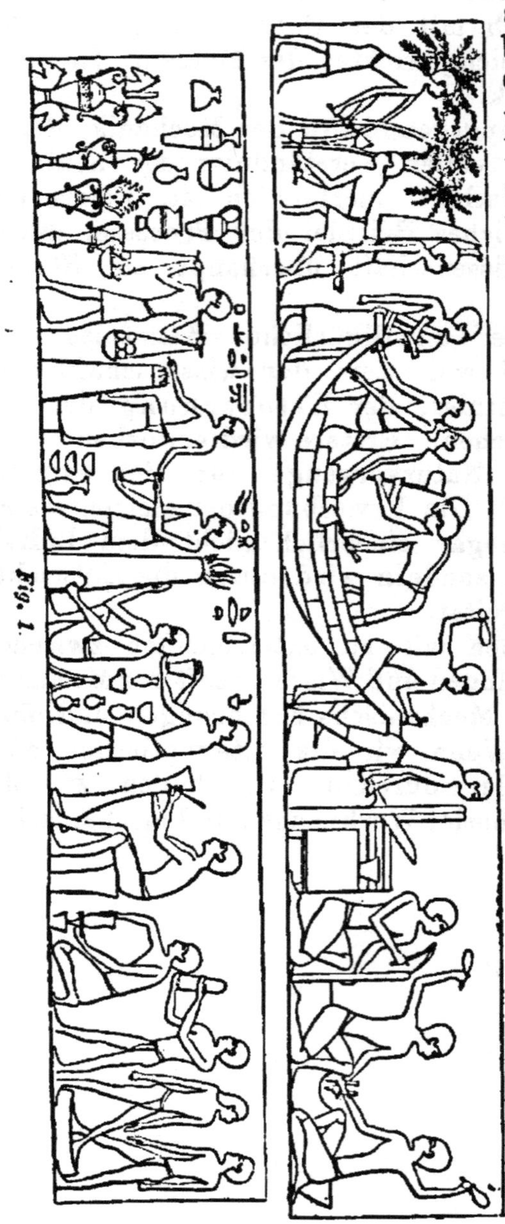

Fig. 1.

Auch die Gräber aus vorhistorischer Zeit enthalten viele Werkzeuge, deren Anfertigung und Handhabung eine nicht unbeträchtliche technische Fertigkeit und mancherlei mechanische Erfahrungen voraussetzt. Lange bevor also an eine Theorie im heutigen Sinne gedacht werden kann, finden wir Werkzeuge, Maschinen, mechanische Erfahrungen und Kenntnisse.

3. Zuweilen drängt sich der Gedanke auf, dass wir durch die unvollständigen schrift-

lichen Nachrichten zu einem falschen Urtheil über die alten Völker verleitet werden. Es finden sich nämlich bei den alten Autoren einzelne Stellen, aus welchen viel tiefere Kenntnisse hervorzublicken scheinen, als man den betreffenden Völkern zuzuschreiben pflegt. Betrachten wir des Beispiels wegen nur eine Stelle bei Vitruv, „De architectura", Lib. V, Cap. III, 6. Dieselbe lautet:

„Die Stimme aber ist ein fliessender Hauch und infolge der Luftbewegung durch das Gehör vernehmlich; sie bewegt sich in unendlichen kreisförmigen Rundungen fort, wie in einem stehenden Wasser, wenn man einen Stein hineinwirft, unzählige Wellenkreise entstehen, welche wachsend sich soweit als möglich vom Mittelpunkt ausbreiten, wenn nicht die beengte Stelle sie unterbricht, oder irgendeine Störung, welche nicht gestattet, dass jene kreislinienförmigen Wellen bis ans Ende gelangen; denn so bringen die ersten Wellenkreise, wenn sie durch Störungen unterbrochen werden, zurückwogend die Kreislinien der nachfolgenden in Unordnung. Nach demselben Gesetz bringt auch die Stimme solche Kreisbewegungen hervor, aber im Wasser bewegen sich die Kreise auf der Fläche bleibend nur in der Breite fort; die Stimme aber schreitet einerseits in der Breite vor und steigt andererseits stufenweise in die Höhe empor."

Meint man hier nicht einen populären Schriftsteller zu hören, dessen unvollkommene Auseinandersetzung auf uns gekommen ist, während vielleicht gediegenere Werke, aus welchen er geschöpft hat, verloren gegangen sind? Würden nicht auch wir nach Jahrtausenden in einem sonderbaren Lichte erscheinen, wenn nur unsere populäre Literatur, die ja auch der Masse wegen schwerer zerstörbar ist, die wissenschaftliche überdauern sollte? Freilich wird diese günstige Auffassung durch die Menge der andern Stellen wieder erschüttert, welche so grobe und offenbare Irrthümer enthalten, wie wir sie bei höherer wissenschaftlicher Cultur nicht für möglich halten können.

4. Wann, wo und in welcher Art die Entwickelung

der Wissenschaft wirklich begonnen hat, ist jetzt historisch schwer zu ermitteln. Es scheint aber trotzdem natürlich, anzunehmen, dass die instinctive Sammlung von Erfahrungen der wissenschaftlichen Ordnung derselben vorausgegangen sei. Die Spuren dieses Processes lassen sich an der heutigen Wissenschaft noch nachweisen, ja wir können den Vorgang an uns selbst gelegentlich beobachten. Die Erfahrungen, welche der auf Befriedigung seiner Bedürfnisse ausgehende Mensch unwillkürlich und instinctiv macht, verwendet er ebenso gedankenlos und unbewusst. Hierher gehören z. B. die ersten Erfahrungen, welche die Anwendung der Hebel in den verschiedensten Formen betreffen. Was man aber so gedankenlos und instinctiv findet, kann nie als etwas Besonderes, nie als etwas Auffallendes erscheinen, gibt in der Regel auch zu keinen weitern Gedanken Anlass.

Der Uebergang zur geordneten, wissenschaftlichen Erkenntniss und Auffassung der Thatsachen ist erst dann möglich, wenn sich besondere Stände herausgebildet haben, die sich die Befriedigung bestimmter Bedürfnisse der Gesellschaft zur Lebensaufgabe machen. Ein solcher Stand beschäftigt sich mit besondern Klassen von Naturvorgängen. Die Personen dieses Standes wechseln aber; alte Mitglieder scheiden aus, neue treten ein. Es ergibt sich nun die Nothwendigkeit, den neu Eintretenden die vorhandenen Erfahrungen mitzutheilen, die Nothwendigkeit, ihnen zu sagen, auf welche Umstände es bei der Erreichung eines gewissen Zieles eigentlich ankommt, um den Erfolg im voraus zu bestimmen. Erst bei dieser Mittheilung wird man zu scharfer Ueberlegung genöthigt, wie dies jeder heute noch an sich selbst beobachten kann. Andererseits fällt dem neu eintretenden Mitgliede eines Standes dasjenige, was die übrigen gewohnheitsmässig treiben, als etwas Ungewöhnliches auf, und wird so ein Anlass zum Nachdenken und zur Untersuchung.

Will man einem Andern gewisse Naturerscheinungen

oder Vorgänge zur Kenntniss bringen, so kann man ihn dieselben entweder selbst beobachten lassen; dann entfällt aber der Unterricht; oder man muss ihm die Naturvorgänge auf irgendeine Weise beschreiben, um ihm die Mühe, jede Erfahrung selbst aufs neue zu machen, zu ersparen. Die Beschreibung ist aber nur möglich in Bezug auf Vorgänge, die sich immer wiederholen, oder doch nur aus Theilen bestehen, die immer wiederkehren. Beschrieben, begrifflich in Gedanken nachgebildet, kann nur werden, was gleichförmig, gesetzmässig ist, denn die Beschreibung setzt die Anwendung von Namen für die Elemente voraus, welche nur bei immer wiederkehrenden Elementen verständlich sein können.

5. In der Mannigfaltigkeit der Naturvorgänge erscheint manches gewöhnlich, anderes ungewöhnlich, verwirrend, überraschend, ja sogar dem Gewöhnlichen widersprechend. Solange dies der Fall ist, gibt es keine ruhige einheitliche Naturauffassung. Es entsteht somit die Aufgabe, die gleichartigen, bei aller Mannigfaltigkeit stets vorhandenen Elemente der Naturvorgänge aufzusuchen. Hierdurch wird einerseits die sparsamste, kürzeste Beschreibung und Mittheilung ermöglicht. Hat man sich andererseits die Fertigkeit erworben, diese gleichbleibenden Elemente in den mannigfaltigsten Vorgängen wiederzuerkennen, sie in denselben zu sehen, so führt dies zur *übersichtlichen, einheitlichen, widerspruchslosen und mühelosen Erfassung der Thatsachen*. Hat man es dahin gebracht, überall *dieselben* wenigen einfachen Elemente zu bemerken, die sich in gewohnter Weise zusammenfügen, so treten uns diese als etwas Bekanntes entgegen, wir sind nicht mehr überrascht, es ist uns nichts mehr an den Erscheinungen fremd und neu, wir fühlen uns in denselben zu Hause, sie sind für uns nicht mehr verwirrend, sondern *erklärt*. Es ist ein Anpassungsprocess der Gedanken an die Thatsachen, um den es sich hier handelt.

6. Die Oekonomie der Mittheilung und Auffassung gehört zum Wesen der Wissenschaft, in ihr liegt das

beruhigende, aufklärende und ästhetische Moment derselben, und sie deutet auch unverkennbar auf den historischen Ursprung der Wissenschaft zurück. Anfänglich zielt alle Oekonomie nur unmittelbar auf Befriedigung der leiblichen Bedürfnisse ab. Für den Handwerker und noch mehr für den Forscher wird die kürzeste, einfachste, mit den geringsten geistigen Opfern zu erreichende Erkenntniss eines bestimmten Gebietes von Naturvorgängen selbst zu einem ökonomischen Ziel, bei welchem, obgleich es ursprünglich Mittel zum Zweck war, wenn einmal die betreffenden geistigen Triebe entwickelt sind und ihre Befriedigung fordern, an das leibliche Bedürfniss gar nicht mehr gedacht wird.

Was also in den Naturvorgängen sich gleichbleibt, die Elemente derselben und die Art ihrer Verbindung, ihrer Abhängigkeit voneinander, hat die Naturwissenschaft aufzusuchen. Sie bestrebt sich, durch die übersichtliche und vollständige Beschreibung das Abwarten neuer Erfahrungen unnöthig zu machen, dieselben zu ersparen, indem z. B. vermöge der erkannten Abhängigkeit der Vorgänge voneinander, bei Beobachtung eines Vorganges die Beobachtung eines andern, dadurch schon mitbestimmten und vorausbestimmten, unnöthig wird. Aber auch bei der Beschreibung selbst kann Arbeit gespart werden, indem man Methoden aufsucht, möglichst viel auf einmal und in der kürzesten Weise zu beschreiben. Alles dies wird durch die Betrachtung des Einzelnen viel klarer werden, als es durch allgemeine Ausdrücke erreicht werden kann. Doch ist es zweckmässig, auf die wichtigsten Gesichtspunkte hier schon vorzubereiten.

7. Wir wollen nun auf unsern Gegenstand näher eingehen und hierbei, ohne die Geschichte der Mechanik zur Hauptsache zu machen, die historische Entwickelung so weit beachten, als dies zum Verständniss der gegenwärtigen Gestaltung der Mechanik nöthig ist, und als es den Zusammenhang in der Hauptsache nicht stört. Abgesehen davon, dass wir den grossen Anregungen

nicht aus dem Wege gehen dürfen, die wir von den bedeutendsten Menschen aller Zeiten erhalten können, und die zusammengenommen auch ausgiebiger sind, als sie die besten Menschen der Gegenwart zu bieten vermögen, gibt es kein grossartigeres, ästhetisch erhebenderes Schauspiel, als die Aeusserungen der gewaltigen Geisteskraft der grundlegenden Forscher. Noch ohne alle Methode, welche ja durch ihre Arbeit erst geschaffen wird, und die ohne Kenntniss ihrer Leistung immer unverstanden bleibt, fassen sie und bezwingen sie ihren Stoff, und prägen ihm die begrifflichen Formen auf. Jeder, der den ganzen Verlauf der wissenschaftlichen Entwickelung kennt, wird natürlich viel freier und richtiger über die Bedeutung einer gegenwärtigen wissenschaftlichen Bewegung denken als derjenige, welcher, in seinem Urtheil auf das von ihm selbst durchlebte Zeitelement beschränkt, nur die augenblickliche Bewegungsrichtung wahrnimmt.

ERSTES KAPITEL.

Entwickelung der Principien der Statik.

1. Das Hebelprincip.

1. Die ältesten Untersuchungen über Mechanik, über welche wir Nachrichten haben, diejenigen der alten Griechen, bezogen sich auf die Statik, auf die Lehre vom Gleichgewicht. Auch als nach der Eroberung von Konstantinopel durch die Türken (1453) die flüchtigen Griechen durch die mitgebrachten alten Schriften im Abendlande neue Anregungen gaben, waren es Untersuchungen über Statik, welche, hauptsächlich durch die Werke des Archimedes hervorgerufen, die bedeutendsten Forscher beschäftigten.

Die Untersuchungen über Mechanik beginnen bei den Griechen überhaupt spät, und halten mit den grossen Fortschritten dieses Volkes in der Mathematik, insbesondere in der Geometrie, nicht gleichen Schritt. Bezeichnend hierfür ist des Aristoteles (384—322 v. Chr.) Schrift „Mechanische Probleme" (deutsch nach Poselger, Hannover 1881). Aristoteles weiss Probleme zu erkennen und zu stellen, sieht das Princip des Bewegungsparallelogramms, kommt der Erkenntniss der Centrifugalkraft nahe, ist aber in der Lösung der Probleme nicht glücklich. Die ganze Schrift hat mehr einen dialektischen als naturwissenschaftlichen Charakter und begnügt sich, die „Aporieen", Verlegenheiten, zu beleuchten, welche sich in den Problemen aussprechen. Die Schrift charakterisirt übrigens sehr gut die intellectuelle Situation, welche den Anfang einer wissenschaftlichen Untersuchung bedingt.

„Wunderbar erscheint, was zwar naturgemäss erfolgt, wovon aber die Ursache sich nicht offenbart.... Solcherlei ist, worin Kleineres das Grössere bewältigt, und geringēs Gewicht schwere Lasten, und beiläufig alle Probleme, die wir mechanische nennen.... Zu den Aporieen aber von dieser Gattung gehören die den Hebel betreffenden. Denn ungereimt erscheint es, dass eine grosse Last durch eine kleine Kraft, jene noch verbunden mit einer grösseren Last bewegt werde. Wer ohne Hebel eine Last nicht bewegen kann, bewegt sie leicht, die eines Hebels noch hinzufügend. Von allem diesem liegt die Grundursache im Wesen des Kreises, und zwar sehr natürlich: denn nicht ungereimt ist es, dass aus dem Wunderbaren etwas Wunderbares hervorgeht. Eine Verknüpfung aber entgegengesetzter Eigenschaften in Eins ist das Wunderbarste. Nun ist der Kreis wirklich aus solchen zusammengesetzt. Er wird sogar erzeugt durch etwas Bewegliches und etwas an seinem Orte Verharrendes."

Solche Betrachtungen bezeichnen die Anerkennung und Aufstellung eines Problems, führen aber noch bei weitem nicht zur Lösung desselben.

2. Archimedes von Syrakus (287—212 v. Chr.) hat eine Anzahl von Schriften hinterlassen, deren einige vollständig auf uns gekommen sind. Wir wollen uns zunächst einen Augenblick mit dem Buch „De aequiponderantibus" beschäftigen, das Sätze über den Hebel und Schwerpunkt enthält.

In demselben geht er von folgenden, von ihm als selbstverständlich angesehenen Voraussetzungen aus:

a. Gleichschwere Grössen in gleicher Entfernung (vom Unterstützungspunkte) wirkend, sind im Gleichgewicht.

b. Gleichschwere Grössen, in ungleicher Entfernung (vom Unterstüzungspunkte) wirkend, sind nicht im Gleichgewicht, sondern die in grösserer Entfernung wirkende sinkt.

Er leitet aus diesen Voraussetzungen den Satz ab: „Commensurable Grössen sind im Gleichgewicht, wenn sie ihrer Entfernung (vom Unterstützungspunkte) umgekehrt proportionirt sind.“

Es scheint, als ob an diesen Voraussetzungen nicht mehr viel zu analysiren wäre; dem ist aber, wenn man genau zusieht, nicht so.

Wir denken uns eine Stange, von deren Gewicht wir absehen; dieselbe hat einen Unterstützungspunkt. (Fig. 2.) Wir hängen in gleicher Distanz von diesem zwei gleiche Gewichte an. Dass diese jetzt im Gleichgewicht sind, ist eine Voraussetzung, von der Archimedes ausgeht. Man könnte meinen, dies sei (nach dem sogenannten Satze des zureichenden Grundes), abgesehen von aller Erfahrung selbstverständlich, es sei bei der Symmetrie der ganzen Vorrichtung kein Grund, warum die Drehung eher in dem einen, als in dem andern Sinne eintreten sollte. Man vergisst aber hierbei, dass in der Voraussetzung schon eine Menge negativer und positiver Erfahrungen liegen, die negativen z. B., dass ungleiche Farben der Hebelarme, die Stellung des Beschauers, ein Vorgang in der Nachbarschaft u. s. w., keinen Einfluss haben, die positiven hingegen (wie in Voraussetzung 2 sich zeigt), dass nicht nur die Gewichte, sondern auch die Entfernungen vom Stützpunkte für die Gleichgewichtsstörung maassgebend sind, dass sie bewegungsbestimmende Umstände sind. Mit Hülfe dieser Erfahrungen sieht man allerdings ein, dass die Ruhe (keine Bewegung) die einzige durch die bewegungsbestimmenden Umstände eindeutig bestimmte Bewegung ist.[1]

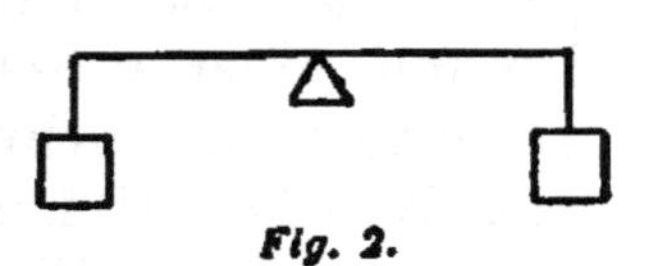
Fig. 2.

Nun können wir aber unsere Kenntniss der maass-

[1] Würde man z. B. annehmen, dass das Gewicht rechter Hand sinkt, so würde die Gegendrehung in gleicher Weise bestimmt, wenn der einflusslose Beschauer sich auf die entgegengesetzte Seite stellt.

gebenden Umstände nur dann für zureichend halten, wenn die letzteren einen Vorgang eindeutig bestimmen. Unter Voraussetzung der erwähnten Erfahrung, dass nur die Gewichte und ihre Abstände maassgebend sind, hat nun der Satz 1 des Archimedes wirklich einen hohen Grad von Evidenz und eignet sich also sehr zur Grundlage für weitere Untersuchungen. Stellt sich der Beschauer selbst in die Symmetrieebene der betreffenden Vorrichtung, so zeigt sich der Satz 1 auch als eine sehr zwingende instinctive Einsicht, was durch die Symmetrie unsers eigenen Körpers bedingt ist. Die Aufsuchung derartiger Sätze ist

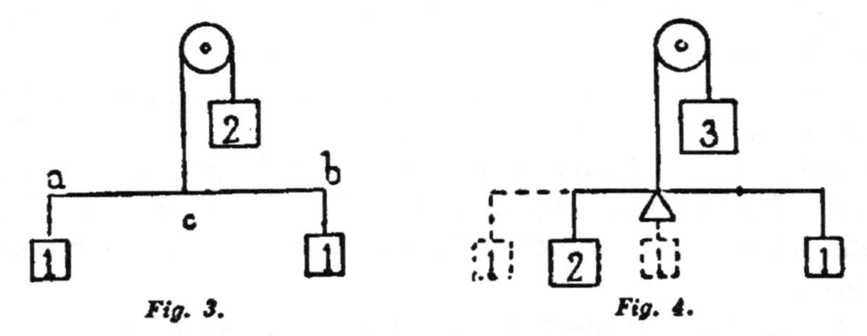

Fig. 3. Fig. 4.

auch ein vorzügliches Mittel, sich in den Gedanken an dieselbe Bestimmtheit zu gewöhnen, welche die Natur in ihren Vorgängen offenbart.

3. Wir wollen nun in freier Weise den Gedankengang reproduciren, durch welchen Archimedes den allgemeinen Hebelsatz auf den speciellen anscheinend selbstverständlichen zurückzuführen sucht. Die beiden in *a* und *b* aufgehängten gleichen Gewichte (1) sind, wenn die Stange *ab* um den Mittelpunkt *c* drehbar ist, im Gleichgewicht. Hängt man das Ganze an einer Schnur in *c* auf, so wird dieselbe, vom Gewicht der Stange abgesehen, das Gewicht 2 zu tragen haben. Die gleichen Gewichte an dem Ende ersetzen also das doppelte Gewicht in der Mitte der Stange.

An dem Hebel, dessen Arme sich wie 1 : 2 verhalten, sind Gewichte im Verhältniss 2 : 1 angehängt. Wir denken uns das Gewicht 2 durch 2 Gewichte 1 ersetzt, welche beiderseits in dem Abstand 1 von dem Aufhängepunkte angebracht sind. Dann haben wir wieder vollkommene Symmetrie um den Aufhängepunkt und folglich Gleichgewicht.

An den Hebelarmen 3 und 4 hängen die Gewichte

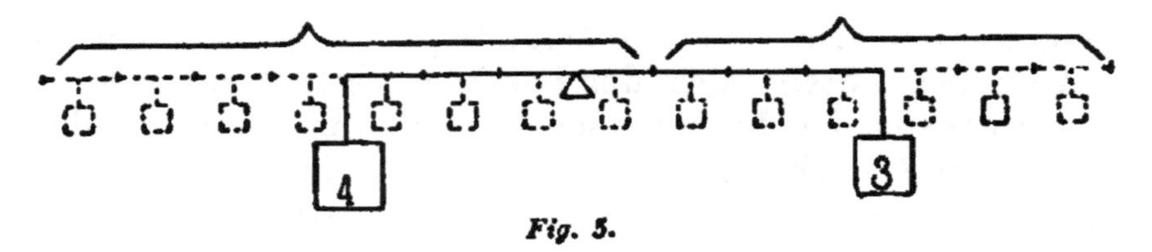

Fig. 5.

4 und 3. Der Hebelarm 3 werde um 4, der Arm 4 um 3 verlängert, die Gewichte 4 und 3 beziehungsweise durch 4 und 3 Paare symmetrisch angebrachter Gewichte $^1/_2$ ersetzt, wie dies die Figur ersichtlich macht. Dann haben wir wieder vollkommene Symmetrie. Diese Betrachtung, die wir in speciellen Zahlen ausgeführt haben, kann leicht verallgemeinert werden.

4. Es ist interessant zu sehen, in welcher Art die Betrachtungsweise von Archimedes nach dem Vorgange von Stevin durch Galilei modificirt worden ist.

Galilei denkt sich ein horizontales homogenes schweres Prisma, und eine ebenso lange homogene Stange (Fig. 6), an der das Prisma an seinen Enden aufgehängt ist. Die Stange ist in der Mitte mit einer Aufhängung versehen. In diesem Falle wird Gleichgewicht bestehen; das lässt sich sofort einsehen. In diesem Falle ist aber jeder andere Fall enthalten. Galilei zeigt dies auf folgende Weise. Setzen wir, es wäre die ganze Länge der Stange oder des Prismas $2(m + n)$. Wir schnei-

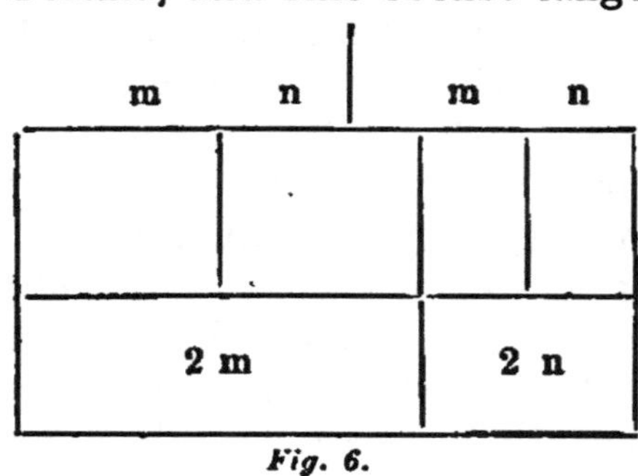

Fig. 6.

den nun das Prisma derart entzwei, dass das eine Stück die Länge 2 *m*, das zweite 2 *n* erhält. Wir können dies ohne Störung des Gleichgewichts thun, wenn wir zuvor die Enden der beiden Stücke hart an dem Schnitt durch Fäden an der Stange befestigen. Wir können nun auch alle vorhandenen Fäden entfernen, wenn wir zuvor die beiden Prismenstücke in deren Mitte an der Stange aufhängen. Da die ganze Länge der Stange 2 (*m* + *n*), so beträgt eine jede Hälfte *m* + *n*. Es ist also die Distanz des Aufhängepunktes des rechten Prismenstückes vom Aufhängepunkte der Stange *m*, des linken aber *n*. Die Erfahrung, dass es auf das Gewicht und nicht auf die

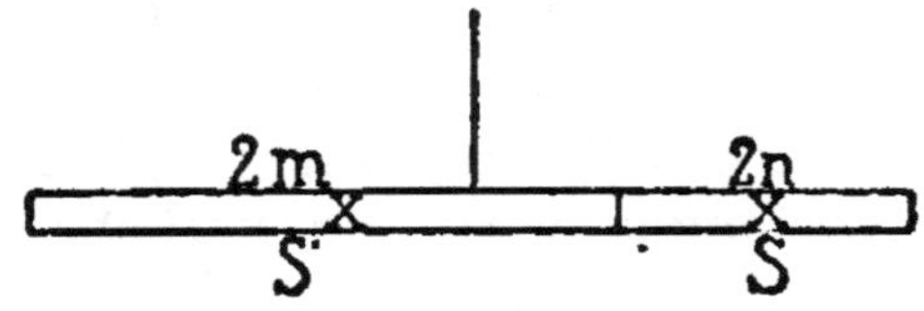

Fig. 7.

Form der Körper ankommt, ist leicht gemacht. Somit ist klar, dass das Gleichgewicht noch besteht, wenn irgendein Gewicht von der Grösse 2 *m* auf einer Seite in der Entfernung *n* und irgendein Gewicht von der Grösse 2 *n* auf der andern Seite in der Entfernung *m* aufgehängt wird. Die instinctiven Erkenntnisselemente treten bei dieser Ableitung noch mehr hervor als bei jener von Archimedes.

Man kann übrigens an dieser schönen Betrachtung noch einen Rest der Schwerfälligkeit erkennen, die besonders den Forschern des Alterthums eigen ist.

Wie ein neuerer Physiker dieselbe Sache aufgefasst hat, sehen wir an folgender Betrachtung von Lagrange. Er sagt: Wir denken uns ein homogenes horizontales Prisma in der Mitte aufgehängt. Dasselbe stellen wir uns in die Prismen von den Längen 2 *m* und 2 *n* getheilt vor. Beachten wir nun die Schwerpunkte dieser Stücke, in welchen wir uns Gewichte proportional 2 *m* und 2 *n* angreifend denken können, so haben dieselben die Abstände *n* und *m* vom Stützpunkt. Diese kurze

Erledigung ist nur der geübten mathematischen Anschauung möglich.

5. Das Ziel, welches Archimedes und seine Nachfolger in den angeführten Betrachtungen anstreben, besteht darin, den complicirtern Hebelfall auf den einfachern, anscheinend selbstverständlichen, zurückzuführen, in dem complicirtern den einfachern zu sehen oder auch umgekehrt. In der That halten wir einen Vorgang für erklärt, wenn es uns gelingt, in demselben bekannte einfachere Vorgänge zu erblicken.

So überraschend uns nun auf den ersten Blick die Leistung von Archimedes und seinen Nachfolgern erscheint, so steigen uns bei längerer Betrachtung doch Zweifel an der Richtigkeit derselben auf. Aus der blossen Annahme des Gleichgewichts gleicher Gewichte in gleichen Abständen wird die verkehrte Proportion zwischen Gewicht und Hebelarm abgeleitet! Wie ist das möglich?

Wenn wir schon die blosse Abhängigkeit des Gleichgewichts vom Gewicht und Abstand überhaupt nicht aus uns herausphilosophiren konnten, sondern aus der Erfahrung holen mussten, um wie viel weniger werden wir die Form dieser Abhängigkeit, die Proportionalität auf speculativem Wege finden können.

Wirklich wird von Archimedes und allen Nachfolgern die Voraussetzung, dass die (gleichgewichtstörende) Wirkung eines Gewichts P im Abstande L von der Axe durch das Product $P.L$ (das sogenannte statische Moment) gemessen sei, mehr oder weniger versteckt oder stillschweigend eingeführt. Wenn nämlich Archimedes ein grosses Gewicht durch eine Reihe paarweise symmetrisch angebrachter kleiner Gewichte, welche über den Stützpunkt hinausgehen, ersetzt, so verwendet er die Lehre vom Schwerpunkt schon in ihrer allgemeinern Form, welche keine andere ist, als die Lehre vom Hebel in ihrer allgemeinern Form.

Niemand vermag ohne die obige Annahme über die Bedeutung des Productes $P.L$ nachzuweisen, dass eine irgendwie auf die Stütze S gelegte Stange mit Hülfe eines in ihrem Schwerpunkte angebrachten über eine Rolle geführten Fadens durch ein ihrem eigenen Gewichte gleiches Gewicht getragen wird. Das liegt aber in der Ableitung von Archimedes, Stevin, Galilei und auch in jener von Lagrange.

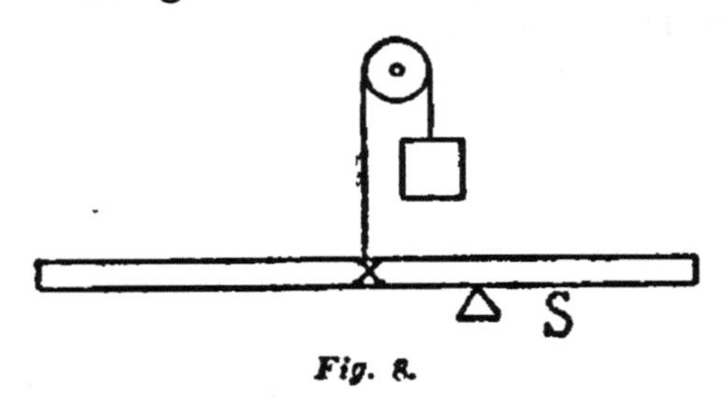

Fig. 8.

6. Huyghens tadelt auch dieses Verfahren und gibt eine andere Ableitung, in welcher er den Fehler vermieden zu haben glaubt. Denken wir uns bei der Lagrange'schen Betrachtung die beiden Prismenstücke um durch ihre Schwerpunkte s, s' gelegte verticale Axen um 90° gedreht (Fig. 9a), und weisen wir nach, dass hierbei das Gleichgewicht fortbesteht, so erhalten wir die Huyghens'sche Ableitung. Sie ist gekürzt und vereinfacht folgende. Wir ziehen (Fig. 9) in einer starren gewichtslosen Ebene durch den Punkt S eine Gerade, an welcher wir einerseits die Länge 1, andererseits 2 in A und B abschneiden. Auf die Enden legen wir senkrecht zu dieser Geraden, mit ihren Mitten, homogene, dünne, schwere Prismen CD und EF von den Längen und Gewichten 4 und 2. Ziehen wir die Gerade HSG (wobei $AG = \frac{1}{2} AC$), und die Parallele CF, und transportiren das Prismenstück C G durch Parallelverschiebung nach FH, so ist um die Axe GH

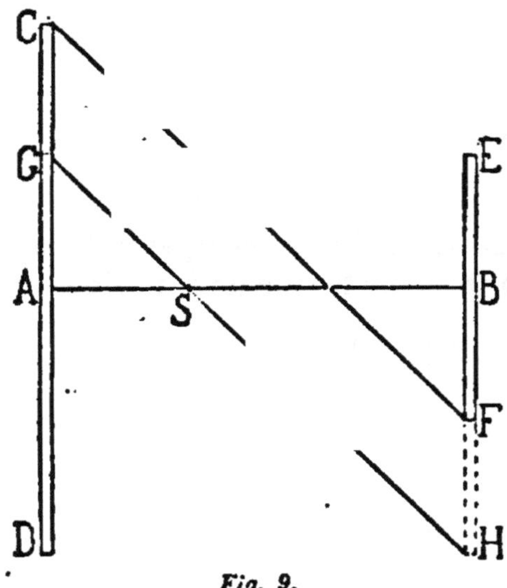

Fig. 9.

alles symmetrisch und es herrscht Gleichgewicht. Gleichgewicht herrscht aber auch für die Axe AB, folglich für jede Axe durch S, also auch für die zu AB Senkrechte, womit der neue Hebelfall gegeben ist.

Fig. 9a. *Fig. 9a.*

Hierbei wird nun scheinbar nichts vorausgesetzt, als dass gleiche Gewichte p, p in einer Ebene und in gleichen

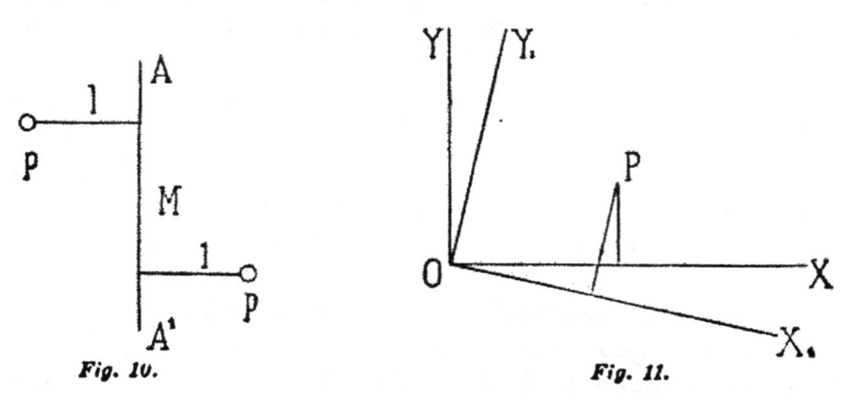

Fig. 10. *Fig. 11.*

Abständen l, l von einer Axe AA^1 (in dieser Ebene) sich das Gleichgewicht halten. Stellt man sich in die durch AA^1 senkrecht zu l, l gelegte Ebene etwa in den

Punkt M und sieht man einmal nach A, dann nach A^1 hin, so gesteht man diesem Satz dieselbe Evidenz zu wie dem Archimedes'schen Satz 1. Die Verhältnisse werden auch nicht geändert, wenn man Parallelverschiebungen zur Axe mit den Gewichten vornimmt, was Huyghens auch thut.

Der Fehler entsteht auch erst durch den Schluss: Wenn für 2 Axen der Ebene Gleichgewicht besteht, so besteht es auch für jede andere durch deren Durchschnittspunkt geführte Axe. Dieser Schluss (soll er nicht ein blos instinctiver sein) kann nur gezogen werden, wenn den Gewichten ihren Entfernungen von der Axe proportionale störende Wirkungen zugeschrieben werden. Darin liegt aber der Kern der Lehre vom Hebel und Schwerpunkt.

Wir beziehen die schweren Punkte einer Ebene auf ein rechtwinkeliges Coordinatensystem (Fig. 11). Die Coordinaten des Schwerpunktes eines Systems von Massen $m\, m'\, m'' \ldots$ mit den Coordinaten $x\, x'\, x'' \ldots y\, y'\, y'' \ldots$ sind bekanntlich:

$$\xi = \frac{\Sigma\, m x}{\Sigma\, m}, \quad \eta = \frac{\Sigma\, m y}{\Sigma\, m}$$

Drehen wir das Coordinatensystem um den Winkel α, so sind die neuen Coordinaten der Massen

$$x_1 = x \cos\alpha - y \sin\alpha, \quad y_1 = y \cos\alpha + x \sin\alpha$$

und folglich die Coordinaten des Schwerpunktes

$$\xi_1 = \frac{\Sigma\, m\, (x \cos\alpha - y \sin\alpha)}{\Sigma\, m} = \cos\alpha\, \frac{\Sigma\, m x}{\Sigma\, m} - \sin\alpha\, \frac{\Sigma\, m y}{\Sigma\, m}$$
$$= \xi \cos\alpha - \eta \sin\alpha$$

und analog

$$\eta_1 = \eta \cos\alpha + \xi \sin\alpha$$

Wir erhalten also die Coordinaten des neuen Schwerpunktes, indem wir die Coordinaten des frühern auf die neuen Axen einfach transformiren. Der Schwerpunkt bleibt also derselbe Punkt. Legen wir den

Anfangspunkt in den Schwerpunkt, so wird $\Sigma m x = \Sigma m y = o$. Bei Drehung des Axensystems bleibt dies Verhältniss bestehen. Wenn also für zwei zueinander senkrechte Axen der Ebene Gleichgewicht besteht, so besteht es auch, und nur dann besteht es auch, für jede andere Axe durch den Durchschnittspunkt. Folglich, wenn für irgend zwei Axen der Ebene Gleichgewicht besteht, so besteht es auch für jede andere Axe der Ebene, welche durch deren Durchschnittspunkt geht.

Diese Schlüsse sind aber unausführbar, wenn die Coordinaten des Schwerpunktes durch eine andere allgemeinere Gleichung, etwa

$$\xi = \frac{mf(x) + m'f(x') + m''f(x'') + \dots}{m + m' + m'' + \dots}$$

bestimmt sind.

Die Huyghens'sche Schlussweise ist also unzulässig, und enthält denselben Fehler, welchen wir bei Archimedes bemerkten.

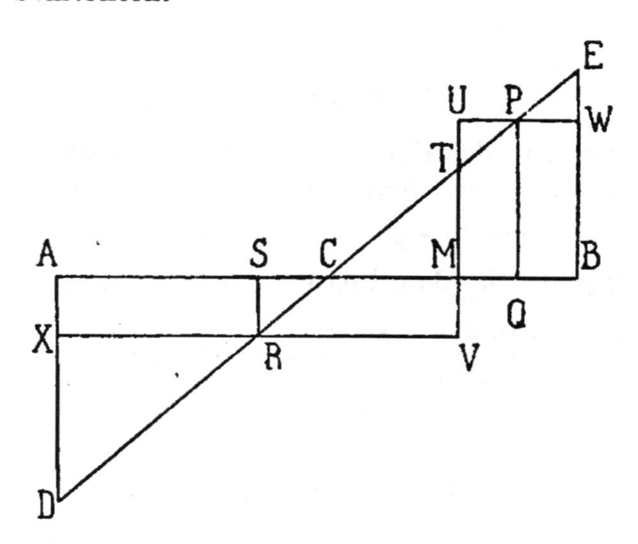

Archimedes hat sich bei dem Streben, den complicirtern Hebelfall auf den instinctiv zu überblickenden zurückzuführen, wahrscheinlich getäuscht, indem er schon vorher über den Schwerpunkt mit Hülfe des zu beweisenden Satzes gemachte Studien unwillkürlich verwendete. Charakteristisch ist, dass er sich und vielleicht auch andern die sich leicht darbietende Bemerkung über die Bedeutung des Products $P \cdot L$ nicht glauben will, und eine weitere Begründung sucht.

Thatsächlich kommt man nun, wenigstens auf dieser Stufe, nicht zum Verständniss des Hebels, wenn man nicht das Product $P \cdot L$ als das bei der Gleichgewichtsstörung Maassgebende in den Vorgängen erschaut. Insofern Archimedes in seiner griechischen Beweissucht dies zu umgehen trachtet, ist seine Ableitung verfehlt. Betrachtet man aber auch die Bedeutung von $P \cdot L$ als gegeben, so behalten die Archimedes'schen Ableitungen immer noch einen beträchtlichen Werth, insofern die Auffassungen verschiedener Fälle aneinander gestützt werden, insofern gezeigt wird, dass ein einfacher Fall alle andern enthält, insofern dieselbe Auffassung für alle Fälle hergestellt wird. Denken wir uns ein homogenes Prisma, dessen Axe AB sei, in der Mitte C gestützt. Um die für die Gleichgewichtsstörung maassgebende Summe der Producte der Gewichte und Abstände anschaulich zu machen, setzen wir auf den Elementen der Axe, welche den Gewichtselementen proportional sind, die zugehörigen Abstände als Ordinaten auf, welche wir etwa rechts von C (als positiv) nach aufwärts, links von C (als negativ) nach abwärts auftragen. Die Flächensumme der beiden Dreiecke $ACD + CBE = o$ veranschaulicht uns das Bestehen des Gleichgewichts. Theilen wir das Prisma durch M in zwei Theile, so können wir $MTEB$ durch das Rechteck $MUWB$ und $TMCAD$ durch das Rechteck $MVXA$ ersetzen, wobei $TP = \frac{1}{2} TE$ und $TR = \frac{1}{2} TD$ ist, und die Prismenstücke MB, MA durch Drehung um Q und S zu AB senkrecht gestellt zu denken sind.

In der hier angedeuteten Richtung ist die Archimedes'sche Betrachtung gewiss noch nützlich gewesen, als schon niemand mehr über die Bedeutung des Products $P \cdot L$ Zweifel hegte, und die Meinung hierüber sich schon historisch und durch vielfache Prüfung festgestellt hatte.

7. Die Art nun, wie die Hebelgesetze, welche uns von Archimedes in einfacher Form überliefert worden sind, von den modernen Physikern weiter verallgemeinert und behandelt wurden, ist sehr interessant und lehrreich. Leonardo da Vinci (1452—1519), der berühmte Maler und Forscher, scheint der erste gewesen zu sein, der die Wichtigkeit des allgemeinen Begriffes der sogenannten statischen Momente gekannt hat. In seinen hinterlassenen Manuscripten finden sich mehrere Stellen, aus welchen dies

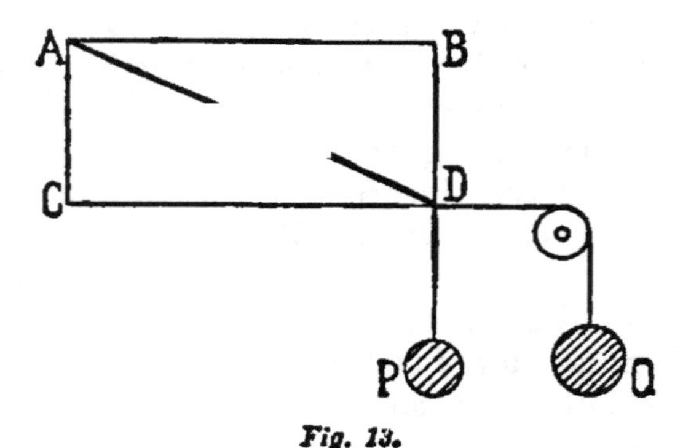

Fig. 13.

hervorgeht. Er sagt z. B.: Wir setzen eine um A drehbare Stange AD, an derselben ein Gewicht P angehängt, und an einer Schnur, die über eine Rolle geht, ein zweites Gewicht Q (Fig. 13). Welches Verhältniss müssen die Kräfte einhalten, damit Gleichgewicht bestehe? Der Hebelarm für das Gewicht P ist nicht AD, sondern der „potenzielle" Hebel ist AB. Der Hebelarm für das Gewicht Q ist nicht AD, sondern der „potenzielle" Hebel ist AC. Auf welche Weise er zu dieser Anschauung gekommen ist, lässt sich allerdings schwer angeben. Es ist aber klar, dass er erkannt hat, wodurch die Wirkung der Gewichte bestimmt ist.

Aehnliche Ueberlegungen wie bei Leonardo da Vinci finden wir bei Guido Ubaldi.

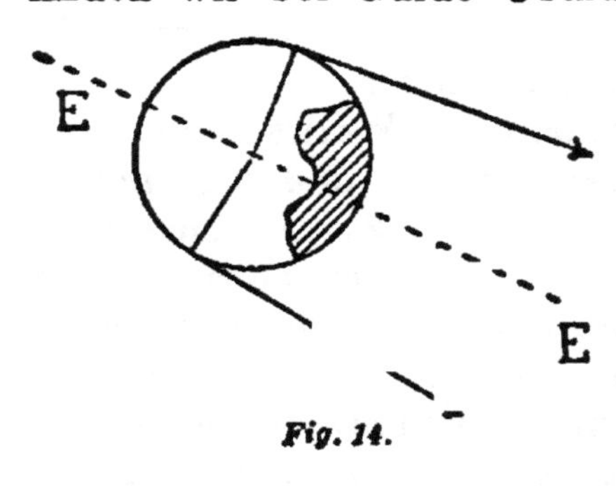

Fig. 14.

8. Wir wollen versuchen, uns klar zu machen, auf welche Weise man zum Begriff des statischen Momentes, unter welchem bekanntlich das Product einer Kraft und der auf die Richtung derselben von der Axe aus gezogenen Senkrechten verstanden wird, hätte kommen können, wenn auch der Weg, welcher zu demselben geführt hat, nicht mehr vollständig zu ermitteln ist. Dass Gleichgewicht besteht, wenn man eine Schnur mit beiderseits gleicher Spannung über eine Rolle legt, wird unschwer eingesehen. Man findet immer eine Symmetrieebene der ganzen Vorrichtung, die Ebene,

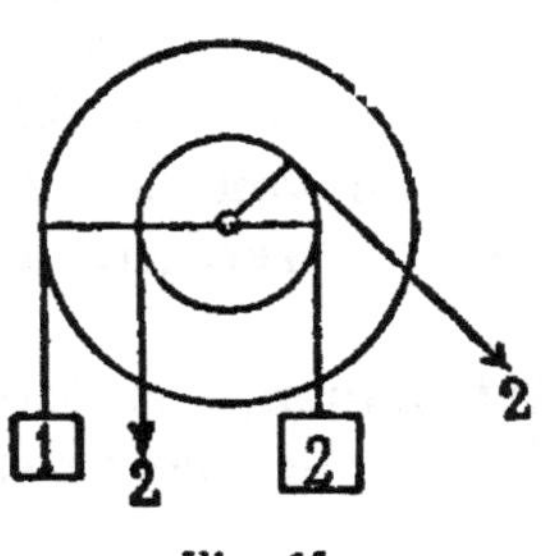

Fig. 15.

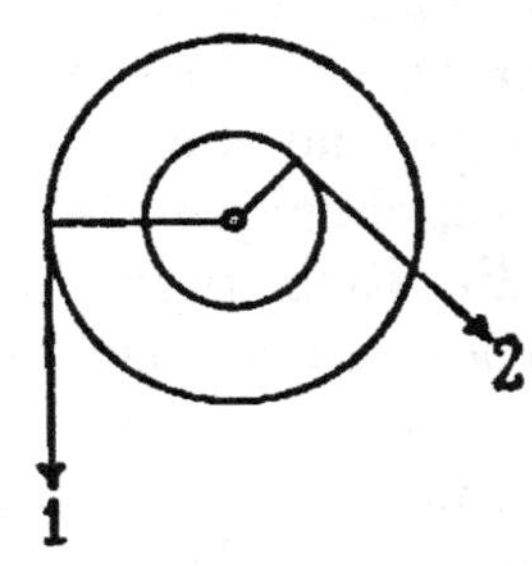

Fig. 16.

welche auf der Schnurebene senkrecht steht und den Schnurwinkel halbirt (*EE*). Die Bewegung, welche hier noch eintreten könnte, liesse sich durch keine Regel eindeutig bestimmen, sie wird also auch nicht eintreten. Bemerkt man nun ferner, dass das Material der Rolle nur insofern wesentlich ist, als es die Art der Beweglichkeit der Angriffspunkte der Schnüre bestimmt, so sieht man leicht, dass ohne Gleichgewichtsstörung auch ein beliebiger Theil der Rolle fehlen kann. Wesentlich bleiben nur die starren Radien, welche zu den Tangentialpunkten der Schnur führen. Man sieht also, dass die starren Radien (oder Senkrechten auf die Schnurrichtungen) hier eine ähnliche Rolle spielen wie die Hebelarme beim Hebel des Archimedes.

Betrachten wir ein sogenanntes Wellrad mit dem Radradius 2 und dem Wellenradius 1, und beziehungsweise mit den Belastungen 1 und 2, so entspricht dasselbe vollständig dem Hebel des Archimedes. Legen wir noch in beliebiger Weise um die Welle eine zweite Schnur, welche wir beiderseits durch das Gewicht 2 spannen, so stört dieselbe das Gleichgewicht nicht. Es ist aber klar, dass wir auch die beiden in der Fig. 16 bezeichneten Züge als sich das Gleichgewicht haltend ansehen können, indem wir die beiden andern, als sich gegenseitig zerstörend, nicht weiter beachten. Hiermit sind wir aber, von allem Unwesentlichen absehend, zu der Einsicht gelangt, dass nicht nur die durch die Gewichte ausgeübten Züge, sondern auch die auf die Richtungen derselben vom Drehpunkte aus gefällten Senkrechten bewegungsbestimmende Umstände sind. Maassgebend sind die Producte aus den Gewichten und den zugehörigen Senkrechten, welche von der Axe aus auf die Richtungen der Züge gefällt werden, also die sogenannten statischen Momente.

9. Was wir bisher betrachtet haben, ist die Entwickelung der Erkenntniss des Hebelprincips; ganz unabhängig davon entwickelte sich die Erkenntniss des Princips der schiefen Ebene. Man hat aber nicht nöthig, für das Verständniss der Maschinen nach einem neuen Princip ausser dem des Hebels zu suchen, da dieses für sich ausreicht.

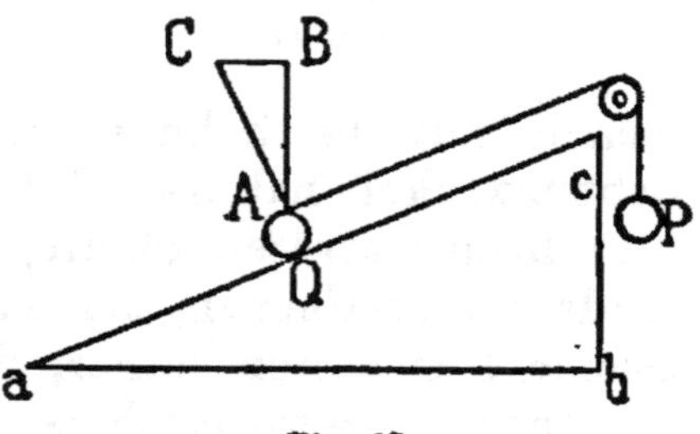

Fig. 17.

Galilei erläutert z. B. die schiefe Ebene in folgender Art durch den Hebel: Wir betrachten eine schiefe Ebene, auf dieser das Gewicht Q und dasselbe im Gleichgewichte gehalten durch das Gewicht P (Fig. 17). Galilei lässt nun durchblicken, dass es nicht darauf ankommt, dass Q gerade auf der schiefen Ebene liege, dass das Wesentliche vielmehr die Art der Beweglichkeit von Q ist. Wir können uns also das Gewicht auch an der zur Ebene senkrechten Stange AC, die um C drehbar ist, angebracht denken; wenn wir nämlich dann nur eine sehr kleine Drehung vornehmen, so ist das Gewicht in einem Bogenelemente, das in die schiefe Ebene fällt, beweglich. Dass sich die Bahn krümmt, wenn man weiter geht, hat keinen Einfluss, weil jene Weiterbewegung im Gleichgewichtsfall nicht wirklich erfolgt, und nur die momentane Beweglichkeit maassgebend ist. Halten wir uns aber die früher besprochene Bemerkung von Leonardo da Vinci vor Augen, so sehen wir leicht die Gültigkeit des Satzes $Q \cdot CB = P \cdot CA$ $\frac{Q}{P} = \frac{CA}{CB} = \frac{ca}{cb}$ und damit das Gleichgewichtsgesetz der schiefen Ebene ein. Hat man also das Hebelprincip erkannt, so kann man es leicht zur Erkenntniss der andern Maschinen verwenden.

2. *Das Princip der schiefen Ebene.*

1. Stevin (1548—1620) untersuchte zuerst die mechanischen Eigenschaften der schiefen Ebene und zwar auf eine ganz originelle Weise. Liegt ein Gewicht auf einem horinzontalen Tisch, so sieht man, weil der Druck senkrecht gegen die Ebene des Tisches ist, nach dem bereits mehrfach verwendeten Symmetrieprincip das Bestehen des Gleichgewichts sofort ein. An einer verticalen Wand hingegen wird ein Gewicht an seiner Fallbewegung **gar nicht** gehindert. Die schiefe Ebene wird also einen Mittelfall zwischen den beiden Grenzfällen darbieten. Das

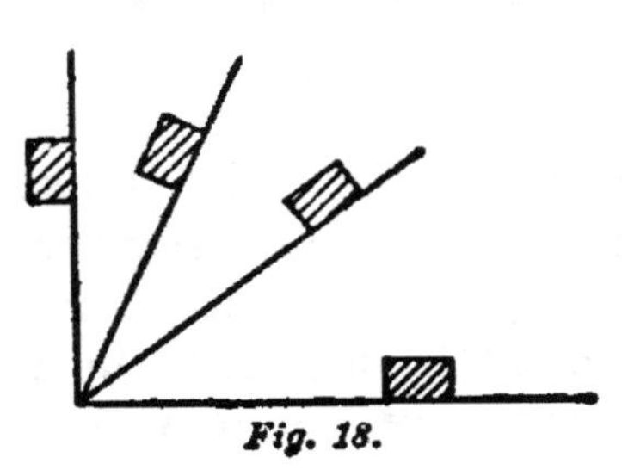

Fig. 18.

Gleichgewicht wird nicht von selbst bestehen, wie auf der horizontalen Unterlage, es wird aber durch ein geringeres Gegengewicht zu erhalten sein, als an der verticalen Wand. Das statische Gesetz zu ermitteln, welches hier besteht, bereitete den ältern Forschern beträchtliche Schwierigkeiten.

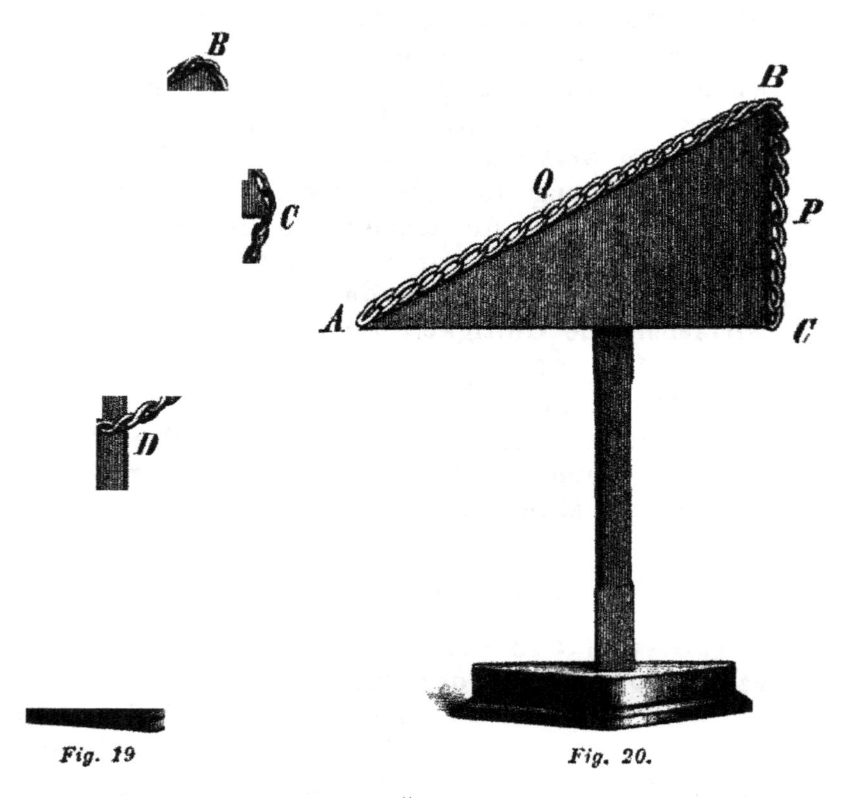

Fig. 19 Fig. 20.

Stevin geht etwa in folgender Art vor. Er denkt sich ein dreiseitiges Prisma mit horizontalen Kanten, dessen Querschnitt ABC in der Fig. 19 dargestellt ist. Hierbei soll beispielsweise $AB = 2BC$ und AC horizontal sein. Um dieses Prisma legt Stevin eine in sich zurücklaufende Schnur mit 14 gleich schweren gleich weit abstehenden Kugeln. Wir können dieselbe mit Vortheil durch eine geschlossene gleichmässige Kette oder Schnur ersetzen. Die Kette wird entweder im

Gleichgewichte sein oder nicht. Nehmen wir das letztere an, so muss die Kette, weil sich bei ihrer Bewegung die Verhältnisse nicht ändern, wenn sie einmal in Bewegung ist, fortwährend in Bewegung bleiben, also ein Perpetuum mobile darstellen, was Stevin absurd erscheint. Demnach ist nur der erste Fall denkbar. Die Kette bleibt im Gleichgewicht. Dann kann der symmetrische Kettentheil ADC ohne Störung des Gleichgewichtes entfernt werden. Es hält also das Kettenstück AB dem Kettenstück BC das Gleichgewicht. Auf schiefen Ebenen von gleicher Höhe wirken demnach gleiche Gewichte im umgekehrten Verhältniss der Längen der schiefen Ebenen.

Denken wir uns in dem Prismenquerschnitt Fig. 20 AC horizontal, BC vertical und $AB = 2\,BC$, ferner die den Längen proportionalen Kettengewichte auf AB und BC Q und P, so folgt $\frac{Q}{P} = \frac{AB}{BC} = 2$. Die Verallgemeinerung ist selbstverständlich.

2. In der Annahme, von welcher Stevin ausgeht, dass die geschlossene Kette sich nicht bewegt, liegt ohne Frage zunächst nur eine ganz instinctive Erkenntniss. Er fühlt sofort, und wir mit ihm, dass wir etwas einer derartigen Bewegung Aehnliches nie beobachtet, nie gesehen haben, dass dergleichen nicht vorkommt. Diese Ueberzeugung hat eine solche logische Gewalt, dass wir die hieraus gezogene Folgerung über das Gleichgewichtsgesetz der schiefen Ebene ohne Widerrede annehmen, während uns das Gesetz als blosses Ergebniss des Versuches oder auf eine andere Art dargelegt zweifelhaft erscheinen würde. Dies kann uns nicht befremden, wenn wir bedenken, dass jedes Versuchsergebniss durch fremdartige Umstände (Reibung) getrübt, und jede Vermuthung über die maassgebenden Umstände dem Irrthum ausgesetzt ist. Dass Stevin einer solchen instinctiven Erkenntniss eine höhere Autorität zuerkennt als seiner einfachen klaren directen Beobachtung, könnte uns in Verwunderung versetzen, wenn wir selbst

nicht die gleiche Empfindung hätten. Es drängt sich uns also die Frage auf: Woher kommt diese höhere Autorität? Erinnern wir uns, dass der wissenschaftliche Beweis, die ganze wissenschaftliche Kritik nur aus der Erkenntniss der eigenen Fehlbarkeit der Forscher hervorgegangen sein kann, so liegt die Aufklärung nicht weit. Wir fühlen deutlich, dass wir selbst zu dem Zustandekommen einer instinctiven Erkenntniss nichts beigetragen, dass wir nichts willkürlich hineingelegt haben, sondern dass sie ganz ohne unser Zuthun da ist. Das Mistrauen gegen unsere eigene subjective Auffassung des Beobachteten fällt also weg.

Die Stevin'sche Ableitung ist eine der werthvollsten Leitmuscheln in der Urgeschichte der Mechanik und wirft ein wunderbares Licht auf den Bildungsprocess der Wissenschaft, auf die Entstehung derselben aus instinctiven Erkenntnissen. Wir erinnern uns, dass Archimedes ganz die gleiche Tendenz wie Stevin, nur mit viel weniger Glück verfolgt. Auch später noch werden instinctive Erkenntnisse häufig zum Ausgangspunkt von Untersuchungen genommen. Ein jeder Experimentator kann täglich an sich beobachten, wie er durch instinctive Erkenntnisse geleitet wird. Gelingt es ihm, begrifflich zu formuliren, was in denselben liegt, so hat er in der Regel einen erheblichen Fortschritt gemacht.

Stevin's Vorgang ist kein Fehler. Läge darin auch ein Fehler, so würden wir ihn alle theilen. Ja es ist sogar gewiss, dass nur die Verbindung des stärksten Instincts mit der grössten begrifflichen Kraft den grossen Naturforscher ausmacht. Dies nöthigt uns aber keineswegs, aus dem Instinctiven in der Wissenschaft eine neue Mystik zu machen, und dasselbe etwa für unfehlbar zu halten. Dass letzteres nicht zutrifft, erfährt man sehr leicht. Selbst instinctive Erkenntnisse von so grosser logischer Kraft wie das von Archimedes verwendete Symmetrieprincip können irreführen. Mancher Leser wird sich vielleicht erinnern, welche geistige Erschütterung es ihm verursachte, als er zum ersten mal hörte, dass eine im magnetischen Meridian liegende Magnetnadel durch einen über derselben parallel hingeführten Stromleiter in einem bestimmten Sinne aus dem Meridian abgelenkt wird. Das Instinctive ist ebenso fehlbar wie das klar Bewusste. Es hat vor allem nur Werth auf einem Gebiet, mit welchem man sehr vertraut ist.

Stellen wir uns, statt Mystik zu treiben, lieber die Frage: Wie entstehen instinctive Erkenntnisse, und was liegt in ihnen? Was wir an der Natur beobachten, prägt sich auch unverstanden und unanalysirt in unsern Vorstellungen aus, welche dann in den allgemeinsten und stärksten Zügen die Naturvorgänge nachahmen. Wir besitzen nun in diesen Erfahrungen einen Schatz, der immer bei der Hand ist, und von welchem nur der kleinste Theil in den klaren Gedankenreihen enthalten ist. Der Umstand, dass wir diese Erfahrungen leichter verwenden können als die Natur selbst, und dass sie doch im angedeuteten Sinn frei von Subjectivität sind, verleiht ihnen einen hohen Werth. Es liegt in der Eigenthümlichkeit der instinctiven Erkenntniss, dass sie vorwiegend negativer Natur ist. Wir können nicht sowol sagen, was vorkommen muss, als vielmehr nur, was nicht vorkommen kann, weil nur letzteres mit der unklaren Erfahrungsmasse, in welcher man das Einzelne nicht unterscheidet, in grellem Gegensatz steht.

Legen wir den instinctiven Erkenntnissen auch einen hohen heuristischen Werth bei, so dürfen wir auf unserm Standpunkte doch bei der Anerkennung ihrer Autorität nicht stehen bleiben. Wir müsssn vielmehr fragen: Unter welchen Bedingungen konnte die gegebene instinctive Erkenntniss entstehen? Gewöhnlich finden wir dann, dass dasselbe Princip, zu dessen Begründung wir die instinctive Erkenntniss herangezogen haben, wieder die Grundbedingung für das Entstehen dieser Erkenntniss bildet. Das ist auch ganz unverfänglich. Die instinctive Erkenntniss leitet uns zu dem Princip, welches sie selbst erklärt, und welches durch deren Vorhandensein, das ja eine Thatsache für sich ist, wieder gestützt wird. So verhält es sich auch, wenn man genau zusieht, in dem Stevin'schen Fall.

3. Die Betrachtung von Stevin erscheint uns so geistreich, weil das Resultat, zu welchem er gelangt, mehr zu enthalten scheint, als die Voraussetzung, von welcher er ausgeht. Während wir einerseits das Resultat zur Vermeidung von Widersprüchen gelten lassen müssen, bleibt andererseits ein Reiz übrig, der uns antreibt, nach weiterer Einsicht zu streben. Hätte Stevin die ganze Thatsache nach allen Seiten klar gelegt, wie dies später Galilei gethan hat, so würde uns seine Ueberlegung nicht mehr geistreich erscheinen, wir würden aber einen viel mehr befriedigenden und klaren Einblick erhalten. In der geschlossenen Kette, welche auf dem Prisma nicht gleitet, liegt in der That schon alles. Wir könnten sagen, die Kette gleitet nicht, weil hierbei kein Sinken der schweren Körper eintritt. Dies wäre nicht genau, denn manche Kettenglieder sinken wirklich bei der Bewegung der Kette, während andere dafür steigen. Wir müssen also genauer sagen, die Kette gleitet nicht, weil für jeden Körper, der sinken könnte, ein gleich schwerer, gleich hoch, oder ein Körper von doppeltem Gewicht zur halben Höhe u. s. w. steigen müsste. Dieses Verhältniss war Stevin, der es auch in seiner Lehre von den Rollen darlegte und benutzte, bekannt; er war aber offenbar zu mistrauisch gegen sich, das Gesetz auch ohne weitere Stütze als für die schiefe Ebene gültig hinzustellen. Bestünde aber ein solches Gesetz nicht allgemein, so hätte die instinctive Erkenntniss bezüglich der geschlossenen Kette gar nie entstehen können. Hiermit sind wir vollständig aufgeklärt. — Dass Stevin in seinen Ueberlegungen nicht so weit gegangen ist, und sich damit begnügt hat, seine (indirect gefundenen) Begriffe mit seinem instinctiven Denken in Uebereinstimmung zu bringen, braucht uns nicht weiter zu stören.

Man kann den Stevin'schen Vorgang noch in etwas anderer Weise auffassen. Wenn es für den Instinkt feststeht, dass eine geschlossene schwere Kette nicht rotirt, so sind die einzelnen einfachen, quantitativ leicht zu übersehenden Fälle der schiefen Ebene, welche Stevin erdenkt, als ebenso viele Specialerfahrungen aufzufassen. Denn es kommt nicht darauf an, ob das Experiment wirklich ausgeführt wird, wenn der Erfolg nicht zweifelhaft ist. Stevin experimentirt eben in Gedanken. Aus den entsprechenden physischen Experimenten mit möglichst ausgeschlossener Reibung hätte sich das Stevin'sche Ergebniss wirklich ableiten lassen. In analoger Weise kann die Archimedes'sche Hebelbetrachtung etwa in der Galilei'schen Form aufgefasst werden. Wenn die Reihe der fingirten Gedankenexperimente physisch ausgeführt worden wäre, hätte sich aus derselben in aller Strenge die lineare Abhängigkeit des Momentes vom Achsenabstand der Last folgern lassen. Von dieser versuchsweisen Anpassung quantitativer Specialauffassungen an allgemeine instinktive Eindrücke werden uns im Gebiete der Mechanik noch mehrere Beispiele bei den bedeutendsten Forschern vorkommen. Auch in andern Gebieten treten diese Erscheinungen auf. In dieser Beziehung möchte ich auf meine Darstellung in „Principien der Wärmelehre", S. 151 verweisen. Man kann sagen, dass die bedeutendsten und wichtigsten Erweiterungen der Wissenschaft auf diese Weise zu Stande kommen. Das von den grossen Forschern geübte Verfahren des Zusammenstimmens der Einzelvorstellungen mit dem Allgemeinbilde eines Erscheinungsgebietes, die stete Rücksicht auf das Ganze bei Betrachtung des Einzelnen, kann als ein wahrhaft philosophisches Verfahren bezeichnet werden. Eine wirklich philosophische Behandlung einer Specialwissenschaft wird immer darin bestehen, dass man deren Ergebnisse mit dem feststehenden Gesammtwissen in Zusammenhang und Einklang bringt. Traumhafte Ausschreitungen der Philosophie, sowie unglückliche monströse Specialtheorien entfallen hierdurch.

Der Dienst, den Stevin sich und seinen Lesern leistet, besteht also darin, dass er verschiedene theils instinctive, theils klare Erkenntnisse gegeneinander hält, miteinander in Verbindung und Einklang bringt, aneinander

Fig. 21.

stützt. Welche Stärkung seiner Anschauungen aber Stevin durch dieses Verfahren gewonnen hat, sehen wir aus dem Umstande, dass das Bild der geschlossenen Kette auf dem Prisma als Titelvignette sein Werk (Hypomnemata mathematica, Leyden 1605) ziert mit der Umschrift: „Wonder en is gheen wonder". Wirklich ist jeder aufklärende wissenschaftliche Fortschritt mit einem gewissen Gefühl von Enttäuschung verbunden. Wir erkennen, dass was uns wunderbar erschienen ist, nicht wunderbarer ist, als anderes, das wir instinctiv kennen und für selbstverständlich halten, ja dass das Gegentheil viel wunderbarer wäre, dass überall dieselbe Thatsache sich ausspricht. Unser Problem erweist sich dann als gar kein Problem mehr, es zerfliesst in Nichts, und geht unter die historischen Schatten.

4. Nachdem Stevin das Princip der schiefen Ebene gewonnen hatte, wurde es ihm leicht, dasselbe auch auf die übrigen Maschinen anzuwenden, und diese dadurch zu erläutern. Er macht hiervon z. B. auch folgende Anwendung.

Wir hätten eine schiefe Ebene, und denken uns auf dieser die Last Q, ziehen einen Faden über eine Rolle A, und denken uns die Last Q durch die Last P im Gleichgewicht gehalten. Stevin nimmt nun einen ähnlichen Weg, wie ihn Galilei später eingeschlagen. Er bemerkt, es sei nicht nothwendig, dass die Last Q auf der schiefen Ebene liege. Wenn nur die Art ihrer Beweglichkeit beibehalten wird, so bleibt auch das Verhältniss von Kraft und Last dasselbe. Wir können uns also die Last auch angebracht denken an einem Faden, der über eine Rolle D geführt wird und den wir entsprechend belasten, und zwar ist dieser Faden normal gegen die schiefe Ebene. Führen wir dies aus, so haben wir eigentlich eine sogenannte Seilmaschine vor uns. Nun sehen wir, dass wir den Gewichtsantheil, mit dem der Körper auf der schiefen Ebene nach abwärts strebt, sehr

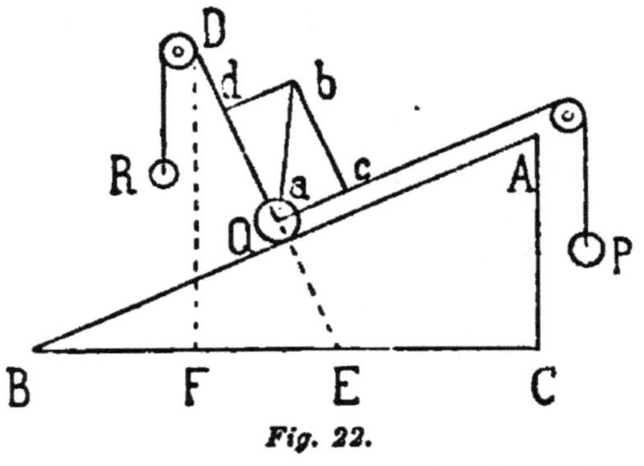

Fig. 22.

leicht ermitteln können. Wir brauchen nämlich nur eine Verticale zu ziehen, und auf dieser ein der Last Q entsprechendes Stück $a\,b$ aufzutragen. Ziehen wir nachher auf $a\,A$ die Senkrechte $b\,c$, so haben wir $\frac{P}{Q} = \frac{AC}{AB} = \frac{a\,c}{a\,b}$, es stellt also $a\,c$ die Spannung der Schnur $a\,A$ vor. Nun hindert uns nichts, die beiden Schnüre ihre Function in Gedanken wechseln zu lassen, und uns die Last Q auf der (punktirt dargestellten) schiefen Ebene EDF liegend zu denken. Dann finden wir analog $a\,d$ für die Spannung R des zweiten Fadens. Stevin gelangt also auf diese Weise indirect zur Kenntniss des statischen Verhältnisses der Seilmaschine und des sogenannten Kräftenparallelogramms, freilich zunächst nur für den speciellen Fall gegeneinander senkrechter Schnüre (oder Kräfte) $a\,c$, $a\,d$.

Allerdings verwendet Stevin später das Princip der Zusammensetzung und Zerlegung der Kräfte in allgemeinerer Form; doch ist der Weg, auf dem er hierzu

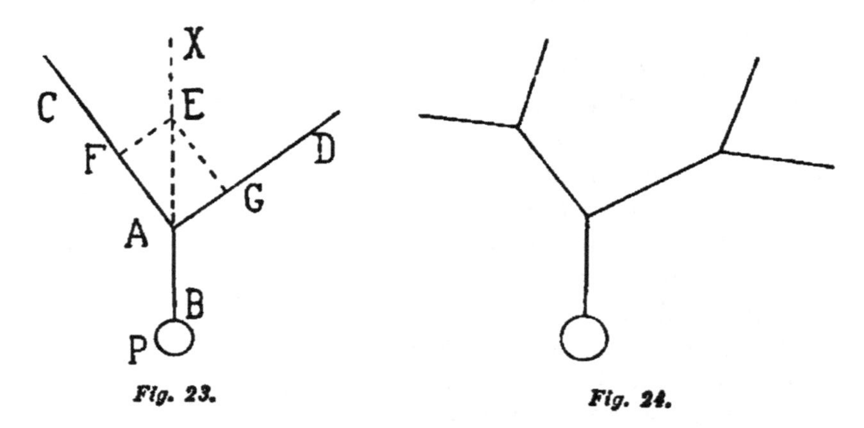

Fig. 23. Fig. 24.

gelangt, nicht recht deutlich oder wenigstens nicht übersichtlich. Er bemerkt z. B., dass bei drei unter beliebigen Winkeln gespannten Schnüren AB, AC, AD, an deren ersterer die Last P hängt, die Spannungen auf folgende Art ermittelt werden können. Man verlängert (Fig. 23) AB nach X und trägt darauf ein Stück AE

ab. Zieht man von E aus EF parallel zu AD und EG parallel zu AC, so sind die Spannungen von AB, AC, AD beziehungsweise proportional AE, AF, AG.

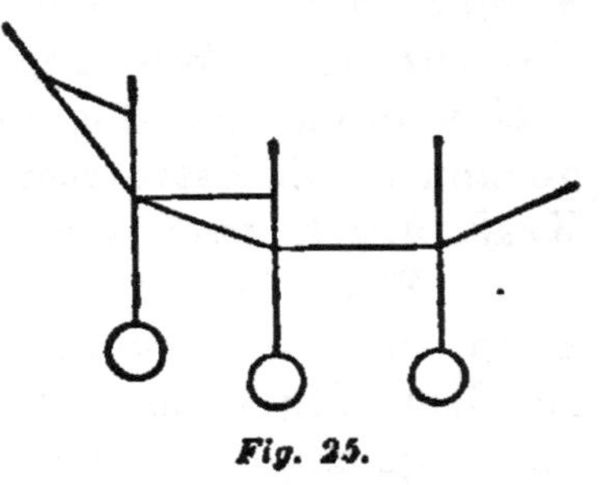
Fig. 25.

Mit Hülfe dieses Constructionsprincips löst er dann schon recht complicirte Aufgaben. Er bestimmt z. B. die Spannungen an einem System von verzweigten Schnüren Fig. 24, wobei er selbstverständlich von der gegebenen Spannung der verticalen Schnur ausgeht.

Die Spannungsverhältnisse an einem Seilpolygon werden ebenfalls durch Construction ermittelt, wie dies in Fig. 25 angedeutet ist.

Man kann also mit Hülfe des Princips der schiefen Ebene in ähnlicher Weise die Verhältnisse der übrigen einfachen Maschinen aufzuklären suchen, als dies durch das Princip des Hebels versucht worden ist.

3. Das Princip der Zusammensetzung der Kräfte.

1. Der Satz des Kräftenparallelogramms, zu dem Stevin gelangt und welchen er verwendet, ohne ihn übrigens ausdrücklich zu formuliren, besteht bekanntlich in Folgendem. Wenn ein Körper A von zwei Kräften ergriffen wird, deren Richtungen mit den Linien AB und AC zusammenfallen und deren Grössen den Längen AB, AC proportional sind, so sind beide Kräfte in ihrer Wirkung durch eine einzige Kraft ersetzbar, welche nach der Diagonale AD des Parallelogramms $ABCD$ wirkt und derselben proportional ist. Würden also z. B. an Schnüren AB, AC Gewichte ziehen, welche den Längen

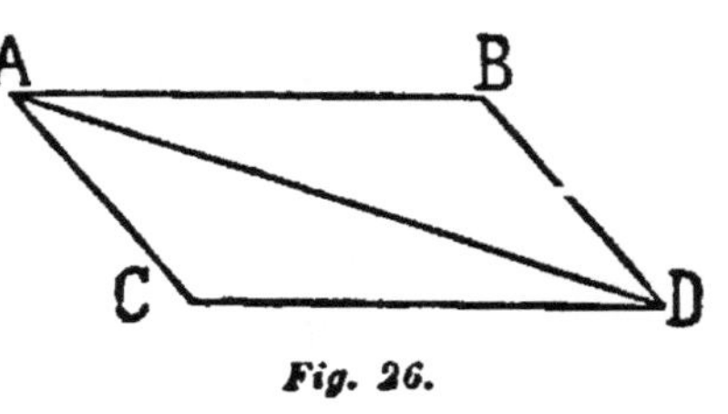

Fig. 26.

AB, *AC* proportional wären, so würde ein an der Schnur *AD* ziehendes der Länge *AD* proportionales Gewicht deren Wirkung ersetzen. Die Kräfte *AB* und *AC* werden die Componenten, *AD* die Resultirende genannt. Selbstverständlich ist auch umgekehrt eine Kraft durch zwei oder mehrere Kräfte ersetzbar.

2. Wir wollen an Stevin's Untersuchungen anknüpfend uns vergegenwärtigen, auf welche Weise man zu dem allgemeinen Satz des Kräftenparallelogramms hätte gelangen können. Die von Stevin gefundene Beziehung zweier zueinander rechtwinkeligen Kräfte zu einer dritten ihnen das Gleichgewicht haltenden setzen wir als (indirect) gegeben voraus. Wir nehmen an, es wirken an drei Schnüren *OX*, *OY*, *OZ* Züge, welche sich das Gleichgewicht halten. Versuchen wir) diese Züge zu bestimmen. Jeder Zug hält den beiden andern das Gleichgewicht. Den Zug *OY* ersetzen wir (nach dem Stevin'schen Princip) durch zwei rechtwinkelige Züge nach *Ou* (der Verlängerung von *OX*) und senkrecht dazu nach *Ov*. Ebenso zerlegen wir den Zug *OZ* nach *Ou* und *Ow*. Die Summe der Züge nach *Ou* muss dem Zuge *OX* das Gleichgewicht halten, während die Züge nach *Ov* und *Ow* sich zerstören müssen. Nehmen wir letztere gleich und entgegengesetzt, stellen sie durch *Om*, *On* dar, so bestimmen sich dadurch die Componenten *Op*, *Oq* parallel *Ou*, sowie die Züge *Or*, *Os*. Die Summe *Op* + *Oq* ist gleich und entgegengesetzt dem Zuge nach *OX*. Ziehen wir *st* parallel *OY*,

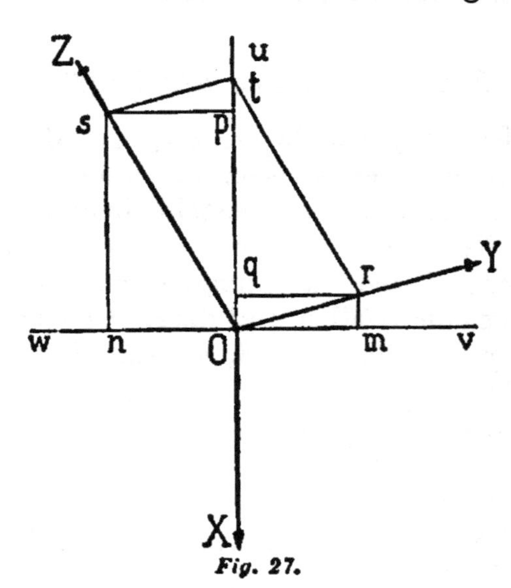

Fig. 27.

oder rt parallel OZ, so schneiden beide Linien das Stück $Ot = Op + Oq$ ab, und damit ist das allgemeinere Princip des Kräftenparallelogramms gefunden.

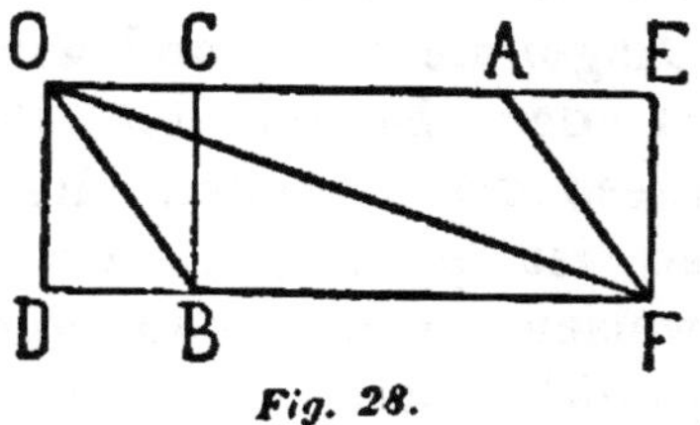

Fig. 28.

Noch auf eine andere Art kann man aus der Zusammensetzung rechtwinkeliger Kräfte die allgemeinere Zusammensetzung ableiten. Es seien OA und OB die beiden an O angreifenden Kräfte. Wir ersetzen OB durch eine parallel zu OA wirkende Kraft OC und eine zu OA senkrechte OD. Dann wirken für OA und OB die beiden Kräfte $OE = OA + OC$ und OD, deren Resultirende OF zugleich auch die Diagonale des über OA, OB construirten Parallelogramms $OAFB$ ist.

3. Der Satz des Kräftenparallelogramms stellt sich, wenn man auf dem Wege Stevin's zu demselben gelangt, als etwas indirect Gefundenes dar. Er zeigt sich als eine Folge und als Bedingung bekannter Thatsachen. Man sieht aber nur, dass er besteht, noch nicht warum er besteht, d. h. man kann ihn nicht (wie in der Dynamik) auf noch einfachere Sätze zurückführen. In der Statik gelangte der Satz zu eigentlicher Geltung auch erst durch Varignon, als die Dynamik, welche direct zu dem Satze führt, bereits so weit fortgeschritten war, dass eine Entlehnung desselben ohne Schwierigkeit stattfinden konnte. Der Satz des Kräftenparallelogramms wurde zuerst von Newton in seinen „Principien der Naturphilosophie" klar ausgesprochen. Im selben Jahre hat auch Varignon unabhängig von Newton in einem der Pariser Akademie vorgelegten, aber erst nach Varignon's Tode gedruckten Werke den Satz ausgesprochen, und mit Hülfe eines geometrischen Theorems zur Verwendung gebracht.

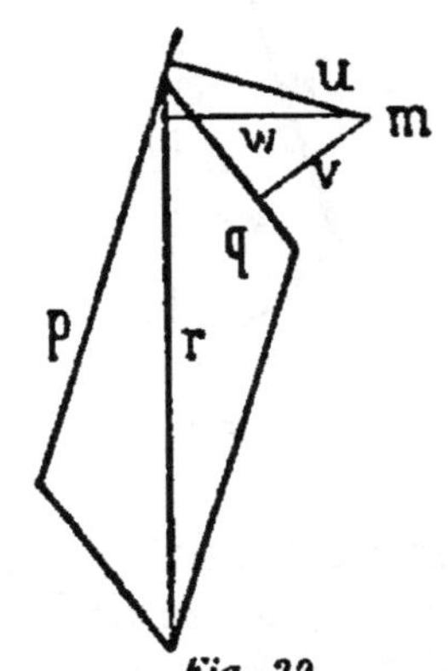

Fig. 29.

Der geometrische Satz ist folgender: Wenn wir ein Parallelogramm betrachten, dessen Seiten p und q, dessen Diagonale r ist, und wir ziehen von irgendeinem Punkte m der Ebene des Parallelogramms Senkrechte auf diese drei Geraden, die wir mit u, v und w bezeichnen, so ist $p \cdot u + q \cdot v = r \cdot w$. Dies ist leicht nachzuweisen, wenn man von m aus Gerade zu den Endpunkten der Diagonale und der Parallelogrammseiten zieht, und die Flächen der so entstandenen Dreiecke betrachtet, welche den Hälften jener Producte entsprechen. Wenn man m in das Parallelelogramm hineinlegt, und jetzt Senkrechte zieht, so übergeht der Satz in die Form: $p \cdot u - q \cdot v = r \cdot w$. Fällt endlich m in die Richtung der Diagonale und ziehen wir jetzt Senkrechte, so ist, da die Senkrechte auf die Diagonale die Länge Null hat: $p \cdot u - q \cdot v = o$ oder $p \cdot u = q \cdot v$.

Mit Hülfe der Bemerkung, dass die Kräfte den von ihnen in gleichen Zeiten hervorgebrachten Bewegungen

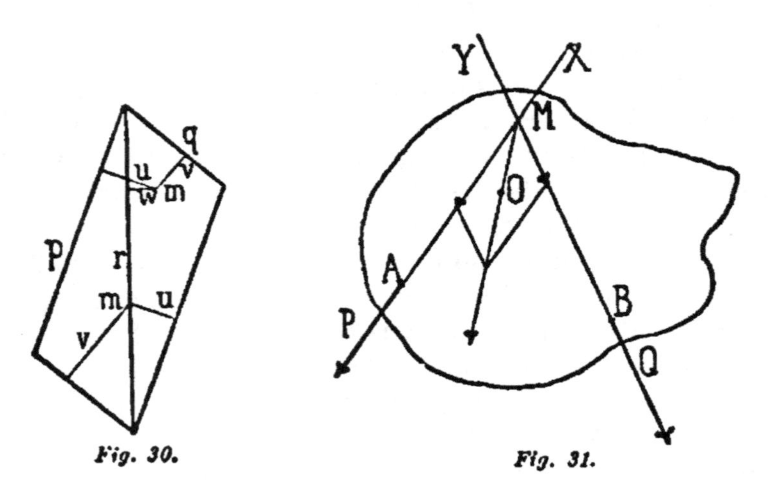

Fig. 30. Fig. 31.

proportionirt sind, gelangt Varignon leicht von der Zusammensetzung der Bewegungen zur Zusammensetzung der Kräfte. Kräfte, welche auf einen Punkt wirkend, der Grösse und Richtung nach durch die Parallelogrammseiten dargestellt werden, sind durch eine Kraft ersetzbar, welche in gleicher Weise durch die Diagonale des Parallelogramms dargestellt ist.

Stellen nun in dem obigen Parallelogramm p, q die zusammenwirkenden Kräfte (Componenten) und r die Kraft vor, welche beide zu ersetzen vermag (die Resultirende), so heissen die Producte pu, qv, rw Momente dieser Kräfte in Bezug auf den Punkt m. Liegt der Punkt m in der Richtung der Resultirenden, so sind für ihn die beiden Momente pu und qv einander gleich.

4. Mit Hülfe dieses Satzes kann nun Varignon die Maschinen in viel einfacherer Weise behandeln, als dies seine Vorgänger zu thun vermochten. Betrachten wir z. B. einen starren Körper (Fig. 31), der um eine durch O hindurchgehende Axe drehbar ist. Wir legen zu derselben eine senkrechte Ebene, und wählen darin zwei Punkte A, B, an welchen in der Ebene die Kräfte P, Q angreifen. Wir erkennen mit Varignon, dass die Wirkung der Kräfte nicht geändert wird, wenn die Angriffspunkte derselben in der Kraftrichtung verschoben werden, da ja alle Punkte derselben Richtung miteinander in starrer Verbindung sind und einer den andern drückt und zieht. Demnach können wir P irgendwo in der Richtung AX, Q irgendwo in der Richtung BY, also auch im Durchschnittspunkte M angreifen lassen. Wir construiren mit den nach M verschobenen Kräften ein Parallelogramm und ersetzen die Kräfte durch deren Resultirende. Auf die Wirkung derselben kommt es nun allein an. Greift sie an beweglichen Punkten an, so besteht kein Gleichgewicht. Geht aber deren Richtung durch die Axe, durch den Punkt O hindurch, welcher nicht beweglich ist, so kann auch keine Bewegung eintreten, es besteht Gleichgewicht. Im letztern Falle ist nun O ein Punkt der Resultirenden, und wenn wir von demselben auf die Richtungen der Kräfte p, q die Senkrechten u und v fällen, so ist nach dem erwähnten Satze $p \cdot u = q \cdot v$. Wir haben hiermit das

Hebelgesetz aus dem Satze des Kräftenparallelogramms abgeleitet.

In ähnlicher Weise erklärt Varignon andere Gleichgewichtsfälle aus der Aufhebung der Resultirenden durch irgendein Hinderniss. An der schiefen Ebene z. B. besteht Gleichgewicht, wenn die Resultirende senkrecht gegen die Ebene ausfällt. Die ganze Statik Varignon's ruht in der That auf dynamischer Grundlage, sie ist für ihn ein specieller Fall der Dynamik. Immer schwebt ihm der allgemeinere dynamische Fall vor und er beschränkt sich in der Untersuchung freiwillig auf den Gleichgewichtsfall. Wir haben es mit einer dynamischen Statik zu thun, wie sie nur nach den Untersuchungen von Galilei möglich war. Nebenbei sei bemerkt, dass von Varignon die meisten der Sätze und Betrachtungsweisen herrühren, welche die Statik der heutigen Elementarbücher ausmachen.

5. Wie wir gesehen haben, können auch rein statische Betrachtungen zum Satze des Kräftenparallelogramms führen. In speciellen Fällen lässt sich der Satz auch sehr leicht bestätigen. Man erkennt z. B. ohne weiteres, dass eine beliebige Anzahl gleicher, in einer Ebene auf einen Punkt (ziehend oder drückend) wirkender Kräfte, von welchen je zwei aufeinanderfolgende gleiche Winkel einschliessen, sich das Gleichgewicht halten. Lassen wir z. B. auf den Punkt O die drei gleichen Kräfte OA, OB, OC unter Winkeln von 120° angreifen, so halten je zwei der dritten das Gleichgewicht. Man sieht sofort, dass die Resultirende von OA und OB der OC gleich und entgegengesetzt ist. Sie wird durch OD dargestellt und ist zugleich die Diagonale des Parallelogramms $OADB$, wie sich leicht daraus ergibt, dass der Kreisradius zugleich die Sechseckseite ist.

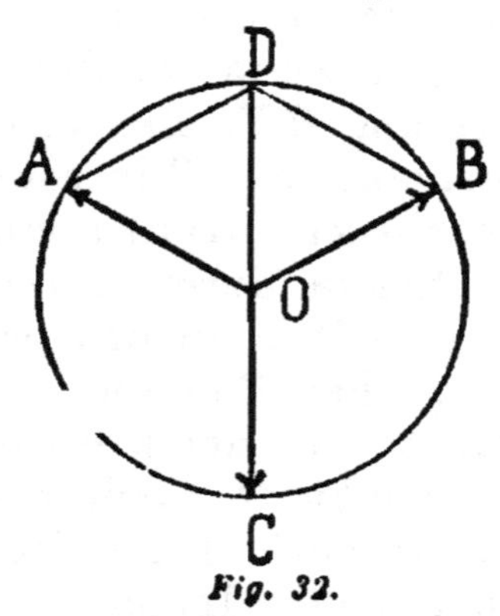

Fig. 32.

6. Fallen die zusammenwirkenden Kräfte in dieselbe oder in die entgegengesetzte Richtung, so entspricht die Resultirende der Summe oder der Differenz der Componenten. Beide Fälle erkennt man ohne Schwierigkeit als Specialfälle des Satzes vom Kräftenparallelogramm. Denkt man sich in den beiden Zeichnungen (Fig. 33) den Winkel AOB allmählich zu dem Werthe $0°$, den Winkel $A'O'B'$ zu dem Werthe $180°$ übergeführt, so erkennt man, dass OC in $OA + AC = OA + OB$ und $O'C'$ in $O'A' - A'C' = O'A' - O'B'$ übergeht. Der Satz des Kräftenparallelogramms enthält also die Sätze schon in sich, welche gewöhnlich als besondere Sätze demselben vorausgeschickt werden.

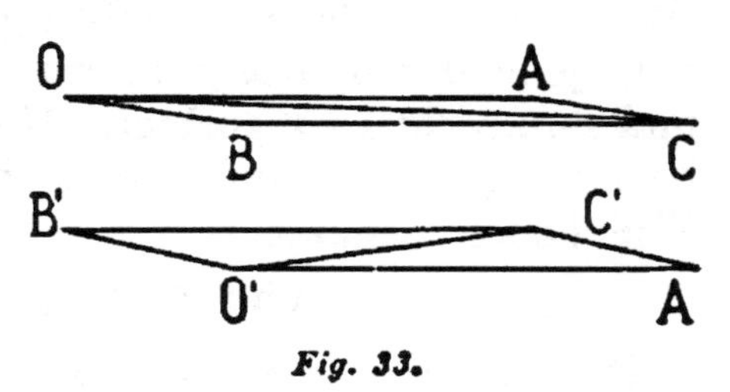

Fig. 33.

7. Der Satz des Kräftenparallelogramms stellt sich in der Form, in welcher derselbe von Newton und Varignon gegeben wird, deutlich als ein Erfahrungssatz dar. Ein von zwei Kräften ergriffener Punkt führt zwei voneinander unabhängige Bewegungen mit den Kräften proportionalen Beschleunigungen aus. Darauf gründet sich die Parallelogrammconstruction. Daniel Bernoulli war nun der Meinung, dass der Satz des Kräftenparallelogramms eine geometrische (von physikalischen Erfahrungen unabhängige) Wahrheit sei. Er versuchte auch einen geometrischen Beweis zu liefern, dessen Hauptpunkte wir in Augenschein nehmen wollen, da die Bernoulli'sche Ansicht noch immer nicht ganz verschwunden ist.

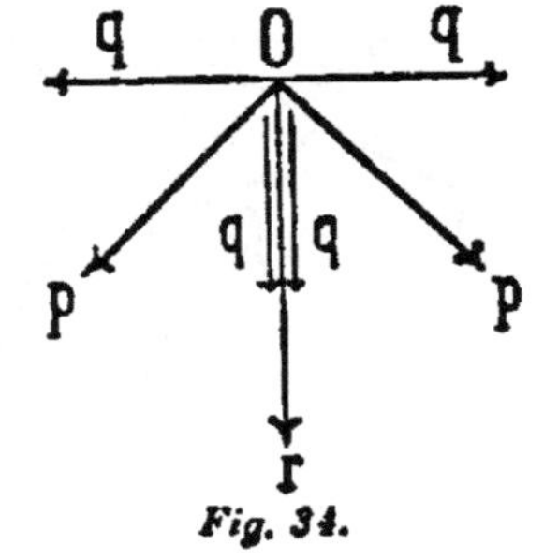

Fig. 34.

Wenn zwei gleiche Kräfte, deren Richtungen einen rechten Winkel einschliessen, auf einen Punkt wirken, so kann nach Bernoulli kein Zweifel obwalten, dass die Halbirungslinie des Winkels (nach dem Symmetrieprincip) die Richtung der Resultirenden r sei. Um auch die Grösse derselben geometrisch zu bestimmen, wird jede der Kräfte p in zwei gleiche Kräfte q parallel und senkrecht zu r zerlegt. Hierbei ist nun die Grössenbeziehung von p und q dieselbe wie jene von r und p. Wir haben demnach:

$$p = \mu \cdot q \text{ und } r = \mu p, \text{ folglich } r = \mu^2 q.$$

Da sich aber die zu r senkrechten Kräfte q heben, die zu r parallelen aber die Resultirende vorstellen, so ist auch

$$r = 2q, \text{ also } \mu = \sqrt{2}, \text{ und } r = \sqrt{2} \cdot p.$$

Die Resultirende wird also auch der Grösse nach durch die Diagonale des über p als Seite construirten Quadrats dargestellt.

Analog lässt sich die Grösse der Resultirenden für rechtwinkelige ungleiche Componenten bestimmen. Hier ist aber über die Richtung der Resultirenden r von vornherein nichts bekannt. Zerlegt man die Componenten p, q parallel und senkrecht zu der noch unbestimmten Richtung r in die Kräfte u, s beziehungsweise v, t, so bilden die neuen Kräfte mit den Componenten p, q dieselben Winkel, welche p, q mit r einschliessen. Es sind dadurch auch folgende Grössenbeziehungen bestimmt:

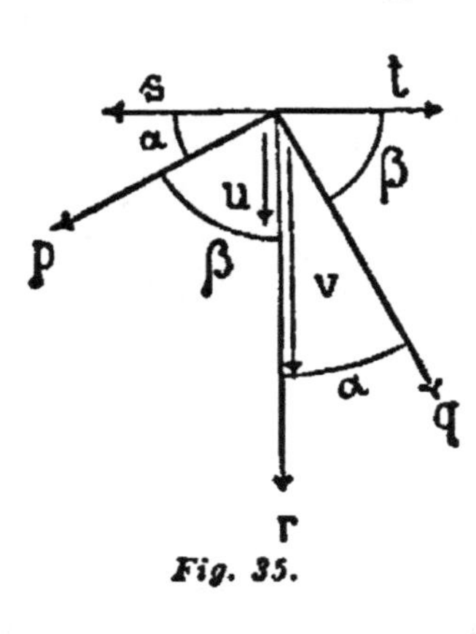

Fig. 35.

$$\frac{r}{p} = \frac{p}{u} \text{ und } \frac{r}{q} = \frac{q}{v},$$

$$\frac{r}{q} = \frac{p}{s} \text{ und } \frac{r}{p} = \frac{q}{t},$$ aus welchen zwei letztern Gleichungen folgt

$$s = t = \frac{pq}{r}.$$

Andererseits ist aber auch

$$r = u + v = \frac{p^2}{r} + \frac{q^2}{r} \text{ oder}$$

$$r^2 = p^2 + q^2.$$

Die Diagonale des über p und q construirten Rechtecks stellt also die Grösse der Resultirenden vor.

Für alle Rhomben ist nun die Richtung, für alle Rechtecke die Grösse der Resultirenden, für das Quadrat die Grösse und Richtung bestimmt. Bernoulli löst dann die Aufgabe, zwei unter einem Winkel wirkende gleiche Kräfte durch andere gleiche, unter einem andern Winkel wirkende äquivalente Kräfte zu ersetzen, und gelangt schliesslich durch umständliche und auch mathematisch nicht ganz einwurfsfreie Betrachtungen, die Poisson später verbessert hat, zu dem allgemeinen Satz.

8. Betrachten wir nun die physikalische Seite der Sache. Der Satz des Kräftenparallelogramms war Bernoulli als ein Erfahrungssatz bereits bekannt. Was Bernoulli thut, besteht also darin, dass er sich vor sich selbst unwissend stellt und den Satz aus möglichst wenigen Voraussetzungen herauszuphilosophiren sucht. Diese Arbeit ist keineswegs sinnlos und zwecklos. Im Gegentheil, man findet durch dieses Verfahren, wie wenige und wie unscheinbare Erfahrungen den Satz schon geben. Nur darf man nicht wie Bernoulli sich selbst täuschen, man muss sich alle Voraussetzungen gegenwärtig halten, und darf keine Erfahrung übersehen, die man unwillkürlich verwendet. Welche Voraussetzungen liegen nun in Bernoulli's Ableitung?

9. Die Statik kennt die Kraft zunächst nur als einen Zug oder Druck, der stets, woher er auch stammen mag, durch den Zug oder Druck eines Gewichtes ersetzt werden kann. Alle Kräfte können als gleichartige Grössen betrachtet und durch Gewichte gemessen werden. Die Erfahrung lehrt ferner, dass das Gleichgewichts- oder Bewegungsbestimmende einer Kraft nicht nur in deren Grösse, sondern auch in deren Richtung liegt, welche durch die Richtung der eintretenden Bewegung, durch die Richtung einer gespannten Schnur u. s. w. kenntlich wird. Andern ebenfalls durch die physikalische Erfahrung gegebenen

Dingen, wie der Temperatur, der Potentialfunction, können wir wol Grösse, aber keine Richtung zuschreiben. Dass an einer einen Punkt ergreifenden Kraft Grösse und Richtung maassgebend ist, ist schon eine wichtige, wenn auch unscheinbare Erfahrung.

Wenn die Grösse und Richtung der einen Punkt ergreifenden Kräfte allein maassgebend ist, so erkennt man, dass zwei gleiche entgegegesetzte Kräfte im Gleichgewicht sind, weil sie keine Bewegung eindeutig bestimmen können. Auch senkrecht zu ihrer Richtung kann eine Kraft p eine Bewegungswirkung nicht eindeutig bestimmen. Ist aber eine Kraft p schief gegen eine andere Richtung ss' (Fig. 36), so kann sie nach derselben eine Bewegung bestimmen. Allein nur die Erfahrung kann lehren, dass die Bewegung nach $s's$ und nicht nach ss' bestimmt ist, also nach der Seite des spitzen Winkels oder nach der Seite hin, nach welcher p auf $s's$ eine Projection ergibt.

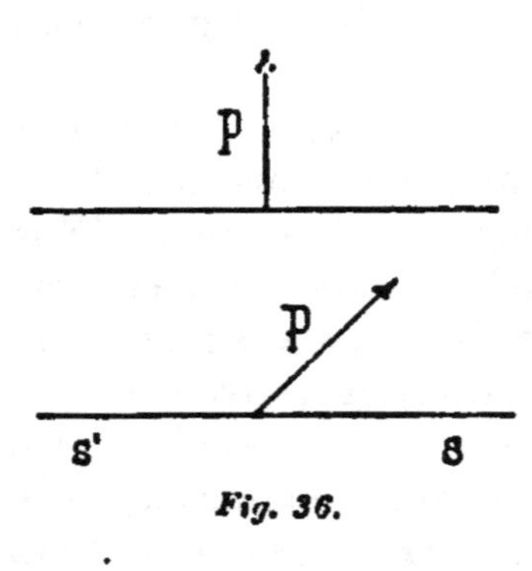

Fig. 36.

Diese letztere Erfahrung wird nun gleich zu Anfang von Bernoulli benutzt. Der Sinn der Resultirenden zweier gleicher zueinander rechtwinkeliger Kräfte lässt sich nämlich nur auf Grund dieser Erfahrung angeben. Aus dem Symmetrieprincip folgt nämlich nur, dass die Resultirende in die Ebene der Kräfte und in die Halbirungslinie des Winkels, nicht aber dass sie in den spitzen Winkel hineinfällt. Gibt man aber diese Bestimmung auf, so ist die ganze Beweiserei schon vor dem Beginn zu Ende.

10. Wenn wir uns überzeugt haben, dass wir den Einfluss der Richtung einer Kraft überhaupt nur aus der Erfahrung kennen, so werden wir noch weniger glauben, dass wir die Art dieses Einflusses auf einem andern Wege zu ermitteln vermögen. Dass eine Kraft

p nach einer Richtung s, welche mit ihrer eigenen den Winkel α einschliesst, so wirkt, wie eine Kraft $p \cos \alpha$ in der Richtung s, was mit dem Satz des Kräftenparallelogramms gleichbedeutend ist, kann man nicht errathen. Auch Bernoulli wäre dies nicht im Stande gewesen. Er verwendet aber in kaum merklicher Weise Erfahrungen, welche dieses mathematische Verhältniss schon mitbestimmen.

Derjenige, welchem die Zusammensetzung und Zerlegung der Kräfte bereits geläufig ist, weiss, dass mehrere an einem Punkt angreifende Kräfte in ihrer Wirkung in jeder Beziehung und nach jeder Richtung durch eine Kraft ersetzt werden können. In Bernoulli's Beweisverfahren spricht sich diese Kenntniss darin aus, dass die Kräfte p, q als solche betrachtet werden, welche die Kräfte s, u, und t, v vollständig, sowol nach der Richtung r als auch nach jeder andern Richtung zu ersetzen vermögen. Ebenso wird r als ein Aequivalent von p und q betrachtet. Es wird ferner als gleichgültig angesehen, ob man s, u, t, v zuerst nach den Richtungen p, q, und p, q alsdann nach der Richtung r schätzt, oder ob s, u, t, v direct nach der Richtung r geschätzt werden. Das kann aber nur derjenige wissen, der schon eine sehr ausgedehnte Erfahrung über die Zusammensetzung und Zerlegung der Kräfte gewonnen hat. Am einfachsten gelangt man zu dieser Kenntniss, wenn man weiss, dass eine Kraft p nach einer Richtung, welche den Winkel α mit ihrer eigenen einschliesst, mit dem Betrage $p \cdot \cos \alpha$ wirkt. Thatsächlich ist man auch auf diesem Wege zu dieser Einsicht gelangt.

In einer Ebene mögen die Kräfte $P, P', P'' \ldots$ unter den Winkeln $\alpha, \alpha', \alpha'' \ldots$ gegen eine gegebene Richtung X an einem Punkt angreifen. Dieselben sollen ersetzbar sein durch eine Kraft Π, welche irgendeinen Winkel μ mit X einschliesst. Nach dem bekannten Princip hat man dann

$$\Sigma P \cdot \cos \alpha = \Pi \cos \mu.$$

Soll Π der Ersatz für das Kraftsystem bleiben, welche Richtung auch X annimmt, wenn es um den beliebigen Winkel δ gedreht wird, so ist ferner

$$\Sigma P \cos(\alpha + \delta) = \Pi \cos(\mu + \delta),$$

oder

$$(\Sigma P \cos\alpha - \Pi \cos\mu) \cos\delta - (\Sigma P \sin\alpha - \Pi \sin\mu) \sin\delta = 0.$$

Setzen wir

$$\Sigma P \cos\alpha - \Pi \cos\mu = A,$$

$$-(\Sigma P \sin\alpha - \Pi \sin\mu) = B,$$

$$\operatorname{tang}\tau = \frac{B}{A},$$

so folgt

$$A \cos\delta + B \sin\delta = \sqrt{A^2 + B^2} \sin(\delta + \tau) = 0,$$

welche Gleichung für jedes δ nur bestehen kann, wenn

$$A = \Sigma P \cos\alpha - \Pi \cos\mu = 0$$

und

$$B = (\Sigma P \sin\alpha - \Pi \sin\mu) = 0 \text{ ist.}$$

Hieraus ergibt sich

$$\Pi \cos\mu = \Sigma P \cos\alpha$$

$$\Pi \sin\mu = \Sigma P \sin\alpha.$$

Aus diesen Gleichungen folgen für Π und μ die bestimmten Werthe

$$\Pi = \sqrt{[(\Sigma P \sin\alpha)^2 + (\Sigma P \cos\alpha)^2]}$$

und

$$\operatorname{tang}\mu = \frac{\Sigma P \sin\alpha}{\Sigma P \cos\alpha}.$$

Kann man also die Wirkung einer Kraft in einer gegebenen Richtung durch die Projection auf diese Richtung messen, so ist wirklich jedes an einem Punkt angreifende Kraftsystem durch eine Kraft von bestimmter Grösse und Richtung ersetzbar. Die angestellten Betrachtungen lassen sich aber nicht ausführen, wenn man an die Stelle von $\cos\alpha$ irgendeine allgemeine Winkelfunction $\varphi(\alpha)$ setzt. Thut man aber dies, und betrachtet gleichwol die Resultirende als eine bestimmte, so ergibt sich, wie z. B. aus Poisson's Ableitung ersichtlich ist, für $\varphi(\alpha)$ die Form $\cos\alpha$. Die Erfahrung, dass mehrere auf einen Punkt wirkende Kräfte in jeder Beziehung stets durch eine ersetzbar sind, ist also mathematisch gleichwerthig mit dem Princip des Kräftenparallelogramms oder mit dem Projectionsprincip. Das Parallelogramm- oder Projectionsprincip ist aber viel leichter durch Beobachtung zu gewinnen, als jene allgemeinere Erfahrung durch statische Beobachtungen gewonnen werden kann. Wirklich ist auch das Parallelogrammprincip früher gewonnen worden. Es würde auch ein beinahe übermenschlicher Scharfsinn dazu gehören, aus der allgemeinen Ersetzbarkeit mehrerer Kräfte durch eine, ohne Leitung durch anderweitige Kenntniss des Sachverhaltes, das Parallelogrammprincip mathematisch zu folgern. An Bernoulli's Ableitung setzen wir demnach aus, dass das leichter Beobachtbare auf das schwerer Beobachtbare zurückgeführt wird. Darin liegt ein Verstoss gegen die Oekonomie der Wissenschaft. Ausserdem täuscht sich Bernoulli darin, dass er meint, überhaupt von keiner Beobachtung auszugehen.

Wir müssen noch die Bemerkung hinzufügen, dass auch die Unabhängkeit der Kräfte voneinander, welche sich in dem Princip der Zusammensetzung ausspricht, eine Erfahrung ist, welche von Bernoulli fortwährend stillschweigend verwendet wird. Solange wir mit regelmässigen oder symmetrischen Kraftsystemen zu thun haben, in welchen jede Kraft gleichwerthig ist, kann jede von den übrigen auch im Falle einer gegenseitigen Abhängigkeit nur in derselben Weise beeinflusst werden. Schon bei drei Kräften, von welchen zwei zur dritten symmetrisch sind, wird die Betrachtung sehr schwierig, sobald man die Möglichkeit einer gegenseitigen Abhängigkeit der Kräfte zugibt.

11. Sobald man direct oder indirect zu dem Princip

des Kräftenparallelogramms geführt worden ist, und dasselbe erschaut hat, ist dasselbe so gut eine Beobachtung, als jede andere. Ist die Beobachtung neu, so geniesst sie selbstverständlich noch nicht das Vertrauen wie alte, vielfach erprobte Beobachtungen. Man sucht dann die neue Beobachtung durch die alten zu stützen und ihre Uebereinstimmung nachzuweisen. Nach und nach wird die neue Beobachtung den ältern ebenbürtig. Es ist dann nicht mehr nöthig, jene fortwährend auf diese zurückzuführen. Eine solche Ableitung ist nur

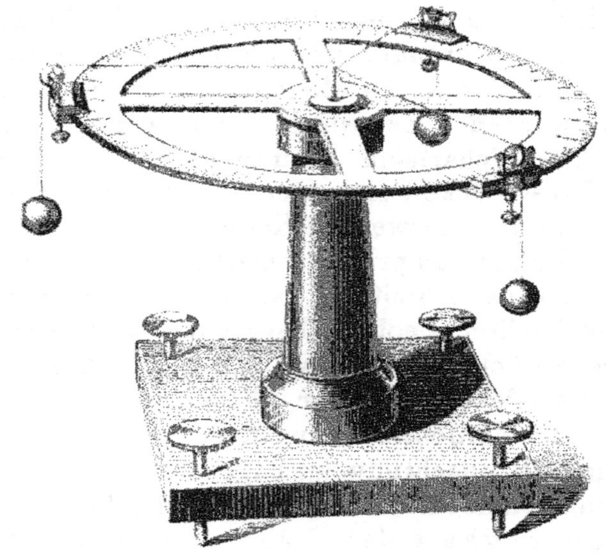

Fig. 37.

dann zweckmässig, wenn hierbei schwer unmittelbar zu gewinnende Beobachtungen auf einfachere und leichter zu gewinnende zurückgeführt werden können, wie dies mit dem Princip des Kräftenparallelogramms in der Dynamik geschieht.

12. Man hat den Satz des Kräftenparallelogramms auch durch besonders zu diesem Zwecke angestellte Versuche veranschaulicht. Eine hierzu sehr geeignete Vorrichtung ist von Cauchy angegeben worden. Der Mittelpunkt eines horizontalen getheilten Kreises (Fig. 37) ist

durch eine Spitze bezeichnet. Drei miteinander verknüpfte Fäden f, f', f'' sind über Rollen r, r', r'' gelegt, welche an einer beliebigen Stelle des Kreisumfanges festgestellt werden können, und werden durch Gewichte p, p', p'' belastet. Wenn z. B. drei gleiche Gewichte aufgelegt, und die Rollen auf die Theilungspunkte 0, 120, 240 gestellt sind, so stellt sich der Knotenpunkt der Fäden auf den Kreismittelpunkt ein. Drei gleiche Kräfte unter Winkeln von 120° sind also im Gleichgewicht.

Will man einen andern Fall darstellen, so kann man auf folgende Art verfahren. Man denkt sich zwei beliebige Kräfte p, q unter einem beliebigen Winkel α, stellt dieselben durch Linien dar und construirt über denselben als Seiten ein Parallelogramm. Man fügt ferner eine der Resultirenden r gleiche und entgegengesetzte Kraft hinzu. Die drei Kräfte $p, q, -r$ halten sich unter den aus der Construction ersichtlichen Winkeln das Gleichgewicht. Man stellt die Rollen des getheilten Kreises auf die Theilungspunkte $o, \alpha, \alpha + \beta$, und belastet die zugehörigen Fäden mit den Gewichten p, q, r. Der Verknüpfungspunkt stellt sich auf den Kreismittelpunkt ein.

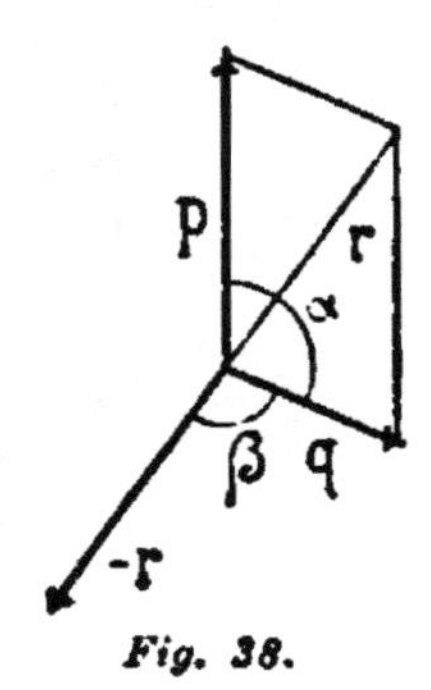

Fig. 38.

4. *Das Princip der virtuellen Verschiebungen.*

1. Wir gehen nun zur Besprechung des Princips der virtuellen (möglichen) Verschiebungen über. Die Gültigkeit dieses Princips wurde zuerst von Stevin zu Ende des 16. Jahrhunderts bei Untersuchung des Gleichgewichts der Rollen und Rollensysteme bemerkt. Zunächst behandelt Stevin die Rollensysteme in der noch jetzt gewöhnlichen Weise. In dem Falle *a* (Fig. 39) herrscht aus bereits bekannten Gründen Gleichgewicht bei beiderseits gleicher Belastung *P*. Bei *b* hängt das Gewicht *P* an zwei parallelen Schnüren, deren jede also das Ge-

wicht $\frac{P}{2}$ trägt, womit im Gleichgewichtsfalle auch das freie Ende der Schnur belastet sein muss. Bei *c* hängt *P* an sechs Schnüren, und die Belastung des freien Endes mit $\frac{P}{6}$ stellt das Gleichgewicht her. Bei *d*, bei dem sogenannten Archimedes'schen oder Potenzflaschenzug, hängt *P* zunächst an zwei Schnüren, deren jede $\frac{P}{2}$ trägt, die eine von beiden hängt wieder an zwei

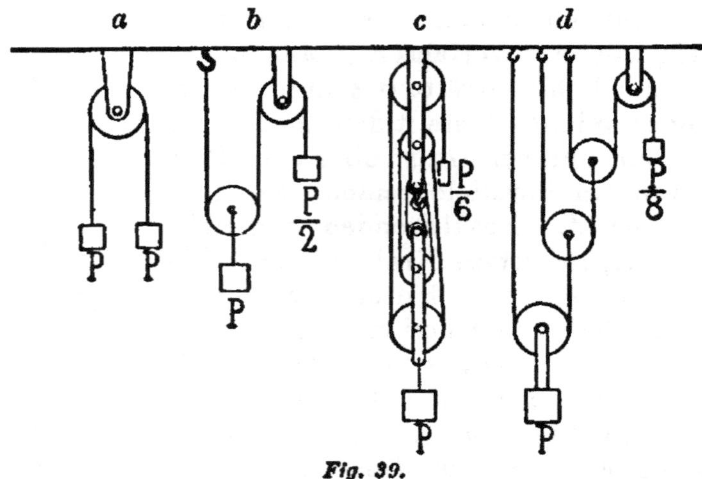

Fig. 39.

Schnüren u. s. w., sodass das freie Ende durch die Belastung $\frac{P}{8}$ im Gleichgewicht erhalten wird. Ertheilt man diesen Rollensystemen Verschiebungen, bei welchen das Gewicht *P* um die Höhe *h* sinkt, so bemerkt man, dass wegen der Anordnung der Schnüre

in *a* das Gegengewicht	P	um	die	Höhe	h	steigt.
„ *b*	$\frac{P}{2}$	„	„	„	$2h$	
	$\frac{P}{6}$	„	„	„	$6h$	
„ *d*	$\frac{P}{8}$	„	„	„	$8h$	

Im Gleichgewichtsfalle sind also an einem Rollensystem die Producte aus den Gewichten und den zugehörigen Verschiebungsgrössen beiderseits gleich. („Ut spatium agentis ad spatium patientis, sic potentia patientis ad potentiam agentis", Stevini, „Hypomnemata", T. IV, lib. 3, p. 172.) In dieser Bemerkung liegt nun der Keim des Princips der virtuellen Verschiebungen.

2. Galilei hat bei einer andern Gelegenheit, bei Untersuchung des Gleichgewichts auf der schiefen Ebene, die Gültigkeit des Princips erkannt, und auch schon eine etwas allgemeinere Form desselben gefunden. Auf einer schiefen Ebene, deren Länge AB der doppelten Höhe BC gleich ist, wird eine auf AB liegende Last Q durch die längs der Höhe BC wirkende Last P im Gleichgewicht gehalten, wenn $P = \frac{Q}{2}$ ist. Wird der ganze Apparat in Bewegung gesetzt, so sinkt etwa $P = \frac{Q}{2}$ um die Höhe h, und um dieselbe Strecke h steigt Q auf der Länge AB auf. Indem nun Galilei die Erscheinung auf sich wirken lässt, erkennt er, dass das Gleichgewicht nicht nur durch die Gewichte, sondern auch durch deren mögliche Annäherung und Entfernung von dem Erdmittelpunkt bestimmt ist. Während nämlich $\frac{Q}{2}$ längs der Höhe um h sinkt, steigt Q längs der Länge um h, in verticalem Sinne aber nur um $\frac{h}{2}$ auf, so zwar, dass die Producte $Q \cdot \frac{h}{2}$ und $\frac{Q}{2} \cdot h$ beiderseits gleich ausfallen. Man kann kaum genug hervorheben, wie aufklärend die Bemerkung Galilei's ist, und welches Licht sie verbreitet. Dabei ist die Bemerkung so na-

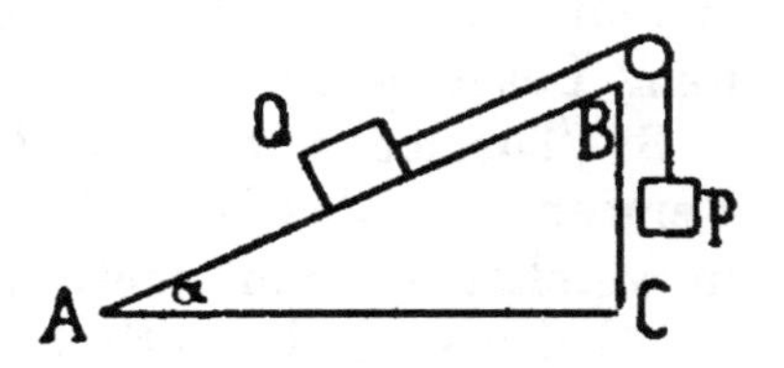

Fig. 40.

türlich und ungezwungen, dass man dieselbe gern acceptirt. Was kann einfacher erscheinen, als dass in einem System von schweren Körpern keine Bewegung eintritt, wenn im ganzen keine schwere Masse sinken kann. Das scheint uns instinctiv annehmbar.

Die Auffassung der schiefen Ebene durch Galilei erscheint uns viel weniger geistreich als die Stevin'sche, aber wir erkennen sie als natürlicher und tiefer. Darin zeigt sich Galilei als ein so grosser wissenschaftlicher Charakter, dass er den intellectuellen Muth hat, in einer längst untersuchten Sache mehr zu sehen als seine Vorgänger, und seiner Beobachtung zu vertrauen. Mit der ihm eigenen Offenheit gibt er seine Ansicht sammt den Motiven, die ihn zu derselben geführt haben, dem Leser preis.

3. Torricelli bringt das Galilei'sche Princip durch Verwendung des Begriffes „Schwerpunkt“ in eine Form, in welcher es dem Gefühl noch näher liegt, in welcher es übrigens gelegentlich auch schon von Galilei verwendet wird. Nach Torricelli besteht an einer Maschine Gleichgewicht, wenn bei Verschiebung derselben der Schwerpunkt der angehängten Lasten nicht sinken kann. Bei einer Verschiebung an der obigen schiefen Ebene sinkt z. B. P um die Strecke h, dafür steigt Q um $h \cdot \sin\alpha$ vertical auf. Soll der Schwerpunkt nicht sinken, so ist

$$\frac{P \cdot h - Q \cdot h \sin\alpha}{P + Q} = 0, \text{ oder } P \cdot h - Q \cdot h \sin\alpha = 0,$$

oder

$$P = Q \sin\alpha = Q \frac{BC}{AB}.$$

Stehen die Lasten in einem andern Verhältniss, so kann der Schwerpunkt bei einer oder der andern Verschiebung sinken, und es besteht kein Gleichgewicht. Wir erwarten instinctiv Gleichgewicht, wenn der Schwerpunkt eines Systems schwerer Körper nicht sinken kann. Es enthält aber der Torricelli'sche Ausdruck durchaus nicht mehr als der Galilei'sche.

4. So wie an den Rollensystemen und an der schiefen Ebene lässt sich die Gültigkeit des Princips der virtuellen Verschiebungen leicht auch an andern Maschinen, z. B. dem Hebel, dem Wellrad u. s. w. nachweisen. Am Wellrade z. B. mit den Radien R, r und den zugehörigen Lasten P, Q besteht bekanntlich Gleichgewicht, wenn $PR = Qr$. Dreht man das Wellrad um den Winkel α, so sinkt etwa P um $R\alpha$, und es steigt Q um $r\alpha$. Nach Stevin's und Galilei's Auffassung ist im Gleichgewichtsfall $P \cdot R\alpha = Q \cdot r\alpha$, welche Gleichung dasselbe besagt wie die obige.

5. Wenn wir ein System von schweren Körpern, an welchem Bewegung auftritt, vergleichen mit einem ähnlichen im Gleichgewicht befindlichen System, so drängt sich uns die Frage auf: Was ist das Unterscheidende beider Fälle? Worin liegt das Bewegungsbestimmende (Gleichgewichtstörende), welches in dem einen Falle vorhanden ist, in dem andern aber fehlt. Indem Galilei sich diese Frage stellte, erkannte er als bewegungsbestimmend nicht nur die Gewichte, sondern auch deren Falltiefen (deren verticale Verschiebungsgrössen). Nennen wir $P, P', P'' \ldots$ die Gewichte eines Systems schwerer Körper, und $h, h', h'' \ldots$ die zugehörigen verticalen, gleichzeitig möglichen Verschiebungsgrössen, wobei Verschiebungen abwärts positiv, Verschiebungen aufwärts negativ gerechnet werden. Galilei findet nun, dass in der Erfüllung der Bedingung $Ph + P'h' + P''h'' + \ldots = 0$ das Merkmal des Gleichgewichtsfalles liegt. Die Summe $Ph + P'h' + P''h'' + \ldots$ ist das Gleichgewichtstörende, das Bewegungsbestimmende. Man hat diese Summe ihrer Wichtigkeit wegen in neuerer Zeit mit dem besondern Namen Arbeit bezeichnet.

6. Während die ältern Forscher bei Vergleichung von Gleichgewichts- und Bewegungsfällen ihre Aufmerksamkeit auf die Gewichte und deren Abstände von der Drehaxe richteten, und die statischen Momente als maassgebend erkannten, beachtet Galilei die Gewichte und die Falltiefen und erkennt die Arbeit als

4*

maassgebend. Es kann natürlich dem Forscher nicht vorgeschrieben werden, auf welche Merkmale des Gleichgewichts er zu achten hat, wenn mehrere zur Auswahl vorliegen. Nur der Erfolg kann darüber entscheiden, ob er die richtige Wahl getroffen hat. So wenig man aber, wie wir gesehen haben, die Bedeutung der statischen Momente als etwas unabhängig von der Erfahrung Gegebenes, logisch Einleuchtendes darstellen darf, ebenso wenig darf dies mit der Arbeit geschehen. Pascal ist im Irrthum, und diesen Irrthum theilen manche moderne Forscher, wenn er bei Anwendung des Princips der virtuellen Verschiebungen auf die Flüssigkeiten sagt: „étant clair, que c'est la même chose de faire faire un pouce de chemin ä cent livres d'eau, que de faire faire cent pouces de chemin à une livre d'eau"... Das ist nur dann richtig, wenn man schon die Arbeit als maassgebend anerkennt, was nur die Erfahrung lehren kann.

Wenn wir einen gleicharmigen, beiderseits gleichbelasteten Hebel vor uns haben, so erkennen wir das Gleichgewicht desselben als die einzige eindeutig bestimmte Wirkung, ob wir nun die Gewichte und die Abstände, oder die Gewichte und die Falltiefen als bewegungsbestimmend ansehen. Diese oder ähnliche Erfahrungserkenntnisse müssen aber vorausgehen, wenn wir überhaupt ein Urtheil über den Fall haben sollen. Die Form der Abhängigkeit der Gleichgewichtsstörung von den angeführten Umständen, also die Bedeutung des statischen Momentes (PL) oder der Arbeit (Ph) kann man noch weniger herausphilosophiren als die Abhängigkeit überhaupt.

7. Wenn zwei gleiche Gewichte mit gleichen entgegengesetzten Verschiebungsgrössen einander gegenüberstehen, so erkennen wir das Bestehen des Gleichgewichts. Wir könnten nun versucht sein, den allgemeinern Fall der Gewichte P, P' mit den Verschiebungsgrössen h, h', wobei $Ph = P'h'$ ist, auf den einfachern zurückzuführen. Wir hätten z. B. die Gewichte $3P$

und $4P$ an einem Wellrade mit den Radien 4 und 3. Wir zerfällen die Gewichte in lauter gleiche Stücke von der Grösse P, die wir durch a, b, c, d, e, f, g bezeichnen. Nun führen wir a, b, c auf das Niveau $+3$, und d, e, f auf das Niveau -3. Diese Verschiebung werden die Gewichte weder von selbst eingehen, noch werden sie derselben widerstehen. Wir fassen jetzt

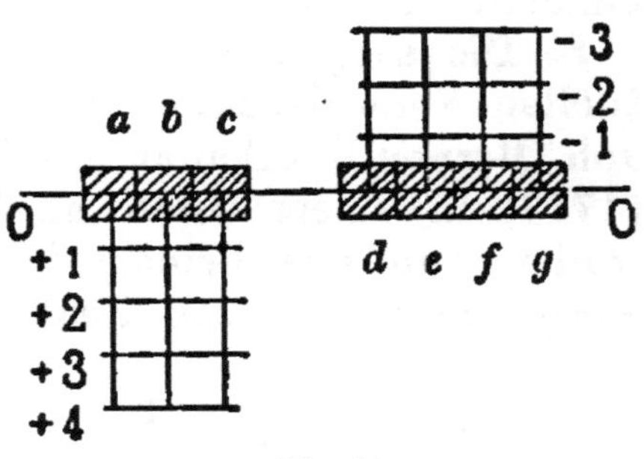

Fig. 41.

das Gewicht g auf dem Niveau 0 mit dem a auf $+3$ zusammen, schieben ersteres auf -1 und letzteres auf $+4$, dann in gleicher Weise g auf -2 und b auf $+4$, g auf -3 und c auf $+4$. Allen diesen Verschiebungen leisten die Gewichte keinen Widerstand, und bringen sie auch selbst nicht hervor. Schliesslich erscheinen aber a, b, c (oder $3P$) auf dem Niveau $+4$ und d, e, f, g (oder $4P$) auf dem Niveau -3. Auch diese Verschiebung bringen also die Gewichte nicht selbst hervor und widerstehen ihr auch nicht, d. h. bei diesem Verschiebungsverhältniss sind die Gewichte im Gleichgewicht. Die Gleichung $4 \cdot 3P - 3 \cdot 4P = 0$ ist also für das Gleichgewicht in diesem Fall charakteristisch. Die Verallgemeinerung ($Ph - P'h' = 0$) liegt auf der Hand.

Bei genügender Aufmerksamkeit erkennt man unschwer, dass man den Schluss nicht machen kann, wenn man nicht die Gleichgültigkeit der Ordnung der Operationen und des Ueberführungsweges voraussetzt, d. h. wenn man nicht die Arbeit schon als das Maassgebende erschaut hat. Man würde, den Schluss acceptirend, denselben Fehler machen, den Archimedes in seiner Ableitung des Hebelgesetzes begangen hat, wie dies genauer auseinandergesetzt worden ist, und in diesem Fall nicht ebenso ausführlich zu geschehen braucht. Nichtsdestoweniger ist die angeführte Ueberlegung insofern nützlich, als sie die Verwandtschaft der einfachen und der complicirten Fälle fühlbar macht.

8. Die allgemeine Bedeutung des Princips der virtuellen Verschiebungen für alle Gleichgewichtsfälle hat Joh. Bernoulli erkannt, und er hat seine Entdeckung (1717) in einem Briefe an Varignon mitgetheilt. Wir wollen nun das Princip in seiner allgemeinsten Form aussprechen. An den Punkten A, B, C.... mögen die Kräfte P, P', P'' .... angreifen. Wir ertheilen den Punkten irgendwelche unendlich kleine, mit der Natur der Verbindungen verträgliche (sogenannte virtuelle) Verschiebungen v, v', v''.... und bilden von denselben die Projectionen p, p', p''.... auf die Richtungen der Kräfte. Diese Projectionen betrachten wir als positiv, wenn sie in die Richtung der Kraft fallen, als negativ, wenn sie in die entgegengesetzte Richtung fallen. Die Producte $P \cdot p$, $P' \cdot p'$, $P'' \cdot p''$.... heissen virtuelle Momente und haben in den beiden eben erwähnten Fällen ein entgegengesetztes Zeichen. Das Princip sagt nun, dass für den Fall des Gleichgewichts $P \cdot p + P' \cdot p' + P'' \cdot p'' + \ldots = 0$, oder kürzer $\Sigma P \cdot p = 0$.

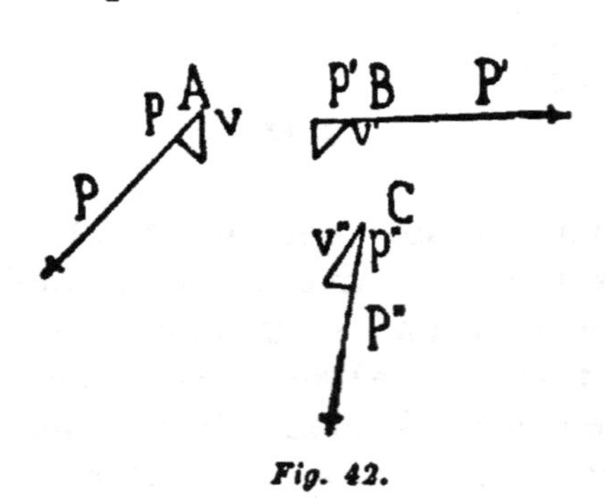

Fig. 42.

9. Gehen wir nun auf einige Punkte näher ein. Vor Newton dachte man sich unter einer Kraft fast immer nur den Zug oder Druck eines schweren Körpers. Alle mechanischen Untersuchungen dieser Zeit beschäftigen sich fast nur mit schweren Körpern. Als nun in der Newton'schen Zeit die Verallgemeinerung des Kraftbegriffes eintrat, konnte man alle für schwere Körper bekannte mechanischen Sätze sofort auf beliebige Kräfte übertragen. Man konnte sich jede Kraft durch den

Zug eines schweren Körpers an einer Schnur ersetzen. In diesem Sinne kann man auch das zunächst nur für schwere Körper gefundene Princip der virtuellen Verschiebungen auf beliebige Kräfte anwenden.

Virtuelle Verschiebungen nennt man solche, welche mit der Natur der Verbindungen des Systems und miteinander verträglich sind. Wenn z. B. die beiden Systempunkte A und B, an welchen Kräfte angreifen, durch einen rechtwinkeligen, um C drehbaren Winkelhebel verbunden sind, so sind für $CB = 2CA$ alle virtuellen Verschiebungen von B und A stets Kreisbogenelemente, welche zu C als Mittelpunkt gehören, die Verschiebungen von B sind stets doppelt so gross als jene von A, und beide stets zueinander senkrecht. Sind die Punkte AB durch einen Faden von der Länge l verbunden, welcher durch die festen Ringe C und D hindurchgleiten kann, so sind alle jene Verschiebungen von A und B virtuell, bei welchen sich diese Punkte auf oder innerhalb zweier, mit den Radien r_1 und r_2 um C und D (als Mittelpunkte) beschriebenen Kugelflächen bewegen, wobei $r_1 + r_2 + CD = l$.

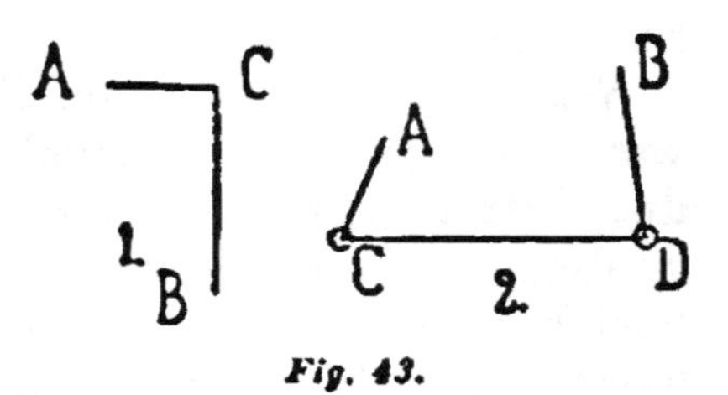

Fig. 43.

Die Anwendung der *unendlich kleinen* Verschiebungen, statt der *endlichen* von Galilei betrachteten, rechtfertigt sich durch folgende Bemerkung. Wenn zwei Gewichte an der schiefen Ebene im Gleichgewicht sind, so wird dieses nicht gestört, wenn die Ebene, wo sie mit den Körpern nicht in unmittelbarer Berührung ist, in eine Fläche von anderer Form übergeht. Es kommt also auf die augenblickliche Verschiebbarkeit bei der augenblicklichen Conformation des Systems an.

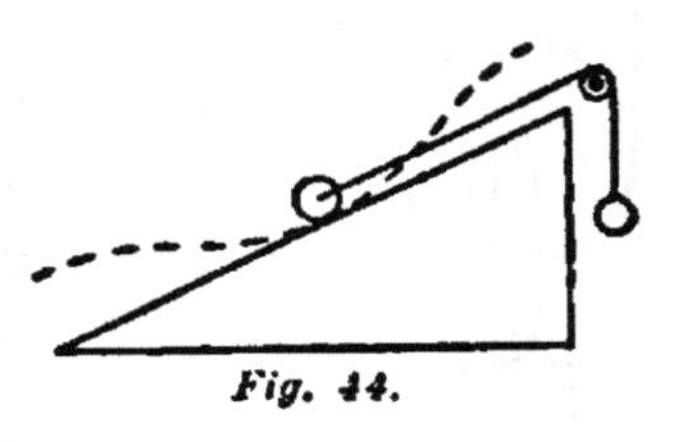
Fig. 44.

Zur Beurtheilung des Gleichgewichts dürfen die Verschiebungen nur verschwindend klein angenommen werden, weil sonst das System in eine ganz andere Nachbarconformation übergeführt würde, für welche vielleicht das Gleichgewicht nicht mehr besteht.

Dass nicht die Verschiebungen überhaupt, sondern nur soweit sie im Sinne der Kräfte stattfinden, also derén Projectionen auf die Kraftrichtungen maassgebend sind, hat schon Galilei an dem Fall der schiefen Ebene hinreichend klar erkannt.

Was den Ausdruck des Princips betrifft, so bemerken wir, dass gar keine Aufgabe vorliegt, wenn alle Punkte des Systems, auf welche Kräfte wirken, voneinander unabhängig sind. Jeder solche Punkt kann dann nur im Gleichgewicht sein, wenn er im Sinne der Kraft nicht beweglich ist. Für jeden solchen Punkt ist einzeln das virtuelle Moment gleich Null. Sind einige Punkte voneinander unabhängig, andere aber in ihren Verschiebungen voneinander abhängig, so gilt für erstere die eben gemachte Bemerkung. Für die letztern gilt eben der von Galilei gefundene Grundsatz, dass die Summe ihrer virtuellen Momente gleich Null ist. Demnach ist die Gesammtsumme der virtuellen Momente wieder gleich Null.

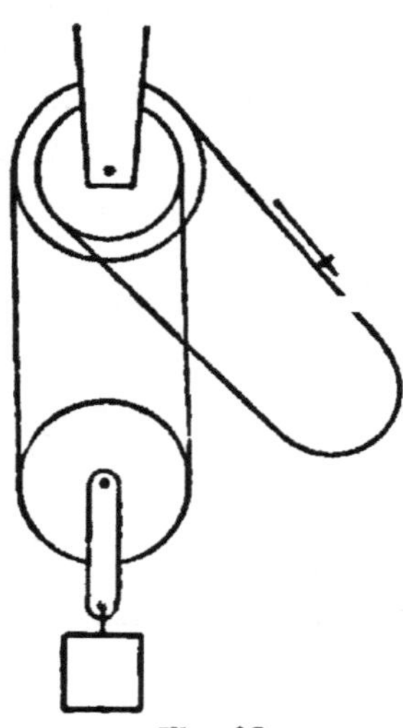
Fig. 45.

10. Wir wollen uns nun die Bedeutung des Princips zunächst an einigen einfachen Beispielen erläutern, und zwar an solchen, welche nicht nach dem gewöhnlichen Schema des Hebels, der schiefen Ebene u. s. w. behandelt werden können.

Der Differentialflaschenzug von Weston (Fig. 45) besteht aus zwei conaxialen, miteinander fest verbundenen Rollen von den wenig verschiedenen Radien r_1 und $r_2 < r_1$. Ueber diese Rollen ist eine Schnur oder

Kette in der angedeuteten Weise geführt. Zieht man in der Richtung des Pfeiles mit der Kraft P, und findet eine Drehung um den Winkel φ statt, so wird das angehängte Gewicht Q etwas gehoben. Im Gleichgewichtsfalle besteht zwischen den beiden virtuellen Momenten die Gleichung

$$Q\,\frac{(r_1-r_2)}{2}\,\varphi = P\,r_1\,\varphi, \text{ oder } P = Q\,\frac{r_1-r_2}{2r_1}.$$

Ein Wellrad (Fig. 46) vom Gewicht Q, welches sich beim Abwickeln der Schnur mit dem Gewichte P an einer um die Welle gewickelten Schnur aufwindet und erhebt, liefert im Gleichgewichtsfalle für die virtuellen Momente die Gleichung

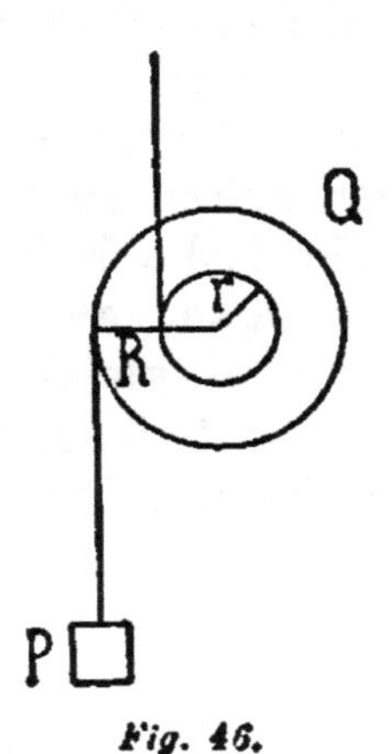

Fig. 46.

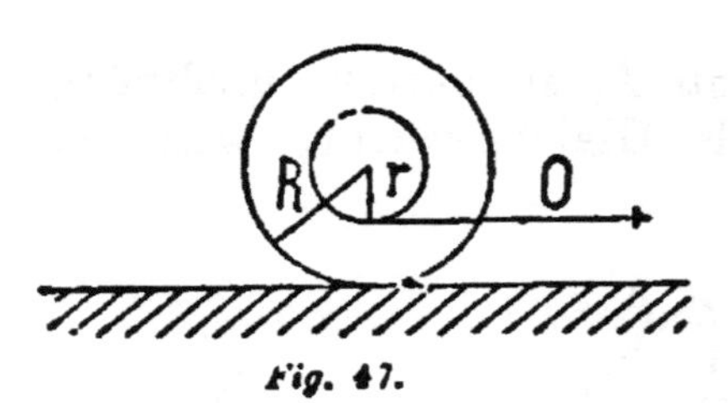

Fig. 47.

$$P(R-r)\,\varphi = Q\,r\,\varphi, \text{ oder } P = \frac{Q\,r}{R-r}.$$

In dem Specialfall $R-r=0$ haben wir für das Gleichgewicht auch $Q\,r=0$ zu setzen, oder bei endlichen Werthen von r ist $Q=0$. In der That verhält sich dann der Faden wie eine Schlinge, in welcher sich das Gewicht Q befindet. Letzteres kann, wenn es von Null verschieden ist, sich immer abwärts winden, ohne das Gewicht P zu bewegen. Setzen wir aber bei $R=r$ auch $Q=0$, so folgt $P=\frac{0}{0}$, ein unbestimmter Werth. Wirklich hält jedes Gewicht P den Apparat im Gleichgewicht, weil bei $R=r$ keins sinken kann.

Eine Doppelrolle (Fig. 47) von den Radien r, R liegt mit Reibung auf einer horizontalen Unterlage, während an dem Faden mit der Kraft Q gezogen wird. Nennen wir P den Widerstand der Reibung, so besteht Gleichgewicht, wenn $P = \frac{R - r}{R} Q$. Wird $P > \frac{R - r}{R} Q$, so wickelt sich beim Zug die Rolle an dem Faden auf.

Die Roberval'sche Wage besteht aus einem Parallelogramm mit veränderlichen Winkeln, in welchem zwei gegenüberliegende Seiten um deren Mittelpunkte A, B drehbar sind. An den beiden andern, stets verticalen Seiten sind horizontale Stäbe befestigt. Hängt man an diese Stäbe zwei gleiche Gewichte P, so besteht unabhängig von der Aufhängungsstelle Gleichgewicht, weil bei einer Verschiebung die

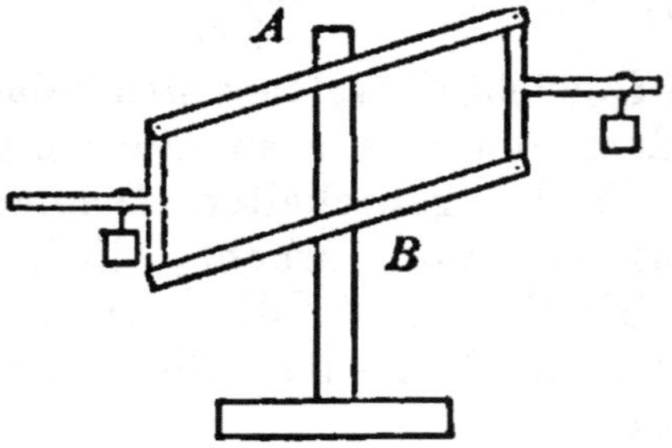

Fig. 48.

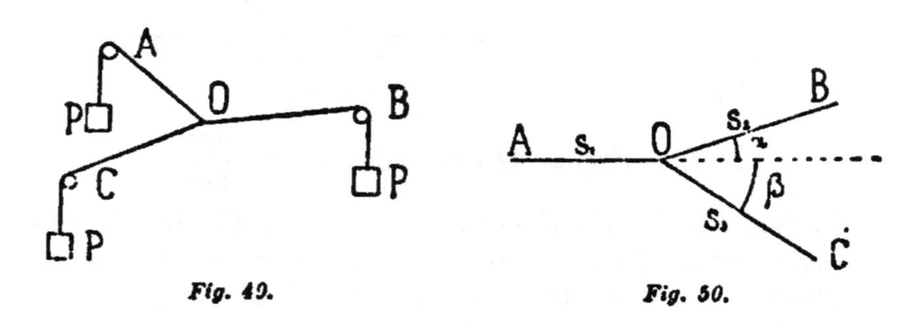

Fig. 49. Fig. 50.

Senkung des einen Gewichtes stets gleich ist der Erhebung des andern.

In drei fixen Punkten A, B, C seien Rollen angebracht, über welchen drei mit gleichen Gewichten belastete, und bei O verknüpfte Schnüre gelegt sind. Bei welcher Lage der Schnüre besteht Gleichgewicht? Wir nennen die drei Schnurlängen $AO = s_1$, $BO = s_2$, $CO = s_3$. Um die Gleichgewichtsgleichung zu gewinnen, verschieben wir den Punkt O nach den Richtungen s_2 und s_3 um die unendlich kleinen Stücke δs_2 und δs_3, und bemerken, dass wir hierdurch jede Verschiebungsrichtung in der Ebene ABC (Fig. 50) herstellen können. Die Summe der virtuellen Momente ist

$$\left.\begin{array}{l} P\delta s_2 - P\delta s_2 \cos\alpha + P\delta s_2 \cos(\alpha+\beta) \\ + P\delta s_3 - P\delta s_3 \cos\beta + P\delta s_3 \cos(\alpha+\beta) \end{array}\right\} = 0,$$

oder

$$[1 - \cos\alpha + \cos(\alpha+\beta)]\,\delta s_2 + [1 - \cos\beta + \cos(\alpha+\beta)]\,\delta s_3 = 0.$$

Da jede der Verschiebungen δs_2, δs_3 willkürlich, von der andern unabhängig ist, und für sich $= 0$ genommen werden kann, so folgt

$$1 - \cos\alpha + \cos(\alpha+\beta) = 0$$
$$1 - \cos\beta + \cos(\alpha+\beta) = 0.$$

Es ist somit

$$\cos\alpha = \cos\beta,$$

und wir können statt jeder der Gleichungen setzen

$$1 - \cos\alpha + \cos 2\alpha = 0,$$
$$\text{oder } \cos\alpha = \tfrac{1}{2},$$
$$\text{also } \alpha + \beta = 120^\circ.$$

Jede der Schnüre bildet also im Gleichgewichtsfalle mit den andern Winkel von 120°, was auch unmittelbar einleuchtet, da drei gleiche Kräfte nur bei dieser Anordnung im Gleichgewicht sein können. Wenn dies einmal bekannt ist, so kann man die Lage des Punktes O in Bezug auf ABC auf verschiedene Weise finden. Man kann z. B. auf folgende Art verfahren. Man construirt über AB, BC, CA als Seiten je ein gleichseitiges Dreieck. Umschreibt man diesen Dreiecken Kreise, so ist der gemeinschaftliche Durchschnittspunkt derselben der gesuchte Punkt O, was sich aus der bekannten Beziehung der Centri- und Peripheriewinkel leicht ergibt.

Eine Stange OA ist in der Ebene des Papiers um O drehbar, und schliesst mit einer festen Geraden OX

den veränderlichen Winkel α ein. Bei A greift eine Kraft P an, die mit OX den Winkel γ einschliesst, und bei B an einem längs der Stange verschiebbaren Ring eine Kraft Q unter dem Winkel β gegen OX. Wir ertheilen der Stange eine unendlich kleine Drehung, wodurch B und A um δs und δs_1 senkrecht gegen OA fortschreiten, und verschieben den Ring um δr längs der Stange. Die variable Strecke OB nennen wir r, und $OA = a$. Für den Gleichgewichtsfall haben wir

$$Q\,\delta r \cos(\beta-\alpha) + Q\,\delta s \sin(\beta-\alpha) + P\,\delta s_1 \sin(\alpha-\gamma) = 0.$$

Da die Verschiebung δr auf die übrigen Verschiebungen gar keinen Einfluss hat, so muss das betreffende

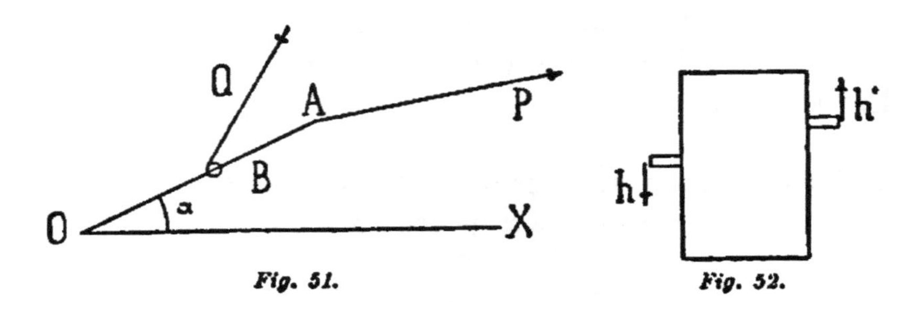

Fig. 51. *Fig. 52.*

virtuelle Moment für sich $= 0$ sein, und wegen der beliebigen Grösse von δr auch der Coefficient desselben. Es ist also

$$Q \cos(\beta-\alpha) = 0,$$

oder wenn Q von Null verschieden,

$$\beta - \alpha = 90^\circ.$$

Ferner haben wir mit Rücksicht darauf, dass

$\delta s_1 = \dfrac{a}{r}\,\delta s$ auch $r \cdot Q \sin(\beta - \alpha) + a P \sin(\alpha - \gamma)$ $= 0$, oder weil

$$\sin(\beta - \alpha) = 1,\ r\,Q + a\,P \ \sin(\alpha - \gamma) = 0,$$

wodurch die Beziehung der beiden Kräfte gegeben ist.

11. Ein nicht zu übersehender Vortheil, den jedes allgemeinere Princip, und so auch das Princip der virtuellen Verschiebungen gewährt, besteht darin, dass es

uns das Nachdenken über jeden neuen speciellen Fall grossentheils erspart. Im Besitz dieses Princips brauchen wir uns z. B. um die Einzelheiten einer Maschine gar nicht zu kümmern. Wenn etwa eine neue Maschine in einem Kasten (Fig. 52) so eingeschlossen wäre, dass nur zwei Hebel als Angriffspunkte für die Kraft P und die Last P' hervorragten, und wir fänden die gleichzeitigen Verschiebungen derselben h und h', so wüssten wir sofort, dass im Gleichgewichtsfalle $Ph = P'h'$ sei, welche Beschaffenheit die Maschine sonst auch haben möchte. Jedes derartige Princip hat also einen gewissen ökonomischen Werth.

12. Wir kehren noch einmal zu dem allgemeinen Ausdruck des Princips der virtuellen Verschiebungen zurück, um an denselben weitere Betrachtungen zu knüpfen. Wenn an den Punkten A, B, C.... die Kräfte P, P', P''.... angreifen und p, p', p''.... die Projectionen unendlich kleiner miteinander verträglicher Verschiebungen sind, so haben wir für den Fall des Gleichgewichts

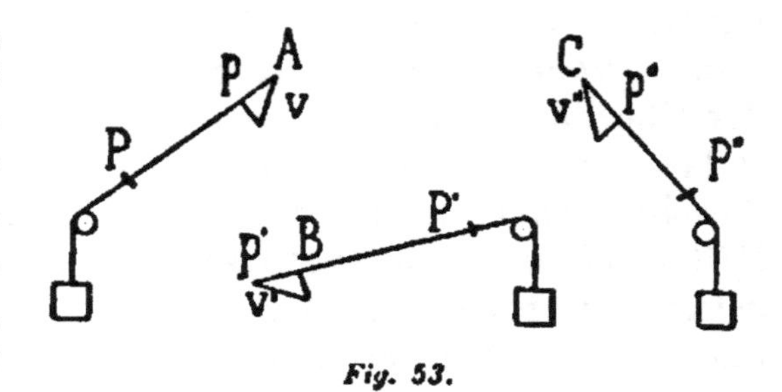

Fig. 53.

$$P \cdot p + P'p' + P''p'' + \ldots = 0.$$

Ersetzt man die Kräfte durch Schnüre, die über Rollen in den Richtungen der Kräfte führen, und hängt die entsprechenden Gewichte an, so sagt der Ausdruck nur, dass der Schwerpunkt des ganzen Systems von Gewichten nicht sinken kann. Wenn aber bei gewissen Verschiebungen der Schwerpunkt steigen könnte, so wäre das System noch immer im Gleichgewicht, da die schweren Körper, sich selbst überlassen, diese Bewegung nicht eingehen würden. In diesem Falle wäre die obige Summe negativ, oder kleiner als Null. Der allgemeine Ausdruck der Gleichgewichtsbedingung lautet also

$$P \cdot p + P' \cdot p' + P'' \cdot p'' \ldots \lesseqgtr 0.$$

Wenn für jede virtuelle Verschiebung eine gleiche und entgegengesetzte existirt, wie dies z. B. bei den Maschinen der Fall ist, so können wir uns auf das obere Zeichen, auf die Gleichung beschränken. Denn wenn bei gewissen Verschiebungen der Schwerpunkt steigen könnte, so müsste er wegen der vorausgesetzten Umkehrbarkeit aller virtuellen Verschiebungen auch sinken können. Es ist also in diesem Falle auch eine mögliche Erhebung des Schwerpunktes mit dem Gleichgewicht unverträglich.

Anders gestaltet sich die Sache, wenn nicht alle Verschiebungen umkehrbar sind. Zwei durch Fäden miteinander verbundene Körper können sich zwar einander nähern, sie können sich aber nicht über die Länge der Fäden voneinander entfernen. Ein Körper kann auf der Oberfläche eines andern Körpers gleiten oder rollen, sodass er sich von dieser Oberfläche zwar entfernen, dieselbe aber nicht durchdringen kann. In diesen Fällen können also gewisse Verschiebungen nicht umgekehrt werden. Es kann also für gewisse Verschiebungen eine Schwerpunkterhebung stattfinden, während die entgegengesetzten Verschiebungen, welchen die Schwerpunktsenkung entspricht, gar nicht ausführbar sind. Dann müssen wir also die allgemeinere Gleichgewichtsbedingung festhalten und sagen, die Summe der virtuellen Momente ist gleich oder kleiner als Null.

13. Lagrange hat in seiner analytischen Mechanik eine Ableitung des Princips der virtuellen Verschiebungen versucht, die wir jetzt betrachten wollen. Auf die Punkte A, B, C.... wirken die Kräfte P, P', P''.... Wir denken uns an den Punkten Ringe angebracht, und in den Richtungen der Kräfte ebenfalls Ringe A', B', C'.... befestigt. Wir suchen ein gemeinschaftliches

Maass $\frac{Q}{2}$ der Kräfte P, P', P'' ...., sodass wir setzen können:

$$2n \cdot \frac{Q}{2} = P,$$
$$2n' \cdot \frac{Q}{2} = P',$$
$$2n'' \cdot \frac{Q}{2} = P'',$$
$$\cdots\cdots\cdots$$

wobei n, n', n'' .... ganze Zahlen sind. Wir befestigen ferner einen Faden an dem Ringe A', führen ihn n mal zwischen A' und A hin und her, nachher durch B',

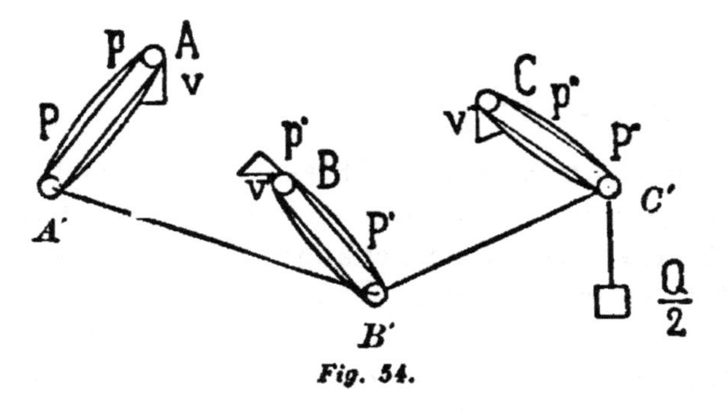

Fig. 54.

n' mal zwischen B' und B hin und her, durch C', n'' mal zwischen C' und C hin und her, lassen ihn schliesslich bei C' herabhängen, und bringen daselbst das Gewicht $\frac{Q}{2}$ an. Da nun die Schnur in allen Theilen die Spannung $\frac{Q}{2}$ hat, so ersetzen wir durch diese idealen Flaschenzüge alle im System vorhandenen Kräfte durch die eine Kraft $\frac{Q}{2}$. Sind nun die virtuellen (möglichen) Verschiebungen bei einer gegebenen Conformation des Systems solche, dass bei denselben ein Sinken des Gewichtes $\frac{Q}{2}$ eintreten kann, so wird das Gewicht wirklich sinken, und jene Verschiebungen hervorrufen, es wird also kein Gleichgewicht bestehen. Dagegen wird keine Bewegung eintreten, wenn die Verschiebungen das Gewicht $\frac{Q}{2}$ an Ort und Stelle lassen, oder dasselbe erheben. Der Ausdruck dieser Bedingung, wenn wir die Projectionen der virtuellen Verschiebungen im Sinne der Kräfte positiv rechnen, ist mit Rücksicht auf die Zahl der Schnurwindungen in jedem Flaschenzug

$$2np + 2n'p' + 2n''p'' + \ldots \overline{\overline{<}}\, 0.$$

Mit dieser Bedingung gleichbedeutend ist aber

$$2n\frac{Q}{2}p + 2n'\frac{Q}{2}p' + 2n''\frac{Q}{2}p'' + \ldots \overline{\overline{<}}\, 0,$$

oder

$$P \cdot p + P' \cdot p' + P'' \cdot p'' + \ldots \overline{\overline{<}}\, 0.$$

14. Die Lagrange'sche Ableitung hat wirklich etwas Ueberzeugendes, wenn man sich über die etwas fremdartige Fiction der Flaschenzüge hinwegsetzt, weil das Verhalten eines einzigen Gewichtes unserer Erfahrung viel näher liegt und leichter zu übersehen ist, als das Verhalten mehrerer Gewichte. Dass aber die Arbeit für die Gleichgewichtsstörung maassgebend ist, wird durch die Lagrange'sche Ableitung nicht bewiesen, sondern vielmehr durch die Anwendung der Flaschenzüge schon vorausgesetzt. In der That enthält jeder Flaschenzug schon die Thatsache, welche durch das Princip der virtuellen Verschiebungen ausgesprochen und anerkannt wird. Die Ersetzung aller Kräfte durch ein Gewicht, welches dieselbe Arbeit leistet, setzt eben die Kenntniss der Bedeutung der Arbeit schon voraus, und kann nur unter dieser Voraussetzung vorgenommen werden. Dass manche Fälle uns geläufiger sind, und unserer Erfahrung näher liegen, bringt mit sich, dass wir dieselben unanalysirt hinnehmen, und als Grund-

lage einer Ableitung gelten lassen, ohne uns deren Inhalt ganz klar zu machen.

Im Entwickelungsgange der Wissenschaft kommt es oft vor, dass ein neues Princip, welches ein Forscher in einer Thatsache erblickt, nicht sofort in seiner vollen Allgemeinheit erkannt und geläufig wird. Es werden dann, wie billig und natürlich, alle Mittel, welche helfen können, aufgeboten. Es werden die verschiedensten Thatsachen, in welchen die Forscher das Princip noch gar nicht erkennen, obgleich es in denselben enthalten ist, welche Thatsachen aber dafür von anderer Seite geläufiger sind, zur Stütze der neuen Auffassung herangezogen. Der reifen Wissenschaft ziemt es nicht, sich durch solche Vorgänge täuschen zu lassen. Wenn wir ein Princip, welches nicht bewiesen, aber als bestehend erkannt werden kann, durch alle Thatsachen klar hindurchsehen, so sind wir in der widerspruchslosen Auffassung der Natur viel weiter gekommen, als wenn wir uns durch einen Scheinbeweis imponiren lassen. Haben wir diesen Standpunkt gewonnen, so sehen wir die Lagrange'sche Ableitung allerdings mit andern Augen an; sie interessirt uns aber noch immer, und erregt unser Gefallen dadurch, dass sie die Gleichartigkeit der einfachen und complicirten Fälle fühlbar macht.

15. Maupertuis hat einen auf das Gleichgewicht bezüglichen interessanten Satz gefunden, welchen er unter dem Namen „Loi de repos" 1740 der pariser Akademie mitgetheilt hat. Derselbe ist 1751 von Euler in den Abhandlungen der berliner Akademie weiter discutirt worden. Wenn wir an einem System unendlich kleine Verschiebungen vornehmen, so entspricht denselben eine Summe virtueller Momente $Pp + P'p' + P''p'' + \ldots$, welche nur im Gleichgewichtsfalle $= 0$ ist. Diese Summe ist die den Verschiebungen entsprechende Arbeit, oder da sie für unendlich kleine Verschiebungen selbst unendlich klein ist, das entsprechende Arbeitselement. Fahren wir mit den Verschiebungen fort, bis eine endliche Verschiebung zu Stande kommt, so summiren sich auch die Arbeitselemente zu einer endlichen Arbeit. Wenn wir von einer gewissen Anfangsconformation des Systems ausgehen, und bis zu einer beliebigen Endconformation übergehen, so entspricht dieser Procedur eine gewisse geleistete Arbeit. Maupertuis hat nun bemerkt, dass diese geleistete Arbeit für eine Endconformation, welche eine Gleichgewichtsconformation ist, im allgemeinen ein Maximum oder Minimum ist, d. h. wenn wir das System durch die Gleichgewichtsconformation hindurchführen, so ist die geleistete Arbeit vor- und nachher kleiner, oder vor- und nachher

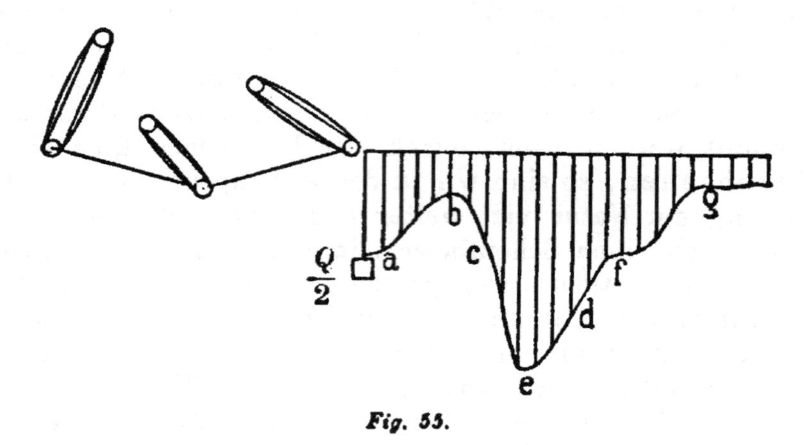

Fig. 55.

grösser als in der Gleichgewichtsconformation selbst. Für die Gleichgewichtsconformation ist

$$P \cdot p + P' \cdot p' + P'' \cdot p'' + \ldots = 0,$$

d. h. das Element der Arbeit oder das Differential (correcter die Variation) der Arbeit ist gleich Null. Wenn das Differential einer Function gleich Null gesetzt werden kann, so hat die Function im allgemeinen einen Maximal- oder Minimalwerth.

16. Wir können uns die Bedeutung des Maupertuis'schen Satzes in sehr anschaulicher Weise klar machen. Wir denken uns in einem System die Kräfte durch die Lagrange'schen Flaschenzüge und das Gewicht $\frac{Q}{2}$

ersetzt. Gesetzt, es könnte sich jeder Punkt des Systems nur auf einer bestimmten Curve bewegen, und zwar so, dass, wenn ein Punkt auf seiner Curve eine bestimmte Lage hat, alle übrigen Punkte auf ihren zugehörigen Curven ebenfalls eindeutig bestimmte Lagen einnehmen. Die Maschinen sind in der Regel solche Systeme. Wir können dann, während wir das System verschieben, an dem mit einem Schreibstift versehenen, vertical auf- und abgehenden Gewicht $\frac{Q}{2}$, ein Blatt Papier horizontal vorbeiführen, wobei der Stift eine Curve schreibt. Befindet sich der Stift in den Punkten *a*, *c*, *d* der Curve, so gibt es Nachbarlagen der Systempunkte, für welche das Gewicht $\frac{Q}{2}$ höher oder tiefer steht, als bei der gegebenen Conformation. Das Gewicht wird dann auch, wenn das System sich selbst überlassen wird, in diese tiefere Lage übergehen, und das System mit verschieben. Demnach besteht in solchen Fällen kein Gleichgewicht. Steht der Stift bei *e*, so gibt es nur Nachbarconformationen, für welche das Gewicht $\frac{Q}{2}$ höher steht. In diese Conformationen wird aber das System nicht von selbst übergehen. Es wird im Gegentheil jede Verschiebung dahin, durch die Eigenschaft des Gewichtes, sich abwärts zu bewegen, wieder rückgängig gemacht. Einer tiefsten Lage des Gewichtes, oder einem Maximum von geleisteter Arbeit im System, entspricht also stabiles Gleichgewicht. Steht der Stift bei *b*, so sehen wir, dass jede merkliche Verschiebung das Gewicht $\frac{Q}{2}$ tiefer bringt, dass also das Gewicht diese Verschiebung fortsetzen wird. Bei unendlich kleinen Verschiebungen bewegt sich aber der Stift in der horizontalen Tangente an *b*, wobei also das Gewicht nicht sinken kann. Einem höchsten Stand des Gewichtes $\frac{Q}{2}$, oder einem Minimum von geleisteter Arbeit im System, entspricht also labiles Gleichgewicht. Dagegen bemerkt man, dass nicht umgekehrt jedem Gleichgewicht ein Maximum oder Minimum von geleisteter Arbeit entspricht. Befindet sich der Stift in f, in einem Punkte mit horizontaler Inflexionstangente, so ist für unendlich kleine Verschiebungen ein Sinken des Gewichtes ebenfalls ausgeschlossen. Es besteht Gleichgewicht, obgleich die geleistete Arbeit weder ein Maximum noch ein Minimum ist. Das Gleichgewicht ist in dem gegebenen Falle ein sogenanntes gemischtes. Es ist für manche Störungen stabil, für andere labil. Es steht nichts im Wege, das gemischte Gleichgewicht als zu dem labilen gehörig zu betrachten. Wenn der Stift bei g steht, wo die Curve eine endliche Strecke horizontal verläuft, so besteht ebenfalls Gleichgewicht. Eine kleine Verschiebung wird bei der betreffenden Conformation weder fortgesetzt, noch rückgängig gemacht. Dieses Gleichgewicht, welchem ebenfalls kein Maximum oder Minimum entspricht, nennt man indifferent. Hat die von $\frac{Q}{2}$ beschriebene Curve eine Spitze nach oben, so bietet dieselbe ein Minimum von geleisteter Arbeit, aber kein Gleichgewicht (auch kein labiles) dar. Einer Spitze nach unten entspricht ein Maximum und stabiles Gleichgewicht. Die Summe der virtuellen Momente ist in diesem Gleichgewichtsfall nicht gleich Null, sondern negativ.

17. Wir haben bei unserer Ueberlegung vorausgesetzt, dass mit der Bewegung eines Systempunktes auf einer Curve die Bewegung aller übrigen Punkte auf den zugehörigen Curven bestimmt ist. Die Verschiebbarkeit des Systems wird nun mannichfaltiger, wenn jeder Punkt auf einer zugehörigen Fläche verschiebbar ist, jedoch so, dass mit der Lage eines Punktes

auf der zugehörigen Fläche die Lagen aller übrigen Punkte eindeutig bestimmt sind. Wir dürfen in diesem Falle nicht mehr die von $\frac{Q}{2}$ beschriebene Curve betrachten, sondern müssen uns eine von $\frac{Q}{2}$ beschriebene Fläche vorstellen. Ist jeder Punkt in analoger Weise in einem zugehörigen Raume beweglich, so verschwindet die Möglichkeit, uns die Bewegung des Gewichtes $\frac{Q}{2}$ in rein geometrischer Weise zu veranschaulichen. Um so mehr ist dies der Fall, wenn die Lage eines Systempunktes noch nicht alle übrigen Lagen mitbestimmt, sondern die Beweglichkeit des Systems noch mannichfaltiger ist. In allen diesen Fällen kann uns aber die von $\frac{Q}{2}$ (Fig. 55) beschriebene Curve als ein Symbol der zu betrachtenden Vorgänge nützen. Wir finden auch in diesen Fällen die Maupertuis'schen Sätze wieder.

Wir haben bisher noch vorausgesetzt, dass in dem System constante (unveränderliche), von der Lage der Systempunkte unabhängige Kräfte wirken. Nehmen wir an, dass die Kräfte von der Lage der Systempunkte (nicht aber von der Zeit) abhängen, so können wir zwar nicht mehr mit einfachen Flaschenzügen operiren, sondern müssen Apparate fingiren, deren durch $\frac{Q}{2}$ ausgeübte Kraft sich mit der Verschiebung ändert, die gewonnenen Ansichten bleiben aber bestehen. Die Tiefe des Gewichtes $\frac{Q}{2}$ misst immer die geleistete Arbeit, welche bei derselben Conformation des Systems immer dieselbe, und von dem Ueberführungsweg unabhängig bleibt. Eine Vorrichtung, welche durch ein constantes

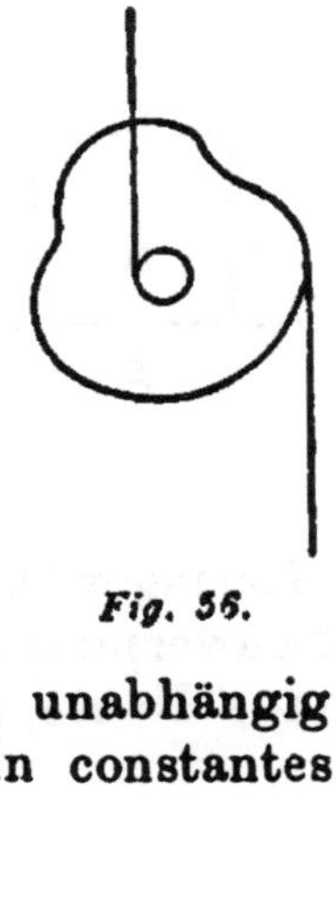

Fig. 56.

Gewicht eine mit der Verschiebung veränderliche Kraft entwickeln würde, wäre z. B. ein Wellrad Fig. 56 mit nicht kreisrundem Rade. Es verlohnt sich jedoch nicht der Mühe, auf die Einzelheiten der angedeuteten Ueberlegung einzugehen, da man ihre Durchführbarkeit sofort einsieht.

18. Kennt man die Beziehung zwischen der geleisteten Arbeit und der sogenannten lebendigen Kraft eines Systems, welche in der Dynamik constatirt wird, so kommt man leicht zu dem von Courtivron 1749 der pariser Akademie mitgetheilten Satze: Für die Conformationen des $\begin{matrix}\text{stabilen}\\ \text{labilen}\end{matrix}$ Gleichgewichts, für welche die geleistete Arbeit ein $\begin{matrix}\text{Maximum}\\ \text{Minimum}\end{matrix}$ ist, ist auch die lebendige Kraft des bewegten Systems ein $\begin{matrix}\text{Maximum}\\ \text{Minimum}\end{matrix}$ beim Durchgang durch diese Conformationen.

19. Ein homogenes, schweres, dreiaxiges Ellipsoid, welches auf einer horizontalen Ebene ruht, ist sehr geeignet, die verschiedenen Gleichgewichtsarten anschaulich zu machen. Ruht das Ellipsoid auf dem Endpunkte der kleinsten Axe, so ist es im stabilen Gleichgewicht, denn jede Verschiebung hebt den Schwerpunkt. Ruht es auf der grossen Axe, so ist das Gleichgewicht labil. Steht das Ellipsoid auf der mittlern Axe, so ist das Gleichgewicht gemischt. Eine homogene Kugel, oder ein homogener Kreiscylinder auf einer horizontalen Ebene erläutern das indifferente Gleichgewicht. In der Fig. 57 sind die Bahnen des Schwerpunktes für einen auf der Horizontalebene um eine Kante rollenden Würfel dargestellt. Der Schwer-

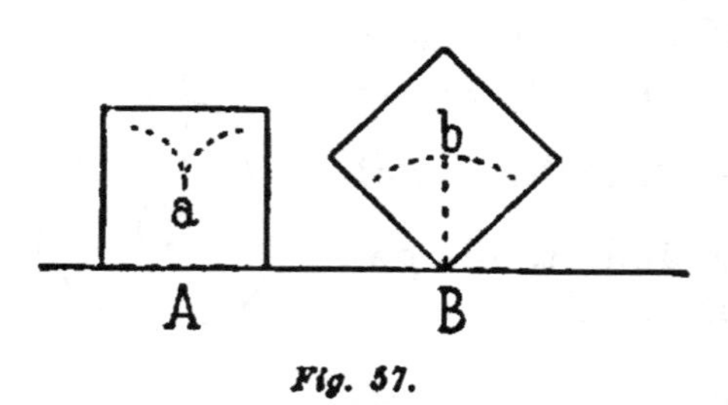

Fig. 57.

punktslage *a* entspricht stabiles, der Lage *b* labiles Gleichgewicht.

20. Wir wollen nun ein Beispiel betrachten, welches auf den ersten Blick sehr complicirt scheint, aber durch das Princip der virtuellen Verschiebungen sofort aufgeklärt wird. Johann und Jakob Bernoulli stiessen bei Gelegenheit eines Gesprächs über mathematische Dinge, auf einem Spaziergange in Basel, auf die Frage, welche Form wol eine an den beiden Enden befestigte, frei aufgehängte Kette annehmen möchte. Sie kamen bald und leicht in der Ansicht überein, dass die Kette diejenige Gleichgewichtsform annimmt, bei welcher ihr Schwerpunkt möglichst tief liegt. In der That sieht man ein, dass Gleichgewicht besteht, wenn alle Kettenglieder so tief gesunken sind, als dies möglich ist, wenn keins mehr sinken kann, ohne eine entsprechende Masse vermöge der Verbindungen gleich hoch oder höher zu heben. Wenn der Schwerpunkt so tief als möglich gesunken ist, wenn so viel geschehen ist, als geschehen kann, besteht stabiles Gleichgewicht. Der physikalische Theil der Aufgabe ist hiermit erledigt. Die Bestimmung der Curve, welche bei gegebener Länge zwischen den beiden Punkten *A*, *B* den tiefsten Schwerpunkt hat, ist nur mehr eine mathematische Aufgabe. (Fig. 58.)

21. Fassen wir alles zusammen, so sehen wir, dass in dem Princip der virtuellen Verschiebungen nur die Anerkennung einer Thatsache liegt, die uns längst instinctiv geläufig war, nur dass wir sie nicht so scharf und klar erfassten. Die Thatsache besteht darin, dass schwere Körper sich von selbst nur abwärts bewegen. Wenn mehrere untereinander verbunden sind, sodass sie sich nicht unabhängig voneinander verschieben können, so bewegen sie sich nur, wenn hierbei im ganzen schwere Masse sinken kann, oder wie dies das Princip, nach vollkommenerer Anpassung der Gedanken an die Thatsachen, eben schärfer ausdrückt, wenn hierbei Arbeit geleistet werden kann. Uebertragen wir nach Erweiterung des Kraftbegriffes das Princip auch auf andere

Fig. 58.

als Schwerkräfte, so liegt darin wieder die Anerkennung der Thatsache, dass die betreffenden Naturvorgänge nur in einem bestimmten Sinne und nicht im entgegengesetzten von selbst ablaufen. So wie die schweren Körper abwärts sinken, können sich die elektrischen und Temperaturdifferenzen von selbst nicht vergrössern, sondern nur verkleinern u. s. w. Sind derartige Vorgänge so aneinander gebunden, dass sie nur im entgegengesetzten Sinne ablaufen können, so constatirt das Princip eben genauer, als dies die instinctive Auffassung zu thun vermag, die Arbeit als bestimmend und ausschlaggebend für die Richtung der Vorgänge. Die Gleichgewichtsgleichung des Princips lässt sich immer auf den trivialen Ausdruck bringen: Es geschieht nichts, wenn nichts geschehen kann.

22. Es ist wichtig, sich klar zu machen, dass es sich bei dem Princip lediglich um Constatirung einer Thatsache handelt. Unterlässt man dies, so fühlt man immer einen Mangel, und sucht nach einer Begründung, die nicht zu finden ist. Jacobi führt in seinen „Vorlesungen über Dynamik" an, Gauss hätte (mündlich) gesagt, Lagrange's Bewegungsgleichungen seien nicht bewiesen, sondern nur historisch ausgesprochen worden. In der That scheint uns diese Auffassung auch in Bezug auf das Princip der virtuellen Verschiebungen die richtige zu sein.

Die Aufgabe der ältern, in einem Gebiete grundlegenden Forscher ist eine ganz andere als jene der spätern. Die erstern haben nur die wichtigsten Thatsachen aufzusuchen und zu constatiren, und hierzu gehört, wie die Geschichte lehrt, mehr Geist, als man gewöhnlich glaubt. Sind einmal die wichtigsten Thatsachen gegeben, dann kann man dieselben in der mathematischen Physik deductiv und logisch verwerthen, kann das Gebiet ordnen, kann zeigen, dass in der Annahme einer Thatsache schon eine ganze Reihe anderer eingeschlossen ist, die man in der erstern nur nicht gleich sieht. Die eine Aufgabe ist so wichtig als die andere.

Man darf beide aber nicht miteinander vermengen. Man kann nicht mathematisch beweisen, dass die Natur so sein müsse, wie sie ist. Man kann aber beweisen, dass die beobachteten Eigenschaften eine Reihe anderer, oft nicht direct sichtbarer, mit bestimmen.

Schliesslich sei bemerkt, dass das Princip der virtuellen Verschiebungen, wie jedes allgemeinere Princip, durch die Einsicht, die es gewährt, enttäuschend und aufklärend zugleich wirkt. Enttäuschend wirkt es, insofern wir in demselben nur längst bekannte und instinctiv erkannte Thatsachen, wenngleich schärfer und bestimmter wiedererkennen. Aufklärend wirkt es, indem es uns gestattet, überall dieselben einfachen Thatsachen durch die complicirtesten Verhältnisse hindurch zu sehen.

5. *Rückblick auf die Entwickelung der Statik.*

1. Nachdem wir die Principien der Statik einzeln in Augenschein genommen haben, können wir die ganze Entwickelung der Statik noch einmal kurz überblicken. Die Statik, als der ältesten Periode der Mechanik angehörend, welche im griechischen Alterthum beginnt und schon in der Zeit des Aufschwunges der modernen Mechanik durch Galilei und dessen jüngere Zeitgenossen ihren Abschluss findet, erläutert vorzüglich den Bildungsprocess der Wissenschaft. Hier liegen alle Anschauungen, alle Methoden in der einfachsten Form, in ihrer Kindheit vor. Diese Anfänge weisen deutlich auf ihren Ursprung aus den Erfahrungen des Handwerkes hin. Dem Bedürfniss, diese Erfahrungen in mittheilbare Form zu bringen, und dieselben über die Grenzen des Standes und des Handwerkes hinaus zu verbreiten, verdankt die Wissenschaft ihren Ursprung. Dem Sammler solcher Erfahrungen, der dieselben schriftlich aufzubewahren sucht, liegen viele verschiedene oder für verschieden gehaltene Erfahrungen vor. Er ist in der Lage, dieselben öfter, in wechselnder Ordnung und unbefangener

zu überblicken, als der auf ein kleines Gebiet beschränkte Arbeiter. Die Thatsachen und ihre Regeln treten sich in seinem Kopfe und in seiner Schrift zeitlich und räumlich näher, und haben Gelegenheit, ihre Verwandtschaft, ihren Zusammenhang, ihren allmählichen Uebergang ineinander zu offenbaren. Der Wunsch, die Mittheilung zu vereinfachen und zu kürzen, drängt nach derselben Richtung hin. So werden also bei dieser Gelegenheit aus ökonomischen Gründen viele Thatsachen und deren Regeln zusammengefasst und auf einen Ausdruck gebracht.

2. Ein derartiger Sammler hat auch Gelegenheit, eine neue Seite der Thatsachen zu beachten, welcher frühere Beobachter keine Aufmerksamkeit geschenkt haben. Eine Regel, welche aus der Beobachtung von Thatsachen gewonnen wird, kann nicht die ganze Thatsache in ihrem unendlichen Reichthum, in ihrer unerschöpflichen Mannichfaltigkeit fassen, sondern gibt vielmehr nur eine Skizze der Thatsache, einseitig dasjenige hervorhebend, was für den technischen (oder wissenschaftlichen) Zweck wichtig ist. Welche Seiten einer Thatsache beachtet werden, wird also von zufälligen Umständen, ja von der Willkür des Beobachters abhängen. Demnach wird sich der Anlass finden, eine neue Seite der Thatsache zu bemerken, welche zur Aufstellung neuer, den alten ebenbürtiger oder überlegener Regeln führt. So hat man z. B. am Hebel zuerst die Gewichte und Arme (Archimedes), dann die Gewichte und die senkrechten Abstände der Zugrichtungen von der Axe, die statischen Momente (da Vinci, Ubaldi), dann die Gewichte und die Verschiebungsgrössen (Galilei), endlich die Gewichte und die Zugrichtungen in Bezug auf die Axe (Varignon) als gleichgewichtsbestimmende Umstände ins Auge gefasst, und demnach die Gleichgewichtsregeln gebildet.

3. Derjenige, welcher eine derartige neue Beobachtung macht, und eine neue Regel aufstellt, weiss gewöhnlich, dass man auch irren kann, wenn man eine Thatsache

in Vorstellungen und Begriffen nachzubilden sucht, um dies Bild als Ersatz stets zur Hand zu haben, wo die fragliche Thatsache ganz oder theilweise unzugänglich ist. Wirklich sind die Umstände, auf welche man zu achten hat, von so vielen andern Nebenumständen begleitet, dass es oft schwer wird, die für den Zweck wesentlichen auszuwählen und zu beachten. Man denke z. B. an die Reibung, Steifigkeit der Schnüre u. s. w. bei Maschinen, welche das reine Verhältniss der untersuchten Umstände trüben und verwischen. Kein Wunder also, wenn der Entdecker oder Prüfer einer neuen Regel, vom Mistrauen gegen sich selbst getrieben, nach einem Beweis der Regel sucht, deren Gültigkeit er bemerkt zu haben glaubt. Der Entdecker oder Prüfer vertraut der Regel nicht sofort, oder er traut nur einem Theil derselben. So zweifelt z. B. Archimedes, dass die Gewichte proportional mit ihren Hebelarmen wirken, er lässt aber ohne Bedenken den Einfluss der Hebelarme überhaupt gelten. Daniel Bernoulli bezweifelt nicht den Einfluss der Kraftrichtung überhaupt, sondern nur die Art ihres Einflusses u. s. w. In der That ist es weit leichter zu beobachten, dass ein Umstand in einem gegebenen Falle überhaupt Einfluss habe, als zu ermitteln, welchen Einfluss er hat. Man ist bei letzterer Untersuchung viel mehr dem Irrthum ausgesetzt. Das Verhalten der Forscher ist also vollkommen natürlich und berechtigt.

Der Beweis der Richtigkeit einer neuen Regel kann dadurch erbracht werden, dass diese Regel oft angewandt, mit der Erfahrung verglichen und unter den verschiedensten Umständen erprobt wird. Dieser Process vollzieht sich im Laufe der Zeit von selbst. Der Entdecker wünscht aber rascher zum Ziel zu kommen. Er vergleicht das Ergebniss seiner Regel mit allen ihm geläufigen Erfahrungen, mit allen ältern bereits vielfach erprobten Regeln, und sieht nach, ob er auf keinen Widerspruch stösst. Die grösste Autorität wird hierbei wie billig den ältesten geläufigsten Erfahrungen, den am meisten erprobten Regeln eingeräumt. Unter den Erfahrungen nehmen wieder die **instinctiven**, welche ohne alles persönliche Zuthun lediglich durch die Wucht und die Häufung der auf den Menschen eindringenden Thatsachen entstehen, eine Sonderstellung ein, was wieder ganz gerechtfertigt ist, wo es sich eben um das Ausschliessen der subjectiven Willkür und des persönlichen Irrthums handelt.

Archimedes **beweist** in der angedeuteten Art sein Hebelgesetz, Stevin sein Gesetz des schiefen Druckes, Daniel Bernoulli das Kräftenparallelogramm, Lagrange das Princip der virtuellen Verschiebungen. Nur Galilei ist sich bei letzterm Satz vollkommen klar darüber, dass seine neue Beobachtung und Bemerkung jeder andern **ältern** ebenbürtig sei, dass sie aus **derselben** Erfahrungsquelle stamme. Er versucht gar keinen Beweis. Archimedes verwendet bei seinem Beweis Kenntnisse über den Schwerpunkt, die er wol selbst mit Hülfe des Hebelsatzes schon abgeleitet hat, die ihm aber wahrscheinlich auch von anderer Seite her als alte Erfahrungen so geläufig waren, dass er nicht mehr an denselben zweifelte, ja ihre Verwendung bei dem Beweis vielleicht nicht einmal bemerkte. Auf die instinctiven Elemente in den Betrachtungen von Archimedes und Stevin ist gehörigen Orts schon ausführlich eingegangen worden.

4. Es ist ganz in der Ordnung, dass bei Gelegenheit einer neuen Entdeckung alle Mittel herangezogen werden, welche zur Prüfung einer neuen Regel dienen können. Wenn aber die Regel nach Verlauf einer entsprechenden Zeit genügend oft direct erprobt worden ist, geziemt es der Wissenschaft zu erkennen, dass ein anderer Beweis ganz unnöthig geworden ist, dass es keinen Sinn hat, eine Regel für mehr gesichert zu halten, indem man sie auf andere stützt, welche (nur etwas früher) auf ganz demselben Wege der Beobachtung gewonnen worden sind, dass eine besonnene und erprobte Beobachtung so gut ist als eine andere. Wir können

heute das Hebelprincip, die statischen Momente, das Princip der schiefen Ebene, das Princip der virtuellen Verschiebungen, das Kräftenparallelogramm, als durch gleichwerthige Beobachtungen gefunden ansehen. Ohne Belang ist gegenwärtig, dass manche dieser Funde direct, andere auf Umwegen und nebenher bei Gelegenheit anderer Beobachtungen gemacht worden sind. Es entspricht auch vielmehr der Oekonomie des Denkens und der Aesthetik der Wissenschaft, wenn wir ein Princip, wie z. B. das der statischen Momente, direct als den Schlüssel zum Verständniss aller Thatsachen eines Gebietes erkennen, und dasselbe alle Thatsachen im Geiste durchdringen sehen, als wenn wir es nöthig finden, dasselbe zuvor flickend und hinkend, unscheinbare uns zufällig schon geläufige dasselbe Princip enthaltende Sätze zur Grundlage wählend, erst zu beweisen. Diesen Process kann die Wissenschaft und das Individuum (beim historischen Studium) einmal durchmachen. Beide dürfen sich aber nachher auf einen freiern Standpunkt stellen.

5. In der That führt diese Sucht zu beweisen in der Wissenschaft zu einer falschen und verkehrten Strenge. Einige Sätze werden für sicherer gehalten, und als die nothwendige und unanfechtbare Grundlage anderer angesehen, während ihnen nur der gleiche oder zuweilen sogar nur ein geringerer Grad der Sicherheit zukommt. Eben die Klarstellung des Grades der Sicherheit, welchen die strenge Wissenschaft anstrebt, wird hierbei nicht erreicht. Solche Beispiele falscher Strenge finden sich fast in jedem Lehrbuche. Die Ableitungen des Archimedes leiden, von ihrem historischen Werth abgesehen, an dieser falschen Strenge. Das auffallendste Beispiel aber liefert Daniel Bernoulli mit seiner Ableitung des Kräftenparallelogrammes. (Comment. Acad. Petrop. T. I.)

6. Es ist schon besprochen worden, dass die instinctiven Erkenntnisse ein ganz besonderes Vertrauen geniessen. Wir wissen nicht mehr, wie wir sie erworben haben,

und können daher an der Art der Erwerbung nichts mehr bemängeln. Wir haben nichts zu ihrer Entstehung beigetragen. Sie treten uns mit einer Macht entgegen, welche dem Ergebniss einer willkürlichen reflectirenden Erfahrung, bei welcher wir immer unser Eingreifen fühlen, niemals zukommt. Sie erscheinen uns als etwas von Subjectivität Freies, Fremdes, das wir aber doch stets zur Hand haben, und das uns näher liegt als die einzelnen Naturthatsachen.

Alles dies hat zuweilen dazu geführt, diese Art Erkenntnisse aus einer ganz andern Quelle abzuleiten, dieselben wol gar als a priori (vor aller Erfahrung) vorhanden zu betrachten. Dass diese Ansicht nicht haltbar sei, wurde bei Besprechung der Stevin'schen Leistungen ausführlicher erläutert. Auch die Autorität solcher instinctiver Kenntnisse, mögen dieselben für die Entwickelungsprocesse noch so wichtig sein, muss schliesslich jener eines klar und mit Absicht beobachteten Princips nachgeben. Auch die instinctiven Erkenntnisse sind Erfahrungserkenntnisse und können, wie dies schon berührt worden ist, bei plötzlicher Eröffnung eines neuen Erfahrungsgebietes sich als ganz unzureichend und ohnmächtig erweisen.

7. Das wahre Verhältniss der verschiedenen Principien ist ein historisches. Eins reicht weiter auf diesem, ein anderes weiter auf jenem Gebiet. Mag immerhin ein Princip, wie das der virtuellen Verschiebungen, mit Leichtigkeit eine grössere Anzahl verschiedener Fälle beherrschen als die übrigen Principien, so kann ihm doch nicht verbürgt werden, dass es stets die Oberhand behalten werde, und nicht durch ein neues zu übertreffen sei. Alle Principien fassen mehr oder weniger willkürlich bald diese, bald jene Seiten derselben Thatsachen heraus, und enthalten eine skizzenhafte Regel zur Nachbildung der Thatsachen in Gedanken. Niemals kann man behaupten, dass dieser Process vollkommen gelungen und dass er abgeschlossen

sei. Wer dieser Anschauung huldigt, wird den Fortschritt der Wissenschaft nicht hindern.

8. Werfen wir schliesslich noch einen Blick auf den Kraftbegriff der Statik. Die Kraft ist ein Umstand, welcher Bewegung im Gefolge hat. Mehrere derartige Umstände, von welchen jeder einzelne Bewegung bedingt, können zusammen auch ohne Bewegung vorkommen. Die Statik untersucht eben die hierzu nöthige Abhängigkeit dieser Umstände voneinander. Um die besondere Art der Bewegung, welche durch eine Kraft bedingt ist, kümmert sich die Statik weiter nicht. Diejenigen bewegungsbestimmenden Umstände, die uns am besten bekannt sind, sind unsere eigenen Willensacte, die Innervationen. Bei den Bewegungen, welche wir selbst bestimmen, sowie bei jenen, zu welchen wir durch äussere Umstände gezwungen sind, empfinden wir stets einen Druck. Dadurch stellt sich die Gewohnheit her, jeden bewegungsbestimmenden Umstand als etwas einem Willensact Verwandtes und als einen Druck vorzustellen. Die Versuche, diese Vorstellung als subjectiv, animistisch, unwissenschaftlich zu beseitigen, misglücken uns immer. Es kann auch nicht nützlich sein, wenn man seinen eigenen natürlichen Gedanken Gewalt anthut, und sich zu freiwilliger Armuth derselben verdammt. Wir werden bemerken, dass auch noch bei Begründung der Dynamik die erwähnte Auffassung eine Rolle spielt.

Wir können in vielen Fällen die in der Natur vorkommenden bewegungsbestimmenden Umstände durch unsere Innervationen ersetzen, und dadurch die Vorstellung einer Intensitätsabstufung der Kräfte gewinnen. Allein bei Beurtheilung dieser Intensität sind wir ganz auf unsere Erinnerung angewiesen, und können unsere Empfindung nicht mittheilen. Da wir aber jeden bewegungsbestimmenden Umstand auch durch ein Gewicht darstellen können, so gelangen wir zu der Einsicht, dass alle bewegungsbestimmenden Umstände (Kräfte) gleichartig seien, und durch Gewichtsgrössen ersetzt und gemessen werden können. Das messbare Gewicht leistet uns bei Verfolgung der mechanischen Vorgänge als sicheres, bequemes und mittheilbares Merkmal analoge Dienste wie das unsere Wärmeempfindung in exacter Weise vertretende Thermometer bei Verfolgung der Wärmevorgänge. Wie wir schon bemerkt haben, kann die Statik sich nicht jeder Kenntniss der Bewegungsvorgänge entschlagen. Dies zeigt sich besonders deutlich bei Bestimmung der Richtung einer Kraft durch die Richtung der Bewegung, welche dieselbe, wenn sie allein vorbauden ist, bestimmt. Als Angriffspunkt können wir jenen Körperpunkt bezeichnen, dessen Bewegung durch die Kraft auch dann noch bestimmt ist, wenn derselbe von seinen Verbindungen mit andern Körpertheilen befreit wird.

Die Kraft ist also ein bewegungsbestimmender Umstand, dessen Merkmale sich in folgender Art angeben lassen. Die Richtung der Kraft ist die Richtung der von der gegebenen Kraft allein bestimmten Bewegung. Der Angriffspunkt ist derjenige Punkt, dessen Bewegung auch unabhängig von seinen Verbindungen bestimmt ist. Die Grösse der Kraft ist das Gewicht, welches nach der bestimmten Richtung (an einer Schnur) wirkend, an dem gegebenen Punkt angreifend, dieselbe Bewegung bestimmt oder dasselbe Gleichgewicht erhält. Die übrigen Umstände, welche die Bestimmung einer Bewegung modificiren, aber eine solche für sich allein nicht bestimmen können, wie die virtuellen Verschiebungen, die Hebelarme u. s. w., können als bewegungs- oder als gleichgewichtsbestimmende Nebenumstände bezeichnet werden.

6. Die Principien der Statik in ihrer Anwendung auf die flüssigen Körper.

1. Die Betrachtung der flüssigen Körper hat zwar der Statik nicht viele wesentlich neue Gesichtspunkte geliefert, doch haben sich dabei zahlreiche Anwendungen

und Bestätigungen der bereits bekannten Sätze ergeben, und die physikalische Erfahrung wurde durch die betreffenden Untersuchungen sehr bereichert. Wir wollen deshalb diesem Gegenstande einige Blätter widmen.

2. Auch im Gebiete der Statik der Flüssigkeiten hat Archimedes den Grund gelegt. Von ihm rührt der bekannte Satz über den Auftrieb (oder Gewichtsverlust) der in Flüssigkeiten eingetauchten Körper her, über dessen Auffindung Vitruv, „De architectura“, lib. 9, Folgendes berichtet:

„Von all den vielen wunderbaren und mannichfachen, wol auch unendlich sinnreichen Entdeckungen des Archimedes aber will ich nur die anführen, welche auf eine überaus kluge Weise gewonnen sein dürfte. Als nämlich Hiero, nachdem er zu königlicher Macht erhoben worden, für seine glücklichen Thaten einen goldenen Kranz, den er gelobt hatte, in irgendeinem Heiligthum weihen wollte, liess er diesen gegen Arbeitslohn fertigen, und wog das dazu nöthige Gold dem Unternehmer genau vor. Dieser überlieferte seinerzeit das zur vollen Zufriedenheit des Königs gefertigte Werk, und auch das Gewicht des Kranzes schien genau zu entsprechen.

„Als aber später die Anzeige gemacht wurde, es sei Gold unterschlagen und dafür ebenso viel Silber beigemischt worden, da beauftragte Hiero, aufgebracht darüber, hintergangen worden zu sein, ohne einen Weg finden zu können, jene Unterschlagung zu erweisen, den Archimedes, die Ausfindigmachung eines solchen Ueberführungsweges auf sich zu nehmen. Dieser, damit eifrig beschäftigt, kam nun zufällig in ein Bad, und als er dort in die Wanne hinabstieg, bemerkte er, dass das Wasser in gleichem Maasse über die Wanne austrete, in welchem er seinen Körper mehr und mehr in dieselbe niederliess. Sobald er nun auf den Grund dieser Erscheinung gekommen war, verweilte er nicht länger, sondern sprang von Freude getrieben aus der Wanne, und nackend seinem Hause zulaufend zeigte er mit lauter Stimme an, er habe gefunden, was er suche. Denn im Laufe rief derselbe griechisch aus: εὕρηκα, εὕρηκα (ich habe es gefunden!)"

3. Die Bemerkung, welche Archimedes zu seinem Satz führte, war demnach die, dass ein ins Wasser einsinkender Körper ein entsprechendes Wasserquantum heben muss, gerade so, als wenn der Körper auf einer, das Wasser auf der andern Schale einer Wage läge. Diese Auffassung, welche auch heute noch die natürlichste und directeste ist, tritt auch in den Schriften des Archimedes „Ueber die schwimmenden Körper" hervor, welche leider nicht vollständig erhalten sind, und theilweise von F. Comandinus restituirt wurden.

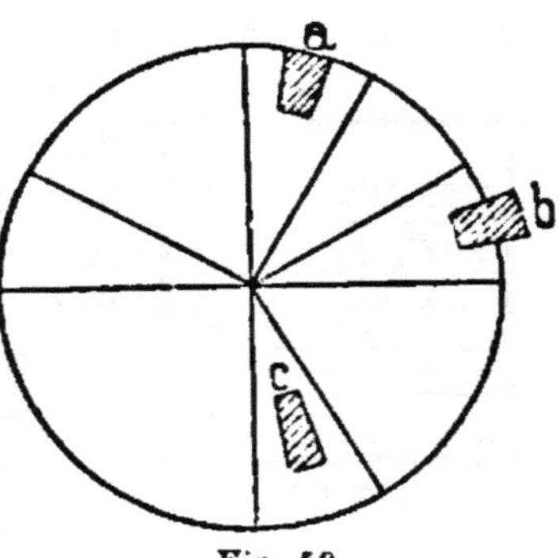

Fig. 59.

Die Voraussetzung, von welcher Archimedes ausgeht, lautet:

„Man setze als wesentliche Eigenschaft einer Flüssigkeit voraus, dass bei gleichförmiger und lückenloser Lage ihrer Theile der minder gedrückte durch den mehr gedrückten in die Höhe getrieben werde. Jeder Theil derselben aber wird von der nach senkrechter Richtung über ihm befindlichen Flüssigkeit gedrückt, wenn diese im Sinken begriffen ist, oder doch von einer andern gedrückt wird."

Nun denkt sich Archimedes, um es kurz zu sagen, die ganze kugelförmige Erde flüssig, und schneidet aus derselben Pyramiden heraus, deren Scheitel im Centrum liegen. Alle diese Pyramiden müssen im Gleichgewichtsfall gleiches Gewicht haben, und die gleichliegenden Theile derselben müssen den gleichen Druck erleiden. Taucht man in eine der Pyramiden den Körper *a* vom selben specifischen Gewicht wie Wasser, so sinkt er vollkommen ein, und vertritt im Gleichgewichtsfall den Druck des verdrängten Wassers durch seinen eigenen

Druck. Der Körper *b* vom geringern specifischen Gewichte kann ohne Gleichgewichtsstörung nur so weit einsinken, dass das Wasser unter ihm denselben Druck durch das Gewicht des Körpers erleidet, als wenn der Körper beseitigt und der eingetauchte Theil durch Wasser ersetzt würde. Der Körper *c* von grösserm specifischen Gewicht sinkt so tief als er kann. Dass er im Wasser um das Gewicht des verdrängten Wassers weniger wiegt, sieht man, wenn man sich diesen Körper mit einem zweiten von geringerm specifischen Gewicht so verbunden denkt, dass ein Körper vom specifischen Gewicht des Wassers entsteht, welcher eben vollkommen einsinkt.

4. Von den Arbeiten des Archimedes wurden, als man im 16. Jahrhundert wieder an deren Studium ging, kaum die Sätze begriffen. Das volle Verständniss der Ableitungen war damals nicht möglich.

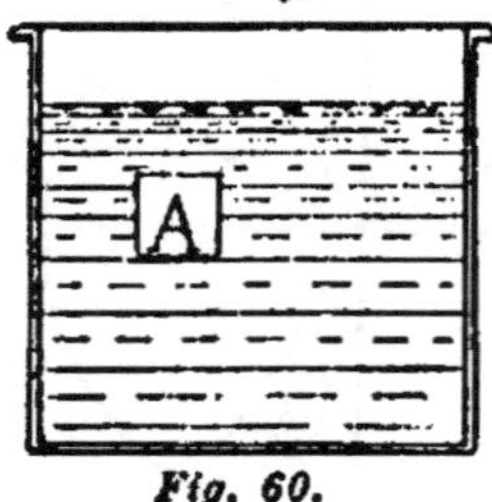

Fig. 60.

Stevin fand auf seinem eigenen Wege die wichtigsten Sätze der Hydrostatik und deren Ableitungen wieder. Es sind hauptsächlich zwei Gedanken, aus welchen Stevin seine fruchtbaren Folgerungen schöpft. Der eine Gedanke ist ganz ähnlich demjenigen betreffend die geschlossene Kette. Der andere besteht in der Annahme, dass die Erstarrung der im Gleichgewicht befindlichen Flüssigkeit das Gleichgewicht nicht stört.

Zunächst stellt Stevin den Satz auf: Eine beliebige gegebene Wassermenge *A* bleibt im Wasser eingetaucht überall im Gleichgewicht. Würde *A* vom umgebenden Wasser nicht getragen, sondern etwa sinken, so müssten wir annehmen, dass das hierbei an die Stelle von *A* tretende in denselben Verhältnissen befindliche Wasser ebenfalls sinkt. Diese Annahme führt also zu einer fortwährenden Bewegung, zu einem perpetuum mobile, was unserer Erfahrung und unserer instinctiven Erkenntniss widerspricht.

Das Wasser verliert also ins Wasser eingetaucht sein ganzes Gewicht. Denken wir uns nun die Oberfläche des eingetauchten Wassers erstarrt, das Oberflächengefäss (vas superficiarium), wie Stevin sich ausdrückt, so wird dieses noch immer denselben Druckverhältnissen unterliegen. Das leere Oberflächengefäss wird einen dem verdrängten Wassergewicht gleichen Auftrieb in der Flüssigkeit erfahren. Erfüllen wir das Oberflächengefäss mit einem andern Körper von beliebigem specifischen Gewicht, so erkennen wir die Verminderung des Körpergewichtes um das Gewicht der verdrängten Flüssigkeit beim Eintauchen.

In einem rechtwinkelig parallelepipedischen mit Flüssigkeit gefüllten Gefäss mit verticalen Wänden findet sich der Druck auf den horizontalen Boden gleich dem Gewichte der Flüssigkeit. Dieser Druck ist auch für alle Bodentheile von gleicher Fläche derselbe. Denkt sich nun Stevin beliebige Flüssigkeitstheile herausgeschnitten, und durch starre eingetauchte Körper von demselben specifischen Gewicht ersetzt, oder was dasselbe ist, denkt er sich einen Theil der Flüssigkeit erstarrt, so werden die Druckverhältnisse hierdurch nicht geändert. Mit Leichtigkeit übersieht man aber dann die Unabhängigkeit des Bodendruckes von der Gefässform, die Druckgesetze in communicirenden Gefässen u. s. w.

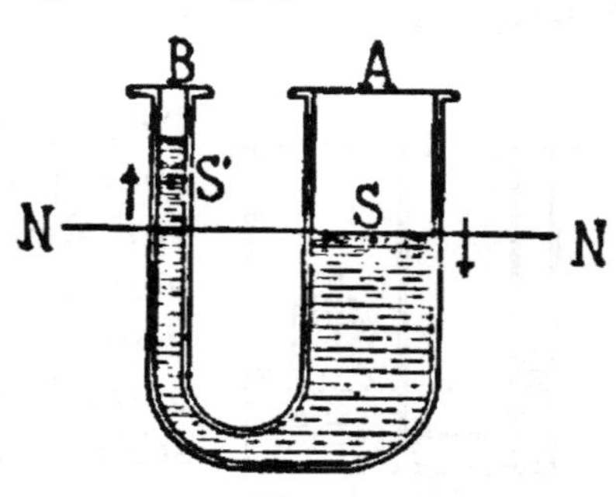

Fig. 61.

5. Galilei behandelt das Gleichgewicht der Flüssigkeiten in communicirenden Gefässen und die verwandten Fragen mit Hülfe des Princips der virtuellen Verschiebungen. Ist NN das gemeinschaftliche Niveau der im Gleichgewicht befindlichen Flüssigkeit in zwei communicirenden Gefässen, so erklärt er das Gleichgewicht dadurch, dass bei einer Störung die Verschiebungen

der Säulen sich umgekehrt wie die Querschnitte und Säulengewichte verhalten, also wie bei den Maschinen im Gleichgewicht. Dies ist aber nicht ganz correct. Der Fall entspricht nicht genau den von Galilei untersuchten Gleichgewichtsfällen an Maschinen, welche ein indifferentes Gleichgewicht darbieten. Bei den Flüssigkeiten in communicirenden Röhren bringt nämlich jede Störung des gemeinschaftlichen Flüssigkeitsspiegels eine Schwerpunktserhebung hervor. In dem Falle der Figur 61 wird der Schwerpunkt S, der in A aus dem schraffirten Raum verdrängten Flüssigkeit nach S' gehoben, während man die übrige Flüssigkeit als unbewegt betrachten kann. Der Schwerpunkt liegt also im Gleichgewichtsfall am tiefsten.

Fig. 62.

6. Pascal verwendet ebenfalls das Princip der virtuellen Verschiebungen, aber in correcter Weise, denn er sieht von dem Gewicht der Flüssigkeit ab, und betrachtet nur den Oberflächendruck. Denkt man sich zwei communicirende Gefässe mit Kolben verschlossen, und werden diese Kolben, durch ihren Flächen proportionale Gewichte belastet, so besteht Gleichgewicht, weil vermöge der Unveränderlichkeit des Flüssigkeitsvolums bei jeder Störung die Verschiebungen den Gewichten verkehrt proportionirt sind. Für Pascal folgt also aus dem Princip der virtuellen Verschiebungen, dass im Gleichgewichtsfalle jeder Druck auf einen Oberflächentheil der Flüssigkeit sich auf jeden andern wie immer orientirten gleichen Oberflächentheil in gleicher Grösse fortpflanzt. Es ist nichts dagegen einzuwenden, dass auf diesem Wege der Satz gefunden werde. Wir werden jedoch sehen, dass die natürlichere und befriedigendere Auffassung darin besteht, den Satz als direct gegeben zu betrachten.

7. Wir wollen nun nach dieser historischen Skizze die wichtigsten Fälle des Flüssigkeitsgleichgewichts

nochmals betrachten, und hierbei je nach Bequemlichkeit verschiedene Gesichtspunkte verwenden.

Die durch die Erfahrung gegebene Grundeigenschaft der Flüssigkeit besteht in der Verschiebbarkeit ihrer Theile durch die geringsten Druckkräfte. Stellen wir uns ein Volumelement der Flüssigkeit vor, von deren Schwere wir absehen, etwa ein kleines Würfelchen. Wenn auf eine der Würfelflächen der geringste Ueberdruck ausgeübt wird, weicht die Flüssigkeit und tritt nach allen Richtungen durch die übrigen fünf Würfelflächen aus. Ein starres Würfelchen kann etwa auf die obere und untere Fläche einen andern Druck erfahren als auf die Seitenflächen. Ein flüssiges Würfelchen kann hingegen nur bestehen, wenn normal auf alle Seitenflächen derselbe Druck ausgeübt wird. Eine ähnliche Ueberlegung lässt sich für jedes andere Polyëder anstellen. In dieser geometrisch geklärten Vorstellung liegt nichts als die rohe Erfahrung, dass die Theilchen der Flüssigkeit dem kleinsten Druck nachgeben, und dass sie diese Eigenschaft im Innern der Flüssigkeit auch behalten, wenn diese unter einem hohen Druck steht, indem z. B. kleine schwere Körperchen noch immer in derselben untersinken u. s. w.

Mit der Verschiebbarkeit der Theilchen verbinden die Flüssigkeiten noch eine andere Eigenschaft, die wir jetzt betrachten wollen. Die Flüssigkeiten erfahren durch Druck eine Volumsverminderung, welche dem auf die Oberflächeneinheit ausgeübten Druck proportional ist. Jede Druckänderung führt eine proportionale Volums- und Dichtenänderung der Flüssigkeit mit sich. Nimmt der Druck ab, so wird das Volum wieder grösser, die Dichte wieder kleiner. Das Flüssigkeitsvolum verkleinert sich also bei Druckzuwachs so weit, bis durch die geweckte Elasticität diesem Druckzuwachs das Gleichgewicht gehalten wird.

8. Die ältern Forscher, wie z. B. jene der florentiner Akademie, waren der Meinung, dass die Flüssigkeiten überhaupt incompressibel seien. Erst John Canton be-

schrieb 1763 einen Versuch, durch welchen die Compressibilität des Wassers nachgewiesen wurde. Ein Thermometergefäss wird mit Wasser gefüllt, ausgekocht, und dann zugeschmolzen. Die Flüssigkeit reicht bis *a*. Da aber der Raum ober *a* luftleer ist, so trägt dieselbe den Luftdruck nicht. Wird die zugeschmolzene Spitze abgebrochen, so sinkt die Flüssigkeit bis *b*. Nur ein Theil der Verschiebung kommt aber auf Rechnung der Compression der Flüssigkeit durch den Atmosphärendruck. Setzt man nämlich das Gefäss vor dem Abbrechen unter die Luftpumpe und evacuirt, so sinkt dadurch die Flüssigkeit bis *c*. Dies geschieht dadurch, dass der Druck, welcher auf dem Gefäss lastet und dessen Capacität vermindert, aufhört. Beim Abbrechen der Spitze wird dieser Aussendruck der Atmosphäre durch den Innendruck compensirt, und es tritt wieder eine Capacitätsvermehrung des Gefässes ein. Der Theil *cb* entspricht also der eigentlichen Compression der Flüssigkeit durch den Atmosphärendruck.

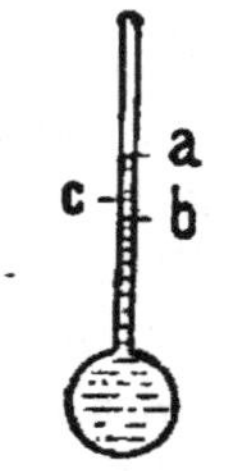

Fig. 63.

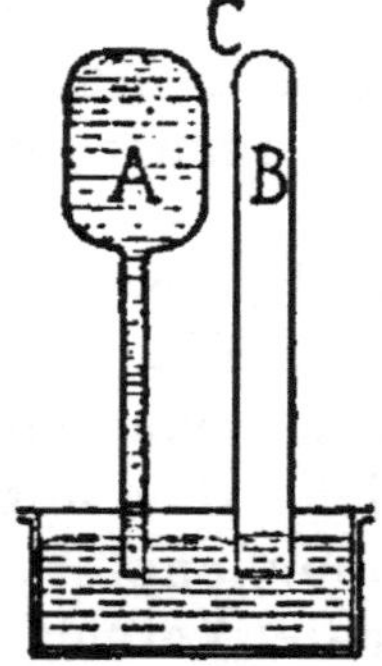

Fig. 64.

Oersted hat zuerst genauere Versuche über die Compressibilität des Wassers angestellt, und hierbei eine sehr sinnreiche Methode angewandt. Ein Thermometergefäss *A* ist mit ausgekochtem Wasser gefüllt, und taucht mit der offenen Capillarröhre in Quecksilber ein. Neben demselben befindet sich eine mit Luft gefüllte, mit dem offenen Ende ebenfalls ins Quecksilber tauchende Manometerröhre *B*. Der ganze Apparat wird in ein mit Wasser gefülltes Gefäss gebracht, das mit Hülfe einer Pumpe comprimirt wird. Hierbei wird das Wasser in *A* ebenfalls comprimirt und der Quecksilberfaden, welcher in der Capillarröhre ansteigt, zeigt diese Compression an. Die Capacitätsänderung, welche das Gefäss *A* nun noch erfährt, entsteht nur mehr durch das Zusammendrücken der allseitig gepressten Glaswände

Die feinsten Versuche über diesen Gegenstand sind von Grassi mit einem von Regnault construirten Apparat ausgeführt, und mit Hülfe von Lamé's Correctionsformeln berechnet worden. Um ein anschauliches Bild der Compressibilität des Wassers zu haben, bemerken wir, dass Grassi (für ausgekochtes) Wasser von 0° bei einer Atmosphäre Druckzuwachs eine Verminderung um etwa 5 Hunderttausendtheile des ursprünglichen Volums beobachtet hat. Denken wir uns also das Gefäss A als Litergefäss (1000 ccm), und daran eine Capillarröhre von 1 qmm Querschnitt, so steigt der Quecksilberfaden beim Druck einer Athmosphäre um 5 cm.

9. Der Oberflächendruck bringt also eine physikalische Aenderung (Dichtenänderung) der Flüssigkeit mit sich, welche durch hinreichend feine Mittel (z. B. auch optische) wahrgenommen werden kann. Wir dürfen uns immer vorstellen, dass stärker gedrückte Flüssigkeitstheile (wenn auch wenig) dichter sind als schwächer gedrückte Theile.

Denken wir uns nun in einer Flüssigkeit (in deren Innerem keine Kräfte wirken, von deren Schwere wir also absehen) zwei Theile von ungleichem Druck aneinander grenzend. Der stärker gedrückte dichtere Theil wird sich ausdehnen, und den schwächer gedrückten so lange comprimiren, bis an der Grenzfläche die einerseits geschwächte, andererseits gesteigerte Elasticitätskraft das Gleichgewicht herstellt, und beide gleich comprimirt sind.

Versuchen wir nun unsere Vorstellung der beiden Thatsachen, der leichten Verschiebbarkeit und der Compressibilität der Flüssigkeitstheile quantitativ so zu klären, dass sie den verschiedensten Erfahrungen sich anpasst, so gelangen wir zu dem Satz: In einer Flüssigkeit (in deren Innerem keine Kräfte wirken, von deren Schwere wir absehen) entfällt im Gleichgewichtsfall überall auf jedes beliebig gestellte (orientirte) gleiche Flächenelement der gleiche Druck. Der Druck ist also in allen Punkten derselbe, und er ist von der Richtung unabhängig.

Besondere Experimente zum Nachweis des Satzes sind wol nie in der nöthigen Genauigkeit angestellt worden. Der Satz ist aber durch die Erfahrungen über Flüssigkeiten sehr nahe gelegt, und macht diese sofort verständlich.

10. Ist eine Flüssigkeit in einem Gefäss eingeschlossen, das mit einem Stempel A, dessen Querschnitt der Flächeneinheit gleich ist, versehen ist, und wird derselbe, während der Stempel B befestigt ist, mit dem Druck p belastet, so herrscht (von der Schwere abgesehen) überall im Gefässe derselbe Druck p. Der Stempel dringt so weit ein, und die Gefässwände werden so weit deformirt, dass sich die Elasticitätskräfte der starren und flüssigen Körper überall das Gleichgewicht halten. Denkt man sich nun den Stempel B von dem Querschnitte f beweglich, so kann nur der Druck $f \cdot p$ ihn im Gleichgewicht erhalten.

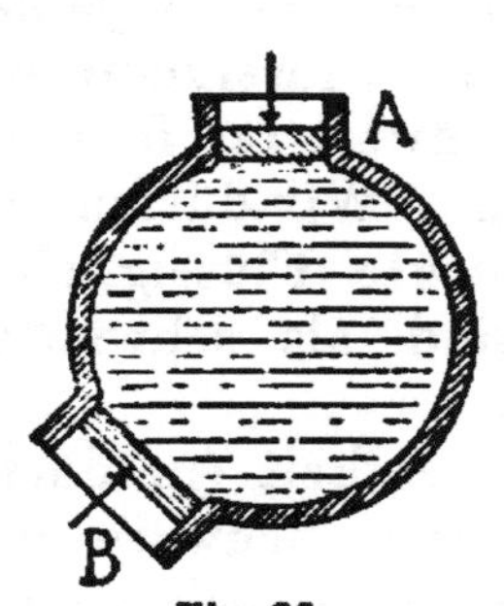

Fig. 65.

Wenn Pascal den erwähnten Satz aus dem Princip der virtuellen Verschiebungen ableitet, so ist zu bemerken, dass das von ihm erkannte Verschiebungsverhältniss nur durch die leichte Verschiebbarkeit der Theile und durch die Gleichheit des Druckes in allen Theilen der Flüssigkeit bedingt ist. Könnte in einem Flüssigkeitstheil eine stärkere Compression eintreten als in einem andern, so wäre das Verschiebungsverhältniss gestört und die Pascal'sche Ableitung nicht mehr zulässig. Wir können um die Eigenschaft der Druckgleichheit als einer gegebenen nicht herumkommen, wie wir auch erkennen, wenn wir bedenken, dass auch bei Gasen, bei welchen von einem constanten Volum auch nicht annähernd die Rede sein kann, dasselbe Gesetz besteht, welches Pascal für tropfbare Flüssigkeiten ableitet. Unserer Auffassung bereitet dieser Umstand keine Schwierigkeit, wohl aber der Pascal'schen. Auch beim Hebel wird, nebenbei bemerkt, das Verhältniss der virtuellen Verschiebungen durch die Elasticitätskräfte des Hebelkörpers gesichert, welche eine starke Abweichung von diesem Verhältniss nicht gestatten.

11. Wir wollen nun das Verhalten der Flüssigkeiten unter dem Einfluss der Schwere in Augenschein nehmen. Die Oberfläche der Flüssigkeit ist im Gleichgewichtsfall horizontal NN. Dies wird sofort verständlich, wenn man bedenkt, dass jede Veränderung dieser Oberfläche den Schwerpunkt der Flüssigkeit hebt, die Masse aus dem schraffirten Raum unter NN mit dem Schwer-

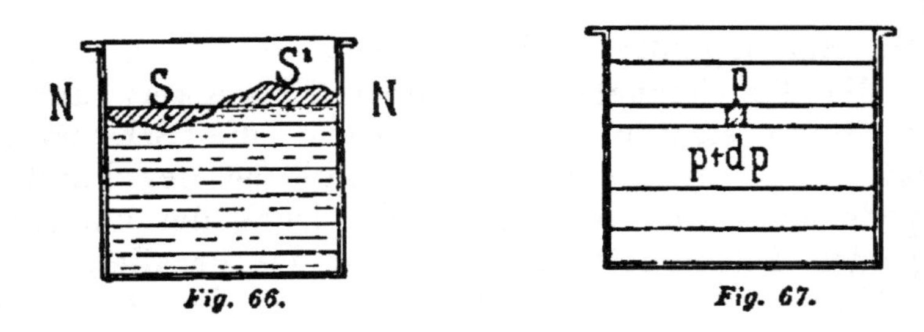

Fig. 66. Fig. 67.

punkt S in den schraffirten Raum ober NN mit dem Schwerpunkt S' befördert. Diese Veränderung wird also durch die Schwere wieder rückgängig gemacht.

Eine schwere Flüssigkeit mit horizontaler Oberfläche befinde sich in einem Gefässe im Gleichgewicht. Wir betrachten ein kleines rechtwinkeliges Parallelepiped im Innern derselben. Dasselbe soll die horizontale Grundfläche α und die verticalen Kanten von der Länge dh haben. Das Gewicht desselben ist also $\alpha \cdot dh \cdot s$, wobei s das specifische Gewicht bedeutet. Wenn das Parallelepiped nicht fällt, so ist dies nur dadurch möglich, dass auf der untern Fläche ein grösserer Eigendruck der Flüssigkeit lastet als auf der obern. Den Druck auf die obere und untere Fläche bezeichnen wir beziehungsweise durch αp und $\alpha(p+dp)$. Das

Gleichgewicht besteht, wenn $\alpha\, d h \cdot s = \alpha\, d p$ oder $\frac{d p}{d h} = s$, wobei h nach abwärts positiv gerechnet wird. Man sieht hieraus, dass für gleiche Zuwüchse von h vertical abwärts auch der Druck p gleiche Zuwüchse erfährt. Es ist $p = h s + q$, und wenn q, der Druck in der freien Oberfläche (der gewöhnlich dem Atmosphärendruck entspricht) $= o$ wird, noch einfacher $p = h s$, d. h. der Druck ist proportional der Tiefe unter dem Spiegel. Stellt man sich vor, die Flüssigkeit sei eingegossen, und dieses Verhältniss sei noch nicht erreicht, dann wird jedes Flüssigkeitstheilchen etwas sinken, bis das darunter befindliche comprimirte Theilchen dem Gewichte des obern durch seine Elasticität die Wage hält.

Aus der angeführten Betrachtung ersieht man auch, dass die Druckzunahme in einer Flüssigkeit nur in dem Sinne stattfindet, in welchem die Schwerkraft wirkt. Nur an der untern Grundfläche des Parallelepipeds muss ein elastischer Ueberdruck der unterhalb liegenden Flüssigkeit dem Gewicht des Parallelepipeds die Wage halten. Zu beiden Seiten der verticalen Grenzflächen des Parallelepipeds befindet sich aber Flüssigkeit von gleicher Compression, da in der Grenzfläche keine Kraft wirkt, welche eine stärkere Compression auf einer Seite bedingen würde.

Denkt man sich den Inbegriff aller Punkte der Flüssigkeit, welche demselben Druck p entsprechen, so erhält man eine Fläche, die sogenannte Niveaufläche. Verschiebt man ein Theilchen in der Richtung der Schwerkraft, so erfährt es eine Druckänderung. Verschiebt man es senkrecht zur Schwerkraft, so findet keine Druckänderung statt. Im letztern Falle bleibt es in derselben Niveaufläche, und das Element der Niveaufläche steht also zur Richtung der Schwerkraft senkrecht.

Denken wir uns die Erde kugelförmig und flüssig, so sind die Niveauflächen concentrische Kugeln, und die

Richtungen der Schwerkräfte (die Radien), stehen auf den Kugelflächenelementen senkrecht. Analoge Bemerkungen könnte man machen, wenn an Stelle der Schwerkraft die Flüssigkeitstheile von andern Kräften, z. B. magnetischen angetrieben würden.

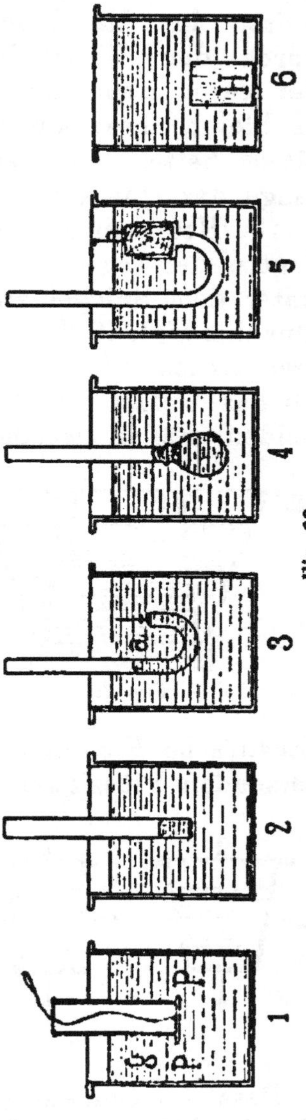

Die Niveauflächen bilden in gewisser Art die Kraftverhältnisse ab, unter welchen die Flüssigkeit steht, welche Betrachtung die analytische Hydrostatik weiter ausführt.

12. Die Zunahme des Druckes mit der Tiefe unter dem Spiegel einer schweren Flüssigkeit kann man durch einige Experimente anschaulich machen, welche grösstentheils von Pascal herrühren. Man kann bei dieser Gelegenheit auch die Unabhängigkeit des Druckes von der Richtung wahrnehmen. In 1 ist ein leeres unten abgeschliffenes und mit einer aufgelegten Metallplatte *pp* verschlossenes Glasrohr *g* dargestellt, welches in Wasser eingesenkt ist. Bei genügender Tiefe des Eintauchens kann man den Faden loslassen, ohne dass die vom Eigendruck der Flüssigkeit getragene Platte herabfällt. In 2 ist die Platte durch ein Quecksilbersäulchen ersetzt. Taucht man eine offene mit Quecksilber gefüllte Heberröhre ins Wasser, so sieht man (3) durch den Druck bei *a* das Quecksilber in dem längern Schenkel steigen. In 4 sehen

Fig. 68.

1 2 3 4 5 6

wir eine Röhre, die am untern Ende durch einen Lederbeutel verschlossen und mit Quecksilber gefüllt ist. Tieferes Eintauchen treibt das Quecksilber weiter in die Höhe. Das Holzstück *h* wird (5) durch den Wasserdruck in den kürzern Schenkel der leeren Heberröhre hinabgetrieben. Ein Holzstück *H* bleibt unter Quecksilber auf dem Boden des Gefässes haften und wird an denselben angedrückt, solange das Quecksilber nicht unter dasselbe gelangt.

13. Hat man sich klar gemacht, dass der Druck im Innern der schweren Flüssigkeit proportional der Tiefe unter dem Spiegel zunimmt, so erkennt man leicht die Unabhängigkeit des Bodendrucks von der Gefässform. Der Druck nimmt nach unten in gleicher Weise zu, ob das Gefäss die Form *abcd* oder *ebcf* hat. In beiden Fällen werden die Gefässwände, wo sie die Flüssigkeit berühren, so weit deformirt, dass sie durch ihre Elasticität dem Flüssigkeitsdruck das Gleichgewicht halten, also die angrenzende Flüssigkeit in Bezug auf den Druck ersetzen. Hierdurch rechtfertigt sich direct die Stevin'sche Fiction der erstarrten, die Gefässwände ersetzenden Flüssigkeit. Der Bodendruck bleibt immer $P = A h s$, wobei A die Bodenfläche, h die Tiefe des horizontalen ebenen Bodens unter dem Niveau und s das specifische Gewicht der Flüssigkeit bedeutet.

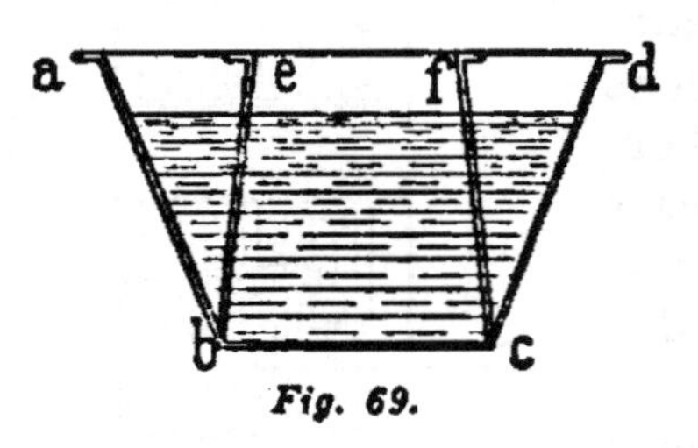

Fig. 69.

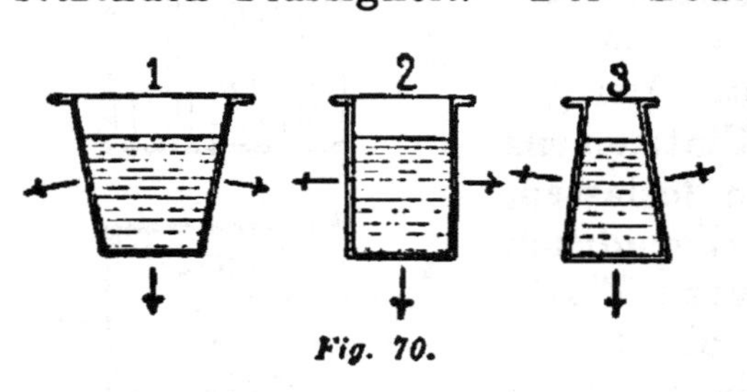

Fig. 70.

Dass die Gefässe 1, 2, 3 bei gleicher Bodenfläche und Druckhöhe (von den Gefässwänden abgesehen) auf der Wage ein ungleiches Flüssigkeitsgewicht anzeigen, steht natürlich mit den erwähnten Druckgesetzen nicht im

Widerspruch. Beachtet man den Seitendruck, so ergibt dieser bei 1 noch eine Componente nach unten, und bei 3 noch nach oben, sodass der resultirende Oberflächendruck immer dem Gewicht gleich wird.

14. Das Princip der virtuellen Verschiebungen ist sehr geeignet, um derartige Fälle klar zu überblicken, weshalb wir dasselbe verwenden wollen. Zuvor bemerken wir aber Folgendes. Wenn das Gewicht q von 1 nach 2 sinkt, während dafür ein gleich grosses von 2 nach 3 sich begibt, so ist die hierbei geleistete Arbeit $q h_1 + q h_2 = q (h_1 + h_2)$, also dieselbe, als ob das Gewicht q direct von 1 nach 3 übergegangen, das Gewicht in 2 aber an seiner Stelle geblieben wäre.

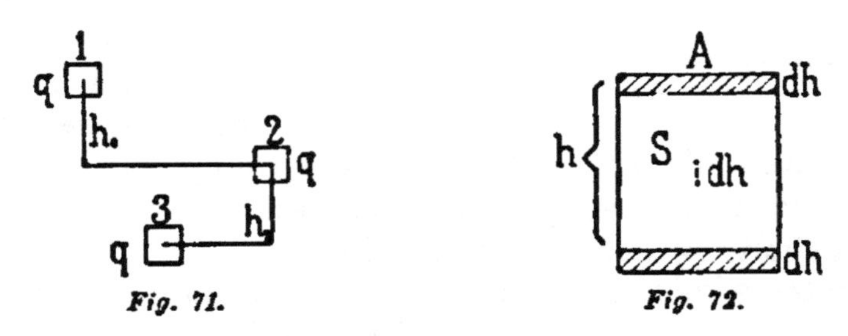

Fig. 71. Fig. 72.

Die Bemerkung lässt sicht leicht verallgemeinern.

Betrachten wir ein homogenes schweres rechtwinkeliges Parallelepiped mit verticalen Kanten von der Länge h, der Basis A und dem specifischen Gewicht s. Dasselbe (oder der Schwerpunkt desselben) sinke um dh. Die Arbeit ist dann $A h s \cdot dh$ oder auch $A dh \cdot s \cdot h$. Bei dem erstern Ausdruck denken wir uns das ganze Gewicht $A h s$ um die Höhe dh verschoben, bei dem zweiten Ausdruck hingegen das Gewicht $A\, dh\, s$ aus dem obern schraffirten Raum in den untern um die Höhe h gesenkt, während wir den übrigen Körper gar nicht beachten. Beide Auffassungen sind zulässig und gleichwerthig.

15. Mit Hülfe dieser Bemerkung erhalten wir einen klaren Einblick in das von Pascal gefundene Paradoxon,

welches in Folgendem besteht. Das Gefäss g, an einem besondern Ständer befestigt und aus einem engen obern und einem sehr weiten untern Cylinder bestehend, ist durch einen beweglichen Kolben am Boden geschlossen, welcher mit Hülfe eines Fadens durch die Axe der Cylinder an der Wage aufgehängt ist. Wird g mit Wasser gefüllt, so müssen trotz der geringen Wassermenge auf die andere Wagschale beträchtliche Gewichte gelegt werden, deren Summe Ahs ist, wobei A die Stempelfläche, h die Flüssigkeitshöhe und s deren specifisches Gewicht ist.

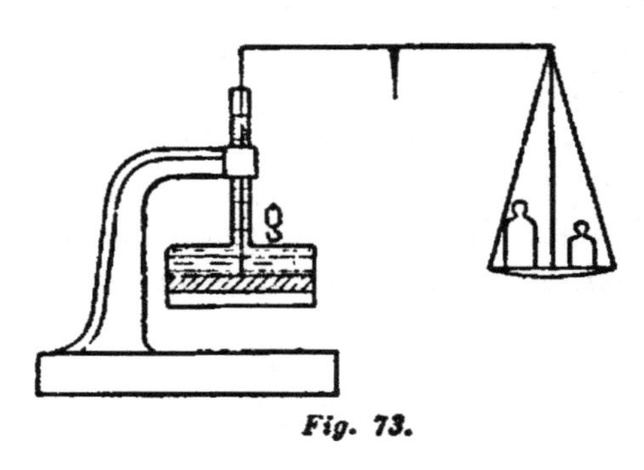

Fig. 73.

Friert nun die Flüssigkeit mit Loslösung von den Gefässwänden, so genügt sofort eine sehr kleine Belastung zur Erhaltung des Gleichgewichts.

Achten wir auf die virtuellen Verschiebungen in beiden Fällen. (Fig. 74.) Im ersten Fall ist bei der Stempelerhebung dh das virtuelle Moment $Adhs \cdot h$ oder $Ahs \cdot dh$, also dasselbe, als wenn die vom Stempel verdrängte Masse um die ganze Druckhöhe bis zum Spiegel der Flüssigkeit, oder als ob das ganze Gewicht Ahs um dh gehoben würde. Im zweiten Fall tritt die vom Stempel verdrängte Masse nicht bis an den Spiegel, sondern erfährt eine viel kleinere Verschiebung, die Verschiebung des Stempels. Sind A, a die Querschnitte des weitern und engern Cylinders, k, l die zugehörigen Höhen, so ist das entsprechende virtuello Moment $Adhs \cdot k + adhs \cdot l = (Ak + al)s \cdot dh$,

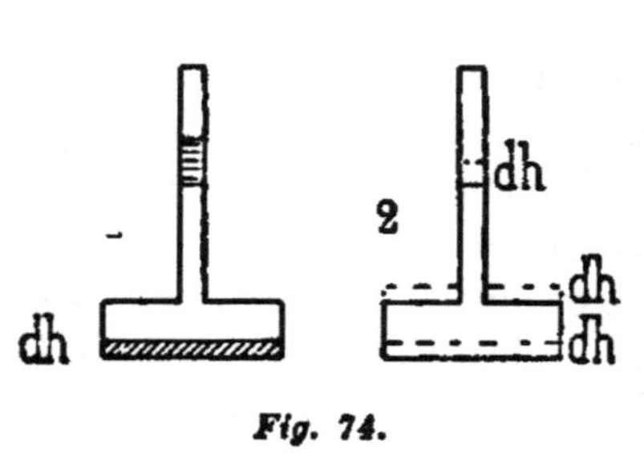

Fig. 74.

es entspricht also der Erhebung des viel kleinern Gewichts $(Ak + al)s$ um die Höhe dh.

16. Die Gesetze des Seitendrucks der Flüssigkeiten sind nur geringfügige Modificationen der Gesetze des Bodendrucks. Hat man z. B. ein würfelförmiges Gefäss von 1 Decimeter Seite, also ein Litergefäss, so ergibt sich bei vollständiger Füllung mit Wasser der Druck auf eine verticale Seitenwand $ABCD$ sehr leicht. Je tiefer das Wandelement unter dem Spiegel, einen desto höhern Druck erfährt es. Man bemerkt leicht, dass der Druck derselbe ist, als ob auf der horizontal gestellten Wand der Wasserkeil $ABCDHI$ ruhen würde, wobei $ID \perp$ auf BD und $ID = HC = AC$ ist. Der Seitendruck beträgt also ein halbes Kilogramm.

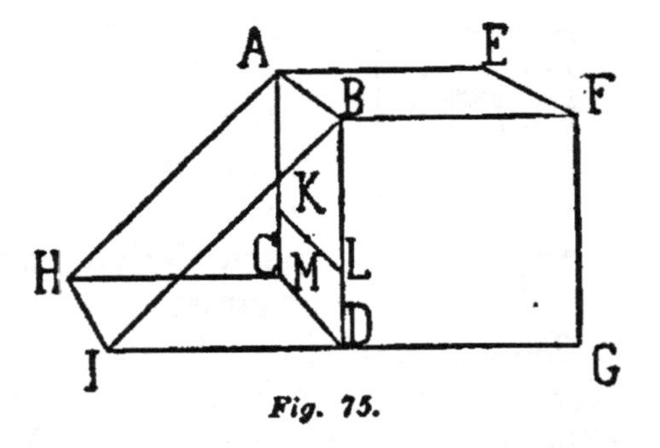

Fig. 75.

Um den Angriffspunkt des resultirenden Drucks zu ermitteln, denken wir uns wieder $ABCD$ horizontal mit dem darauf lastenden Keil. Schneiden wir $AK = BL = \frac{2}{3} AC$ ab, ziehen die Grade KL und halbiren wir M, so ist M der gesuchte Angriffspunkt, denn durch diesen Punkt geht die den Schwerpunkt des Keiles passirende Verticale hindurch.

Eine schiefe ebene Figur, welche den Boden eines mit Flüssigkeit gefüllten Gefässes bildet, theilen wir in Elemente α, α', α'' ... mit den Tiefen h, h', h'' — unter dem Niveau. Der Bodendruck ist

$$(\alpha h + \alpha' h' + \alpha'' h'' + \ldots) s$$

Nennen wir A die Gesammtfläche und H die Tiefe ihres Schwerpunkts unter dem Spiegel, so ist

$$\frac{\alpha h + \alpha' h' + \alpha'' h'' + \ldots}{\alpha + \alpha' + \alpha'' + \ldots} = \frac{\alpha h + \alpha' h' + \ldots}{A} = H$$

demnach der Bodendruck AHs.

17. Das Princip des Archimedes kann in sehr verschiedener Weise abgeleitet werden. Nach dem Vorgange von Stevin denken wir uns im Innern der Flüssigkeit einen Theil derselben erstarrt. Er wird wie zuvor von der umgebenden Flüssigkeit getragen. Die Resultirende der Oberflächendruckkräfte greift also im Schwerpunkte der vom starren Körper verdrängten Flüssigkeit an, und ist deren Gewicht gleich und entgegengesetzt. Bringen wir nun an die Stelle der erstarrten Flüssigkeit irgendeinen andern starren Körper von derselben Form, aber anderm specifischen Gewicht, so bleiben die Oberflächendruckkräfte dieselben. Es wirken also zwei Kräfte an dem Körper, das Gewicht des Körpers, angreifend im Schwerpunkt des Körpers, und der Auftrieb, die Resultirende der Oberflächendruckkräfte, angreifend im Schwerpunkt der verdrängten Flüssigkeit. Nur bei homogenen starren Körpern fallen beide Schwerpunkte zusammen.

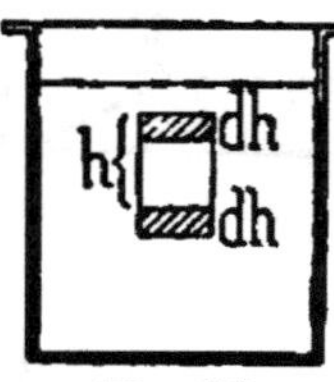

Fig. 76.

Taucht man ein rechtwinkeliges Parallelepiped von der Höhe h und der Basis a mit verticalen Kanten in eine Flüssigkeit vom specifischen Gewicht s, so ist, wenn die obere Basisfläche die Tiefe k unter dem Niveau hat, der Druck auf dieselbe $a k s$, auf die untere Fläche hingegen $a(k+h)s$. Da sich nun die Seitendruckkräfte aufheben, verbleibt ein Ueberdruck $a h s$ oder $v \cdot s$ nach oben, wobei v das Volum des Parallelepipeds bedeutet.

Mit Hülfe des Princips der virtuellen Verschiebungen kommen wir der Auffassung am nächsten, von welcher Archimedes selbst ausgegangen ist. Ein Parallelepiped vom specifischen Gewicht σ, der Basis a und der Höhe h sinke um dh. Dann ist das virtuelle Moment der Uebertragung aus dem obern in den untern schraffirten Raum $a\,dh \cdot \sigma h$. Dafür steigt die Flüssigkeit aus dem untern in den obern Raum, und deren Moment ist $a\,dh\,s\,h$. Das gesammte virtuelle Moment ist also

$a\,h\,(\sigma - s)\,d\,h = (p - q)\,dh$, wobei p das Gewicht des Körpers, q jenes der verdrängten Flüssigkeit bedeutet.

18. Man könnte sich die Frage stellen, ob der Auftrieb eines Körpers in einer Flüssigkeit durch Eintauchen der letztern in eine andere Flüssigkeit alterirt wird. In der That hat man sich gelegentlich diese absonderliche Frage gestellt. Es sei also ein Körper k in eine Flüssigkeit A und letztere mit ihrem Gefäss abermals in eine Flüssigkeit B eingetaucht. Sollte bei Bestimmung des Gewichtsverlustes in A der Gewichtsverlust des A in B in Anschlag kommen, so müsste der Gewichtsverlust von K vollständig verschwinden, wenn die Flüssigkeit B mit A identisch wird. Es hätte also K in A eingetaucht einen Gewichtsverlust und auch keinen. Eine derartige Regel hat also keinen Sinn.

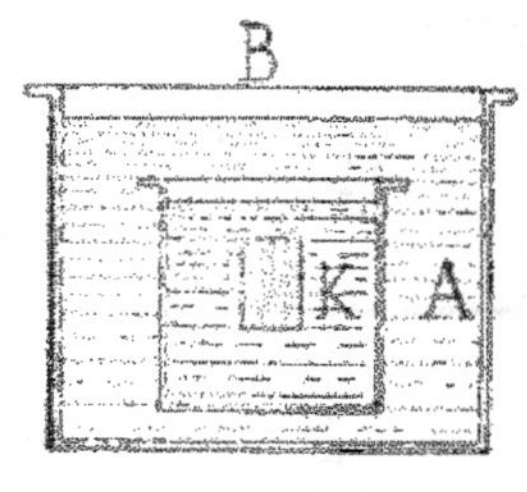

Fig. 77.

Mit Hülfe des Princips der virtuellen Verschiebungen überblickt man die verwickeltern Fälle dieser Art sehr leicht. Taucht ein Körper allmählich zuerst in B ein, dann theilweise in B und in A, endlich in A allein, so kommen (bei Beachtung der virtuellen Momente) im zweiten Falle beide Flüssigkeiten nach Maassgabe des eingetauchten Volums in Betracht. Sobald aber der Körper ganz in A eingetaucht ist, steigt bei weiterer Verschiebung der Spiegel von A nicht mehr, und B ist also weiter nicht von Belang.

19. Das Princip von Archimedes lässt sich durch einen hübschen Versuch zur Anschauung bringen. Man hängt Fig. 78 auf eine Seite einer Wage einen Hohlwürfel H und unter denselben einen Massivwürfel M, welcher in den Hohlwürfel genau hineinpasst, und setzt die Wage ins Gleichgewicht. Taucht man, ein unterhalb stehendes Gefäss erhebend, M ins Wasser, so wird das Gleichgewicht gestört, aber sofort wiederhergestellt, wenn man H mit Wasser füllt.

Ein Gegenversuch ist folgender. Auf einer Seite der Wage bleibt *H*. Auf die andere Wagschale wird ein Gefäss mit Wasser gesetzt, und oberhalb desselben, auf einem von der Wage unabhängigen Stativ, *M* mit Hülfe eines dünnen Drahtes aufgehängt. Die Wage wird äquilibrirt. Senkt man nun *M* so, dass es ins Wasser taucht, so tritt wieder eine Gleichgewichtsstörung auf, welche beim Anfüllen von *H* mit Wasser verschwindet.

Dieser Versuch scheint auf den ersten Blick etwas paradox. Man fühlt aber zunächst instinctiv, dass man *M* nicht ins Wasser tauchen kann, ohne einen Druck auszuüben, der die Wage afficiren muss. Bedenkt man, dass der Spiegel des Wassers im Gefäss steigt, und dass der starre Körper *M* dem Oberflächendruck des umgebenden Wassers eben das Gleichgewicht hält, also ein gleiches Volum Wasser vertritt und ersetzt, so verschwindet alles Paradoxe an dem Versuch,

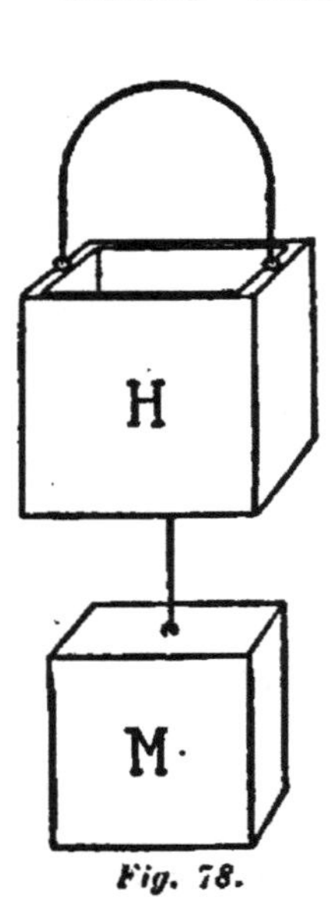

Fig. 78.

20. Die wichtigsten statischen Sätze sind bei Betrachtung des Gleichgewichts starrer Körper gewonnen worden. Dieser Gang ist zufällig der historische, er ist aber keineswegs der einzig mögliche und nothwendige. Die verschiedenen Wege, welche Archimedes, Stevin, Galilei u. A. eingeschlagen haben, legen uns diesen Gedanken nahe genug. Wirklich hätten allgemeine statische Principien, mit Zuhülfenahme ganz einfacher Sätze aus der Statik starrer Körper, bei Betrachtung der Flüssigkeiten gefunden werden können. Stevin war diesem Fund jedenfalls sehr nahe. Wir wollen hierauf einen Augenblick eingehen.

Wir stellen uns eine Flüssigkeit vor, von deren Schwere wir absehen. Dieselbe sei in einem Gefäss eingeschlossen, und stehe unter einem gegebenen Druck.

Ein Theil der Flüssigkeit möge erstarren. Auf die geschlossene Oberfläche wirken den Flächenelementen proportionale Normalkräfte, und wir sehen ohne Schwierigkeit, dass ihre Resultirende stets $= 0$ ist.

Grenzen wir einen Theil der geschlossenen Oberfläche durch eine geschlossene Curve ab, so erhalten wir eine nicht geschlossene Oberfläche. Alle Oberflächen, welche durch dieselbe (doppelt gekrümmte) Curve begrenzt werden, und auf welche den Flächenelementen proportionale Normalkräfte (in demselben Sinne) wirken, geben die gleiche Resultirende.

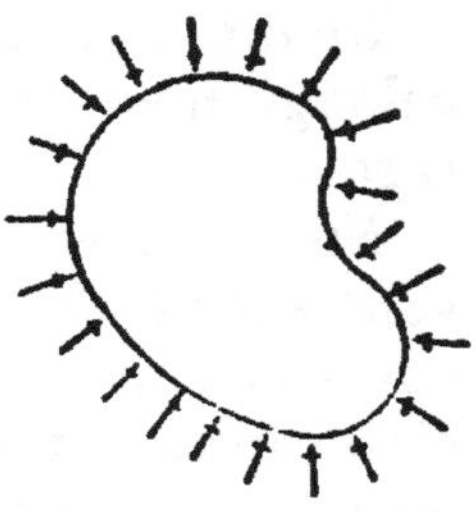

Fig. 79.

Es möge nun ein durch irgendeine geschlossene Leitlinie bestimmter flüssiger Cylinder erstarren. Von den beiden zur Axe senkrechten Basisflächen können wir absehen. Statt der Mantelfläche kann die blosse Leitlinie betrachtet werden. Es ergeben sich hierdurch ganz analoge Sätze für die den Elementen einer ebenen Curve proportionalen Normalkräfte.

Uebergeht die geschlossene Curve in ein Dreieck, so gestaltet sich die Betrachtung in folgender Weise. Wir stellen die in den Seitenmittelpunkten angreifenden resultirenden Normalkräfte der Grösse, Richtung und dem Sinne nach durch Linien dar. Die betreffenden Geraden schneiden sich in einem Punkt, dem Mittelpunkt des dem Dreieck umschriebenen Kreises.

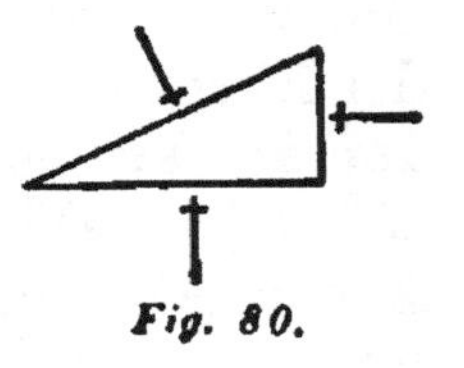

Fig. 80.

Ferner bemerkt man, dass sich durch blosse Parallelverschiebung der die Kräfte darstellenden Linien ein dem gegebenen Dreieck ähnliches Dreieck bilden lässt, dessen Umfang in demselben Sinn durchlaufen wird, wenn man den Sinn der Kräfte beachtet.

Es ergibt sich somit der Satz:

Drei Kräfte, welche an einem Punkt angreifen, welche

den Seiten eines Dreiecks proportionirt und parallel gerichtet sind, die ferner durch Parallelverschiebung zu einem Dreieck mit übereinstimmendem Umlaufssinn sich schliessen, sind im Gleichgewicht. Man erkennt ohne Schwierigkeit in diesem Satz nur eine andere Form des Satzes vom Kräftenparallelogramm.

Denkt man sich statt des Dreiecks ein Polygon, so gelangt man zu dem bekannten Satze des Kräftenpolygons.

Nun denken wir uns in einer schweren Flüssigkeit vom specifischen Gewichte $\varkappa$ einen Theil erstarrt. Auf ein Element α der geschlossenen Oberfläche wirkt nun eine Normalkraft $\alpha \varkappa z$, wenn z der Abstand des Elementes vom Spiegel der Flüssigkeit ist. Das Resultat ist uns in vorhinein bekannt.

Wirken auf eine geschlossene Oberfläche Normalkräfte einwärts, welche durch $\alpha \varkappa z$ bestimmt sind, wobei α das Flächenelement und z dessen senkrechten Abstand von einer gegebenen Ebene E bedeutet, so ist die Resultirende $V \cdot \varkappa$, in welchem Ausdruck V das eingeschlossene Volum vorstellt. Die Resultirende greift im Schwerpunkt des Volums an, ist senkrecht zur genannten Ebene und gegen dieselbe gerichtet.

Es sei unter denselben Umständen eine starre krumme Oberfläche durch eine ebene Curve begrenzt, welche auf der Ebene die Fläche A einschliesst. Die Resultirende der auf die krumme Fläche wirkenden Kräfte ist R, wobei $R^2 = (AZ\varkappa)^2 + (V\varkappa)^2 - 2AZV\varkappa^2 \cos \nu$. Dabei bedeutet Z den Abstand des Schwerpunktes der Fläche A von E, ferner ν den Normalenwinkel von E und A.

Mathematisch geübtere Leser haben in dem vorletzten Satze schon einen Specialfall des Green'schen Satzes der Potentialtheorie erkannt, welcher im wesentlichen in der Zurückführung von Oberflächenintegrationen auf Volumintegrationen (oder umgekehrt) besteht.

Man kann also in das Kraftsystem einer im Gleichgewicht befindlichen Flüssigkeit mehr oder minder complicirte Kraftsysteme hineinsehen oder, wenn man will, aus demselben heraussehen, und dadurch auf kurzem Wege (a posteriori) Sätze gewinnen. Es ist ein blosser Zufall, dass Stevin diese Sätze nicht gefunden hat. Die hier befolgte Methode entspricht ganz der seinigen. Noch immer können auf diese Weise neue Entdeckungen gemacht werden.

21. Das Paradoxe, welches sich bei Untersuchung der Flüssigkeiten ergeben hat, hat als Reiz zu weiterm Nachdenken angetrieben. Auch darf nicht unbemerkt bleiben, dass die Vorstellung eines physikalisch-mechanischen Continuums zuerst bei Untersuchung der Flüssigkeiten sich gebildet hat. Es hat sich hierdurch eine viel freiere und reichere mathematische Anschauung entwickelt, als dies durch Betrachtung selbst eines Systems von mehrern starren Körpern möglich war. In der That lässt sich der Ursprung wichtiger moderner mechanischer Begriffe, wie z. B. des Potentials, bis auf diese Quelle zurückverfolgen.

7. Die Principien der Statik in ihrer Anwendung auf die gasförmigen Körper.

1. Mit nur geringen Veränderungen lassen sich bei gasförmigen Körpern dieselben Betrachtungen anwenden wie bei Flüssigkeiten. Insofern bietet also die Untersuchung der Gase keine sehr reiche Ausbeute für die Mechanik. Gleichwol haben die ersten Schritte, welche auf diesem Gebiete gethan worden sind, eine hohe culturhistorische und allgemeine wissenschaftliche Bedeutung.

Wenngleich der gewöhnliche Mensch durch den Widerstand der Luft, durch den Wind, durch das Einschliessen derselben in eine Blase Gelegenheit findet zu erkennen, dass die Luft die Natur eines Körpers hat, so zeigt sich dies doch viel zu selten und niemals so augenfällig und handgreiflich wie bei den starren Körpern und den Flüssigkeiten. Diese Erkenntniss ist zwar da,

OTTO DE GUERICKE
Serenifs ac Potentifs Elector Brandeb:
Confiliarius et Civitat: Magdeb. Conful.

allein sie ist nicht geläufig und populär genug, um eine erhebliche Rolle zu spielen. An das Vorhandensein der Luft wird im gewöhnlichen Leben fast gar nicht gedacht.

Obgleich die Alten, wie aus Vitruv's Beschreibungen zu ersehen ist, Instrumente hatten, welche auf der Verdichtung der Luft beruhten (wie die sogenannten Wasserorgeln), obgleich die Erfindung der Windbüchse bis auf Ktesibius zurückgeführt wird, und dieses Instrument auch Guericke bekannt war, so waren doch noch im 17. Jahrhundert die Vorstellungen über die Natur der Luft höchst sonderbare und ungeklärte. Wir dürfen uns daher nicht wundern über die geistige Bewegung, welche die ersten bedeutendern Versuche in dieser Richtung hervorgebracht haben. Wir begreifen die begeisterte Beschreibung, die Pascal von den Boyle'schen Luftpumpenexperimenten gibt, wenn wir uns lebhaft in die damalige Zeit zurückversetzen. Was konnte auch wunderbarer sein als die plötzliche Erkenntniss, dass ein Ding, welches wir nicht sehen, kaum fühlen, und fast gar nicht beachten, uns immer und überall umgibt, alles durchdringt, dass es die wichtigste Bedingung des Lebens, Brennens und gewaltiger mechanischer Vorgänge ist. Vielleicht zum ersten mal bei dieser Gelegenheit wurde es durch einen grossen Erfolg klar, dass die Naturwissenschaft nicht auf die Untersuchung des Handgreiflichen, grob Sinnenfälligen beschränkt sei.

2. Zu Galilei's Zeit erklärte man die Saugwirkung, die Wirkung der Spritzen und Pumpen durch den sogenannten horror vacui, den Abscheu der Natur vor dem leeren Raume. Die Natur sollte die Eigenschaft haben, die Entstehung des leeren Raumes dadurch zu verhindern, dass sie das erste beliebige nächstliegende Ding zur sofortigen Ausfüllung eines solchen sich bildenden leeren Raumes verwendete. Abgesehen von dem unberechtigten speculativen Element in dieser Ansicht, muss man zugeben, dass sie die Vorgänge bis zu einer

Guericke's erste Versuche (Experim. Magdeb.).

gewissen Grenze wirklich darstellt. Wer befähigt war sie aufzustellen, musste in der That ein Princip in den Vorgängen erschaut haben. Dieses Princip passt jedoch nicht in allen Fällen. Galilei soll auch sehr überrascht gewesen sein, als er von einer neu angelegten Pumpe mit zufällig sehr langem Saugrohr hörte, welche nicht im Stande war, das Wasser über 18 italienische Ellen zu heben. Er dachte zunächst daran, dass der horror vacui (oder die resistenza del vacuo) eine messbare Kraft habe. Die grösste Höhe, auf welche das Wasser durch Saugen gehoben werden konnte, nannte er altezza limitatissima. Galilei suchte auch direct die Last zu bestimmen, welche im Stande wäre, den wohlanschliessenden auf den Boden gesetzten Kolben aus einem verschlossenen Pumpenstiefel herauszuziehen.

3. Torricelli kam auf den Einfall, die Resistenz des Vacuums statt durch eine Wassersäule durch eine Quecksilbersäule zu messen, und erwartete eine Säule von etwa $^1/_{14}$ der Länge der Wassersäule zu finden. Seine Erwartung bestätigte sich durch den von Viviani 1643 in der bekannten Weise ausgeführten Versuch, welcher heute den Namen des Torricelli'schen Versuches führt. Eine etwa 1 m lange, einerseits zugeschmolzene mit Quecksilber gefüllte Glasröhre wird am offenen Ende mit dem Finger geschlossen, mit diesem Ende nach unten in Quecksilber gebracht, und vertical aufgestellt. Entfernt man den Finger, so fällt die Quecksilbersäule, und bleibt auf einer Höhe von etwa 76 cm stehen. Es war hierdurch sehr wahrscheinlich geworden, dass ein ganz bestimmter Druck die Flüssigkeiten in das Vacuum treibt. Welcher Druck dies sei, errieth Torricelli sehr bald.

Galilei hatte schon versucht das Gewicht der Luft zu bestimmen, indem er eine nur Luft enthaltende Glasflasche abgewogen und, nachdem die Luft durch Erwärmung theilweise vertrieben war, dieselbe nochmals abgewogen hatte. Dass die Luft schwer sei, war also bekannt. Der horror vacui und das Gewicht der Luft lagen sich aber für die meisten Menschen sehr fern. Bei Torricelli mochten beide Gedanken sich einmal nahe genug begegnen, um ihn zu der Ueberzeugung zu führen, dass alle dem horror

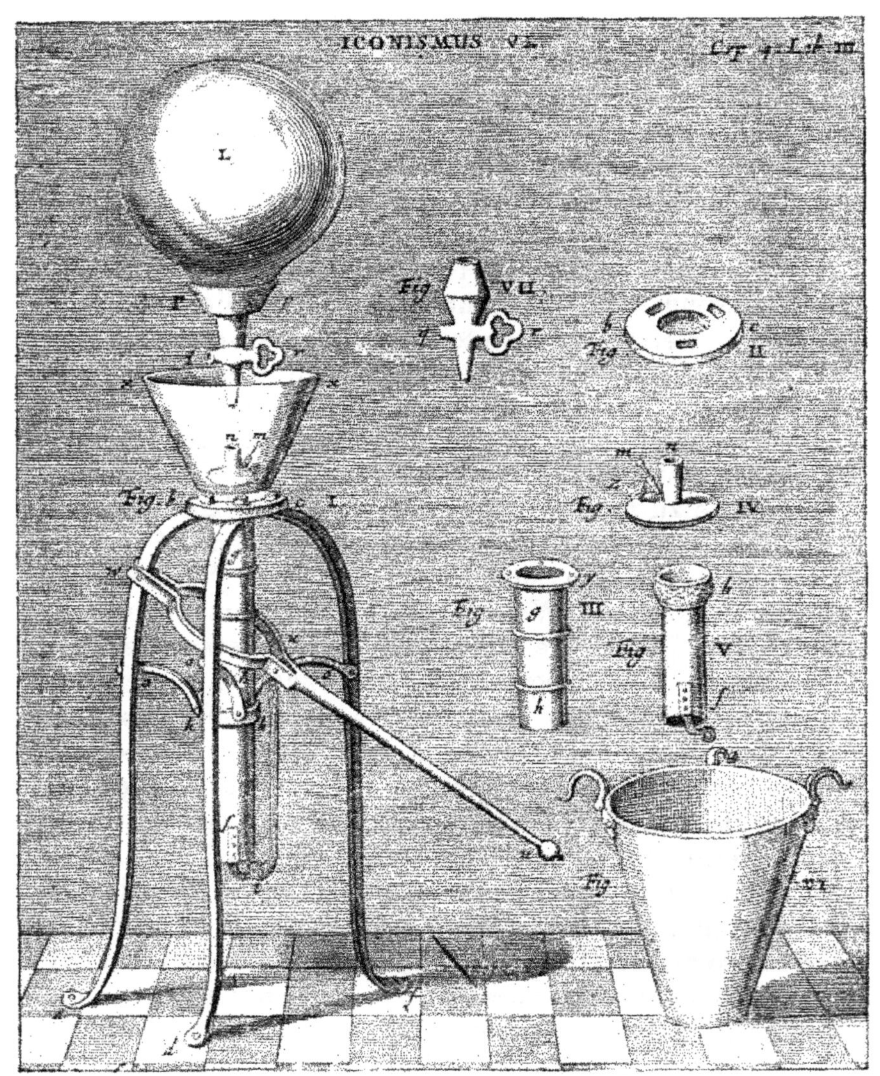

Guericke's Luftpumpe (Experim. Magdeb.).

vacui zugeschriebenen Erscheinungen sich in einfacher und consequenter Weise durch den Gewichtsdruck einer Flüssigkeitssäule, der Luftsäule, erklären lassen. Torricelli entdeckte also den Luftdruck, und er beobachtete auch zuerst mit Hülfe seiner Quecksilbersäule die Veränderungen des Luftdruckes.

4. Die Nachricht über den Torricelli'schen Versuch wurde durch Mersenne in Frankreich verbreitet, und gelangte zur Kenntniss Pascal's im Jahre 1644. Die Mittheilungen über die Theorie des Versuches waren vermuthlich so unvollständig, dass Pascal sich veranlasst sah, selbst über den Versuch nachzudenken. (*Pesanteur de l'air*. Paris 1663.)

Er wiederholte den Versuch mit Quecksilber und mit einer 40 Fuss langen Röhre mit Wasser oder vielmehr mit Rothwein. Bald überzeugte er sich durch Neigen der Röhre, dass der Raum über der Flüssigkeitssäule wirklich leer sei, und sah sich genöthigt, diese Ansicht gegen heftige Angriffe seiner Landsleute zu vertheidigen. Die leichte Herstellung des für unmöglich gehaltenen Vacuums demonstrirte Pascal an einer Glasspritze, deren Mündung unter Wasser mit dem Finger verschlossen, und deren Stempel hierauf ohne besondere Mühe zurückgezogen wurde. Nebenbei zeigte Pascal, dass ein 40 Fuss hoher, mit Wasser gefüllter (gekrümmter) Heber nicht fliesst, hingegen durch genügende Neigung gegen die Verticale zum Fliessen gebracht werden kann. Dasselbe Experiment wurde in kleinern Dimensionen mit Quecksilber angestellt. Derselbe Heber fliesst und fliesst nicht, je nachdem er geneigt oder vertical aufgestellt wird.

In einer spätern Arbeit weist Pascal ausdrücklich auf die Wägungen der Luft, auf den Gewichtsdruck der Luft hin. Er zeigt, dass kleine Thiere (Fliegen) in Flüssigkeiten einen hohen Druck ohne Schaden ertragen, wenn derselbe nur allseitig ist, und wendet dies sofort auf die Fische und die in der Luft lebenden Thiere an. Das Hauptverdienst Pascal's ist der Nachweis der vollständigen Analogie der durch Flüssigkeitsdruck (Wasserdruck) und Luftdruck bedingten Vorgänge.

5. Durch eine Reihe von Versuchen zeigt Pascal, dass das Quecksilber durch den Luftdruck in den luft-

leeren Raum eindringt, gerade so wie das Quecksilber durch den Wasserdruck in den wasserleeren Raum aufsteigt. Wird in ein sehr tiefes Gefäss mit Wasser eine Röhre versenkt, an deren unterm Ende ein Lederbeutel mit Quecksilber sich befindet, jedoch so, dass das obere Ende der Röhre aus dem Wasser hervorragt und die Röhre wasserleer bleibt, so steigt das Quecksilber durch den Wasserdruck in der wasserleeren Röhre desto höher auf, je tiefer man die Röhre einsenkt. Der Versuch kann auch mit einer Heberröhre oder einer unten offenen Röhre angestellt werden. Die aufmerksame Betrachtung des Vorganges führte Pascal offenbar auf den Gedanken, dass die Barometersäule auf dem Gipfel eines Berges tiefer stehen müsse als am Fusse, und dass sie demnach zur Bestimmung der Höhe der Berge verwendbar sei. Er theilte diese Idee seinem Schwager Perier mit, welcher den Versuch alsbald mit günstigem Erfolge auf dem Puy de Dôme ausführte. (19. Sept 1648.)

Fig. 81.

Die Erscheinungen an Adhäsionsplatten führt Pascal auf den Luftdruck zurück, und erläutert sie durch den Widerstand, den man empfindet, wenn man einen auf dem Tische flach aufliegenden (grossen) Hut rasch aufhebt. Das Haften des Holzes am Boden unter Quecksilber ist eine analoge Erscheinung.

Das Fliessen des Hebers durch den Luftdruck ahmt Pascal mit Hülfe des Wasserdruckes nach. Eine Röhre *a b c* (Fig. 82) wird mit den beiden offenen Schenkeln *a* und *b*, die ungleich lang sind, in Quecksilbergefässe *e* und *d* getaucht. Wird die ganze Vorrichtung in ein sehr tiefes Wassergefäss getaucht, jedoch so, dass die lange offene Röhre noch immer über den Spiegel hervorragt, so erhebt sich allmählich das Quecksilber in *a* und *b*, die Säulen vereinigen sich, und es beginnt das Ueberfliessen aus *d* nach *e* durch den oben offenen Heber.

Den Torricelli'schen Versuch hat Pascal in einer sehr sinnreichen Weise abgeändert. Eine Röhre von der Form *a b c d* (Fig. 83), und beiläufig der doppelten Länge einer gewöhnlichen Barometerröhre wird mit Quecksilber gefüllt. Die Oeffnungen *a* und *b* werden mit den Fingern geschlossen und die Röhre wird mit dem Ende *a* unter Quecksilber gebracht. Oeffnet man nun *a*, so fällt das Quecksilber in *cd* ganz in die Erweiterung bei *c*, und das Quecksilber in *ab* sinkt zur Höhe der gewöhnlichen Barometersäule herab. Bei *b* entsteht ein Vacuum, wodurch der verschliessende Finger schmerzhaft angedrückt wird. Oeffnet man auch *b*, so fällt die Säule in *ab* ganz herab, dafür steigt aber das Quecksilber aus der Erweiterung *c*, welches nun dem Luftdruck ausgesetzt ist, in *cd* zur Höhe der Barometersäule auf. Es war kaum möglich, den Versuch und Gegenversuch ohne Luftpumpe in einfacherer und sinnreicherer Weise zu combiniren, als dies Pascal gethan hat.

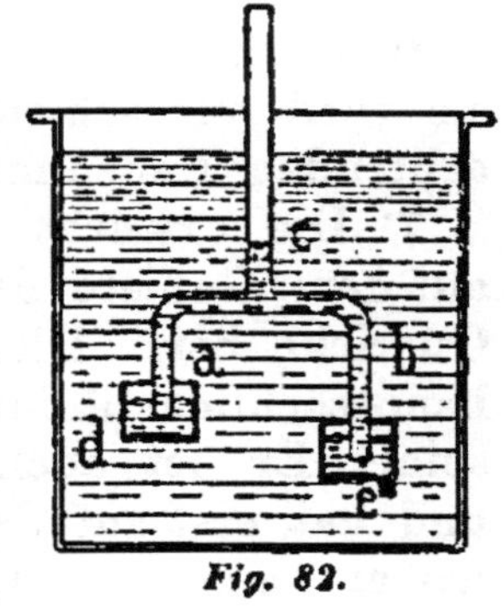

Fig. 82.

6. Was das Pascal'sche Bergexperiment betrifft, wollen wir kurz und ergänzend noch Folgendes bemerken. Es sei b_0 der Barometerstand an der Meeresfläche, welcher bei der Erhebung um m Meter auf kb_0 sinkt, wobei k ein echter Bruch. Bei einer weitern Erhebung um m Meter haben wir den Barometerstand $k \cdot kb_0$ zu erwarten, da wir nun eine Luftschicht durchsetzen, deren Dichte sich zu jener im ersten Fall wie $k:1$ verhält. Erheben wir uns um die Höhe $h = n \cdot m$ Meter, so ist der entsprechende Barometerstand

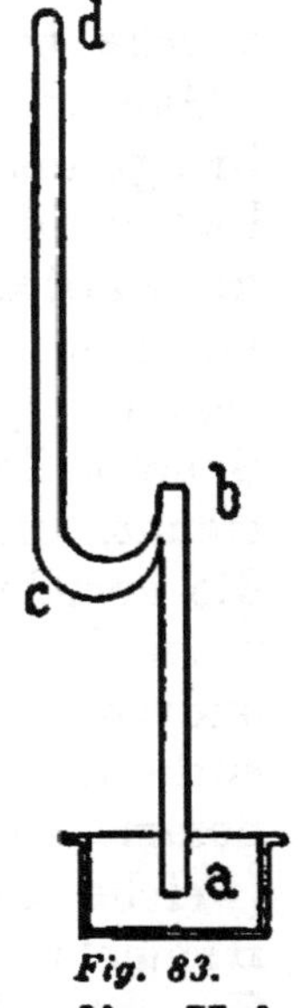

Fig. 83.

$$b_h = k^n . b_o \text{ oder } n = \frac{lg\, b_h - lg\, b_o}{log\, k} \text{ oder}$$

$$h = \frac{m}{log\, k} (log\, b_h - log\, b_o).$$

Das Princip der Methode ist also ein sehr einfaches; sie wird nur schwierig durch die mannichfaltigen zu beachtenden Nebenumstände und Correctionen.

7. Die urwüchsigsten und ausgiebigsten Leistungen auf dem Gebiete der Aërostatik rühren von Otto von Guericke her. Die Triebfeder seiner Versuche scheinen hauptsächlich philosophische Betrachtungen gewesen zu sein. Er ist auch durchaus selbständig vorgegangen, und hat erst auf dem Reichstage zu Regensburg (1654), wo er seine um das Jahr 1650 erfundenen Versuche demonstrirte, durch Valerianus Magnus von dem Torricelli'schen Versuch gehört. Hierzu passt auch die von der Torricelli'schen ganz verschiedene Methode, durch welche er seine Wasserbarometer darstellte.

Guericke's Buch (Experim. Magdeburg. Amstelod. 1672) bringt uns den beschränkten Standpunkt seiner Zeit lebhaft zur Anschauung. Dass er im Stande war, allmählich diesen Standpunkt zu verlassen, und durch eigene Arbeit einen bessern zu gewinnen, spricht eben für seine geistige Energie. Mit Erstaunen sehen wir, welche kurze Spanne Zeit uns von der wissenschaftlichen Barbarei trennt, und wir dürfen uns daher nicht wundern, dass die sociale Barbarei noch so schwer auf uns lastet.

In der Einleitung des Buches und an verschiedenen andern Stellen, mitten unter den experimentellen Untersuchungen spricht Guericke von den der Bibel entnommenen Einwürfen gegen das Kopernikanische System, (welche er zu entkräften sucht), von dem Ort des Himmels, von dem Ort der Hölle, von dem jüngsten Gericht. Philosopheme über den leeren Raum nehmen einen beträchtlichen Platz ein.

Die Luft betrachtet Guericke als den Duft oder Geruch der Körper, welchen wir nur deshalb nicht wahrnehmen, weil wir ihn von Jugend auf gewöhnt sind. Die Luft ist für ihn kein Element. Er kennt ihre Volumveränderung durch Wärme und Kälte, ihre Compressibilität durch den Heronsball, gibt auf Grund eigener Versuche ihren Druck zu 20 Ellen Wasser an, und betont ihr Gewicht, durch welches die Flammen in die Höhe getrieben werden.

8. Zur Herstellung des Vacuums bediente sich Guericke zuerst eines hölzernen mit Wasser gefüllten Fasses. An das untere Ende wurde die Pumpe einer Feuerspritze befestigt. Das Wasser sollte, dem Kolben und seiner Schwere folgend, fallen und herausgepumpt werden. Guericke erwartete das Zurückbleiben eines leeren Raumes. Die Befestigung der Pumpe zeigte sich wiederholt nicht stark genug, da, wegen des auf dem Kolben lastenden Luftdruckes, ein bedeutender Zug angewandt werden musste. Nach stärkerer Befestigung brachten endlich drei starke Männer das Auspumpen zu Stande. Gleichzeitig drang aber die Luft mit Getöse durch alle Fugen des Fasses ein, sodass kein Vacuum erzielt wurde. Bei einem weitern Versuch wurde ein kleines mit Wasser gefülltes auszupumpendes Fass in ein grösseres Wasserfass eingeschlossen. Allein auch hier drang das äussere Wasser allmählich in das kleine Fass ein.

Nachdem sich auf diese Art Holz als ein ungenügendes Material gezeigt, und Guericke bei dem letzten Versuch bereits Anzeichen des Gelingens bemerkt hatte, nahm er eine grosse Hohlkugel aus Kupfer, und wagte nun schon direct die Luft auszupumpen. Anfangs ging auch das Pumpen gut und leicht von statten. Nach mehrern Kolbenzügen wurde aber das Pumpen so schwierig, dass kaum zwei vierschrötige Männer (viri quadrati) den Kolben bewegen konnten. Als aber das Auspumpen schon ziemlich weit fortgeschritten war, wurde plötzlich die Kugel mit einem heftigen Knall zerdrückt. Mit Hülfe eines Kupfergefässes von vollkommener Kugelgestalt gelang endlich die Herstellung des Vacuums. Guericke beschreibt, mit welcher Gewalt die Luft beim Oeffnen des Hahnes eindringt.

9. Nach diesen Experimenten construirt Guericke eine besondere Luftpumpe. Eine grosse Glaskugel wird durch eine Fassung und einen grossen abnehmbaren Zapfen mit einem Hahn geschlossen. Durch diese Oeffnung können die zu untersuchenden Gegenstände in die Kugel gebracht werden. Die Kugel steht des bessern Schlusses wegen mit dem Hahn unter Wasser auf einem Dreifuss. unter dem sich die eigentliche Pumpe befindet. Später werden auch noch besondere Nebengefässe verwendet, welche mit der ausgepumpten Kugel in Verbindung gesetzt werden.

Die Erscheinungen, die Guericke mit seinem Apparat beobachtet, sind schon sehr mannichfaltig. Das Geräusch, welches luftfreies Wasser beim Anschlagen an die Glaswände verursacht, das heftige Eindringen der Luft und des Wassers in die Gefässe beim plötzlichen Oeffnen derselben, das Entweichen der in Flüssigkeiten absorbirten Gase beim Evacuiren, das Freigeben des Duftes, wie Guericke sich ausdrückt, fällt zunächst auf. Eine brennende Kerze verlischt beim Evacuiren, weil sie, wie Guericke vermuthet, aus der Luft ihre Nahrung bezieht. Das Brennen ist, wie ausdrücklich bemerkt wird, keine Vernichtnng, sondern eine Umwandlung der Luft.

Die Glocke tönt im Vacuum nicht. Vögel sterben im Vacuum, manche Fische schwellen daselbst an, und bersten schliesslich. Eine Traube erhält sich über ein halbes Jahr frisch.

Durch Ansetzen eines langen ins Wasser tauchenden Rohres an einen luftleeren Kolben wird ein Wasserbarometer hergestellt. Die gehobene Säule ist 19—20 Ellen hoch. Alle dem horror vacui zugeschriebenen Wirkungen werden durch den Luftdruck erklärt.

Ein wichtiger Versuch besteht in dem Abwägen eines lufterfüllten und nachher leergepumpten Recipienten. Das Gewicht der Luft variirt nach den Umständen (Temperatur und Barometerstand). Ein bestimmtes

Gewichtsverhältniss von Luft und Wasser gibt es nach Guericke nicht.

Den grössten Eindruck auf die Zeitgenossen machten die auf den Luftdruck bezüglichen Experimente. Eine aus zwei aneinandergelegten Hälften bestehende leergepumpte Kugel wird durch die Kraft von 16 Pferden mit einem gewaltigen Knall zerrissen. Dieselbe Kugel wird aufgehängt und an die untere Hälfte eine Wagschale mit grosser Belastung befestigt. — Ein grosser Pumpenstiefel ist durch einen Kolben geschlossen. An letzterm befindet sich ein Strick, der über eine Rolle führt und in zahlreiche Zweige sich theilt, an welchen viele Männer ziehen. Sobald der Stiefel mit einem leergepumpten Recipienten in Verbindung gesetzt wird, werden sämmtliche Männer hingestreckt. — Auf analoge Weise wird ein grosses Gewicht gehoben.

Die Verdichtungswindbüchse erwähnt Guericke als etwas Bekanntes, und construirt selbst ein Instrument, das man passend eine Verdünnungswindbüchse nennen könnte. Eine Kugel wird durch den äussern Luftdruck durch ein plötzlich evacuirtes Rohr getrieben, schlägt am Ende die dasselbe verschliessende aufgelegte Lederplatte weg, und fliegt mit beträchtlicher Geschwindigkeit fort.

Verschlossene Gefässe, auf den Gipfel eines Berges gebracht und geöffnet, geben Luft von sich, in gleicher Weise abwärts transportirt, saugen sie Luft auf. Durch diese und andere Versuche erkennt Guericke die Luft als elastisch.

10. R. Boyle in England hat Guericke's Untersuchungen weiter geführt. Er hatte nur wenige neue Versuche hinzuzufügen. Er beachtet die Fortpflanzung des Lichtes im Vacuum und die Durchwirkung des Magneten durch den leeren Raum, entzündet Zunder mit Hülfe des Brennglases, bringt das Barometer unter den Recipienten der Luftpumpe, und führt zuerst ein Wagemanometer aus. Das Sieden warmer Flüssigkeiten und das Frieren des Wassers beim Evacuiren wird von ihm zuerst beobachtet.

Von den gegenwärtig gebräuchlichen Luftpumpenversuchen erwähnen wir noch den Fallversuch, der Galilei's Ansicht, dass schwere und leichte Körper mit derselben Beschleunigung fallen, wenn der Luftwiderstand eliminirt ist, in einfacher Weise bestätigt. In einer ausgepumpten Glasröhre befindet sich eine Bleikugel und ein Stückchen Papier. Bei Verticalstellung und rascher Umdrehung der Röhre um 180° (um eine horizontale Axe) kommen beide Körper gleichzeitig am untern Ende der Röhre an.

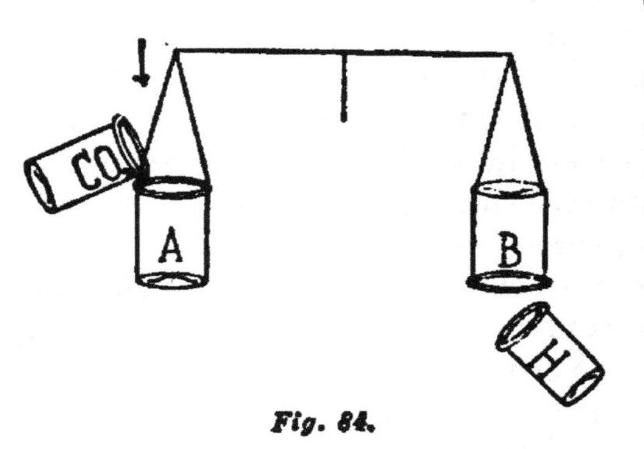

Fig. 84.

Von den quantitativen Daten wollen wir erwähnen, dass der Luftdruck, welcher eine Quecksilbersäule von 76 cm trägt, sich durch das specifische Gewicht des Quecksilbers 13,59 leicht zu 1,0328 kg auf 1 qcm berechnet. Das Gewicht von 1000 ccm Luft von 0° C. und 760 mm Druck ergibt sich zu 1,293 g und das entsprechende specifische Gewicht auf Wasser bezogen zu 0,001293.

11. Guericke kannte nur eine Luft. Man kann sich also vorstellen, welches Aufsehen es erregte, als Black 1755 die Kohlensäure (fixe Luft) und Cavendish 1766 den Wasserstoff (die brennbare Luft) entdeckte, welcher Entdeckung bald andere analoge nachfolgten. Die verschiedenen physikalischen Eigenschaften der Gase sind sehr auffallend. Die grosse Ungleichheit des Gewichtes hat Faraday durch einen schönen Vorlesungsversuch zur Anschauung gebracht. Hängt man zwei Bechergläser *A*, *B*, das eine aufrecht, das andere mit der Oeffnung nach unten an eine Wage und äquilibrirt dieselbe, so kann man in das erstere die schwere Kohlensäure von oben, in das letztere den leichten Wasserstoff von unten eingiessen. In beiden Fällen schlägt die Wage im

Sinne des Pfeiles aus. Bekanntlich lässt sich heutzutage durch die optische Schlierenmethode das Eingiessen der Gase auch direct sichtbar machen.

12. Bald nach der Erfindung des Torricelli'schen Versuches hat man sich bemüht, das hierbei auftretende Vacuum zu benutzen. Man wollte also sogenannte Quecksilberluftpumpen construiren. Bekanntlich hat dieses Bestreben erst in unserm Jahrhundert einen nennenswerthen Erfolg gehabt. Die gegenwärtig gebräuchlichen Quecksilberluftpumpen sind eigentlich Barometer mit grossen Erweiterungen der Röhrenenden und veränderlicher Niveaudifferenz dieser Enden. Das Quecksilber vertritt die Stelle des Kolbens der gewöhnlichen Luftpumpe.

13. Die von Guericke beobachtete Spannkraft der Luft wurde von Boyle und später von Mariotte genauer untersucht. Das Gesetz, welches beide fanden, besteht in Folgendem. Nennt man V das Volum einer gegebenen Luftmenge und P ihren Druck auf die Oberflächeneinheit der Gefässwand, so ist das Product $V \cdot P =$ einer constanten Grösse. Wird nämlich das Luftvolum auf die Hälfte reducirt, so übt die Luft den doppelten Druck auf die Flächeneinheit aus, wird das Volum derselben Menge verdoppelt, so sinkt der Druck auf die Hälfte u. s. w. Es ist richtig, was einige englische Autoren in neuerer Zeit hervorgehoben haben, dass nicht Mariotte, sondern Boyle als der Entdecker des Gesetzes zu betrachten ist, welches gewöhnlich den Namen des Mariotte'schen führt. Ja, es muss noch hinzugefügt werden, dass Boyle schon wusste, dass das Gesetz nicht genau gelte, während dies Mariotte entgangen zu sein scheint.

Die von Mariotte bei Ermittelung des Gesetzes befolgte Methode war sehr einfach. Er füllte Torricelli'sche Röhren nur theilweise mit Quecksilber, maass das übrigbleibende Luftvolum ab, und führte mit den Röhren den Torricelli'schen Versuch aus. Hierbei ergab sich das neue Luftvolum und, durch Abzug der

Quecksilbersäule vom Barometerstand, der neue Druck, unter welchem dieselbe Luft jetzt stand.

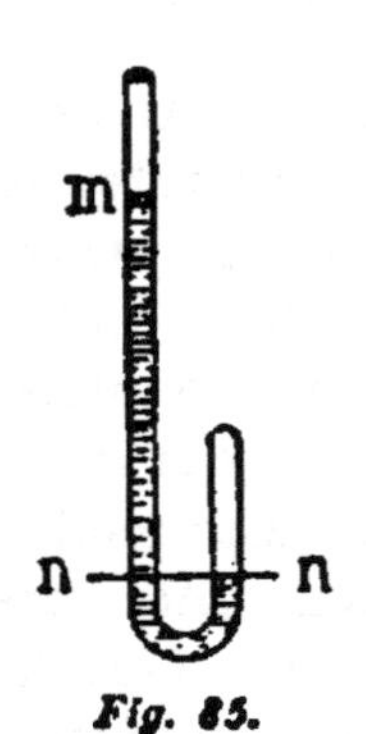

Fig. 85.

Zur Verdichtung der Luft verwendete Mariotte eine Heberröhre mit verticalen Schenkeln. Ein kürzerer, in welchem die Luft sich befand, war am obern Ende geschlossen, ein längerer, in welchen Quecksilber eingegossen wurde, war am obern Ende offen. Das Luftvolum wurde an der getheilten Röhre abgelesen, und zur beobachteten Niveaudifferenz des Quecksilbers in beiden Schenkeln wurde der Barometerstand hinzuaddirt. Gegenwärtig führt man beide Versuchsreihen in der einfachsten Weise aus, indem man eine oben geschlossene cylindrische Glasröhre rr an einem verticalen Maasstab feststellt und mit einer zweiten offenen Glasröhre $r'r'$, die an demselben Maasstab verschiebbar ist, durch einen Kautschuckschlauch kk verbindet. Füllt man die Röhren theilweise mit Quecksilber, so kann man durch Verschiebung von $r'r'$ jede beliebige Niveaudifferenz der beiden Quecksilberspiegel hervorbringen und die zugehörigen Volumsänderungen der in rr eingeschlossenen Luft beobachten.

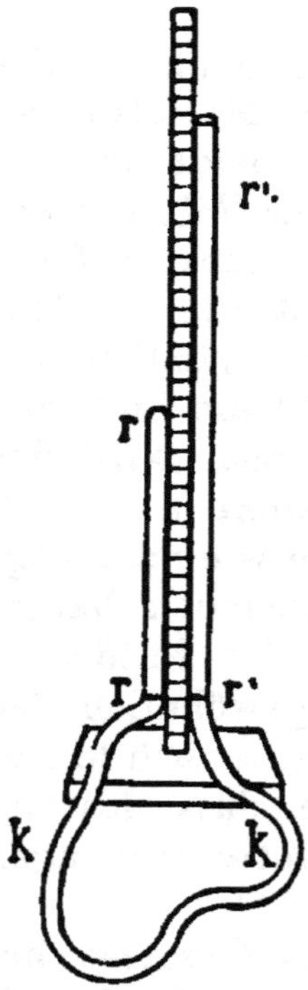

Fig. 86.

Mariotte fällt es bei Gelegenheit seiner Untersuchungen auf, dass auch ein kleines Luftquantum, welches von der übrigen Luft ganz abgeschlossen ist, also von deren Gewicht nicht direct afficirt wird, doch die Barometersäule erhält, wenn man z. B. den offenen Schenkel der Barometerröhre verschliesst. Die einfache Aufklärung, die er natürlich sofort findet, liegt darin, dass die Luft vor dem Verschluss so weit comprimirt war, dass sie dem Gewichtsdruck der Luft das Gleichgewicht halten, also denselben Elasticitätsdruck ausüben musste.

Auf die Einzelheiten in der Einrichtung und im Gebrauch der Luftpumpen, welche durch das Boyle-Mariotte'sche Gesetz leicht zu verstehen sind, wollen wir hier nicht eingehen.

14. Es bleibt uns nur die Bemerkung übrig, dass die aerostatischen Entdeckungen des Neuen und Wunderbaren so viel boten, dass der von denselben ausgehende intellectuelle Reiz nach keiner Richtung hin zu unterschätzen ist.

ZWEITES KAPITEL.

Die Entwickelung der Principien der Dynamik.

1. Galilei's Leistungen.

1. Wir gehen nun an die Besprechung der Grundlagen der Dynamik. Dieselbe ist eine ganz moderne Wissenschaft. Alles, was die Alten, namentlich die Griechen, in Bezug auf Mechanik dachten, gehört der Statik an. Gegründet wurde die Dynamik erst durch Galilei. Dass diese Behauptung richtig sei, erkennen wir leicht, wenn wir nur einige Sätze der Aristoteliker der Galilei'schen Zeit betrachten. Zur Erklärung des Sinkens der schweren und des Steigens der leichten Körper (z. B. in Flüssigkeiten) wurde angenommen, dass jedes Ding seinen Ort suche, der Ort schwerer Körper sei aber unten, der leichter Körper oben. Die Bewegungen wurden eingetheilt in natürliche, wie die Fallbewegung, und gewaltsame, wie z. B. die Wurfbewegung. Aus einigen wenigen oberflächlichen Erfahrungen und Beobachtungen wurde herausphilosophirt, dass schwere Körper rascher fallen, leichtere langsamer, oder genauer, dass Körper von grösserm Gewicht rascher, solche von kleinerm Gewicht langsamer fallen. Hieraus geht deutlich genug hervor, dass die dyna-

mischen Kenntnisse der Alten, namentlich der Griechen sehr unbedeutend waren, und dass hier erst die moderne Zeit den Grund zu legen hatte. Es ist oft und von verschiedenen Seiten darauf hingewiesen worden, dass Galilei mit seinem Denken an bedeutende Vorgänger angeknüpft hat. Es soll dies hier auch gar nicht in Abrede gestellt, doch aber betont werden, dass Galilei alle um ein Bedeutendes überragt. Der grösste Vorgänger Galilei's, von dem schon an anderer Stelle die Rede war, ist Leonardo da Vinci (1452—1519). Dessen Arbeiten konnten aber rechtzeitig auf den Gang der Wissenschaft keinen Einfluss nehmen, da dieselben erst durch die Publication von Venturi (1797) theilweise bekannt geworden sind. Leonardo kannte das Fallzeitenverhältniss für die Länge und Höhe der schiefen Ebene. Es wird ihm zuweilen auch die Kenntniss des Trägheitsgesetzes zugeschrieben. Eine gewisse instinktive Kenntniss der Beharrung einer eingeleiteten Bewegung wird wohl keinem normalen Menschen abzusprechen sein. Leonardo scheint etwas weiter gelangt zu sein. Er weiss, dass man aus einer Säule von Bretspielsteinen einen herausschlagen kann, ohne die übrigen zu bewegen; er weiss, dass ein in Bewegung gesetzter Körper bei geringerem Widerstand sich länger bewegt, denkt aber, dass der Körper die dem Impulse angemessene Weglänge vollenden wolle, und spricht nirgends ausdrücklich von der Beharrung bei vollkommen beseitigtem Widerstand. (Vgl. Wohlwill, „Bibliotheca mathematica", Stockholm 1888, S. 19.) Benedetti (1530—1590) kennt die Beschleunigung der Fallbewegung und führt dieselbe auf Summation der Schwereimpulse zurück („Divers. speculat. math. et physic. liber", Taurini 1585). Die Fortbewegung eines geworfenen Körpers schreibt er, nicht wie die Peripatetiker, dem Einfluss des Mediums, sondern einer „virtus impressa" zu, ohne jedoch in Bezug auf diese Probleme zur vollen Klarheit zu gelangen. An Benedetti scheint nun Galilei wirklich angeknüpft zu haben, da dessen Jugendarbeiten jenen Benedetti's verwandt sind. Auch

GALILEVS GALILEI FLORENTINVS
ANNVM AGENS LXXVIII

Galilei nimmt eine „virtus impressa“ an, die er sich aber noch abnehmend denkt, und erst nach 1604 scheint er (nach Wohlwill) im vollen Besitz der Fallgesetze zu sein.

2. Die Schrift „Discorsi e dimostrazioni matematiche“, in der Galilei die erste dynamische Untersuchung über die Fallgesetze mittheilte, erschien 1638. Der moderne Geist, den Galilei bekundet, äussert sich gleich darin, dass er nicht fragt: warum fallen die schweren Körper, sondern dass er sich die Frage stellt, wie fallen die schweren Körper, nach welchem Gesetze bewegt sich ein frei fallender Körper? Um nun dieses Gesetz zu ermitteln, schlägt er den Weg ein, dass er verschiedene Annahmen macht, nicht aber bei ihnen ohne weiteres bleibt, wie Aristoteles, sondern, dass er durch den Versuch zu erfahren sucht, ob sie auch richtig sind, dass er sie prüft.

Die erste Ansicht, auf die er verfällt, ist die folgende. Es scheint ihm annehmbar, dass sich ein frei fallender Körper so bewegt, da seine Geschwindigkeit augenscheinlich fortwährend zunimmt, dass diese die doppelte wird nach Zurücklegung des doppelten, die dreifache nach Zurücklegung des dreifachen Weges, kurz, dass die erlangten Geschwindigkeiten proportional den zurückgelegten Fallräumen wachsen. Bevor er an die Prüfung dieser Annahme durch das Experiment geht, überlegt er sie logisch, verwickelt sich aber hierbei in einen Fehlschluss. Er sagt, wenn ein Körper im einfachen Fallraume eine gewisse Geschwindigkeit erlangt hat, im doppelten Fallraume die doppelte u. s. w., wenn also die Geschwindigkeit im zweiten Falle doppelt so gross ist als im ersten, so wird der doppelte Weg in der gleichen Zeit zurückgelegt wie der einfache. Denken wir uns bei dem doppelten Fallraum zunächst die erste Hälfte durchlaufen, so scheint auf die zweite Hälfte gar keine Zeit zu entfallen. Es scheint die Fallbeweguug dann überhaupt momentan vorzugehen, was nicht nur der Annahme, sondern auch dem Augenschein widerspricht. Wir kommen auf diesen eigenthümlichen Trugschluss später zurück.

3. Nachdem Galilei gefunden zu haben glaubt, dass

diese Annahme nicht haltbar sei, macht er eine zweite, nach welcher nämlich die erlangte Geschwindigkeit proportional ist der Fallzeit. Wenn also ein Körper fällt, und ein zweites mal durch die doppelte Zeit fällt, so soll er im zweiten Falle die doppelte Geschwindigkeit erreichen wie im ersten. Einen Widerspruch fand er in dieser Ansicht nicht; er ging darum an die Untersuchung durch das Experiment, ob sich die Annahme mit den beobachteten Thatsachen vereinigen lasse. Die Annahme, dass die erlangte Geschwindigkeit proportional der Fallzeit sei, war schwer direct zu prüfen. Dagegen war es leichter, zu untersuchen, nach welchem Gesetze der Fallraum mit der Fallzeit wächst; er leitete darum aus seiner Annahme die Beziehung zwischen Fallraum und Fallzeit ab, und diese wurde durch das Experiment geprüft. Diese Ableitung ist einfach, anschaulich und vollkommen correct. Er zieht eine gerade Linie und schneidet auf dieser Stücke ab, die ihm die verflossenen Zeiten repräsentiren. An den Endpunkten derselben errichtet er Senkrechte (Ordinaten), und diese repräsentiren die erlangten Geschwindigkeiten. Irgend ein Stück OG der Linie OA bedeutet also die verflossene Fallzeit und die zugehörige Senkrechte GH die erlangte Geschwindigkeit.

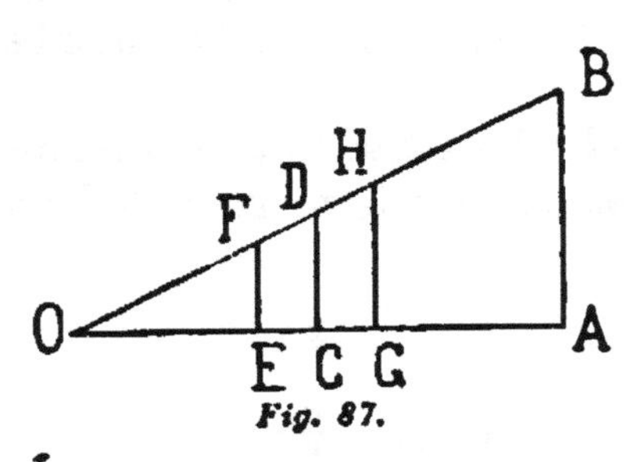

Fig. 87.

Wenn wir den Verlauf der Geschwindigkeiten ins Auge fassen, so bemerken wir mit Galilei Folgendes. Betrachten wir den Moment C, in welchem die Hälfte O C der Fallzeit OA verflossen ist, so sehen wir, dass die Geschwindigkeit CD auch die Hälfte der Eudgeschwindigkeit AB ist.

Betrachten wir nun zwei von dem Moment C gleich weit abstehende Zeitmomente E und G vor und nach demselben, so erkennen wir, dass die Geschwindigkeit HG die m i t t l e r e CD um denselben Betrag übersteigt als EF hinter derselben zurückbleibt. Für jeden Moment vor C findet sich ein entsprechender gleich weit abstehender nach C. Was also in der ersten Hälfte der Bewegung gegen die gleichförmige Bewegung mit der halben Endgeschwindigkeit versäumt wird, wird in der zweiten Hälfte nachgeholt. Wir können den Fallraum als mit der halben Endgeschwindigkeit in gleichförmiger Bewegung zurückgelegt ansehen. Setzen wir also die Endgeschwindigkeit v proportional der Fallzeit t, so erhalten wir $v = gt$, wobei g die in der Zeiteinheit erlangte Endgeschwindigkeit (die sogenannte Beschleunigung) bedeutet. Der Fallraum s ist daher gegeben durch $s = \frac{gt}{2} \cdot t$ oder $s = \frac{gt^2}{2}$. Wir nennen eine solche Bewegung, bei welcher nach der Voraussetzung in gleichen Zeiten stets gleiche Geschwindigkeiten zuwachsen, eine gleichförmig beschleunigte Bewegung.

Wenn wir die Fallzeiten, die Endgeschwindigkeiten und die zurückgelegten Wege zusammenstellen, so erhalten wir folgende Tabelle.

t.	v.	s.
1.	$1g$.	$1 \times 1 \cdot \frac{g}{2}$
2.	$2g$.	$2 \times 2 \cdot \frac{g}{2}$
3.	$3g$.	$3 \times 3 \cdot \frac{g}{2}$
4	$4g$	$4 \times 4 \cdot \frac{g}{2}$
	.	:
	tg.	$t \times t \cdot \frac{g}{2}$

4. Der Zusammenhang zwischen t und s lässt sich

experimentell prüfen, und dies hat Galilei in der sofort zu beschreibenden Art ausgeführt.

Wir müssen zuvor bemerken, dass damals alle die Kenntnisse und Begriffe, die uns jetzt geläufig sind, nicht vorhanden waren, sondern dass Galilei dieselben erst für uns entwickeln musste. Demnach konnte er nicht so verfahren, wie wir es heute thun, sondern er musste einen andern Weg einschlagen. Er strebte zuerst die Fallbewegung zu verlangsamen, um sie genauer beobachten zu können. Er beobachtete Kugeln, die auf einer schiefen Ebene (Fallrinne) herabrollten, indem er annahm, dass nur die Geschwindigkeit der Bewegung hierbei verringert, die Form des Fallgesetzes aber nicht alterirt werde. Wurden vom obern Ende der Fallrinne an die Längen 1, 4, 9, 16 ... abgeschnitten, so sollten die zugehörigen Fallzeiten durch die Zahlen 1, 2, 3, 4 .... dargestellt werden, was sich auch bestätigte. Die Beobachtung dieser Zeiten hat Galilei auf eine höchst sinnreiche Weise ausgeführt. Uhren von der heutigen Form gab es damals nicht, diese sind erst durch die von Galilei begründeten dynamischen Kenntnisse möglich geworden. Die mechanischen Uhren, die gebraucht wurden, waren sehr ungenau, und nur zur Messung grösserer Zeiträume brauchbar. Ausserdem waren meist Wasser- und Sanduhren im Gebrauch, wie sie von den Alten überliefert worden waren. Galilei stellte nun eine solche Uhr in der einfachsten Weise her und richtete sie zur Messung kleiner Zeiträume besonders ein, was damals nicht üblich war. Sie bestand aus einem Wassergefäss von grossem Querschnitte mit einer feinen Bodenöffnung, die durch den Finger verschlossen wurde. Sobald die Kugel auf der schiefen Ebene ihre Bewegung begann, öffnete er das Gefäss, und liess das Wasser auf eine Wage ausfliessen; kam sie am Ende der Bahn an, so schloss er es. Da sich die Druckhöhe der Flüssigkeit wegen des grossen Querschnittes nicht merklich änderte, so waren die ausgeflossenen Wassergewichte proportional der Zeit. Es zeigte sich hierbei wirklich, dass die Zeiten blos einfach wuchsen, während die Fallräume quadratisch fortschritten. Damit war also die Folgerung aus Galilei's Annahme und sonach auch die Annahme selbst durch das Experiment bestätigt.

5. Um sich eine Vorstellung über das Verhältniss der Bewegungen auf der schiefen Ebene und im freien Falle zu bilden, macht Galilei die Annahme, dass ein Körper, der durch die Höhe der schiefen Ebene fällt, dieselbe Endgeschwindigkeit erreicht, wie ein Körper, der ihre Länge durchfällt. Das ist eine Annahme, die uns etwas gewagt erscheint; in der Weise aber, wie sie Galilei aufgestellt und durchgeführt hat, ist sie ganz natürlich. Wir wollen versuchen, den Weg, auf dem er dazu geführt wurde, einfach auseinanderzusetzen. Er sagt: Wenn ein Körper frei herabfällt, so nimmt dessen Geschwindigkeit proportional der Fallzeit zu. Wenn nun der Körper unten angekommen ist, so denken wir uns die Geschwindigkeit umgekehrt und aufwärts gerichtet, wir sehen dann, dass der Körper aufwärts steigt. Wir machen die Wahrnehmung, dass seine jetzige Bewegung sozusagen ein Spiegelbild der frühern ist. Wie die Geschwindigkeit vorher proportional der Fallzeit zugenommen hat, so wird sie jetzt umgekehrt abnehmen. Wenn der Körper ebenso lange steigt, als er gefallen ist, und wenn er die ursprüngliche Höhe wieder erreicht hat, so ist seine Geschwindigkeit auf Null reducirt. Wir erkennen also, dass ein Körper vermöge der erlangten Fallgeschwindigkeit gerade so hoch steigt, als er herabgefallen ist. Wenn nun ein Körper auf der schiefen Ebene fallend eine Geschwindigkeit erlangen könnte, mit welcher er, auf eine anders geneigte Ebene gesetzt, höher zu steigen vermöchte, als er herabgefallen ist, so könnte man durch die Schwere selbst eine Erhebung der Körper hervorbringen. Es liegt also in dieser Annahme, dass die erlangte Fallgeschwindigkeit lediglich von der verticalen Fallhöhe abhängt und von der Neigung der Bahn unabhängig ist, nichts weiter als die widerspruchslose Auffassung und Anerkennung

der Thatsache, dass die schweren Körper nicht das Bestreben haben zu steigen, sondern das zu sinken. Würden wir also annehmen, dass ein Körper auf der Länge der schiefen Ebene fallend, etwa eine grössere Geschwindigkeit erlangt als der vertical die Höhe durchfallende, so könnten wir denselben mit der erlangten Geschwindigkeit auf eine andere schiefe oder verticale Ebene übergehen lassen, auf welcher er zu einer grössern Verticalhöhe aufsteigen würde. Würde hingegen die erlangte Geschwindigkeit auf der schiefen Ebene kleiner sein, so brauchten wir den Process nur umzukehren, um dasselbe zu erreichen. In beiden Fällen könnte ein schwerer Körper bei passender Anordnung von schiefen Ebenen lediglich durch sein eigenes Gewicht fort und fort in die Höhe getrieben werden, was unserer instinctiven Kenntniss der Natur der schweren Körper durchaus widerspricht.

6. Galilei ist wieder nicht blos bei der philosophischen und logischen Erörterung seiner Annahme stehen geblieben, sondern hat dieselbe mit der Erfahrung verglichen.

Er nimmt ein einfaches Fadenpendel, mit einer schweren Kugel. Erhebt er dieselbe, das Pendel elongirend, bis zu einem gewissen Niveau, zu einer gewissen Horizontalebene, und lässt er sie dann fallen, so steigt sie auf der andern Seite zum selben Niveau. Wenn dies auch nicht genau zutrifft, so erkennt doch Galilei leicht den Luftwiderstand als Ursache des Zurückbleibens. Man ersieht dies schon daraus, dass ein Korkkügelchen mehr, ein schwererer Körper weniger zurückbleibt. Allein abgesehen davon erreicht der Körper wieder dieselbe Höhe. Man kann die Bewegung des Pendelkörpers auf einem Kreisbogen, als Fall auf einer Reihe von schiefen Ebenen ungleicher Neigung betrachten. Leicht können wir nun mit Galilei den Körper auf einem andern Bogen, einer andern Folge von schiefen Ebenen aufsteigen lassen. Wir erreichen dies, indem wir auf einer Seite neben dem vertical hängenden Faden einen Nagel f oder g einschlagen, der einen Theil des Fadens hindert an der einen Hälfte der Bewegung theilzunehmen. Sobald der Faden in der Gleichgewichtslage an diesem Nagel ankommt, wird die Kugel, welche durch *b a* gefallen ist, in einer andern Reihe von schiefen Ebenen, den Bogen *a m* oder *a n* beschreibend, steigen. Wenn nun die Neigung der Ebenen Einfluss auf die Fallgeschwindigkeit hätte, so könnte der Körper nicht zur selben Horizontalebene steigen, von der er herabgefallen ist. Dies geschieht aber. Man kann das Pendel für eine Halbschwingung beliebig verkürzen, indem man den Nagel beliebig tief einschlägt; die Erscheinung bleibt aber stets dieselbe. Schlägt man den Nagel *h* so tief ein, dass der Rest des

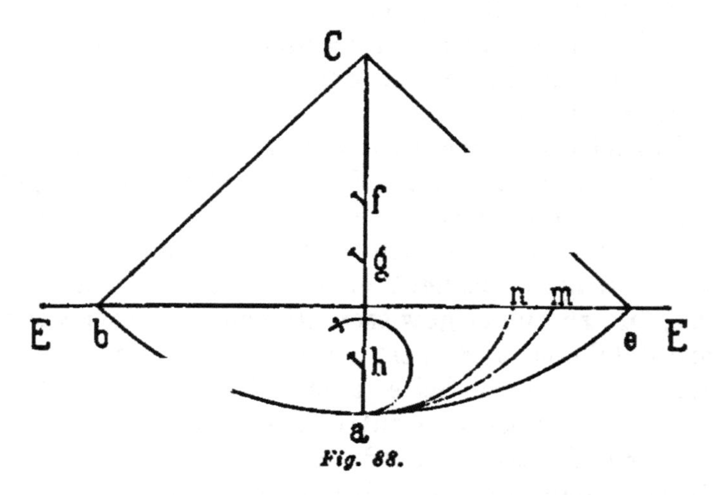

Fig. 88.

Fadens nicht mehr zur Ebene *E* hinaufreicht, so überschlägt sich die Kugel und wickelt den Faden um den Nagel herum, weil sie noch einen Rest von Geschwindigkeit übrig hat, wenn sie die grösste Höhe, die sie erreichen kann, erreicht hat.

7. Wenn wir nun voraussetzen, dass auf der schiefen Ebene dieselbe Endgeschwindigkeit erreicht wird, ob der Körper die Höhe oder die Länge der schiefen Ebene durchfällt, worin weiter nichts liegt, als die Annahme, dass ein Körper vermöge der erlangten Geschwindigkeit

gerade so hoch steigt, als er gefallen ist, so kommt man mit Galilei sehr leicht zur Einsicht, dass die Fallzeiten auf der Höhe und der Länge der schiefen Ebene einfach proportional sind der Höhe und der Länge dieser Ebene, also die Beschleunigungen verkehrt proportionirt dieser Fallzeit. Es wird sich also die Beschleunigung auf der Höhe zur Beschleunigung auf der Länge verhalten, wie die Länge zur Höhe. Es sei AB die Höhe und AC die Länge der schiefen Ebene. Beide werden in gleichförmig beschleunigter Bewegung in den Zeiten t und t' mit der Endgeschwindigkeit v durchfallen. Deshalb ist

$$AB = \frac{v}{2} t \text{ und } AC = \frac{v}{2} t_1, \quad \frac{AB}{AC} = \frac{t}{t^1}.$$

Heissen g und g_1 die Beschleunigungen auf der Höhe und Länge, so ist

$$v = gt \text{ und } v = g_1 t_1, \text{ also } \frac{g_1}{g} = \frac{t}{t_1} = \frac{AB}{AC} = \sin \alpha.$$

Auf diese Weise ist man im Stande aus der Be-

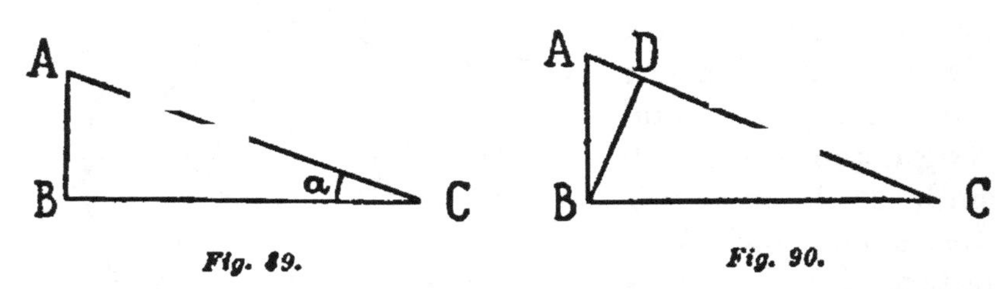

Fig. 89. Fig. 90.

schleunigung auf der schiefen Ebene die Beschleunigung für den freien Fall abzuleiten.

Hieraus zieht nun Galilei einige Folgesätze, welche zum Theil in die elementaren Lehrbücher übergegangen sind. Die Beschleunigungen auf Höhe und Länge verhalten sich umgekehrt proportionirt wie diese selbst. Lässt man also einen Körper auf der Länge der schiefen Ebene und zugleich einen andern frei durch die Höhe herabfallen, und fragt, welche Wegstücke in gleichen Zeiten von beiden zurückgelegt werden, so findet man die Auflösung sehr einfach, indem man von *B* aus eine Senkrechte auf die Länge zieht. Während also der eine Körper die Höhe durchfällt, legt der andere auf der schiefen Ebene das Stück *AD* zurück.

Wenn wir um *AB* als Durchmesser einen Kreis beschreiben, so geht dieser durch *D* hindurch, weil wir bei *D* einen rechten Winkel haben. Wir sehen nun, dass wir uns eine beliebige Anzahl von anders geneigten schiefen Ebenen *AE*, *AF* durch *A* gelegt denken können, und dass stets die vom

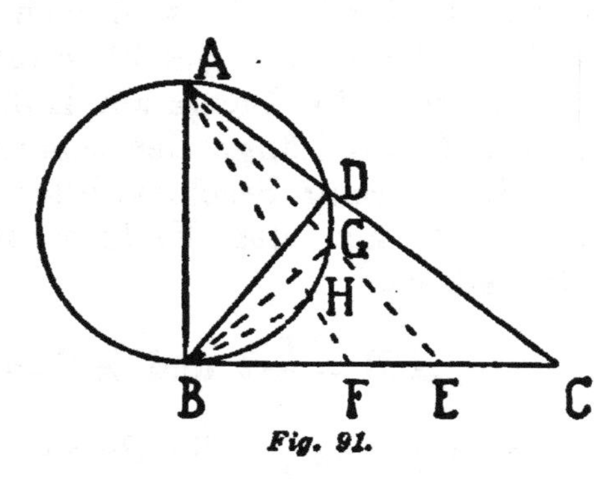

Fig. 91.

obern Durchmesserendpunkt aus gezogenen Sehnen *AG*, *AH* in jenem Kreise vom fallenden Körper in gleicher Zeit zurückgelegt werden, wie der verticale Durchmesser selbst. Da hierbei natürlich nur die Längen und Neigungen wesentlich sind, so können wir die Sehnen auch vom untern Durchmesserende aus ziehen, und allgemein sagen: Der verticale Durchmesser eines Kreises wird in

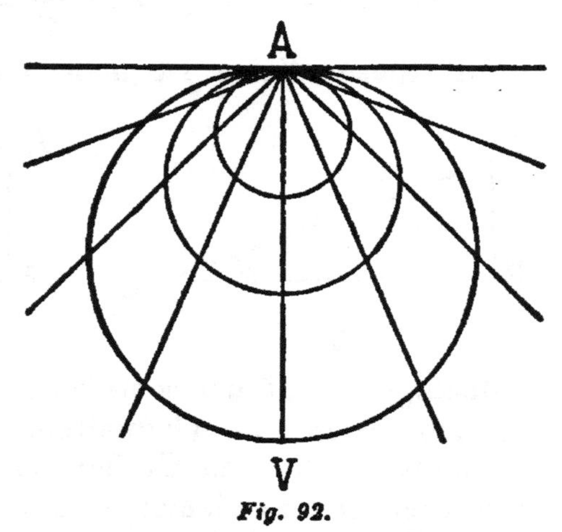

Fig. 92.

derselben Zeit durchfallen wie jede von einem Durchmesserendpunkte in diesem Kreise gezogene Sehne.

Wir führen noch einen weitern Folgesatz an, der in der hübschen Form, wie ihn Galilei gegeben hat, gewöhnlich nicht mehr in die Elementardarstellungen aufgenommen wird. Wir denken uns in einer Verticalebene, von demselben Punkt A ausgehend unter den verschiedensten Neigungswinkeln gegen den Horizont Rinnen; wir legen in ihren Endpunkt A schwere Körper und lassen sie gleichzeitig ihre Fallbewegung beginnen. Es zeigt sich nun, dass zur selben Zeit sämmtliche Körper stets einen Kreis erfüllen. Nach Verlauf einer grössern Zeit befinden sie sich in einem Kreise von grösserm Radius, und zwar wachsen die Radien proportional dem Quadrat der Zeit. Wenn man sich die Rinnen nicht nur eine Ebene, sondern den Raum unter der durch A geführten Horizontalen vollständig ausfüllend denkt, so erfüllen die Körper stets eine Kugel, und die Kugelradien wachsen proportional dem Quadrat der Zeit. Man erkennt das, wenn man sich die Figur um die Verticale AV gedreht denkt.

8. Wir sehen nun, wie nochmals kurz bemerkt werden soll, dass Galilei nicht etwa eine Theorie der Fallbewegung gegeben, sondern vielmehr das Thatsächliche der Fallbewegung vorurtheilslos untersucht und constatirt hat.

Bei dieser Gelegenheit hat er seine Gedanken allmählig den Thatsachen anpassend, und dieselben überall consequent festhaltend, eine Ansicht gefunden, die vielleicht weniger ihm selbst als vielmehr seinen Nachfolgern als ein besonderes neues Gesetz erschienen ist. Galilei befolgte bei allen seinen Ueberlegungen, zum grössten Vortheil der Naturwissenschaft, ein Princip, welches man passend das Princip der Continuität nennen könnte. Hat man für einen speciellen Fall eine Ansicht gewonnen, so modificirt man allmählich in Gedanken die Umstände dieses Falles, soweit es überhaupt angeht, und sucht hierbei die gewonnene Ansicht möglichst festzuhalten. Es gibt kein Verfahren, welches sicherer zur einfachsten, mit dem geringsten Gemüths- und Verstandesaufwand zu erzielenden Auffassung aller Naturvorgänge führen würde.

Der besondere Fall wird deutlicher als die allgemeine Bemerkung zeigen, was wir meinen. Galilei betrachtet einen Körper, welcher auf der schiefen Ebene *AB* herabfällt, und mit der erlangten Fallgeschwindigkeit auf eine andere, z. B. *BC* gesetzt, auf derselben wieder aufsteigt. Er steigt auf allen Ebenen *BC*, *BD* u. s. w. bis zur Horizontalebene durch *A* auf. So wie er aber auf *BD* mit geringerer Beschleunigung fällt als auf *BC*, so steigt er auch auf *BD* mit geringerer Verzögerung. Je mehr sich die Ebenen *BC*, *BD*, *BE*, *BF* der Horizontalebene nähern, desto geringer ist auf denselben die Verzögerung des Körpers, desto länger und weiter bewegt er sich auf denselben. Auf der Horizontalebene *BH* verschwindet die Verzögerung ganz (natürlich abgesehen von der Reibung und dem

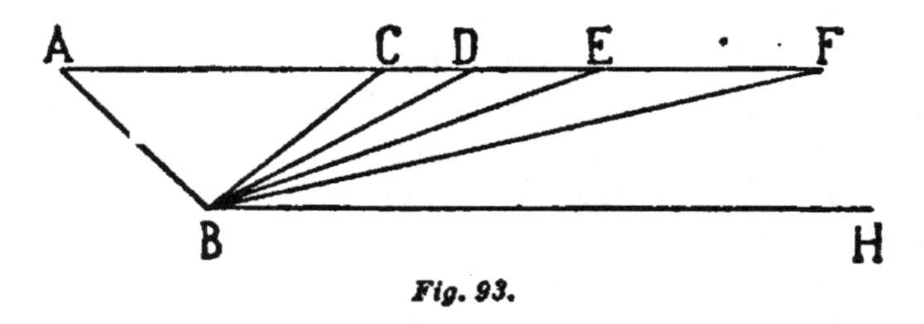

Fig. 93.

Luftwiderstande), der Körper bewegt sich unendlich lange und unendlich weit mit constanter Geschwindigkeit. Indem nun Galilei bis zu diesem Grenzfall fortschreitet, findet er das sogenannte Gesetz der Trägheit, nach welchem ein Körper, der nicht durch besondere bewegungsändernde Umstände (Kräfte) daran gehindert ist, seine Geschwindigkeit (und Richtung) fortwährend beibehält. Wir kommen hierauf alsbald zurück.

E. Wohlwill hat in einer sehr eingehenden Untersuchung („Die Entdeckung des Beharrungsgesetzes", in: Zeitschrift für Völkerpsychologie, 1884, XIV, S. 365—410; XV, S. 70—135, 337—387) gezeigt, dass die Vorgänger und Zeitgenossen Galilei's, ja Galilei selbst nur sehr allmählich, von den aristotelischen Vorstellungen sich befreiend, zur Erkenntniss des Beharrungsgesetzes gelangt sind. Auch bei Galilei nimmt die gleichförmige Kreisbewegung und die gleichförmig horizontale Bewegung noch eine Sonderstellung ein. Wohlwill's Untersuchung ist sehr dankenswerth und zeigt, dass Galilei in seinen eigenen bahnbrechenden Gedanken schwer die volle Klarheit erreichte und häufigen Rückfällen in ältere Anschauungen ausgesetzt war, was von vornherein sehr wahrscheinlich ist.

Uebrigens wird der Leser auch aus meiner Darstellung die Ansicht schöpfen, dass Galilei das Beharrungsgesetz nicht in der Klarheit und Allgemeinheit vorschwebte, welche es später gewonnen hat. (Vgl. „Erhaltung der Arbeit", S. 47.) Mit der eben gegebenen Darlegung glaube ich aber immer noch, entgegen der Meinung von Wohlwill und Poske, denjenigen Punkt bezeichnet zu haben, der sowol Galilei als seinen Nachfolgern den Uebergang von der alten Vorstellung zu der neuen am deutlichsten zum Bewusstsein bringen musste. Wie wenig zur vollen Einsicht fehlte, ergibt sich daraus, dass Baliani ohne Schwierigkeit aus Galilei's Darstellung die Unzerstörbarkeit einer einmal erlangten Geschwindigkeit herausliest, worauf Wohlwill selbst (l. c., S. 112) hinweist. Es ist nicht eben auffallend, dass Galilei, wo es sich fast ausschliesslich um die Bewegung schwerer Körper handelt, das Trägheitsgesetz vorwiegend auf horizontale Bewegungen anwendet. Er weiss jedoch, dass eine schwerlose Flintenkugel geradlinig in der Richtung des Laufes fortfliegen würde („Dialog über die beiden Weltsysteme", Leipzig 1891, S. 184). Das Zögern mit dem allgemeinen Ausdruck eines auf den ersten Blick so befremdlichen Satzes ist nicht wunderbar.

9. Die Fallbewegung also, die Galilei als thatsächlich bestehend gefunden hat, ist eine Bewegung mit proportional der Zeit zunehmender Geschwindigkeit, eine sogenannte gleichförmig beschleunigte Bewegung.

Es wäre ein Anachronismus und gänzlich unhistorisch, wollte man die gleichförmig beschleunigte Fallbewegung, wie dies mitunter geschieht, aus der constanten Wirkung der Schwerkraft ableiten. „Die Schwere ist eine constante Kraft, folglich erzeugt sie in jedem gleichen Zeitelement den gleichen Geschwindigkeitszuwachs, und die Bewegung wird eine gleichförmig beschleunigte." Eine solche Darstellung wäre deshalb unhistorisch, und würde die ganze Entdeckung in ein falsches Licht stellen, weil durch Galilei erst der heutige Kraftbegriff geschaffen worden ist. Vor Galilei kannte man die Kraft nur als einen Druck. Nun kann niemand, der es nicht erfahren hat, wissen, dass Druck überhaupt Bewegung mit sich bringt, noch viel weniger aber wie Druck in Bewegung übergeht, dass durch den Druck keine Lage und auch keine Geschwindigkeit, sondern eine Beschleunigung bestimmt ist. Das lässt sich nicht herausphilosophiren. Es lassen sich darüber Vermuthungen aufstellen. Die Erfahrung allein kann aber darüber endgültig belehren.

10. Dass also die bewegungsbestimmenden Umstände (Kräfte) Beschleunigungen bestimmen, ist durchaus nicht selbstverständlich. Ein Blick auf andere physikalische Gebiete macht das sofort deutlich. Die Temperaturdifferenzen der Körper bestimmen auch Veränderungen. Durch die Temperaturdifferenzen sind aber nicht Ausgleichsbeschleunigungen, sondern Ausgleichsgeschwindigkeiten bestimmt.

Dass durch die bewegungsbestimmenden Umstände Beschleunigungen gesetzt werden, hat Galilei in den Naturvorgängen erschaut. Auch andere vor ihm haben manches erschaut. Wenn man sagt, dass jedes Ding seinen Ort suche, so liegt darin auch eine richtige Beobachtung. Die Beobachtung gilt nur nicht überall und ist nicht erschöpfend. Wenn wir z. B. einen Stein aufwärts werfen, so sucht er seinen Ort, welcher unten ist, nicht mehr. Die Beschleunigung gegen die Erde, die Verzögerung der Aufwärtsbewegung, die Galilei zuerst gesehen hat, ist aber immer noch vorhanden. Seine Beobachtung bleibt immer richtig, sie gilt allgemeiner, sie erfasst viel mehr mit einem Blick.

11. Wir haben schon erwähnt, dass Galilei ganz

nebenher das sogenannte Gesetz der Trägheit gefunden hat. Ein Körper, auf welchen, wie man zu sagen pflegt, keine Kraft wirkt, behält seine Richtung und Geschwindigkeit unverändert bei. Mit diesem Gesetz der Trägheit ist es sonderbar zugegangen. Bei Galilei scheint es nie eine besondere Rolle gespielt zu haben. Die Nachfolger aber, namentlich Huyghens und Newton haben es als ein besonderes Gesetz formulirt. Ja man hat sogar aus der Trägheit eine allgemeine Eigenschaft der Materie gemacht. Man erkennt aber leicht, dass das Trägheitsgesetz gar kein besonderes Gesetz ist, sondern in der Galilei'schen Anschauung, dass alle bewegungsbestimmenden Umstände (Kräfte) Beschleunigungen setzen, schon mit enthalten ist.

In der That, wenn eine Kraft keine Lage und keine Geschwindigkeit, sondern eine Beschleunigung, eine Geschwindigkeitsänderung bestimmt, so versteht es sich, dass wo keine Kraft ist, auch keine Aenderung der Geschwindigkeit stattfindet. Man hat nicht nöthig das besonders auszusprechen. Nur die Befangenheit des Anfängers, die sich auch der grossen Forscher der Fülle des neuen Stoffes gegenüber bemächtigte, konnte bewirken, dass sie sich dieselbe Thatsache als zwei verschiedene Thatsachen vorstellten und dieselbe zweimal formulirten.

Die Trägheit als selbstverständlich darzustellen, oder sie aus dem allgemeinen Satze „die Wirkung einer Ursache verharrt" abzuleiten, ist jedenfalls durchaus verfehlt. Nur ein falsches Streben nach Strenge kann auf solche Abwege führen. Mit scholastischen Sätzen, wie mit dem angeführten, ist auf diesem Gebiete nichts zu verrichten. Man überzeugt sich leicht, dass auch der entgegengesetzte Satz, „cessante causa cessat effectus", ebenso gut passt. Nennt man die erlangte Geschwindigkeit „Wirkung", so ist der erste Satz richtig, nennt man die Beschleunigung „Wirkung", so gilt der zweite Satz.

12. Wir wollen nun die Galilei'schen Untersuchungen

noch von einer andern Seite betrachten. Er begann dieselben mit den seiner Zeit geläufigen, namentlich durch die Technik entwickelten Begriffen. Ein solcher Begriff ist der Begriff Geschwindigkeit, welcher sehr leicht an der gleichförmigen Bewegung gewonnen wird. Legt ein Körper in jeder Zeitsecunde den gleichen Weg c zurück, so ist der nach t Secunden zurückgelegte Weg $s = ct$. Den in der Secunde zurückgelegten Weg c nennen wir die Geschwindigkeit, und finden dieselbe auch durch Beobachtung eines beliebigen Wegstückes und der zugehörigen Zeit mit Hülfe der Gleichung $c = \frac{s}{t}$, also indem wir die Maasszahl des zurückgelegten

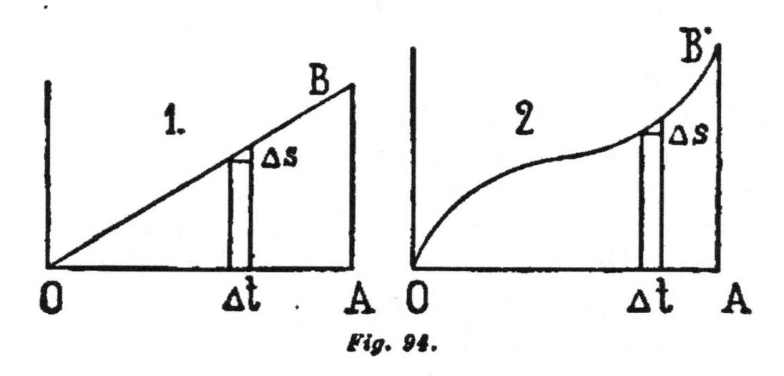

Fig. 94.

Weges durch die Maasszahl der verflossenen Zeit dividiren.

Galilei konnte nun seine Untersuchungen nicht vollenden, ohne den hergebrachten Begriff der Geschwindigkeit stillschweigend zu modificiren und zu erweitern. Stellen wir uns der Anschaulichkeit wegen in 1 eine gleichförmige, in 2 eine ungleich örmige Bewegung dar, indem wir nach OA als Abscissen die verflossenen Zeiten, nach AB als Ordinaten die zurückgelegten Wege auftragen. In 1 erhält man nun, man mag was immer für einen Wegzuwachs durch den zugehörigen Zeitzuwachs dividiren, für die Geschwindigkeit c denselben Werth. Wollte man hingegen in 2 ebenso verfahren, so würde man die verschiedensten Werthe erhalten, und der gewöhnliche Begriff „Geschwindigkeit" hat also in diesem Fall keinen bestimmten Sinn. Betrachtet man aber das Wachsthum des Weges in einem hinreichend kleinen Zeitelement, wobei das Curvenelement in 2 sich der Geraden nähert, so kann man dasselbe als gleichförmig ansehen. Man kann dann als Geschwindigkeit in diesem Bewegungselement den Quotienten $\frac{\Delta s}{\Delta t}$ des Zeitelementes in das zugehörige Wegelement definiren. Noch genauer definirt man die Geschwindigkeit in einem Moment als den Grenzwerth, welchen der Quotient $\frac{\Delta s}{\Delta t}$ bei unendlich klein werdenden Elementen annimmt, welchen man durch $\frac{ds}{dt}$ bezeichnet. Dieser neue Begriff enthält den frühern als speciellen Fall in sich, und er ist ohne weiteres auch auf die gleichförmige Bewegung anwendbar. Wenngleich die ausdrückliche Formulirung dieses erweiterten Begriffes erst lange nach Galilei stattgefunden hat, so sieht man doch, dass er diesen Begriff in seinen Gedanken anwendet.

13. Ein ganz neuer Begriff, auf den Galilei geführt wurde, war der Begriff Beschleunigung. Bei der gleichförmig beschleunigten Bewegung wachsen die Geschwindigkeiten mit der Zeit nach demselben Gesetz, wie bei der gleichförmigen die Wege mit den Zeiten. Nennen wir v die nach der Zeit t erlangte Geschwindigkeit, so ist $v = gt$. Hierbei bedeutet g den Geschwindigkeitszuwachs in der Zeiteinheit oder die Beschleunigung, die man auch durch die Gleichung $g = \frac{v}{t}$ erhält. Dieser Begriff der Beschleunigung musste eine ähnliche Erweiterung erfahren wie der Begriff der Geschwindigkeit, als man anfing, ungleichförmig beschleunigte Bewegungen zu untersuchen. Denken wir uns in 1 und 2 wieder die Zeiten als Abscissen, aber die Geschwindigkeiten als Ordinaten aufgetragen,

so können wir die ganze frühere Betrachtung wiederholen, und die Beschleunigung definiren durch $\frac{dv}{dt}$, wobei dv einen unendlich kleinen Geschwindigkeitszuwachs, dt den entsprechenden Zeitzuwachs bedeutet. In der Bezeichnung der Differentialrechnung haben wir für die Beschleunigung einer geradlinigen Bewegung auch $\varphi = \frac{dv}{dt} = \frac{d^2s}{dt^2}$.

Die eben entwickelten Begriffe entbehren auch nicht der Anschaulichkeit. Trägt man die Zeiten als Abscissen und die Wege als Ordinaten auf, so erkennt man, dass für jeden Moment die Steigung der Wegcurve die

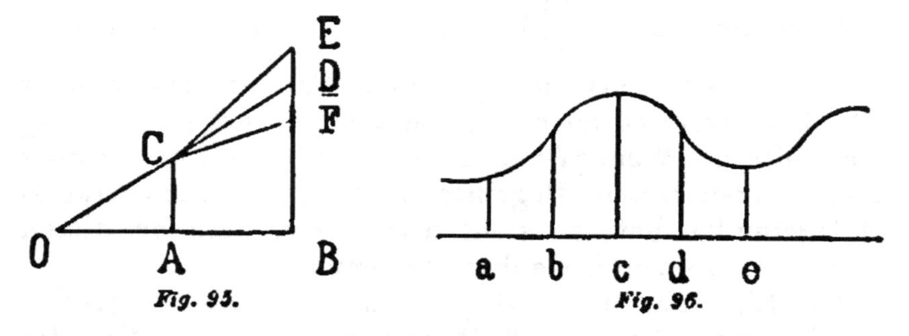

Fig. 95. Fig. 96.

Geschwindigkeit misst. Stellt man in ähnlicher Weise Zeiten und Geschwindigkeiten zusammen, so wird die momentane Beschleunigung durch die Steigung der Geschwindigkeitscurve gemessen. Den Verlauf dieser letztern Steigung erkennt man aber auch schon an der Krümmung der Wegcurve, wie man durch folgende Ueberlegung sieht. Denken wir uns in gewohnter Weise durch die Gerade OCD eine gleichförmige Bewegung dargestellt. Vergleichen wir hiermit eine Bewegung OCE, deren Geschwindigkeit in der zweiten Hälfte der Zeit grösser und eine andere Bewegung OCF, deren Geschwindigkeit entsprechend kleiner ist. Wir haben also für die Zeit $OB = 2\,OA$ im ersten Fall mehr als $BD = 2\,AC$, im zweiten Fall weniger als Ordinate aufzutragen. Wir erkennen nun ohne Schwierigkeit, dass der beschleunigten Bewegung eine gegen die Zeitabscissenaxe convexe, der verzögerten eine concave Wegcurve entspricht. Denken wir uns einen in verticaler Richtung irgendwie bewegten Schreibstift, an welchem während der Bewegung das Papier von rechts nach links gleichmässig vorbeigeschoben würde, und welcher die Zeichnung Fig. 96 ausgeführt hätte, so können wir an derselben die Eigenthümlichkeiten der Bewegung ablesen. Bei *a* war die Geschwindigkeit des Stiftes aufwärts gerichtet, bei *b* war sie grösser, bei *c* war sie $=o$, bei *d* abwärts gerichtet, bei *c* wieder $=$ o. Die Beschleunigung ist bei *a*, *b*, *d*, *e* aufwärts, bei *c* abwärts gerichtet; bei *c* und *e* ist sie am grössten.

14. Wenn wir, was Galilei gefunden hat, übersichtlich zusammenstellen, so wird dies am deutlichsten durch die Tabelle, welche ein Verzeichniss der zusammenge-

t.	v.	s.
1	g	$1\frac{g}{2}$
2	$2g$	$4\frac{g}{2}$
3	$3g$	$9\frac{g}{2}$
. . . .	. . . .	. . . .
t	tg	$t^2\frac{g}{2}$

hörigen Zeiten, erlangten Geschwindigkeiten und der zurückgelegten Wege enthält. Da aber der Inhalt der Tabelle nach einem so einfachen Gesetz fortschreitet, welches man sofort erkennt, so steht nichts im Wege, die ganze Tabelle durch eine Herstellungsregel der Tabelle zu ersetzen. Betrachtet man den Zusammenhang der ersten und zweiten Columne, so ist dieser darstellbar durch die Gleichung $v=gt$, die im Grunde nichts ist als eine Anweisung, die Tabelle zu bilden. Der Zusammenhang der ersten und dritten Columne wird durch $s = \frac{g t^2}{2}$ gegeben. Der Zusammenhang der zweiten und dritten Columne lässt sich durch $s = \frac{v^2}{2g}$ darstellen. Von den drei Beziehungen

$$v = g t$$

$$s = \frac{g t^2}{2}$$

$$s = \frac{v^2}{2g}$$

verwendet Galilei eigentlich nur die beiden ersten. Die dritte hat erst Huyghens mehr gewürdigt, und dadurch bedeutende Fortschritte begründet.

15. An die Tabelle können wir gleich eine Bemerkung anknüpfen, welche sehr aufklärend ist. Es wurde schon gesagt, dass ein Körper vermöge der erlangten Fallgeschwindigkeit wieder zur ursprünglichen Höhe aufsteigen kann, wobei seine Geschwindigkeit in derselben Weise (der Zeit und dem Raume nach) abnimmt, als sie beim Herabfallen zugenommen hat. Ein frei fallender Körper erhält nun in der doppelten Fallzeit die doppelte Geschwindigkeit, fällt aber in dieser doppelten Fallzeit durch die vierfache Fallhöhe. Ein Körper also, dem wir die doppelte Geschwindigkeit vertical aufwärts ertheilen, wird doppelt so lange Zeit, aber viermal so hoch vertical aufsteigen als ein Körper mit der einfachen Geschwindigkeit.

Man hat sehr bald nach Galilei bemerkt, dass in der Geschwindigkeit eines Körpers etwas einer Kraft Entsprechendes steckt, d. h. etwas, wodurch eine Kraft überwunden werden kann, eine gewisse „Wirkungsfähigkeit“, wie dieses Etwas passend genannt worden ist. Nur darüber hat man gestritten, ob diese Wirkungsfähigkeit proportional der Geschwindigkeit oder proportional dem Quadrate der Geschwindigkeit zu schätzen sei. Die Cartesianer glaubten das erstere, die Leibnitzianer das letztere. Man erkennt nun, dass darüber gar nicht zu streiten ist. Der Körper mit der doppelten Geschwindigkeit überwindet eine gegebene Kraft durch die doppelte Zeit, aber durch den vierfachen Weg. Der Zeit nach ist also seine Wirkungsfähigkeit der Geschwindigkeit, dem Wege nach dem Quadrate der Geschwindigkeit proportional. D'Alembert hat auf dieses Misverständniss, wenngleich in nicht sehr deutlichen Ausdrücken, aufmerksam gemacht. Es ist jedoch hervorzuheben, dass schon Huyghens über dieses Verhältniss durchaus klar dachte.

16. Das experimentelle Verfahren, durch welches gegenwärtig die Fallgesetze geprüft werden, ist von jenem Galilei's etwas verschieden. Man kann zwei Wege einschlagen. Entweder man verlangsamt die rasche und schwer direct zu beobachtende Fallbewegung ohne Aenderung des Gesetzes derart, dass sie bequem beobachtbar wird, oder man ändert die Fallbewegung gar nicht, und verfeinert die Beobachtungsmittel. Auf dem ersten Princip beruht die Galilei'sche Fallrinne und die Atwood'sche Maschine. Die Atwood'sche Maschine besteht aus einer leichten Rolle (Fig. 97), über welche ein Faden gelegt ist, dessen Enden mit zwei gleichen Gewichten P versehen sind. Legt man dem einen Gewicht P ein kleines Gewichtchen p zu, so beginnt durch das Uebergewicht eine gleichförmig beschleunigte Bewegung mit

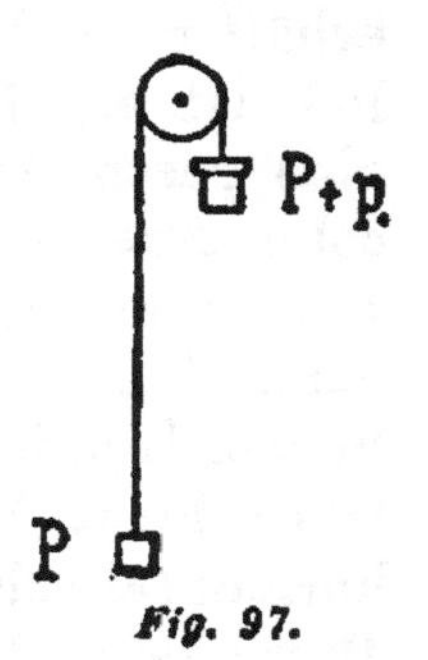

Fig. 97.

der Beschleunigung $\frac{p}{2P+p} \cdot g$, was sich leicht ergeben wird, wenn wir den Begriff „Masse" erörtert haben werden. Es ist nun leicht an einer mit der Rolle verbundenen Messleiste nachzuweisen, dass in den Zeiten 1, 2, 3, 4 .... die Wege 1, 4, 9, 16 .... zurückgelegt werden. Die einer gegebenen Fallzeit entsprechende Endgeschwindigkeit untersucht man, indem man das längliche Zuleggewicht p durch einen Ring abfasst und die Bewegung ohne Beschleunigung fortsetzen lässt.

Auf einem andern Princip beruht der Apparat von Morin. Ein mit einem Schreibstift versehener Körper beschreibt auf einem durch ein Uhrwerk gleichmässig vorbeigeschobenen verticalen Papierblatt eine horizontale Gerade. Fällt der Körper ohne Papierbewegung, so zeichnet er eine verticale Gerade. Werden beide Bewegungen combinirt, so entsteht eine Parabel, in welcher die horizontalen Abscissen den verflossenen Zeiten, die verticalen Ordinaten den zurückgelegten Fallräumen entsprechen. Für die Abscissen 1, 2, 3, 4 erhält man die Ordinaten 1, 4, 9, 16 .... Nebensächlich ist es, dass Morin statt des ebenen Papierblattes eine rasch rotirende cylindrische Trommel mit verticaler Axe verwendet, neben welcher ein Körper an einer Drahtführung herabfällt. Ein anderes Verfahren nach demselben Princip haben unabhängig voneinander Laborde, Lippich und v. Babo angewendet. Eine berusste Glasschiene, Fig. 98 a, fällt frei vertical herab, während ein horizontal schwingender verticaler Stab, der beim ersten Durchgang durch seine Gleichgewichtslage die Fallbewegung auslöst, eine Curve auf der Schiene verzeichnet. Wegen der constanten Schwingungsdauer des Stabes und der zunehmenden Fallgeschwindigkeit, werden die vom Stabe verzeichneten Wellen immer länger. Es ist Fig. 98 $bc = 3ab$, $cd = 5ab$, $de = 7ab$ u. s. w. Das Fallgesetz zeigt sich hierin deutlich, da $ab + cb = 4ab$, $ab + bc + cd = 9ab$ u. s. w. Das Geschwindigkeitsgesetz bestätigt sich durch die Tangentenneigungen in den Punkten a, b, c, d u. s. w. Bestimmt man die Schwingungsdauer des Stabes, so ergibt sich aus einem derartigen Versuch der Werth von g mit beträchtlicher Genauigkeit.

Wheatstone hat zur Messung kleiner Zeiten ein rasch laufendes Uhrwerk (Chronoskop) verwendet, welches zu Anfang der zu messenden Zeit in Gang gesetzt, zu Ende derselben wieder angehalten wird. Hipp hat dieses Verfahren dahin zweckmässig modificirt, dass in das rasch laufende, durch eine hochtönende Feder (statt der

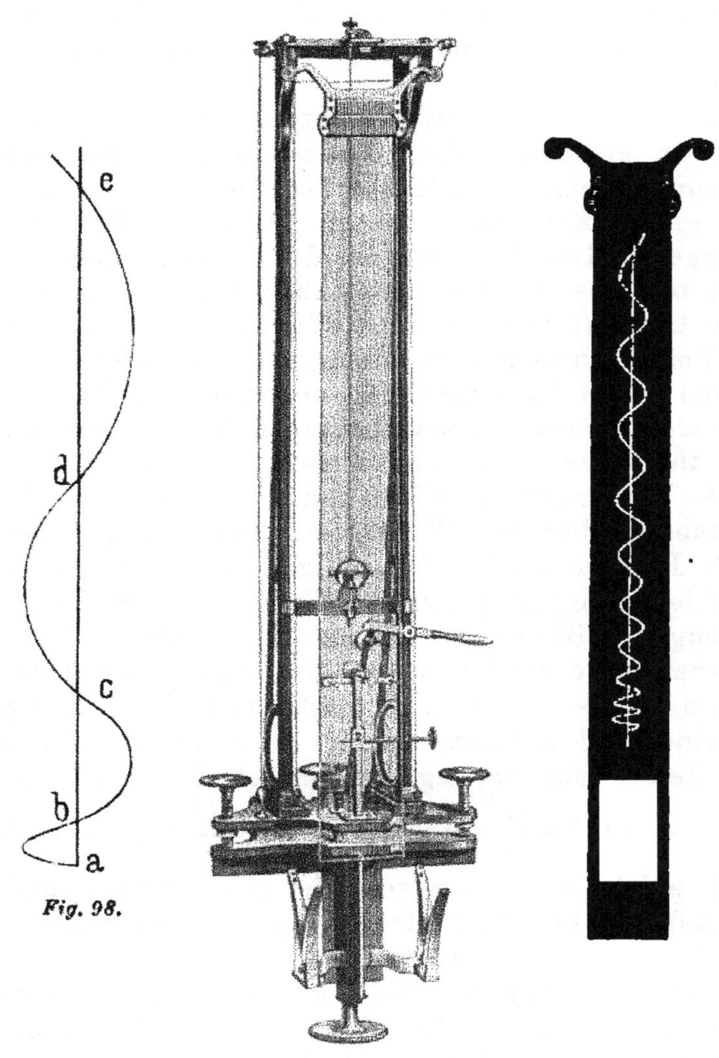

Fig. 98.

Fig. 98a.

Unruhe) regulirte Uhrwerk nur ein Zeiger von geringer Masse ein- und ausgeschaltet wird. Die Ausschaltung geschieht durch einen elektrischen Strom. Wird nun, sobald der Körper zu fallen beginnt, der Strom unterbrochen (also der Zeiger eingeschaltet), und sobald der Körper am Ziel ankommt, der Strom wieder geschlossen (also der Zeiger wieder ausgeschaltet), so kann man an dem vom Zeiger zurückgelegten Weg die Fallzeit ablesen.

17. Von den fernern Arbeiten Galilei's haben wir noch zu erwähnen seine Gedanken über die Pendelbewegung, seine Widerlegung der Meinung, dass Körper von grösserm Gewicht rascher fallen als Körper von geringerm Gewicht. Auf beide Punkte kommen wir noch bei einer andern Gelegenheit zurück. Hier mag noch bemerkt werden, dass Galilei die constante Dauer der Pendelschwingungen erkennend, das einfache Fadenpendel sofort zu Pulszählungen am Krankenbett, sowie zu astronomischen Beobachtungen in Vorschlag gebracht, und theilweise auch selbst verwendet hat.

18. Von grösserer Wichtigkeit sind noch die Untersuchungen über den Wurf. Ein freier Körper erfährt nach der Galilei'schen Vorstellung stets eine Verticalbeschleunigung g gegen die Erde. Ist er schon zu Anfang der Bewegung mit einer Verticalgeschwindigkeit c behaftet, so wird nach der Zeit t seine Geschwindigkeit $v = c + gt$. Hierbei hätte man eine Anfangsgeschwindigkeit aufwärts negativ zu rechnen. Der nach der Zeit t zurückgelegte Weg ist dargestellt durch $s = a + ct + \frac{gt^2}{2}$, wobei ct und $\frac{gt^2}{2}$ die Wegantheile sind, welche beziehungsweise der gleichförmigen und der gleichförmig beschleunigten Bewegung entsprechen. Die Constante a ist $= o$ zu setzen, wenn wir den Weg von dem Punkte an zählen, welchen der Körper zur Zeit $t = o$ passirt. Nachdem Galilei bereits seine Hauptgesichtspunkte gewonnen hatte, erkannte er sehr leicht den horizontalen Wurf als eine Combination zweier voneinander unabhängiger Bewegungen, einer horizontalen gleichförmigen und einer verticalen gleichförmig beschleunigten. Er brachte dadurch das Princip des Bewegungs-

parallelogramms in Gebrauch. Auch der schiefe Wurf konnte ihm keine wesentlichen Schwierigkeiten mehr bereiten.

Erhält ein Körper eine Horizontalgeschwindigkeit c, so legt er in der Zeit t in horizontaler Richtung den Weg $y = ct$ zurück, während er in verticaler Richtung um die Strecke $x = \frac{gt^2}{2}$ sinkt. Verschiedene bewegungsbestimmende Umstände beeinflussen sich gegenseitig nicht, und die durch dieselben bestimmten Bewegungen gehen unabhängig voneinander vor. Zu dieser Annahme ist Galilei durch aufmerksame Betrachtung

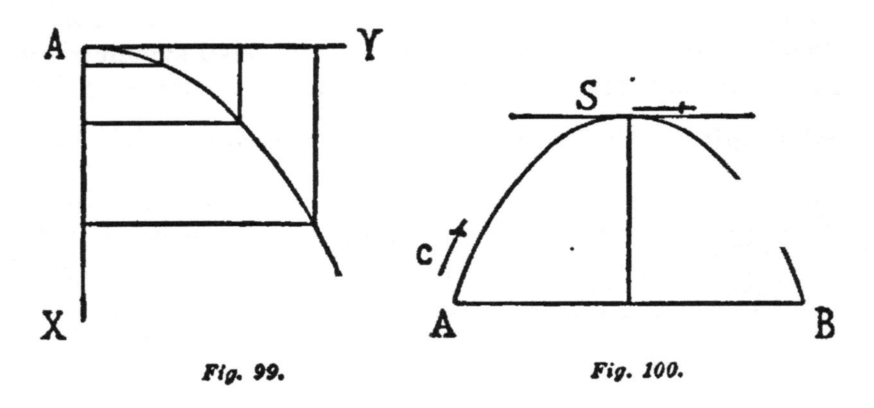

Fig. 99. Fig. 100.

der Vorgänge geführt worden, und sie hat sich bewährt.

Für die Curve, welche ein Körper bei Combination der beiden Bewegungen beschreibt, findet man durch Verwendung der beiden angeführten Gleichungen $y = \sqrt{\frac{2c^2}{g}x}$. Sie ist eine Apollonische Parabel mit dem Parameter $\frac{c^2}{g}$ und mit verticaler Axe, wie Galilei wusste.

Leicht erkennen wir mit Galilei, dass der schiefe Wurf keinen neuen Fall darbietet. Die Geschwindigkeit c, welche unter dem Winkel α gegen den Horizont einem Körper ertheilt wird, zerlegt sich in die Horizontalcomponente $c \cdot \cos\alpha$ und in die Verticalcomponente $c \cdot \sin\alpha$. Mit letzterer steigt der Körper durch dieselbe Zeit t auf, welche er benöthigen würde, um vertical herabfallend diese Geschwindigkeit zu erlangen. Es ist also $c \cdot \sin\alpha = g t$. Dann hat er seine grösste Höhe erreicht, die Verticalcomponente seiner Anfangsgeschwindigkeit ist verschwunden, und die Bewegung setzt sich von S aus als horizontaler Wurf fort. Betrachtet man Momente, welche um gleiche Zeiten von dem Durchgang durch S vor und nachher abstehen, so sieht man, dass der Körper in beiden von dem Loth durch S gleich weit absteht, und gleich tief unter der Horizontalen durch S sich befindet. Die Curve ist also symmetrisch in Bezug auf die Verticale durch S. Sie ist eine Parabel mit verticaler Axe und dem Parameter $\frac{(c\cos\alpha)^2}{g}$.

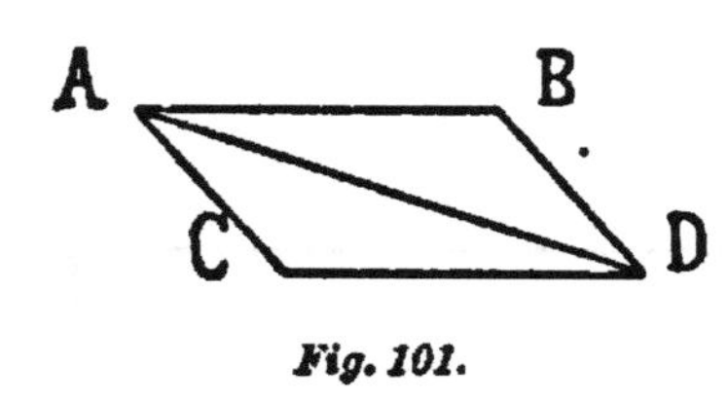

Fig. 101.

Um die sogenannte Wurfweite zu finden, brauchen wir nur die Horizontalbewegung während der Zeit des Auf- und Absteigens zu betrachten. Diese Zeit ist für das Aufsteigen nach dem Obigen $t = \frac{c\sin\alpha}{g}$, und dieselbe für das Absteigen. Mit der Horizontalgeschwindigkeit $c \cdot \cos\alpha$ wird also der Weg zurückgelegt:

$$w = c\cos\alpha \cdot 2\,\frac{c\sin\alpha}{g} = \frac{c^2}{g}\,2\sin\alpha\cos\alpha = \frac{c^2}{g}\sin 2\alpha$$

Die Wurfweite ist demnach am grössten für $\alpha = 45^\circ$, und gleich gross für die beiden Winkel $\alpha = 45^\circ \pm \beta^\circ$.

19. Wichtig ist die Erkenntniss der Unabhängigkeit der in der Natur vorkommenden bewegungsbestimmenden Umstände (Kräfte) voneinander, welche bei der Untersuchung des Wurfes gewonnen wurde, und zum Ausdrucke kam. Ein Körper kann sich nach AB be-

wegen (Fig. 101), während der Raum, in welchem diese Bewegung stattfindet, sich nach *A* C verschiebt. Der Körper gelangt dann von *A* nach *D*. Das findet nun auch statt, wenn die beiden Umstände, welche die Bewegungen *A B* und *A* C in derselben Zeit bestimmen, aufeinander keinen Einfluss haben. Es ist leicht ersichtlich, dass man nach dem Parallelogramm nicht allein stattgehabte Verschiebungen, sondern auch augenblicklich statthabende Geschwindigkeiten und Beschleunigungen zusammensetzen kann.

Galilei's Auffassung der Wurfbewegung, als eines aus zwei verschiedenen voneinander unabhängigen Bewegungen zusammengesetzten Vorganges, leitet eine ganze Reihe analoger wichtiger Erkenntnissprocesse ein. Man kann sagen, dass es ebenso wichtig ist, die Unabhängigkeit zweier Umstände *A* und *B* voneinander, als die Abhängigkeit zweier Umstände *A* und C zu erkennen. Denn ersteres befähigt uns erst, den letzteren Zusammenhang ungestört zu verfolgen. Man bedenke, wie sehr die mittelalterliche Naturforschung durch die Annahme nicht bestehender Abhängigkeiten behindert war. Analog dem Galilei'schen Fund ist der Satz des Kräftenparallelogramms von Newton, die Zusammensetzung der Saitenschwingungen von Sauveur, die Zusammensetzung der Wärmebewegungen von Fourier. Durch letztern Forscher dringt die Methode der Zusammensetzung einer Erscheinung aus voneinander unabhängigen Theilerscheinungen, in Form der Darstellung des allgemeinen Integrals als Summe von particulären Integralen, in alle Gebiete der mathematischen Physik ein. Die Zerlegung der Vorgänge in voneinander unabhängige Theile hat P. Volkmann in treffender Weise als Isolation, die Zusammensetzung eines Vorganges aus solchen Theilen als Superposition bezeichnet. Beide Processe zusammen gestatten uns erst stückweise zu begreifen, oder in Gedanken zu reconstruiren, was uns auf einmal unfassbar ist.

„Nur in den seltensten Fällen tritt uns die Natur mit ihrer Fülle der Erscheinungen einheitlich gegenüber, in der Mehrzahl der Fälle trägt die Erscheinungswelt im Gegentheil einen durchaus zusammengesetzten Charakter ...., dann wird es eine der Aufgaben unserer Erkenntniss sein müssen, die Erscheinungen, wie sie sich bieten, aus einer Reihe von Theilerscheinungen zusammengesetzt aufzufassen und zunächst diese Theilerscheinungen in ihrer Reinheit zu studiren. Erst wenn wir wissen, welchen Antheil jeder Umstand einzeln an der Gesammterscheinung trägt, dann beherrschen wir das Ganze ...." Vgl. Volkmann, „Erkenntnisstheoretische Grundzüge der Naturwissenschaft", 1896, S. 70. — Vgl. ferner „Principien der Wärmelehre", S. 123, 151, 452.

2. Die Leistungen von Huyghens.

1. Huyghens ist in allen Stücken als ein ebenbürtiger Nachfolger Galilei's zu betrachten. War vielleicht auch seine philosophische Begabung etwas geringer als jene Galilei's, so übertraf er denselben wieder durch sein geometrisches Talent. Huyghens führte die von Galilei begonnenen Untersuchungen nicht nur weiter, sondern löste auch die ersten Aufgaben der Dynamik mehrerer Massen, während sich Galilei durchweg nur auf die Dynamik eines Körpers beschränkt hatte.

Die Fülle der Leistungen von Huyghens zeigt sich schon in seinem 1673 erschienenen „Horologium oscillatorium". Die wichtigsten darin zum ersten mal behandelten Themen sind: die Lehre vom Schwingungsmittelpunkt, die Erfindung und Construction der Pendeluhr, die Erfindung der Unruhe, die Bestimmung der Schwerebeschleunigung g durch Pendelbeobachtungen, ein Vorschlag betreffend die Verwendung der Länge des Secundenpendels als Längeneinheit, die Sätze über die Centrifugalkraft, die mechanischen und geometrischen Eigenschaften der Cycloïde, die Lehre von den Evoluten und dem Krümmungskreis.

2. Was die Form der Darstellung betrifft, so ist zu bemerken, dass Huyghens mit Galilei die erhabene und unübertreffliche vollkommene Aufrichtigkeit theilt. Er

ist ganz offen in Darlegung der Wege, welche ihn zu seinen Entdeckungen geleitet haben, und führt dadurch den Leser in das volle Verständniss seiner Leistungen ein. Er hat auch keine Ursache diese Wege zu verbergen. Wird man auch nach einem Jahrtausend noch sehen, dass er ein Mensch war, so wird man doch zugleich bemerken, was für ein Mensch er war. In Bezug auf unsere Besprechung der Huyghens'schen Leistungen müssen wir aber etwas anders verfahren als bei Galilei. Galilei's Betrachtungen in ihrer classischen Einfachheit konnten wir fast unverändert mittheilen. Das geht bei Huyghens' Arbeiten nicht an. Derselbe behandelt viel complicirtere Aufgaben, seine mathematischen Methoden und Bezeichnungen fangen an unzureichend und schwerfällig zu werden. Wir werden also der Kürze wegen alles in modernerer Form aber mit Festhaltung der wesentlichen und maassgebenden Gedanken wiedergeben.

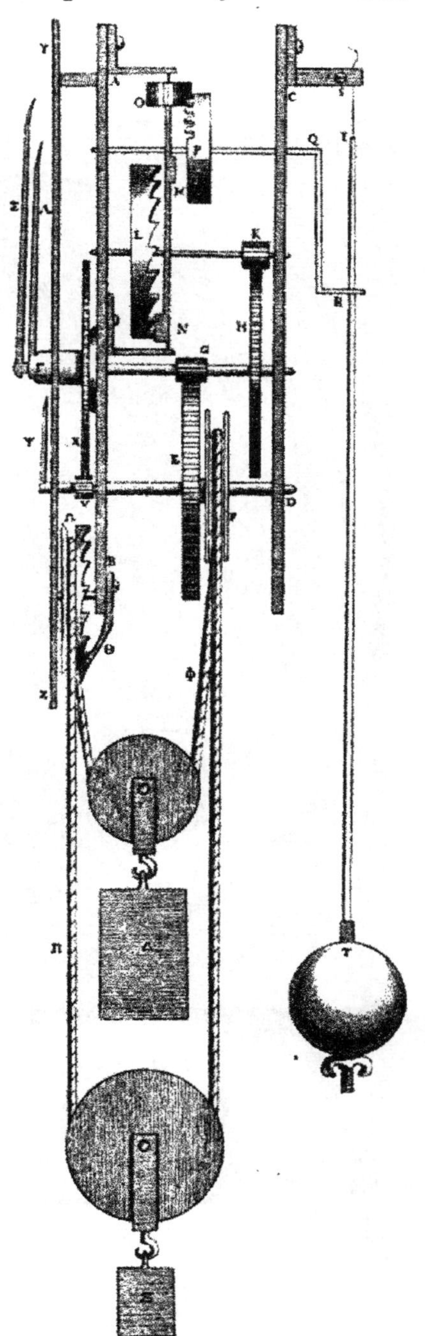

Huyghens' Pendeluhr.

3. Wir beginnen mit den

CHRISTIANUS HUGENIUS
natus 14 Aprilis 1629.
denatus 8 Junii 1695.

Untersuchungen über die Centrifugalkraft. Hat man einmal die Galilei'sche Erkenntniss, dass die Kraft eine Beschleunigung bestimmt, in sich aufgenommen, so ist es unvermeidlich, jede Abänderung einer Geschwindigkeit, und folglich auch jede Abänderung einer Bewegungsrichtung (weil diese durch drei zueinander senkrechte Geschwindigkeitscomponenten bestimmt ist) auf eine Kraft zurückzuführen. Wenn also ein Körper (etwa ein Stein) an einem Faden gleichmässig im Kreise geschwungen wird, so ist diese krummlinige Bewegung nur durch eine fortwährende aus der geradlinigen Bahn ablenkende Kraft verständlich. Die Spannung des Fadens ist diese Kraft, durch dieselbe wird der Körper fortwährend aus der geradlinigen Bahn gegen den Mittelpunkt des Kreises abgelenkt. Diese Spannung stellt also eine Centripetalkraft vor. Andererseits wird durch die Fadenspannung auch die Axe oder der feste Mittelpunkt des Kreises ergriffen, und insofern zeigt sich diese Fadenspannung als Centrifugalkraft.

Wir denken uns nun einen Körper, dem einmal eine Geschwindigkeit ertheilt wurde, und der nun durch eine stets nach dem Kreismittelpunkt gerichtete Beschleunigung in der gleichförmigen Kreisbewegung erhalten wird. Wovon diese Beschleunigung abhängt, wollen wir jetzt untersuchen. Wir denken uns zwei gleiche Kreise (Fig. 102) von zwei Körpern gleichmässig durchlaufen, die Geschwindigkeiten in I und II sollen sich wie 1:2 verhalten. Betrachten wir in beiden dasselbe dem sehr kleinen Winkel α entsprechende Bogenelement, so ist auch das entsprechende Wegelement s, um welches sich die Körper vermöge der Centripetalbeschleunigung aus der geradlinigen Bahn (der Tangente) entfernt haben, dasselbe. Nennen wir φ_1 und φ_2 die zugehörigen Beschleunigungen, τ und $\frac{\tau}{2}$ die betreffenden Zeitelemente für den Winkel α, so finden wir nach Galilei's Gesetz:

$$\varphi_1 = \frac{2s}{\tau^2},\ \varphi_2 = 4\,\frac{2s}{\tau^2} \text{ also } \varphi_2 = 4\,\varphi_1.$$

In gleichen Kreisen findet sich also, durch Verallgemeinerung der Betrachtung, die Centripetalbeschleunigung proportional dem Quadrate der Bewegungsgeschwindigkeit.

Betrachten wir nun die Bewegung in den Kreisen I und II (Fig. 103), deren Radien sich wie 1:2 verhalten, und nehmen wir für das Verhältniss der Bewegungsgeschwindigkeiten ebenfalls 1:2, sodass also ähnliche Bogenelemente in gleichen Zeiten durchlaufen werden. φ_1, φ_2, s, $2s$ bezeichnen die Beschleunigungen und Wegelemente, τ ist das für beide Fälle gleiche Zeitelement.

$$\varphi_1 = \frac{2s}{\tau^2},\ \varphi_2 = \frac{4s}{\tau^2},\ \text{also}\ \varphi_2 = 2\varphi_1.$$

Reducirt man nun die Bewegungsgeschwindigkeit in II auf die Hälfte, sodass die Geschwindigkeit in I und

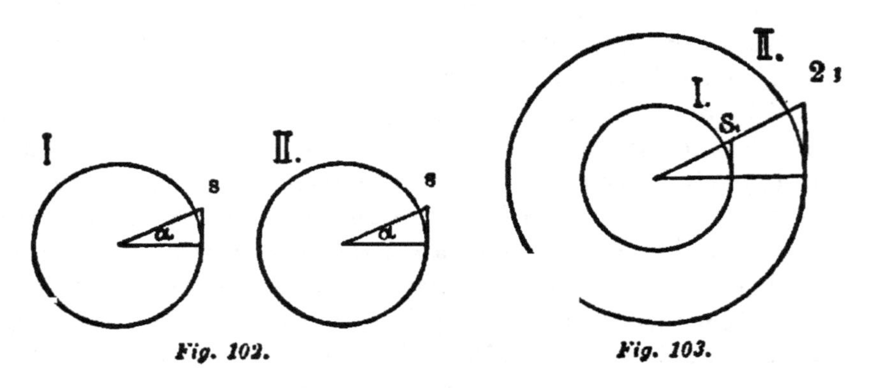

Fig. 102. Fig. 103.

II gleich wird, so wird dadurch φ_2 auf den vierten Theil, also auf $\frac{\varphi_1}{2}$ reducirt. Verallgemeinernd finden wir die Centripetalbeschleunigung bei gleicher Bewegungsgeschwindigkeit dem Kreisradius umgekehrt proportional.

4. Die alten Forscher fanden durch ihre Betrachtungsweise die Sätze meist in der schwerfälligen Form von Proportionen. Wir wollen nun einen andern Weg einschlagen. Auf ein Bewegliches von der Geschwindigkeit v wirke eine

Kraft, welche ihm senkrecht zur Bewegungsrichtung die Beschleunigung φ ertheilt, durch das Zeitelement τ ein. Die neue Geschwindigkeitscomponente wird $\varphi\tau$, und die Zusammensetzung mit der frühern Geschwindigkeit ergibt eine neue Bewegungsrichtung, welche den Winkel α mit der ursprünglichen einschliesst. Hierbei ergibt sich, indem wir die Bewegung als in einem Kreise vom Radius r vorgehend denken, und wegen der Kleinheit des Winkelelementes tang $\alpha = \alpha$ setzen,

$$\frac{\varphi\tau}{v} = \tang \alpha = \alpha = \frac{v\tau}{r} \text{ oder } \varphi = \frac{v^2}{r}$$

als vollständiger Ausdruck für die Centripetalbeschleunigung einer gleichförmigen Kreisbewegung.

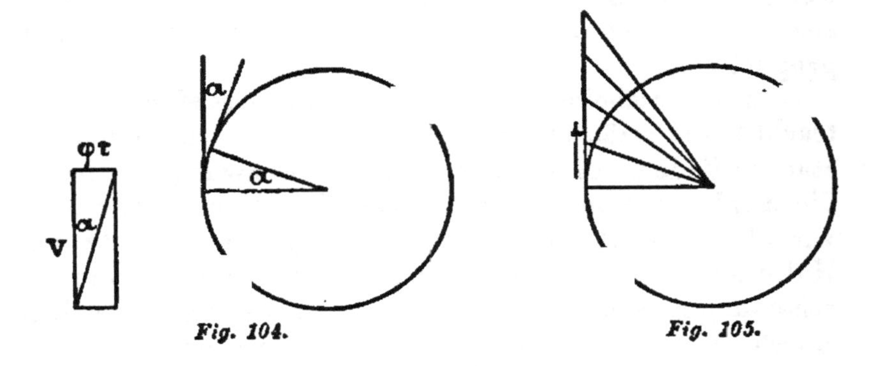

Fig. 104. *Fig. 105.*

Die Vorstellung einer gleichförmigen durch eine constante Centripetalbeschleunigung bedingten Kreisbewegung hat etwas Paradoxes. Das Paradoxe liegt in der Annahme einer fortwährenden Beschleunigung gegen das Centrum ohne wirkliche Annäherung, und ohne Geschwindigkeitszuwachs. Dasselbe vermindert sich, wenn man bedenkt, dass ohne diese Centripetalbeschleunigung eine fortwährende Entfernung des Beweglichen vom Centrum auftreten würde, dass die Richtung der Beschleunigung sich fortwährend ändert, und dass eine Geschwindigkeitsänderung (wie sich bei Besprechung des Princips der lebendigen Kräfte zeigen wird) an eine Annäherung der einander beschleunigenden Körper geknüpft ist, die hier nicht stattfindet. Der complicirtere Fall der elliptischen Centralbewegung ist in dieser Richtung aufklärend.

5. Der Ausdruck für die Centripetal- oder Centrifugalbeschleunigung $\varphi = \frac{v^2}{r}$ kann leicht noch in eine andere Form gebracht werden. Nennen wir die Umlaufszeit der Kreisbewegung T, so ist $v T = 2 r \pi$ und demnach $\varphi = \frac{4 r \pi^2}{T^2}$, in welcher Form wir den Ausdruck später verwenden werden. Bewegen sich mehrere Körper mit der gleichen Umlaufszeit in Kreisen, so sind die zugehörigen Centripetalbeschleunigungen, durch welche sie in diesen Bahnen erhalten werden, wie es aus dem letzten Ausdruck ersichtlich ist, den Radien proportional.

6. Die Erscheinungen, welche die ausgeführten Betrachtungen erläutern, wie das Abreissen nicht genügend starker Fäden, an welchen Körper geschwungen werden, die Abplattung weicher rotirender Kugeln u. s. w. wollen wir als bekannt voraussetzen. Huyghens konnte mit Hülfe seiner Anschauung sofort eine ganze Reihe von Erscheinungen erklären. Als z. B. eine Pendeluhr, welche durch Richer (1671—1673) von Paris nach Cayenne gebracht worden war, einen verzögerten Gang annahm, leitete Huyghens aus der bedeutendern Centrifugalbeschleunigung der rotirenden Erde am Aequator die scheinbare Verminderung der Schwerebeschleunigung g ab, wodurch die Beobachtung sofort verständlich wurde.

Ein hierher gehöriges Experiment wollen wir seines historischen Interesses wegen noch erwähnen. Als Newton seine Theorie der allgemeinen Gravitation entwickelte, gehörte Huyghens zu der grossen Zahl derjenigen, welche sich mit dem Gedanken einer Fernwirkung nicht zu befreunden vermochten. Er meinte vielmehr die Gravitation durch die rasch bewegten Theile eines Mediums erklären zu können. Schliesst man in ein gänzlich mit Flüssigkeit erfülltes Gefäss einige leichtere Körper, etwa Holzkugeln in Wasser, ein, und versetzt das Gefäss um eine Axe in Rotation, so sieht man alsbald die Holzkugeln der Axe zueilen. Setzt man z. B. die Glasröhre *R R* mit den Holzkugeln *K K* mit Hülfe des Zapfens *Z* auf einen Rotationsapparat, und rotirt um die verticale Axe, so laufen die Kugeln, sich von der Axe entfernend, alsbald bergan. Wird aber die Röhre mit Wasser gefüllt, so treibt jede Rotation die an den Enden *E E* schwimmenden Kugeln gegen die Axe. Die Erscheinung erklärt sich einfach durch ein Analogon des Princips von Archimedes. Die Kugeln erhalten einen centripetalen Auftrieb, welcher der an der verdrängten Flüssigkeit wirkenden Centrifugalkraft gleich und entgegengesetzt ist. Schon Descartes dachte daran, den centripetalen Auftrieb schwimmender Körper in einem wirbelnden Medium auf diese Weise zu erklären. Huyghens bemerkt aber mit Recht, dass man dann annehmen müsste, dass dann die leichtesten Körper den stärksten centripetalen Auftrieb erfahren müssten, und dass überhaupt alle schweren Körper leichter sein müssten als das wirbelnde Medium. Huyghens bemerkt ferner, dass analoge Erscheinungen an beliebigen Körpern auftreten müssen, welche die Wirbelbewegung nicht mitmachen, also ohne Centrifugalkraft in einem wirbelnden, also mit Centrifugalkraft behafteten Medium sich befinden. Eine Kugel z. B. aus beliebigem Stoff, nur auf einem fixen Radius (Draht) beweglich, wird in dem wirbelnden Medium gegen die Rotationsaxe getrieben.

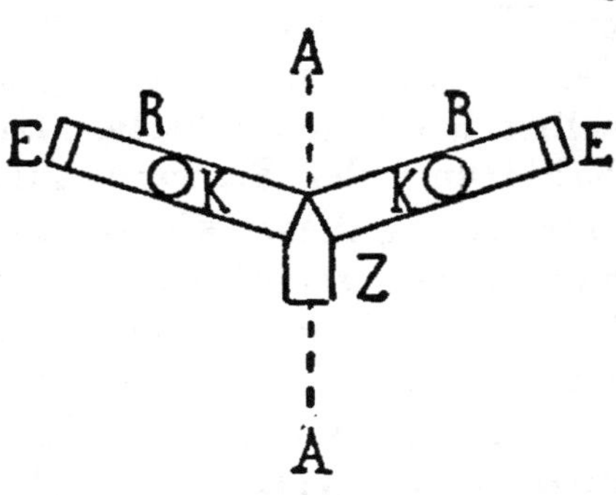

Fig. 106.

Huyghens legt in ein geschlossenes Gefäss mit Wasser Siegellackstückchen, die etwas schwerer sind als Wasser, und die deshalb den Boden berühren. Rotirt das Gefäss, so drängen sich die Siegellackstückchen an den äussern Rand des Gefässes. Bringt man hingegen das Gefäss plötzlich zu Ruhe, so rotirt das Wasser weiter, während die den Boden berührenden und rascher an der Bewegung verhinderten Siegellackstückchen nun nach der Axe des Gefässes getrieben werden. In diesem Vorgang sah Huyghens ein Bild der Schwere. Ein in einem Sinne herumwirbelnder Aether schien seinem Bedürfniss nicht zu entsprechen. Derselbe hätte nach seiner Meinung schliesslich alles mit sich reissen müssen. Er nahm deshalb rasch nach allen Richtungen bewegte Aethertheilchen an, bei welchen jedoch, wie er meinte, ein Uebergewicht kreisförmiger Bewegungen gegenüber den radialen in einem abgeschlossenen Raume sich von selbst herstellen müsste. Dieser Aether schien ihm zur Erklärung der Schwere ausreichend. Die ausführliche Darstellung dieser kinetischen Theorie der Schwere findet sich in Huyghens' Abhandlung „Ueber die Ursache der Schwere" (deutsch von Mewes, Berlin 1893). Vgl. auch Lasswitz, „Geschichte der Atomistik", 1890, II. Bd., S. 344.

7. Bevor wir zu den Huyghens'schen Untersuchungen über den Schwingungsmittelpunkt übergehen, wollen wir einige freiere ganz elementare, dafür aber sehr anschauliche Betrachtungen über die Pendelbewegung und die schwingende Bewegung überhaupt anstellen.

Schon Galilei kannte manche Eigenschaften der Pendelbewegung. Dass er sich die folgende Vorstellung gebildet hatte, oder dass ihm dieselbe wenigstens sehr nahe lag, ist aus manchen zerstreuten Andeutungen in seinen Dialogen zu ermitteln. Der Körper eines Fadenpendels von der Länge l bewegt sich auf einem Kreis Fig. 107 vom Radius l. Geben wir dem Pendel eine sehr kleine Excursion, so durchläuft es bei seinen Schwingungen einen sehr kleinen Bogen, welcher mit der zugehörigen Sehne nahe zusammenfällt. Die Sehne CB wird aber in derselben Zeit durchfallen als der verticale Durchmesser $BD = 2l$. Nennen wir die Fallzeit t, so ist $2l = \frac{gt^2}{2}$, also $t = 2\sqrt{\frac{l}{g}}$. Da nun die Bewegung über B hinaus nach BC' dieselbe Zeit in Anspruch nimmt, so haben wir für die Zeit T einer Schwingung von C nach C' zu setzen $T = 4\sqrt{\frac{l}{g}}$. Man sieht also, dass selbst aus dieser rohen Anschauung die Form der Pendelgesetze sich richtig ergibt. Der genaue Ausdruck für die Dauer sehr kleiner Schwingungen ist bekanntlich

$$T = \pi\sqrt{\frac{l}{g}}.$$

Die Bewegung des Pendelkörpers kann als Fall auf einer Folge von schiefen Ebenen angesehen werden. Schliesst der Pendelfaden den Winkel α mit der Verticalen ein, so erhält der Pendelkörper die Beschleunigung $g \cdot \sin\alpha$ nach der Gleichgewichtslage. Für kleine α ist $g \cdot \alpha$ der Ausdruck dieser Beschleunigung, und diese ist also der Excursion proportional und stets entgegen gerichtet. Bei kleinen Excursionen kann man auch von der Krümmung der Bahn absehen.

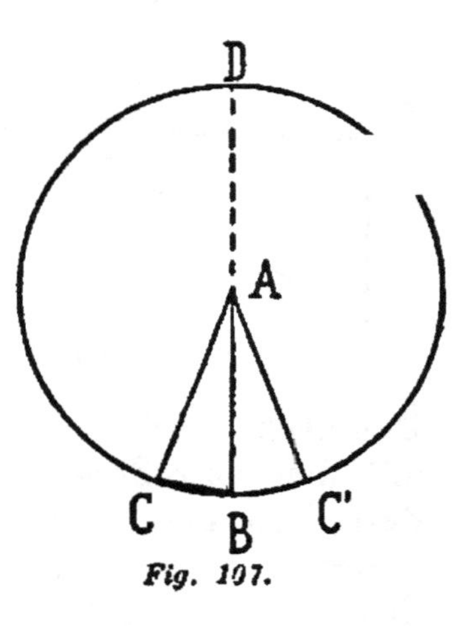

Fig. 107.

8. Nach dieser Erörterung wollen wir also folgendes einfachere Schema unserer Betrachtung der schwingenden Bewegung zu Grunde legen. Ein Körper ist auf einer Geraden OA (Fig. 108) beweglich, und erhält stets eine Beschleunigung gegen den Punkt O hin, welche seiner Distanz von O proportional ist. Wir wollen uns diese Beschleunigungen durch an den betreffenden Stellen errichtete Ordinaten veranschaulichen. Ordinaten nach

oben bedeuten Beschleunigungen nach links, Ordinaten nach unten Beschleunigungen nach rechts. Der Körper in A freigelassen, wird sich ungleichförmig beschleunigt nach O bewegen, über O bis A_1, wobei $OA_1 = OA$ ist, hinausgehen, nach O zurückkehren u. s. w. Es ergibt sich zunächst leicht die Unabhängigkeit der Schwingungsdauer (der Bewegungszeit durch AOA_1) von der Schwingungsweite (der Strecke OA). Zu diesem Zwecke denken wir uns in I und II dieselbe Schwingung mit einfacher und doppelter Schwingungsweite. Wir theilen, weil die Beschleunigung von Punkt zu Punkt variirt, OA und $O'A' = 2\,OA$ in eine gleiche sehr grosse Zahl von Elementen. Jedes Element $A'B'$ von $O'A'$ ist dann doppelt so gross als das entsprechende Element AB von OA.

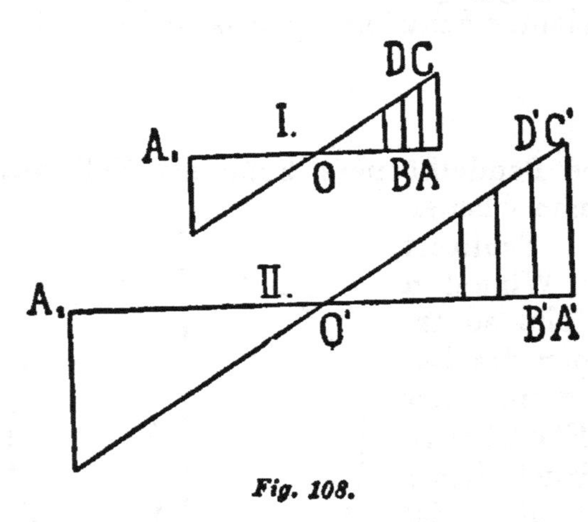

Fig. 108.

Die Anfangsbeschleunigungen φ und φ' stehen in der Beziehung $\varphi' = 2\varphi$. Demnach werden die Elemente AB und $A'B' = 2\,AB$ mit den betreffenden Beschleunigungen φ und $2\,\varphi$ in derselben Zeit τ zurückgelegt. Die Endgeschwindigkeiten v und v' in I und II für das erste Element werden sein $v = \varphi\tau$ und $v' = 2\,\varphi\tau$, also $v' = 2v$. Die Beschleunigungen und die Anfangsgeschwindigkeiten verhalten sich also in B und B' wieder wie 1:2. Demnach werden auch die nächstfolgenden sich entsprechenden Elemente in derselben Zeit zurückgelegt. Das Gleiche gilt von jedem folgenden Elementenpaar. Verallgemeinernd erkennt man die Unabhängigkeit der Dauer der Schwingung von der Weite oder Amplitude.

Nun stellen wir uns zwei schwingende Bewegungen I

und II (Fig. 109) von gleicher Excursion vor. In II soll aber derselben Entfernung von O die vierfache Beschleunigung entsprechen. Wir theilen die ganzen Schwingungsweiten $A O$ und $O' A' = O A$ in eine gleiche sehr grosse Anzahl Theile. Diese Theile in I und II fallen gleich aus. Die Anfangsbeschleunigungen in A und A' sind φ und 4φ, die Wegelemente $A B = A' B' = s$, und die Zeiten beziehungsweise τ und τ'. Wir finden $\tau = \sqrt{\frac{2s}{\varphi}}$ $\tau' = \sqrt{\frac{2s}{4\varphi}} = \frac{\tau}{2}$. Das Element $A' B'$ wird also in der Hälfte der Zeit durchlaufen wie das Element $A B$. Die Endgeschwindigkeiten v und v' in B und B' ergeben sich durch

$$v = \varphi\tau \text{ und } v' = 4\varphi\frac{\tau}{2} = 2v.$$

Da also die Anfangsgeschwindigkeiten in B und B' sich wie 1:2, die Beschleunigungen wieder wie 1:4 verhalten, so wird das folgende Element in II wieder in der halben Zeit zurückgelegt wie das entsprechende in I. Verallgemeinernd findet man: Die Schwingungsdauer ist der Wurzel aus der Beschleunigung bei gleicher gegebener Excursion umgekehrt proportional.

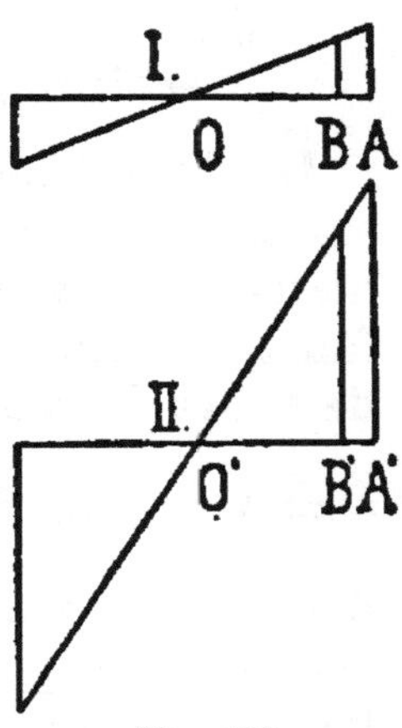

Fig. 109.

9. Die eben ausgeführten Betrachtungen können sehr gekürzt und übersichtlich gestaltet werden mit Hülfe einer zuerst von Newton angewendeten Anschauungsweise. Newton nennt ähnliche materielle Systeme solche, welche geometrisch ähnliche Conformationen haben, und deren homologe Massen in demselben Verhältniss stehen. Er sagt ferner, dass solche Systeme ähnliche Bewegungen ausführen, wenn die homologen Punkte ähnliche Bahnen in proportionalen Zeiten beschreiben. Entsprechend der heutigen geometrischen Terminologie dürfte man solche

mechanische Gebilde (von 5 Dimensionen) nur ähnlich nennen, wenn sowol die homologen Leneardimensionen als die Zeiten und die Massen in demselben Verhältniss stünden. Passender würden die Gebilde zueinander affin genannt.

Wir wollen aber den Namen phoronomisch ähnliche Gebilde beibehalten, und bei der zunächst folgenden Betrachtung von den Massen ganz absehen.

Es sollen also bei zwei ähnlichen Bewegungen die homologen Wege sein: s und αs,

die homologen Zeiten: t und βt, dann sind

die homologen Geschwindigkeiten: $v = \frac{s}{t}$ und $\gamma v = \frac{\alpha}{\beta} \frac{s}{t}$

die homologen Beschleunigungen: $\varphi = \frac{2s}{t^2}$ und $\varepsilon \varphi = \frac{\alpha}{\beta^2} \frac{2s}{t^2}$

Leicht erkennen wir nun die Schwingungen, welche ein Körper unter den oben angenommenen Verhältnissen mit zwei verschiedenen Amplitüden 1 und α ausführt, als ähnliche Bewegungen. Bemerken wir nun, dass das Verhältniss der homologen Beschleunigungen $\varepsilon = \alpha$ ist, so finden wir $\alpha = \frac{\alpha}{\beta^2}$, und das Verhältniss der homologen Zeiten, also auch der Schwingungszeiten, $\beta = \pm 1$. Es ergibt sich also die Unabhängigkeit der Schwingungsdauer von der Schwingungsweite.

Setzen wir bei zwei schwingenden Bewegungen das Amplitüdenverhältniss $1 : \alpha$
und das Beschleunigungsverhältniss $1 : \alpha\mu$,

so finden wir $\varepsilon = \alpha \mu = \frac{\alpha}{\beta^2}$, folglich $\beta = \frac{1}{\pm \sqrt{\mu}}$,

womit das zweite Schwingungsgesetz wiedergefunden ist.

Zwei gleichförmige Kreisbewegungen sind stets phoronomisch ähnlich. Es sei das Radienverhältniss $1 : \alpha$ und das Geschwindigkeitsverhältniss $1 : \gamma$.

Das Verhältniss der Beschleunigungen ist dann

$$\varepsilon = \frac{\alpha}{\beta^2}, \text{ und weil } \gamma = \frac{\alpha}{\beta}$$

auch $\varepsilon = \frac{\gamma^2}{\alpha}$, womit die Sätze über die Centripetalbeschleunigung wiedergefunden sind.

Es ist schade, dass derartige Untersuchungen über mechanische und phoronomische Verwandtschaft nicht mehr cultivirt werden, da sie die schönsten und aufklärendsten Erweiterungen der Anschauung versprechen.

10. Wir wollen nun eine Beziehung der gleichförmigen Kreisbewegung zur schwingenden Bewegung der eben betrachteten Art besprechen. Wir legen durch den Kreismittelpunkt O und in die Ebene des Kreises ein rechtwinkeliges Coordinatensystem, auf welches wir die gleichförmige Kreisbewegung beziehen. Die Centripetalbeschleunigung φ, welche diese Bewegung bedingt, zerlegen wir nach den Richtungen der X und Y, und bemerken, dass die X-Componente

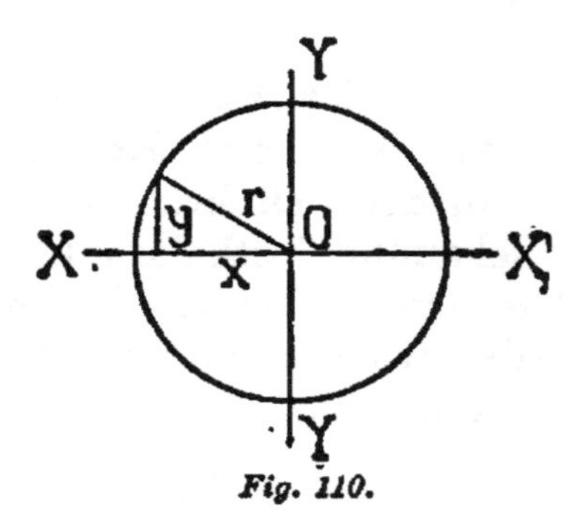

Fig. 110.

der Bewegung nur durch die X-Componente der Beschleunigung afficirt wird. Beide Bewegungen und Beschleunigungen können wir als voneinander unabhängig ansehen.

Beide Bewegungscomponenten sind nun hin- und hergehende (schwingende) Bewegungen um O. Der Excursion x entspricht die Beschleunigungscomponente $\varphi . \frac{x}{r}$ oder $\frac{\varphi}{r} \cdot x$ gegen O hin. Die Beschleunigung ist also der Excursion proportional. Die Bewegung wird demnach von der bereits untersuchten Art sein. Die Dauer T eines Hin- und Herganges ist zugleich die

Umlaufszeit der Kreisbewegung. Von letzterer wissen wir aber, dass $\varphi = \frac{4 r \pi^2}{T^2}$, dass also $T = 2\pi \sqrt{\frac{r}{\varphi}}$.

Nun ist $\frac{\varphi}{r}$ die Beschleunigung für $x = 1$, die der Excursionseinheit entsprechende Beschleunigung, die wir kurz mit f bezeichnen wollen. Wir können also für die schwingende Bewegung setzen $T = 2\pi \sqrt{\frac{1}{f}}$. Bei der gewöhnlichen Zählung der Schwingungsdauer, für einen Hingang oder einen Hergang, finden wir

$T = \pi \sqrt{\frac{1}{f}}$.

11. Dies lässt sich sofort auf Pendelschwingungen von sehr kleiner Excursion anwenden, bei welchen wir, von der Bahnkrümmung absehend, die entwickelte Anschauung festhalten können. Wir finden für den Elongationswinkel α die Entfernung des Pendelkörpers von der Gleichgewichtslage $l\alpha$, die entsprechende Beschleunigung $g\alpha$, demnach

$$f = \frac{g\alpha}{l\alpha} = \frac{g}{l} \text{ und } T = \pi \sqrt{\frac{l}{g}}.$$

Man liest hieraus ab, dass die Schwingungsdauer der Wurzel aus der Pendellänge direct, der Wurzel aus der Schwerebeschleunigung verkehrt proportional ist. Ein Pendel, welches die vierfache Länge des Secundenpendels hat, wird also eine Schwingung in zwei Secunden ausführen. Ein Secundenpendel, welches um einen Erdradius von der Erdoberfläche entfernt wird, also der Beschleunigung $\frac{g}{4}$ unterliegt, führt ebenfalls eine Schwingung in zwei Secunden aus.

12. Die Abhängigkeit der Schwingungsdauer von der Pendellänge lässt sich sehr leicht experimentell nach-

weisen. Haben die zur Sicherung der Schwingungsebene doppelt aufgehängten Pendel *a*, *b*, *c* (Fig. 111), die Längen 1, 4, 9, so führt *a* zwei Schwingungen auf eine Schwingung von *b* und drei Schwingungen auf eine Schwingung von *c* aus.

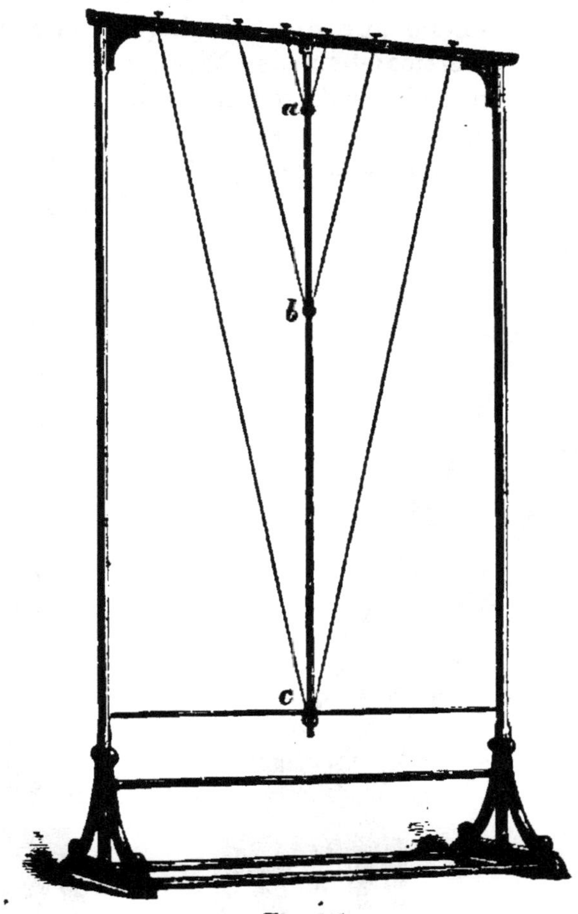

Fig. 111.

Etwas schwieriger ist der Nachweis der Abhängigkeit der Schwingungsdauer von der Schwerebeschleunigung *g*, weil dieselbe nicht willkürlich verändert werden kann. Man kann jedoch den Nachweis dadurch führen, dass man nur eine Componente von *g* das Pendel afficiren lässt. Denkt man sich die Schwingungsaxe des Pendels AA in der vertical gestellten Papierebene, so ist EE der Durchschnitt der Schwingungsebene mit der Papierebene und zugleich die Gleichgewichtslage des Pendels. Die Axe schliesst mit der Horizontalebene und die Schwingungsebene mit der Verticalebene den Winkel β ein, und demnach ist in dieser Ebene die Beschleunigung $g \cdot \cos\beta$ wirksam. Erhält das Pendel in seiner Schwingungsebene die kleine Elongation α, so ist die entsprechende Beschleunigung $(g \cos\beta)\,\alpha$, demnach die Schwingungsdauer $T = \pi \sqrt{\frac{l}{g \cos\beta}}$.

Fig. 112.

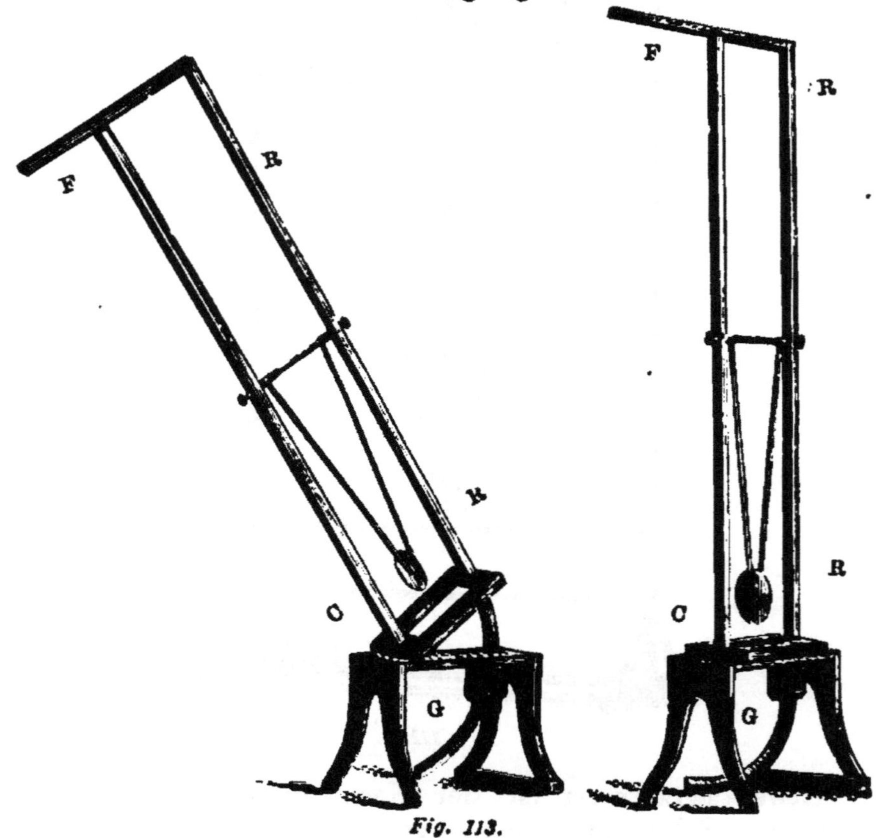

Fig. 113.

Man sieht hieraus, dass mit zunehmendem β die Beschleunigung $g \cos \beta$ abnimmt und dementsprechend die Schwingungsdauer zunimmt. Man kann den Versuch mit dem Apparat, der in Figur 113 dargestellt ist, leicht ausführen. Der Rahmen RR ist um ein Charnier bei C drehbar, kann geneigt und umgelegt werden. Man fixirt die Neigung durch den mit einer Schraube feststellbaren Gradbogen G. Jede Vergrösserung von β vergrössert die Schwingungsdauer. Stellt man die Schwingungsebene horizontal, wobei R auf dem Fuss F ruht, so wird die Schwingungsdauer unendlich gross. Das Pendel kehrt dann überhaupt in keine bestimmte Lage mehr zurück, sondern macht mehrere volle Umläufe in demselben Sinn, bis dessen ganze Geschwindigkeit durch die Reibung vernichtet ist.

13. Wenn die Bewegung des Pendels nicht in einer Ebene, sondern im Raume stattfindet, so beschreibt der Pendelfaden eine Kegelfläche. Die Bewegung des konischen Pendels hat Huyghens ebenfalls untersucht. Wir wollen einen einfachen hierher gehörigen Fall betrachten. Wir denken uns ein Pendel von der Länge l um den Winkel α elongirt, dem Pendelkörper eine Geschwindigkeit v senkrecht zur Elongationsebene ertheilt, und freigelassen. Der Pendelkörper wird sich in einem horizontalen Kreise bewegen, wenn die entwickelte Centrifugalbeschleunigung φ der Schwerebeschleunigung g eben das Gleichgewicht hält, wenn also die resultirende Beschleunigung in die Richtung des Pendelfadens fällt. Dann ist aber $\frac{\varphi}{g} = \operatorname{tang} \alpha$. Bedeutet T die Umlaufszeit, so ist $\varphi = \frac{4 r \pi^2}{T^2}$ oder $T = 2\pi \sqrt{\frac{r}{\varphi}}$. Den Werth $\frac{r}{\varphi} = \frac{l \sin \alpha}{g \operatorname{tang} \alpha} = \frac{l \cos \alpha}{g}$ einführend, finden wir

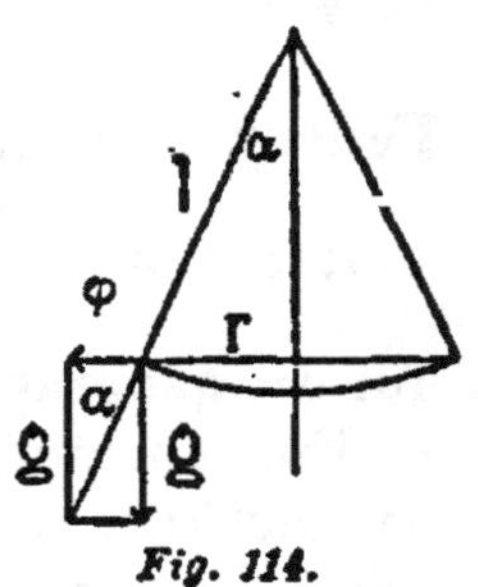

Fig. 114.

$T = 2\pi \sqrt{\frac{l \cos \alpha}{g}}$ für die Umlaufszeit des Pendels. Für die zugehörige Geschwindigkeit v finden wir $v = \sqrt{r \varphi}$ und weil $\varphi = g \operatorname{tang} \alpha$, so folgt $v = \sqrt{g\, l \sin \alpha \operatorname{tang} \alpha}$. Für sehr kleine Elongationen des Kegelpendels können wir setzen $T = 2\pi \sqrt{\frac{l}{g}}$, was mit der gewöhnlichen Pendelformel coincidirt, wenn wir überlegen, dass ein Umlauf des Kegelpendels zwei Schwingungen des gewöhnlichen Pendels entspricht.

14. Huyghens hat zuerst durch Pendelbeobachtungen eine genaue Bestimmung der Schwerebeschleunigung g vorgenommen. Aus der Formel $T = \pi \sqrt{\frac{l}{g}}$ für ein Fadenpendel mit einer kleinen Kugel findet sich ohne weiteres $g = \frac{\pi^2 l}{T^2}$. Man findet in Metern und Secunden für die geographische Breite 45° den Werth für $g = 9 \cdot 806$.

Für vorläufige Berechnungen im Kopf genügt es sich zu merken, dass die Beschleunigung der Schwere rund 10 m in der Secunde beträgt.

15. Jeder besonnene Anfänger stellt sich die Frage, wie so eine Schwingungsdauer, also eine Zeit gefunden werden kann, indem man die Maasszahl einer Länge durch die Maasszahl einer Beschleunigung dividirt, und aus dem Quotienten die Wurzel zieht. Wir haben hierbei zu bedenken, dass $g = \frac{2s}{t^2}$ ist, also eine Länge dividirt durch das Quadrat einer Zeit. Es ist also eigentlich $T = \pi \sqrt{\frac{l}{2s} \cdot t^2}$. Da $\frac{l}{2s}$ das Verhältniss zweier Längen, demnach eine Zahl ist, so steht also unter dem Wurzelzeichen das Quadrat einer Zeit. Selbstverständlich werden wir nur dann T in Secunden finden, wenn

wir auch bei der Bestimmung von g die Secunde als Zeiteinheit zu Grunde legen.

An der Formel $g = \frac{\pi^2 l}{T^2}$ sieht man unmittelbar, dass g eine Länge dividirt durch das Quadrat einer Zeit ist, wie es der Natur einer Beschleunigung entspricht.

16. Die wichtigste Leistung von Huyghens ist die Lösung der Aufgabe, den Schwingungsmittelpunkt zu bestimmen. So lange es sich um die Dynamik eines *einzelnen* Körpers handelt, reichen die Galilei'schen Principien vollständig aus. Bei der erwähnten Aufgabe ist aber die Bewegung *mehrerer* Körper zu bestimmen, welche sich gegenseitig beeinflussen. Das kann nicht ohne Zuhülfenahme eines *neuen* Princips geschehen. Ein solches hat Huyghens in der That gefunden.

Wir wissen, dass längere Fadenpendel langsamer, kürzere schneller ihre Schwingung vollführen. Denken wir uns irgendeinen um eine Axe drehbaren schweren Körper, dessen Schwerpunkt ausser der Axe liegt, so stellt dieser ein zusammengesetztes Pendel vor. Jeder Massentheil würde, wenn er allein in demselben Abstand von der Axe vorhanden wäre, seine eigene Schwingungsdauer haben. Wegen des Zusammenhanges der Theile kann aber der ganze Körper nur mit einer einzigen bestimmten Schwingungsdauer schwingen.

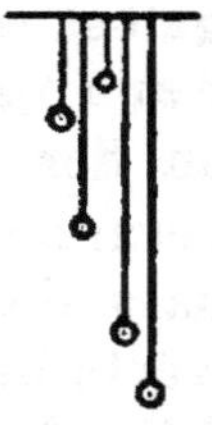

Fig. 115.

Denken wir uns viele ungleich lange Fadenpendel, so schwingen die kürzern rascher, die längern langsamer. Werden alle miteinander zu einem einzigen Pendel verbunden, so lässt sich vermuthen, dass die längern beschleunigt, die kürzern verzögert werden, und dass eine mittlere Schwingungsdauer zum Vorschein kommt. Es wird demnach ein einfaches Pendel geben, dessen Länge zwischen jener der kürzesten und längsten Pendel liegt, welches dieselbe Schwingungsdauer darbietet, wie das zusammengesetzte Pendel. Tragen wir diese Pendellänge auf dem zusammengesetzten Pendel ab, so finden wir einen Punkt, der in der Verbindung mit den übrigen dieselbe Schwingungsdauer beibehält, die er für sich allein hätte. Dieser Punkt ist der Schwingungsmittelpunkt. Mersenne hat zuerst die Aufgabe gestellt, den Schwingungsmittelpunkt zu bestimmen. Descartes' Auflösung derselben war aber überstürzt und unzureichend.

17. Huyghens hat zuerst eine allgemeine Lösung gegeben. Ausser Huyghens haben sich fast alle bedeutenden Naturforscher der damaligen Zeit mit dieser Aufgabe beschäftigt, und man kann sagen, dass sich die wichtigsten Principien der modernen Mechanik an derselben entwickelt haben.

Der neue Gedanke, von welchem Huyghens ausgeht, und der weitaus wichtiger ist als die ganze Aufgabe, ist folgender. In welcher Weise auch die Massen eines Pendels ihre Bewegung gegenseitig abändern mögen, auf jeden Fall werden die bei der Abwärtsbewegung des Pendels erlangten Geschwindigkeiten nur solche sein können, durch welche der Schwerpunkt der Massen, ob sie verbunden bleiben, oder ihre Verbindungen aufgelöst werden, gerade nur so hoch steigen kann, als er herabgefallen ist. Durch die Zweifel der Zeitgenossen an der Richtigkeit dieses Princips sah sich Huyghens veranlasst zu bemerken, dass damit nur angenommen sei, dass die schweren Körper sich nicht von selbst aufwärts bewegen. Könnte der Schwerpunkt in Verbindung fallender Massen nach der Auflösung der Verbindungen höher steigen, als er gesunken ist, so liessen sich schwere Körper durch Wiederholung des Processes durch ihr eigenes Gewicht beliebig hoch erheben. Würde der Schwerpunkt nach Auflösung der Verbindungen sich nur zu einer geringern Höhe erheben, als er herabgefallen ist, so brauchte man den Sinn des Processes nur umzukehren, um abermals die schweren Körper durch ihr eigenes Gewicht beliebig zu erheben. Was also Huyghens behauptet, hat eigentlich nie jemand bezweifelt, im Gegentheil jeder instinctiv erkannt. Huyghens hat aber diese instinctive Erkenntniss begrifflich verwerthet. Er ermangelt auch nicht, von diesem Gesichtspunkte aus auf die Fruchtlosigkeit der Bemühungen um ein Perpetuum mobile hinzuweisen. Wir erkennen in dem eben entwickelten Satze die Verallgemeinerung eines Galilei'schen Gedankens.

18. Wir wollen nun sehen, was der Satz bei Bestimmung des Schwingungsmittelpunkts leistet. Es sei OA, der Einfachheit wegen, ein lineares Pendel, bestehend aus vielen durch Punkte angedeuteten Massen. Es wird in OA losgelassen durch B hindurch bis OA' schwingen, wobei $AB = BA'$. Sein Schwerpunkt S wird auf der andern Seite ebenso hoch steigen, als er auf der einen gesunken ist. Hieraus würde noch gar nichts folgen. Aber auch wenn wir in der Lage OB die einzelnen Massen von ihren Verbindungen plötzlich befreien, können sie mit den durch die Verbindungen aufgezwungenen Geschwindigkeiten nur dieselbe Schwerpunktshöhe erreichen. Fixiren wir die ausschwingenden freien Massen in ihrer grössten Höhe, so bleiben die kürzern Pendel unter der Linie OA', die längern überschreiten sie, der Schwerpunkt des Systems bleibt aber auf OA' in seiner frühern Lage.

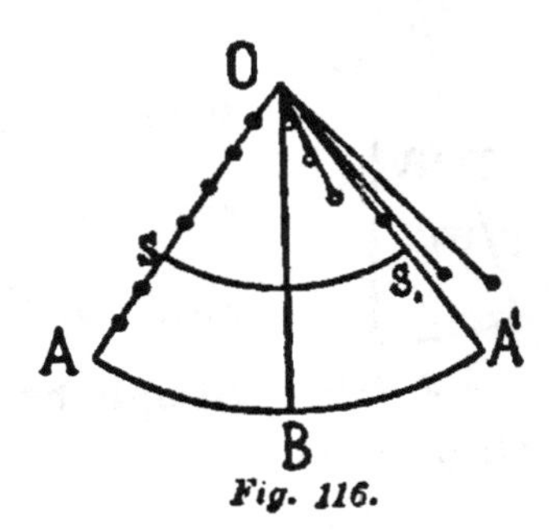

Fig. 116.

Nun bemerken wir, dass die erzwungenen Geschwindigkeiten den Abständen von der Axe proportional sind, mit der Angabe einer sind also alle bestimmt, und die Steighöhe des Schwerpunktes ist gegeben. Umgekehrt ist also auch die Geschwindigkeit irgendeiner Masse durch die bekannte Schwerpunktshöhe bestimmt. Kennt man aber bei einem Pendel die zu einer Falltiefe gehörige Geschwindigkeit, so kennt man dessen ganze Bewegung.

19. Nach diesen Bemerkungen gehen wir an die Aufgabe selbst. Wir schneiden an einem linearen zusammengesetzten Pendel das Stück $= 1$ von der Axe aus ab. Bewegt sich das Pendel aus der grössten Excursion

bis in die Gleichgewichtslage, so fällt der Punkt in der Distanz = 1 von der Axe um die Höhe k. Die Massen m, m', m'' ... in den Distanzen r, r' r'' .... werden hierbei die Falltiefen rk, $r'k$, $r''k$ ... erhalten, und die Falltiefe des Schwerpunkts wird sein:

$$\frac{m\,r\,k + m'\,r'\,k + m''\,r''\,k + \ldots}{m + m' + m'' + \ldots.} = k\frac{\Sigma\, m\, r}{\Sigma\, m}$$

Der Punkt mit dem Abstande 1 von der Axe erhalte beim Durchgange durch die Gleichgewichtslage die noch unbestimmte Geschwindigkeit v. Seine Steighöhe nach Auflösung der Verbindungen wird sein $\frac{v^2}{2g}$. Die entsprechenden Steighöhen der andern Massen sind dann $\frac{(rv)^2}{2g}$, $\frac{(r'v)^2}{2g}$, $\frac{(r''v)^2}{2g}$.... Die Steighöhe des Schwerpunktes der freien Massen ist

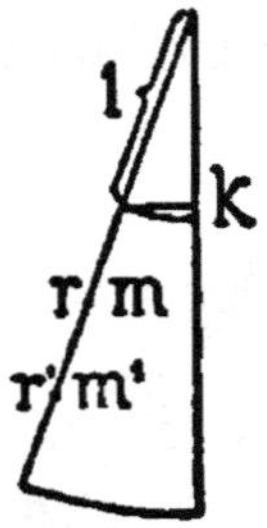

Fig. 117.

$$\frac{m\,\frac{(rv)^2}{2g} + m'\,\frac{(r'v)^2}{2g} + m''\,\frac{(r''v)^2}{2g} + \ldots.}{m + m' + m'' + \ldots} = \frac{v^2}{2g}\,\frac{\Sigma\, m\, r^2}{\Sigma\, m}.$$

Nach dem Huyghens'schen Grundsatz ist nun

$$k\frac{\Sigma\, m\, r}{\Sigma\, m} = \frac{v^2}{2g}\,\frac{\Sigma\, m\, r^2}{\Sigma\, m} \,\ldots\ldots\ldots\, a)$$

Hiermit ist eine Beziehung zwischen der Falltiefe k und der Geschwindigkeit v gegeben. Da nun aber alle Pendelbewegungen von gleichen Excursionen phoronomisch ähnlich sind, so ist auch die untersuchte Bewegung hiermit vollständig bestimmt.

Um die Länge des einfachen Pendels zu finden, welches mit dem vorgelegten zusammengesetzten dieselbe Schwingungsdauer hat, bemerken wir, dass zwischen dessen Falltiefe und Geschwindigkeit dieselbe Beziehung bestehen muss wie beim freien Fall. Ist y die Länge dieses Pendels, so ist ky dessen Falltiefe und vy dessen Geschwindigkeit, also

$$\frac{(vy)^2}{2g} = ky \text{ oder}$$

$$y \cdot \frac{v^2}{2g} = k \; . \; . \; . \; . \; . \; . \; . \; b)$$

Multiplicirt man die Gleichung a) mit b), so findet sich

$$y = \frac{\Sigma mr^2}{\Sigma mr}$$

Die phoronomische Aehnlichkeit benutzend, können wir auch so verfahren. Wir finden aus a)

$$v = \sqrt{2gk} \sqrt{\frac{\Sigma mr}{\Sigma mr^2}}$$

Das einfache Pendel von der Länge 1 hat unter den entsprechenden Verhältnissen die Geschwindigkeit

$$v_1 = \sqrt{2gk}.$$

Nennen wir die Schwingungsdauer des zusammengesetzten Pendels T, des einfachen Pendels von der Länge 1 aber $T_1 = \pi \sqrt{\frac{1}{g}}$, so finden wir die Voraussetzung gleicher Excursionen festhaltend

$$\frac{T}{T_1} = \frac{v_1}{v}, \text{ demnach } T = \pi \sqrt{\frac{\Sigma mr^2}{g \Sigma mr}}$$

20. Unschwer erblickt man in dem Huyghens'schen Grundsatz die Erkenntniss, dass die Arbeit das Geschwindigkeitsbestimmende oder genauer das Bestimmende der sogenannten lebendigen Kraft sei. Unter der lebendigen Kraft eines Systems von Massen $m, m_{\prime}, m_{\prime\prime} \ldots$, welche mit den Geschwindigkeiten $v, v_{\prime}, v_{\prime\prime} \ldots$ behaftet sind, verstehen wir die Summe

$$\frac{mv^2}{2} + \frac{m_{\prime} v_{\prime}^2}{2} + \frac{m_{\prime\prime} v_{\prime\prime}^2}{2} + \ldots\ldots$$

Der Grundsatz ist mit dem Satz der lebendigen Kräfte identisch. Was spätere Forscher hinzugethan haben, ist nicht so sehr auf den Gedanken als vielmehr auf die Form des Ausdruckes gerichtet.

Stellen wir uns ganz allgemein ein System von Gewichten $p, p', p'' \ldots\ldots$ vor, welche verbunden oder unverbunden durch die Höhen $h, h', h'' \ldots\ldots$ fallen, und hierbei die Geschwindigkeiten $v, v', v'' \ldots$ erlangen, so besteht nach der Huyghens'schen Anschauung die Gleichheit der Falltiefe und Steighöhe des Schwerpunktes, demnach die Gleichung

$$\frac{p h + p' h' + p'' h'' + \ldots}{p + p' + p'' + \ldots} = \frac{p \frac{v^2}{2g} + p' \frac{v'^2}{2g} + p'' \frac{v''^2}{2g} + \ldots\ldots}{p + p' + p'' + \ldots\ldots}$$

$$\text{oder } \Sigma p h = \frac{1}{g} \Sigma \frac{p v^2}{2}$$

Hat man den Begriff „Masse“ gewonnen, welcher Huyghens bei seinen Untersuchungen noch fehlte, so kann man $\frac{p}{g}$ durch die Masse m ersetzen und erhält dann die Form $\Sigma p h = \frac{1}{2} \Sigma m v^2$, welche sehr leicht für nicht constante Kräfte zu verallgemeinern ist.

Fig. 118.

21. Mit Hülfe des Satzes der lebendigen Kräfte können wir die Dauer der unendlich kleinen Schwingungen eines beliebigen Pendels bestimmen. Wir ziehen vom Schwerpunkt S eine Senkrechte auf die Axe, die Länge derselben sei a. Auf derselben schneiden wir von der Axe aus die Länge $= 1$ ab. Die Falltiefe des betreffenden Punktes bis zur Gleichgewichtslage sei k und v die erlangte Geschwindigkeit. Da die Fallarbeit durch die Bewegung des Schwerpunktes bestimmt ist, so haben wir

die Fallarbeit = der lebendigen Kraft:

$$a k g M = \frac{v^2}{2} \Sigma m r^2.$$

Hierbei nennen wir M die Gesammtmasse des Pendels und anticipiren den Ausdruck lebendige Kraft. Aehnlich schliessend wie zuvor finden wir $T = \pi \sqrt{\frac{\Sigma m r^2}{a g M}}$.

22. Wir sehen, dass die Dauer der unendlich kleinen Schwingungen eines Pendels durch zwei Stücke bestimmt ist, durch den Werth des Ausdruckes $\Sigma m r^2$, der von Euler **Trägheitsmoment** genannt worden ist, welchen Huyghens ohne besondere Bezeichnung verwendet, und durch den Werth von $a g M$. Letzterer Ausdruck, den wir kurz das **statische Moment** nennen wollen, ist das Product $a P$ des Pendelgewichtes in den Abstand des Schwerpunktes von der Axe. Durch Angabe dieser beiden Werthe ist die Länge des einfachen Pendels von gleicher Schwingungsdauer (des isochronen Pendels) und die Lage des Schwingungsmittelpunktes bestimmt.

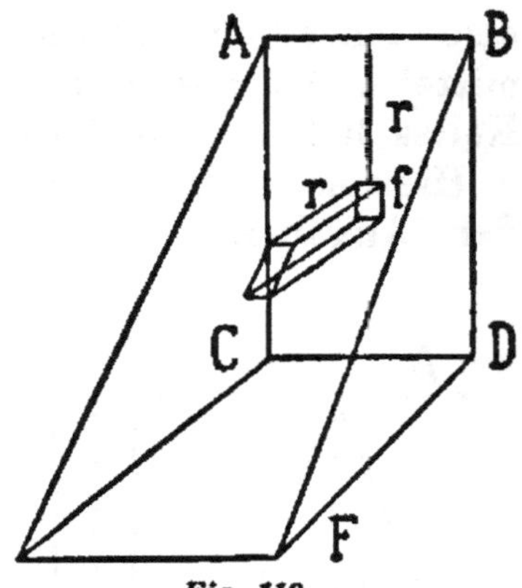

Fig. 119.

Zur Bestimmung der betreffenden Pendellängen wählt Huyghens in Ermangelung der erst später gefundenen analytischen Methoden ein sehr sinnreiches geometrisches Verfahren, welches wir durch Beispiele veranschaulichen wollen. Es sei die Schwingungsdauer eines homogenen (materiellen und schweren) Rechtecks $ABCD$ zu bestimmen, welches um AB als Axe schwingt. Theilen wir das Rechteck in kleine Flächenelemente $f, f_{,}, f_{,,} \ldots$ mit den Abständen $r, r_{,}, r_{,,} \ldots.$ von der Axe, so ist der Ausdruck für die Länge des isochronen einfachen Pendels, oder den Abstand des Schwingungsmittelpunktes von der Axe, gegeben durch

$$\frac{f r^2 + f_{,} r_{,}^2 + f_{,,} r_{,,}^2 + \ldots.}{f r + f_{,} r_{,} + f_{,,} r_{,,} + \ldots.}$$

Errichten wir auf $ABCD$ in C und D senkrechte $CE = DF = AC = BD$ und denken wir uns einen homogenen Keil $ABCDEF$. Suchen wir den Abstand des Schwerpunktes dieses Keils von einer durch AB zu $CDEF$ parallel gelegten Ebene. Wir haben dann die Säulchen fr, $f_{,}r_{,}$, $f_{,,}r_{,,}$ .... und deren Abstände r, $r_{,}$, $r_{,,}$ .... von der genannten Ebene zu berücksichtigen. Hierbei finden wir für den Abstand des Schwerpunktes den Ausdruck:

$$\frac{fr \cdot r + f_{,}r_{,} \cdot r_{,} + f_{,,}r_{,,} \cdot r_{,,} + \ldots}{fr + f_{,}r_{,} + f_{,,}r_{,,} + \ldots.}$$

also denselben Ausdruck wie zuvor. Der Schwingungsmittelpunkt des Rechtecks und der Schwerpunkt des Keiles haben also denselben Abstand $\frac{2}{3}AC$.

Hiernach erkennt man leicht die Richtigkeit folgender Angaben. Für ein homogenes um eine Seite

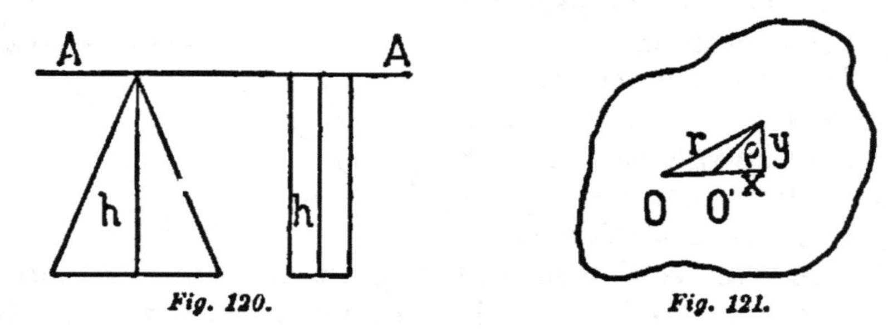

Fig. 120. Fig. 121.

schwingendes Rechteck von der Höhe h ist der Abstand des Schwerpunktes von der Axe $\frac{h}{2}$, der Abstand des Schwingungsmittelpunktes aber $\frac{2}{3}h$. Für ein homogenes Dreieck von der Höhe h, dessen Axe parallel der Grundlinie durch den Scheitel geht, finden wir den Schwerpunktsabstand $\frac{2}{3}h$, den Abstand des Schwingungsmittelpunkts $\frac{3}{4}h$. Nennen wir die Trägheitsmomente des Rechtecks und des Dreiecks Δ_1, Δ_2, die zugehörigen Massen M_1, M_2, so finden wir

$$\tfrac{2}{3} h = \frac{\Delta_1}{\frac{h}{2} M_1}, \quad \tfrac{3}{4} h = \frac{\Delta_2}{\frac{2h}{3} M_2}.$$

$$\text{folglich } \Delta_1 = \frac{h^2 M^1}{3}, \quad \Delta_2 = \frac{h^2 M_2}{2}$$

Man kann durch diese hübsche geometrische Anschauung noch manche Aufgabe lösen, die man heute allerdings viel bequemer nach der Schablone behandelt.

23. Wir wollen nun einen auf die Trägheitsmomente bezüglichen Satz besprechen, den Huyghens schon in etwas anderer Form benutzt hat. Es sei O der Schwerpunkt eines Körpers (Fig 121). Durch denselben legen wir ein rechtwinkeliges Coordinatensystem, und denken uns das Trägheitsmoment in Bezug auf die Z-Axe bestimmt. Heisst dann m ein Massenelement und r dessen Entfernung von der Z-Axe, so ist das Trägheitsmoment $\Delta = \Sigma\, m r^2$. Nun verschieben wir die Rotationsaxe parallel zu sich selbst bis O' nach der X-Richtung um die Strecke a. Dadurch geht die Entfernung r in die neue ρ über, und es ist das neue Trägheitsmoment

$$\Theta = \Sigma\, m \rho^2 = \Sigma\, m\, [(x-a)^2 + y^2] = \Sigma\, m\, (x^2 + y^2) -$$
$$2\, a\, \Sigma\, m\, x + a^2\, \Sigma\, m \text{ oder weil } \Sigma\, m (x^2 + y^2) = \Sigma\, m r^2 = \Delta,$$

wegen der Eigenschaft des Schwerpunktes $\Sigma\, m\, x = 0$, ist bei Bezeichnung der Gesammtmasse durch $M = \Sigma\, m$

$$\Theta = \Delta + a^2 M.$$

Es lässt sich also aus dem Trägheitsmoment für eine durch den Schwerpunkt geführte Axe leicht jenes für eine andere zur erstern parallele Axe ableiten.

24. Hieran knüpft sich eine weitere Bemerkung. Der Abstand des Schwingungsmittelpunktes ist gegeben durch $l = \frac{\Delta + a^2 M}{a M}$, wobei Δ, M, a die frühere Bedeutung haben. Die Grössen Δ und M sind für einen gegebenen

Körper unveränderlich. So lange also a denselben Werth behält, wird auch l unverändert bleiben. Für alle parallelen Axen, welche in demselben Abstand vom Schwerpunkt liegen, hat derselbe Körper als Pendel dieselbe Schwingungsdauer. Setzen wir $\frac{\Delta}{M} = \varkappa$, so ist

$$l = \frac{\varkappa}{a} + a.$$

Da nun l den Abstand des Schwingungsmittelpunkts, a den Abstand des Schwerpunkts von der Axe bedeutet, so ist der Schwingungsmittelpunkt stets weiter von der Axe, und zwar um die Strecke $\frac{\varkappa}{a}$. Es ist also $\frac{\varkappa}{a}$ der Abstand des Schwingungsmittelpunkts vom Schwerpunkt. Legen wir eine der ursprünglichen Axe parallele durch den Schwingungsmittelpunkt, so geht a in $\frac{\varkappa}{a}$ über, und wir erhalten die neue Pendellänge

$$l' = \frac{\varkappa}{\frac{\varkappa}{a}} + \frac{\varkappa}{a} = a + \frac{\varkappa}{a} = l.$$

Die Schwingungsdauer bleibt also dieselbe für die parallele Axe durch den Schwingungsmittelpunkt und folglich auch für jede parallele Axe, welche denselben Abstand $\frac{\varkappa}{a}$ vom Schwerpunkt hat wie der Schwingungsmittelpunkt.

Der Inbegriff aller parallelen einer gleichen Schwingungsdauer entsprechenden Axen mit den Schwerpunktsabständen a und $\frac{\varkappa}{a}$ erfüllt also zwei conaxiale Cylinder. Jede Erzeugende ist mit jeder andern als Axe ohne Aenderung der Schwingungsdauer vertauschbar.

25. Um den Zusammenhang der beiden Axencylinder,

wie wir sie kurz nennen wollen, zu überschauen, stellen wir folgende Ueberlegung an. Wir setzen $\Delta = k^2 M$, und es ist dann

$$l = \frac{k^2}{a} + a.$$

Suchen wir das a, welches einem gegebenen l, also einer gegebenen Schwingungsdauer entspricht, so finden wir

$$a = \frac{l}{2} \pm \sqrt{\frac{l^2}{4} - k^2}$$

Es entsprechen also im allgemeinen zwei Werthe von a einem Werthe von l. Nur wenn

$\sqrt{\frac{l^2}{4} - k^2} = o$, also $l = 2\,k$, fallen beide Werthe zusammen in $a = k$.

Bezeichnen wir zwei zu einem l gehörige Werthe von a mit α, β, so ist

$$l = \frac{k^2 + \alpha^2}{\alpha} = \frac{k^2 + \beta^2}{\beta}, \text{ oder}$$

$$\beta\,(k^2 + \alpha^2) = \alpha\,(k^2 + \beta^2),$$

$$k^2\,(\beta - \alpha) = \alpha\,\beta\,(\beta - \alpha),$$

$$k^2 = \alpha \cdot \beta.$$

Kennt man also an einem Pendelkörper zwei parallele Axen von gleicher Schwingungsdauer und verschiedener Schwerpunktsdistanz α, β, wie dies z. B. der Fall ist, wenn man für eine Aufhängung den Schwingungsmittelpunkt anzugeben vermag, so kann man k construiren. Man trägt α und β nebeneinander auf einer Geraden auf, beschreibt über $\alpha + \beta$ als Durchmesser einen Halbkreis, und errichtet an dem Theilungspunkte der Stücke α und β eine Senkrechte. Von dieser Senkrechten schneidet der Halbkreis das Stück k ab. (Fig. 122.)

Kennt man aber k, so lässt sich zu jedem Werth von α, z. B. λ ein Werth μ finden, welcher dieselbe Schwingungsdauer bedingt. Man bildet aus λ und k als Schenkel einen rechten Winkel, verbindet die Endpunkte durch eine Gerade, zu welcher man durch den Endpunkt von k eine Senkrechte zieht, die an der Verlängerung von λ das Stück μ abschneidet.

Denken wir uns nun einen beliebigen Körper mit dem Schwerpunkt O, legen durch denselben die Ebene der Zeichnung, und lassen wir ihn um alle möglichen parallelen zur Papierebene senkrechten Axen schwingen. Alle Axen, welche durch den Kreis α (Fig. 124) hindurchgehen, sind untereinander und mit denjenigen, welche noch durch den andern Kreis β hindurchgehen, in Bezug auf

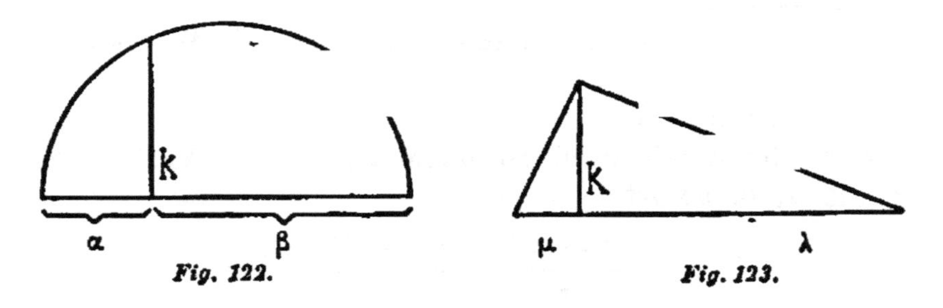

Fig. 122. Fig. 123.

die Schwingungsdauer vertauschbar. Setzen wir an die Stelle von α einen kleineren Kreis λ, so tritt an die Stelle von β ein grösserer Kreis μ. Fahren wir so fort, so fallen schliesslich beide Kreise in einem mit dem Radius k zusammen.

26. Wir haben aus guten Gründen diese Einzelheiten so eingehend besprochen. Zunächst sollte an denselben der Reichthum der Huyghens'schen Untersuchungsergebnisse deutlich gemacht werden. Denn alles, was hier mitgetheilt wurde, ist, wenn auch in etwas anderer Form, in Huyghens' Schriften enthalten, oder ist durch dieselben doch so nahe gelegt, dass es ohne die geringste Schwierigkeit ergänzt werden kann. In die modernen elementaren Lehrbücher ist nur der kleinste

Theil hiervon übergegangen. Ein solcher in die Elementarbücher aufgenommener Satz bezieht sich auf die Vertauschbarkeit des Aufhängepunkts mit dem Schwingungsmittelpunkt. Die gewöhnliche Darstellung ist aber nicht erschöpfend. Kater hat diesen Satz bekanntlich zur genauen Ermittelung der Länge des Secundenpendels verwendet.

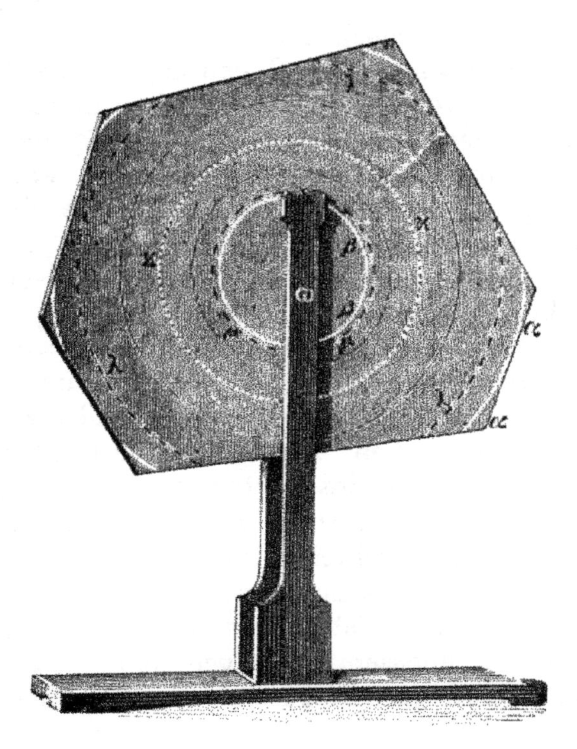

Fig. 124.

Die eben angestellten Ueberlegungen haben uns auch den Dienst geleistet, uns über die Natur des Begriffes „Trägheitsmoment" aufzuklären. Dieser Begriff liefert uns keine principielle Einsicht, die wir nicht auch ohne denselben gewinnen könnten. Allein indem wir mit Hülfe dieses Begriffes die Einzelbetrachtung der Massentheile ersparen, oder ein für allemal abmachen, gelangen wir auf kürzerm und bequemerm Wege zum Ziel. Dieser Begriff hat also eine Bedeutung in der Oekonomie der Mechanik. Poinsot hat, nachdem Euler und Segner mit geringerm Erfolg schon Aehnliches versucht hatten, die hierher gehörigen Gedanken weiter ausgebildet, und hat durch sein Trägheitsellipsoid und Centralellipsoid weitere Erleichterungen herbeigeführt.

27. Die Huyghens'schen Untersuchungen über die geometrischen und mechanischen Eigenschaften der Cycloïde sind von geringerer Bedeutung. Das Cycloïdalpendel, durch welches Huyghens eine nicht blos annähernde, sondern exacte Unabhängigkeit der Schwingungsdauer von der Schwingungsweite erzielte, ist gegenwärtig als unnöthig aus der Praxis der Uhrenfabrikation verschwunden. Wir wollen uns deshalb mit diesen Untersuchungen, so viel des geometrisch Schönen sie auch bieten, hier nicht weiter beschäftigen.

So viele Verdienste Huyghens sich auch um die verschiedensten physikalischen Theorien, um die Uhrmacherkunst, die praktische Dioptrik und die Mechanik insbesondere erworben hat, seine Hauptleistung, welche den grössten intellectuellen Muth erforderte, und die auch von den wichtigsten Folgen war, bleibt die Aufstellung des Princips, durch welches er die Aufgabe über den Schwingungsmittelpunkt gelöst hat. Gerade dieses Princip ist aber von seinen weniger weitblickenden Zeitgenossen, und auch noch lange nachher, nicht hinreichend gewürdigt worden. Wir hoffen dieses Princip, als identisch mit dem Satze der lebendigen Kräfte, hier in das richtige Licht gestellt zu haben.

3. Newton's Leistungen.

1. Newton hat sich in Bezug auf unsern Gegenstand zweierlei Verdienste erworben. Erstens hat er den Gesichtskreis der mechanischen Physik sehr erweitert

durch seine Entdeckung der allgemeinen Gravitation. Dann hat er auch die Aufstellung der heute angenommenen Principien der Mechanik zu einem Abschluss gebracht. Nach ihm ist ein wesentlich neues Princip nicht mehr ausgesprochen worden. Was nach ihm in der Mechanik geleistet worden ist, bezog sich durchaus auf die deductive, formelle und mathematische Entwickelung der Mechanik auf Grund der Newton'schen Principien.

2. Werfen wir zunächst einen Blick auf Newton's physikalische Leistung. Kepler hatte aus Tycho's Beobachtungen, und aus seinen eigenen, drei empirische Gesetze für die Bewegung der Planeten um die Sonne abgeleitet, welche Newton durch seine neue Ansicht verständlich machte. Die Kepler'schen Gesetze sind folgende:

1) Die Planeten bewegen sich in Ellipsen um die Sonne als Brennpunkt.

2) Der von der Sonne nach einem Planeten gezogene Radius vector beschreibt in gleichen Zeiten gleiche Flächenräume.

3) Die Würfel der grossen Bahnaxen verhalten sich wie die Quadrate der Umlaufszeiten.

Hat man den Galilei-Huyghens'schen Standpunkt gewonnen und sucht denselben consequent festzuhalten, so erscheint eine krummlinige Bewegung eines Körpers nur durch das Vorhandensein einer fortwährenden ablenkenden Beschleunigung verständlich. Man sieht sich also veranlasst, für die Planetenbewegung eine solche Beschleunigung, welche stets nach der concaven Seite der Bahn gerichtet ist, zu suchen.

In der That erklärt sich das erwähnte Gesetz der Flächenräume durch die Annahme einer stets gegen die Sonne gerichteten Beschleunigung des Planeten in der einfachsten Weise. Durchstreicht in einem Zeitelement der Radius vector den Flächenraum ABS, so würde ohne Beschleunigung im nächsten gleichgrossen Zeitelement BCS durchstrichen, wobei $BC = AB$ wäre, und in der Verlängerung von AB liegen würde.

Hat aber in dem ersten Zeitelement die Centralbeschleunigung eine Geschwindigkeit hervorgebracht, vermöge welcher in derselben Zeit BD zurückgelegt würde, so ist der nächste durchstrichene Flächenraum nicht BCS, sondern BES, wobei CE parallel und gleich BD ist. Man sieht aber, dass $BES = BCS = ABS$. Das Flächengesetz oder Sectorengesetz spricht also deutlich für eine Centralbeschleunigung.

Ist man so zur Annahme einer Centralbeschleunigung gelangt, so führt das d r i t t e Gesetz auf die A r t derselben. Da sich die Planeten in von Kreisen wenig verschiedenen Ellipsen bewegen, so wollen wir der Einfachheit wegen annehmen, dass die Bahnen wirkliche Kreise seien. Sind R_1, R_2, R_3 die Radien und T_1, T_2, T_3 die zugehörigen Umlaufszeiten, so lässt sich das dritte Kepler'sche Gesetz schreiben

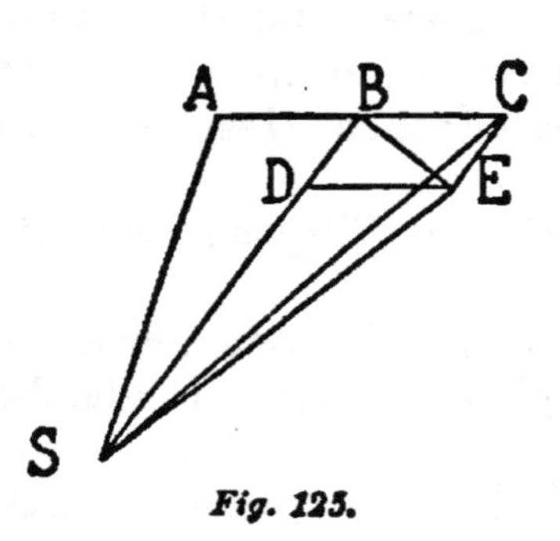

Fig. 125.

$$\frac{R_1^3}{T_1^2} = \frac{R_2^3}{T_2^2} = \frac{R_3^3}{T_3^2} = \ldots = \text{const.}$$

Nun kennen wir aber für die Centripetalbeschleunigung einer Kreisbewegung den Ausdruck $\varphi = \frac{4R\pi^2}{T^2}$. Nehmen wir an, dass φ für alle Planeten das Gesetz befolgt $\varphi = \frac{k}{R^2}$, wobei k eine Constante ist, so finden wir

$$\frac{k}{R^2} = \frac{4R\pi^2}{T^2} \text{ oder } \frac{R^3}{T^2} = \frac{k}{4\pi^2} \text{ oder}$$

$$\frac{R_1^3}{T_1^2} = \frac{R_2^3}{T_2^2} = \frac{R_3^3}{T_3^2} = \ldots = \frac{k}{4\pi^2} = \text{const.}$$

Sobald die Annahme einer dem Quadrate der Entfernung umgekehrt proportionirten Centralbeschleunigung einmal gewonnen ist, ist der Nachweis, dass dieselbe auch die Bewegung in Kegelschnitten, speciell in Ellipsen erklärt, nur mehr eine rein mathematische Leistung.

3. Ausser der eben besprochenen durch Kepler, Galilei und Huyghens vollkommen vorbereiteten Verstandesleistung bleibt aber noch eine durchaus nicht zu unterschätzende Phantasieleistung Newton's zu würdigen übrig. Ja wir nehmen keinen Anstand, gerade diese für die bedeutendste zu halten. Welcher Natur ist die Beschleunigung, welche die krummlinige Bewegung der Planeten um die Sonne, der Satelliten um die Planeten bedingt?

Newton hat mit grosser Kühnheit des Gedankens erkannt, und zwar zunächst am Beispiel des Mondes, dass diese Beschleunigung von der uns bekannten Schwerebeschleunigung nicht wesentlich verschieden sei. Wahrscheinlich war es das bereits erwähnte Princip der Continuität, welches auch bei Galilei so Grosses geleistet hat, das ihn zu dieser Entdeckung geführt hat. Er war gewohnt, und diese Gewohnheit scheint jedem wahrhaft grossen Forscher eigen zu sein, eine einmal gefasste Vorstellung auch für Fälle mit modificirten Umständen, soweit als möglich festzuhalten, in den Vorstellungen dieselbe Gleichförmigkeit zu bewahren, welche uns die Natur in ihren Vorgängen kennen lehrt. Was einmal und irgendwo eine Eigenschaft der Natur ist, das findet sich, wenn auch nicht gleich auffallend, immer und überall wieder. Wenn die Erdschwere nicht nur auf der Oberfläche der Erde, sondern auch auf hohen Bergen und in tiefen Schachten beobachtet wird, so stellt sich der an Continuität der Gedanken gewöhnte Naturforscher auch in grössern Höhen und Tiefen, als sie uns zugänglich sind, die Erdschwere wirksam vor. Er frägt sich: Wo liegt die Grenze für die Wirkung der Erdschwere? Sollte sie nicht bis zum Monde reichen? Mit dieser Frage ist der gewaltige Aufschwung der Phantasie gewonnen, von dem die grosse wissenschaftliche Leistung bei Newton's Verstandeskraft nur eine nothwendige Folge war.

Es ist richtig, was Rosenberger in seinem Buch („Newton und seine physikalischen Principien", 1895) ausführt, dass der Gedanke der allgemeinen Gravitation bei Newton nicht zuerst auftritt, dass Newton vielmehr zahlreiche und hochverdiente Vorgänger hat. Man kann aber wohl sagen, dass es sich bei allen diesen Vorgängern um Ahnungen, Anläufe und unvollständige Erörterungen der Frage handelt, und dass niemand vor Newton den Gedanken in einer so umfassenden und energischen Weise aufgenommen hat, sodass neben der Lösung des grossen mathematischen Problems, welche Rosenberger anerkennt, noch eine ungewöhnliche Leistung der wissenschaftlichen Phantasie zu beachten bleibt.

Unter den Vorgängern Newton's wollen wir zunächst Coppernicus nennen, welcher 1543 sagt: „Ich bin wenigstens der Ansicht, dass die Schwere nichts anderes ist, als ein von der göttlichen Vorsehung des Weltenmeisters den Theilen eingepflanztes, natürliches Streben, vermöge dessen sie dadurch, dass sie sich zur Form einer Kugel zusammenschliessen, ihre Einheit und Ganzheit bilden. Und es ist anzunehmen, dass diese Neigung auch der Sonne, dem Monde und den übrigen Planeten innewohnt ..." In ähnlicher Weise fasst Kepler 1609 die Schwere, wie schon Gilbert 1600, als ähnlich der magnetischen Anziehung auf. Hooke kommt, wie es scheint, durch diese Analogie auf den Gedanken einer Abnahme der Schwere mit der Entfernung, und denkt, indem er sich die Schwerewirkung durch eine Strahlung vermittelt vorstellt, sogar an die verkehrt quadratische Wirkung. Die Abnahme der Wirkung versucht er sogar (1866) durch Wägungen auf der Höhe der Westminsterabtei an hoch und tief hängenden Körpern (ganz wie in moderner Zeit Jolly), mit Hülfe von Pendeluhren und Federwagen, natürlich resultatlos, zu prüfen. Das conische Pendel dient ihm als vorzügliches Mittel der Versinnlichung der Planetenbewegung. So kam Hooke Newton's Auffassung wirklich am nächsten, ohne doch dessen volle Höhe zu erreichen.

Am Monde hat Newton zuerst erkannt, dass dieselbe Beschleunigung, welche die Fallbewegung des Steines beherrscht, auch diesen Weltkörper verhindert, sich in geradliniger Bahn von der Erde zu entfernen, während umgekehrt seine Tangentialgeschwindigkeit ihn verhindert gegen die Erde zu fallen. Die Mondbewegung erschien also mit einem mal in einem ganz neuen Licht, und doch unter ganz bekannten Gesichtspunkten. Die neue Anschauung war *reizend*, indem sie bisher ganz fernliegende Objecte erfasste, und *überzeugend* zugleich, indem sie die bekanntesten Elemente enthielt. Das erklärt ihre rasche Anwendung auf andere Gebiete und ihre *durchschlagende* Wirkung.

Nicht allein das tausendjährige Räthsel des Planetensystems hat Newton durch seine neue Anschauung gelöst, sondern auch andere Vorgänge wurden verständlich. So wie die Schwerebeschleunigung der Erde bis zum Monde und überallhin reicht, so reichen auch die von andern Weltkörpern herrührenden Beschleunigungen, welchen wir nach dem Princip der Continuität dieselben Eigenschaften zuerkennen müssen, überall hin, auch zur Erde. Ist die Schwere aber nichts Locales, nichts der Erde individuell Angehöriges, so hat sie auch nicht im *Erdmittelpunkt allein* ihren Sitz. Jedes noch so kleine Stück der Erde hat theil an derselben. Jeder Theil beschleunigt jeden andern. Hiermit ist ein Reichthum und eine Freiheit der physikalischen Anschauung gewonnen, von der man vor Newton keine Ahnung hatte.

Eine ganze Reihe von Sätzen über die Wirkung von Kugeln auf andere Körper ausserhalb, auf oder innerhalb der Kugeln, Untersuchungen über die Gestalt der Erde, insbesondere deren Abplattung durch die Rotation, flossen wie von selbst aus dieser Anschauung. Das Räthsel des Flutphänomens, dessen Zusammenhang mit dem Monde schon lange vermuthet wurde, erklärte sich mit einem mal aus der Beschleunigung der beweglichern Wassermassen durch den Mond.

4. Die Rückwirkung der neu gewonnenen physikalischen Reichthümer auf die Mechanik konnte nicht ausbleiben. Die sehr verschiedene Beschleunigung, welche derselbe Körper je nach seiner Lage im Weltraum nach der neuen Anschauung darbot, legte sofort den Gedanken eines variablen Gewichtes nahe, wobei man doch ein Merkmal des Körpers als unveränderlich erkannte. Es trennten sich hierdurch zuerst klar die Begriffe Masse und Gewicht. Die erkannte Veränderlichkeit der Beschleunigung veranlasste Newton durch besondere Versuche die Unabhängigkeit der Schwerebeschleunigung von der chemischen Beschaffenheit zu constatiren, wodurch neue Anhaltspunkte zur Klarlegung des Verhältnisses von Masse und Gewicht gewonnen wurden, wie wir eingehender zeigen werden. Endlich wurde durch Newton's Leistungen die allgemeine Anwendbarkeit des Galilei'schen Kraftbegriffes stärker fühlbar gemacht, als dies je zuvor geschehen war. Man konnte nicht mehr glauben, dass dieser Begriff auf das Fallphänomen und die nächstliegenden Vorgänge allein anwendbar sei. Die Verallgemeinerung vollzog sich nun wie von selbst, und ohne ein besonderes Aufsehen zu erregen.

5. Besprechen wir nun eingehender die Leistungen Newton's in Bezug auf die Principien der Mechanik. Wir wollen uns hierbei zunächst den Anschauungen Newton's hingeben, dieselben dem Gefühl des Lesers nahe zu bringen suchen, und nur ganz vorbereitende kritische Bemerkungen machen, die eingehende Kritik für eine spätere Stelle versparend. Als Hauptfortschritte gegen Galilei und Huyghens fallen uns beim Durchblättern seines Werkes (Philos. natural. princip. mathemat. Londini 1687) sofort folgende Punkte auf.

1) Die Verallgemeinerung des Kraftbegriffes.

2) Die Aufstellung des Begriffes Masse.

3) Die deutliche und allgemeine Formulirung des Satzes vom Kräftenparallelogramm.

4) Die Aufstellung des Princips der Gleichheit von Wirkung und Gegenwirkung.

6. In Bezug auf den ersten Punkt ist dem Gesagten wenig hinzuzufügen. Newton fasst alle bewegungsbestimmenden Umstände, nicht allein die Erdschwere, sondern auch die Anziehung der Planeten, die Wirkung des Magneten u. s. w. als beschleunigungsbestimmend auf. Hierbei bemerkt er ausdrücklich, dass er mit den Worten Attraction u. s. w. keine Vorstellung über die Ursache oder Art der Wechselwirkung ausdrücken, sondern nur das in den Bewegungsvorgängen sich thatsächlich Aussprechende bezeichnen wolle. Die wiederholte ausdrückliche Versicherung Newton's, dass es ihm nicht um Speculationen über die verborgenen Ursachen der Erscheinungen, sondern um Untersuchung und Constatirung des Thatsächlichen zu thun sei, die Gedankenrichtung, welche sich deutlich und kurz in seinen Worten „hypotheses non fingo" ausspricht, charakterisirt ihn als einen Philosophen von eminenter Bedeutung. Er ist nicht begierig, sich durch seine eigenen Einfälle in Erstaunen zu versetzen, überraschen und imponiren zu lassen, er will die Natur erkennen.[1]

---

[1] Dies zeigt sich in vorzüglicher Weise durch die Regeln zur Erforschung der Natur, welche sich Newton gebildet hat:

„1. Regel. An Ursachen zur Erklärung natürlicher Dinge nicht mehr zuzulassen, als wahr sind und zur Erklärung jener Erscheinungen ausreichen.

„2. Regel. Man muss daher, soweit es angeht, gleichartigen Wirkungen dieselben Ursachen zuschreiben. So dem Athem der Menschen und der Thiere, dem Fall der Steine in Europa und Amerika, dem Licht des Küchenfeuers und der Sonne, der Zurückwerfung des Lichtes auf der Erde und den Planeten.

„3. Regel. Diejenigen Eigenschaften der Körper, welche weder verstärkt noch vermindert werden können und welche allen Körpern zukommen, an denen man Versuche anstellen kann, muss man für Eigenschaften aller Körper halten. (Nun folgt die Aufzählung der allgemeinen Eigenschaften, welche in alle Lehrbücher übergegangen ist.)

„Sind endlich alle Körper in der Umgebung der Erde gegen diese schwer, und zwar im Verhältniss der Menge von Materie in jedem; ist der Mond gegen die Erde nach Verhältniss

7. Betreffend den Begriff „Masse“ bemerken wir zunächst, dass die von Newton gegebene Formulirung, welche die Masse als die durch das Product des Volumens und der Dichte bestimmte Quantität der Materie eines Körpers bezeichnet, unglücklich ist. Da wir die Dichte doch nur definiren können, als die Masse der Volumseinheit, so ist der Cirkel offenbar. Newton hat deutlich gefühlt, dass jedem Körper ein quantitatives von seinem Gewicht verschiedenes bewegungsbestimmendes Merkmal anhaftet, welches wir mit ihm Masse nennen, es ist ihm aber nicht gelungen diese Erkenntniss in correcter Weise auszusprechen. Wir kommen nochmals auf diesen Punkt zurück, und wollen hier vorläufig nur Folgendes bemerken.

8. Zahlreiche Erfahrungen, von welchen eine hinreichende Menge Newton zur Verfügung stand, lehren deutlich die Existenz eines vom Gewichte verschiedenen bewegungsbestimmenden Merkmals. Bindet man ein Schwungrad an ein Seil, und versucht es über eine Rolle in die Höhe zu ziehen, so empfindet man das Gewicht des Schwungrades. Wird aber das Schwungrad auf eine möglichst cylindrische und glatte Axe gegesetzt, und möglichst gut äquilibrirt, so nimmt es ver-

---

seiner Masse und umgekehrt unser Meer gegen den Mond schwer; hat man ferner durch Versuche und astronomische Beobachtungen erkannt, dass alle Planeten wechselseitig gegeneinander und die Cometen gegen die Sonne schwer sind; so muss man nach dieser Regel behaupten, dass alle Körper gegeneinander schwer sind.

„4. Regel. In der Experimentalphysik muss man die, aus den Erscheinungen durch Induction geschlossenen Sätze, obgleich entgegengesetzte Voraussetzungen vorhanden sind, entweder genau oder sehr nahe für wahr halten, bis andere Erscheinungen eintreten, durch welche sie entweder grössere Genauigkeit erlangen, oder Ausnahmen unterworfen werden.

„Dies muss geschehen, damit nicht das Argument der Induction durch Hypothesen aufgehoben werde.“

möge seines Gewichtes keine bestimmte Stellung mehr ein. Gleichwol empfinden wir einen gewaltigen Widerstand, sobald wir das Schwungrad in Bewegung zu setzen, oder das bewegte aufzuhalten versuchen. Es ist dies die Erscheinung, welche zur Aufstellung einer besondern Eigenschaft der Trägheit oder gar Kraft der Trägheit veranlasst hat, was, wie wir gesehen haben und noch weiter beleuchten werden, unnöthig ist. Zwei gleiche Lasten gleichzeitig gehoben, widerstehen durch ihr Gewicht. Beide an die Enden einer Schnur geknüpft und über eine Rolle geführt, widerstehen der Bewegung oder vielmehr der Geschwindigkeitsänderung der Rolle durch ihre Masse. Ein grosses Gewicht an einen sehr langen Faden als Pendel gehängt, kann mit geringer Mühe mit einer kleinen Fadenablenkung neben der Gleichgewichtslage erhalten werden. Die Gewichtscomponente, welche das Pendel in die Gleichgewichtslage treibt, ist sehr gering. Nichtsdestoweniger empfinden wir einen bedeutenden Widerstand, wenn wir das Gewicht rasch bewegen oder anhalten wollen. — Ein Gewicht, das durch einen Luftballon eben getragen wird, setzt, obgleich wir dessen Schwere nicht mehr zu überwinden haben, jeder Bewegung einen fühlbaren Widerstand entgegen. Nehmen wir hinzu, dass derselbe Körper in verschiedenen geographischen Breiten und an verschiedenen Orten im Weltraum eine sehr ungleiche Schwerebeschleunigung erfährt, so erkennen wir die Masse als ein vom Gewicht verschiedenes bewegungsbestimmendes Merkmal.

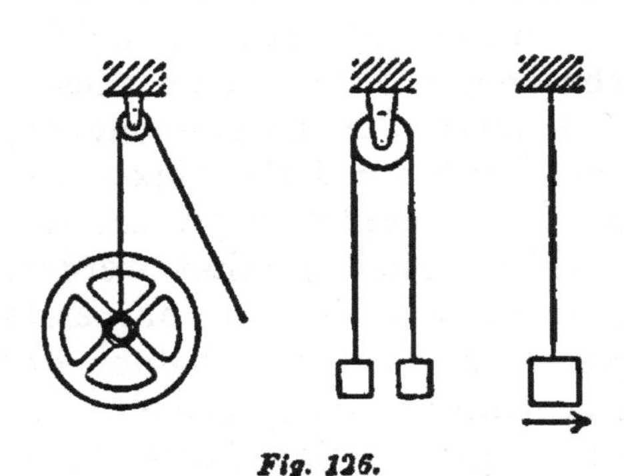
Fig. 126.

Es soll nun hier noch darauf hingewiesen werden, dass für Newton bei seinem eigenthümlichen Entwickelungsgang die Auffassung der Masse als Quantität der Materie psychologisch sehr nahe lag. Vor allem können wir kritische Untersuchungen über die Entstehung des Begriffes der Materie in der Newton'schen Zeit von einem Naturforscher nicht erwarten. Der Begriff hat sich ganz instinktiv entwickelt, wird als gegeben vorgefunden, und wird mit voller Naivetät aufgenommen. Das Gleiche geschieht mit dem Begriffe Kraft. Die Kraft erscheint aber an die Materie gebunden. Indem nun gerade Newton allen materiellen Theilen gleichartige Gravitationskräfte zuschreibt, indem er die Kräfte der Weltkörper gegeneinander als die Summe der Kräfte der einzelnen Theile desselben ansieht, aus welchen sie sich zusammensetzen, erscheinen diese Kräfte geradezu an die Quantität der Materie gebunden. Auf letztern Umstand hat Rosenberger („Newton und seine physikalischen Principien", Leipzig 1895, insbesondere S. 192) hingewiesen.

Ich habe anderwärts („Analyse der Empfindungen") zu zeigen versucht, wie wir durch die Beständigkeit der Verbindung verschiedener Sinnesempfindungen zur Annahme einer absoluten Beständigkeit geleitet werden, welche wir Substanz nennen, wie sich als das erste und nächstliegende Beispiel einer solchen Substanz der von seiner Umgebung unterscheidbare bewegliche Körper darbietet. Ist der Körper in gleichartige Theile theilbar, deren jeder einen beständigen Eigenschaftscomplex darbietet, so gelangen wir zur Vorstellung eines Substanziellen, welches quantitativ veränderlich ist, das wir Materie nennen. Was wir aber von einem Körper wegnehmen, erscheint dafür anderswo. Die gesammte Quantität der Materie zeigt sich constant. Genau genommen haben wir es aber mit so vielen substanziellen Quantitäten zu thun, als die Körper Eigenschaften haben, und für die Materie bleibt keine andere Function übrig, als die, die beständige Verbindung der einzelnen Eigenschaften darzustellen, von welchen die Masse nur eine ist. (Vgl. „Principien der Wärmelehre", 1896, S. 425.)

9. Wichtig ist der Nachweis Newton's, dass unter

gewissen besondern Umständen die Masse eines Körpers nach dem Gewicht geschätzt werden kann. Denken wir uns einen Körper auf einer Unterlage ruhend, auf welche er durch sein Gewicht einen Druck ausübt. Es liegt die Bemerkung nahe, dass 2, 3 solche Körper oder die Hälfte, ein Drittheil derselben auch den 2-, 3-, $\frac{1}{2}$-, $\frac{1}{3}$fachen Druck hervorbringen. Denken wir uns die Fallbeschleunigung vergrössert, verkleinert oder verschwunden, so werden wir erwarten, dass auch der Druck sich vergrössert, verkleinert oder verschwindet. Wir sehen also, dass der Gewichtsdruck mit der „Menge der Materie" und mit der Grösse der Fallbeschleunigung wächst, abnimmt und verschwindet. Wir fassen den Druck p in der einfachsten Weise als quantitativ darstellbar durch das Product aus der Menge der Materie m und der Fallbeschleunigung g auf, $p = mg$. Nehmen wir nun zwei Körper an, welche beziehungsweise den Gewichtsdruck p, p' ausüben, denen wir die „Mengen der Materie" m, m' zuschreiben, und welche den Fallbeschleunigungen g, g' unterliegen, so ist $p = mg$ und $p' = m'g'$. Könnten wir nun nachweisen, dass unabhängig von der materiellen (chemischen) Beschaffenheit an demselben Ort der Erde $g = g'$, so wäre $\frac{m}{m'} = \frac{p}{p'}$, es könnte also die Masse an demselben Orte der Erde durch das Gewicht gemessen werden.

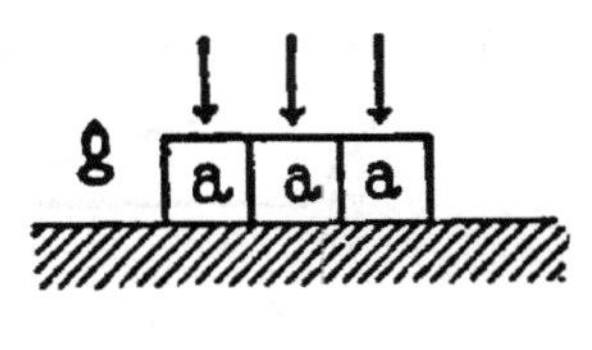

Fig. 127.

Die Unabhängigkeit des g von der chemischen Beschaffenheit hat Newton durch gleich lange Pendel von verschiedenem Material constatirt, welche trotzdem gleiche Schwingungsdauer zeigten. Hierbei hat er die Störungen durch den Luftwiderstand eingehend berücksichtigt. Man beseitigt den Einfluss desselben, indem man aus verschiedenem Material gleich grosse Pendelkugeln anfertigt, deren Gewicht durch Aushöhlen ausgeglichen ist. Alle Körper können demnach als mit demselben g behaftet angesehen, und ihre Materiemenge oder Masse kann nach Newton durch ihr Gewicht gemessen werden.

Denken wir uns zwischen eine Reihe von Körpern und einen Magnet eine Scheidewand gebracht, so werden bei hinreichender Stärke des Magneten diese Körper, wenigstens die Mehrzahl derselben, einen Druck auf die Scheidewand ausüben. Niemand wird aber auf den Einfall kommen, diesen magnetischen Druck in derselben Weise wie den Gewichtsdruck als Massenmaass zu verwenden. Die zu offenbare Ungleichheit der durch den Magnet verschiedenen Körpern beigebrachten Beschleunigung lässt einen solchen Gedanken gar nicht aufkommen. Der Leser merkt übrigens, dass diese ganze Ueberlegung noch eine bedenkliche Seite hat, insofern sie den Massebegriff, der bisher immer nur genannt und als Bedürfniss empfunden, aber nicht definirt wird, voraussetzt.

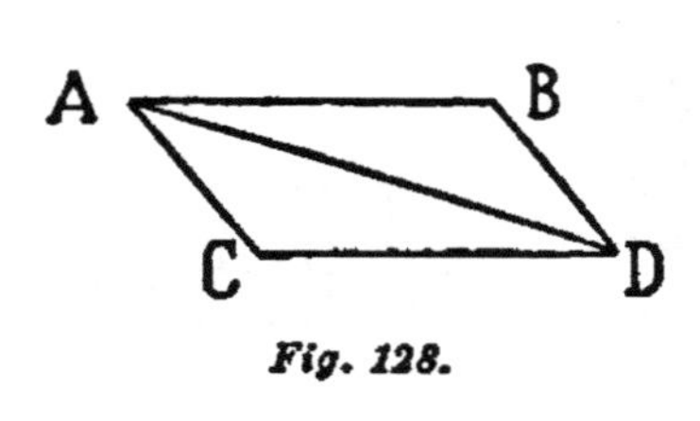

Fig. 128.

10. Von Newton rührt die klare Formulirung des Princips der Zusammensetzung der Kräfte her.[1] Wird ein Körper von zwei Kräften gleichzeitig ergriffen, von welchen die eine die Bewegung AB, die andere die Bewegung AC in derselben Zeit hervorrufen würde, so bewegt sich der Körper, weil beide Kräfte und die von denselben erzeugten Bewegungen voneinander unabhängig sind, in derselben Zeit nach AD. Diese Auffassung ist vollkommen natürlich und bezeichnet doch deutlich den wesentlichen Punkt. Sie enthält nichts von dem Künstlichen und Geschraubten, das man nachher in die Lehre von der Zusammensetzung der Kräfte gebracht hat.

---

[1] Hier sind auch Roberval's (1668) und Lami's (1687) Leistungen betreffend die Lehre von der Zusammensetzung der Kräfte zu erwähnen. Varignon's wurde bereits gedacht.

Wir können den Satz noch etwas anders ausdrücken, um ihn der heutigen Form näher zu bringen. Die Beschleunigungen, welche verschiedene Kräfte demselben Körper beibringen, sind zugleich das Maass dieser Kräfte. Den Beschleunigungen proportional sind aber auch die in gleichen Zeiten zurückgelegten Wege; letztere können also selbst als Maass der Kräfte dienen. Wir können also sagen: Wirken auf den Körper A nach den Richtungen AB und AC zwei Kräfte, welche den Linien AB und AC proportional sind, so tritt eine Bewegung ein, die auch durch eine dritte Kraft allein, welche nach der Diagonale des über AB, AC construirten Parallelogramms gerichtet und dieser proportional ist, hervorgebracht werden könnte. Letztere Kraft vermag also die beiden andern zu ersetzen. Sind nämlich φ und ψ die beiden nach AB und AC auftretenden Beschleunigungen, so ist für eine gewisse Zeit t, $AB = \frac{\varphi t^2}{2}$, $AC = \frac{\psi t^2}{2}$. Denken wir uns AD durch eine Kraft (welche die Beschleunigung χ bedingt) in derselben Zeit hervorgebracht, so haben wir

$$AD = \frac{\chi t^2}{2} \text{ und } AB : AC : AD = \varphi : \psi : \chi.$$

Erkennt man die Unabhängigkeit der Kräfte voneinander, so ergibt sich das Princip des Kräftenparallelogramms ohne Schwierigkeit aus dem Galilei'schen Kraftbegriff. Ohne die Annahme der Unabhängigkeit das Princip herauszuphilosophiren, würde man sich vergeblich bemühen.

11. Vielleicht die wichtigste Leistung Newton's in Bezug auf die Principien ist die deutliche und allgemeine Formulirung des Princips der Gleichheit von Wirkung und Gegenwirkung, von Druck und Gegendruck. Fragen über die Bewegung von Körpern, welche sich gegenseitig beeinflussen, können nicht durch die Galilei'schen Principien allein gelöst werden. Es ist ein neues Princip nöthig, welches eben die Wechselwirkung

bestimmt. Ein solches Princip ist das von Huyghens zur Untersuchung des Schwingungsmittelpunktes herangezogene, ein solches ist auch das Newton'sche Princip der Gleichheit von Wirkung und Gegenwirkung.

Ein Körper, der einen andern drückt oder zieht, wird nach Newton von dem andern ebenso viel gedrückt oder gezogen. Druck und Gegendruck, Kraft und Gegenkraft sind einander stets gleich Da Newton die in der Zeiteinheit erzeugte Bewegungsgrösse (Masse × Geschwindigkeit) als Kraftmaass definirt, so folgt, dass aufeinander wirkende Körper sich in gleichen Zeiten gleiche entgegengesetzte Bewegungsgrössen ertheilen, oder entgegengesetzte ihren Massen umgekehrt proportionirte Geschwindigkeiten annehmen.

Obgleich nun das Newton'sche Princip in seinem Ausdruck viel einfacher, naheliegender und auf den ersten Blick annehmbarer erscheint, als das Huyghens'sche, so findet man doch, dass es keineswegs weniger unanalysirte Erfahrung, weniger Instinctives enthält. Ohne Frage ist die erste Anregung zur Aufstellung des Princips rein instinctiver Natur. Man weiss, dass man erst dann, wenn man sich bemüht einen Körper in Bewegung zu setzen, von diesem Körper einen Widerstand erfährt. Je rascher wir einen grossen Stein fortzuschleudern suchen, desto mehr wird unser eigener Körper zurückgedrängt. Druck und Gegendruck gehen parallel. Die Annahme der Gleichheit von Druck und Gegendruck liegt nahe, wenn wir uns (nach Newton's eigener Erläuterung) zwischen zwei Körpern ein gespanntes Seil, eine gespannte oder gedrückte Spiralfeder denken.

Instinctive der Statik angehörige Erkenntnisse, welche die Gleichheit von Druck und Gegendruck enthalten, gibt es sehr viele. Die triviale Erfahrung, dass niemand sich selbst durch Ziehen an seinem Stuhl in die Luft erheben kann, ist eine solche. In einem Scholium, in welchem Newton die Physiker Wren, Huyghens und Wallis als Vorgänger in Bezug auf die Benutzung des Princips anführt, stellt er auch analoge Ueberlegungen an. Er denkt sich die Erde, deren einzelne Theile gegeneinander gravitiren, durch irgendeine Ebene getheilt. Wäre der Druck des einen Theils auf den andern nicht gleich dem Gegendruck, so müsste sich die Erde nach der Richtung des grössern Druckes bewegen. Die Bewegung eines Körpers kann aber nach unserer Erfahrung nur durch andere Körper ausserhalb desselben bestimmt sein. Zudem könnte man sich die genannte Theilungsebene beliebig legen und die Bewegungsrichtung wäre daher ganz unbestimmt.

12. Die Unklarheit des Massenbegriffes macht sich aufs neue fühlbar, sobald wir das Princip der Gleichheit von Wirkung und Gegenwirkurg dynamisch verwenden wollen. Druck und Gegendruck mögen gleich sein. Woher wissen wir aber, dass gleiche Drucke den Massen verkehrt proportionale Geschwindigkeiten erzeugen? Newton fühlt auch wirklich das Bedürfniss, diesen Grundsatz durch die Erfahrung zu erhärten. Er führt in seinem Scholion die Stossexperimente von Wren für seinen Satz an, und stellt selbst Experimente an. Er schliesst in ein verkorktes Gläschen einen Magnet, in ein anderes ein Stück Eisen ein, setzt beide auf Wasser, und überlässt sie ihrer gegenseitigen Einwirkung. Die Gläschen nähern sich, stossen aneinander, bleiben aneinander haften, und verharren nachher in Ruhe. Dies spricht für die Gleichheit von Druck und Gegendruck und auch für gleiche und entgegengesetzte Bewegungsquantitäten (wie wir bei Besprechung der Stossgesetze sehen werden).

13. Der Leser hat schon gefühlt, dass die verschiedenen Aufstellungen Newton's in Bezug auf die Masse und das Gegenwirkungsprincip miteinander zusammenhängen, dass eine durch die andere gestützt wird. Die zu Grunde liegenden Erfahrungen sind: die instinctive Erkenntniss des Zusammenhanges von Druck und Gegendruck, die Erkenntniss, dass Körper unabhängig von ihrem Gewicht, aber dem Gewichte entsprechend der Geschwindigkeitsänderung widerstehen, die Be-

merkung, dass Körper von grösserm Gewicht unter gleichem Druck kleinere Geschwindigkeiten annehmen. Newton hat vortrefflich gefühlt, welche Grundbegriffe und Grundsätze der Mechanik nothwendig sind. Die Form seiner Aufstellungen lässt jedoch, wie wir noch eingehender zeigen werden, manches zu wünschen übrig. Wir haben kein Recht, seine Leistung deshalb zu unterschätzen, denn er hatte die grössten Schwierigkeiten zu überwinden und ist denselben weniger als alle andern Forscher aus dem Wege gegangen.

4. Erörterung und Veranschaulichung des Gegenwirkungsprincips

1. Wir wollen uns nun einen Augenblick dem Newton'schen Gedanken hingeben, und das Gegenwirkungs-

V ← [M]   [m] → v

Fig. 129.

v ← [m] —— [m] → v (a, a)

Fig. 130.

princip unserm Gefühl und unserer Anschauung näher zu bringen suchen. Wenn zwei Massen M und m aufeinander wirken, so ertheilen sie sich nach Newton entgegengesetzte Geschwindigkeiten V und v, welche sich verkehrt wie die Massen verhalten, sodass

$$MV + mv = o.$$

Man kann diesem Grundsatz den Anschein grosser Evidenz durch folgende Betrachtung geben. Wir denken uns zunächst zwei vollkommen (auch in chemischer Beziehung) gleiche Körper a. Stellen wir dieselben einander gegenüber und lassen wir sie aufeinander wirken, so ist bei Ausschliessung des Einflusses eines dritten Körpers und des Beschauers, die Ertheilung von gleichen entgegengesetzten Geschwindigkeiten nach der Richtung der Verbindungslinie die einzige eindeutig bestimmte Wechselwirkung.

Nun stellen wir Fig. 131 m solcher Körper a in A zusammen, und stellen denselben m' solcher Körper a in B entgegen. Wir haben also Körper, deren Materiemengen oder Massen sich wie $m : m'$ verhalten. Die Distanz beider Gruppen nehmen wir so gross, dass wir von der Ausdehnung der Körper absehen können. Betrachten wir nun die Beschleunigungen α, welche je zwei Körper a sich ertheilen, als voneinander unabhängig. Jeder Theil in A wird nun durch B die Beschleunigung $m' \alpha$, jeder Theil in B durch A die Beschleunigung $m \alpha$ erhalten,

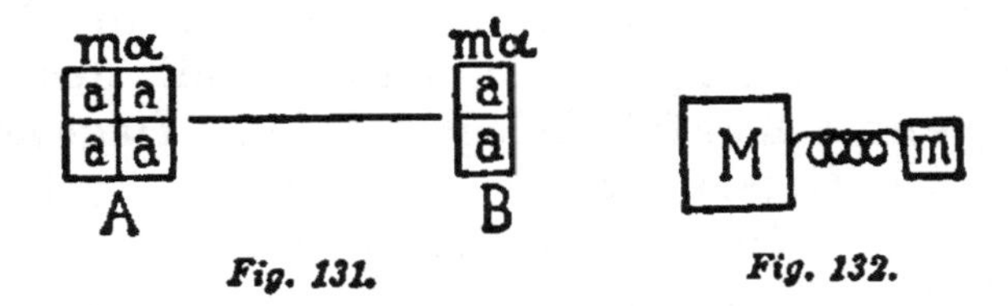

Fig. 131. Fig. 132.

welche Beschleunigungen also den Massen verkehrt proportionirt sein werden.

2. Wir stellen uns nun eine Masse M mit einer Masse m (beide bestehend aus lauter gleichen Körpern a) elastisch verbunden vor (Fig. 132.) Die Masse m erhalte durch eine äussere Ursache eine Beschleunigung φ. Sofort tritt eine Zerrung an der Verbindung auf, wodurch einerseits m verzögert, M aber beschleunigt wird. Sobald sich beide Massen mit derselben Beschleunigung bewegen, hat die weitere Zerrung der Verbindung ein Ende. Nennen wir α die Beschleunigung von M, β die Verminderung der Beschleunigung von m, so ist dann

$$\alpha = \varphi - \beta, \text{ wobei nach dem Frühern } \alpha M = \beta m.$$

Hieraus folgt

$$\alpha + \beta = \alpha + \frac{\alpha M}{m} = \varphi \text{ oder } \alpha = \frac{m \varphi}{M + m}.$$

Wollte man noch mehr auf die Einzelheiten des Vorganges eingehen, so würde man erkennen, dass die beiden Massen neben ihrer fortschreitenden Bewegung meist noch eine schwingende Bewegung gegeneinander ausführen. Entwickelt die Verbindung schon bei geringer Zerrung eine grosse Spannung, so kann es zu keiner grossen Schwingungsweite kommen, und man kann von dieser schwingenden Bewegung ganz absehen, wie wir es gethan haben.

Wenn wir den Ausdruck $\alpha = \frac{m\varphi}{M+m}$, welcher die Beschleunigung des ganzen Systems bestimmt, in Augenschein nehmen, so sehen wir, dass das Product $m\varphi$ bei dieser Bestimmung eine ausgezeichnete Rolle spielt. Es ist deshalb dieses Product einer Masse in die derselben ertheilte Beschleunigung von Newton mit dem Namen „bewegende Kraft“ belegt worden. Dagegen stellt $M+m$ die Gesammtmasse des starren Systems vor. Wir erhalten also die Beschleunigung einer Masse m', auf welche die bewegende Kraft p wirkt, durch den Ausdruck $\frac{p}{m'}$.

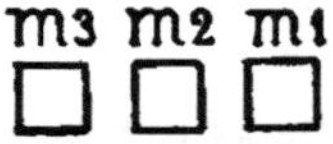

m3 m2 m1

Fig. 133.

3. Um zu diesem Resultat zu kommen, ist es durchaus nicht nothwendig, dass die beiden miteinander verbundenen Massen in allen Theilen direct aufeinander wirken. Nehmen wir die drei Massen m_1, m_2, m_3 als miteinander verbunden an, wobei aber m_1 blos auf m_2, m_3 nur auf m_2 wirken soll. Die Masse m_1 erhalte durch eine äussere Ursache die Beschleunigung φ. Bei der Zerrung erhalten die Massen m_3 m_2 m_1
die Beschleunigungen $+\delta$ $+\beta$ $+\varphi$
$-\gamma$ $-\alpha$.

Hierbei sind alle Beschleunigungen nach rechts positiv, nach links negativ gerechnet, und es ist ersichtlich, dass die Zerrung nicht weiter wächst,

$$\text{wenn } \delta = \beta - \gamma,\ \delta = \varphi - \alpha,$$
$$\text{wobei } \delta m_3 = \gamma m_2,\ \alpha m_1 = \beta m_2.$$

Die Auflösung dieser Gleichungen liefert die gemeinschaftliche Beschleunigung

$$\delta = \frac{m_1 \varphi}{m_1 + m_2 + m_3}$$

also ein Resultat von derselben Form wie zuvor. Wenn also ein Magnet auf ein Stück Eisen wirkt, welches mit einem Stück Holz verbunden ist, so brauchen wir uns nicht darum zu kümmern, welche Holztheile direct oder indirect (mit Hülfe anderer Holztheile) durch die Bewegung des Eisenstücks gezerrt werden. Die angestellten Ueberlegungen dürften dazu beigetragen haben, uns die grosse Bedeutung der Newton'schen Aufstellungen für die Mechanik fühlbar zu machen. Zugleich werden sie später dazu dienen, die Mängel dieser Aufstellungen leichter klar zu legen.

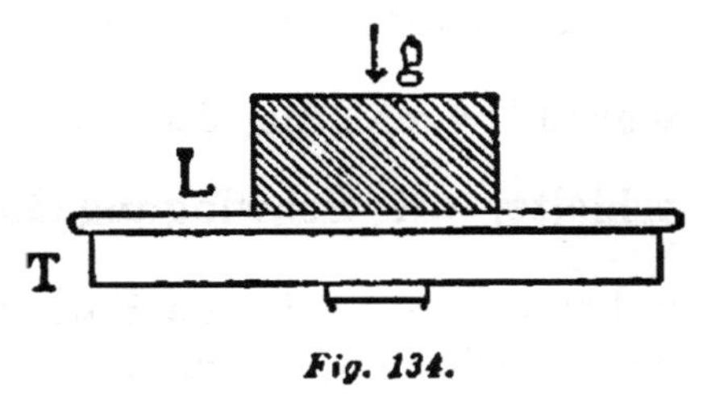

Fig. 134.

4. Wenden wir uns nun zu einigen anschaulichen physikalischen Beispielen für das Gegenwirkungsprincip. Betrachten wir eine Last L auf einem Tisch T. Der Tisch wird nur insofern durch die Last gedrückt, als er umgekehrt die Last drückt, dieselbe also am Fallen hindert. Heisst p das Gewicht, m die Masse und g die Beschleunigung der Schwere, so ist nach Newton's Anschauung $p = mg$. Lassen wir den Tisch mit der Beschleunigung des freien Falles g sich abwärts bewegen, so hört jeder Druck auf denselben auf. Wir erkennen also, dass der Druck auf den Tisch durch die Relativbeschleunigung der Last gegen den Tisch bestimmt ist. Fällt oder steigt der Tisch mit der Beschleunigung γ, so ist beziehungsweise der Druck auf denselben $m(g - \gamma)$ und $m(g + \gamma)$. Man bemerke aber wohl, dass durch eine constante Fall- oder Steigegeschwindigkeit keine Aenderung des Verhältnisses herbeigeführt wird. Die Relativbeschleunigung ist maassgebend.

Galilei kannte dieses Verhältniss sehr wohl. Die Meinung der Aristoteliker, dass Körper von grösserm Gewicht rascher fallen, widerlegte er nicht nur durch Experimente, sondern er trieb seine Gegner auch logisch in die Enge. Der grössere Körper fällt schneller, sagten die Aristoteliker, weil die obern Theile auf den untern lasten und deren Fall beschleunigen. Dann, meint Galilei, muss wol ein kleinerer Körper mit einem grösseren verbunden, wenn ersterer an sich die Eigenschaft hat, langsamer zu fallen, den grössern verzögern. Es fällt also dann ein grösserer Körper langsamer als der kleinere. Die ganze Grundannahme, sagt Galilei, sei falsch, denn ein Theil eines fallenden Körpers kann durch sein Gewicht den andern gar nicht drücken.

Ein Pendel mit der Schwingungsdauer $T = \pi \sqrt{\frac{l}{g}}$ würde, wenn die Axe die Beschleunigung γ abwärts erhielte, die Schwingungsdauer $T = \pi \sqrt{\frac{l}{g - \gamma}}$ annehmen, und im freien Fall eine unendliche Schwingungsdauer erhalten, d. h. aufhören zu schwingen.

Wenn wir selbst von einer Höhe herabspringen oder fallen, haben wir ein eigenthümliches Gefühl, welches durch die Aufhebung des Gewichtsdruckes der Körpertheile aufeinander, des Blutes u. s. w. bedingt sein muss. Ein ähnliches Gefühl, als ob der Boden unter uns versinken würde, müssten wir auf einem kleineren Weltkörper haben, wenn wir plötzlich dorthin versetzt würden. Das Gefühl des fortwährenden Erhebens, wie bei einem Erdbeben, würde sich auf einem grössern Weltkörper einstellen.

5. Diese Verhältnisse werden durch einen von Poggendorff construirten Apparat (Fig. 135 c.) sehr schön erläutert. Ueber eine Rolle c am Ende eines Wagebalkens wird ein beiderseits mit dem Gewicht P belasteter Faden gelegt. Man legt einerseits das Gewicht p hinzu, und bindet es an der Axe der Rolle durch einen dünnen Faden fest.

Die Rolle trägt nun das Gewicht $2P+p$. Sobald man aber den Faden des Uebergewichts p abbrennt, beginnt eine gleichförmig beschleunigte Bewegung mit der Beschleunigung γ, mit welcher $P+p$ sinkt und anderseits P steigt. Hierbei wird nun die Belastung der Rolle geringer, wie man am Ausschlag der Wage erkennt. Das sinkende Gewicht P wird durch das steigende P compensirt, dagegen wiegt das Zuleggewicht statt p nunmehr $\frac{p}{g} \cdot (g-\gamma)$.

Da nun $\gamma = \frac{p}{2P+p} \cdot g$, so hat man anstatt p das Gewicht $p \cdot \frac{2P}{2P+p}$ als Belastung der Rolle anzusehen. Das nur theilweise an seiner Fallbewegung gehinderte Gewicht drückt nur theilweise auf die Rolle.

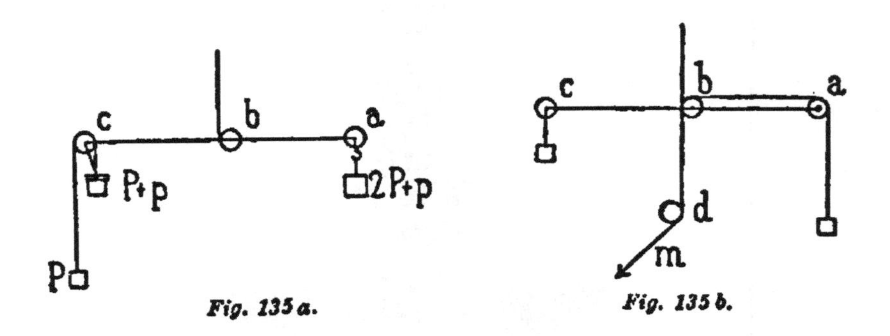

Fig. 135 a. *Fig. 135 b.*

Man kann den Versuch variiren. Man führt einen einerseits mit dem Gewicht P belasteten Faden über die Rollen a, b, d des Apparates, wie dies in der Fig. 135 b. angedeutet ist, bindet das unbelastete Ende bei m fest und äquilibrirt die Wage. Zieht man an dem Faden bei m, so kann dies, weil die Fadenrichtung genau durch die Axe der Wage geht, keine directe Wirkung auf dieselbe haben. Doch sinkt sofort die Seite a. Jedes Nachlassen des Fadens bringt a zum Steigen. Die unbeschleunigte Bewegung des Gewichtes würde das Gleichgewicht nicht stören. Man kann aber nicht ohne Beschleunigung von der Ruhe zur Bewegung übergehen.

6. Eine Erscheinung, welche auf den ersten Blick auffällt, ist die, dass in einer Flüssigkeit specifisch schwerere oder leichtere Körperchen, wenn sie nur hin-

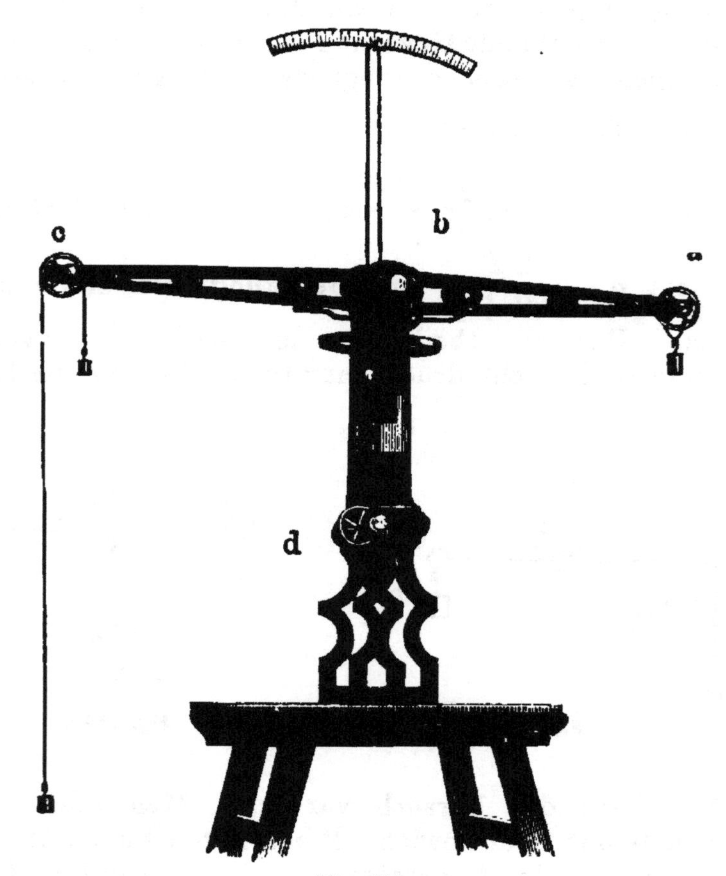

Fig. 135 c.

reichend klein sind, sehr lange suspendirt bleiben können. Man erkennt jedoch, dass solche Theilchen die Flüssigkeitsreibung zu überwinden haben. Theilt man den Würfel der Figur 136 durch die angedeuteten 3 Schnitte in 8 Theile, die man nebeneinanderlegt, so bleibt die Masse und das Uebergewicht gleich, der Querschnitt und die Oberfläche aber, mit welchen die Reibung Hand in Hand geht, wird verdoppelt.

Es ist nun gelegentlich die Ansicht aufgetreten, dass derartige suspendirte Theilchen auf das durch ein eingetauchtes Arëometer angezeigte specifische Gewicht keinen Einfluss hätten, weil diese Theilchen ja selbst nur Arëometer wären. Man überlegt aber leicht, dass, sobald diese Theilchen mit constanter Geschwindigkeit sinken oder steigen, was bei sehr kleinen Theilchen sofort eintritt, die Wirkung auf die Wage und das Arëometer dieselbe sein muss. Denkt man sich das Arëometer um seine Gleichgewichtslage schwingend, so merkt man, dass die Flüssigkeit mit ihrem ganzen Inhalt mitbewegt werden muss. Man ist also, das Princip der virtuellen Verschiebungen anwendend, nicht darüber im Zweifel, dass auch das Arëometer das mittlere specifische Gewicht angeben muss. Von der Unhaltbarkeit der Regel, nach welcher das Arëometer nur das specifische Gewicht der Flüssigkeit und nicht auch jenes der suspendirten Theile anzeigen soll, überzeugt man sich durch folgende Ueberlegung. In einer Flüssigkeit *A* sei eine kleinere Menge einer schwereren Flüssigkeit *B* fein in Tropfen vertheilt. Das Arëometer zeige nur das specifische Gewicht von *A* an. Nimmt man nun von der Flüssigkeit *B* immer mehr, zuletzt ebenso viel als von *A*, so kann man nicht mehr sagen, welche Flüssigkeit in der andern suspendirt ist, welches specifische Gewicht also das Arëometer anzeigen soll.

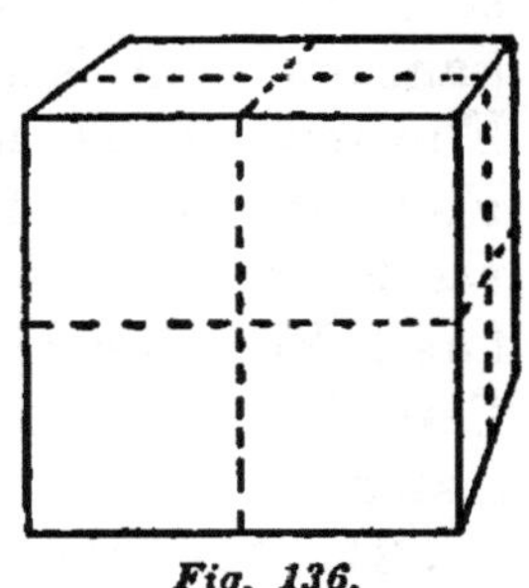

Fig. 136.

7. Eine grossartige Erscheinung, in welcher sich die Relativbeschleunigung der Körper als maassgebend für ihren gegenseitigen Druck äussert, ist das Flutphänomen. Wir wollen dasselbe hier nur insofern betrachten, als es zur Erläuterung des berührten Punktes dienen

kann. Der Zusammenhang des Flutphänomens mit der Mondbewegung äussert sich durch die Uebereinstimmung der Flutperiode mit der Mondperiode, durch die Verstärkung der Flut beim Vollmond und Neumond, durch die tägliche Flutverspätung (um 50 Minuten) entsprechend der Verspätung der Mondculmination u. s. w. In der That hat man schon sehr früh an einen Zusammenhang beider Vorgänge gedacht. Man stellte sich in der Newton'schen Zeit eine Art Luftdruckwelle vor, mit Hülfe welcher der Mond bei seiner Bewegung die Flutwelle erregen sollte.

Das Flutphänomen macht auf jeden, der es zum ersten mal in seiner ganzen Grösse beobachtet, einen überwältigenden Eindruck. Wir dürfen uns also nicht wundern, dass es die Forscher aller Zeiten lebhaft beschäftigt hat. Die Krieger Alexander's des Grossen kannten vom Mittelmeer her kaum einen Schatten des Flutphänomens, und wurden daher durch die gewaltige Flut an der Mündung des Indus nicht wenig überrascht, wie wir dies aus der Beschreibung des Curtius Rufus („Von den Thaten Alexander's des Grossen", Lib. IX, Cap. 34—37) entnehmen, die wir hier wörtlich folgen lassen.

„34. Als sie nun etwas langsamer, weil sie in ihrem Laufe durch die Meeresflut zurückgetrieben wurden, eine andere mitten im Strome gelegene Insel erreichten, so legten sie mit der Flotte an und zerstreuten sich, um Proviant zu suchen, ohne Ahnung von dem Ereigniss, dass die Unkundigen überraschte.

„35. Es war um die dritte Stunde, als der Ocean mit seinem stetigen Flutwechsel anzurücken und den Fluss zurückzudrängen begann. Erst gestaut, dann heftiger zurückgetrieben, strömte dieser mit grösserer Gewalt nach entgegengesetzter Richtung, als Giessbäche im abschüssigen Bette einherschiessen. Der Menge war die Natur des Meeres unbekannt, und man glaubte ein Wunder und ein Zeichen des göttlichen Zornes zu sehen. Mit immer erneutem Audrange ergoss sich das Meer auch auf die kurz zuvor trockenen Gefilde. Und schon waren die Fahrzeuge in die Höhe gehoben und die ganze Flotte zerstreut, als von allen Seiten die ans Land Gesetzten erschreckt und bestürzt durch das unerwartete Unglück zurückrannten. Aber bei Verwirrung fördert auch Eile nicht. Die Einen stiessen die Schiffe mit Stangen ans Land, Andere waren, während sie das Zurechtmachen der Ruder hinderten, festgefahren. Manche hatten bei ihrer Eile, abzustossen, nicht auf ihre Kameraden gewartet und brachten nun die lahmen und unlenkbaren Schiffe nur in matte Bewegung; andere Schiffe hatten die sich unbedacht auf sie Stürzenden nicht aufnehmen können, und es war gleichzeitig Ueberfülle und mangelhafte Bemannung, was die Eile hemmte. Das Geschrei, hier man solle warten, dort man solle abstossen, und die widerstreitenden Rufe der niemals ein und dasselbe Wollenden hatten alle Möglichkeit benommen zu sehen und zu hören. Selbst bei den Steuerleuten war nicht die geringste Hülfe, da weder ihr Ruf von den Tobenden vernommen werden konnte, noch ihr Befehl von den Erschrockenen und Verwirrten beachtet wurde. Also begannen die Schiffe gegeneinander zu stossen, sich wechselseitig die Ruder abzubrechen, und ein Fahrzeug auf das andere loszudrängen. Man konnte glauben, es fahre da nicht die Flotte ein und desselben Heeres, sondern zwei verschiedene seien in einem Schiffskampfe begriffen. Vordertheile schmetterten gegen Hintertheile; die eben die Vordern in Verwirrung gebracht hatten, sahen sich von den Folgenden bedrängt, und der Zorn der Streitenden steigerte sich bis zum Handgemenge.

„36. Und bereits hatte die Flut die ganzen Gefilde um den Strom unter Wasser gesetzt, sodass nur noch die Hügel wie kleine Inseln hervorragten: die eilten sehr viele in ihrer Angst, nachdem sie die Hoffnung auf die Schiffe aufgegeben, schwimmend zu erreichen. Zerstreut befand sich die Flotte theils auf sehr tiefem Wasser, wo Thalsenkungen waren, theils sass sie auf

Untiefen, wie eben die Wellen die ungleichen Bodenerhebungen bedeckt hatten: da wurde ihnen plötzlich ein neuer und grösserer Schrecken eingejagt. Das Meer begann sich zurückzuziehen, indem die Gewässer in langem Wogenzuge an ihren Ort zurückrannen, um das kurz zuvor unter tiefer Salzflut versenkte Land wieder herauszugeben. Die also vom Wasser verlassenen Schiffe stürzten die einen nach vorn über, andere legten sich auf die Seite; die Gefilde waren mit Gepäck, Waffen und Stücken losgebrochener Breter und Ruder bestreut. Die Soldaten wagten weder heraus aufs Land zu gehen, noch im Schiffe zu bleiben, immer noch Weiteres und Schlimmeres als das Gegenwärtige erwartend. Kaum trauten sie ihren eigenen Augen über das, was sie erfahren, auf dem Trockenen ein Schiffbruch, im Strom ein Meer. Auch war des Unglücks kein Ende zu sehen. Denn unbekannt damit, dass die Flut in kurzem das Meer zurückbringen und die Schiffe flott machen werde, prophezeiten sie sich Hunger und die äusserste Noth. Es krochen auch schreckliche Thiere, von den Fluten zurückgelassen, umher.

„37. Schon brach die Nacht herein, und selbst der König war durch die Verzweiflung an ihrer Rettung schwer bekümmert. Dennoch überwältigten die Sorgen seinen unbesiegbaren Muth nicht, sondern die ganze Nacht blieb er unablässig auf der Ausschau und schickte Reiter an die Flussmündung voraus, um, sobald sie das Meer wieder herauffluten sähen, vorauszueilen. Auch gebot er, die geborstenen Fahrzeuge wieder auszubessern, und die von den Fluten umgestürzten wieder aufzurichten, und fertig bei der Hand zu sein, sobald wieder das Land vom Meer überschwemmt würde. Nachdem er so die ganze Nacht unter Wachen und Ermahnungen zugebracht hatte, kamen die Reiter eiligst im schnellsten Laufe zurückgesprengt, und ebenso schnell folgte die Flut. Erst begann diese mit ihren im leisen Wellenzuge nahenden Gewässern die Schiffe zu heben, bald aber setzte sie das ganze Gefilde überschwemmend die Flotte auch in Bewegung. Am ganzen Küsten- und Ufersaum erschallte das Beifallsklatschen der Soldaten und Schiffsleute, die mit maassloser Freude ihre unverhoffte Rettung feierten. Woher doch, fragten sie verwundert, so plötzlich diese grosse Meeresflut zurückgekehrt? wohin sie gestern entwichen sei? und wie die Beschaffenheit dieses bald zwieträchtigen, bald dem Gesetze bestimmter Zeiten gehorchenden Elementes? Da der König aus dem Hergang des Geschehenen schloss, dass nach Sonnenuntergang der bestimmte Zeitpunkt eintrete, so fuhr er, um der Flut zuvorzukommen, gleich nach Mitternacht mit einigen wenigen Schiffen den Fluss hinunter, und als er dessen Mündung hinter sich hatte, schiffte er noch, sich endlich am Ziel seiner Wünsche sehend, 400 Stadien weit in das Meer hinein.

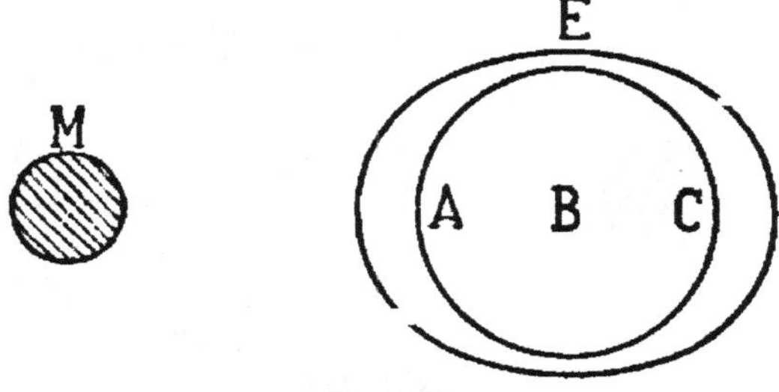

Fig. 137.

Dann brachte er den Gottheiten des Meeres und jener Gegend ein Opfer und kehrte zur Flotte zurück."

8. Wesentlich ist bei Erklärung der Flut, dass die Erde als starrer Körper nur e i n e bestimmte Beschleunigung gegen den Mond annehmen kann, während die beweglichen Wassertheile auf der dem Monde zugewandten und abgewandten Seite v e r s c h i e d e n e Beschleunigungen erhalten können.

Wir betrachten an der Erde E, welcher der Mond M gegenübersteht, drei Punkte A, B, C. Die Beschleunigung der drei Punkte gegen den Mond, wenn wir sie als freie Punkte ansehen, ist beziehungsweis $\varphi + \Delta \varphi$, φ, $\varphi - \Delta \varphi$. Die gesammte Erde als starrer Körper nimmt hingegen die Beschleunigung φ an. Die Beschleunigung gegen den Erdmittelpunkt nennen wir g. Bezeichnen wir nun alle Beschleunigungen nach links negativ, alle nach rechts positiv, so haben die

freien Punkte	A	B	C
die Beschleunigungen	$-(\varphi+\Delta\varphi)$, $+g$	$-\varphi$	$-(\varphi-\Delta\varphi)$ $-g$
Die Beschleunigung der Erde ist	$-\varphi$,	$-\varphi$,	$-\varphi$
Demnach die Beschleunigung gegen die Erde	$g-\Delta\varphi$,	o,	$-(g-\Delta\varphi)$.

Wir sehen also, dass das Wassergewicht in A und in C um den gleichen Betrag vermindert erscheint. Das

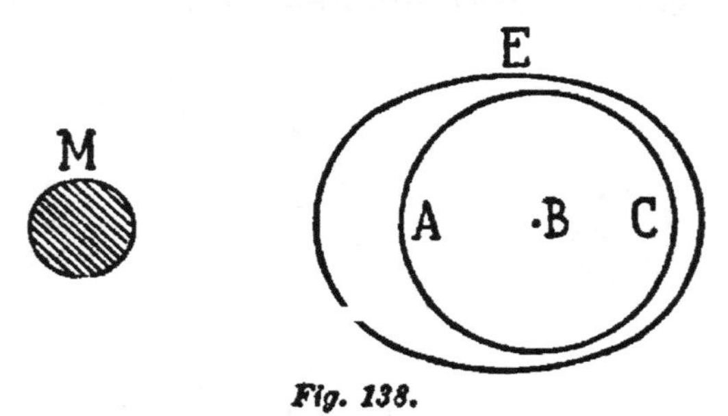

Fig. 138.

Wasser wird in A und C höher stehen; es wird täglich zweimal eine Flutwelle erscheinen.

Es wird nicht immer genügend hervorgehoben, dass die Erscheinung eine wesentlich andere sein müsste, wenn Mond und Erde nicht in beschleunigter Bewegung gegeneinander begriffen, sondern in relativer Ruhe fixirt wären. Modificiren wir die Betrachtung für diesen Fall, so haben wir in der obigen Berechnung für die starre Erde einfach $\varphi = o$ zu setzen. Dann erhalten die

freien Punkte	A	C
die Beschleunigungen	$-(\varphi+\Delta\varphi)$, $+g$	$-(\varphi-\Delta\varphi)$, $-g$
oder	$(g-\Delta\varphi)-\varphi$,	$-(g-\Delta\varphi)-\varphi$
oder	$g'-\varphi$,	$-(g'+\varphi)$,

wobei $g' = g - \Delta\varphi$ gesetzt wurde. Dann würde also in A das Wassergewicht verkleinert, in C vergrössert, der Wasserstand in A erhöht, in C erniedrigt werden. Es würde nur auf der dem Monde zugekehrten Seite das Wasser gehoben.

9. Es verlohnt sich wol kaum der Mühe, Sätze, welche man am besten auf deductivem Wege erkennt, durch Experimente zu erläutern, die nur schwierig anzustellen sind. Unmöglich dürften aber solche Experimente nicht sein. Denken wir uns eine kleine eiserne Kugel K als Kegelpendel um einen Magnetpol schwingend, und bedecken wir die Kugel mit einer magnetischen Eisensalzlösung, so dürfte der Tropfen bei hinreichend kräftigen Magneten das Flutphänomen darstellen. Denken wir uns aber die Kugel dem Magnetpol gegenüber fixirt, so wird der Tropfen sicherlich nicht auf der dem Magnetpol zugewandten und abgewandten Seite zugespitzt erscheinen, sondern nur auf der Seite des Magnetpoles an der Kugel hängen bleiben.

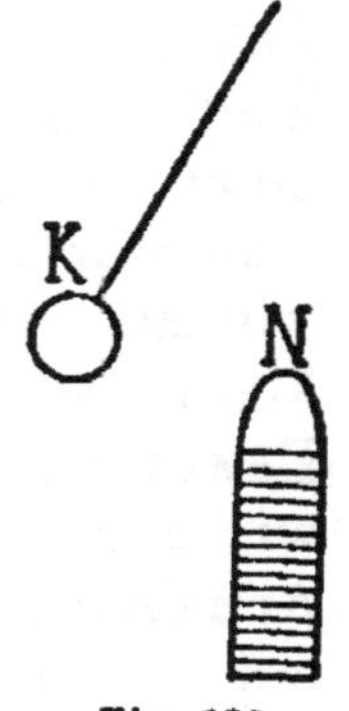

Fig. 139.

10. Man darf sich natürlich nicht vorstellen, dass die ganze Flutwelle durch den Mond auf einmal entsteht. Vielmehr hat man sich die Flut als einen Schwingungsvorgang zu denken, welcher durch den Mond erhalten wird. Würden wir z. B. über der Wasseroberfläche eines kreisförmigen Kanals mit einem Fächer fort und fort gleichmässig hinfahren, so würde durch diesen leisen consequent fortgesetzten Antrieb bald eine nicht unbeträchtliche dem Fächer folgende Welle entstehen. Aehnlich entsteht die Flut. Der Vorgang ist aber hier durch die unregelmässigen Formen der Continente, durch die periodische Variation der Störung u. s. w. sehr complicirt.

5. *Kritik des Gegenwirkungsprincipes und des Massenbegriffes.*

1. Nachdem wir uns nun mit den Newton'schen Anschauungen vertraut gemacht haben, sind wir hinreichend vorbereitet, dieselben kritisch zu untersuchen. Wir beschränken uns hierbei zunächst auf den Massenbegriff und das Gegenwirkungsprincip. Beide können bei der Untersuchung nicht getrennt werden, und in beiden liegt das Hauptgewicht der Newton'schen Leistung.

2. Zunächst erkennen wir in der „Menge der Materie" keine Vorstellung, welche geeignet wäre den Begriff Masse zu erklären und zu erläutern, da sie selbst keine genügende Klarheit hat. Dies gilt auch dann, wenn wir, wie es manche Autoren gethan haben, bis auf die Zählung der hypothetischen Atome zurückgehen. Wir häufen hiermit nur die Vorstellungen, welche selbst einer Rechtfertigung bedürfen. Bei Zusammenlegung mehrerer gleicher chemisch gleichartiger Körper können wir mit der „Menge der Materie" allerdings noch eine klare Vorstellung verbinden, und auch erkennen, dass der Bewegungswiderstand mit dieser Menge wächst. Lassen wir aber die chemische Gleichartigkeit fallen, so ist die Annahme, dass von verschiedenen Körpern noch etwas mit demselben Maasse Messbares übrig bleibt, welches wir Menge der Materie nennen könnten, zwar nach den mechanischen Erfahrungen nahe liegend, aber doch erst zu rechtfertigen. Wenn wir also mit Newton in Bezug auf den Gewichtsdruck die Annahmen machen $p = mg$, $p' = m' \cdot g$ und hiernach setzen $\frac{p}{p'} = \frac{m}{m'}$, so liegt hierin schon die erst zu rechtfertigende Voraussetzung der Messbarkeit verschiedener Körper mit demselben Maass.

Wir könnten auch willkürlich festsetzen $\frac{m}{m'} = \frac{p}{p'}$, d. h. das Massenverhältniss definiren als das Verhältniss des Gewichtsdruckes bei gleichem g. Dann bliebe aber der

Gebrauch zu begründen, welcher von diesem Massenbegriff im Gegenwirkungsprincip und bei andern Gelegenheiten gemacht wird.

3. Wenn zwei in jeder Beziehung vollkommen gleiche Körper einander gegenüberstehen, so erwarten wir nach dem uns geläufigen Symmetrieprincip, dass sie sich gleiche entgegengesetzte Beschleunigungen nach der Richtung ihrer Verbindungslinie ertheilen. Sobald nun diese Körper irgendwelche geringste Ungleichheit der Form, der chemischen Beschaffenheit u. s. w. haben, verlässt uns das Symmetrieprincip, wenn wir nicht von vornherein annehmen oder wissen, dass es etwa auf Formgleichheit oder Gleichheit der chemischen Beschaffenheit nicht ankommt. Ist uns aber einmal durch mechanische Erfahrung die Existenz eines besondern

Fig. 140 a.

A B $-\varphi$ $+\varphi'$

Fig. 140 b.

beschleunigungsbestimmenden Merkmals der Körper nahe gelegt, so steht nichts im Wege, willkürlich festzusetzen:

Körper von gleicher Masse nennen wir solche, welche aufeinander wirkend sich gleiche entgegengesetzte Beschleunigungen ertheilen. Hiermit haben wir nur ein thatsächliches Verhältniss benannt. Analog werden wir in dem allgemeinern Falle verfahren. Die Körper A und B erhalten bei ihrer Gegenwirkung beziehungsweise die Beschleunigungen $-\varphi$ und $+\varphi'$, wobei wir den Sinn derselben durch das Zeichen ersichtlich machen. Dann sagen wir, B hat die $\frac{\varphi}{\varphi'}$fache Masse von A. Nehmen wir den Vergleichskörper A als Einheit an, so schreiben wir jenem Körper die Masse m zu, welcher A das $m$fache der Beschleunigung ertheilt, die er in Gegenwirkung von A erhält. Das Massenverhältniss ist das negative umgekehrte Verhältniss der Gegenbeschleunigungen. Dass diese Beschleunigungen stets von entgegengesetztem Zeichen sind, dass es also nach unserer Definition blos positive Massen gibt, lehrt die Erfahrung und kann nur die Erfahrung lehren. In unserm Massenbegriff liegt keine Theorie, die „Quantität der Materie" ist in demselben durchaus unnöthig, er enthält blos die scharfe Fixirung, Bezeichnung und Benennung einer Thatsache.

Die oft nachgesprochene und nachgeschriebene Einwendung von H. Streintz („Die physikalischen Grundlagen der Mechanik", Leipzig 1883, S. 117), dass eine meiner Definition entsprechende Massenvergleichung nur auf astronomische Weise stattfinden könnte, vermag ich nicht als zutreffend zu bezeichnen. Meine Ausführungen S. 197, 213—216 zeigen hinreichend das Gegentheil. Auch im Stoss, durch elektrische, magnetische Kräfte, an der Atwood'schen Maschine durch einen Faden, ertheilen sich die Massen gegenseitig Beschleunigungen. In meinem Leitfaden der Physik (2. Aufl. 1891, S. 27) habe ich gezeigt, wie in ganz elementarer und populärer Weise das Massenverhältniss durch einen Versuch auf der Centrifugalmaschine ermittelt werden kann. Diese Einwendung kann also wohl als widerlegt angesehen werden.

Meine Definition entspringt dem Streben, die Abhängigkeit der Erscheinungen voneinander zu ermitteln und alle metaphysische Unklarheit zu beseitigen, ohne darum weniger zu leisten, als irgendeine andere bisher übliche Definition. Ganz denselben Weg habe ich eingeschlagen in Bezug auf die Begriffe „Elektricitätsmenge" („Ueber die Grundbegriffe der Elektrostatik, Vortrag gehalten auf der internationalen elektrischen Ausstellung, Wien am 4. September 1883"), „Temperatur", „Wärmemenge" (Zeitschrift für den physikalischen und chemischen Unterricht, Berlin 1888, 1. Heft) u. s. w. Aus der hier dargelegten Auffassung des Massenbegriffes ergibt sich aber eine andere Schwierigkeit, welche man bei schärferer Kritik auch bei Analyse anderer physikalischer Begriffe, z. B. jener der Wärmelehre, nicht übersehen kann. Maxwell hat auf diesen Punkt bei Untersuchung des Temperaturbegriffes hingewiesen, ungefähr um dieselbe Zeit, als ich dies in Bezug auf den Massenbegriff gethan habe. Ich möchte hier auf die betreffenden Ausführungen in meiner Schrift: „Die Principien der Wärmelehre, historisch-kritisch entwickelt" (Leipzig 1896), insbesondere S. 41 und S. 190 verweisen.

4. Wir wollen nun diese Schwierigkeit betrachten, deren Hebung zur Herstellung eines vollkommen klaren Massenbegriffes durchaus nothwendig ist. Wir betrachten eine Reihe von Körpern $A, B, C, D \ldots$ und vergleichen alle mit A als Einheit.

$$\begin{matrix} A, & B, & C, & D, & E, & F \\ 1, & m, & m', & m'', & m''', & m'''' \end{matrix}$$

Hierbei finden wir beziehungsweise die Massenwerthe $1, m, m', m'' \ldots.$ u. s. w. Es entsteht nun die Frage: Wenn wir B als Vergleichskörper (als Einheit) wählen, werden wir für C den Massenwerth $\frac{m'}{m}$, für D den Werth $\frac{m''}{m}$ erhalten, oder werden sich etwa ganz andere Werthe ergeben? In einfacherer Form lautet dieselbe Frage: Werden zwei Körper B, C, welche sich in Gegenwirkung mit A als gleiche Massen verhalten haben, auch untereinander als gleiche Massen verhalten? Es besteht durchaus keine logische Nothwendigkeit, dass zwei Massen, welche einer dritten gleich sind, auch untereinander gleich seien. Denn es handelt sich hier um keine mathematische, sondern um eine physikalische Frage. Dies wird sehr klar, wenn wir ein analoges Verhältniss zur Erläuterung herbeiziehen. Wir legen die Körper A, B, C in solchen Gewichtsmengen a, b, c nebeneinander, in welchen sie in die chemischen Verbindungen AB und AC eingehen. Es besteht nun gar keine logische Nothwendigkeit anzunehmen, dass in die chemische Verbindung *BC* auch dieselben Gewichtsmengen *b*, *c* der Körper *B*, *C* eingehen. Dies lehrt aber die Erfahrung. Wenn wir eine Reihe von Körpern in den Gewichtsmengen nebeneinanderlegen, in welchen sie sich mit dem Körper *A* verbinden, so vereinigen sie sich in denselben Gewichtsmengen auch untereinander. Dass kann aber niemand wissen, ohne es versucht zu haben. Ebenso verhält es sich mit den Massenwerthen der Körper.

Würde man annehmen, dass die Ordnung der Combination der Körper, durch welche man deren Massenwerthe bestimmt, auf die Massenwerthe Einfluss hat, so würden die Folgerungen hieraus zu Widersprüchen mit der Erfahrung führen. Nehmen wir beispielsweise drei elastische Körper *A*, *B*, *C* auf einem absolut glatten und festen Ring beweglich an. Wir setzen voraus, dass *A* und *B* sich als gleiche Massen und ebenso *B* und *C* sich als gleiche Massen untereinander verhalten. Dann müssen wir, um Widersprüche mit der Erfahrung zu vermeiden, annehmen, dass auch *C* und *A* sich als gleiche Massen verhalten. Ertheilen wir *A* eine Geschwindigkeit, so überträgt es dieselbe durch Stoss an *B*, dieses an *C*. Würde aber *C* sich etwa als grössere Masse gegen *A* verhalten, so würde auch *A* beim Stosse eine grössere Geschwindigkeit annehmen, während *C* noch einen Rest zurückbehielte. Bei jedem Umlauf im Sinne des Uhrzeigers würde die lebendige Kraft im System zunehmen. Wäre *C* gegen *A* die kleinere Masse, so würde die Umkehrung der Bewegung genügen, um dasselbe Resultat zu erreichen. Eine solche fortwährende Zunahme der lebendigen Kraft widerstreitet nun entschieden unsern Erfahrungen.

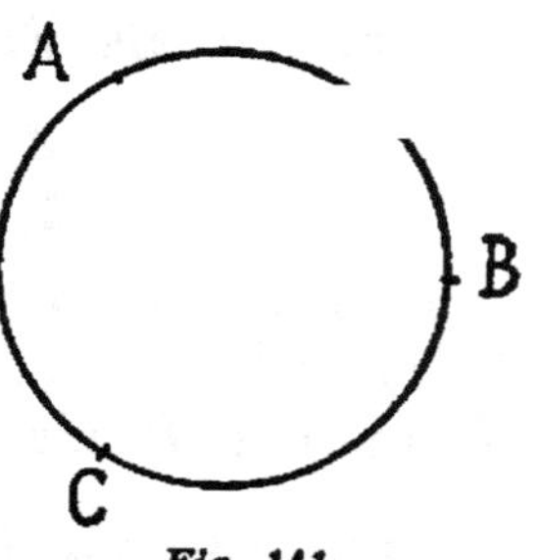

Fig. 141.

5. Der auf die angegebene Weise gewonnene Massen-

begriff macht die besondere Aufstellung des Gegenwirkungsprincips unnöthig. Es ist nämlich im Massenbegriff und im Gegenwirkungsprincip, wie wir dies in einem frühern Fall schon bemerkt haben, wieder dieselbe Thatsache zweimal formulirt, was überflüssig ist. Wenn zwei Massen 1 und 2 aufeinander wirken, so liegt es schon in unserer Definition, dass sie sich entgegengesetzte Beschleunigungen ertheilen, die sich beziehungsweise wie 2:1 verhalten.

6. Die Messbarkeit der Masse durch das Gewicht (bei unveränderlicher Schwerebeschleunigung) kann aus unserer Definition der Masse ebenfalls abgeleitet werden. Wir empfinden die Vergrösserung oder Verkleinerung eines Druckes unmittelbar, allein diese Empfindung gibt nur ein sehr beiläufiges Maass einer Druckgrösse. Ein exactes brauchbares Druckmaass ergibt sich durch die Bemerkung, dass jeder Druck ersetzbar ist durch den Druck einer Summe gleichartiger Gewichtsstücke. Jeder Druck kann durch den Druck solcher Gewichtstücke im Gleichgewicht gehalten werden. Zwei Körper m und m' mögen beziehungsweise von den durch äussere Umstände bedingten Beschleunigungen φ und φ' in entgegengesetztem Sinne ergriffen werden. Die Körper seien durch einen Faden verbunden. Besteht Gleichgewicht, so ist an m die Beschleunigung φ und an m' die Beschleunigung φ' durch die Wechselwirkung eben aufgehoben. Für diesen Fall ist also $m\varphi = m'\varphi'$. Ist also $\varphi = \varphi'$, wie dies der Fall ist, wenn die Körper der Schwerebeschleunigung überlassen werden, so ist im Gleichgewichtsfall auch $m = m'$. Es ist selbstverständlich unwesentlich, ob wir die Körper direct durch einen Faden, oder durch einen über eine Rolle geführten Faden, oder dadurch aufeinander wirken lassen, dass wir sie auf die beiden Schalen einer Wage legen. Die Messbarkeit der Masse durch das

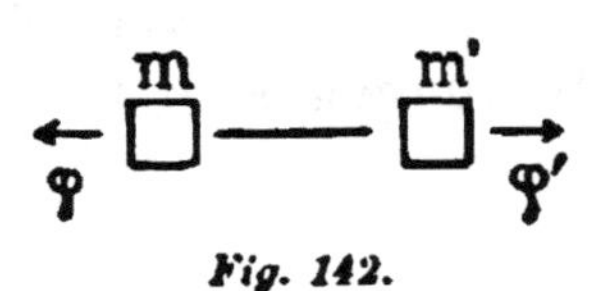

Fig. 142.

Gewicht ist nach unserer Definition ersichtlich, ohne dass wir an die „Menge der Materie“ denken.

7. Sobald wir also, durch die Erfahrung aufmerksam gemacht, die Existenz eines besondern beschleunigungsbestimmenden Merkmals der Körper erschaut haben, ist unsere Aufgabe mit der Anerkennung und unzweideutigen Bezeichnung dieser Thatsache erledigt. Ueber die Anerkennung dieser Thatsache kommen wir nicht hinaus, und jedes Hinausgehen über dieselbe führt nur Unklarheiten herbei. Jede Unbehaglichkeit verschwindet, sobald wir uns klar gemacht haben, dass in dem Massebegriff keinerlei Theorie, sondern eine Erfahrung liegt. Der Begriff hat sich bisher bewährt. Es ist sehr unwahrscheinlich, aber nicht unmöglich, dass er in Zukunft erschüttert wird, sowie die Vorstellung der unveränderlichen Wärmemenge, die ja auch auf Erfahrungen beruhte, durch neue Erfahrungen sich modificirt hat.

6. Newton's Ansichten über Zeit, Raum und Bewegung.

1. In einer Anmerkung, welche Newton seinen Definitionen unmittelbar folgen lässt, spricht er Ansichten über Zeit und Raum aus, die wir etwas näher in Augenschein nehmen müssen. Wir werden nur die wichtigsten zur Charakteristik der Newton'schen Ansichten nothwendigen Stellen wörtlich anführen.

„Bis jetzt habe ich zu erklären versucht, in welchem Sinne weniger bekannte Benennungen in der Folge zu verstehen sind. Zeit, Raum, Ort und Bewegung als allen bekannt erkläre ich nicht. Ich bemerke nur, dass man gewöhnlich diese Grössen nicht anders, als in Bezug auf die Sinne auffasst, und so gewisse Vorurtheile entstehen, zu deren Aufhebung man sie passend in absolute und relative, wahre und scheinbare, mathematische und gewöhnliche unterscheidet.

„I. Die absolute, wahre und mathematische Zeit verfliesst an sich und vermöge ihrer Natur gleichförmig, und ohne Beziehung auf irgendeinen äussern Gegenstand. Sie wird auch mit dem Namen Dauer belegt.

„Die relative, scheinbare und gewöhnliche Zeit ist ein fühlbares und äusserliches, entweder genaues oder ungleiches Maass der Dauer, dessen man sich gewöhnlich statt der wahren Zeit bedient, wie Stunde, Tag, Monat, Jahr.

— — — „Die natürlichen Tage, welche gewöhnlich als Zeitmaass für gleich gehalten werden, sind nämlich eigentlich ungleich. Diese Ungleichheit verbessern die Astronomen, indem sie die Bewegung der Himmelskörper nach der richtigen Zeit messen. Es ist möglich, dass keine gleichförmige Bewegung existirt, durch welche die Zeit genau gemessen werden kann, alle Bewegungen können beschleunigt oder verzögert werden; allein der Verlauf der absoluten Zeit kann nicht geändert werden. Dieselbe Dauer und dasselbe Verharren findet für die Existenz aller Dinge statt; mögen die Bewegungen geschwind, langsam oder Null sein.“

2. Es scheint, als ob Newton bei den eben angeführten Bemerkungen noch unter dem Einfluss der mittelalterlichen Philosophie stünde, als ob er seiner Absicht, nur das Thatsächliche zu untersuchen, untreu würde. Wenn ein Ding A sich mit der Zeit ändert, so heisst dies nur, die Umstände eines Dinges A hängen von den Umständen eines andern Dinges B ab. Die Schwingungen eines Pendels gehen in der Zeit vor, wenn dessen Excursion von der Lage der Erde abhängt. Da wir bei Beobachtung des Pendels nicht auf die Abhängigkeit von der Lage der Erde zu achten brauchen, sondern dasselbe mit irgendeinem andern Ding vergleichen können (dessen Zustände freilich wieder von der Lage der Erde abhängen), so entsteht leicht die Täuschung, dass alle diese Dinge unwesentlich seien. Ja, wir können auf das Pendel achtend,

von allen übrigen äussern Dingen absehen, und finden dass für jede Lage unsere Gedanken und Empfindungen andere sind. Es scheint demnach die Zeit etwas Besonderes zu sein, von dessen Verlauf die Pendellage abhängt, während die Dinge, welche wir zum Vergleich nach freier Wahl herbeiziehen, eine zufällige Rolle zu spielen scheinen. Wir dürfen aber nicht vergessen, dass alle Dinge miteinander zusammenhängen, und dass wir selbst mit unsern Gedanken nur ein Stück Natur sind. Wir sind ganz ausser Stand die Veränderungen der Dinge an der Zeit zu messen. Die Zeit ist vielmehr eine Abstraction, zu der wir durch die Veränderung der Dinge gelangen, weil wir auf kein bestimmtes Maass angewiesen sind, da eben alle untereinander zusammenhängen. Wir nennen eine Bewegung gleichförmig, in welcher gleiche Wegzuwüchse gleichen Wegzuwüchsen einer Vergleichsbewegung (der Drehung der Erde) entsprechen. Eine Bewegung kann gleichförmig sein in Bezug auf eine andere. Die Frage, ob eine Bewegung an sich gleichförmig sei, hat gar keinen Sinn. Ebenso wenig können wir von einer „absoluten Zeit" (unabhängig von jeder Veränderung) sprechen. Diese absolute Zeit kann an gar keiner Bewegung abgemessen werden, sie hat also auch gar keinen praktischen und auch keinen wissenschaftlichen Werth, niemand ist berechtigt zu sagen, dass er von derselben etwas wisse, sie ist ein müssiger „metaphysischer" Begriff.

Dass wir Zeitvorstellungen durch die Abhängigkeit der Dinge voneinander gewinnen, wäre psychologisch, historisch und sprachwissenschaftlich (durch die Namen der Zeitabschnitte) nicht eben schwer nachzuweisen. In unsern Zeitvorstellungen drückt sich der tiefgehendste und allgemeinste Zusammenhang der Dinge aus. Wenn eine Bewegung in der Zeit stattfindet, so hängt sie von der Bewegung der Erde ab. Dies wird nicht dadurch widerlegt, dass wir mechanische Bewegungen wieder rückgängig machen können. Mehrere veränderliche Grössen können so zusammenhängen, dass eine Gruppe derselben Veränderungen erfährt, ohne dass die übrigen davon berührt werden. Die Natur verhält sich ähnlich wie eine Maschine. Die einzelnen Theile bestimmen einander gegenseitig. Während aber bei einer Maschine durch die Lage eines Theiles die Lagen aller übrigen Theile bestimmt sind, bestehen in der Natur complicirtere Beziehungen. Diese Beziehungen lassen sich am besten unter dem Bilde einer Anzahl n von Grössen darstellen, welche einer geringern Anzahl n' von Gleichungen genügen. Wäre $n = n'$, so wäre die Natur unveränderlich. Für $n' = n - 1$ ist mit einer Grösse über alle übrigen verfügt. Bestünde dies Verhältniss in der Natur, so könnte die Zeit rückgängig gemacht werden, sobald dies nur mit einer einzigen Bewegung gelänge. Der wahre Sachverhalt wird durch eine andere Differenz von n und n' dargestellt. Die Grössen sind durch einander theilweise bestimmt, sie behalten aber eine grössere Unbestimmtheit oder Freiheit als in dem letztern Fall. Wir selbst fühlen uns als ein solches theilweise bestimmtes, theilweise unbestimmtes Naturelement. Insofern nur ein Theil der Veränderungen in der Natur von uns abhängt, und von uns wieder rückgängig gemacht werden kann, erscheint uns die Zeit als nicht umkehrbar, die verflossene Zeit als unwiederbringlich vorbei.

Zur Vorstellung der Zeit gelangen wir durch den Zusammenhang des Inhalts unsers Erinnerungsfeldes mit dem Inhalt unsers Wahrnehmungsfeldes, wie wir kurz und allgemein verständlich sagen wollen. Wenn wir sagen, dass die Zeit in einem bestimmten Sinn abläuft, so bedeutet dies, dass die physikalischen (und folglich auch die physiologischen) Vorgänge sich nur in einem bestimmten Sinn vollziehen.[1] Alle Temperaturdifferenzen, elektrischen Differenzen, Niveaudifferenzen überhaupt werden sich selbst überlassen nicht grösser, sondern kleiner. Betrachten wir zwei sich selbst über-

[1] Untersuchungen über die physiologische Natur der Zeit- und Raumempfindung sollen hier ausgeschlossen bleiben.

lassene, sich berührende Körper von ungleicher Temperatur, so können nur grössere Temperaturdifferenzen im Erinnerungsfelde, mit kleinern im Wahrnehmungsfelde zusammentreffen, nicht umgekehrt. In allem diesem spricht sich durchaus nur ein eigenthümlicher tiefgehender Zusammenhang der Dinge aus. Hier aber jetzt schon vollständige Aufklärung fordern, heisst nach Art der speculativen Philosophie die Resultate aller künftigen Specialforschung, also eine vollendete Naturwissenschaft, anticipiren wollen.

Ausführungen über die physiologische Zeit, die Zeitempfindung, und zum Theil auch über die physikalische Zeit habe ich anderwärts versucht („Beiträge zur Analyse der Empfindungen", Jena 1886, S. 103—111, 166—168). So wie wir eine der Wärmeempfindung nahe parallel gehende willkürlich gewählte (thermometrische) Volumanzeige, welche nicht den uncontrolirbaren Störungen des Empfindungsorgans unterliegt, beim Studium der Wärmevorgänge als Temperaturmaass vorziehen, so bevorzugen wir aus analogen Gründen eine der Zeitempfindung nahe parallel gehende willkürlich gewählte Bewegung (Drehungswinkel der Erde, Weg eines sich selbst überlassenen Körpers) als Zeitmaass. Macht man sich klar, dass es sich nur um Ermittelung der Abhängigkeit der Erscheinungen voneinander handelt, wie ich dies schon 1865 („Ueber den Zeitsinn des Ohres", Sitzungsber. d. Wiener Akad.) und 1866 (Fichte's Zeitschr. f. Philosophie) hervorgehoben habe, so entfallen metaphysische Unklarheiten. (Vgl. Epstein, „Die logischen Principien der Zeitmessung", Berlin 1887.)

Anderwärts (Principien der Wärmelehre, S. 51) habe ich zu zeigen versucht, worauf die natürliche Neigung des Menschen beruht, seine für ihn werthvollen Begriffe, besonders diejenigen, zu welchen er instinktiv, ohne Kenntniss von deren Entwickelungsgeschichte, gelangt ist, zu hypostasiren. Die für den Temperaturbegriff daselbst gegebenen Ausführungen lassen sich unschwer auf den Zeitbegriff übertragen, und machen die Entstehung von Newton's „absoluter Zeit“ verständlich Auch auf den Zusammenhang des Entropiebegriffs mit der Nichtumkehrbarkeit der Zeit wird daselbst (S. 338) hingewiesen, und die Ansicht ausgesprochen, dass die Entropie des Weltalls, wenn sie überhaupt bestimmt werden könnte, wirklich eine Art absoluten Zeitmaasses darstellen würde. Endlich muss ich hier noch auf die Erörterungen von Petzoldt („Das Gesetz der Eindeutigkeit“, Vierteljahrschr. f. w. Philosophie 1894, S. 146) hinweisen, die ich anderwärts beantworten werde.

3. Aehnliche Ansichten, wie über die Zeit entwickelt Newton über den Raum und die Bewegung. Wir lassen wieder einige charakteristische Stellen folgen:

„II. Der absolute Raum bleibt vermöge seiner Natur und ohne Beziehung auf einen äussern Gegenstand stets gleich und unbeweglich.

„Der relative Raum ist ein Maass oder ein beweglicher Theil des erstern, welcher von unsern Sinnen, durch seine Lage gegen andere Körper bezeichnet und gewöhnlich für den unbeweglichen Raum genommen wird. — —

„IV. Die absolute Bewegung ist die Uebertragung des Körpers von einem absoluten Orte nach einem andern absoluten Orte, die relative Bewegung, die Uebertragung von einem relativen Orte nach einem andern relativen Orte. — —

— — „So bedienen wir uns, und nicht unpassend, in menschlichen Dingen statt der absoluten Orte und Bewegungen der relativen, in der Naturlehre hingegen muss man von den Sinnen abstrahiren. Es kann nämlich der Fall sein, dass kein wirklich ruhender Körper existirt, auf welchen man die Orte und Bewegungen beziehen könnte. — —

„Die wirkenden Ursachen, durch welche absolute und relative Bewegungen voneinander verschieden sind, sind die Fliehkräfte von der Axe der Bewegung. Bei einer nur relativen Kreisbewegung existiren diese Kräfte nicht, aber sie sind kleiner oder grösser, je nach Verhältniss der Grösse der (absoluten) Bewegung.

„Man hänge z. B. ein Gefäss an einem sehr langen Faden auf, drehe denselben beständig im Kreise herum, bis der Faden durch die Drehung sehr steif wird; hierauf fülle man es mit Wasser und halte es zugleich mit letzterm in Ruhe. Wird es nun durch eine plötzlich wirkende Kraft in entgegengesetzte Kreisbewegung gesetzt und hält diese, während der Faden sich ablöst, längere Zeit an, so wird die Oberfläche des Wassers anfangs eben sein, wie vor der Bewegung des Gefässes, hierauf, wenn die Kraft allmählich auf das Wasser einwirkt, bewirkt das Gefäss, dass dieses (das Wasser) merklich sich umzudrehen anfängt. Es entfernt sich nach und nach von der Mitte und steigt an den Wänden des Gefässes in die Höhe, indem es eine hohle Form annimmt. (Diesen Versuch habe ich selbst gemacht.)

— — „Im Anfang als die relative Bewegung des Wassers im Gefäss am grössten war, verursachte dieselbe kein Bestreben, sich von der Axe zu entfernen. Das Wasser suchte nicht, sich dem Umfang zu nähern, indem es an den Wänden emporstieg, sondern blieb eben, und die wahre kreisförmige Bewegung hatte daher noch nicht begonnen. Nachher aber, als die relative Bewegung des Wassers abnahm, deutete sein Aufsteigen an den Wänden des Gefässes das Bestreben an, von der Axe zurückzuweichen, und dieses Bestreben zeigte die stets wachsende wahre Kreisbewegung des Wassers an, bis diese endlich am grössten wurde, wenn das Wasser selbst relativ im Gefäss ruhte. — —

„Die wahren Bewegungen der einzelnen Körper zu erkennen und von den scheinbaren zu unterscheiden, ist übrigens sehr schwer, weil die Theile jenes unbeweglichen Raumes, in denen die Körper sich wahrhaft bewegen, nicht sinnlich erkannt werden können.

„Die Sache ist jedoch nicht gänzlich hoffnungslos. Es ergeben sich nämlich die erforderlichen Hülfsmittel, theils aus den scheinbaren Bewegungen, welche die Unterschiede der wahren sind, theils aus den Kräften, welche den wahren Bewegungen als wirkende Ursachen zu Grunde liegen. Werden z. B. zwei Kugeln in gegebener gegenseitiger Entfernung mittels eines Fadens verbunden, und so um den gewöhnlichen Schwerpunkt gedreht, so erkennt man aus der Spannung des Fadens das Streben der Kugeln, sich von der Axe der Bewegung zu entfernen, und kann daraus die Grösse der kreisförmigen Bewegung berechnen. Brächte man hierauf beliebige gleiche Kräfte an beiden Seiten zugleich an, um die Kreisbewegung zu vergrössern oder zu verkleinern, so würde man aus der vergrösserten oder verminderten Spannung des Fadens die Vergrösserung oder Verkleinerung der Bewegung erkennen, und hieraus endlich diejenigen Seiten der Kugeln ermitteln können, auf welche die Kräfte einwirken müssten, damit die Bewegung am stärksten vergrössert würde, d. h. die hintere Seite oder diejenige, welche bei der Kreisbewegung nachfolgt. Sobald man aber die nachfolgende und die ihr entgegengesetzte vorangehende Seite erkannt hätte, würde man auch die Richtung der Bewegung erkannt haben. Auf diese Weise könnte man sowol die Grösse als auch die Richtung dieser kreisförmigen Bewegung in jedem unendlich grossen leeren Raum finden, wenn auch nichts Aeusserliches und Erkennbares sich dort befände, womit die Kugeln verglichen werden könnten." — —

4. Dass Newton auch in den eben mitgetheilten Ueberlegungen gegen seine Absicht, nur das Thatsächliche zu untersuchen, handelt, ist kaum nöthig zu bemerken. Ueber den absoluten Raum und die absolute Bewegung kann niemand etwas aussagen, sie sind blosse Gedankendinge, die in der Erfahrung nicht aufgezeigt werden können. Alle unsere Grundsätze der Mechanik sind, wie ausführlich gezeigt worden ist, Erfahrungen über relative Lagen und Bewegungen der Körper. Sie konnten und durften auf den Gebieten, auf welchen man sie heute als gültig betrachtet, nicht ohne Prüfung angenommen werden. Niemand ist berechtigt, diese Grundsätze über die Grenzen der Erfahrung hinaus auszu-

dehnen. Ja diese Ausdehnung ist sogar sinnlos, da sie niemand anzuwenden wüsste.

Gehen wir nun auf die Einzelheiten ein. Wenn wir sagen, dass ein Körper K seine Richtung und Geschwindigkeit nur durch den Einfluss eines andern Körpers K' ändert, so können wir zu dieser Einsicht gar nicht kommen, wenn nicht andere Körper A, B, C.... vorhanden sind, gegen welche wir die Bewegung des Körpers K beurtheilen. Wir erkennen also eigentlich eine Beziehung des Körpers K zu A, B, C.... Wenn wir nun plötzlich von A, B, C.... absehen, und von einem Verhalten des Körpers K im absoluten Raume sprechen wollten, so würden wir einen doppelten Fehler begehen. Einmal könnten wir nicht wissen, wie sich K bei Abwesenheit von A, B, C.... benehmen würde, dann aber würde uns jedes Mittel fehlen, das Benehmen des Körpers K zu beurtheilen, und unsere Aussage zu prüfen, welche demnach keinen naturwissenschaftlichen Sinn hätte.

Zwei Körper K und K', welche gegeneinander gravitiren, ertheilen sich ihren Massen m, m' verkehrt proportionale Beschleunigungen nach der Richtung der Verbindungslinie. In diesem Satze liegt nicht allein eine Beziehung der Körper K und K' zueinander, sondern auch zu den übrigen Körpern. Denn derselbe sagt nicht nur, dass K und K' gegeneinander die Beschleunigung $\varkappa \frac{m + m'}{r^2}$ erfahren, sondern auch dass K die Beschleunigung $\frac{-\varkappa m'}{r^2}$ und K' die Beschleunigung $\frac{+\varkappa m}{r^2}$ nach der Richtung der Verbindungslinie erfährt, was nur durch die Anwesenheit noch anderer Körper ermittelt werden konnte.

Die Bewegung eines Körpers K kann immer nur beurtheilt werden in Bezug auf andere Körper A, B, C.... Da wir immer eine genügende Anzahl gegeneinander relativ festliegender oder ihre Lage nur langsam ändernder Körper zur Verfügung haben, so sind wir hierbei auf keinen bestimmten Körper angewiesen, und können abwechselnd bald von diesem, bald von jenem absehen. Hierdurch entstand die Meinung, dass diese Körper überhaupt gleichgültig seien.

Es wäre wol möglich, dass die isolirten Körper *A*, *B*, *C* .... bei Bestimmung der Bewegung des Körpers *K* nur eine zufällige Rolle spielten, dass die Bewegung durch das Medium bestimmt wäre, in welchem sich *K* befindet. Dann müsste man aber an die Stelle des Newton'schen absoluten Raumes jenes Medium setzen. Diese Vorstellung hat Newton entschieden nicht gehabt. Zudem lässt sich leicht nachweisen, dass die Luft jenes bewegungsbestimmende Medium nicht ist. Man müsste also an ein anderes etwa den Weltraum erfüllendes Medium denken, über dessen Beschaffenheit und über dessen Bewegungsverhältniss zu den darin befindlichen Körpern wir gegenwärtig eine ausreichende Kenntniss nicht haben. An sich würde ein solches Verhältniss nicht zu den Unmöglichkeiten gehören. Es ist durch die neuern hydrodynamischen Untersuchungen bekannt, dass ein starrer Körper in einer reibungslosen Flüssigkeit nur bei Geschwindigkeits**änderungen** einen Widerstand erfährt. Zwar ist dieses Resultat aus der Vorstellung der Trägheit theoretisch abgeleitet, es könnte aber umgekehrt auch als die erste Thatsache angesehen werden, von der man auszugehen hätte. Wenn auch mit dieser Vorstellung praktisch zunächst nichts anzufangen wäre, so könnte man doch hoffen, über dieses hypothetische Medium in Zukunft mehr zu erfahren, und sie wäre naturwissenschaftlich noch immer werthvoller, als der verzweifelte Gedanke an den absoluten Raum. Bedenken wir, dass wir die isolirten Körper *A*, *B*, *C* .... nicht wegschaffen, also über ihre wesentliche oder zufällige Rolle durch den Versuch nicht entscheiden können, dass dieselben bisher das einzige und auch ausreichende Mittel zur Orientirung über Bewegungen und zur Beschreibung der mechanischen Thatsachen sind, so empfiehlt es sich, die Bewegungen vorläufig als durch diese Körper bestimmt anzusehen.

5. Betrachten wir nun denjenigen Punkt, auf welchen sich Newton bei Unterscheidung der relativen und absoluten Bewegung mit starkem Recht zu stützen scheint. Wenn die Erde eine absolute Rotation um ihre Axe hat, so treten an derselben Centrifugalkräfte auf, sie wird abgeplattet, die Schwerebeschleunigung am Aequator vermindert, die Ebene des Foucault'schen Pendels wird gedreht u. s. w. Alle diese Erscheinungen verschwinden, wenn die Erde ruht und die übrigen Himmelskörper sich absolut um dieselbe bewegen, sodass dieselbe relative Rotation zu Stande kommt. So ist es allerdings, wenn man von vornherein von der Vorstellung eines absoluten Raumes ausgeht. Bleibt man aber auf dem Boden der Thatsachen, so weiss man blos von relativen Räumen und Bewegungen. Relativ sind die Bewegungen im Weltsystem, von dem unbekannten und unberücksichtigten Medium des Weltraums abgesehen, dieselben nach der Ptolemäischen und nach der Kopernikanischen Auffassung. Beide Auffassungen sind auch gleich richtig, nur ist die letztere einfacher und praktischer. Das Weltsystem ist uns nicht zweimal gegeben mit ruhender und mit rotirender Erde, sondern nur einmal mit seinen allein bestimmbaren Relativbewegungen. Wir können also nicht sagen, wie es wäre, wenn die Erde nicht rotirte. Wir können den einen uns gegebenen Fall in verschiedener Weise interpretiren. Wenn wir aber so interpretiren, dass wir mit der Erfahrung in Widerspruch gerathen, so interpretiren wir eben falsch. Die mechanischen Grundsätze können also wol so gefasst werden, dass auch für Relativdrehungen Centrifugalkräfte sich ergeben.

Der Versuch Newton's mit dem rotirenden Wassergefäss lehrt nur, dass die Relativdrehung des Wassers gegen die Gefässwände keine merklichen Centrifugalkräfte weckt, dass dieselben aber durch die Relativdrehung gegen die Masse der Erde und die übrigen

Himmelskörper geweckt werden. Niemand kann sagen, wie der Versuch verlaufen würde, wenn die Gefässwände immer dicker und massiger, zuletzt mehrere Meilen dick würden. Es liegt nur der eine Versuch vor, und wir haben denselben mit den übrigen uns bekannten Thatsachen, nicht aber mit unsern willkürlichen Dichtungen in Einklang zu bringen.

6. Wir können über die Bedeutung des Trägheitsgesetzes nicht in Zweifel sein, wenn wir uns gegenwärtig halten, in welcher Weise es gefunden worden ist. Galilei hat zuerst die Unveränderlichkeit der Geschwindigkeit und Richtung eines Körpers in Bezug auf irdische Objecte bemerkt. Die meisten irdischen Bewegungen sind von so geringer Dauer und Ausdehnung, dass man gar nicht nöthig hat, auf die Aenderungen der Progressivgeschwindigkeit der Erde gegen die Himmelskörper und auf die Drehung derselben zu achten. Nur bei weitgeworfenen Projectilen, bei den Schwingungen des Foucault'schen Pendels u. s. w. erweist sich diese Rücksicht als nothwendig. Als nun Newton die seit Galilei gefundenen mechanischen Principien auf das Planetensystem anzuwenden suchte, bemerkte er, dass soweit dies überhaupt beurtheilt werden kann, die Planeten gegen die sehr entfernten scheinbar gegeneinander festliegenden Weltkörper, von Kraftwirkungen abgesehen, ebenso ihre Richtung und Geschwindigkeit beizubehalten scheinen, als die auf der Erde bewegten Körper gegen die festliegenden Objecte der Erde. Das Verhalten der irdischen Körper gegen die Erde lässt sich auf deren Verhalten gegen die fernen Himmelskörper zurückführen. Wollten wir behaupten, dass wir von den bewegten Körpern mehr kennen als jenes durch die Erfahrung gegebene Verhalten gegen die Himmelskörper, so würden wir uns einer Unehrlichkeit schuldig machen. Wenn wir daher sagen, dass ein Körper seine Richtung und Geschwindigkeit im Raum beibehält, so liegt darin nur eine kurze Anweisung auf Beachtung der ganzen Welt. Der Erfinder des Princips darf

sich diesen gekürzten Ausdruck erlauben, weil er weiss, dass der Ausführung der Anweisung in der Regel keine Schwierigkeiten im Wege stehen. Er kann aber nicht helfen, wenn sich solche Schwierigkeiten einstellen, wenn z.B. die nöthigen gegeneinander festliegenden Körper fehlen.

7. Statt nun einen bewegten Körper K auf den Raum (auf ein Coordinatensystem) zu beziehen, wollen wir direct sein Verhältniss zu den Körpern des Weltraumes betrachten, durch welche jenes Coordinatensystem allein bestimmt werden kann. Von einander sehr ferne Körper, welche in Bezug auf andere ferne festliegende Körper sich mit constanter Richtung und Geschwindigkeit bewegen, ändern ihre gegenseitige Entfernung der Zeit proportional. Man kann auch sagen, alle sehr fernen Körper ändern von gegenseitigen oder andern Kräften abgesehen ihre Entfernungen einander proportional. Zwei Körper, welche in kleiner Entfernung voneinander sich mit constanter Richtung und Geschwindigkeit gegen andere festliegende Körper bewegen, stehen in einer complicirtern Beziehung. Würde man die beiden Körper als voneinander abhängig betrachten, r ihre Entfernung, t die Zeit und a eine von den Richtungen und Geschwindigkeiten abhängige Constante nennen, so würde sich ergeben: $\frac{d^2r}{dt^2} = \frac{1}{r}\left[[a^2 - \left(\frac{dr}{dt}\right)^2\right]$.

Es ist offenbar viel einfacher und übersichtlicher, die beiden Körper als voneinander unabhängig anzusehen und die Unveränderlichkeit ihrer Richtung und Geschwindigkeit gegen andere festliegende Körper zu beachten.

Statt zu sagen, die Richtung und Geschwindigkeit einer Masse μ im Raum bleibt constant, kann man auch den Ausdruck gebrauchen, die mittlere Beschleunigung der Masse μ gegen die Massen $m, m', m'' \ldots$ in den Entfernungen $r, r', r'' \ldots.$ ist $= o$ oder $\frac{d^2}{dt^2}\frac{\Sigma mr}{\Sigma m} = o.$

Letzterer Ausdruck ist dem erstern äquivalent, sobald man nur hinreichend viele, hinreichend weite und grosse Massen in Betracht zieht. Es fällt hierbei der gegenseitige Einfluss der nähern kleinen Massen, welche sich scheinbar umeinander nicht kümmern, von selbst aus. Dass die unveränderliche Richtung und Geschwindigkeit durch die angeführte Bedingung gegeben ist, sieht man, wenn man durch μ als Scheitel Kegel legt, welche verschiedene Theile des Weltraumes herausschneiden und wenn man für die Massen dieser einzelnen Theile die Bedingung aufstellt. Man kann natürlich auch für den ganzen μ umschliessenden Raum $\frac{d^2}{dt^2}\frac{\Sigma m r}{\Sigma m} = o$ setzen. Diese Gleichung sagt aber nichts über die Bewegung von μ aus, da sie für jede Art der Bewegung gilt, wenn μ von unendlich vielen Massen gleichmässig umgeben ist. Wenn zwei Massen μ_1, μ_2 eine von ihrer Entfernung r abhängige Kraft aufeinander ausüben, so ist $\frac{d^2 r}{dt^2} = (\mu_1 + \mu_2) f(r)$. Zugleich bleibt aber die Beschleunigung des Schwerpunktes der beiden Massen oder die mittlere Beschleunigung des Massensystems (nach dem Gegenwirkungsprincip) gegen die Massen des Weltraumes $= o$, d. h. $\frac{d^2}{dt^2}\left[\mu_1 \frac{\Sigma m r_1}{\Sigma m} + \mu_2 \frac{\Sigma m r_2}{\Sigma m}\right] = o$.

Bedenkt man, dass die in die Beschleunigung eingehende Zeit selbst nichts ist als die Maasszahl von Entfernungen (oder von Drehungswinkeln) der Weltkörper, so sieht man, dass selbst in dem einfachsten Fall, in welchen man sich scheinbar nur mit der Wechselwirkung von zwei Massen befasst, ein Absehen von der übrigen Welt nicht möglich ist. Die Natur beginnt eben nicht mit Elementen, so wie wir genöthigt sind, mit Elementen zu beginnen. Für uns ist es allerdings ein Glück, wenn wir zeitweilig unsern Blick von dem überwältigenden Ganzen ablenken und auf das Einzelne richten können. Wir dürfen aber nicht versäumen, alsbald das vorläufig Unbeachtete neuerdings ergänzend und corrigirend zu untersuchen.

8. Die eben angestellten Betrachtungen zeigen, dass wir nicht nöthig haben das Trägheitsgesetz auf einen besondern absoluten Raum zu beziehen. Vielmehr erkennen wir, dass sowol jene Massen, welche nach der gewöhnlichen Ausdrucksweise Kräfte aufeinander ausüben, als auch jene, welche keine ausüben, zueinander in ganz gleichartigen Beschleunigungsbeziehungen stehen, und zwar kann man alle Massen als untereinander in Beziehung stehend betrachten. Dass bei den Beziehungen der Massen die Beschleunigungen eine hervorragende Rolle spielen, muss als eine Erfahrungsthatsache hingenommen werden, was aber nicht ausschliesst, dass man dieselbe durch Vergleichung mit andern Thatsachen, wobei sich neue Gesichtspunkte ergeben können, aufzuklären sucht. Bei allen Naturvorgängen spielen die Differenzen gewisser Grössen u eine maassgebende Rolle. Differenzen der Temperatur, der Potentialfunction u. s. w. veranlassen die Vorgänge, welche in der Ausgleichung dieser Differenzen bestehen. Die bekannten Ausdrücke $\frac{d^2 u}{dx^2}$, $\frac{d^2 u}{dy^2}$, $\frac{d^2 u}{d\;^2}$, welche bestimmend für die Art des Ausgleiches sind, können als Maass der Abweichung des Zustandes eines Punktes von dem Mittel der Zustände der Umgebung angesehen werden, welchem Mittel der Punkt zustrebt. In analoger Weise können auch die Massenbeschleunigungen aufgefasst werden. Die grossen Entfernungen von Massen, welche in keiner besondern Kraftbeziehung zueinander stehen, ändern sich einander proportional. Wenn wir also eine gewisse Entfernung ρ als Abscisse, eine andere r als Ordinate auftragen, so erhalten wir eine Gerade. Jede einem gewissen ρ-Werth zukommende r-Ordinate stellt dann das Mittel der Nachbarordinaten vor.

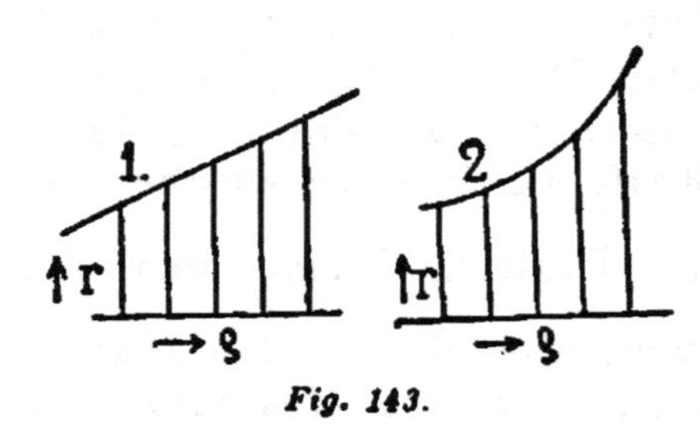

Fig. 143.

Stehen die Körper in einer Kraftbeziehung, so ist hierdurch ein Werth $\frac{d^2r}{dt^2}$ bestimmt, den wir den oben angeführten Bemerkungen zufolge durch einen Ausdruck von der Form $\frac{d^2r}{d\varrho^2}$ ersetzen können. Durch die Kraftbeziehung ist also eine gewisse Abweichung der r-Ordinate vom Mittel der Nachbarordinaten bestimmt, welche Abweichung ohne diese Kraftbeziehung nicht bestehen würde. Diese Andeutung möge hier genügen.

9. Wir haben in dem Obigen versucht, das Trägheitsgesetz auf einen von dem gewöhnlichen verschiedenen Ausdruck zu bringen. Derselbe leistet, solange eine genügende Anzahl von Körpern im Weltraume scheinbar festliegen, dasselbe wie der gewöhnliche. Er ist ebenso leicht anzuwenden und stösst auf dieselben Schwierigkeiten. In dem einen Fall können wir des absoluten Raumes nicht habhaft werden, in dem andern Fall ist nur eine beschränkte Zahl von Massen unserer Kenntniss zugänglich, und die angedeutete Summation ist also nicht zu vollenden. Ob der neue Ausdruck den Sachverhalt noch darstellen würde, wenn die Sterne durcheinanderfluten würden, kann nicht angegeben werden. Die allgemeinere Erfahrung kann aus der uns vorliegenden specielleren nicht herausconstruirt werden. Wir müssen vielmehr eine solche Erfahrung abwarten. Dieselbe wird sich vielleicht bei Erweiterung unserer physisch-astronomischen Kenntnisse irgendwo im Himmelsraume, wo heftigere und complicirtere Bewegungen vorgehen als in unserer Umgebung, darbieten. Das wichtigste Ergebniss unserer Betrachtungen ist aber, dass gerade die scheinbar einfachsten mechanischen Sätze sehr complicirter Natur sind, dass sie auf unabgeschlossenen, ja sogar auf nie vollständig abschliessbaren Erfahrungen beruhen, dass sie zwar praktisch hinreichend

gesichert sind, um mit Rücksicht auf die genügende Stabilität unserer Umgebung als Grundlage der mathematischen Deduction zu dienen, dass sie aber keineswegs selbst als mathematisch ausgemachte Wahrheiten angesehen werden dürfen, sondern vielmehr als Sätze, welche einer fortgesetzten Erfahrungscontrole nicht nur fähig, sondern sogar bedürftig sind. Diese Einsicht ist werthvoll, weil sie den wissenschaftlichen Fortschritt begünstigt.

Von den seit 1883 erschienenen Schriften über das Trägheitsgesetz, welche einen erfreulichen Beweis des erhöhten Interesses an dieser Frage geben, muss ich hier zunächst jene von Streintz („Physikalische Grundlagen der Mechanik“, Leipzig 1883) und jene von L. Lange („Die geschichtliche Entwickelung des Bewegungsbegriffes“, Leipzig 1886) kurz berühren.

Streintz hält zwar mit Recht den Ausdruck „absolute Translationsbewegung“ für begrifflich inhaltlos und erklärt dementsprechend gewisse analytische Ableitungen für überflüssig. In Bezug auf die Drehung meint aber St. mit Newton eine absolute Drehung von einer relativen Drehung unterscheiden zu können. Auf diesem Standpunkt kann man also jeden Körper ohne absolute Drehung als Bezugskörper für den Ausdruck des Trägheitsgesetzes wählen.

Ich kann diesen Standpunkt nicht theilen. Für mich gibt es überhaupt nur eine relative Bewegung („Erhaltung der Arbeit“, S. 48, Alinea 2; „Mechanik“, S. 223, 4) und ich kann darin einen Unterschied zwischen Rotation und Translation nicht machen. Dreht sich ein Körper relativ gegen den Fixsternhimmel, so treten Fliehkräfte auf, dreht er sich relativ gegen einen andern Körper, nicht aber gegen den Fixsternhimmel, so fehlen die Fliehkräfte. Ich habe nichts dagegen, dass man die erstere Rotation eine absolute nennt, wenn man nur nicht vergisst, dass dies nichts anderes heisst, als eine relative Drehung gegen den

Fixsternhimmel. Können wir vielleicht das Wasserglas Newton's festhalten, den Fixsternhimmel dagegen rotiren, und das Fehlen der Fliehkräfte nun nachweisen? Der Versuch ist nicht ausführbar, der Gedanke überhaupt sinnlos, da beide Fälle sinnlich voneinander nicht zu unterscheiden sind. Ich halte demnach beide Fälle für denselben Fall und die Newton'sche Unterscheidung für eine Illusion („Mechanik", S. 226, 5).

Richtig bleibt nur, dass man sich im Luftballon, im Nebel eingeschlossen, noch immer durch einen gegen den Fixsternhimmel nicht rotirenden Körper orientiren kann. Etwas anderes, als eine mittelbare Orientirung gegen den Fixsternhimmel, ist dies aber nicht; es ist eine mechanische Orientirung anstatt einer optischen.

Gegen die Streintz'sche Kritik meiner Ausführungen habe ich noch Folgendes zu bemerken. Meine Meinung ist nicht mit jener Euler's zu confundiren (Streintz, S. 7, 50), welcher, wie Lange ausführlich dargethan hat, zu einer festen fassbaren Ansicht überhaupt nicht gelangt ist. — Dass nur die fernern und nicht auch die nähern Massen Antheil an der Bestimmung der Geschwindigkeit eines Körpers haben (Streintz, S. 7), habe ich nicht angenommen; ich spreche nur von einem von der Entfernung unabhängigen Einfluss. — Dass ich, ohne Newton und Euler zu kennen, nach so langer Zeit doch nur zu Ansichten geführt worden bin, welche diese Forscher schon hatten, die aber theils von ihnen, theils von andern abgewiesen werden mussten, wird der unbefangene und aufmerksame Leser meinen Ausführungen gegenüber („Mechanik", S. 216—243) wol kaum mit Streintz (S. 50) behaupten wollen. Aber auch meine Bemerkungen von 1872, die Streintz allein bekannt waren, berechtigen nicht zu diesem Ausspruch; dieselben sind zwar aus guten Gründen sehr kurz, aber keineswegs so dürftig, als sie dem erscheinen müssen, welcher dieselben nur durch die Streintz'sche Kritik kennt. Den Standpunkt, den Streintz einnimmt, habe ich damals schon ausdrücklich abgelehnt.

Die Lange'sche Schrift scheint mir zu dem Besten zu gehören, was über die vorliegenden Fragen gearbeitet worden ist. Der methodische Gang berührt sehr sympathisch. Die sorgfältige Analyse und die historisch-kritische Betrachtung des Bewegungsbegriffes hat, wie mir scheint, Resultate von bleibendem Werthe ergeben. Auch die deutliche Hervorhebung und die zweckmässige Bezeichnung des Princips der „particulären Determination" halte ich für sehr verdienstlich, wenngleich mir das Princip selbst, beziehungsweise dessen Anwendung nicht als neu erscheint. Das Princip liegt eigentlich schon jeder Messung zu Grunde. Die Wahl der Maasseinheit ist Convention, die Maasszahl das Forschungsergebniss. Jeder Naturforscher, der sich klar gemacht hat, dass er lediglich die Abhängigkeit der Erscheinungen voneinander zu erforschen hat, wie ich dies vor langer Zeit (1865 und 1866) formulirt habe, verwendet das Princip. Wenn z. B. („Mechanik", S. 211 fg.) das negative umgekehrte Verhältniss der gegenseitigen Beschleunigungen zweier Körper als das Massenverhältniss definirt wird, so ist dies eine ausdrücklich als willkürlich bezeichnete Uebereinkunft, ein Forschungsergebniss aber, dass diese Verhältnisse von der Art und Ordnung der Combination der Körper unabhängig sind. Analoge Beispiele aus der Wärme- und Elektricitätslehre, sowie aus andern Gebieten könnte ich viele anführen.

Das Trägheitsgesetz will Lange, um gleich den einfachsten und anschaulichsten Ausdruck anzuführen, in folgender Weise aussprechen:

„Drei materielle Punkte P_1, P_2, P_3 werden gleichzeitig vom selben Raumpunkte ausgeschleudert und sofort sich selbst überlassen. Sobald man sich vergewissert hat, dass sie nicht in einer geraden Linie gelegen sind, verbindet man sie einzeln mit einem ganz beliebigen vierten Raumpunkt Q. Die Verbindungslinien, welche bez. G_1, G_2, G_3 heissen mögen, bilden zusammen eine dreiseitige Ecke. Lässt man nun diese

Ecke in unveränderter Starrheit ihre Gestalt bewahren und verfügt man über ihre Lage beständig so, dass P_1 auf der Kante G_1, P_2 auf G_2, P_3 auf G_3 stetig fortschreitet, so können die Kanten als Axen eines Coordinatensystems (Inertialsystems) angesehen werden, in Bezug auf welches jeder weitere sich selbst überlassene materielle Punkt in einer Geraden fortschreitet. Die von den sich selbst überlassenen Punkten in den so bestimmten Bahnen zurückgelegten Wege sind einander proportional.“

Ein Coordinatensystem, in Bezug auf welches drei materielle Punkte in Geraden fortschreiten, ist nach Lange (unter den angegebenen Einschränkungen) eine blosse Uebereinkunft. Dass in Bezug auf ein solches auch noch ein vierter und ein beliebiger weiterer sich selbst überlassener materieller Punkt in einer Geraden fortschreitet und dass die Wegstrecken der verschiedenen Punkte einander proportional bleiben, sind Forschungsergebnisse.

Zunächst soll nicht bestritten werden, dass man das Trägheitsgesetz auf ein derartiges Raum- und Zeitcoordinatensystem beziehen und so ausdrücken kann. Eine solche Fassung ist wol für die praktische Anwendung weniger geeignet als die Streintz'sche, dagegen der methodischen Vorzüge wegen ansprechender. Mir persönlich ist sie besonders sympathisch, da ich mich vor Jahren mit analogen Versuchen beschäftigt habe, von welchen nicht etwa Anfänge, sondern Reste („Mechanik“, S. 228, 7) stehen geblieben sind. Ich habe diese Versuche aufgegeben, weil ich die Ueberzeugung gewonnen habe, dass man durch alle diese Ausdrucksweisen (so auch durch die Streintz'sche und die Lange'sche) nur scheinbar die Beziehung auf den Fixsternhimmel und den Drehungswinkel der Erde umgeht.

Thatsächlich sind wir durch Beachtung des Fixsternhimmels und der Erdrotation zur Kenntniss des Trägheitsgesetzes in seinem heutigen Gültigkeitsbereich gelangt, und ohne diese Grundlagen würden wir auf die fraglichen Versuche gar nicht verfallen („Mechanik“, S. 227, 6). Eine Betrachtung einiger isolirter Punkte, unter gänzlichem Absehen von der übrigen Welt, scheint mir unzulässig („Mechanik“, S. 224, 229, 7).

Es scheint sehr fraglich, ob ein vierter sich selbst überlassener materieller Punkt in Bezug auf ein Lange'sches „Inertialsystem“ eine Gerade (gleichförmig) durchlaufen würde, sobald der Fixsternhimmel nicht vorbauden, oder nicht unveränderlich, oder nur nicht mit genügender Genauigkeit als unveränderlich anzusehen wäre.

Der natürlichste Standpunkt für den aufrichtigen Naturforscher bleibt der, das Trägheitsgesetz zunächst als eine hinreichende Annäherung zu betrachten, dasselbe räumlich auf den Fixsternhimmel, zeitlich auf die Drehung der Erde zu beziehen und die Correctur, beziehungsweise Verschärfung unserer Kenntniss von einer erweiterten Erfahrung zu erwarten, wie ich dies („Mechanik“, S. 231, 9) dargelegt habe.

Ich muss nun noch die seit 1889 erschienenen Behandlungen des Trägheitsgesetzes erwähnen. Zunächst sei auf die Darstellung von K. Pearson („Grammar of Science“, 1892, S. 477) verwiesen, welche von der Terminologie abgesehen mit der meinigen übereinstimmt. P. und J. Friedländer („Absolute und relative Bewegung“, Berlin 1896) versuchen die Frage durch ein Experiment nach dem Schema des von mir S. 227 erwähnten zu entscheiden, wobei ich nur besorge, dass dasselbe quantitativ nicht zureichen wird. Den Erörterungen von Johannesson („Das Beharrungsgesetz“, Berlin 1896) kann ich ganz wohl zustimmen, doch bleibt die Frage, wonach sich die Bewegung eines von andern Körpern nicht merklich beschleunigten bestimmt, unerledigt. Der Vollständigkeit wegen sollen noch die überwiegend dialektischen Ausführungen von M. E. Vicaire (Société scientifique de Bruxelles 1895), sowie die Untersuchungen von J. G. Macgregor (Royal Society of Canada 1895) erwähnt werden, welche letztere zur berührten Frage in loserer Beziehung stehen. Gegen die Budde'sche

Auffassung des Raumes als eine Art Medium habe ich nichts einzuwenden (Vgl. S. 225), nur meine ich, dass die Eigenschaften dieses Mediums doch noch auf irgend eine andere Weise physikalisch nachweisbar sein und nicht ad hoc angenommen werden müssten. Erweisen sich alle (scheinbaren) Fernwirkungen, Beschleunigungen, als durch ein Medium vermittelt, so rückt die Frage überhaupt in ein anderes Licht und die Lösung liegt vielleicht in der S. 225 dargelegten Auffassung.

7. *Uebersichtliche Kritik der Newton'schen Aufstellungen.*

1. Wir können nun, nachdem wir die Einzelheiten genügend besprochen haben, die Form und die Anordnung der Newton'schen Aufstellungen noch einmal überschauen. Newton schickt mehrere Definitionen voraus, und lässt denselben die Gesetze der Bewegung folgen. Wir beschäftigen uns zunächst mit den erstern.

„Definition 1. Die Menge der Materie wird durch ihre Dichtigkeit und ihr Volum vereint gemessen. — Diese Menge der Materie werde ich im Folgenden unter dem Namen Körper oder Masse verstehen, und sie wird durch das Gewicht des jedesmaligen Körpers bekannt. Dass die Masse dem Gewicht proportional sei, habe ich durch sehr genau angestellte Pendelversuche gefunden, wie später gezeigt werden wird.

„Definition 2. Die Grösse der Bewegung wird durch die Geschwindigkeit und die Menge der Materie vereint gemessen.

„Definition 3. Die Materie besitzt das Vermögen zu widerstehen; deshalb verharrt jeder Körper, soweit es an ihm ist, in seinem Zustande der Ruhe oder der gleichförmigen geradlinigen Bewegung.

„Definition 4. Eine angebrachte Kraft ist das gegen einen Körper ausgeübte Bestreben, seinen Zustand zu ändern, entweder den der Ruhe oder den der gleichförmigen geradlinigen Bewegung.

„Definition 5. Die Centripetalkraft bewirkt, dass ein Körper gegen irgendeinen Punkt als Centrum gezogen oder gestossen wird, oder auf irgendeine Weise dahin zu gelangen strebt.

„Definition 6. Die absolute Grösse der Centripetalkraft ist das grössere oder kleinere Maass derselben, nach Verhältniss der wirkenden Ursache, welche vom Mittelpunkte nach den umgebenden Theilen sich fortpflanzt.

„Definition 7. Die Grösse der beschleunigenden Centripetalkraft ist proportional der Geschwindigkeit, welche sie in einer gegebenen Zeit erzeugt.

„Definition 8. Die Grösse der bewegenden Centripetalkraft ist der Bewegungsgrösse proportional, welche sie in seiner gegebenen Zeit erzeugt.

„Man kann der Kürze wegen diese auf dreifache Weise betrachtete Grösse der Kraft absolute, beschleunigende und bewegende Kraft nennen, und sie zu gegenseitiger Unterscheidung auf die nach dem Mittelpunkt strebenden Körper, den Ort der Körper und den Mittelpunkt der Kräfte beziehen. Die bewegende Kraft auf den Körper, als ein Streben und Hinneigen des Ganzen gegen das Centrum, welches aus der Hinneigung der einzelnen Theile zusammengesetzt ist. Die beschleunigende Kraft auf den Ort des Körpers, als eine wirkende Ursache, welche sich vom Centrum aus nach den einzelnen es umgebenden Orten, zur Bewegung des in denselben befindlichen Körpers, fortpflanzt. Die absolute Kraft auf das Centrum, welches mit einer Ursache begabt ist, ohne welche die bewegenden Kräfte sich nicht durch den Raum fortpflanzen würden. Diese Ursache mag nun irgendein Centralkörper (wie der Magnet im Centrum der magnetischen, die Erde im Centrum der Schwerkraft), oder irgendwie unsichtbar sein. Dies ist wenigstens der mathematische Begriff derselben, denn die physischen Ursachen und Sitze der Kräfte ziehe ich hier nicht in Betracht.

„Die beschleunigende Kraft verhält sich daher zur

bewegenden, wie die Geschwindigkeit zur Bewegungsgrösse. Die Grösse der Bewegung entsteht nämlich aus dem Producte der Geschwindigkeit in die Masse, und die bewegende Kraft aus dem Producte der beschleunigenden Kraft in dieselbe Masse, indem die Summe der Wirkungen, welche die beschleunigende Kraft in den einzelnen Theilen des Körpers hervorbringt, die bewegende Kraft des ganzen Körpers ist. Daher verhält sich in der Nähe der Erdoberfläche, wo die beschleunigende Kraft, d. h. die Kraft der Schwere in allen Körpern dieselbe ist, die bewegende Kraft der Schwere oder das Gewicht, wie der Körper. Steigt man aber zu Gegenden auf, in denen die beschleunigende Kraft der Schwere geringer wird, so wird das Gewicht gleichmässig vermindert und stets dem Product aus der beschleunigenden Kraft der Schwere und dem Körper proportional sein. So wird in Gegenden, wo die beschleunigende Kraft halb so gross ist, das Gewicht eines Körpers um die Hälfte vermindert. Ferner nenne ich die Anziehung und den Stoss in demselben Sinne beschleunigend und bewegend. Die Benennung: Anziehung, Stoss oder Hinneigung gegen den Mittelpunkt nehme ich ohne Unterschied und untereinander vermischt an, indem ich diese Kräfte nicht im physischen, sondern nur im mathematischen Sinn betrachte. Der Leser möge daher aus Bemerkungen dieser Art nicht schliessen, dass ich die Art und Weise der Wirkung oder die physische Ursache erkläre, oder auch dass ich den Mittelpunkten (welche geometrische Punkte sind) wirkliche und physische Kräfte beilege, indem ich sage: Die Mittelpunkte ziehen an, oder es finden Mittelpunktskräfte statt."

2. Die Definition 1 ist, wie schon ausführlich dargethan wurde, eine Scheindefinition. Der Massebegriff wird dadurch nicht klarer, dass man die Masse als das Product des Volums und der Dichte darstellt, da die Dichte selbst nur die Masse der Volumseinheit vorstellt. Die wahre Definition der Masse kann nur aus

den dynamischen Beziehungen der Körper abgeleitet werden.

Gegen die Definition 2, die einen blossen Rechnungsausdruck erklärt, ist nichts einzuwenden. Hingegen wird die Definition 3 (Trägheit) durch die Kraftdefinitionen 4—8 überflüssig gemacht, da durch die beschleunigende Natur der Kräfte die Trägheit schon gegeben ist.

Definition 4 erklärt die Kraft als die Beschleunigungsursache oder das Beschleunigungsbestreben eines Körpers. Letzteres rechtfertigt sich dadurch, dass auch in dem Falle, als Beschleunigungen nicht auftreten können, andere denselben entsprechende Veränderungen, Druck, Dehnung der Körper u. s. w. eintreten. Die Ursache einer Beschleunigung gegen ein bestimmtes Centrum hin wird in Definition 5 als Centripetalkraft erklärt, und in 6, 7, 8 in die absolute, beschleunigende und bewegende geschieden. Es ist wol Geschmacks- und Formsache, ob man die Erläuterung des Kraftbegriffes in eine oder mehrere Definitionen fassen will. Principiell ist gegen die Newton'schen Definitionen nichts einzuwenden.

3. Es folgen nun die Axiome oder Gesetze der Bewegung, von welchen Newton drei aufstellt:

„1. Gesetz. Jeder Körper beharrt in seinem Zustande der Ruhe oder der gleichförmigen geradlinigen Bewegung, wenn er nicht durch einwirkende Kräfte gezwungen wird, seinen Zustand zu ändern."

„2. Gesetz. Die Aenderung der Bewegung ist der Einwirkung der bewegenden Kraft proportional und geschieht nach der Richtung derjenigen geraden Linie, nach welcher jene Kraft wirkt."

„3. Gesetz. Die Wirkung ist stets der Gegenwirkung gleich, oder die Wirkungen zweier Körper aufeinander sind stets gleich und von entgegengesetzter Richtung."

Diesen drei Gesetzen schliesst Newton mehrere Zusätze an. Der 1. und 2. Zusatz bezieht sich auf das Princip des Kräftenparallelogramms, der 3. auf die bei der Gegenwirkung erzeugte Bewegungsquantität, der 4. auf die Unveränderlichkeit des Schwerpunktes durch die Gegenwirkung, der 5. und 6. auf die relative Bewegung.

4. Man erkennt leicht, dass das 1. und 2. Gesetz durch die vorausgehenden Kraftdefinitionen schon gegeben ist. Nach denselben besteht ohne Kraft keine Beschleunigung und demnach nur Ruhe oder geradlinige gleichförmige Bewegung. Es ist ferner nur eine ganz unnöthige Tautologie, nachdem die Beschleunigung als Kraftmaass festgesetzt ist, noch einmal zu sagen, dass die Bewegungsänderung der Kraft proportional sei. Es wäre genügend gewesen zu sagen, dass die vorausgeschickten Definitionen keine willkürlichen mathematischen seien, sondern in der Erfahrung gegebenen Eigenschaften der Körper entsprechen. Das dritte Gesetz enthält scheinbar etwas Neues. Wir haben aber schon gesehen, dass es ohne den richtigen Massenbegriff unverständlich ist, hingegen durch den Massenbegriff, der selbst nur durch dynamische Erfahrungen gewonnen werden kann, unnöthig wird.

Zusatz 1 enthält wirklich etwas Neues. Derselbe betrachtet aber die durch verschiedene Körper *M*, *N*, *P* in einem Körper *K* bedingten Beschleunigungen als selbstverständlich voneinander unabhängig, während dies gerade ausdrücklich als eine Erfahrungsthatsache anzuerkennen wäre. Zusatz 2 ist eine einfache Anwendung des in Zusatz 1 ausgesprochenen Gesetzes. Auch die übrigen Zusätze stellen sich als einfache deductive (mathematische) Ergebnisse aus den vorausgegangenen Begriffen und Gesetzen dar.

5. Selbst wenn man ganz auf dem Newton'schen Standpunkte bleibt, und von den erwähnten Complicationen und Unbestimmtheiten ganz absicht, welche durch die abgekürzte Bezeichnung „Zeit“ und „Raum“ nicht beseitigt, sondern nur verdeckt werden, kann man die Newton'schen Aufstellungen durch viel einfachere,

methodisch mehr geordnete und befriedigende ersetzen. Dieselben wären unsers Erachtens etwa folgende:

a. Erfahrungssatz. Gegenüberstehende Körper bestimmen unter gewissen von der Experimentalphysik anzugebenden Umständen aneinander entgegengesetzte Beschleunigungen nach der Richtung ihrer Verbindungslinie. (Der Satz der Trägheit ist hier schon eingeschlossen.)

b. Definition. Das Massenverhältniss zweier Körper ist das negative umgekehrte Verhältniss der gegenseitigen Beschleunigungen.

c. Erfahrungssatz. Die Massenverhältnisse sind von der Art der physikalischen Zustände der Körper (ob dieselben elektrische, magnetische u. s. w. sind), welche die wechselseitige Beschleunigung bedingen, unabhängig, sie bleiben auch dieselben, ob sie mittelbar oder unmittelbar gewonnen werden.

d. Erfahrungssatz. Die Beschleunigungen, welche mehrere Körper A, B, C.... an einem Körper K bestimmen, sind voneinander unabhängig. (Der Satz des Kräftenparallelogramms folgt hieraus unmittelbar.)

e. Definition. Bewegende Kraft ist das Product aus dem Massenwerth eines Körpers in die an demselben bestimmte Beschleunigung.

Nun könnten noch die übrigen willkürlichen Definitionen der Rechnungsausdrücke „Bewegungsgrösse“, „lebendige Kraft“ u. s. w. folgen, welche aber durchaus nicht unentbehrlich sind. Die angeführten Sätze erfüllen die Forderung der Einfachheit und Sparsamkeit, welche man an dieselben aus ökonomisch-wissenschaftlichen Gründen stellen muss. Sie sind auch durchsichtig und klar, denn es kann bei keinem derselben ein Zweifel bestehen, was er bedeutet, aus welcher Quelle er stammt, ob er eine Erfahrung oder eine willkürliche Festsetzung ausspricht.

6. Im Ganzen kann man sagen, dass Newton in vorzüglicher Weise die Begriffe und Sätze herausgefunden hat, welche genügend gesichert waren, um auf dieselben

weiter zubauen. Er dürfte zum Theil durch die Schwierigkeit und Neuheit des Gegenstandes seinen Zeitgenossen gegenüber zu einer grossen Breite und dadurch zu einer gewissen Zerrissenheit der Darstellung genöthigt gewesen sein, infolge welcher z. B. ein und dieselbe Eigenschaft der mechanischen Vorgänge mehrmals formulirt erscheint. Theilweise war er aber nachweislich über die Bedeutung und namentlich über die Erkenntnissquelle seiner Sätze selbst nicht vollkommen klar. Und auch dies vermag nicht den leisesten Schatten auf seine geistige Grösse zu werfen. Derjenige, welcher einen neuen Standpunkt zu erwerben hat, kann denselben natürlich nicht von vornherein so sicher innehaben, wie jene, welche diesen Standpunkt mühelos von ihm übernehmen. Er hat genug gethan, wenn er Wahrheiten gefunden hat, auf die man weiter bauen kann. Denn jede neue Folgerung bietet zugleich eine neue Einsicht, eine neue Controle, eine Erweiterung der Uebersicht, eine Klärung des Standpunktes. Der Feldherr so wenig als der grosse Entdecker kann bei jedem gewonnenen Posten kleinliche Untersuchungen darüber anstellen, mit welchem Recht er denselben besitzt. Die Grösse der zu lösenden Aufgabe lässt hierzu keine Zeit. Später wird dies anders. Von den beiden folgenden Jahrhunderten durfte Newton wohl erwarten, dass sie die Grundlagen des von ihm Geschaffenen weiter untersuchen und befestigen würden. In der That können in Zeiten grösserer wissenschaftlicher Ruhe die Principien ein höheres philosophisches Interesse gewinnen, als alles, was sich auf dieselben bauen lässt. Dann treten Fragen auf, wie die hier behandelten, zu deren Beantwortung hier vielleicht ein kleiner Beitrag geliefert worden ist. Wir stimmen dem mit Recht hochberühmten Physiker W. Thomson in der Verehrung und Bewunderung Newton's bei. Sir W. Thomson's Ansicht aber, dass die Newton'schen Aufstellungen auch heute noch das Beste und Philosophischste seien, was man geben könne, ist uns schwer verständlich.

8. *Rückblick auf die Entwickelung der Dynamik.*

1. Wenn wir die Entwickelungsperiode der Dynamik überblicken, welche durch Galilei eingeleitet, durch Huyghens weiter geführt, durch Newton abgeschlossen wurde, so stellt sich als Hauptergebniss die Erkenntniss dar, dass die Körper gegenseitig aneinander von räumlichen und materiellen Umständen abhängige Beschleunigungen bestimmen, und dass es Massen gibt. Dass die Erkenntniss dieser Thatsachen sich in so vielen Sätzen darstellt, hat lediglich einen historischen Grund; sie wurde nicht auf einmal, sondern schrittweise gewonnen. Es ist eigentlich nur eine grosse Thatsache, die festgestellt worden ist. Verschiedene Körperpaare bestimmen unabhängig voneinander an sich selbst Beschleunigungspaare, deren Glieder das für jedes Körperpaar charakteristische unveränderliche Verhältniss darbieten. Selbst so bedeutende Menschen wie Galilei, Huyghens und Newton konnten diese Thatsache nicht auf einmal erschauen, sondern nur stückweise erkennen, wie sich dies in dem Fallgesetze, dem besondern Trägheitsgesetze, dem Princip des Kräftenparallelogramms, dem Massenbegriff u. s. w. ausspricht. Heute hat es keine Schwierigkeit mehr, die Einheit der ganzen Thatsache zu durchblicken. Nur das praktische Bedürfniss der Mittheilung kann die stückweise Darstellung durch mehrere Sätze (deren Zahl eigentlich nur durch den wissenschaftlichen Geschmack bestimmt wird) rechtfertigen. Die Erinnerung an die über die Begriffe Zeit, Trägheit u. s. w. gegebenen Ausführungen befestigt übrigens gewiss die Ueberzeugung, dass genau genommen selbst heute die ganze fragliche Thatsache noch nicht nach allen Seiten vollständig erkannt ist.

Mit den „unbekannten Ursachen“ der Naturvorgänge hat der gewonnene Standpunkt (wie Newton ausdrücklich hervorhebt) nichts zu schaffen. Was wir heute in der Mechanik Kraft nennen, ist nicht etwas in den Vorgängen Verborgenes, sondern ein messbarer thatsächlicher Bewegungsumstand, das Product aus der Masse in die Beschleunigung. Auch wenn man von Anziehungen oder Abstossungen der Körper spricht, hat man nicht nöthig an irgendwelche verborgene Ursachen der Bewegung zu denken. Man bezeichnet durch den Ausdruck Anziehung nur die **thatsächliche Aehnlichkeit** des durch die Bewegungsumstände bestimmten Vorganges mit dem Effect eines Willensimpulses. In beiden Fällen erfolgt entweder wirkliche Bewegung oder, wenn diese durch einen andern Bewegungsumstand wieder aufgehoben ist, Zerrung, Pressung der Körper u. s. w.

2. Das eigentliche Werk des Genies bestand darin, den Zusammenhang gewisser Bestimmungsstücke der mechanischen Vorgänge zu bemerken. Die genauere Feststellung der Form dieses Zusammenhanges fiel mehr der bedächtigen Arbeit anheim, welche die verschiedenen Begriffe und Sätze der Mechanik schuf. Den wahren Werth und die Bedeutung dieser Sätze und Begriffe kann man nur durch Untersuchung ihres historischen Ursprunges ermitteln. Hierbei zeigt sich nun zuweilen unverkennbar, dass zufällige Umstände dem Entwickelungsgange eine eigenthümliche Richtung gegeben haben, welche unter andern Umständen sehr verschieden hätte ausfallen können, wie dies hier durch ein Beispiel erläutert werden soll.

Bevor Galilei die bekannte Abhängigkeit zwischen der Endgeschwindigkeit und Fallzeit annahm, und dieselbe durch das Experiment prüfte, versuchte er, wie bereits erwähnt, eine andere Annahme, und setzte die Endgeschwindigkeit proportional dem zurückgelegten Fallraum. Er meinte, durch ebenfalls schon erwähnte Fehlschlüsse, diese Annahme im Widerspruch mit sich selbst zu finden. Er meinte, dass der doppelte Fallraum vermöge der doppelten Endgeschwindigkeit in derselben Zeit zurückgelegt werden müsste wie der einfache Fallraum. Da aber die erste Hälfte jedenfalls früher zurückgelegt wird, so müsste der Rest augenblicklich (ohne messbare Zeit) zurückgelegt werden. Leicht folgt dann, dass die Fallbewegung überhaupt eine momentane wäre.

Die Fehlschlüsse liegen hier klar zu Tage. Integrationen im Kopfe waren natürlich Galilei nicht geläufig, und er musste bei dem Fehlen aller Methode nothwendig irren, sobald die Verhältnisse etwas complicirter waren. Nennen wir s den Weg, t die Zeit, so lautet die Galilei'sche Annahme in unserer heutigen Sprache $\frac{ds}{dt} = a s$, woraus folgt $s = A e^{at}$, wobei a eine Erfahrungs- und A eine Integrationsconstante wäre. Dies ist eine ganz andere Folgerung als diejenige, welche Galilei gezogen hat. Sie passt allerdings zur Erfahrung nicht, und Galilei hätte wahrscheinlich Anstoss daran genommen, dass für $t = o$ doch s von o verschieden sein muss, wenn überhaupt Bewegung eintreten soll. Allein sich selbst widerspricht die Annahme keineswegs.

Nehmen wir an, Kepler hätte sich dieselbe Frage gestellt. Während Galilei stets nur nach dem Einfachsten griff, und eine Annahme sofort fallen liess, wenn sie nicht passte, zeigt Kepler eine ganz andere Natur. Er scheut sich vor den complicirtesten Annahmen nicht, und gelangt, dieselben fort und fort allmählich abändernd, zum Ziel, wie dies die Geschichte der Auffindung seiner Gesetze der Planetenbewegung hinreichend darthut. Kepler hätte also wahrscheinlich, wenn die Annahme $\frac{ds}{dt} = a s$ nicht gepasst hätte, eine Unzahl anderer, darunter wahrscheinlich auch die richtige $\frac{ds}{dt} = a \sqrt{s}$ versucht. Damit würde aber die Dynamik einen wesentlich andern Entwickelungsgang genommen haben.

Unserer Meinung nach hat nun diesem geringfügigen historischen Umstand der Begriff „Arbeit" die Mühe zu danken, mit welcher er sich nur sehr allmählich zu seiner gegenwärtigen Bedeutung emporarbeiten konnte. In der That musste, weil zufällig die Abhängigkeit zwischen Geschwindigkeit und Zeit früher ermittelt worden war, die Beziehung $v = gt$ als die ursprüngliche, die Gleichung $s = \frac{gt^2}{2}$ als die nächste, und $gs = \frac{v^2}{2}$ als eine entferntere Folgerung erscheinen. Führt man den Begriff Masse (m) und Kraft (p) ein, wobei $p = mg$, so erhält man (durch Multiplication der drei Gleichungen mit m) die Sätze, $mv = pt$, $ms = \frac{pt^2}{2}$, $ps = \frac{mv^2}{2}$, die Grundgleichungen der Mechanik. Nothwendig mussten also die Begriffe Kraft und Bewegungsquantität (mv) ursprünglicher scheinen, als die Begriffe Arbeit (ps) und lebendige Kraft (mv^2). Kein Wunder also, dass überall, wo der Arbeitbegriff auftrat, man immer versuchte denselben durch die historisch älteren Begriffe zu ersetzen. Der ganze Streit der Leibnitzianer und Cartesianer, welcher erst durch d'Alembert einigermaassen geschlichtet wurde, findet darin seine volle Erklärung.

Unbefangen betrachtet, hat man genau dasselbe Recht, nach der Abhängigkeit von Endgeschwindigkeit und Zeit, wie nach der Abhängigkeit von Endgeschwindigkeit und Weg zu fragen, und die Frage durch das Experiment zu beantworten. Die eine Frage führt zu dem Erfahrungssatze: Gegebene gegenüberstehende Körper ertheilen sich in gegebenen Zeiten gewisse Geschwindigkeitszuwüchse. Die andere lehrt: Gegebene gegenüberstehende Körper ertheilen sich für bestimmte gegenseitige Verschiebungen gewisse Geschwindigkeitszuwüchse. Beide Sätze sind gleichberechtigt und können als gleich ursprünglich angesehen werden.

Dass dies richtig ist, beweist in unserer Zeit J. R. Mayer, eine von den Einflüssen der Schule freie moderne Galilei'sche Natur, welcher in der That den letztern Weg selbständig eingeschlagen, und dadurch eine Erweiterung der Wissenschaft hervorgerufen hat, wie sie auf dem Wege der Schule erst später, umständlicher und nicht in gleicher Vollständigkeit eingetreten ist. Für Mayer ist „Arbeit" der ursprüngliche Begriff. Er nennt das Kraft, was in der Mechanik der Schule Arbeit genannt wird. Mayer fehlt nur darin, dass er seinen Weg für den einzig richtigen hält.

3. Man kann also nach Belieben die Fallzeit oder den Fallraum als geschwindigkeitbestimmend ansehen. Richtet man die Aufmerksamkeit auf den ersten Umstand, so stellt sich der Kraftbegriff als der ursprüngliche, der Arbeitbegriff als der abgeleitete dar. Untersucht man den Einfluss des zweiten Umstandes zuerst, so ist gerade der Arbeitbegriff der ursprüngliche. Bei Uebertragung der durch Betrachtung der Fallbewegung gewonnenen Begriffe auf complicirtere Verhältnisse erkennt man die Kraft als abhängig von der Entfernung der Körper, als eine Function der Entfernung $f(r)$. Die Arbeit auf der Wegstrecke dr ist dann $f(r)\,dr$. Auf dem zweiten Untersuchungswege ergibt sich die Arbeit auch als eine Function der Entfernung $F(r)$, die Kraft kennen wir aber dann nur in der Form $\frac{d \cdot F(r)}{dr}$, als Grenzwerth des Verhältnisses: $\frac{\text{Arbeitszuwachs}}{\text{Wegzuwachs}}$.

Galilei hat vorzugsweise den ersten der beiden Wege cultivirt, und Newton hat ihn ebenfalls vorgezogen. Huyghens, wenn er sich auch nicht ganz darauf beschränkt, bewegt sich mehr auf dem zweiten Wege. Descartes hat wieder in seiner Weise die Galilei'schen Ideen verarbeitet. Seine Leistungen sind aber den Newton'schen und Huyghens'schen gegenüber nicht von Belang und der Einfluss derselben erlischt bald ganz. Nach Huyghens und Newton geht aus der Vermengung beider Denkweisen, deren Unabhängigkeit und Gleichwerthigkeit nicht immer beachtet wird, die mannichfaltigste Verwirrung hervor, wie z. B. der erwähnte Streit der Cartesianer und Leibnitzianer über das Kraftmaass. Bis in die neueste Zeit aber wenden sich die Forscher mit Vorliebe bald der einen bald der andern Denkweise zu. So werden die Galilei-Newton'schen Gedanken vorzugsweise von der Poinsot'schen, die Galilei-Huyghens'schen von der Poncelet'schen Schule cultivirt.

4. Newton operirt fast ausschliesslich mit den Begriffen Kraft, Masse, Bewegungsgrösse. Sein Gefühl für den Werth des Massenbegriffes stellt ihn über seine Vorgänger und Zeitgenossen. Galilei dachte nicht daran, dass Masse und Gewicht verschiedene Dinge seien. Auch Huyghens setzt in allen Betrachtungen die Gewichte statt der Massen, so z. B. bei den Untersuchungen über den Schwingungsmittelpunkt. Auch in der Schrift „De percussione" (über den Stoss) sagt Huyghens immer „corpus majus" (der grössere Körper) und „corpus minus" (der kleinere Körper), wenn er die grössere oder kleinere Masse meint. Zur Bildung des Massenbegriffes war man erst gedrängt, als man bemerkte, dass derselbe Körper verschiedene Beschleunigungen durch die Schwere erfahren kann. Den Anlass hierzu boten zunächst die Pendelbeobachtungen von Richer (1671—1673), aus welchen Huyghens sofort die richtigen Schlüsse zog, und die Uebertragung der dynamischen Gesetze auf die Himmelskörper. Die Wichtigkeit des ersten Punktes sehen wir daraus, dass Newton durch eigene Beobachtungen an Pendeln aus verschiedenem Material die Proportionalität zwischen Masse und Gewicht an demselben Orte der Erde nachgewiesen hat. („Principia", Sect. VI de motu et resistentia corporum funependulorum). Auch bei Joh. Bernoulli wird die erste Unterscheidung von Masse uud Gewicht in der „meditatio de natura centri oscillationis" (Opera omnia, Lausannae et Genevae, T. II, p. 168) durch die Bemerkung herbeigeführt, dass derselbe Körper verschiedene Schwerebeschleunigungen annehmen kann. Die dynamischen Fragen

nun, welche mehrere zueinander in Beziehung stehende Körper betreffen, erledigt Newton mit Hülfe der Begriffe Kraft, Masse, Bewegungsgrösse.

5. Huyghens hat einen andern Weg zur Lösung derselben Probleme eingeschlagen. Galilei hatte schon erkannt, dass ein Körper vermöge der erlangten Fallgeschwindigkeit ebenso hoch steigt, als er herabgefallen ist. Indem Huyghens (im „Horologium oscillatorium") den Satz dahin verallgemeinert, dass der Schwerpunkt eines Körpersystems vermöge der erlangten Fallgeschwindigkeiten ebenso hoch steigt, als er herabgefallen ist, gelangt er zu dem Satze der Aequivalenz von Arbeit und lebendiger Kraft. Die Namen für seine Rechnungsausdrücke sind freilich erst viel später hinzugekommen.

Dieses Huyghens'sche Arbeitsprincip ist nun von den Zeitgenossen ziemlich allgemein mit Mistrauen aufgenommen worden. Man hat sich damit begnügt, die glänzenden Resultate zu benutzen; die Ableitungen derselben durch andere zu ersetzen, ist man stets bemüht gewesen. An dem Princip ist auch, nachdem Johann und Daniel Bernoulli dasselbe erweitert hatten, immer mehr die Fruchtbarkeit als die Evidenz geschätzt worden.

Wir sehen, dass immer die Galilei-Newton'schen Sätze ihrer grössern Einfachheit und scheinbar grössern Evidenz wegen den Galilei-Huyghens'schen vorgezogen wurden. Zur Anwendung der letztern zwingt überhaupt nur die Noth in jenen Fällen, in welchen die Anwendung der ersteren wegen der zu mühsamen Detailbetrachtung unmöglich wird, wie z. B. in der Theorie der Flüssigkeitsbewegung bei Johann und Daniel Bernoulli.

Betrachten wir aber die Sache genau, so kommt dem Huyghens'schen Princip dieselbe Einfachheit und Evidenz zu, wie den zuvor erwähnten Newton'schen Sätzen. Dass (bei einem Körper) die Geschwindigkeit durch die Fall*zeit* oder dass sie durch den Fall*raum* bestimmt sei, ist eine gleich natürliche und einfache Annahme. Die *Form* des Gesetzes muss in beiden Fällen durch die

Erfahrung gegeben werden. Dass also $pt = mv$ oder $ps = \frac{mv^2}{2}$, ist als Ausgangspunkt gleich gut.

6. Uebergeht man nun zur Untersuchung der Bewegung mehrerer Körper, so bedarf man in beiden Fällen wieder eines Schrittes von gleichem Grade der Sicherheit. Der Newton'sche Massenbegriff rechtfertigt sich dadurch, dass mit dem Aufgeben desselben alle Regel der Vorgänge aufhören würde, dass wir sofort Widersprüche gegen unsere gewöhnlichsten und gröbsten Erfahrungen erwarten müssten, dass die Physiognomie unserer mechanischen Umgebung uns unverständlich würde. Das Gleiche haben wir in Bezug auf das Huyghens'sche Arbeitsprincip zu bemerken. Geben wir den Satz $\Sigma ps = \Sigma \frac{mv^2}{2}$ auf, so können schwere Körper durch ihr eigenes Gewicht höher steigen, es hören alle bekannten Regeln der mechanischen Vorgänge auf. Auf das instinctive Moment, welches bei Auffindung beider Gesichtspunkte wirksam war, ist schon ausführlich eingegangen worden.

Natürlich hätten sich beide erwähnte Gedankenkreise viel unabhängiger voneinander entwickeln können. Da sie beide fortwährend miteinander in Berührung waren, so ist es kein Wunder, dass sie theilweise ineinandergeflossen sind, und dass der Huyghens'sche weniger abgeschlossen erscheint. Newton reicht mit den Kräften Massen, Bewegungsgrössen vollständig aus. Huyghens würde mit der Arbeit, der Masse und der lebendigen Kraft ebenfalls ausreichen. Da er aber den Massenbegriff noch nicht vollkommen hat, so muss derselbe bei den spätern Anwendungen dem andern Kreise entlehnt werden. Doch hätte dies auch vermieden werden können. Kann bei Newton das Massenverhältniss zweier Körper definirt werden durch das umgekehrte Verhältniss der durch dieselbe Kraft erzeugten Geschwindigkeiten, so würde es bei Huyghens consequent durch das umgekehrte Verhältniss der durch dieselbe Arbeit erzeugten Geschwindigkeitsquadrate definirt.

Beide Gedankenkreise betrachten die Abhängigkeit ganz verschiedener Momente derselben Erscheinung. Die Newton'sche Betrachtung ist insofern vollständiger, als sie über die Bewegung jeder Masse Aufschluss gibt: dafür muss sie aber auch sehr ins Einzelne eingehen. Die Huyghens'sche gibt eine Regel für das ganze System. Sie ist nur bequem, aber dann sehr bequem, wenn die Geschwindigkeitsverhältnisse der Massen ohnehin schon bekannt sind.

7. Wir können also beobachten, dass bei Entwickelung der Dynamik ganz ebenso wie bei der Entwickelung der Statik zu verschiedenen Zeiten der Zusammenhang sehr verschiedener Merkmale der mechanischen Vorgänge die Aufmerksamkeit der Forscher gefesselt hat. Man kann die Bewegungsquantität eines Systems durch die Kräfte als bestimmt ansehen, man kann aber auch die lebendige Kraft als durch die Arbeit bestimmt betrachten. Bei der Wahl der betreffenden Merkmale hat die Individualität der Forscher einen grossen Spielraum. Man wird es nach den gegebenen Ausführungen für möglich halten, dass das System der mechanischen Begriffe vielleicht ein anderes wäre, wenn Kepler die ersten Untersuchungen über die Fallbewegung angestellt, oder wenn Galilei bei seinen ersten Ueberlegungen keinen Fehler begangen hätte. Man wird zugleich erkennen, dass für das historishe Verständniss einer Wissenschaft nicht nur die Kenntniss der Gedanken wichtig ist, welche von den Nachfolgern angenommen und gepflegt worden sind, sondern dass mitunter auch flüchtige Erwägungen der Forscher, ja sogar das scheinbar ganz Verfehlte, sehr wichtig und sehr belehrend sein kann. Die historische Untersuchung des Entwickelungsganges einer Wissenschaft ist sehr nothwendig, wenn die aufgespeicherten Sätze nicht allmählich zu einem System von halb verstandenen Recepten oder gar zu einem System von Vorurtheilen werden sollen.

Die historische Untersuchung fördert nicht nur das Verständniss des Vorhandenen, sondern legt auch die Möglichkeit des Neuen nahe, indem sich das Vorhandene eben theilweise als *conventionell* und *zufällig* erweist. Von einem höhern Standpunkt aus, zu dem man auf verschiedenen Wegen gelangt ist, kann man mit freierm Blicke ausschauen, und noch neue Wege erkennen.

In allen dynamischen Sätzen, welche wir erörtert haben, spielt die *Geschwindigkeit* eine hervorragende Rolle. Dies liegt nach unsern Ausführungen daran, dass genau genommen jeder Körper zu allen andern in Beziehung steht, dass ein Körper und auch mehrere Körper nicht ganz isolirt betrachtet werden können. Nur unsere Unfähigkeit, alles *auf einmal* zu übersehen, nöthigt uns, wenige Körper zu betrachten und von den übrigen vorläufig in mancher Beziehung *abzusehen*, was eben durch Einführung der Geschwindigkeit, welche die Zeit enthält, geschieht. Man kann es nicht für unmöglich halten, dass an Stelle der *Elementargesetze*, welche die gegenwärtige Mechanik ausmachen, einmal *Integralgesetze* treten (um einen Ausdruck C. Neumann's zu gebrauchen), dass wir direct die Abhängigkeit der *Lagen* der Körper voneinander erkennen. In diesem *Falle* wäre dann der *Kraftbegriff* überflüssig geworden.

Die vorstehenden 1883 niedergeschriebenen Zeilen stellen ein, allerdings sehr allgemeines, Programm einer künftigen Mechanik vor, und man erkennt, dass die 1894 publicirte *Hertz*'sche „Mechanik" einen ganz wesentlichen Fortschritt in dem bezeichneten Sinne bedeutet. Es ist nicht möglich, von der Reichhaltigkeit des genannten Buches in den wenigen Zeilen, auf welche wir uns hier beschränken müssen, eine zutreffende Vorstellung zu geben. Das Buch muss eben von jedem, der sich für Mechanik interessirt, gelesen werden. Die Kritik der bisherigen Behandlung der Mechanik, welche Hertz seinen Aufstellungen voranschickt, enthält sehr beachtenswerthe erkenntnisskritische Bemerkungen, die wir unserm Standpunkt gemäss, der weder dem Kant'schen noch jenem des Atomistikers entspricht, allerdings etwas modificiren müssten. Auch der Vorwurf des Mangels an Klarheit, den Hertz gegen die Galilei-Newton'sche Mechanik, namentlich gegen den Kraftbegriff vorbringt (S. 7, 14, 15), scheint uns nur gerechtfertigt gegenüber logisch mangelhaften Darstellungen dieses Systems, und Hertz selbst nimmt ja (S. 9, 47) diesen Vorwurf theilweise wieder zurück, oder mildert denselben wenigstens. Die Kräfte als oft „leergehende Räder", als sinnlich oft nicht nachweisbar zu bezeichnen, wird kaum zulässig sein. Wenn ein Stück Eisen ruhig auf dem Tisch liegt, so sind beide im Gleichgewicht befindliche Kräfte, Gewicht des Eisens und Elasticität des Tisches, ganz wohl nachweisbar. Auch mit der energetischen Mechanik dürfte es wohl nicht so schlimm stehen, als es Hertz darstellt. Und was gegen die Anwendung der Minimumsprincipien eingewendet wird, dass sie die Annahme eines Zweckes einschliessen und ein auf die Zukunft gerichtetes Streben annehmen, so zeigt ja eben das vorliegende Buch an späterer Stelle wohl deutlich, dass die einfache Bedeutung der Minimumsprincipien in einem ganz andern Umstande liegt als in dem Zweck; eine Beziehung auf die Zukunft liegt aber in jeder Mechanik, da jede die Begriffe Zeit, Geschwindigkeit u. s. w. verwenden muss.

Hertz geht nun (unter Elimination des Kraftbegriffs) in seinen Aufstellungen lediglich von den Begriffen Zeit, Raum und Masse aus, in der Absicht, nur das zum Ausdruck zu bringen, was wirklich beobachtet werden kann. Der einzige Grundsatz, welchen er anwendet, lässt sich auffassen als eine Verbindung des Trägheitsgesetzes mit dem Gauss'schen Princip des kleinsten Zwanges. Freie Massen bewegen sich geradlinig gleichförmig. Sind dieselben in irgend welcher Verbindung, so weichen sie dem Gauss'schen Princip entsprechend möglichst wenig von dieser Bewegung ab; ihre wirkliche Bewegung liegt der freien Bewegung näher als jede andere denkbare. Hertz sagt, die Massen bewegen sich infolge ihrer Verbindung in einer geradesten Bahn. Jede Abweichung der Bewegung einer Masse von der Geradlinigkeit und Gleichförmigkeit schreibt Hertz nicht einer Kraft, sondern der (starren) Verbindung mit anderen Massen zu. Auch wo solche Massen nicht sichtbar sind, denkt er sich verborgene Massen mit verborgenen Bewegungen. Alle physikalischen Kräfte werden aus der Wirkung dieser Verbindungen entstanden gedacht. Die Kraft, die Kraftfunction, die Energie sind in seiner Darstellung nur secundäre Hülfsbegriffe.

Man kann sich psychologisch sehr wohl Rechenschaft davon geben, durch welche Umstände Hertz auf sein System gekommen ist. Nachdem es gelungen war, die elektrischen und magnetischen Fernkräfte als Folgen von Bewegungen in einem Medium darzustellen, musste der Wunsch wieder aufleben, dies auch für die Gravitationskräfte, womöglich für alle Kräfte zu leisten, und der Gedanke lag nahe, zu versuchen, ob der Kraftbegriff überhaupt eliminirt werden könnte. Es lässt sich ja auch gar nicht in Abrede stellen, dass unsere Vorstellung auf einem ganz andern Niveau steht, wenn wir alle Vorgänge eines Mediums mit den darin enthaltenen grösseren Massen in einem vollständigen einheitlichen Bild übersehen, als wenn uns nur eine Beschleunigungsbeziehung jener Massen bekannt ist. Dies gibt man gern zu, auch wenn man nicht glaubt, dass die Wechselwirkung sich berührender Theile begreiflicher ist, als die Fernwirkung. Die ganze augenblickliche Entwickelungsphase der Physik treibt nach dieser Seite hin. Nun kommt hinzu, dass die Newton'sche Mechanik alle Verbindungen durch Kräfte ersetzt, und es liegt also wieder nahe, alle Kräfte durch wirkliche oder hypothetische Verbindungen darzustellen. In der That gelingt dies in einfachen Fällen sehr leicht. Wird z. B. eine Masse m mit der Geschwindigkeit v gleichförmig im Kreise vom Radius r bewegt, was man auf eine vom Kreismittelpunkt ausgehende Centralkraft $\frac{mv^2}{r}$ zurückzuführen pflegt, so kann man sich statt dessen die Masse mit einer gleich grossen von entgegengesetzter Geschwindigkeit in der Entfernung $2r$ starr verbunden denken. Der Huyghens'sche centripetale Auftrieb wäre ein anderes Beispiel des Ersatzes einer Kraft durch Verbindungen. Der Umstand aber, dass schon in den einfachsten Fällen recht umständliche, oft nicht unbedenkliche Fictionen nöthig sind, um die physikalischen Kräfte zu ersetzen, bildet die Hauptschwierigkeit in der Anwendung dieser Mechanik, die Hertz auch mit der ihm eigenen Aufrichtigkeit (S. 47) selbst hervorhebt. Demnach ist die Hertz'sche Mechanik zur Zeit im wesentlichen noch ein Programm, wenn auch ein sehr ins Einzelne ausgeführtes und ein sehr geistreiches. Es ist auch kaum nöthig, zu bemerken, dass dieselben Erfahrungen und Grundvoraussetzungen, welche die Newton'sche Mechanik nacheinander einführt, in dem Hertz'schen Grundsatze auf einmal eingeführt erscheinen, worauf die grössere Schwierigkeit der Darstellung beruht. Nicht nur für die Mechanik, sondern auch für die Physik muss es von dem grössten Vortheil sein, wenn man versucht, wie weit man mit der Hertz'schen Behandlung kommt.

DRITTES KAPITEL.

Die weitere Verwendung der Principien und die deductive Entwickelung der Mechanik.

1. Die Tragweite der Newton'schen Principien.

1. Die Newton'schen Principien sind genügend, um ohne Hinzuziehung eines neuen Princips jeden praktisch vorkommenden mechanischen Fall, ob derselbe nun der Statik oder der Dynamik angehört, zu durchschauen. Wenn sich hierbei Schwierigkeiten ergeben, so sind dieselben immer nur mathemathischer (formeller) und keineswegs mehr principieller Natur. Es sei eine Anzahl Massen m_1, m_2, m_3 .... im Raume mit bestimmten Anfangsgeschwindigkeiten v_1, v_2, v_3 .... gegeben. Wir denken uns zwischen je zweien die Verbindungslinien gezogen. Nach der Richtung dieser Verbindungslinien treten die Beschleunigungen und Gegenbeschleunigungen auf, deren Abhängigkeit von der Entfernung die Physik zu bestimmen hat. In einem kleinen Zeitelement τ wird beispielsweise die Masse m_5 nach der Richtung der Anfangsgeschwindigkeit die Wegstrecke $v_5\,\tau$, und nach den Richtungen der Verbindungslinien mit den Massen m_1, m_2, m_3 .... mit den Beschleunigungen φ_1^5, φ_2^5, φ_3^5.... die Wege $\frac{\varphi_1^5}{2}\tau^2$, $\frac{\varphi_2^5}{2}\tau^2$, $\frac{\varphi_3}{2}\tau^2$,.... zurücklegen. Denken wir uns alle diese Bewegungen unabhängig voneinander ausgeführt, so erhalten wir den neuen Ort der Masse m_5 nach der Zeit τ

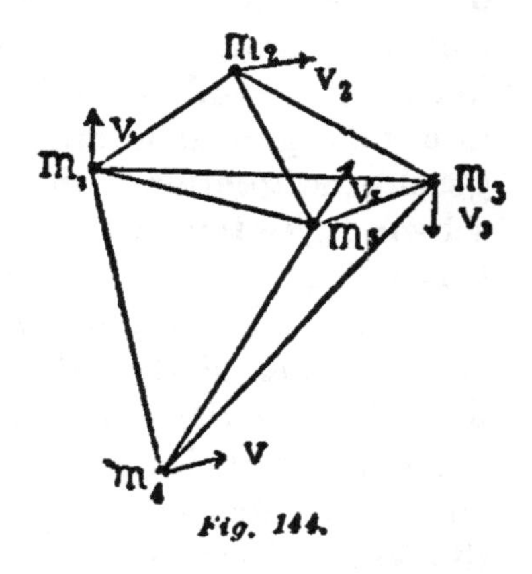

Fig. 144.

Die Zusammensetzung der Geschwindigkeiten v_5 und $\varphi_1{}^5\tau$, $\varphi_2{}^5\tau$, $\varphi_3{}^5\cdot\tau$,.... ergibt die neue Anfangsgeschwindigkeit am Ende der Zeit τ. Wir lassen nun ein zweites Zeittheilchen τ verfliessen und untersuchen die Bewegung in derselben Weise weiter, indem wir aufdie geänderten räumlichen Beziehungen der Massen Rücksicht nehmen. Mit jeder andern Masse können wir auf die gleiche Weise verfahren und sehen also, dass von einer principiellen Verlegenheit nicht die Rede sein kann, sondern nur von mathematischen Schwierigkeiten, wenn es sich um eine genaue Lösung der Aufgabe in geschlossenen Ausdrücken, und nicht um eine Verfolgung des Vorganges von Moment zu Moment handelt. Heben sich alle Beschleunigungen der Masse m_5 oder mehrerer Massen, so sind m_5 oder jene Massen im Gleichgewicht, und bewegen sich nur gleichförmig mit ihren Anfangsgeschwindigkeiten. Sind die betreffenden Anfangsgeschwindigkeiten $= o$, so besteht für diese Massen Gleichgewicht und Ruhe.

Wenn mehrere der Massen m_1. m_2,.... von grösserer Ausdehnung sind, sodass man nicht von einer Verbindungslinie zwischen je zwei Massen sprechen kann, so wird die principielle Schwierigkeit nicht grösser. Man theilt die Massen in genügend kleine Theile, und zieht die Verbindungslinien zwischen je zwei solchen Theilen. Man nimmt ferner Rücksicht auf die Wechselbeziehung der Theile derselben grössern Masse, welche z. B. bei starren Massen darin besteht, dass diese Theile jeder Aenderung ihrer Entfernung widerstreben. Bei der Aenderung der Entfernung zweier Theile beobachtet man eine der Entfernungsänderung proportionale Beschleunigung. Vergrösserte Entfernungen verkleinern, verkleinerte Entfernungen vergrössern sich wieder infolge dieser Beschleunigung. Durch die Verschiebung der Theile gegeneinander werden die bekannten Kräfte der Elasticität geweckt. Wenn Massen durch den Stoss zusammentreffen, so treten ihre Elasticitätskräfte erst mit der Berührung und der beginnenden Formänderung ins Spiel.

2. Wenn wir uns eine schwere verticale Säule vorstellen, welche auf der Erde ruht, so ist ein Theilchen m im Innern der Säule, das wir in Gedanken herausfassen, im Gleichgewicht und in Ruhe. An demselben ist durch die Erde eine verticale Fallbeschleunigung g bestimmt, welcher es auch Folge leistet. Hierbei nähert es sich aber den unterhalb liegenden Theilen, und die geweckten Elasticitätskräfte bedingen an m eine Verticalbeschleunigung aufwärts, welche schliesslich bei genügender Annäherung g gleich wird. Die oberhalb m liegenden Theile nähern sich durch g dem m ebenfalls. Es entsteht hierdurch wieder Beschleunigung und Gegenbeschleunigung, wodurch die oberhalb befindlichen Theile zu Ruhe kommen, m sich aber noch weiter den unterhalb befindlichen annähert, bis die Beschleunigung, welche m durch die obern Theile abwärts erfährt, vermehrt um g der Beschleunigung von m durch die untern Theile gleich ist. Ueber jeden Theil der Säule und der unterhalb liegenden Erde kann man dieselbe Betrachtung anstellen, und man erkennt leicht, dass die tiefern Theile einander mehr angenähert, stärker zusammengedrückt sind, als die höhern. Jeder Theil liegt zwischen einem höhern weniger, und einem tiefern mehr zusammengedrückten Theil; seine Fallbeschleunigung g wird durch einen Beschleunigungsüberschuss aufwärts, den er durch die untern Theile erfährt, aufgehoben. Man versteht das Gleichgewicht und die Ruhe der Säulentheile, indem man sich alle beschleunigten Bewegungen, welche durch die Wechselbeziehung der Erde und der Säulentheile bestimmt sind, wirklich gleichzeitig ausgeführt denkt. Die scheinbare mathematische Dürre dieser Vorstellung verschwindet, und dieselbe wird sofort sehr lebendig, wenn man bedenkt, dass thatsächlich kein Körper in vollkommener Ruhe sich befindet, sondern, dass immer kleine Erzitterungen und Störungen in demselben vorhanden sind, welche bald

den Fallbeschleunigungen, bald den Elasticitätsbeschleunigungen ein kleines Uebergewicht verschaffen. Der Fall der Ruhe ist dann nur ein sehr seltener, nie vollkommen eintretender, specieller Fall der Bewegung. Die erwähnten Erzitterungen sind uns keineswegs unbekannt. Wenn wir aber mit Gleichgewichtsfällen uns beschäftigen, so handelt es sich um eine schematische Nachbildung der mechanischen Thatsachen in Gedanken. Wir sehen dann von diesen Störungen, Verschiebungen, Verbiegungen und Erzitterungen, welche uns nicht weiter interessiren, absichtlich ab. Die sogenannte Theorie der Elasticität beschäftigt sich aber mit jenen Fällen dieser Verschiebungen und Erzitterungen, welche ein praktisches oder wissenschaftliches Interesse darbieten. Das Resultat der Newton'schen Leistungen besteht darin, dass wir mit einem und demselben Gedanken überall auskommen, und alle Gleichgewichts- und Bewegungsfälle mit Hülfe desselben nachbilden und vorbilden können. Alle mechanischen Fälle erscheinen uns nun durchaus gleichförmig, als dieselben Elemente enthaltend.

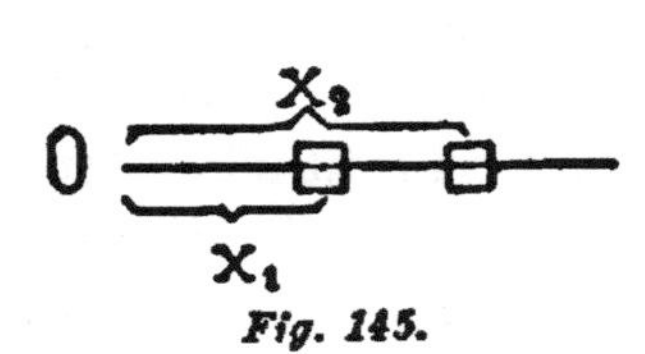

Fig. 145.

3. Betrachten wir ein anderes Beispiel. Zwei Massen m, m befinden sich in der Entfernung a voneinander. Es mögen bei Verschiebungen derselben gegeneinander der Entfernungsänderung proportionale Elasticitätskräfte geweckt werden. Die Massen seien nach der zu a parallelen X-Richtung beweglich, und ihre Coordinaten seien x_1, x_2. Wenn nun im Punkte x_2 eine Kraft f angreift, so gelten die Gleichungen

$$m \frac{d^2 x_1}{d t^2} = p \left[(x_2 - x_1) - a \right] \quad . \quad . \quad . \quad . \quad . \quad 1)$$

$$m \frac{d^2 x_2}{d t^2} = - p \left[(x_2 - x_1) - a \right] + f \quad . \quad . \quad . \quad . \quad 2)$$

wobei p die Kraft bedeutet, welche eine Masse auf die andere ausübt, wenn die gegenseitige Entfernung derselben sich um den Werth 1 ändert. Alle quantitativen Eigenschaften des mechanischen Vorganges sind durch diese Gleichungen bestimmt. Wir finden dieselben in übersichtlicher Form durch die Integration der Gleichungen. Gewöhnlich verschafft man sich durch mehrmaliges Differenziren der vorliegenden Gleichungen neue Gleichungen in genügender Zahl, um durch Elimination Gleichungen in x_1 allein oder x_2 allein zu erhalten, welche nachher integrirt werden. Wir wollen hier einen andern Weg einschlagen. Durch Subtraction der zweiten Gleichung von der ersten finden wir

$$m \frac{d^2 (x_2 - x_1)}{dt^2} = -2p\left[(x_2 - x_1) - a\right] + f, \text{ oder}$$

$x_2 - x_1 = u$ setzend

$$m \frac{d^2 u}{dt^2} = -2p\left[u - a\right] + f \quad . \quad . \quad . \quad . \quad . \quad . \quad 3)$$

und durch Addition der zweiten und ersten Gleichung

$$m \frac{d^2 (x_2 + x_1)}{dt^2} = f, \text{ oder } x_2 + x_1 = v \text{ setzend}$$

$$m \frac{d^2 v}{dt^2} = f \quad . \quad . \quad . \quad . \quad . \quad . \quad . \quad . \quad . \quad 4)$$

Die Integrale von 3) und 4) sind beziehungsweise

$$u = A \sin \sqrt{\frac{2p}{m}} \cdot t + B \cos \sqrt{\frac{2p}{m}} \cdot t + a + \frac{f}{2p} \text{ und}$$

$$v = \frac{f}{m} \cdot \frac{t^2}{2} + Ct + D, \text{ demnach}$$

$$x_1 = -\frac{A}{2} \sin \sqrt{\frac{2p}{m}} \cdot t - \frac{B}{2} \cos \sqrt{\frac{2p}{m}} \cdot t + \frac{f}{2m} \cdot \frac{t^2}{2} + Ct - \frac{a}{2} - \frac{f}{4p} + \frac{D}{2},$$

$$x_2 = \frac{A}{2} \sin \sqrt{\frac{2p}{m}} \cdot t + \frac{B}{2} \cos \sqrt{\frac{2p}{m}} \cdot t + \frac{f}{2m} \cdot \frac{t^2}{2} + Ct + \frac{a}{2} + \frac{f}{4p} + \frac{D}{2}.$$

Um einen speciellen Fall vor Augen zu haben, wollen wir annehmen, dass die Wirkung der Kraft f für $t = o$ beginne, und dass zu dieser Zeit

$$x_1 = o, \frac{dx_1}{dt} = o$$

$$x_2 = a, \frac{dx_2}{dt} = o,$$

also die Anfangslagen gegeben, und die Anfangsgeschwindigkeiten $= o$ seien. Hierdurch bestimmen sich die Constanten A, B, C, D so, dass

$$5)\quad x_1 = \frac{f}{4p}\cos\sqrt{\frac{2p}{m}}\cdot t + \frac{f}{2m}\cdot\frac{t^2}{2} - \frac{f}{4p},$$

$$6)\quad x_2 = -\frac{f}{4p}\cos\sqrt{\frac{2p}{m}}\cdot t + \frac{f}{2m}\frac{t^2}{2} + a + \frac{f}{4p}, \text{ und}$$

$$7)\quad x_2 - x_1 = -\frac{f}{2p}\cos\sqrt{\frac{2p}{m}}\cdot t + a + \frac{f}{2p} \text{ wird.}$$

Aus 5) und 6) sehen wir, dass die beiden Massen ausser einer gleichförmig beschleunigten Bewegung mit der Hälfte der Beschleunigung, welche die Kraft f einer dieser Massen allein ertheilen würde, noch eine in Bezug auf ihren Schwerpunkt symmetrische schwingende Bewegung ausführen. Die Dauer dieser schwingenden Bewegung $T = 2\pi\sqrt{\frac{m}{2p}}$ ist desto kleiner, je grösser die Kraft ist, welche bei derselben Massenverschiebung geweckt wird (wenn wir an zwei Theile desselben Körpers denken, je härter der Körper ist). Die Schwingungsweite der schwingenden Bewegung $\frac{f}{2p}$ wird ebenfalls kleiner mit der Grösse p der geweckten Verschiebungskraft. Gleichung 7) veranschaulicht die periodische Entfernungsänderung der beiden Massen während der fortschreitenden Bewegung. Die Bewegung eines elastischen Körpers könnte in diesem Falle als wurmförmig bezeichnet werden. Bei harten Körpern wird aber die Zahl der Schwingungen so gross und deren Excursion so klein, dass sie unbemerkt bleiben, und von denselben abgesehen werden kann. Die schwingende Bewegung verschwindet auch, entweder allmählich durch den Einfluss eines Widerstandes, oder wenn die beiden Massen, in dem Augenblicke als die Kraft f zu wirken beginnt, die Entfernung $a + \frac{f}{2p}$ und gleiche Anfangsgeschwindigkeiten haben. Die Entfernung $a + \frac{f}{2p}$, welche die Massen nach dem Verschwinden der Schwingung haben ist um $\frac{f}{2p}$ grösser als die Gleichgewichtsentfernung a. Es tritt nämlich durch die Wirkung von f eine Dehnung y ein, durch welche die Beschleunigung der vorausgehenden Masse auf die Hälfte reducirt wird, während jene der nachfolgenden auf denselben Werth ansteigt. Hierbei ist nun nach unserer Voraussetzung $\frac{py}{m} = \frac{f}{2m}$ oder $y = \frac{f}{2p}$. Wie man sieht, kann man die feinsten Einzelheiten eines derartigen Vorganges nach den Newton'schen Principien ermitteln. Die Untersuchung wird mathematisch (aber nicht principiell) complicirter, wenn man sich einen Körper in viele kleine Theile getheilt denkt, welche durch Elasticität zusammenhängen. Auch hier kann man bei genügender Härte die Schwingungen ignoriren. Solche Körper, bei welchen wir die gegenseitige Verschiebung der Theile absichtlich als verschwindend ansehen, nennen wir starre Körper.

4. Wir betrachten nun einen Fall, welcher das Schema eines Hebels vorstellt. Wir denken uns die Massen M, m_1, m_2 in einem Dreieck angeordnet und miteinander in elastischer Verbindung. Jede Veränderung

der Seiten, und folglich auch jede Veränderung der Winkel, bedingt Beschleunigungen, durch welche das Dreieck der frühern Form und Grösse wieder zustrebt. Wir können an einem solchen Schema mit Hülfe der Newton'schen Principien die Hebelgesetze ableiten, und fühlen zugleich, dass die Form dieser Ableitung, wenn sie auch complicirter wird, noch zulässig bleibt, wenn wir von einem schematischen Hebel aus drei Massen zu einem wirklichen Hebel übergehen. Die Masse M setzen wir entweder selbst als sehr gross voraus, oder denken uns dieselbe mit sehr grossen Massen (z. B. der Erde) derart in Verbindung, dass sie an dieselben durch grosse Elasticitätskräfte gebunden ist. Dann stellt M einen Drehpunkt vor, der sich nicht bewegt.

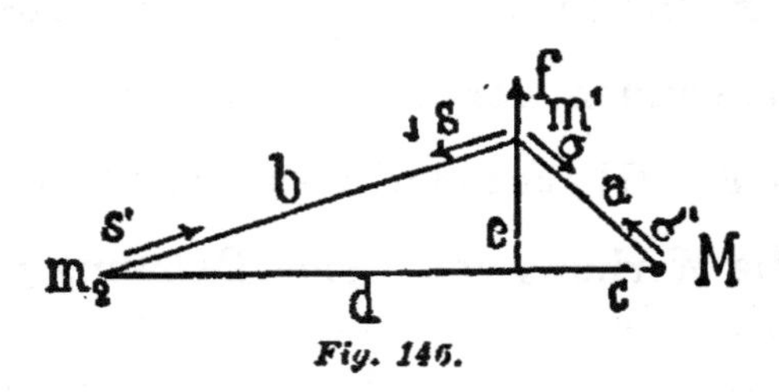

Fig. 146.

Es erhalte nun m_1 durch eine äussere Kraft eine Beschleunigung f senkrecht zur Verbindungslinie $Mm_2 = c + d$. Sofort tritt eine Dehnung der Linien $m_1 m_2 = b$ und $m_1 M = a$ ein, und es ergeben sich nach den betreffenden Richtungen beziehungsweise die noch unbestimmten Beschleunigungen s und σ, von welchen die Componenten $s\frac{e}{b}$ und $\sigma\frac{e}{a}$ der Beschleunigung f entgegengerichtet sind. Hierbei ist e die Höhe des Dreieckes $m_1 m_2 M$. Die Masse m_2 erhält die Beschleunigung s', welche in die beiden Componenten $s'\frac{d}{b}$ gegen M und $s'\frac{e}{b}$ parallel f zerfällt. Erstere bedingt eine kleine Annäherung von m_2 an M. Die Beschleunigungen, welche in M durch die Gegenwirkung von m_1 und m_2 bedingt sind, werden der grossen Masse wegen unmerklich. Von der Bewegung von M sehen wir demnach absichtlich ab.

Die Masse m_1 erhält also die Beschleunigung $f - s\frac{e}{b}$ $- \sigma\frac{e}{a}$, die Masse m_2 aber die parallele Beschleunigung $s'\frac{e}{b}$. Zwischen s und σ besteht eine einfache Beziehung. Nehmen wir eine sehr starre Verbindung an, so wird das Dreieck nur unmerklich verzerrt. Die zu f senkrechten Componenten von s und σ heben sich. Denn wäre dies für einen Augenblick nicht der Fall, so würde die grössere Componente eine weitere Verzerrung bedingen, welche sofort ihre Aufhebung zur Folge hätte. Die Resultirende von s und σ ist also f direct entgegengesetzt und demnach, wie leicht ersichtlich, $\sigma\frac{c}{a} = s\frac{d}{b}$. Zwischen s und s' besteht ferner die bekannte Beziehung $m_1 s = m_2 s'$ oder $s = s'\frac{m_2}{m_1}$. Im Ganzen erhalten m_2 und m_1 beziehungsweise die Beschleunigungen $s'\frac{e}{b}$ und $f - s'\frac{c}{b}\frac{m_2}{m_1} \cdot \frac{c+d}{c}$, oder wenn wir für den variablen Werth $s'\frac{e}{b}$ den Namen φ einführen, die Beschleunigungen φ und $f - \varphi\frac{m_2}{m_1}\frac{c+d}{c}$.

Mit Beginn der Verzerrung nimmt die Beschleunigung von m_1 durch das Wachsen von φ ab, während jene von m_2 zunimmt. Setzen wir nun die Höhe des Dreieckes e sehr klein, so bleiben unsere Betrachtungen noch anwendbar; es wird aber hierbei $a = c = r_1$, und $a + b = c + d = r_2$. Wir sehen auch, dass die Verzerrung so lange fortwachsen, hiermit φ steigen und die Beschleuniguug von m_1 abnehmen muss, bis die Beschleunigungen von m_1 und m_2 sich verhalten wie r_1 zu r_2. Dies entspricht einer Drehung des ganzen Dreiecks (ohne weitere Verzerrung) um M, welche Masse wegen der verschwindenden Beschleunigungen ruht. Ist die Drehung eingetreten, so entfällt der Grund für weitere Veränderungen von φ. Dann ist also

$$\varphi = \frac{r_2}{r_1}\left\{f - \varphi \frac{m_2}{m_1}\frac{r_2}{r_1}\right\} \text{ oder } \varphi = r_2 \frac{r_1 m_1 f}{m_1 r_1^2 + m_2 r_2^2}.$$

Die Winkelbeschleunigung des Hebels ψ erhalten wir

$$\psi = \frac{\varphi}{r_2} = \frac{r_1 m_1 f}{m_1 r_1^2 + m_2 r_2^2}.$$

Es steht nichts im Wege, auf den Fall noch näher einzugehen, die Verzerrungen und die Schwingungen der Theile gegeneinander zu bestimmen. Bei hinreichend harten Verbindungen kann man aber hiervon absehen. Wir bemerken, dass wir durch Anwendung der Newton'schen Principien zu demselben Resultat gelangt sind, zu welchem uns auch die Huyghens'sche Betrachtung geführt hätte. Das erscheint uns nicht wunderbar, wenn wir uns gegenwärtig halten, dass beide Betrachtungen vollkommen äquivalent sind, und nur von verschiedenen Seiten derselben Sache ausgehen. Nach der Huyghens'schen Methode wären wir schneller, aber mit weniger Einsicht in die Einzelheiten des Vorganges, zum Ziel gekommen. Wir hätten die bei einer Verschiebung von m_1 geleistete Arbeit zur Bestimmung der lebendigen Kräfte von m_1 und m_2 benutzt, wobei wir vorausgesetzt hätten, dass die betreffenden Geschwindigkeiten v_1 v_2 das Verhältniss $\frac{v_1}{v_2} = \frac{r_1}{r_2}$ einhalten. Das behandelte Beispiel ist sehr geeignet zu erläutern, was eine solche Bedingungsgleichung bedeutet. Sie sagt nur, dass schon bei geringen Abweichungen des $\frac{v_1}{v_2}$ von $\frac{r_1}{r_2}$ grosse Kräfte auftreten, welche thatsächlich eine weitere Abweichung verhindern. Die Körper folgen natürlich nicht den Gleichungen, sondern den Kräften.

5. Nehmen wir in dem zuvor behandelten Beispiele $m_1 = m_2 = m$ und $a = b$ (Fig. 147), so erhalten wir einen sehr anschaulichen Fall. Der dynamische Zustand ändert sich nicht mehr, wenn $\varphi = 2(f - 2\varphi)$, d. h. wenn die Beschleunigungen der Massen an der Grundlinie und am Scheitel durch $\frac{2f}{5}$ und $\frac{f}{5}$ gegeben sind. Bei Beginn der Zerrung wächst φ so lange, während gleichzeitig die Beschleunigung der Scheitelmasse um den doppelten Betrag vermindert wird, bis zwischen beiden das Verhältniss 2:1 besteht.

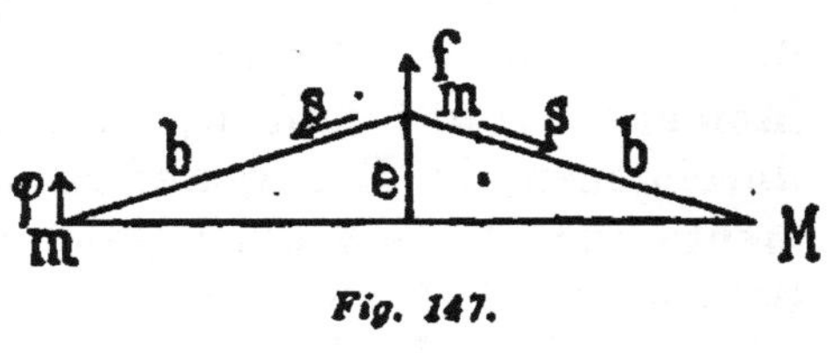

Fig. 147.

Wir betrachten nun noch das Gleichgewicht an einem schematischen Hebel, der aus drei Massen m_1, m_2 und M besteht, von welchen die letztere wieder sehr gross, oder mit sehr grossen Massen elastisch verbunden sein soll. Wir denken uns an m_1 und m_2 nach der Richtung $m_1\, m_2$

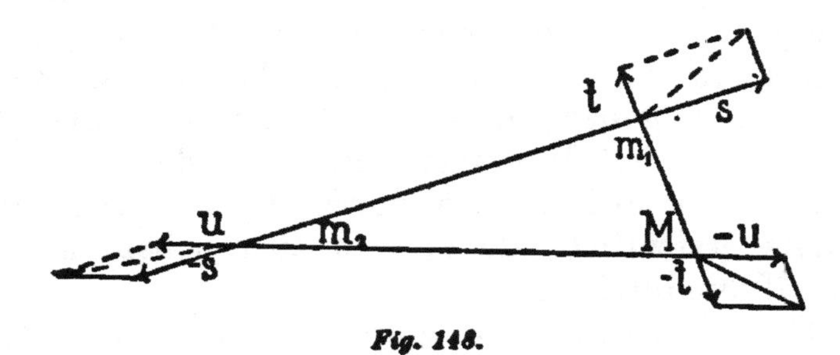

Fig. 148.

zwei gleiche entgegengesetzte Kräfte s, $-s$ angreifend, oder den Massen m_1, m_2 verkehrt proportionale Beschleunigungen gesetzt. Die Dehnung der Verbindung $m_1\, m_2$ erzeugt wieder den Massen m_1, m_2 verkehrt proportionale Beschleunigungen, welche die erstern heben und Gleichgewicht bedingen. Ebenso denken wir uns an $m_1\, M$ die gleichen entgegengesetzten Kräfte

t, $-t$, an m_2 M aber u, $-u$. Es besteht in diesem Fall Gleichgewicht. Wenn M mit genügend grossen Massen elastisch verbunden ist, so brauchen wir $-u$, $-t$ nicht anzubringen, da sich diese Kräfte bei den eintretenden Zerrungen von selbst herstellen, und das Gleichgewicht erhalten. Das Gleichgewicht besteht also auch für die zwei gleichen entgegengesetzten Kräfte s, $-s$ und die ganz beliebigen Kräfte t, u. In der That heben sich s, $-s$ und t, u gehen durch die befestigte Masse M hindurch, werden also bei der eintretenden Zerrung zerstört.

Die Gleichgewichtsbedingung reducirt sich leicht auf die gewöhnliche Form, wenn man bedenkt, dass die Momente von t und u, welche Kräfte durch M hindurchgehen, in Bezug auf M der Null gleich, die Momente von s, $-s$ aber gleich und entgegengesetzt sind. Setzen wir t, s zu p und u, $-s$ zu q zusammen, so ist nach dem Varignon'schen geometrischen Parallelogrammsatz das Moment von p gleich der Momentensumme von s, t und das Moment von q gleich der Momentensumme von u, $-s$. Die Momente sind also für p und q gleich und entgegengesetzt. Zwei beliebige Kräfte p und q werden sich also das Gleichgewicht halten, wenn sie nach m_1 m_2 gleiche entgegengesetzte Componenten geben, womit auch die Momentengleichheit in Bezug auf M gesetzt ist. Dass dann die Resultirende von p und q auch durch M hindurchgeht, ist ebenfalls ersichtlich, da s, $-s$ sich heben und t, u durch M hindurchgehen.

6. Der Newton'sche Standpunkt schliesst, wie das eben durchgeführte Beispiel lehrt, den Varignon'schen Standpunkt ein. Wir hatten also recht, die Varignon'sche Statik als eine dynamische Statik zu bezeichnen, welche, von den Grundgedanken der modernen Dynamik ausgehend, sich freiwillig auf Untersuchung von Gleichgewichtsfällen beschränkt. Es tritt nur in der Varignon'schen Statik wegen der abstracten Form die Bedeutung mancher Operationen, wie z. B. der Verlegung

der Kräfte in ihrer eigenen Richtung, nicht so deutlich hervor, als in dem eben behandelten Beispiel.

Wir schöpfen aus den durchgeführten Betrachtungen die Ueberzeugung, dass wir jeden mechanischen Fall, wenn wir uns nur die Mühe nehmen hinreichend in die Einzelheiten einzugehen, nach den Newton'schen Principien erledigen können. Wir durchschauen alle hierher gehörigen Gleichgewichts- und Bewegungsfälle, indem wir die Beschleunigungen, welche die Massen aneinander bestimmen, wirklich an denselben sehen. Es ist dieselbe grosse Thatsache, welche wir in den mannichfaltigsten Vorgängen wiedererkennen, oder doch zu erkennen vermögen, wenn wir wollen. Hierdurch ist eine Einheit, Homogeneität und Oekonomie einerseits, eine Reichhaltigkeit der physikalischen Anschauung andererseits ermöglicht, welche vor Newton nicht zu erreichen war.

Die Mechanik ist aber nicht allein Selbstzweck, sondern sie hat auch für die praktischen Bedürfnisse und zur Unterstützung anderer Wissenschaften Aufgaben zu lösen. Diese Aufgaben werden mit Vortheil durch von den Newton'schen verschiedene Methoden gelöst, deren Gleichwerthigkeit mit jenen aber schon dargethan wurde. Es wäre also wol nur unpraktische Pedanterie, wenn man, alle übrigen Vortheile misachtend, immer und überall auf die einfachen Newton'schen Anschauungen zurückkommen wollte. Es genügt, sich einmal überzeugt zu haben, dass man dies jederzeit kann. Andererseits sind die Newton'schen Vorstellungen wirklich die am meisten befriedigenden und durchsichtigen. Es zeigt sich darin ein edler Sinn für wissenschaftliche Klarheit und Einfachheit, wenn Poinsot diese Vorstellungen allein als Grundlage gelten lassen will.

2. *Die Rechnungsausdrücke und Maasse der Mechanik.*

1. Alle wichtigen Rechnungsausdrücke der heutigen Mechanik wurden schon in der Galilei-Newton'schen Zeit

gefunden und benutzt. Die besondern Namen, welche für dieselben ihres häufigern Gebrauches wegen sich als zweckmässig erwiesen haben, sind zum Theil erst viel später festgesetzt worden. Die einheitlichen Maasse der Mechanik kamen noch später in Aufnahme. Eigentlich ist die letztere Umgestaltung noch immer nicht als vollendet zu betrachten.

2. Bezeichnen wir mit s den Weg, mit t die Zeit, mit v die augenblickliche Geschwindigkeit und mit φ die Beschleunigung einer gleichförmig beschleunigten Bewegung, so kennen wir aus den Untersuchungen von Galilei und Huyghens die Gleichungen

$$\left.\begin{aligned} v &= \varphi t \\ s &= \frac{\varphi}{2} t^2 \\ \varphi s &= \frac{v^2}{2} \end{aligned}\right\} \quad \ldots\ldots\ldots \quad 1)$$

Dieselben geben durch Multiplication mit der Masse m

$$\begin{aligned} m v &= m \varphi t \\ m s &= \frac{m\varphi}{2} t^2 \\ m \varphi s &= \frac{m v^2}{2} \end{aligned}$$

und wenn wir die bewegende Kraft $m\varphi$ durch den Buchstaben p bezeichnen:

$$\left.\begin{aligned} m v &= p t \\ m s &= \frac{p t^2}{2} \\ p s &= \frac{m v^2}{2} \end{aligned}\right\} \quad \ldots\ldots\ldots \quad 2)$$

Die Gleichungen 1) enthalten alle die Grösse φ und

jede derselben noch zwei der Grössen s, t, v, wie dies durch das Schema

$$\varphi \left\{ \begin{array}{l} v, t \\ s, t \\ s, v \end{array} \right.$$

veranschaulicht wird.

Die Gleichungen 2) enthalten die Grössen m, p, s, t, v, und zwar jede derselben m, p und noch zwei der drei Grössen s, t, v, nach dem Schema:

$$m, p \left\{ \begin{array}{l} v, t \\ s, t \\ s, v \end{array} \right.$$

Die Gleichungen 2) können zur Beantwortung der verschiedensten Fragen über Bewegungen unter dem Einfluss constanter Kräfte benutzt werden. Will man z. B. die Geschwindigkeit v kennen, welche eine Masse m durch die Wirkung einer Kraft p in der Zeit t erlangt, so liefert die erste Gleichung $v = \frac{pt}{m}$. Würde umgekehrt die Zeit gesucht, durch welche eine Masse m, mit der Geschwindigkeit v behaftet, sich einer Kraft p entgegen zu bewegen vermag, so folgt aus derselben Gleichung $t = \frac{mv}{p}$. Fragt man hingegen nach der Wegstrecke, auf welche sich m mit v der Kraft p entgegen bewegt, so gibt die dritte Gleichung $s = \frac{mv^2}{2p}$. Die letztern beiden Fragen erläutern zugleich das Müssige des Descartes-Leibnitz'schen Streites über das Kraftmaass eines bewegten Körpers. Die Beschäftigung mit diesen Gleichungen befördert sehr die Sicherheit in der Handhabung der mechanischen Begriffe. Stellt man sich z. B. die Frage, welche Kraft p einer gegebenen Masse m die Geschwindigkeit v ertheilt, so sieht man bald, dass zwischen m, p, v allein keine

Gleichung existirt, dass also s oder t hinzugenommen werden muss, dass also diese Frage eine unbestimmte ist. Derartige Unbestimmtheiten lernt man bald erkennen und vermeiden. Den Weg, welchen eine Masse m unter dem Einflusse der Kraft p in der Zeit t zurücklegt, wenn sie mit der Anfangsgeschwindigkeit o sich bewegt, finden wir durch die zweite Gleichung $s = \frac{pt^2}{2m}$.

3. Mehrere der in den besprochenen Gleichungen enthaltenen Rechnungsausdrücke haben besondere Namen erhalten. Schon Galilei spricht von der Kraft eines bewegten Körpers und nennt sie bald „Moment“, bald „Impuls“, bald „Energie“. Er betrachtet dieses Moment als proportional dem Product der Masse (oder des Gewichtes, da ein klarer Massenbegriff bei Galilei, eigentlich auch bei Descartes und Leibnitz, sich nicht vorfindet) und der Geschwindigkeit des Körpers. Diese Ansicht acceptirt Descartes, er setzt die Kraft eines bewegten Körpers $= mv$, nennt dieselbe Quantität der Bewegung und behauptet, dass die Summe der Bewegungsquantität in der Welt constant bleibt, so zwar, dass wenn ein Körper an Bewegungsquantität verliert, dieselbe dafür an andere Körper übergeht. Auch Newton benutzt für den Ausdruck mv den Namen Bewegungsquantität, welcher sich bis auf den heutigen Tag erhalten hat. Für den zweiten Ausdruck pt der ersten Gleichung hat Belanger (erst 1847) den Namen Antrieb der Kraft in Vorschlag gebracht. Die Ausdrücke der zweiten Gleichung sind nicht besonders benannt worden. Den Ausdruck mv^2 der dritten Gleichung hat Leibnitz (1695) lebendige Kraft genannt und er betrachtet denselben Descartes gegenüber als das wahre Kraftmaass eines bewegten Körpers, während er den Druck eines ruhenden Körpers als todte Kraft bezeichnet. Coriolis hat es passender gefunden, dem Ausdruck $\frac{1}{2}mv^2$ den Namen lebendige Kraft zu geben. Belanger

schlägt vor, mv^2 als lebendige Kraft, und $\frac{1}{2}mv^2$ als lebendige Potenz zu bezeichnen, wodurch Verwirrungen vermieden würden. Coriolis hat auch für ps den Namen Arbeit verwendet. Poncelet hat diesen Gebrauch befestigt und das Kilogrammeter, das ist die Druckwirkung eines Kilogrammgewichtes auf die Strecke eines Meters, als Arbeitseinheit angenommen.

4. Was die historischen Einzelheiten in Bezug auf die Begriffe „Bewegungsquantität" und „lebendige Kraft" betrifft, so wollen wir auf die Gedanken, durch welche Descartes und Leibnitz zu ihrer Meinung geführt worden sind, noch einen Blick werfen. In seinen (1644 erschienenen) „Principien der Philosophie" II, 36, spricht sich Descartes in folgender Weise aus:

„Nachdem so die Natur der Bewegung erkannt worden, ist deren Ursache zu betrachten, die eine zweifache ist. Zuerst die allgemeine und ursprüngliche, welche die gemeinsame Ursache aller Bewegung in der Welt ist; dann die besondere, von der einzelne Theile der Materie eine Bewegung erhalten, die sie früher nicht hatten. Die allgemeine Ursache kann offenbar keine andere als Gott sein, welcher die Materie zugleich mit der Bewegung und Ruhe im Anfang erschaffen hat, und der durch seinen gewöhnlichen Beistand so viel Bewegung und Ruhe im Ganzen erhält, als er damals geschaffen hat. Denn wenn auch diese Bewegung nur ein Zustand an der bewegten Materie ist, so bildet sie doch eine feste und bestimmte Menge, die sehr wohl in der ganzen Welt zusammen die gleiche bleiben kann, wenn sie sich auch bei den einzelnen Theilen verändert, nämlich in der Art, dass bei der doppelt so schnellen Bewegung eines Theiles gegen den andern, und bei der doppelten Grösse dieses gegen den ersten man annimmt, dass in dem kleinen so viel Bewegung wie in dem grossen ist, und dass, um so viel als die Bewegung eines Theiles langsamer wird, um so viel müsse die Bewegung eines andern ebenso grossen Theiles schneller werden. Wir erkennen es auch als eine Vollkommenheit in Gott, dass er nicht blos an sich selbst unveränderlich ist, sondern dass er auch auf die möglichst feste und unveränderliche Weise wirkt, sodass mit Ausnahme der Veränderungen, welche die klare Erfahrung oder die göttliche Offenbarung ergibt, und welche nach unserer Einsicht oder unserm Glauben ohne eine Veränderung in dem Schöpfer geschehen, wir keine weitern in seinen Werken annehmen dürfen, damit nicht daraus auf eine Unbeständigkeit in ihm selbst geschlossen werde. Deshalb ist es durchaus vernunftgemäss, anzunehmen, dass Gott, sowie er bei der Erschaffung der Materie ihren Theilen verschiedene Bewegungen zugetheilt hat, und wie er diese ganze Materie in derselben Art und in demselben Verhältniss, indem er sie geschaffen, erhält, er auch immer dieselbe Menge von Bewegung in ihr erhält."

Das Verdienst, nach einem allgemeinern und ausgiebigern Gesichtspunkt in der Mechanik zuerst gesucht zu haben, kann Descartes nicht abgesprochen werden. Es ist dies die eigenthümliche Leistung des Philosophen, welche stets fruchtbar und anregend auf die Naturwissenschaft wirkt. Descartes leidet aber auch an allen gewöhnlichen Fehlern des Philosophen. Er vertraut ohne Umstände seinem eigenen Einfall. Er kümmert sich nicht um eine Prüfung desselben durch die Erfahrung. Es genügt ihm im Gegentheil ein Minimum von Erfahrung für ein Maximum von Folgerungen. Hierzu kommt noch das Verschwommene seiner Begriffe. Einen klaren Massenbegriff hat Descartes nicht. Es liegt eine gewisse Freiheit darin, wenn man sagt, Descartes habe mv als Bewegungsgrösse definirt, wenngleich die naturwissenschaftlichen Nachfolger Descartes', welche das Bedürfniss nach bestimmtern Begriffen fühlten, diese Auffassung annahmen. Der grösste Fehler des Descartes aber, der seine Naturforschung verdirbt, ist der, dass ihm Sätze von vornherein als selbstverständlich und einleuchtend erscheinen, über welche nur die Erfahrung entscheiden kann. So wird z. B. in den beiden folgenden Paragraphen (37, 39) auch als selbstverständlich hingestellt, dass ein Körper seine Geschwindigkeit und Richtung beibehält. Die in §. 38 angeführten Erfahrungen hätten nicht als Bestätigungen des a priori einleuchtenden Trägheitsgesetzes, sondern vielmehr als Grundlagen desselben dienen sollen.

Die Descartes'sche Auffassung wurde (1686) von Leibnitz in den Actis eruditorum bekämpft, in einer kleinen Schrift, welche den Titel führt: „Kurzer Beweis eines merkwürdigen Fehlers des Descartes und Anderer, in Beziehung auf das Naturgesetz, nach welchem, wie jene glauben, der Schöpfer immer dieselbe Quantität der Bewegung in der Natur zu erhalten sucht, durch welches aber die Wissenschaft der Mechanik ganz verdorben wird."

Bei im Gleichgewicht befindlichen Maschinen, bemerkt Leibnitz, seien die Lasten den Verschiebungsgeschwindigkeiten umgekehrt proportionirt, und dadurch sei man auf den Gedanken gekommen, das Product aus dem Körper („corpus", „moles") und der Geschwindigkeit als Kraftmaass zu betrachten. Descartes betrachte dieses Product als eine unveränderliche Grösse. Leibnitz meint aber, dass das erwähnte Kraftmaass an den Maschinen nur zufällig zutreffe. Das wahre Kraftmaass sei vielmehr ein anderes, und auf dem Wege zu bestimmen, den Galilei und Huyghens eingeschlagen haben. Jeder Körper steigt vermöge seiner erlangten Fallgeschwindigkeit so hoch, als er herabgefallen ist. Nimmt man nun an, dass dieselbe „Kraft" erforderlich sei, um einen Körper m auf die Höhe $4h$ und einen Körper $4m$ auf die Höhe h zu erheben, so muss, weil im erstern Fall die erlangte Fallgeschwindigkeit nur doppelt so gross ist als in letzterm, das Product aus dem „Körper" und dem Quadrate der Geschwindigkeit als Kraftmaass angesehen werden.

In einer spätern Abhandlung (1695) kommt Leibnitz auf denselben Gegenstand zurück, er unterscheidet zwischen dem blossen Druck (der todten Kraft) und der Kraft des bewegten Körpers (der lebendigen Kraft), welche letztere aus der Summe der Druckimpulse hervorgeht. Diese Impulse bringen zwar einen „Impetus“ (mv) hervor, derselbe ist aber keineswegs das wahre Kraftmaass, welches vielmehr, weil die Ursache der Wirkung entsprechen muss (nach den obigen Betrachtungen) durch mv^2 bestimmt ist. Leibnitz bemerkt ferner, dass nur mit der Annahme seines Kraftmaasses die Möglichkeit eines perpetuum mobile ausgeschlossen sei.

Einen eigentlichen Massenbegriff hat Leibnitz so wenig als Descartes, er spricht vom Körper (corpus), von der Last (moles), von ungleich grossen Körpern desselben specifischen Gewichtes u. s. w. Nur in der zweiten Abhandlung kommt einmal der Ausdruck „massa“ vor, welcher wahrscheinlich Newton entlehnt ist. Will man jedoch mit den Leibnitz'schen Ausdrücken einen klaren Begriff verbinden, so muss man allerdings an die Masse denken, wie es die Nachfolger auch gethan haben. Im übrigen geht Leibnitz viel mehr nach naturwissenschaftlicher Methode vor als Descartes. Doch werden zwei Dinge vermengt, die Frage nach dem Kraftmaass, und die Frage nach der Unveränderlichkeit der Summen Σmv und Σmv^2. Beide haben eigentlich nichts miteinander zu schaffen. Was die erste Frage betrifft, so wissen wir schon, dass sowol das Descartes'sche als das Leibnitz'sche Kraftmaass oder vielmehr Maass der Wirkungsfähigkeit eines bewegten Körpers, jedes in einem andern Sinne seine Berechtigung hat. Beide Maasse sind aber, wie Leibnitz auch ganz wohl bemerkte, mit dem gewöhnlichen (Newton'schen) Kraftmaass nicht zu verwechseln.

In Bezug auf die zweite Frage haben die spätern Untersuchungen von Newton gelehrt, dass die Descartes'sche Summe Σmv für freie Massensysteme, die von aussen keine Einwirkung erfahren, in der That unveränderlich ist, und die Untersuchungen von Huyghens haben gezeigt, dass auch die Summe $\Sigma m v^2$ unveränderlich bleibt, wenn nicht von Kräften verrichtete Arbeiten dieselbe ändern. Der durch Leibnitz angeregte Streit beruhte also mehrfach auf Misverständnissen und währte 57 Jahre lang bis zum Erscheinen von D'Alembert's „Traité de dynamique" (1743). Auf die theologischen Ideen von Descartes und Leibnitz kommen wir noch zurück.

5. Die besprochenen drei Gleichungen, wenngleich sie sich nur auf geradlinige Bewegungen unter dem Einfluss constanter Kräfte beziehen, können doch als die Grundgleichungen der Mechanik angesehen werden. Bleibt die Bewegung geradlinig, werden jedoch die Kräfte veränderlich, so übergehen diese Gleichungen durch eine geringe fast selbstverständliche Modification in andere, die wir hier nur kurz anführen wollen, da mathematische Entwickelungen für diese Schrift nur Nebensache sind.

Aus der ersten Gleichung wird bei veränderlichen Kräften $m v = \int p\, dt + C$, worin p die veränderliche Kraft, dt das Zeitelement der Wirkung, $\int p\, dt$ die Summe aller Producte $p \cdot dt$ durch die Wirkungsdauer und C eine constante Grösse ist, welche den Werth von $m v$ vor Beginn der Kraftwirkung darstellt.

Die zweite Gleichung übergeht in analoger Weise in $s = \int dt \int \frac{p}{m} dt + Ct + D$ mit zwei sogenannten Integrationsconstanten.

Die dritte Gleichung ist zu ersetzen durch

$$\frac{m v^2}{2} = \int p\, ds + C.$$

Krummlinige Bewegungen kann man sich stets durch gleichzeitige Combination dreier geradlinigen Bewegungen, am besten nach drei zueinander senkrechten Richtungen, hervorgebracht denken. Auch in diesem allgemeinsten Fall behalten die angeführten Gleichungen ihre Bedeutung für die Componenten der Bewegung.

6. Die Addition, Subtraction oder Gleichsetzung hat nur auf Grössen derselben Art angewandt einen verständlichen Sinn. Man kann nicht Massen und Zeiten, oder Massen und Geschwindigkeiten addiren oder gleichsetzen, sondern nur Massen und Massen u. s. w. Wenn also eine Gleichung der Mechanik vorliegt, so entsteht die Frage, ob deren Glieder wirklich gleichartige Grössen sind, d. h. ob sie durch dieselbe Einheit gemessen werden können oder ob, wie man zu sagen pflegt, die Gleichung homogen ist. Wir haben also eine Untersuchung anzustellen über die Einheiten der Grössen der Mechanik.

Die Wahl der Einheiten, welche selbstverständlich Grössen derselben Art sind wie die zu messenden Grössen, ist in vielen Fällen willkürlich. So wird eine willkürliche Masse als Masseneinheit, eine willkürliche Länge als Längeneinheit, eine willkürliche Zeit als Zeiteinheit benutzt. Die als Einheit benutzte Masse und Länge kann aufbewahrt, die Zeit durch Pendelversuche und astronomische Beobachtungen jederzeit reproducirt werden. Eine Geschwindigkeitseinheit, eine Beschleunigungseinheit u. s. w. ist aber nicht aufzubewahren und jedenfalls viel schwerer zu reproduciren. Dafür hängen diese Grössen mit den willkürlichen Grundeinheiten Masse, Länge, Zeit so zusammen, dass sie leicht aus denselben abgeleitet werden können. Man nennt solche Einheiten abgeleitete oder absolute. Letzterer Name rührt von Gauss her, welcher zuerst die magnetischen Maasse aus mechanischen ableitete und dadurch eine allgemeine Vergleichbarkeit der magnetischen Messungen herbeiführte. Der Name hat also einen historischen Grund.

Als Einheit der Geschwindigkeit könnten wir diejenige Geschwindigkeit wählen, durch welche z. B.

q Längeneinheiten in der Zeiteinheit zurückgelegt werden. Dann könnten wir aber die Beziehung zwischen der Zeit t, dem Wege s und der Geschwindigkeit v nicht in der gebräuchlichen einfachen Form $s = v\,t$ schreiben, sondern müssten sie durch $s = q \cdot v\,t$ ersetzen. Definiren wir aber die Geschwindigkeitseinheit als diejenige Geschwindigkeit, durch welche die Längeneinheit in der Zeiteinheit zurückgelegt wird, so können wir die Form $s = v\,t$ beibehalten. Man wählt die abgeleiteten Einheiten so, dass die einfachsten Beziehungen derselben untereinander hervorgehen. So wurde z. B. als Flächen- und Volumeinheit immer das Quadrat und der Würfel über der Längeneinheit als Seite gebraucht.

Halten wir das angedeutete Princip fest, so nehmen wir also an, dass durch die Geschwindigkeitseinheit die Längeneinheit in der Zeiteinheit zurückgelegt wird, dass durch die Einheit der Beschleunigung die Geschwindigkeitseinheit in der Zeiteinheit zuwächst, dass durch die Krafteinheit der Masseneinheit die Einheit der Beschleunigung ertheilt wird u. s. w.

Die abgeleiteten Einheiten hängen von den willkürlichen Grundeinheiten ab, sie sind Functionen derselben. Wir wollen die einer abgeleiteten Einheit entsprechende Function die Dimension derselben nennen. Die Lehre von den Dimensionen ist von Fourier (1822) in seiner Wärmetheorie begründet worden. Bezeichnen wir eine Länge mit l, eine Zeit mit t, eine Masse mit m, so ist z. B. die Dimension einer Geschwindigkeit $\frac{l}{t}$ oder $l\,t^{-1}$. Die folgende Tabelle ist hiernach ohne Schwierigkeit verständlich:

		Dimension
Geschwindigkeit	v	. . . $l\,t^{-1}$
Beschleunigung	φ	. . . $l\,t^{-2}$
Kraft	p	. . . $m\,l\,t^{-2}$
Bewegungsgrösse	$m\,v$	. . . $m\,l\,t^{-1}$
Antrieb	$p\,t$	. . . $m\,l\,t^{-1}$

			Dimension
Arbeit	ps	. . .	ml^2t^{-2}
Lebendige Kraft	$\frac{mv^2}{2}$	. . .	ml^2t^{-2}
Trägheitsmoment	Θ	. . .	ml^2
Statisches Moment	D	. . .	$ml\ t^{-2}$.

Diese Tabelle zeigt sofort, dass die oben besprochenen Gleichungen in der That homogen sind, d. h. nur gleichartige Glieder enthalten. Jeder neue Ausdruck der Mechanik könnte in analoger Weise untersucht werden.

7. Die Kenntniss der Dimension einer Grösse ist nicht nur aus dem bereits angeführten Grunde wichtig, sondern noch aus einem andern. Wenn der Werth einer Grösse für gewisse Grundeinheiten bekannt ist, und man übergeht zu andern Grundeinheiten, so kann der neue Werth der Grösse mit Hülfe der Dimensionen derselben leicht angegeben werden. Die Dimension einer Beschleunigung, welche z. B. den Zahlenwerth φ hätte, ist lt^{-2}. Uebergehen wir zu einer λ mal grössern Längeneinheit und zu einer τ mal grössern Zeiteinheit, so hat in lt^{-2} für l eine λ mal kleinere und für t eine τ mal kleinere Zahl einzutreten. Der Zahlenwerth derselben Beschleunigung in Bezug auf die neuen Einheiten wird also sein $\frac{\tau^2}{\lambda} \cdot \varphi$. Nehmen wir den Meter als Längeneinheit, die Secunde als Zeiteinheit, so beträgt z. B. die Fallbeschleunigung 9·81 oder, wie man die Dimension und die Grundmaasse zugleich bezeichnend zu schreiben pflegt: $9 \cdot 81 \frac{\text{Meter}}{\text{Secunde}^2}$. Uebergehen wir nun zum Kilometer als Längeneinheit ($\lambda = 1000$), zur Minute als Zeiteinheit ($\tau = 60$), so ist der Werth derselben Fallbeschleunigung $\frac{60 \times 60}{1000} \times 9 \cdot 81$, oder $35 \cdot 316 \frac{\text{Kilometer}}{(\text{Minute})^2}$.

8. Als Längeneinheit wird bereits sehr allgemein der Meter (die Länge des in Paris aufbewahrten Platinmaasstabes bei 0° C., nahezu $\frac{1}{10^7}$ des Erdmeridianquadranten) als Zeiteinheit die Secunde (mittlerer Sonnenzeit, zuweilen auch Sternzeit) verwendet. Mit Beachtung der obigen Bemerkungen wählt man als Geschwindigkeitseinheit diejenige Geschwindigkeit, durch welche 1 m in der Secunde zurückgelegt wird, und als Beschleunigungseinheit jene, welche einem Geschwindigkeitszuwachs 1 in der Secunde entspricht.

Verwickelungen entstehen durch die Wahl der Masseneinheit und der Krafteinheit. Nimmt man als Masseneinheit die Masse des pariser Platinkilogrammgewichtsstückes (nahezu die Masse eines Kubikdecimeters Wasser von 4° C.) an, so ist die Kraft, mit welcher dieses Stück von der Erde angezogen wird, nicht 1, sondern hat wegen $p = m \cdot g$ den Werth g, in Paris also 9·808, an andern Orten der Erde einen davon etwas verschiedenen Werth. Die Krafteinheit ist dann diejenige Kraft, welche in einer Secunde der Masse des Kilogrammstückes einen Geschwindigkeitszuwachs von 1^m per Secunde ertheilt. Die Arbeitseinheit ist die Wirkung dieser Krafteinheit auf 1 m Wegstrecke u. s. w. Dieses consequente metrische Maasssystem, in welchem also die Masse des Kilogrammstückes 1 gesetzt wird, nennt man gewöhnlich das absolute.

Das sogenannte terrestrische Maasssystem entsteht dadurch, dass man die Kraft, mit welcher das pariser Kilogrammstück in Paris von der Erde angezogen wird $= 1$ setzt. Will man dann die einfache Beziehung $p = mg$ beibehalten, so ist die Masse dieses Kilogrammstückes nicht $= 1$, sondern $\frac{1}{g}$. Es haben demnach erst g solche Kilogrammstücke oder 9·808 solche Kilogrammstücke zusammen die Masse 1. Dasselbe Kilogrammstück wird an einem andern Ort der Erde A, mit der Fallbeschleunigung g', nicht mit der Kraft 1, sondern mit $\frac{g'}{g}$ zur Erde gezogen. Demnach entsprechen $\frac{g}{g'}$ pariser Kilogrammstücke an diesem Orte der Kraft von 1 kg. Nehmen wir also g' Stücke, welche an dem Orte A mit 1 Kilogramm drücken, so haben wir wieder g mal die Masse des pariser Kilogrammstückes oder die Masse 1. Hätten wir aber in A einen Körper, von welchem wir wüssten, dass er in Paris mit 1 kg angezogen wird, so müssten wir natürlich nicht g', sondern g solche Körper auf eine Masseneinheit rechnen.

Ein Körper, welcher in Paris (im luftleeren Raum) p Kilogramm wiegt, hat die Masse $\frac{p}{g}$. Ein Körper, welcher in A den Druck p Kilogramm ausübt, enthält die Masse $\frac{p}{g'}$. Der Unterschied zwischen g und g' kann in vielen Fällen unbeachtet bleiben, muss jedoch berücksichtigt werden, wenn es auf Genauigkeit ankommt.

Die übrigen Einheiten in dem terrestrischen System werden natürlich durch die Wahl der Krafteinheit bestimmt. So ist die Arbeit 1 diejenige, bei welcher die Kraft auf die Wegstrecke 1 wirkt, also das Kilogrammmeter. Die lebendige Kraft 1 ist diejenige, welche durch die Arbeit 1 hervorgebracht wird u. s. w.

Lassen wir einen Körper, der in Paris (im luftleeren Raum) p Kilogramm wiegt, unter 45° Br. an der Meeresfläche (mit der Beschleunigung 9·806) fallen, so haben wir nach absolutem Maass die Masse p, auf welche $9{\cdot}806\, p$ Krafteinheiten wirken, nach terrestrischem Maass aber die Masse $\frac{p}{9{\cdot}808}$, auf welche $p\,\frac{9{\cdot}806}{9{\cdot}808}$ Krafteinheiten wirken. Wird 1 m Fallraum zurückgelegt, so ist die geleistete Arbeit und die erlangte lebendige Kraft nach absolutem Maass $9{\cdot}806 \cdot p$, nach terrestrischem Maass aber $\frac{9 \cdot 806}{9 \cdot 808} \cdot p$. Die Krafteinheit des terrestrischen Systems ist rund etwa 10 mal grösser als jene des absoluten Systems, für die Masseneinheit gilt dasselbe Verhältniss. Eine gegebene Arbeit oder lebendige Kraft ist im terrestrischen System etwa 10 mal kleiner als im absoluten.

Bemerkt muss noch werden, dass statt des Kilogramms als Masseneinheit, des Meters als Längeneinheit, in England häufig Gramm und Centimeter, in Deutschland Milligramm und Millimeter gewählt werden. Die Umrechnung bietet nach den gegebenen Ausführungen keine Schwierigkeit. Der Umstand, dass man in der Mechanik und auch in andern Theilen der Physik, welche zur Mechanik in naher Beziehung stehen, nur mit drei Grundgrössen, mit Raumgrössen, Zeitgrössen und Massengrössen zu rechnen hat, führt eine nicht zu unterschätzende Vereinfachung und Erleichterung der Uebersicht mit sich.

3. Die Gesetze der Erhaltung der Quantität der Bewegung, der Erhaltung des Schwerpunktes und der Erhaltung der Flächen.

1. Wenngleich die Newton'schen Principien zur Behandlung jeder Aufgabe der Mechanik ausreichen, so ist es doch zweckmässig, sich besondere Regeln für häufiger vorkommende Fälle zurechtzulegen, die uns gestatten, solche Aufgaben nach der Schablone zu behandeln, ohne in die Einzelheiten derselben uns weiter zu vertiefen. Newton selbst und seine Nachfolger haben mehrere solche Sätze entwickelt. Wir wollen zunächst die Newton'schen Lehren über frei bewegliche Massensysteme betrachten.

2. Wenn zwei freie Massen m, m' nach der Richtung ihrer Verbindungslinie durch von andern Massen herrührende Kräfte ergriffen werden, so werden in der Zeit t die Geschwindigkeiten v, v' erzeugt, und es besteht die

Gleichung $(p + p')t = mv + m'v'$. Dieselbe folgt aus den Gleichungen $pt = mv$ und $p't = m'v'$. Die Summe $mv + m'v'$ nennen wir die Bewegungsquantität des Systems, und betrachten entgegengesetzt gerichtete Kräfte und Geschwindigkeiten als entgegengesetzt bezeichnet. Wenn nun die Massen m, m' neben den äusseren Kräften p, p' noch von innern Kräften ergriffen werden, d. h. von solchen, welche die Massen gegenseitig aufeinander ausüben, so sind diese Kräfte gleich und entgegengesetzt q, $-q$. Die Summe der Antriebe ist $(p + p' + q - q)t = (p + p')t$, also dieselbe wie zuvor, und demnach auch die gesammte Bewegungsquantität des Systems dieselbe. Die Bewegungsquantität des Systems wird demnach nur durch die äussern Kräfte bestimmt, d. h. durch solche, welche ausserhalb des Systems liegende Massen auf die Systemtheile ausüben.

Wir denken uns mehrere freie Massen m, m' m'' ... beliebig im Raume vertheilt, und von beliebig gerichteten äussern Kräften p, p', p'' ... ergriffen, welche in der Zeit t an den Massen beziehungsweise die Geschwindigkeiten v, v', v'' ... hervorbringen. Wir zerlegen alle Kräfte nach drei zueinander senkrechten Richtungen x, y, z und ebenso die Geschwindigkeiten. Die Summe der Antriebe nach der x-Richtung ist gleich der erzeugten Bewegungsquantität nach der x-Richtung u. s. w. Denken wir uns zwischen den Massen m, m', m'' ... noch paarweise gleiche und entgegengesetzte innere Kräfte q, $-q$, r, $-r$, s, $-s$ u. s. w., so geben diese nach jeder Richtung auch paarweise gleiche und entgegengesetzte Componenten, und haben demnach auf die Summe der Antriebe keinen Einfluss. Die Bewegungsquantität wird also wieder nur durch die äussern Kräfte bestimmt. Dieses Gesetz heisst das Gesetz der Erhaltung der Quantität der Bewegung.

3. Eine andere Form desselben Satzes, die ebenfalls Newton gefunden hat, wird Gesetz der Erhaltung des Schwerpunktes genannt. Wir denken uns in A und B

Fig. 149 zwei Massen $2m$ und m, welche in Wechselwirkung, z. B. elektrischer Abstossung, stehen; der Schwerpunkt derselben liegt in S, wobei $BS = 2AS$. Die Beschleunigungen, welche sie sich gegenseitig ertheilen, sind entgegengesetzt, und verhalten sich verkehrt wie die Massen. Wenn also vermöge dieser Wirkung $2m$ den Weg AD zurücklegt, so legt m den Weg $BC = 2AD$ zurück. Der Punkt S bleibt noch immer der Schwerpunkt, da $CS = 2DS$. Zwei Massen sind demnach nicht im Stande durch *Wechselwirkung* ihren gemeinsamen Schwerpunkt zu *verschieben*. Betrachtet man mehrere irgendwie im Raume vertheilte Massen, so erkennt man, weil zwei und zwei solcher Massen ihren Schwerpunkt nicht zu verschieben vermögen, dass auch der Schwerpunkt des ganzen Systems durch die Wechselwirkung der Massen nicht verschoben werden kann.

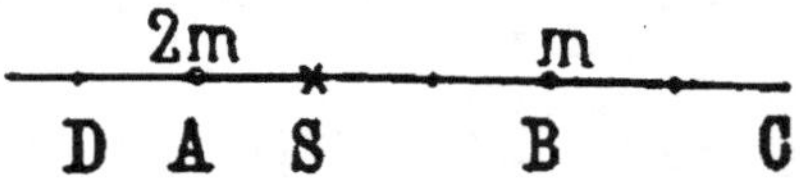

Fig. 149.

Wir denken uns ein System von Massen $m, m', m'' \ldots$ frei im Raume, welche von irgendwelchen *äussern* Kräften ergriffen sind. Wir beziehen dieselben auf ein rechtwinkeliges Coordinatensystem, und nennen die Coordinaten beziehungsweise x, y, z, x', y', z' u. s. w. Die Coordinaten des Schwerpunktes sind dann

$$\xi = \frac{\Sigma m x}{\Sigma m}, \quad \eta = \frac{\Sigma m y}{\Sigma m}, \quad \zeta = \frac{\Sigma m z}{\Sigma m},$$

in welchen Ausdrücken sich x, y, z, gleichförmig oder gleichförmig beschleunigt oder nach irgendeinem andern Gesetz ändern können, je nachdem die zugehörige Masse von keiner äussern Kraft, von einer constanten oder veränderlichen äussern Kraft ergriffen wird. Der Schwerpunkt wird sich in diesen Fällen verschieden bewegen, und kann im ersten Fall auch in Ruhe sein. Kommen nun *innere* Kräfte hinzu, welche zwischen je zwei Massen, z. B. m' und m'', wirken, so gehen daraus entgegengesetzte Verschiebungen w', w'', nach der Richtung der Verbindungslinie hervor, sodass mit Rücksicht auf die Zeichen $m' w' + m'' w'' = o$. Auch in Bezug auf die Componenten dieser Verschiebungen x_1 und x_2 wird die Gleichung gelten $m' x_1 + m'' x_2 = o$. Die innern Kräfte bringen also an den Ausdrücken für ξ, η, ζ nur solche Zusätze hervor, welche sich in denselben gegenseitig aufheben. Die Bewegung des Schwerpunktes eines Systems wird also nur durch die äussern Kräfte bestimmt.

Wollen wir die Beschleunigung des Systemschwerpunktes kennen, so haben wir auch wieder auf die Beschleunigungen der Systemtheile zu achten. Es ist dann, wenn φ, φ', φ'' ... die Beschleunigungen von m, m', m'' ... nach irgendeiner Richtung bedeuten, und Φ die Schwerpunktsbeschleunigung nach derselben Richtung heisst,

$\Phi = \frac{\Sigma m \varphi}{\Sigma m}$ und wenn die Gesammtmasse $\Sigma m = M$,

$\Phi = \frac{\Sigma m \varphi}{M}$. Wir erhalten also die Beschleunigung des Schwerpunktes nach einer Richtung, wenn wir sämmtliche Kräfte nach derselben Richtung summiren und durch die Gesammtmasse dividiren. Der Schwerpunkt des Systems bewegt sich so, als ob alle Massen und alle Kräfte in demselben vereinigt wären. Sowie eine Masse ohne eine äussere Kraft keine Beschleunigung annimmt, so hat der Schwerpunkt eines Systems ohne äussere Kräfte keine Beschleunigung.

4. Einige Beispiele werden den Satz der Erhaltung des Schwerpunktes veranschaulichen. Wir denken uns ein Thier frei im Weltraume. Wenn das Thier einen Theil m seiner Masse nach einer Richtung bewegt, so rückt der Rest M in entgegengesetzter Richtung vor, so zwar, dass der Gesammtschwerpunkt an Ort und Stelle bleibt. Zieht das Thier die Masse m wieder zurück, so wird auch die Bewegung von M rückgängig. Das Thier ist nicht im Stande, ohne äussere Stützen

oder Kräfte sich von der Stelle zu bewegen, oder die ihm von aussen aufgenöthigte Bewegung zu ändern.

Ein leicht (etwa auf Schienen) beweglicher Wagen A sei mit Steinen beladen. Ein auf demselben befindlicher Mann werfe einen Stein nach dem andern nach derselben Richtung hinaus. Dann kommt bei hinreichend kleiner Reibung der ganze Wagen in entgegengesetzter Richtung in Bewegung. Der Gesammtschwerpunkt (Wagen + Steine) bliebe, soweit die Bewegung nicht durch äussere Hindernisse vernichtet würde, an Ort und Stelle. Würde derselbe Mann von aussen Steine aufnehmen, so käme der Wagen auch in Bewegung, jedoch nicht in demselben Maasse wie im vorigen Fall, wie durch das folgende Beispiel erläutert wird.

Ein Geschütz von der Masse M schleudert ein Geschoss von der Masse m mit der Geschwindigkeit v fort. Dann erhält M auch eine Geschwindigkeit V, so zwar, dass mit Rücksicht auf das Zeichen $MV + mv = o$. Dies erklärt den sogenannten Rückstoss. Hierbei ist $V = -\frac{m}{M}v$, also der Rückstoss bei gleichen Geschossgeschwindigkeiten desto unmerklicher, je grösser die Masse des Geschützes gegen jene des Geschosses. Setzen wir die Arbeit des Pulvers in allen Fällen $= A$, so bestimmen sich hierdurch die lebendigen Kräfte $\frac{MV^2}{2} + \frac{mv^2}{2} = A$, und da nach der obigen Gleichung die Summe der Bewegungsgrössen $= o$, so findet sich leicht $V = \sqrt{\frac{2Am}{M(M+m)}}$. Der Rückstoss verschwindet also, wenn die Geschossmasse verschwindet, wobei aber von der Masse der Pulvergase abgesehen ist. Würde nun von dem Geschütz die Masse m nicht ausgestossen, sondern eingesaugt, so würde der Rückstoss die entgegengesetzte Richtung haben. Derselbe hätte aber keine Zeit sichtbar zu werden, denn bevor noch ein merklicher Weg zurückgelegt wäre, hätte *m* schon den Grund des Geschützrohres erreicht. Sobald aber *M* und *m* miteinander in starre Verbindung treten, gegeneinander relativ ruhen, muss auch absolute Ruhe eintreten, weil der Gesammtschwerpunkt ebenfalls ruht. Aus demselben Grunde könnte beim Aufnehmen von Steinen in dem obigen Beispiele keine ausgiebige Bewegung eintreten, weil beim Eintreten der starren Verbindung zwischen dem Wagen und den Steinen die erzeugten entgegengesetzten Bewegungsgrössen wieder aufgehoben würden. Ein Geschütz könnte beim Einsaugen eines Geschosses nur dann einen merklichen Rückstoss erhalten, wenn das eingesaugte Geschoss hindurchfliegen könnte.

Der Körper einer frei aufgehängten, oder mit nicht genügender Reibung auf den Schienen ruhenden Locomotive kommt, sobald die beträchtlichen Eisenmassen mit dem Kolben des Dampfcylinders in oscillirende Bewegung gerathen, nach dem Schwerpunktsgesetz in entgegengesetzte Oscillation, welche für den gleichmässigen Gang sehr störend werden kann. Um diese Oscillation auszuschliessen, muss man dafür sorgen, dass die Bewegung der durch den Kolben getriebenen Eisenmassen durch die entgegengesetzte Bewegung anderer Massen derart compensirt wird, dass der Gesammtschwerpunkt ohne Bewegung des Locomotivenkörpers an Ort und Stelle bleiben kann. Dies geschiebt durch Anbringen von Eisenmassen an den Triebrädern der Locomotive.

Die hierher gehörigen Verhältnisse lassen sich sehr hübsch an dem Elektromotor von Page Fig. 150 erläutern. Wenn der Eisenkern in der Spule *AB* durch die innern Kräfte swischen Spule und Kern nach rechts rückt, bewegt sich der Motorkörper nach links, sobald derselbe leicht beweglich auf Rädchen *r r* ruht. Bringt man aber an einer Speiche des Schwungrades *R* ein passendes Laufgewicht *a* an, welches sich dem Eisenkern stets entgegen bewegt, so kann das Rücken des Motorkörpers ganz zum Verschwinden gebracht werden.

Ueber die Bewegung der Theile einer platzenden Bombe ist uns nichts bekannt. Allein nach dem Schwerpunktsgesetze ist es klar, dass von dem Luftwiderstand und den Hindernissen, auf welche etwa die einzelnen Theile treffen, abgesehen, der Gesammtschwerpunkt nach dem Platzen fortfährt, seine parabolische Wurfbahn zu beschreiben.

5. Ein dem Schwerpunktsgesetz verwandter Satz, welcher für ein freies System gilt, ist der Satz der

Fig. 150.

Erhaltung der Flächen. Obwol Newton den Satz sozusagen in der Hand hatte, so ist derselbe doch erst viel später von Euler, D'Arcy und Daniel Bernoulli ausgesprochen worden. Euler und Daniel Bernoulli fanden den Satz fast gleichzeitig (1746) bei Behandlung einer von Euler vorgelegten Aufgabe, betreffend die Bewegung von Kugeln in drehbaren Röhren, indem sie auf die Wirkung und Gegenwirkung der Kugeln und Röhren achteten. D'Arcy (1747) knüpfte an Newton's Untersuchungen an, und verallgemeinerte das von demselben zur Erklärung der Kepler'schen Gesetze benutzte Sectorengesetz.

Wir betrachten zwei in Wechselwirkung stehende

Massen m, m'. Dieselben legen vermöge ihrer Wechselwirkung **allein** die Wege AB, CD nach der Richtung der Verbindungslinie zurück. Nimmt man auf das Zeichen der Bewegungen Rücksicht, so ist $m \cdot AB + m' CD = o$. Zieht man von irgendeinem Punkte O aus zu den bewegten Massen Radienvectoren und betrachtet die in entgegengesetztem Sinne von denselben durchstrichenen Flächenräume als von entgegengesetztem Zeichen, so ist auch $m \cdot OAB + m' \cdot OCD = o$. Wenn zwei Massen in Wechselwirkung stehen, und man zieht von irgendeinem Punkte aus zu denselben Radienvectoren, so ist infolge der Wechselwirkung die Summe der von denselben durchstrichenen Flächenräume multiplicirt mit den zugehörigen Massen $= o$. Wären die Massen auch von äussern Kräften ergriffen und würden vermöge dieser die Flächenräume OAE und OCF beschrieben, so gibt die Zusammenwirkung der innern und äussern Kräfte (während einer sehr kleinen Zeit) die Flächenräume OAG nnd OCH. Nun folgt aber aus dem Varignon'schen Parallelogrammsatz, dass

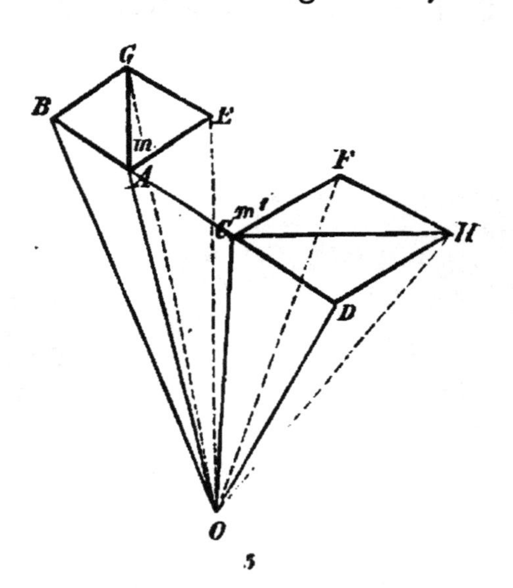

$$m \cdot OAG + m' \cdot OCH = m \cdot OAE + m' OCF +$$

$$m OAB + m' OCD = m OAE + m' OCF$$

d. h. **die Summe der mit den zugehörigen Massen multiplicirten durchstrichenen Flächenräume wird durch die innern Kräfte nicht geändert.**

Sind mehrere Massen vorhanden, so kann man von

der Projection des ganzen Bewegungsvorganges auf eine gegebene Ebene für je zwei Massen dasselbe behaupten. Zieht man von einem Punkte aus nach den Massen eines Systems Radienvectoren, und projicirt die durchstrichenen Flächenräume auf eine gegebene Ebene, so ist die Summe dieser mit den zugehörigen Massen multiplicirten Flächenräume von den innern Kräften unabhängig. Dies ist das Gesetz der Erhaltung der Flächen.

Wenn eine einzelne Masse ohne Kraftwirkung sich gleichförmig geradlinig bewegt, und man zieht von irgendeinem Punkte O aus einen Radiusvector nach derselben, so wächst der von demselben durchstrichene Flächenraum proportional der Zeit. Dasselbe Gesetz gilt für $\Sigma\, m f$, wenn mehrere Massen sich ohne Kraftwirkung bewegen, wobei wir unter dem Summenausdruck die algebraische Summe aller Producte aus den Flächenräumen und den zugehörigen Massen verstehen, den wir kurz Flächensumme nennen wollen. Treten innere Kräfte zwischen den Massen des Systems ins Spiel, so wird dieses Verhältniss nicht geändert. Es bleibt auch dann noch bestehen, wenn äussere Kräfte hinzutreten, die sämmtlich gegen den festen Punkt O gerichtet sind, wie wir aus Newton's Untersuchungen wissen.

Wirkt auf eine Masse eine äussere Kraft, so wächst der vom Radiusvector durchstrichene Flächenraum f nach dem Gesetz $f = \frac{a t^2}{2} + b t + c$ mit der Zeit, wobei a von der beschleunigenden Kraft, b von der Anfangsgeschwindigkeit und c von der Anfangslage abhängt. Nach demselben Gesetz wächst die Summe $\Sigma\, m f$, wenn mehrere Massen durch äussere beschleunigende Kräfte ergriffen werden, solange diese als constant betrachtet werden können, was für hinreichend kurze Zeiten immer der Fall ist. Das Flächengesetz besteht in diesem Falle darin, dass auf das Wachsthum dieser Flächensumme die innern Kräfte des Systems keinen Einfluss üben.

Einen freien starren Körper können wir als ein System betrachten, dessen Theile durch innere Kräfte in ihrer relativen Lage erhalten werden. Das Flächenprincip findet also auch in diesem Fall Anwendung. Ein einfaches Beispiel bietet die gleichförmige Rotation eines starren Körpers um eine seinen Schwerpunkt enthaltende Axe. Nennen wir m einen Massentheil, r den Abstand desselben von der Axe und α die Winkelgeschwindigkeit, so ist für diesen Fall die in der Zeiteinheit durchstrichene Flächenraumsumme $\Sigma m \frac{r}{2} \cdot r\alpha = \frac{\alpha}{2} \Sigma m r^2$, also das Product aus dem Trägheitsmoment und der halben Winkelgeschwindigkeit. Dasselbe kann sich nur durch äussere Kräfte ändern.

6. Betrachten wir nun einige Beispiele zur Erläuterung des Flächengesetzes. Wenn zwei starre Körper K und K' miteinander in Verbindung sind, und K geräth relativ gegen K' durch innere Kräfte zwischen K und K' in Drehung, so kommt sofort auch K' in die entgegengesetzte Drehung. Durch die Drehung von K wächst nämlich eine Flächenraumsumme zu, welche nach dem Flächengesetz durch die entgegengesetzte Flächenraumsumme von K' compensirt werden muss. Dies zeigt sich recht hübsch an einem beliebigen Elektromotor, wenn man denselben mit horizontal gestelltem Schwungrad an einer verticalen Axe frei drehbar befestigt. Die den Strom zuleitenden Drähte tauchen in zwei conaxiale an der Drehungsaxe angebrachte Quecksilberrinnen, sodass sie die Rotation nicht behindern. Man bindet den Motorkörper (K') durch einen Faden an dem Stativ der Axe fest, und lässt den Strom wirken. Sobald das Schwungrad (K) von oben betrachtet, im Sinne des Uhrzeigers zu rotiren beginnt, spannt sich der Faden und der Motorkörper zeigt das Streben, die Gegendrehung auszuführen, welche sofort auch lebhaft eintritt, wenn man den Faden abbrennt.

Der Motor ist in Bezug auf die Axendrehung ein freies System. Die Flächenraumsumme ist für den Fall der Ruhe $= o$. Kommt aber das Rad durch die innern elektromagnetischen Kräfte zwischen Anker und

Eisenkern in Drehung, so wird die hierdurch entstehende Flächenraumsumme, weil die Gesammtsumme = *0* bleiben muss, durch die Gegendrehung des Motorkörpers

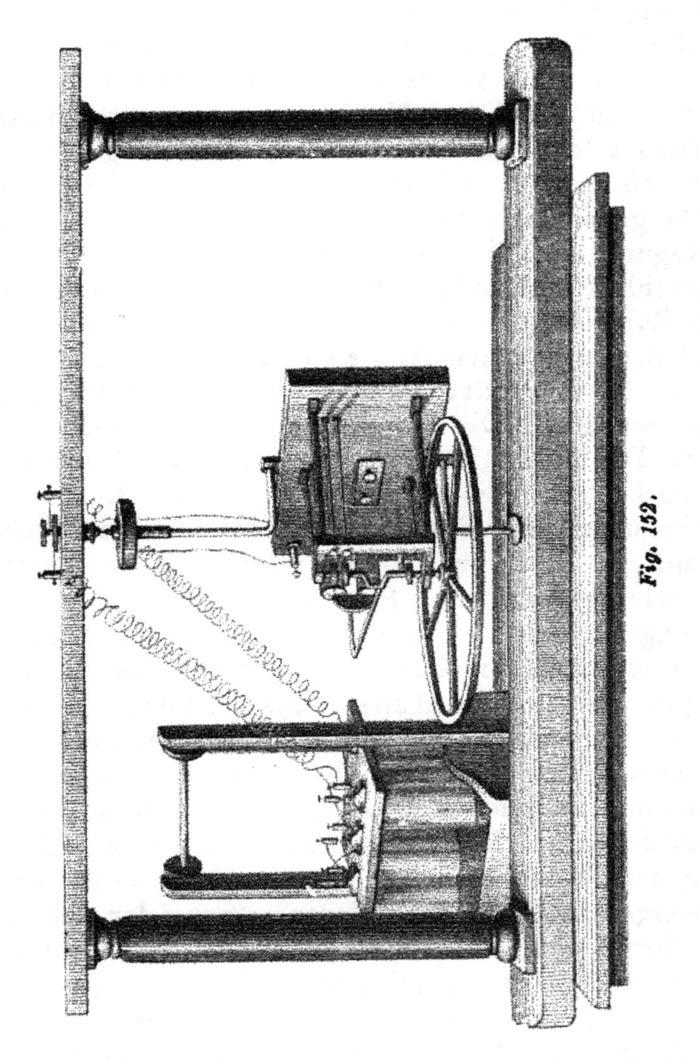

Fig. 152.

compensirt. Bringt man an dem Motorkörper einen Zeiger an, der durch eine elastische Feder in einer bestimmten Lage erhalten wird, so kann die Drehung des Motorkörpers nicht eintreten. Jede Beschleunigung des

Rades im Sinne des Uhrzeigers (bei tieferm Eintauchen der Batterie) bringt aber einen Zeigerausschlag in entgegengesetztem Sinne mit sich, und jede Verzögerung den umgekehrten Ausschlag.

Eine schöne und eigenthümliche Erscheinung tritt auf, wenn man am frei drehbaren Motor den Strom unterbricht. Rad und Motor setzen zunächst ihre Gegenbewegung fort. Bald wird aber die Wirkung der Reibung merklich, es tritt nach und nach relative Ruhe der Motortheile gegeneinander ein. Hierbei sieht man nun die Bewegung des Motorkörpers langsamer werden, einen Augenblick innehalten, und schliesslich, wenn die relative Ruhe eingetreten ist, den Sinn der ursprünglichen Radbewegung annehmen, also gänzlich umkehren. Der ganze Motor rotirt dann so, wie anfänglich das Rad sich bewegte. Die Erklärung der Erscheinung liegt nahe. Der Motor ist kein vollkommen freies System, er wird durch die Axenreibung behindert. An einem vollkommen freien System müsste die Flächenraumsumme, sobald die Theile wieder in relative Ruhe treten, sofort wieder $= o$ sein. Hier wirkt aber noch die Axenreibung als äussere Kraft. Die Reibung an der Radaxe vermindert die Flächenraumsumme des Rades und Körpers in gleicher Weise. Die Reibung an der Körperaxe vermindert aber nur die Flächenraumsumme des Körpers. Das Rad behält also eine überschüssige Flächenraumsumme, welche bei relativer Ruhe der Theile an dem ganzen Motor sichtbar wird. Der ganze Vorgang bei Unterbrechung des Stromes bietet ein Bild desjenigen, welcher nach Voraussetzuug der Astronomen am Monde eingetreten ist. Die von der Erde erregte Flutwelle hat durch Reibung die Rotationsgeschwindigkeit des Mondes derart verkleinert, dass der Mondtag zur Dauer eines Monats angewachsen ist. Das Schwungrad stellt die durch die Flut bewegte Flüssigkeitsmasse vor.

Ein anderes Beispiel für das Flächengesetz bieten die Reactionsräder dar. Wenn durch das Rädchen

Fig. 153 a Luft- oder Leuchtgas im Sinne der kurzen Pfeile ausströmt, so geräth das ganze Rädchen im Sinne des langen Pfeiles in Rotation. Fig. 153 b ist ein anderes einfaches Reactionsrädchen dargestellt, welches man erhält, indem man ein beiderseits verkorktes und entsprechend durchbohrtes Messingrohr *r r* auf ein mit einer Nadelspitze versehenes zweites Messingrohr *R* setzt, durch welches man Luft einblasen kann, die bei den Oeffnungen O, *O'* entweicht.

Man könnte leicht glauben, dass beim Saugen an den Reactionsrädern die umgekehrte Bewegung eintreten müsste wie beim Blasen. Das geschieht jedoch im allgemeinen nicht, und lässt sich auch leicht erklären. Die Luft, welche in die Speichen des Rades eingesaugt wird, muss sofort die Bewegung des Rades mitmachen, zu dem Rade in relative Ruhe treten, und die Flächenraumsumme des ganzen Systems kann nur $= o$ bleiben, indem das System in Ruhe bleibt. Beim Einsaugen findet in der Regel keine merkliche Rotation statt. Es besteht eben ein ähnliches Verhältniss, wie für den Rückstoss beim Einsaugen eines Geschosses durch ein Geschütz. Bringt man daher einen elastischen Ballon mit einem einzigen Ausführungsrohr an das Reactionsrädchen, wie dies in Fig. 153 a dargestellt ist, und drückt denselben periodisch, sodass dasselbe Luftquantum abwechselnd herausgeblasen und eingesaugt wird, so läuft das Rädchen lebhaft in demselben Sinn wie beim Blasen. Dies beruht einerseits darauf, dass die eingesaugte Luft in den Speichen die Bewegung der letztern mitmachen muss, und demnach keine Reactionsdrehung erzeugen kann, dann aber auch auf der Verschiedenheit der äussern Luftbewegung beim Blasen und Saugen. Beim Blasen strömt die Luft in Strahlen (mit einer Rotation) ab. Beim Saugen kommt die Luft ohne Rotation von allen Seiten herzu.

Die Richtigkeit dieser Erklärung lässt sich leicht darthun. Wenn man die untere Basis eines Hohlcylinders, z. B. einer geschlossenen Pappschachtel durch-

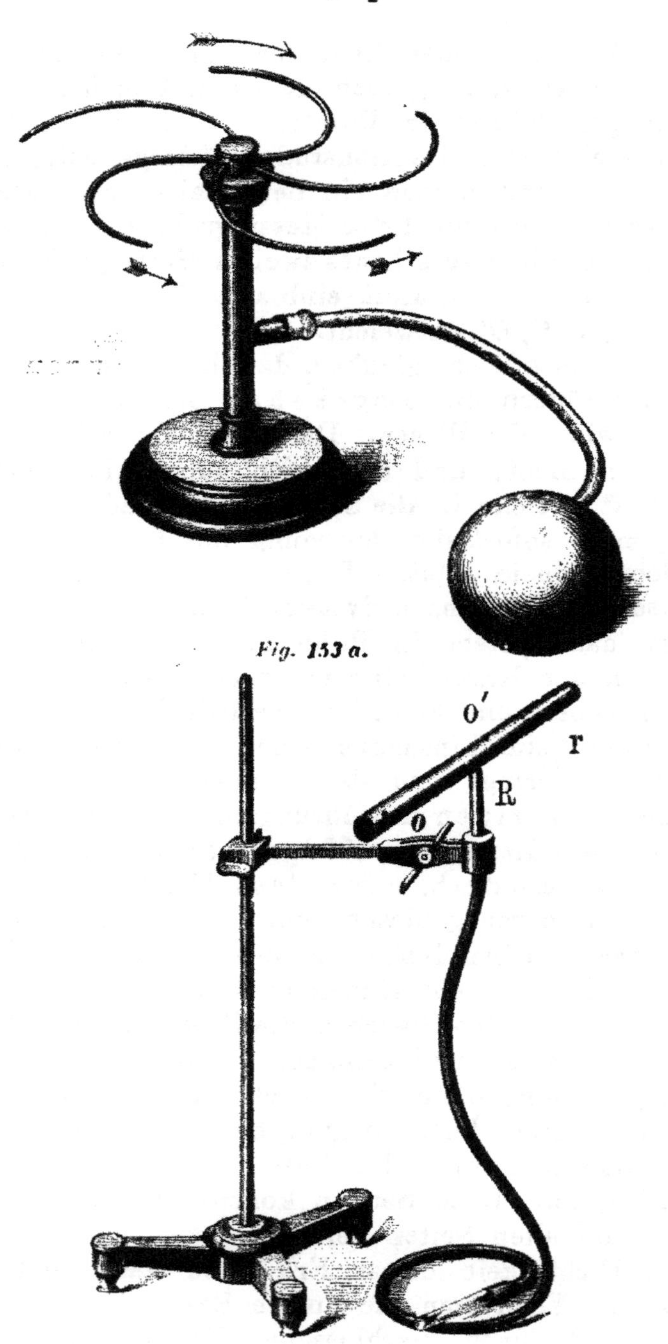

Fig. 153 a.

Fig. 153 b.

bohrt, und den Cylinder auf die Nadelspitze der Röhre *R* setzt, nachdem man den Mantel in der durch Fig. 154 angedeuteten Weise aufgeschlitzt und verbogen hat, so dreht sich derselbe beim Blasen im Sinne des langen, beim Saugen im Sinne des kurzen Pfeiles. Die Luft kann nämlich in den Cylinder eintretend hier ihre Rotation frei fortsetzen, weshalb dieselbe auch durch eine Gegenrotation compensirt wird.

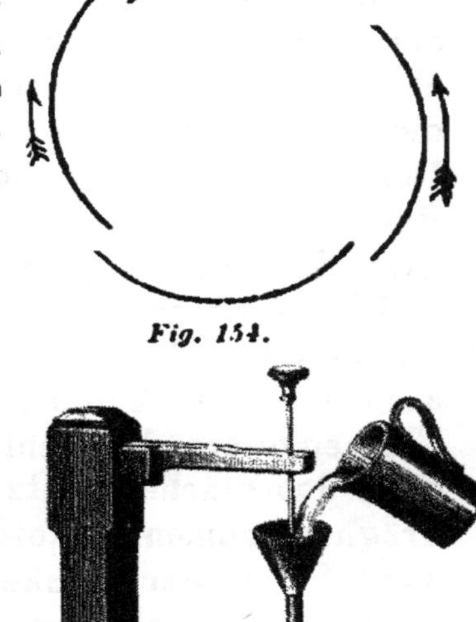

Fig. 154.

7. Auch der folgende Fall bietet ähnliche Verhältnisse dar. Wir denken uns ein Rohr Fig. 155 a, das geradlinig nach *a b* verläuft, dann unter einem rechten Winkel nach *b c* abbiegt, den Kreis *c d e f* beschreibt, dessen Ebene zu *ab* senkrecht steht und dessen Mittelpunkt in *b* liegt, dann nach *f g* und schliesslich die Gerade *ab* fortsetzend, nach *g h* verläuft. Das ganze Rohr ist um *a h* als Axe drehbar. Giesst man in dieses Rohr (wie dies Fig. 155 b andeutet) Flüssigkeit ein, welche nach *c d e f* strömt,

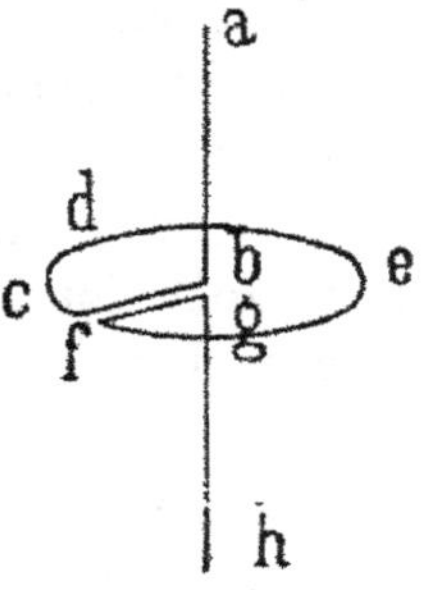

Fig. 155 a.

Fig. 155 b.

so dreht sich das Rohr sofort in dem Sinne *f e d c*. Dieser Antrieb entfällt aber, sobald die Flüssigkeit den Punkt *f* erreicht hat und den Radius *f g* durchströmend die Bewegung desselben wieder mitmachen muss. Die Rotation des Rohres erlischt daher bald, wenn man einen constanten Flüssigkeitsstrom anwendet. Sowie aber der Flüssigkeitsstrom unterbrochen wird, ertheilt die durch den Radius *f g* abströmende Flüssigkeit dem Rohre einen Bewegungsimpuls im Sinne der eigenen Bewegung, nach *c d e f*. Alle diese Erscheinungen sind nach dem Flächengesetz leicht zu verstehen.

Die Passatwinde, die Abweichung der Meeresströmungen, der Flüsse, der Foucault'sche Pendelversuch u. s. w. können ebenfalls als Beispiele für das Flächengesetz betrachtet werden. Hübsch zeigt sich noch das Flächengesetz an Körpern von veränderlichem Trägheitsmoment. Rotirt ein Körper vom Trägheitsmoment Θ mit der Winkelgeschwindigkeit α, und es wird durch innere Kräfte, z. B. Federn, das Trägheitsmoment in Θ' verwandelt, so geht auch α in α' über, wobei $\alpha\Theta = \alpha'\Theta'$, also $\alpha' = \alpha\frac{\Theta}{\Theta'}$. Bei beträchtlicher Verkleinerung des Trägheitsmomentes kann man eine bedeutende Vergrösserung der Winkelgeschwindigkeit erhalten. Das Princip liesse sich vielleicht statt des Foucault'schen Verfahrens zur Demonstration der Erdrotation anwenden.

Ein dem eben angegebenen Schema entsprechender Vorgang ist folgender. Man giesst einen Glastrichter mit vertical gestellter Axe rasch mit Flüssigkeit voll, jedoch so, dass der Strahl nicht nach der Axe eintritt, sondern die Seitenwand trifft. Dadurch entsteht eine langsame Rotation in der Flüssigkeit, die man jedoch nicht merkt, solange der Trichter voll ist. Zieht sich jedoch die Flüssigkeit in den Hals des Trichters zurück, so wird hierbei ihr Trägheitsmoment so vermindert, und ihre Winkelgeschwindigkeit so vermehrt, dass ein heftiger Wirbel mit einer axialen Vertiefung entsteht. Oft ist der ganze ausfliessende Flüssigkeitsstrahl von einem axialen Luftfaden durchzogen.

8. Betrachtet man den besprochenen Schwerpunkts- und Flächensatz aufmerksam, so erkennt man in beiden nur für die Anwendung bequeme Ausdrucksweisen einer bekannten Eigenschaft mechanischer Vorgänge. Der Beschleunigung φ einer Masse m entspricht immer die Gegenbeschleunigung φ' einer andern Masse m', wobei mit Rücksicht auf das Zeichen $m\varphi + m'\varphi' = o$. Der Kraft $m\varphi$ entspricht die gleiche Gegenkraft $m'\varphi'$. Wenn die Massen m und $2m$ mit den Gegenbeschleunigungen 2φ und φ die Wege $2w$ und w zurücklegen, so bleibt hierbei ihr Schwerpunkt S unverrückt und die Flächensumme in Bezug auf einen beliebigen Punkt O ist mit Rücksicht auf das Zeichen $2m \cdot f + m \cdot 2f = o$. Man erkennt durch diese einfache Darstellung, dass der Schwerpunktssatz dasselbe in Bezug auf Parallelcoordinaten ausdrückt, was der Flächensatz in Bezug auf Polarcoordinaten sagt. Beide enthalten nur die Thatsache der Reaction.

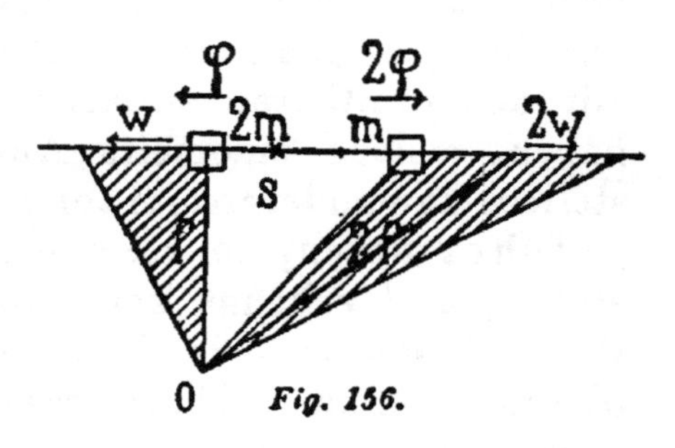

Fig. 156.

Man kann dem Schwerpunkt- und dem Flächensatz noch einen andern einfachen Sinn unterlegen. Sowie ein Körper ohne äussere Kräfte, also ohne die Hülfe eines andern Körpers seine gleichförmige Progressivbewegung oder Drehung nicht ändern kann, so kann auch ein Körpersystem, wie wir kurz (und nach den gegebenen Auseinandersetzungen allgemein verständlich) sagen wollen, seine mittlere Progressiv- oder Rotationsgeschwindigkeit nicht ändern ohne die Hülfe eines andern Systems, auf welches sich das erstere sozusagen stützt und stemmt. Beide Sätze enthalten also einen verallgemeinerten Ausdruck des Trägheitsgesetzes, dessen Richtigkeit in dieser Form man nicht nur einsieht, sondern auch fühlt.

Dieses Gefühl ist durchaus nicht unwissenschaftlich oder gar schädlich. Wo es die begriffliche Einsicht nicht ersetzt, sondern neben derselben besteht, begründet es eigentlich erst den vollen Besitz der mechanischen Thatsachen. Wir sind, wie anderwärts gezeigt worden ist, mit unserm ganzen Organismus selbst ein Stück Mechanik, welches tief in unser psychisches Leben eingreift.[1] Niemand wird uns überreden, dass die Beachtung der mechanisch-physiologischen Vorgänge, der betreffenden Gefühle und Instincte mit der wissenschaftlichen Mechanik nichts zu schaffen habe. Kennt man Sätze, wie den Schwerpunkts- und Flächensatz, nur in ihrer abstracten mathematischen Form, ohne sich mit den greifbaren einfachen Thatsachen beschäftigt zu haben, welche einerseits Anwendungen derselben darstellen, und andererseits zur Aufstellung eben dieser Sätze geführt haben, so kann man dieselben nur halb verstehen, und erkennt kaum die wirklichen Vorgänge als Beispiele der Theorie. Man befindet sich, wie jemand, der plötzlich auf einen Thurm gesetzt wurde, ohne die Gegend ringsumher bereist zu haben, und der daher die Bedeutung der gesehenen Objecte kaum zu würdigen weiss.

4. *Die Gesetze des Stosses.*

1. Die Gesetze des Stosses haben einerseits Anlass gegeben zur Aufstellung der wichtigsten Principien der Mechanik, und andererseits die ersten Beispiele für die Anwendung derartiger Principien geliefert. Schon ein Zeitgenosse Galilei's, der prager Professor Marcus Marci (geb. 1595), hat in seiner Schrift „De proportione motus" (Prag 1639) einige Resultate seiner Untersuchungen über den Stoss veröffentlicht. Er wusste, dass ein Körper im elastischen Stoss auf einen gleichen ruhenden treffend, seine Bewegung verliert, und dieselbe dem

---

[1] E. Mach, Grundlinien der Lehre von den Bewegungsempfindungen. (Leipzig, Engelmann, 1875.)

andern überträgt. Auch andere noch heute gültige Sätze stellt er auf, wenngleich nicht immer in genügender Schärfe und mit Falschem vermengt. Marcus Marci war ein merkwürdiger Mann. Er hat für seine Zeit sehr anerkennenswerthe Vorstellungen über die

Zusammensetzung der Bewegungen und „Impulse“. Bei Bildung dieser Vorstellungen schlägt er einen ähnlichen Weg ein wie später Roberval. Er spricht von theilweise gleichen und entgegengesetzten, von voll entgegengesetzten Bewegungen, gibt Parallelogrammconstructionen u. s. w., kann aber, obgleich er von einer beschleunigten Fallbewegung spricht, über den Kraftbegriff und demnach auch die Kraftzusammensetzung nicht zur vollen Klarheit gelangen. Trotzdem kennt er den Galilei'schen Kreissehnensatz, einige Sätze über die Pendelbewegung, die Centrifugalkraft u. s. w. Obgleich Galilei's Discorsen ein Jahr zuvor erschienen waren, so kann man bei den damaligen durch den Dreissigjährigen Krieg herbeigeführten Verhältnissen in Mitteleuropa doch nicht annehmen, dass Marci dieselben gekannt habe. Nicht nur würden dadurch die vielen Unrichtigkeiten in Marci's Buch ganz unverständlich, sondern es wäre dann erst aufzuklären, wieso Marci noch 1648 in einer Fortsetzung seiner Schrift hat in die Lage kommen können, den Kreissehnensatz gegen den Jesuiten Balthasar Conradus vertheidigen zu müssen. Alles dies klärt sich einfach auf, wenn man voraussetzt, dass Marci, als Mann von umfassenden Kenntnissen, die Arbeiten Benedetti's kannte, und wenn man mit Wohlwill („Zeitschr. f. Völkerpsychol.“, 1884, XV, S. 387) annimmt, dass er mit Galilei's älteren Arbeiten, in welchen dieser selbst noch nicht die volle Klarheit erreicht hatte, vertraut war. Bedenken wir, dass Marci auch der Newton'schen Entdeckung der Zusammensetzung des Lichtes sehr nahe war, so erkennen wir in ihm einen Mann von bedeutenden Anlagen. Seine Schriften sind ein interessantes und noch wenig beachtetes Object für Geschichtsforscher auf dem Gebiete der Physik.

2. Galilei selbst hat mehrere Versuche gemacht, die Gesetze des Stosses zu ermitteln, ohne dass ihm dies ganz gelungen wäre. Er beschäftigt sich namentlich mit der Kraft eines bewegten Körpers oder mit der „Kraft des Stosses“, wie er sich ausdrückt, und sucht

dieselbe mit dem Druck eines ruhenden Gewichtes zu vergleichen, durch denselben zu messen. Zu diesem

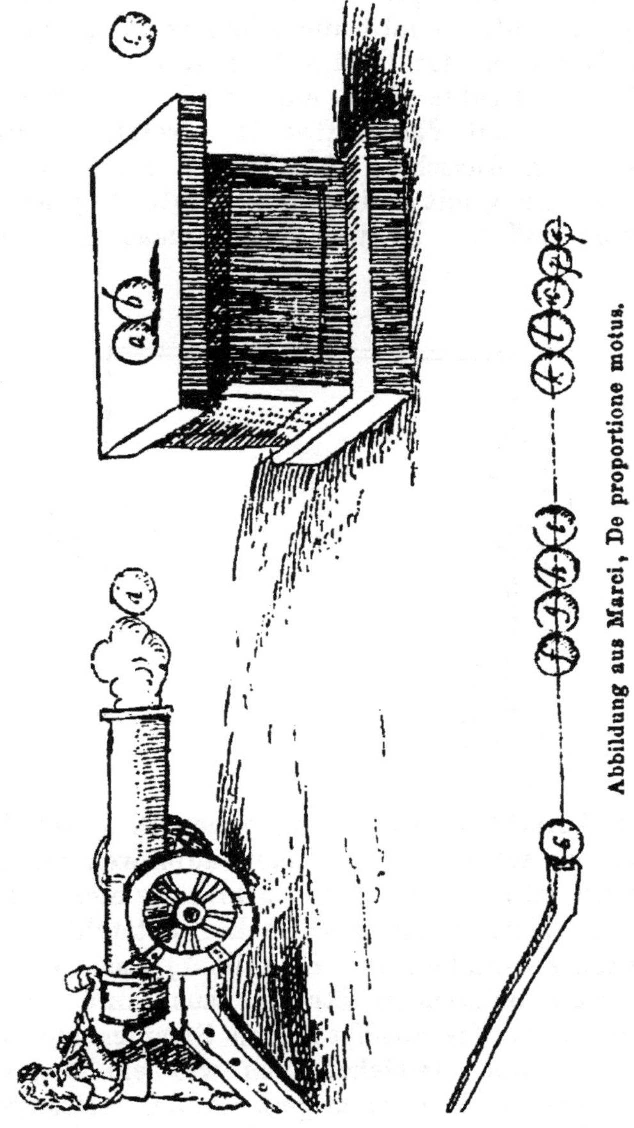

Abbildung aus Marci, De proportione motus.

Zwecke unternimmt er auch einen äusserst sinnreichen Versuch, der in Folgendem besteht.

An ein Wassergefäss I mit verkorkter Bodenöffnung

ist mit Hülfe von Schnüren unterhalb ein zweites Gefäss II angehängt und das Ganze ist an einer äquilibrirten Wage befestigt. Wird der Kork aus der Bodenöffnung entfernt, so fällt die Flüssigkeit im Strahl aus dem Gefäss I in das Gefäss II herab. Ein Theil des ruhenden Gewichtes fällt aus, und wird durch eine Stosswirkung auf das Gefäss II ersetzt. Galilei erwartete einen Ausschlag der Wage, durch welchen er die Stosswirkung mit Hülfe eines Ausgleichsgewichtes zu bestimmen hoffte. Er war einigermaassen überrascht,

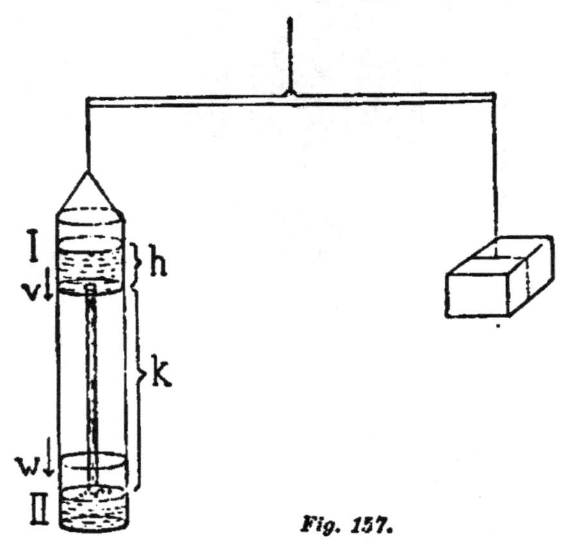

Fig. 157.

keinen Ausschlag zu erhalten, ohne sich dieses Verhältniss, wie es scheint, vollkommen aufklären zu können.

3. Heute ist natürlich diese Aufklärung nicht schwierig. Durch die Entfernung des Korkes entsteht einerseits eine Druckverminderung. Es fällt 1) das Gewicht des in der Luft hängenden Strahles aus, und ist 2) der Reactionsdruck des ausfliessenden Strahles auf das Gefäss I nach oben (welches sich wie ein Segner'sches Rad verhält) zu berücksichtigen. Andererseits tritt aber 3) eine Druckvermehrung ein durch die Wirkung des Strahles auf den Boden des Gefässes II. Bevor der erste Tropfen den Boden von II erreicht hat, haben

wir nur mit einer Druckverminderung zu thun, die aber sofort compensirt wird, wenn der Apparat im vollen Gang ist. Dieser anfängliche Ausschlag war auch alles, was Galilei bemerken konnte. Wir denken uns den Apparat im Gang, bezeichnen die Flüssigkeitshöhe im Gefäss I mit h, die entsprechende Ausflussgeschwindigkeit mit v, den Abstand des Bodens von I von dem Flüssigkeitsspiegel in II mit k, die Geschwindigkeit des Strahles in diesem Spiegel mit w, die Fläche der Bodenöffnung mit a, die Schwerebeschleunigung mit g, das specifische Gewicht der Flüssigkeit mit s. Um die Post 1 zu bestimmen, bemerken wir, dass v der erlangten Fallgeschwindigkeit durch die Höhe h entspricht. Wir können uns einfach vorstellen, dass diese Fallbewegung auch noch durch k fortgesetzt wird. Die Fallzeit des Strahles von I nach II ist also die Fallzeit durch $h + k$ weniger der Fallzeit durch h. Durch diese Zeit strömt ein Cylinder von der Basis a mit der Geschwindigkeit v aus. Die Post 1 oder das Gewicht des in der Luft hängenden Strahles beträgt demnach

$$\sqrt{2gh}\left[\sqrt{\frac{2(h+k)}{g}} - \sqrt{\frac{2h}{g}}\right] a s.$$

Zur Bestimmung der Post 2 verwenden wir die bekannte Gleichung $mv = pt$. Setzen wir $t = 1$, so ist $mv = p$, d. h. der Reactionsdruck auf I nach oben ist gleich der in der Zeiteinheit dem Flüssigkeitsstrahl ertheilten Bewegungsgrösse. Wir wollen hier die Gewichtseinheit als Krafteinheit wählen, also das terrestrische Maasssystem benutzen. Wir erhalten für die Post 2 den Ausdruck $\left(av\frac{s}{g}\right)v = p$, wobei der geklammerte Ausdruck die in der Zeiteinheit austretende Masse bedeutet, oder

$$a\sqrt{2gh}\cdot\frac{s}{g}\cdot\sqrt{2gh} = 2ahs.$$

In analoger Weise finden wir den Druck q auf II

$$\left(a\,v \cdot \frac{s}{g}\right) w = q, \text{ oder Post 3:}$$

$$a\,\frac{s}{g}\sqrt{2\,g\,h}\,\sqrt{2\,g(h+k)}.$$

Die gesammte Druckveränderung ist nun:

$$-\sqrt{2\,g\,h}\left[\sqrt{\frac{2(h+k)}{g}} - \sqrt{\frac{2\,h}{g}}\right] a\,s.$$

$$-\,2\,a\,h\,s$$

$$+\,\frac{a\,s}{g}\sqrt{2\,g\,h}\,\sqrt{2\,g\,(h+k)}$$

oder gekürzt:

$$-\,2\,a\,s\left[\sqrt{h(h+k)} - h\right] - 2\,a\,h\,s$$

$$+\,2\,a\,s\sqrt{h\,(h+k)}$$

welche drei Posten sich vollständig heben, weshalb Galilei auch nothwendig ein negatives Resultat erhalten musste.

In Bezug auf die Post 2 müssen wir noch eine kurze Bemerkung hinzufügen. Man könnte meinen, der Druck auf die Bodenöffnung, welcher ausfällt, sei $a\,h\,s$ und nicht $2\,a\,h\,s$. Allein diese statische Auffassung wäre in diesem dynamischen Fall ganz unstatthaft. Die Geschwindigkeit v wird nicht augenblicklich durch die Schwere an den ausfliessenden Theilen erzeugt, sondern sie entspricht dem wechselseitigen Druck der ausfliessenden und zurückbleibenden Theile, und der Druck kann nur aus der entwickelten Bewegungsgrösse bestimmt werden. Die fehlerhafte Einführung des Werthes $a\,h\,s$ würde sich auch sofort durch Widersprüche verrathen.

Hätte Galilei weniger elegant experimentirt, so würde er unschwer den Druck eines continuirlichen Flüssigkeitsstrahles bestimmt haben. Allein die Wirkung eines momentanen Stosses hätte er, wie ihm alsbald klar wurde, niemals durch einen Druck aufheben können. Denken wir uns mit Galilei einen schweren Körper frei fallend, so nimmt seine Endgeschwindigkeit proportional der Fallzeit zu. Selbst die kleinste Geschwindigkeit bedarf einer gewissen Zeit zum Entstehen (ein Satz, der noch von Mariotte bestritten wurde). Stellen wir uns einen Körper mit einer vertical aufwärts gerichteten Geschwindigkeit behaftet vor, so steigt er nach Maassgabe dieser Geschwindigkeit eine gewisse Zeit und folglich auch eine gewisse Wegstrecke aufwärts. Der schwerste Körper, mit der kleinsten Geschwindigkeit vertical aufwärts behaftet, steigt, wenn auch noch so wenig, der Schwere entgegen. Wenn also ein noch so schwerer Körper durch einen noch so kleinen bewegten Körper von beliebig geringer Geschwindigkeit einen momentanen Stoss aufwärts erhält, der ihm die kleinste Geschwindigkeit ertheilt, so wird er gleichwol nachgeben und sich etwas aufwärts bewegen. Der kleinste Stoss vermag also den grössten Druck zu überwinden, oder wie Galilei sagt, die Kraft des Stosses ist gegen die Kraft des Druckes unendlich gross. Dieses Resultat, welches zuweilen auf eine Unklarheit Galilei's bezogen wird, ist vielmehr ein glänzender Beweis seiner Verstandesschärfe. Wir würden heute sagen, die Kraft des Stosses, das Moment, der Impuls, die Bewegungsgrösse mv ist eine Grösse von anderer Dimension als der Druck p. Die Dimension der erstern ist $m l t^{-1}$, jene der letztern $m l t^{-2}$. In der That verhält sich also der Druck zu dem Moment des Stosses, wie eine Linie zu einer Fläche. Der Druck ist p, das Stossmoment aber $p t$. Man kann ohne mathematische Terminologie kaum besser sprechen, als es Galilei gethan hat. Zugleich sehen wir jetzt, warum man den Stoss eines continuirlichen Flüssigkeitsstrahles wirklich durch einen Druck messen kann. Wir vergleichen eine per Secunde vernichtete Bewegungsgrösse mit einem per Secunde wirkenden Druck, also gleichartige Grössen von der Form $p t$.

4. Die erste ausführlichere Behandlung der Stossgesetze wurde im Jahre 1668 durch die Königliche Gesellschaft zu London angeregt. Drei hervorragende Physikor

Wallis (26. November 1668), Wren (17. December 1668), und Huyghens (4. Januar 1669) entsprachen dem Wunsche der Gesellschaft durch Vorlage von Arbeiten, in welchen sie in voneinander unabhängiger Weise (jedoch ohne Ableitungen) die Stossgesetze darlegten. Wallis behandelte nur den Stoss unelastischer, Wren und Huyghens nur den Stoss elastischer Körper. Wren hat seine Sätze, welche im Wesen mit den Huyghens'schen übereinstimmen, vor der Veröffentlichung durch Versuche geprüft. Diese Versuche sind es, auf welche sich Newton bei Aufstellung seiner Principien bezieht. Dieselben Versuche wurden auch bald darauf in erweiterter Form von Mariotte in einer besondern Schrift („Sur le choc des corps") beschrieben. Mariotte hat auch den Apparat angegeben, welcher noch gegenwärtig in den physikalischen Sammlungen unter dem Namen Stossmaschine geführt wird.

Wallis geht von dem Grundsatze aus, dass das Moment, das Product aus der Masse (Pondus) und der Geschwindigkeit (Celeritas), bei dem Stosse maassgebend sei. Durch dieses Moment wird die Kraft des Stosses bestimmt. Stossen zwei (unelastische) Körper mit gleichen Momenten aufeinander, so besteht nach dem Stoss Ruhe. Bei ungleichen Momenten ergibt die Differenz der Momente das Moment nach dem Stosse. Dividirt man dieses Moment durch die Summe der Massen, so erhält man die Geschwindigkeit der Bewegung nach dem Stosse. Wallis hat später seine Lehre vom Stosse in einer andern Schrift („Mechanica sive de motu", London 1671) vorgetragen. Sämmtliche Sätze lassen sich in die jetzt gebräuchliche Formel $u = \frac{mv + m'v'}{m + m'}$ zusammenfassen, in welcher m, m' die Massen, v, v' deren Geschwindigkeiten vor dem Stosse und u die Geschwindigkeit nach dem Stosse bedeutet.

5. Die Gedanken, welche Huyghens geleitet haben, ergeben sich aus dessen posthumer Schrift „De motu corporum ex percussione" (1703). Wir wollen dieselben

etwas näher in Augenschein nehmen. Die Voraussetzungen, von welchen Huyghens ausgeht, sind 1) das Gesetz der Trägheit; 2) dass elastische Körper gleicher Masse, welche mit gleichen entgegengesetzten Geschwindigkeiten aufeinander treffen, mit eben denselben Geschwindigkeiten sich trennen; 3) dass alle Geschwindigkeiten nur relativ geschätzt werden; 4) dass ein grösserer Körper, der an einen kleinern ruhenden stösst, diesem etwas an Geschwindigkeit mittheilt und selbst etwas von der seinigen verliert, und endlich 5) dass, wenn der eine von den stossenden Körpern seine Geschwindigkeit beibehält, dies auch bei dem andern stattfindet.

Wir denken uns zunächst mit Huyghens zwei gleiche elastische Massen, welche mit gleichen entgegengesetz-

Fig. 158.

Fig. 159.

Abbildung aus Huyghens, De percussione.

ten Geschwindigkeiten v aufeinander treffen. Nach dem Stosse prallen sie mit ebendenselben Geschwindigkeiten voneinander ab. Huyghens hat recht, diesen Fall nicht abzuleiten, sondern vorauszusetzen. Dass es elastische Körper gibt, welche nach dem Stosse ihre Form wiederherstellen, dass hierbei keine merkliche lebendige Kraft verloren geht, kann nur die Erfahrung lehren. Huyghens denkt sich nun den eben beschriebenen Vorgang auf einem Kahn stattfindend, welcher sich selbst mit der Geschwindigkeit v bewegt. Für den Beobachter im Kahn besteht dann der vorige Fall fort, während für den Beobachter am Ufer die Geschwindigkeiten der Kugeln beziehungsweise $2v$ und o vor dem Stosse, o und $2v$ nach dem Stosse werden. Ein elastischer Körper überträgt also, an einen andern ruhenden von gleicher Masse stossend, seine ganze Geschwindigkeit, und bleibt selbst nach dem Stosse in Ruhe. Gibt man dem Kahn die beliebige Geschwindigkeit u, so sind für den Beobachter am Ufer die Geschwindigkeiten vor dem Stosse beziehungsweise $u + v$ und $u - v$, nach dem Stosse $u - v$ und $u + v$. Da $u + v$ und $u - v$ ganz beliebige Werthe haben können, so lässt sich behaupten, dass gleiche elastische Massen im Stosse ihre Geschwindigkeiten tauschen.

Fig. 160.

Der grösste ruhende Körper wird durch den kleinsten stossenden Körper in Bewegung gesetzt, wie schon Galilei ausgeführt hat. Huyghens zeigt nun, dass die Annäherung vor dem Stosse und die Entfernung nach dem Stosse mit derselben relativen Geschwindigkeit stattfindet. Ein Körper m stösst an einen ruhenden von der Masse M, welchem er im Stosse die noch unbestimmte Geschwindigkeit w ertheilt. Huyghens nimmt zum Nachweis des Satzes an, dass der Vorgang auf einem Kahn stattfindet, welcher sich mit der Geschwindigkeit $\frac{w}{2}$ von M gegen m bewegt. Die Anfangsgeschwindigkeiten sind dann $v - \frac{w}{2}$ und $- \frac{w}{2}$, die Endgeschwindigkeiten x und $+ \frac{w}{2}$. Da nun M den Werth seiner Geschwindigkeit nicht geändert hat, sondern nur das

Zeichen, so muss, wenn beim elastischen Stoss keine lebendige Kraft verloren geht, auch m nur das Zeichen der Geschwindigkeit ändern. Demnach sind die Endgeschwindigkeiten $-(v-\frac{w}{2})$ und $+\frac{w}{2}$. In der That ist also die relative Annäherungsgeschwindigkeit vor dem Stosse gleich der relativen Trennungsgeschwindigkeit nach dem Stosse. Was immer für eine Geschwindigkeitsänderung des einen Körpers stattfindet, stets wird man durch Fiction einer Schiffbewegung den Geschwindigkeitswerth vor und nach dem Stosse, vom Zeichen abgesehen, gleich halten können. Der Satz gilt also allgemein.

Wenn zwei Massen M und m mit Geschwindigkeiten V und v zusammenstossen, welche den Massen verkehrt proportionirt sind, so prallt M mit der Geschwindigkeit V und m mit v ab. Gesetzt es seien die Geschwindigkeiten nach dem Stosse V_1 und v_1, so bleibt doch nach dem vorigen Satze $V+v=V_1+v_1$ und nach dem Satz der lebendigen Kräfte

$$\frac{MV^2}{2}+\frac{mv^2}{2}=\frac{MV_1^2}{2}+\frac{mv_1^2}{2}.$$

Nehmen wir nun $v_1=v+w$, so ist nothwendig $V_1=V-w$, dann wird aber die Summe

$$\frac{MV_1^2}{2}+\frac{mv_1^2}{2}=\frac{MV^2}{2}+\frac{mv^2}{2}+(M+m)\frac{w^2}{2}.$$

Die Gleichheit kann nur hergestellt werden, wenn $w=o$ gesetzt wird, womit der erwähnte Satz begründet ist. Huyghens weist dies nach durch constructive Vergleichung der möglichen Steighöhen der Körper vor und nach dem Stosse. Sind die Stossgeschwindigkeiten nicht den Massen verkehrt proportional, so kann dieses Verhältniss durch Fiction einer passenden Kahnbewegung hergestellt werden, und der Satz schliesst demnach jeden beliebigen Fall ein.

Die Erhaltung der lebendigen Kraft beim Stoss spricht Huyghens in einem der letzten Sätze (11) aus, welchen er auch nachträglich der londoner Gesellschaft eingesandt hat, obwol der Satz unverkennbar schon den frühern Sätzen zu Grunde liegt.

6. Wenn man an das Studium eines Vorganges A kommt, so kann man entweder die Elemente desselben schon von einem andern Vorgang B her kennen; dann erscheint das Studium von A als eine Anwendung schon bekannter Principien. Man kann aber auch mit A die Untersuchung beginnen, und dieselben Principien, da ja die Natur durchaus gleichförmig ist, an dem Vorgang A erst gewinnen. Da die Stossvorgänge gleichzeitig mit andern mechanischen Vorgängen untersucht worden sind, so haben in der That beide Erkenntnisswege sich dargeboten.

Zunächst können wir uns überzeugen, dass man die Stossvorgänge mit Hülfe der Newton'schen Principien, zu deren Auffindung zwar das Studium des Stosses beigetragen hat, die aber nicht auf dieser Grundlage allein stehen, und mit Hülfe eines Minimums von neuen Erfahrungen erledigen kann. Die neuen Erfahrungen, welche ausserhalb der Newton'schen Principien stehen, lehren nur, dass es unelastische und elastische Körper gibt. Die unelastischen Körper ändern durch Druck ihre Form, ohne dieselbe wiederherzustellen; bei den elastischen Körpern entspricht einer Körperform immer ein bestimmtes Drucksystem, so zwar, dass jede Formveränderung mit einer Druckänderung verbunden ist und umgekehrt. Die elastischen Körper stellen ihre Form wieder her. Die formändernden Kräfte der Körper werden erst bei Berührung derselben wirksam.

Betrachten wir zwei unelastische Massen M und m, die sich beziehungsweise mit den Geschwindigkeitzn V und v bewegen. Berühren sie sich mit diesen ungleichen Geschwindigkeiten, so treten in dem System M, m die innern formändernden Kräfte auf. Diese Kräfte ändern die Bewegungsquantität nicht, sie verschieben auch den Schwerpunkt des Systems nicht. Mit der Herstellung gleicher Geschwindigkeiten hören die Formänderungen auf, und es erlöschen bei unelastischen Körpern die formändernden Kräfte. Hieraus folgt für die gemeinsame Bewegungsgeschwindigkeit u nach dem Stosse

$M u + m u = M V + m v$ oder $u = \frac{M V + m v}{M + m}$, die Regel von Wallis.

Nun nehmen wir an, wir beobachten die Stossvorgänge, ohne noch die Newton'schen Principien zu kennen. Wir bemerken sehr bald, dass beim Stoss nicht nur die Geschwindigkeit, sondern noch ein anderes Körpermerkmal (das Gewicht, die Last, die Masse, pondus, moles, massa) maassgebend ist. Sobald wir das merken, wird es leicht, den einfachsten Fall zu erledigen. Wenn zwei Körper gleichen Gewichtes oder gleicher Masse mit gleichen entgegengesetzten Geschwindigkeiten zusammentreffen, wenn dieselben ferner nach dem Stosse sich nicht mehr trennen, sondern eine gemeinsame Geschwindigkeit erhalten, so ist die einzige eindeutig bestimmte Geschwindigkeit nach dem Stosse die Geschwindigkeit o. Bemerken wir, dass nur die Geschwindigkeitsdifferenz, also nur die Relativgeschwindigkeit den Stossvorgang bedingt, so erkennen wir durch eine fingirte Bewegung der Umgebung, welche nach unserer Erfahrung auf die Sache keinen Einfluss hat, sehr leicht noch andere Fälle. Für gleiche unelastische Massen mit der Geschwindigkeit v und o, oder v und v', wird die Geschwindigkeit nach dem Stosse $\frac{v}{2}$ oder $\frac{v + v'}{2}$. Natürlich können wir aber diese Ueberlegung nur anstellen, wenn uns die Erfahrung gelehrt hat, worauf es ankommt.

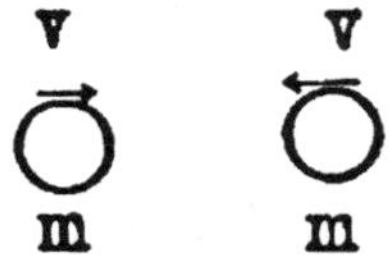

v v
m m

Fig. 161.

Wollen wir zu ungleichen Massen übergehen, so

müssen wir aus der Erfahrung nicht nur wissen, dass die Masse überhaupt von Belang ist, sondern auch in welcher Weise sie Einfluss hat. Stossen z. B. zwei Körper von den Massen 1 und 3 mit den Geschwindigkeiten v und V zusammen, so könnte man etwa folgende Ueberlegung anstellen. Wir schneiden aus der Masse 3 die Masse 1 heraus, und lassen zuerst die Massen 1 und 1 zusammenstossen; die resultirende Geschwindigkeit ist $\frac{v+V}{2}$. Nun haben noch die Massen $1+1=2$ und 2 die Geschwindigkeiten $\frac{v+V}{2}$ und V auszugleichen, was nach demselben Princip ergibt

$$\frac{\frac{v+V}{2}+V}{2}=\frac{v+3V}{4}=\frac{v+3V}{1+3}.$$

Betrachten wir allgemeiner die Massen m und m',

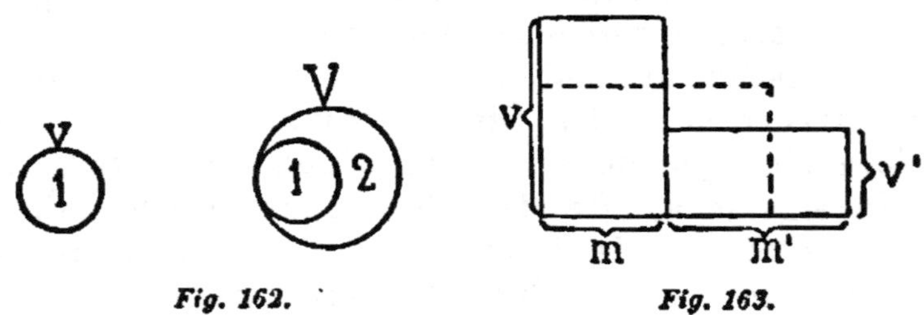

Fig. 162. *Fig. 163.*

die wir Fig. 163 als horizontale denselben proportionale Linien darstellen, mit den Geschwindigkeiten v und v', die wir als Ordinaten zu den zugehörigen Massentheilen auftragen. Wenn $m < m'$, so schneiden wir von m' zunächst ein Stück m ab. Der Ausgleich zwischen m und m gibt die Masse $2m$ mit der Geschwindigkeit $\frac{v+v'}{2}$. Die punktirte Linie deutet dieses Verhältniss an. Mit dem Rest $m'-m$ verfahren wir ähnlich, wir schneiden von $2m$ wieder ein Stück $m-m'$ ab, nun erhalten wir die Masse $2m-(m-m')$ mit der Geschwindigkeit $\frac{v + v'}{2}$ und $2(m - m')$ mit der Geschwindigkeit $\frac{\frac{v + v'}{2} + v'}{2}$. In dieser Art können wir fortfahren, bis wir die für die ganze Masse $m + m'$ dieselbe Geschwindigkeit u erhalten haben. Das constructive in der Figur dargestellte Verfahren zeigt sehr deutlich, dass hierbei die Flächengleichung besteht $(m + m') \cdot u = mv + m'v'$. Unschwer erkennen wir aber, dass wir die ganze Ueberlegung nur anstellen können, wenn uns schon durch irgendwelche Erfahrungen die Summe $mv + m'v'$, also die Form des Einflusses von m und v, als maassgebend nahe gelegt worden ist. Sieht man von den Newton'schen Principien ab, so sind eben andere specifische Erfahrungen über die Bedeutung von mv, welche jene Principien als gleichwerthig ersetzen, nicht zu entbehren.

7. Auch der Stoss elastischer Massen kann nach den Newton'schen Principien erledigt werden. Man braucht nur zu bemerken, dass der Formänderung der elastischen Körper formherstellende Kräfte entspringen welche an die Formänderung genau gebunden sind. Auch bei der Berührung von Körpern ungleicher Geschwindigkeit entstehen geschwindigkeitsausgleichende Kräfte, worauf die sogenannte Undurchdringlichkeit beruht. Treffen sich zwei elastische Massen M, m mit den Geschwindigkeiten C, c, so tritt eine Formänderung ein, die erst beendigt ist, wenn die Geschwindigkeiten gleich geworden sind. In diesem Augenblick ist die gemeinsame Geschwindigkeit, weil wir mit innern Kräften zu thun haben, also die Bewegungsquantität erhalten bleibt, und die Schwerpunktsbewegung nicht geändert wird

$$u = \frac{MC + mc}{M + m}.$$

Elastische Körper stellen ihre Form wieder her, und bei vollkommen elastischen Körpern treten dieselben

Kräfte (durch dieselben Zeit- und Wegelemente) nur in umgekehrter Folge nochmals in Wirksamkeit. Deshalb erleidet (wenn etwa m von M eingeholt wurde) M nochmals den Geschwindigkeitsverlust $C - u$, und m nochmals den Geschwindigkeitsgewinn $u - c$. Darnach erhalten wir für die Geschwindigkeiten V, v nach dem Stosse die Ausdrücke $V = 2u - C$ und $v = 2u - c$, oder

$$V = \frac{MC + m(2c - C)}{M + m}, \quad v = \frac{mc + M(2C - c)}{M + m}.$$

Setzen wir in diesen Formeln $M = m$, so folgt $V = c$ und $v = C$, also bei gleichen Massen Austausch der Geschwindigkeiten. Da für den Specialfall $\frac{M}{m} = -\frac{c}{C}$ oder $MC + mc = o$ auch $u = o$ ist, so folgt $V = 2u - C = -C$ und $v = 2u - c = -c$, d. h. in diesem Fall prallen die Massen mit denselben (nur entgegengesetzt gerichteten) Geschwindigkeiten ab, mit welchen sie einander entgegenkommen. Die Annäherung zweier Massen M, m mit den Geschwindigkeiten C, c, welche in derselben Richtung positiv gezählt werden, findet mit der Geschwindigkeit $C - c$ statt, die Entfernung mit $V - v$. Es ergibt sich nun aus $V = 2u - C$, $v = 2u - c$ sofort $V - v = -(C - c)$, also die Relativgeschwindigkeit für die Annäherung und Entfernung gleich. Durch Verwendung der Ausdrücke $V = 2u - C$ und $v = 2u - c$ findet man auch sehr leicht die beiden Sätze

$$MV + mv = MC + mc \text{ und}$$
$$MV^2 + mv^2 = MC^2 + mc^2,$$

also die Bewegungsquantität vor und nach dem Stosse (in derselben Richtung geschätzt) bleibt gleich, und die Summe der lebendigen Kräfte vor und nach dem Stosse bleibt ebenfalls gleich. Somit sind sämmtliche Huyghens'sche Sätze vom Newton'schen Standpunkte aus gewonnen.

8. Betrachten wir die Stossgesetze vom Huyghens'schen Standpunkte aus, so haben wir zunächst Folgendes zu überlegen. Die Steighöhe des Schwerpunktes,

welche ein System von Massen erreichen kann, ist durch die lebendige Kraft $\frac{1}{2} \Sigma m v^2$ gegeben. Immer, wenn eine Arbeit geleistet wird, indem die Massen den Kräften folgen, wird diese Summe um einen der geleisteten Arbeit gleichen Betrag vermehrt. Dagegen findet immer, wenn das System sich den Kräften entgegen bewegt, wenn dasselbe, wie wir kurz sagen wollen, eine Arbeit erleidet, eine Verminderung dieser Summe um den Betrag der erlittenen Arbeit statt. Solange sich also die algebraische Summe der erlittenen und geleisteten Arbeiten nicht ändert, es mögen sonst beliebige Veränderungen vorgehen, bleibt die Summe $\frac{1}{2} \Sigma m v^2$ ebenfalls unverändert. Indem nun Huyghens diese bei seiner Pendeluntersuchung gefundene Eigenschaft der Körpersysteme auch beim Stoss als bestehend ansah, musste er sofort bemerken, dass die Summe der lebendigen Kräfte vor Beginn und nach Beendigung des Stosses dieselbe sei. Denn bei der gegenseitigen Formänderung der Körper erleidet das Körpersystem dieselbe Arbeit, die es, wenn die Formänderung rückgängig wird, leistet, wenn nur die Körper Kräfte entwickeln, welche durch deren Form vollkommen bestimmt sind, wenn sie mit denselben Kräften ihre Form herstellen, welche bei der Formänderung aufgewandt wurden. Dass letzteres stattfindet, kann nur eine Specialerfahrung lehren. Es besteht dies Gesetz auch nur für die sogenannten vollkommen elastischen Körper.

Von diesem Gesichtspunkte aus ergeben sich die meisten Huyghens'schen Stossgesetze sofort. Gleiche Massen, welche mit gleichen entgegengesetzten Geschwindigkeiten aufeinander treffen, prallen mit denselben Geschwindigkeiten ab. Die Geschwindigkeiten sind nur dann eindeutig bestimmt, wenn sie gleich sind, und sie entsprechen dem Satz der lebendigen Kräfte nur, wenn sie vor und nach dem Stosse dieselben sind. Ferner ist klar, dass wenn die eine der beiden ungleichen Massen beim Stoss nur das Zeichen und nicht die Grösse der Geschwindigkeit ändert, dies auch bei der andern Masse zutrifft. Dann ist aber die relative Entfernungsgeschwindigkeit nach dem Stosse gleich der Annäherungsgeschwindigkeit vor dem Stosse. Jeder beliebige Fall kann auf diesen zurückgeführt werden. Es seien c und c' die der Grösse und dem Zeichen nach beliebigen Geschwindigkeiten der Masse m vor und nach dem Stosse. Wir nehmen an, das ganze System erhalte eine Geschwindigkeit u von der Grösse, dass $u + c = -(u + c')$ oder $u = \frac{c - c'}{2}$. Man kann also eine solche Transportgeschwindigkeit des Systems immer finden, durch welche die Geschwindigkeit der einen Masse nur ihr Zeichen wechselt, und somit gilt der Satz bezüglich der Annäherungs- und Entfernungsgeschwindigkeiten allgemein.

Da Huyghens' eigenthümlicher Gedankenkreis nicht ganz abgeschlossen ist, so wird er dazu gedrängt, wo die Geschwindigkeitsverhältnisse der stossenden Massen nicht von vornherein bekannt sind, gewisse Anschauungen dem Galilei-Newton'schen Gedankenkreise zu entlehnen, wie dies schon früher angedeutet wurde. Eine solche Entlehnung der Begriffe Masse und Bewegungsquantität liegt, wenn auch nicht offen ausgesprochen, in dem Satze, nach welchem die Geschwindigkeit jeder stossenden Masse nur das Zeichen wechselt, wenn vor dem Stosse $\frac{M}{m} = -\frac{c}{C}$. Sich auf seinen eigenthümlichen Standpunkt beschränkend, würde Huyghens kaum den einfachen Satz gefunden haben, wenngleich er den gefundenen in seiner Weise abzuleiten vermochte. In diesem Fall ist zunächst, wegen der gleichen und entgegengesetzten Bewegungsquantitäten, die Ausgleichsgeschwindigkeit nach vollendeter Formänderung $u = o$. Wird die Formänderung rückgängig, und dieselbe Arbeit geleistet, welche das System zuvor erlitten hat, so werden dieselben Geschwindigkeiten mit verkehrtem Zeichen wiederhergestellt.

Dieser Specialfall stellt zugleich den allgemeinen dar, wenn man sich das ganze System noch mit einer Transportgeschwindigkeit behaftet denkt. Die stossenden Massen seien in der Figur durch $M = BC$ und $m = AC$, die zugehörigen Geschwindigkeiten durch $C = AD$ und $c = BE$ dargestellt. Wir ziehen das Perpendikel CF auf AB, und durch F zu AB die Parallele IK. Dann ist $ID = \frac{m(C-c)}{M+m}$, $KE = \frac{M(C-c)}{M+m}$. Lässt man also die Massen M und m mit den Geschwindigkeiten ID und KE gegeneinanderstossen, während man dem ganzen System zugleich die Geschwindigkeit

$$u = AI = KB = C - \frac{m(C-c)}{M+m} = c + \frac{M(C-c)}{M+m} =$$

$\frac{MC + mc}{M+m}$ ertheilt, so sieht der mit der Geschwindigkeit u fortschreitende Beobachter den Specialfall, der ruhende Beobachter den allgemeinen Fall mit beliebigen Geschwindigkeiten vorgehen. Die oben abgeleiteten allgemeinen Stossformeln ergeben sich aus dieser Anschauung sofort. Wir finden

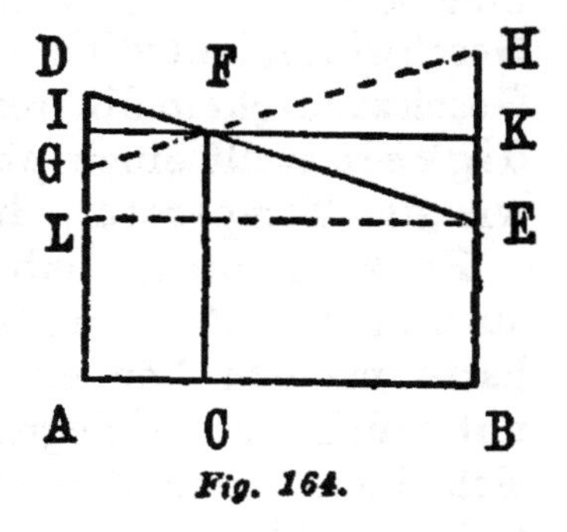

Fig. 164.

$$V = AG = C - 2\frac{m(C-c)}{M+m} = \frac{MC + m(2c - C)}{M+m}$$

$$v = BH = c + 2\frac{M(C-c)}{M+m} = \frac{mc + M(2C - c)}{M+m}.$$

Der erfolgreichen Huyghens'schen Methode der fingirten Bewegungen liegt die einfache Bemerkung zu Grunde, dass Körper ohne Geschwindigkeitsdifferenz durch Stoss nicht aufeinander wirken. Alle Stosskräfte sind durch Geschwindigkeitsdifferenzen bedingt (sowie alle Wärmewirkungen durch Temperaturdifferenzen). Da nun alle Kräfte nicht Geschwindigkeiten, sondern nur Geschwindigkeitsänderungen, also wieder nur Geschwindigkeitsdifferenzen bestimmen, so kommt es also beim Stoss immer nur auf Geschwindigkeitsdifferenzen an. Gegen welche Körper man die Geschwindigkeiten schätzt, ist gleichgültig. Thatsächlich stellen sich viele Stossfälle, welche uns bei Mangel an Uebung als verschiedene Fälle erscheinen, bei genauer Untersuchung als ein Fall dar.

Auch die Wirkungsfähigkeit eines bewegten Körpers, ob man dieselbe nun (mit Rücksicht auf die Wirkungszeit) durch die Bewegungsgrösse oder (mit Rücksicht auf den Wirkungsweg) durch die lebendige Kraft misst, hat gar keinen Sinn in Bezug auf einen Körper allein. Sie erhält diesen Sinn erst, sobald ein zweiter Körper hinzukommt, und dann wird in dem einen Fall die Geschwindigkeitsdifferenz, im andern das Quadrat der Geschwindigkeitsdifferenz maassgebend. Die Geschwindigkeit stellt einen physikalischen Niveauwerth vor, wie die Temperatur, die Potentialfunction u. s. w.

Es kann nicht unbemerkt bleiben, dass Huyghens auch an den Stossvorgängen zuerst dieselben Erfahrungen hätte machen können, zu welchen ihm seine Pendeluntersuchungen Gelegenheit geboten haben. Es handelt sich immer nur darum, in allen Thatsachen dieselben Elemente zu erkennen, oder, wenn man will, in einer Thatsache die Elemente einer andern schon bekannten wiederzufinden. Von welchen Thatsachen man aber ausgeht, hängt von historischen Zufälligkeiten ab.

9. Beschliessen wir diese Betrachtung noch mit einigen allgemeinern Bemerkungen. Die Summe der Bewegungsquantitäten erhält sich im Stosse und zwar sowol beim Stosse unelastischer als auch bei jenem elastischer Körper. Diese Erhaltung findet aber nicht ganz im Sinne Descartes' statt, die Bewegungsquantität eines Körpers wird nicht in dem Maasse vermindert, als jene eines andern vermehrt wird, wie Huyghens zuerst be-

merkt hat. Stossen z. B. zwei gleiche unelastische Massen mit gleichen entgegengesetzten Geschwindigkeiten zusammen, so verlieren beide ihre gesammte Bewegungsquantität im Descartes'schen Sinne. Dagegen bleibt die Summe der Bewegungsquantitäten erhalten, wenn man alle Geschwindigkeiten nach einer Richtung positiv, alle nach der entgegengesetzten negativ rechnet. Die Bewegungsquantität, in diesem Sinne verstanden, bleibt in allen Fällen erhalten.

Die Summe der lebendigen Kräfte verändert sich im Stosse unelastischer Massen, sie bleibt jedoch erhalten beim Stoss vollkommen elastischer Massen. Die Verminderung der lebendigen Kräfte, welche beim Stoss unelastischer Massen oder überhaupt dann eintritt, wenn sich die stossenden Körper nach dem Stosse mit gemeinschaftlicher Geschwindigkeit bewegen, lässt sich leicht bestimmen. Es seien M, m die Massen, C, c die zugehörigen Geschwindigkeiten vor dem Stoss, u die gemeinschaftliche Geschwindigkeit nach dem Stosse, so ist der Verlust an lebendiger Kraft

$$\tfrac{1}{2} M C^2 + \tfrac{1}{2} m c^2 - \tfrac{1}{2}(M + m) u^2, \quad . \quad . \quad 1)$$

welcher sich mit Rücksicht darauf, dass $u = \frac{MC + mc}{M + m}$ ist, auf die Form $\frac{Mm}{M+m}(C - c)^2$ bringen lässt. Carnot hat diesen Verlust in der Form

$$\tfrac{1}{2} M (C - u)^2 + \tfrac{1}{2} m (u - c)^2 \quad . \quad . \quad . \quad . \quad 2)$$

dargestellt. Wählt man diese letztere Form, so erkennt man in $\frac{1}{2} M (C - u)^2$ und $\frac{1}{2} m (u - c)^2$ die durch die Arbeit der innern Kräfte erzeugten lebendigen Kräfte. Der Verlust an lebendiger Kraft beim Stoss entspricht also der Arbeit der innern (sogenannten Molecular-) Kräfte. Wenn man die beiden Verlustausdrücke 1 und 2 einander gleichsetzt, und berücksichtigt, dass $(M + m) u = MC + mc$, so erhält man eine identische Gleichung. Der Carnot'sche Ausdruck ist wichtig zur Beurtheilung der Verluste beim Stoss von Maschinentheilen.

In allen unsern Beobachtungen haben wir die stossenden Massen als Punkte behandelt, die sich nur nach der Richtung ihrer Verbindungslinie bewegten. Diese Vereinfachung ist zulässig, wenn die Schwerpunkte und der Berührungspunkt der stossenden Massen in einer Geraden liegen, beim sogenannten centralen Stoss. Die Untersuchung des sogenannten excentrischen Stosses ist etwas complicirter, bietet aber kein besonderes principielles Interesse. Schon von Wallis wurde noch eine Frage anderer Art behandelt. Wenn ein Körper um eine Axe rotirt, und dessen Bewegung durch Anhalten eines Punktes plötzlich gehemmt wird, so ist die Stärke des Stosses je nach der Lage (dem Axenabstand) dieses Punktes verschieden. Derjenige Punkt, in welchem die Stärke des Stosses ein Maximum ist, wird von Wallis Mittelpunkt des Stosses genannt. Hemmt man diesen Punkt, so erfährt hierbei die Axe keinen Druck. Auf diese von Wallis' Zeitgenossen und Nachfolgern vielfach weiter geführten Untersuchungen hier näher einzugehen, haben wir keinen Anlass.

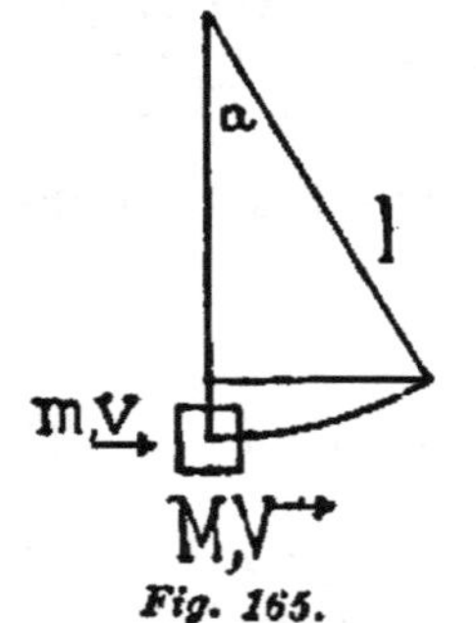

Fig. 165.

10. Wir wollen nun noch eine interessante Anwendung der Stossgesetze kurz betrachten, die Bestimmung der Projectilgeschwindigkeiten durch das ballistische Pendel. Eine Masse M sei an einem gewichts- und masselosen Faden als Pendel aufgehängt. In ihrer Gleichgewichtslage erhalte sie plötzlich die Horizontalgeschwindigkeit V. Sie steigt mit derselben zur Höhe $h = l(1 - \cos\alpha) = \frac{V^2}{2g}$ auf, wobei l die Pendellänge, α den Ausschlagswinkel, g die Schwerebeschleunigung bedeutet. Da zwischen der Schwingungsdauer T, und den Grössen l, g

die Beziehung besteht $T = \pi \sqrt{\frac{l}{g}}$, so erhalten wir leicht $V = \frac{g\,T}{\pi} \sqrt{2\,(1 - \cos\alpha)}$ und mit Benutzung einer bekannten goniometrischen Formel

$$V = \frac{2}{\pi}\, g\, T \sin\frac{\alpha}{2}.$$

Wenn nun die Geschwindigkeit V durch ein Projectil von der Masse m entsteht, welches mit der Geschwindigkeit v angeflogen kommt, und in M stecken bleibt, so dass, ob nun der Stoss ein elastischer oder unelastischer ist, die Geschwindigkeit jedenfalls nach dem Stosse eine gemeinsame V wird, so folgt $m\,v = (M + m)\,V$, oder wenn m gegen M klein genug ist $v = \frac{M}{m}\,V$, also schliesslich

$$v = \frac{2}{\pi} \cdot \frac{M}{m}\, g\, T \sin\frac{\alpha}{2}.$$

Wenn wir das ballistische Pendel nicht als ein einfaches Pendel ansehen dürfen, so gestaltet sich die Ueberlegung nach den bereits mehrfach angewandten Principien in folgender Weise. Das Projectil m mit der Geschwindigkeit v hat die Bewegungsgrösse $m\,v$, welche durch den Druck p beim Stosse in einer sehr kurzen Zeit τ auf $m\,V$ vermindert wird. Hierbei ist also $m\,(v - V) = p \cdot \tau$ oder, wenn V gegen v sehr klein ist, geradezu $m\,v = p \cdot \tau$. Von der Annahme besonderer Momentankräfte, welche plötzlich gewisse Geschwindigkeiten erzeugen, sehen wir mit Poncelet ab. Es gibt keine Momentankräfte. Was man so genannt hat, sind sehr grosse Kräfte, welche in sehr kurzer Zeit merkliche Geschwindigkeiten erzeugen, die sich aber sonst in keiner Weise von stetig wirkenden Kräften unterscheiden. Kann man die beim Stosse wirksame

Kraft nicht durch ihre ganze Wirkungsdauer als constant ansehen, so hat nur an die Stelle des Ausdruckes $p\tau$ der Ausdruck $\int p\,dt$ zu treten. Im übrigen bleibt die Ueberlegung dieselbe.

Die gleiche Kraft, welche die Bewegungsgrösse des Projectils vernichtet, wirkt als Gegenkraft auf das Pendel. Nehmen wir die Schusslinie (also auch die Kraft) senkrecht gegen die Pendelaxe und in dem Abstande b von derselben an, so ist das Moment dieser Kraft bp, die erzeugte Winkelbeschleunigung $\frac{b \cdot p}{\Sigma m r^2}$, und die in der Zeit τ hervorgebrachte Winkelgeschwindigkeit

$$\varphi = \frac{b \cdot p\tau}{\Sigma m r^2} = \frac{b m v}{\Sigma m r^2}.$$

Die lebendige Kraft, welche das Pendel nach Ablauf der Zeit τ erlangt hat, ist demnach

$$\tfrac{1}{2}\varphi^2 \Sigma m r^2 = \tfrac{1}{2}\frac{b^2 m^2 v^2}{\Sigma m r^2}.$$

Vermöge dieser lebendigen Kraft führt das Pendel den Ausschlag α aus, wobei dessen Gewicht Mg, weil der Schwerpunkt den Abstand a von der Axe hat, um $a(1 - \cos\alpha)$ erhoben, und dabei die Arbeit $Mga(1 - \cos\alpha)$ geleistet wird, welche Arbeit der erwähnten lebendigen Kraft gleich ist. Durch Gleichsetzung beider Ausdrücke folgt leicht

$$v = \frac{\sqrt{2 Mga \Sigma m r^2 (1 - \cos\alpha)}}{mb},$$

und mit Rücksicht auf die Schwingungsdauer

$$T = \pi \sqrt{\frac{\Sigma m r^2}{Mga}},$$

und die bereits angewandte goniometrische Reduction

$$v = \frac{2}{\pi}\frac{M}{m}\frac{a}{b} g T \cdot \sin\frac{\alpha}{2}.$$

Die Formel ist derjenigen für den einfachern Fall vollkommen analog. Die Beobachtungen, welche man zur Bestimmung von v auszuführen hat, beziehen sich auf die Masse des Pendels und des Projectils, die Abstände des Schwerpunktes und Treffpunktes von der Axe, die Schwingungsdauer und den Ausschlag des Pendels. Die Formel lässt auch sofort die Dimension der Geschwindigkeit erkennen. Die Ausdrücke $\frac{2}{\pi}$ und $\sin\frac{\alpha}{2}$ sind blosse Zahlen, ebenso sind $\frac{M}{m}$, $\frac{a}{b}$, worin Zähler und Nenner in Einheiten derselben Art gemessen werden, Zahlen. Der Factor gT aber hat die Dimension lt^{-1}, ist also eine Geschwindigkeit. Das ballistische Pendel ist von Robins erfunden und in seiner Schrift „New Principles of Gunnery" (1742) beschrieben worden.

5. *Der D'Alembert'sche Satz.*

1. Einer der wichtigsten Sätze zur raschen und bequemen Lösung der häufiger vorkommenden Aufgaben der Mechanik ist der Satz von D'Alembert. Die Untersuchungen über den Schwingungsmittelpunkt, mit welchen sich fast alle bedeutenden Zeitgenossen und Nachfolger von Huyghens' beschäftigt haben, führten zu den einfachen Bemerkungen, die schliesslich D'Alembert verallgemeinernd in seinen Satz zusammenfasste. Wir wollen zunächst auf diese Vorarbeiten einen Blick werfen. Sie wurden fast sämmtlich durch den Wunsch hervorgerufen, die Huyghens'sche Ableitung, welche nicht einleuchtend genug schien, durch eine überzeugendere zu ersetzen. Obgleich nun dieser Wunsch, wie wir gesehen haben, auf einem durch die historischen Umstände bedingten Misvertändniss beruhte, so haben wir doch

das Ergebniss desselben, die neuen gewonnenen Gesichtspunkte, natürlich nicht zu bedauern.

2. Der bedeutendste nach Huyghens unter den Begründern der Theorie des Schwingungsmittelpunktes ist Jakob Bernoulli, welcher schon 1686 das zusammengesetzte Pendel durch den Hebel zu erläutern suchte. Er kam jedoch zu Unklarheiten und Widersprüchen mit den Huyghens'schen Anschauungen, auf welche („Journal de Rotterdam", 1690) L'Hospital aufmerksam machte. Die Schwierigkeiten klärten sich auf, als man anfing, statt der in endlichen Zeiten, die in unendlich kleinen Zeittheilchen erlangten Geschwindigkeiten zu betrachten. Jakob Bernoulli verbesserte 1691 in den „Actis eruditorum" und 1703 in den Abhandlungen der pariser Akademie seinen Fehler. Wir wollen das Wesentliche seiner spätern Ableitung hier wiedergeben.

Wir betrachten mit Bernoulli eine horizontale um A drehbare masselose Stange AB, welche mit den Massen m, m' in den Abständen r, r' von A verbunden ist.

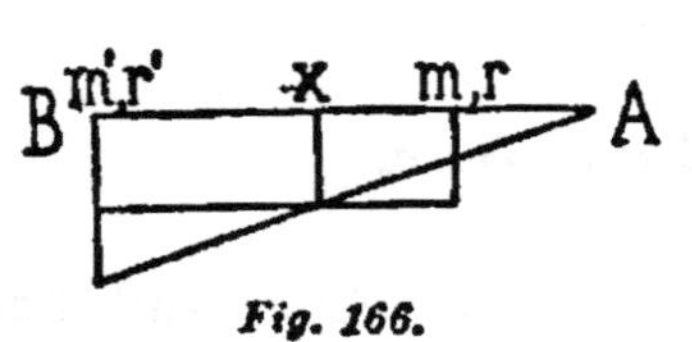

Fig. 166.

Die Massen bewegen sich in ihrer Verbindung mit andern Beschleunigungen als jener des freien Falles, welche sie sofort annehmen würden, wenn man die Verbindungen lösen würde. Nur jener Punkt in dem noch unbekannten Abstande x von A, welchen wir den Schwingungsmittelpunkt nennen, bewegt sich in der Verbindung mit derselben Beschleunigung, die er auch für sich allein hätte, mit der Beschleunigung g.

Würde sich m mit der Beschleunigung $\varphi = \frac{g\,r}{x}$

und m mit der Beschleunigung $\varphi' = \frac{g\,r'}{x}$

bewegen, d. h. wären die natürlichen Beschleunigungen den Abständen von A proportional, so würden die

Massen durch ihre Verbindungen einander nicht hindern. Thatsächlich erleidet aber durch die Verbindung

m den Beschleunigungsverlust $g - \varphi$,

m' den Beschleunigungsgewinn $\varphi' - g$

also ersteres den Kraftverlust $m(g - \varphi) = g \frac{(x - r)}{x} m$

und letztes den Kraftgewinn $m(\varphi' - g) = g \frac{(r' - x)}{x} m'$.

Da nun die Massen ihre Wechselwirkung nur durch die Hebelverbindung ausüben, so müssen jener Kraftverlust und dieser Kraftgewinn das Hebelgesetz erfüllen. Wird m durch die Hebelverbindung mit der Kraft f von der Bewegung zurückgehalten, die bei vollkommener Freiheit eintreten würde, so übt m denselben Zug f an dem Hebelarm r als Gegenzug aus. Dieser Gegenzug allein ist es, welcher sich auf m' übertragen kann, daselbst durch einen Druck $f' = \frac{r}{r'} f$ im Gleichgewicht gehalten werden kann, und diesem daher gleichwerthig ist. Es besteht also nach dem Obigen die Beziehung $g \frac{(r' - x)}{x} m' = \frac{r}{r'} \cdot g \frac{(x - r)}{x} m$ oder

$(x - r) m r = (r' - x) m' r'$ woraus wir erhalten

$x = \frac{m r^2 + m' r'^2}{m r + m' r'}$ ganz wie es Huyghens gefunden hat.

Die Verallgemeinerung der Betrachtung für eine beliebige Anzahl von Massen, welche auch nicht in einer Geraden zu liegen brauchen, liegt auf der Hand.

3. Johann Bernoulli hat sich 1712 in anderer Weise mit dem Problem des Schwingungsmittelpunktes beschäftigt. Seine Arbeiten sind am bequemsten in seinen gesammelten Werken (Opera, Lausannae et Genevae 1762, Bd. 2 und 4) nachzuschlagen. Wir wollen auf die

eigenthümlichsten Gedanken des genannten Physikers hier eingehen. Bernoulli kommt zum Ziel, indem er die *Massen und Kräfte* in Gedanken voneinander trennt.

Betrachten wir *erstens* zwei einfache Pendel von den verschiedenen Längen l, l', deren Pendelkörper aber den Pendellängen proportionale Schwerebeschleunigungen g, g' erfahren, d. h. setzen wir $\frac{l}{l'} = \frac{g}{g'}$, so folgt, weil die Schwingungsdauer $T = \pi \sqrt{\frac{l}{g}}$, für beide Pendel dieselbe Schwingungsdauer. Verdoppelung der Pendellänge mit gleichzeitiger Verdoppelung der Schwerebeschleunigung ändert also die Schwingungsdauer nicht.

Die Schwerebeschleunigung können wir an demselben Orte der Erde nicht direct variiren, doch können wir *zweitens* Anordnungen ersinnen, welche einer Variation der Schwerebeschleunigung entsprechen. Denken wir uns z. B. eine gerade masselose Stange von der Länge $2a$ um den Mittelpunkt drehbar, und bringen wir an dem einen Ende die Masse m, an dem andern die Masse m' an, so ist $m + m'$ die Gesammtmasse in dem Abstand a vom Drehpunkt, $(m - m')g$ aber die Kraft, demnach $\frac{m - m'}{m + m'} g$ die Beschleunigung an diesem Pendel. Um nun die Länge des Pendels (mit der gewöhnlichen Schwerebeschleunigung g) zu finden, welches mit dem vorgelegten Pendel von der Länge a isochron ist, setzen wir den vorigen Satz verwendend

m'
a
a
m

Fig. 167.

$$\frac{l}{a} = \frac{g}{\frac{m - m'}{m + m'} g} \text{ oder } l = a \frac{m + m'}{m - m'}.$$

Wir denken uns *drittens* ein einfaches Pendel von der Länge 1 mit der Masse m am Ende. Das Gewicht von m entspricht an dem Pendel von der doppelten

Länge der halben Kraft. Die Hälfte der Masse m in die Entfernung 2 versetzt, würde also durch die in 1 wirksame Kraft dieselbe Beschleunigung, und ein Viertheil von m die doppelte Beschleunigung erfahren, sodass also das einfache Pendel von der Länge 2, mit der ursprünglichen Kraft in 1 und $\frac{m}{4}$ am Ende, isochron wäre mit dem ursprünglichen. Verallgemeinert man diese Ueberlegung, so erkennt man, dass man jede in der beliebigen Entfernung r an einem zusammengesetzten Pendel angreifende Kraft f mit dem Werthe rf in die Entfernung 1, und jede beliebige in der Entfernung r befindliche Masse m mit dem Werthe $r^2 m$ ebenfalls in die Entfernung 1 versetzen kann, ohne die Schwingungsdauer des Pendels zu ändern. Wirkt eine Kraft f an dem Hebelarm a, während die Masse m sich in der Entfernung r vom Drehpunkt befindet, so ist f äquivalent einer an m wirksamen Kraft $\frac{af}{r}$, welche also der Masse m die Beschleunigung $\frac{af}{mr}$, und die Winkelbeschleunigung $\frac{af}{mr^2}$ ertheilt.

Man hat demnach, um die Winkelbeschleunigung eines zusammengesetzten Pendels zu erhalten, die Summe der s t a t i s c h e n M o m e n t e durch die Summe der T r ä g h e i t s m o m e n t e zu dividiren. Denselben Gedanken hat Brook Taylor in seiner Weise und gewiss unabhängig von Johann Bernoulli gefunden, jedoch etwas später 1714 in seinem „Methodus incrementorum“ veröffentlicht. Hiermit sind die bedeutendsten Versuche, die Frage nach dem Schwingungsmittelpunkt zu beantworten, erschöpft, und wir werden sofort sehen, dass sie schon d i e s e l b e n G e d a n k e n enthalten, welche D'Alembert in a l l g e m e i n e r e r Weise ausgesprochen hat.

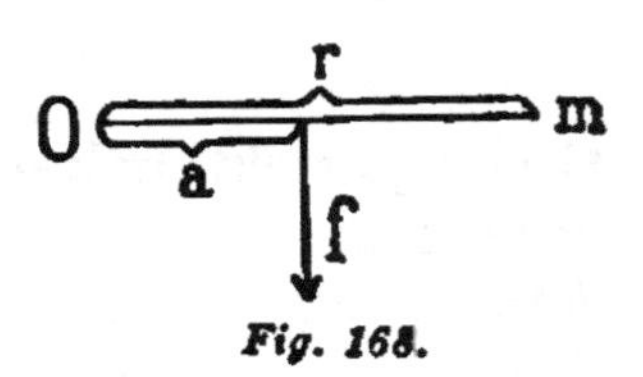

Fig. 168.

4. An einem System irgendwie miteinander verbundener Punkte $M, M', M'' \ldots.$ mögen die Kräfte $P, P', P'' \ldots.$ angreifen, welche den freien Punkten gewisse Bewegungen ertheilen würden. An den verbundenen Punkten treten im allgemeinen andere Bewegungen ein, welche durch die Kräfte $W, W', W'' \ldots.$ hervorgebracht sein könnten. Diese Bewegungen wollen wir kennen lernen. Zu diesem Zweck denken wir uns die Kraft P in W und V, P' in W' und V', P'' in W'' und V'' u. s. w. zerlegt. Da infolge der Verbindungen thatsächlich nur die Componenten $W, W', W'' \ldots.$ wirksam werden, so halten sich die Kräfte $V, V', V'' \ldots.$ eben vermöge der Verbindungen das Gleichgewicht. Die Kräfte $P, P', P'' \ldots.$ wollen wir das System der angreifenden Kräfte, $W, W', W'' \ldots.$ das System der die wirklichen Bewegungen hervorrufenden, oder kürzer, das System der wirklichen Kräfte, und $V, V', V'' \ldots.$ das System der gewonnenen und verlorenen Kräfte, oder das System der Verbindungskräfte nennen. Wir sehen also, dass wenn man die angreifenden Kräfte in die wirklichen und die Verbindungskräfte zerlegt, letztere sich durch die Verbindungen das Gleichgewicht halten. Hierin besteht der D'Alembert'sche Satz, und wir haben uns nur die unwesentliche Aenderung erlaubt, von den Kräften, statt von den durch die Kräfte erzeugten Bewegungsgrössen zu sprechen, wie dies D'Alembert (in seinem „Traité de dynamique", 1743) gethan hat.

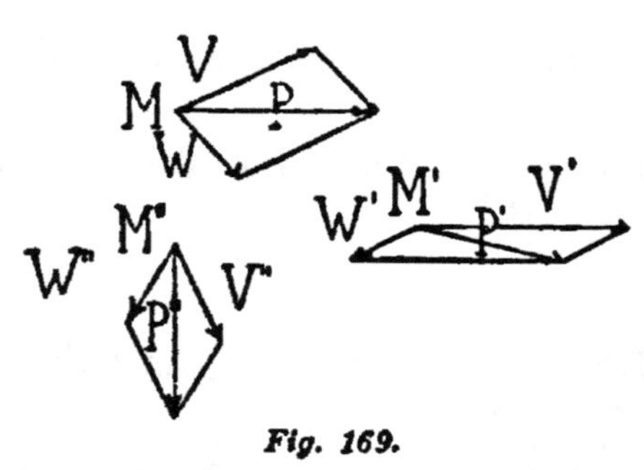

Fig. 169.

Da sich das System $V, V', V'' \ldots.$ das Gleichgewicht hält, so lässt sich auf dasselbe das Princip der virtuellen Verschiebungen anwenden. Dies gibt ebenfalls eine Form des D'Alembert'schen Satzes. Eine andere Form erhalten wir auf folgende Art. Die

Kräfte P, P', ... sind die Resultirenden der Componenten W, W' .... und V, V' .... Nehmen wir also die Kräfte $-P$, $-P'$ .... mit W, W' .... und V, V' .... zusammen, so besteht Gleichgewicht. Das Kraftsystem $-P$, W, V ist im Gleichgewicht. Nun ist aber das System der V für sich im Gleichgewicht. Demnach ist auch das System $-P$, W im Gleichgewicht, oder auch P, $-W$ im Gleichgewicht. Fügt man also den angreifenden Kräften die wirklichen Kräfte mit entgegengesetztem Zeichen hinzu, so besteht vermöge der Verbindungen Gleichgewicht. Auch auf das System P, $-W$ lässt sich, wie dies Lagrange in seiner analytischen Mechanik gethan hat, das Princip der virtuellen Verschiebungen anwenden.

Dass zwischen dem System P und dem System $-W$ Gleichgewicht besteht, lässt sich noch in einer andern Form aussprechen. Man kann sagen, das System W ist dem System P **äquivalent**. In dieser Form haben Hermann („Phoronomia", 1716) und Euler („Commentarien der Petersburger Akademie, ältere Reihe" Bd. 7, 1740) den Satz, welcher von dem D'Alembert'schen nicht wesentlich verschieden ist, verwendet.

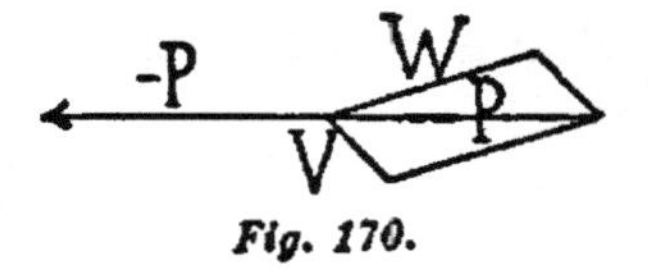

Fig. 170.

5. Erläutern wir uns den D'Alembert'schen Satz durch Beispiele. An einem masselosen Wellrad mit den Radien R, r sind die Lasten P und Q angehängt, welche nicht im Gleichgewicht sind. Wir zerlegen die Kraft P in W, welche die wirkliche Bewegung an der freien Masse hervorbringen könnte und V, setzen also $P = W + V$, und ebenso $Q = W' + V'$, da wir hier von jeder Bewegung ausser der Verticalen absehen können. Es ist also $V = P - W$ und $V' = Q - W'$, und da die Verbindungskräfte V, V' miteinander im Gleichgewicht sind $V \cdot R = V' \cdot r$. Setzen wir für

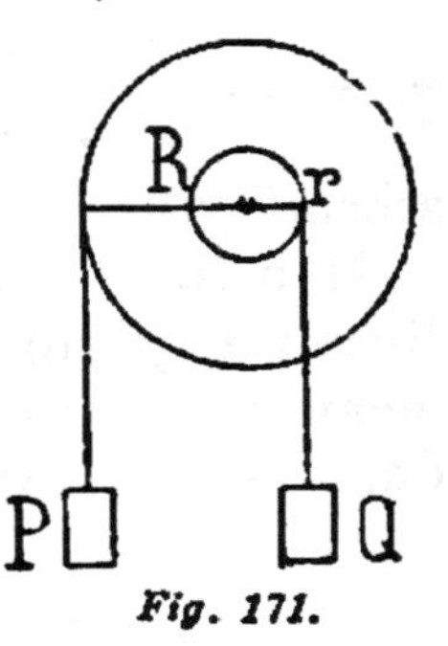

Fig. 171.

V, V' die Werthe, so erhalten wir die Gleichung

$$(P - W) R = (Q - W') r \quad . \quad . \quad . \quad . \quad 1)$$

welche sich auch direct ergibt, wenn man die zweite Form des D'Alembert'schen Satzes verwendet. Aus den Umständen der Aufgabe erkennen wir leicht, dass es sich um eine gleichförmig beschleunigte Bewegung handelt, und dass wir also nur die Beschleunigung zu ermitteln haben. Bleiben wir im terrestrischen Maasssystem, so haben wir die Kräfte W und W', welche an den Massen $\frac{P}{g}$ und $\frac{Q}{g}$ die Beschleunigungen γ, und γ' hervorbringen, weshalb also $W = \frac{P}{g}\gamma$, $W' = \frac{Q}{g}\gamma'$.

Ausserdem wissen wir, dass $\gamma' = -\gamma\frac{r}{R}$. Die Gleichung 1 übergeht dadurch in die Form

$$\left(P - \frac{P}{g}\gamma\right) R = \left(Q + \frac{Q}{g}\,\frac{r}{R}\gamma\right) r \quad . \quad . \quad 2)$$

aus welcher sich ergibt

$$\gamma = \frac{PR - Qr}{PR^2 + Qr^2} Rg \text{ und ferner auch}$$

$$\gamma' = -\frac{PR - Qr}{PR^2 + Qr^2} rg,$$ wodurch die Bewegung bestimmt ist.

Man sieht ohne weiteres, dass man zu demselben Resultat gelangt, wenn man die Begriffe statisches Moment und Trägheitsmoment verwendet. Es ergibt sich dann die Winkelbeschleunigung

$$\varphi = \frac{PR - Qr}{\frac{P}{g}R^2 + \frac{Q}{g}r^2} = \frac{PR - Qr}{PR^2 + Qr^2} \cdot g,$$

und weil $\gamma = R\varphi$, $\gamma' = -r\varphi$, erhält man wieder die frühern Ausdrücke.

Wenn die Massen und die Kräfte gegeben sind, ist die Aufgabe, die Bewegung zu suchen, eine **bestimmte**. Nehmen wir nun an, es sei die Beschleunigung γ gegeben, mit welcher sich P bewegt, und es seien jene Lasten P und Q zu suchen, welche diese Beschleunigung bedingen. Dann erhält man aus der Gleichung 2 leicht

$P = \frac{Q(Rg + r\gamma)r}{(g - \gamma)R^2}$, also eine Beziehung zwischen P und Q. Die eine der beiden Lasten bleibt dann willkürlich, und die Aufgabe ist in dieser Form eine **unbestimmte**, welche auf unendlich viele verschiedene Weisen gelöst werden kann.

Der folgende Fall diene als zweites Beispiel. Ein Gewicht P ist auf einer verticalen Geraden AB beweglich und durch einen Faden, der über eine Rolle C führt, mit einem Gewicht Q verbunden. Der Faden bildet mit AB den variablen Winkel α. Die Bewegung kann hier keine gleichförmig beschleunigte sein. Wenn wir aber nur verticale Bewegungen betrachten, so können wir für jeden Werth von α die augenblickliche Beschleunigung γ und γ' von P und Q sehr leicht angeben. Indem wir ganz wie im vorigen Fall verfahren, finden wir

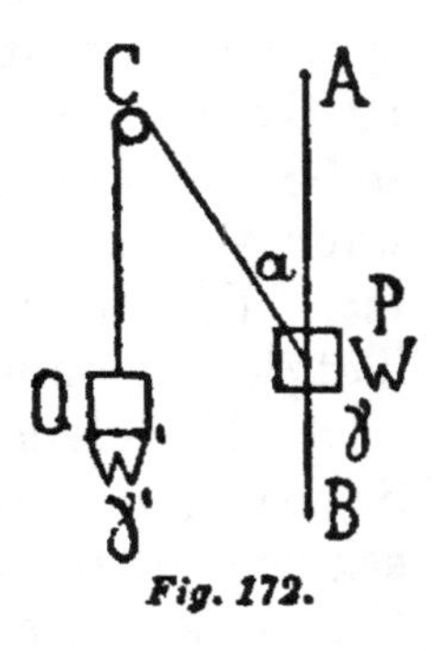

Fig. 172.

$$P = W + V,$$

$$Q = W' + V', \text{ ferner}$$

$$V' \cos\alpha = V \text{ oder, weil } \gamma' = -\gamma\cos\alpha$$

$$\left(Q + \frac{Q}{g}\cos\alpha\,\gamma\right)\cos\alpha = P - \frac{P}{g}\gamma \text{ und hieraus}$$

$$\gamma = \frac{P - Q\cos\alpha}{Q\cos\alpha^2 + P}\cdot g$$

$$\gamma' = -\frac{P - Q\cos\alpha}{Q\cos\alpha^2 + P}\cos\alpha\cdot g.$$

Man kann dasselbe Resultat wieder sehr leicht gewinnen, wenn man die Begriffe statisches Moment und Trägheitsmoment in etwas verallgemeinerter Form verwendet, was durch das Folgende sofort verständlich wird. Die Kraft, oder das statische Moment, welches auf P wirkt, ist $P - Q \cos \alpha$. Das Gewicht Q bewegt sich aber $\cos \alpha$ mal so schnell als P, demnach ist seine Masse $\cos \alpha^2$ mal zu rechnen. Die Beschleunigung, welche P erhält, ist also

$$\gamma = \frac{P - Q \cos \alpha}{\frac{Q}{g} \cos \alpha^2 + \frac{P}{g}} = \frac{P - Q \cos \alpha}{Q \cos \alpha^2 + P} \cdot g.$$

Ebenso ergibt sich der entsprechende Ausdruck für γ'. Es liegt diesem Verfahren die einfache Bemerkung zu Grunde, dass bei der Bewegung der Massen die Kreisbahn unwesentlich, dagegen das Geschwindigkeits- oder Verschiebungsverhältniss der Massen wesentlich ist. Die hier angedeutete Erweiterung des Begriffes Trägheitsmoment kann oft mit Vortheil verwendet werden.

6. Nachdem die Anwendung des D'Alembert'schen Satzes genügend veranschaulicht ist, wird es uns nicht schwer, über die Bedeutung desselben klar zu werden. Die Bewegungsfragen verbundener Punkte werden erledigt, indem die bei Gelegenheit der Gleichgewichtsuntersuchungen gewonnenen Erfahrungen über die Wechselwirkung verbundener Körper herangezogen werden. Wo diese Erfahrungen nicht ausreichen würden, vermöchte auch der D'Alembert'sche Satz nichts zu verrichten, wie dies durch die angeführten Beispiele genügend nahe gelegt wird. Man muss sich also hüten, zu glauben, dass der D'Alembert'sche Satz ein allgemeiner Satz sei, welcher Specialerfahrungen überflüssig macht. Seine Kürze und scheinbare Einfachheit beruht eben nur auf der Anweisung auf schon vorhandene Erfahrungen. Die genaueste auf eingehender Erfahrung beruhende Sachkenntniss kann uns durchaus nicht er-

spart werden. Wir müssen sie entweder an dem vorgelegten Fall selbst, diesen direct untersuchend, gewinnen, oder schon an einem andern Fall gewonnen haben, und zu dem vorliegenden Fall mitbringen. In der That lernen wir durch den D'Alembert'schen Satz, wie unsere Beispiele zeigen, nichts, was wir nicht auf anderm Wege auch lernen könnten. Der Satz hat den Werth einer Schablone zur Lösung von Aufgaben, die uns einigermaassen der Mühe des Nachdenkens über jeden neuen Fall überhebt, indem sie die Anweisung enthält, allgemein bekannte und geläufige Erfahrungen zu verwenden. Der Satz fördert nicht so sehr das Durchblicken der Vorgänge, als die praktische Bewältigung derselben. Der Werth des Satzes ist ein ökonomischer.

Haben wir eine Aufgabe nach dem D'Alembert'schen Satz gelöst, so können wir uns bei den Gleichgewichtserfahrungen beruhigen, deren Anwendung der Satz einschliesst. Wollen wir aber den Vorgang recht klar durchblicken, d. h. die einfachsten bekannten mechanischen Elemente in demselben wiedererkennen, so müssen wir weiter vordringen, und jene Gleichgewichtserfahrungen entweder durch die Newton'schen (wie dies S. 267 geschehen ist) oder durch die Huyghens'schen ersetzen. Im erstern Fall sieht man die beschleunigten Bewegungen, welche durch die Wechselwirkung der Körper bedingt sind, im Geiste vorgehen. Im zweiten Fall betrachtet man direct die Arbeiten, von welchen nach der Huyghens'schen Auffassung die lebendigen Kräfte abhängen. Diese Betrachtung ist besonders bequem, wenn man das Princip der virtuellen Verschiebungen verwendet, um die Gleichgewichtsbedingung des Systems V oder $P - W$ auszudrücken. Der D'Alembert'sche Satz sagt dann, dass die Summe der virtuellen Momente des Systems V oder des Systems $P - W$ der Null gleich ist. Die Elementararbeit der Verbindungskräfte ist, wenn man von der Dehnung der Verbindungen absieht, der Null gleich. Alle Arbeiten werden dann nur von dem

System P verrichtet, und die durch das System W zum Vorschein kommenden Arbeiten müssen dann gleich sein jenen des Systems P. Alle möglichen Arbeiten rühren, von den Dehnungen der Verbindungen abgesehen, von den angreifenden Kräften her. Wie man sieht, ist der D'Alembert'sche Satz in dieser Form nicht wesentlich verschieden von dem Satz der lebendigen Kräfte.

7. Für die Anwendung des D'Alembert'schen Satzes ist es bequem, jede eine Masse m angreifende Kraft P in drei zueinander senkrechte Componenten X, Y, Z parallel den Axen eines rechtwinkeligen Coordinatensystems, jede wirkliche Kraft W in die entsprechenden Componenten $m\xi$, $m\eta$, $m\zeta$, wobei ξ, η, ζ die Beschleunigungen nach den Coordinatenrichtungen bedeuten, und jede Verschiebung ebenso in drei Verschiebungen δx, δy, δz zu zerlegen. Da die Arbeit jeder Kraftcomponente nur bei der parallelen Verschiebung ins Spiel kommt, so ist das Gleichgewicht des Systems $(P, - W)$ gegeben durch

$$\Sigma\{(X - m\xi)\delta x + (Y - m\eta)\delta y + (Z - m\zeta)\delta z\} = o \qquad 1)$$

oder

$$\Sigma(X\delta x + Y\delta y + Z\delta z) = \Sigma m(\xi\delta x + \eta\delta y + \zeta\delta z) . \qquad 2)$$

Die beiden Gleichungen sind ein unmittelbarer Ausdruck des eben ausgesprochenen Satzes über die mögliche Arbeit der angreifenden Kräfte. Ist diese Arbeit $= o$, so ergibt sich der specielle Fall des Gleichgewichts. Das Princip der virtuellen Verschiebungen fliesst als ein specieller Fall aus dem gegebenen Ausdruck des D'Alembert'schen Satzes, was ganz natürlich ist, da sowol im allgemeinen als im besondern Fall die Erfahrungserkenntniss der Bedeutung der Arbeit das Wesentliche ist.

Die Gleichung 1 liefert die nöthigen Bewegungsgleichungen, indem man so viele der Verschiebungen δx, δy, δz als möglich vermöge ihrer Relationen zu den übrigen durch die letztern ausdrückt und die Coefficienten der übrig bleibenden willkürlichen Verschiebungen $= o$ setzt, wie dies bei den Anwendungen des Princips der virtuellen Verschiebungen erläutert wurde.

Hat man einige Aufgaben nach dem D'Alembert'schen Satz gelöst, so lernt man einerseits die Bequemlichkeit desselben schätzen, und gewinnt andererseits die Ueberzeugung, dass man in jedem Fall, sobald man das Bedürfniss hierfür hat, durch Betrachtung der elementaren mechanischen Vorgänge dieselbe Aufgabe auch direct mit voller Einsicht lösen kann, und zu denselben Resultaten gelangt. Die Ueberzeugung von der *Ausführbarkeit* dieses Verfahrens macht, wo es sich um mehr praktische Zwecke handelt, die jedesmalige *Ausführung* unnöthig.

6. Der Satz der lebendigen Kräfte.

1. Der Satz der lebendigen Kräfte ist wie bekannt zuerst von Huyghens benutzt worden. Johann und Daniel Bernoulli hatten nur für eine grössere Allgemeinheit des Ausdrucks zu sorgen, nur wenig hinzuzufügen. Wenn $p, p', p'' \ldots.$ Gewichte, $m, m', m'' \ldots.$ die zugehörigen Massen, $h, h', h'' \ldots.$ die Falltiefen der freien oder verbundenen Massen, $v, v', v'' \ldots$ die erlangten Geschwindigkeiten sind, so besteht die Beziehung

$$\Sigma p h = \tfrac{1}{2} \Sigma m v^2.$$

Wären die Anfangsgeschwindigkeiten nicht $= o$, sondern $v_0, v_0', v_0'' \ldots,$ so würde sich der Satz auf den Zuwachs der lebendigen Kraft durch die geleistete Arbeit beziehen und lauten

$$\Sigma p h = \tfrac{1}{2} \Sigma m (v^2 - v_0^2).$$

Der Satz bleibt noch anwendbar, wenn p nicht Gewichte, sondern irgendwelche constante Kräfte und h nicht verticale Fallhöhen, sondern irgendwelche im Sinne der Kräfte beschriebene Wege sind. Treten veränderliche Kräfte auf, so haben an die Stelle der Ausdrücke $p\,h$, $p'\,h'\ldots$ die Ausdrücke $\int p\,d\,s$, $\int p'\,d\,s'\ldots$ zu treten, in welchen p die veränderlichen Kräfte und ds die im Sinne derselben beschriebenen Wegelemente bedeuten. Dann ist

$$\int p\,d\,s + \int p'\,ds' + \ldots = \tfrac{1}{2}\Sigma\,m\,(v^2 - v_0^2) \text{ oder}$$

$$\Sigma \int p\,d\,s = \tfrac{1}{2}\Sigma\,m\,(v^2 - v_0^2) \quad \ldots \ldots \ldots \quad 1)$$

2. Zur Erläuterung des Satzes der lebendigen Kräfte betrachten wir zunächst dieselbe einfache Aufgabe, welche wir nach dem D'Alembert'schen Satz behandelt haben. An einem Wellrad mit den Radien R, r hängen die Gewichte P, Q. Sobald eine Bewegung eintritt, wird Arbeit geleistet, durch welche die erlangte lebendige Kraft bestimmt ist. Dreht sich der Apparat um den Winkel α, so ist die geleistete Arbeit

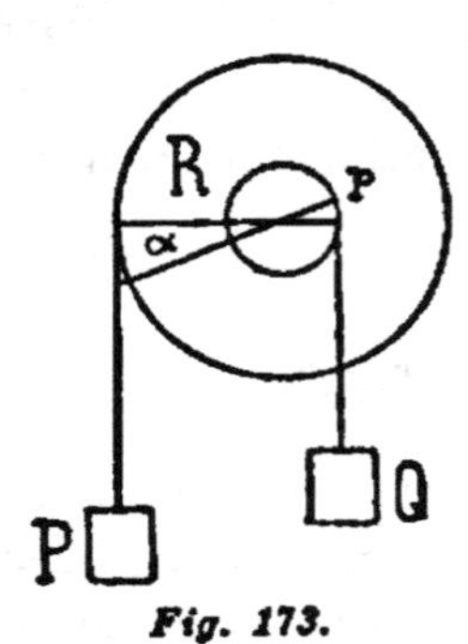

Fig. 173.

$$P \cdot R\,\alpha - Q \cdot r\,\alpha = \alpha\,(P\,R - Q\,r).$$

Die erzeugte lebendige Kraft ist, wenn dem Drehungswinkel α die erlangte Winkelgeschwindigkeit φ entspricht

$$\frac{P}{g}\,\frac{(R\,\varphi)^2}{2} + \frac{Q}{g}\,\frac{(r\,\varphi)^2}{2} = \frac{\varphi^2}{2g}(P\,R^2 + Q\,r^2).$$

Es besteht demnach die Gleichung

$$\alpha\,(P\,R - Q\,r) = \frac{\varphi^2}{2g}\,(P\,R^2 + Q\,r^2). \quad \ldots \quad 1)$$

Da wir nun hier mit einer gleichförmig beschleunigten Bewegung zu thun haben, so besteht zwischen dem Winkel α, der erlangten Winkelgeschwindigkeit φ und der Winkelbeschleunigung ψ dieselbe Beziehung, welche beim freien Fall zwischen s, v, g besteht. Ist für den freien Fall $s = \frac{v^2}{2g}$, so ist hier $\alpha = \frac{\varphi^2}{2\psi}$.

Führt man diesen Werth von α in die Gleichung 1 ein, so findet sich die Winkelbeschleunigung

$\psi = \frac{PR - Qr}{PR^2 + Qr^2} g$, und die absolute Beschleunigung der Last P ist dann

$\gamma = \frac{PR - Qr}{PR^2 + Qr^2} R g$, wie dies früher gefunden wurde.

Als zweites Beispiel betrachten wir einen masselosen Cylinder vom Radius r, in dessen Mantel diametral einander gegenüber sich zwei gleiche Massen m befinden, und der ohne zu gleiten durch das Gewicht dieser

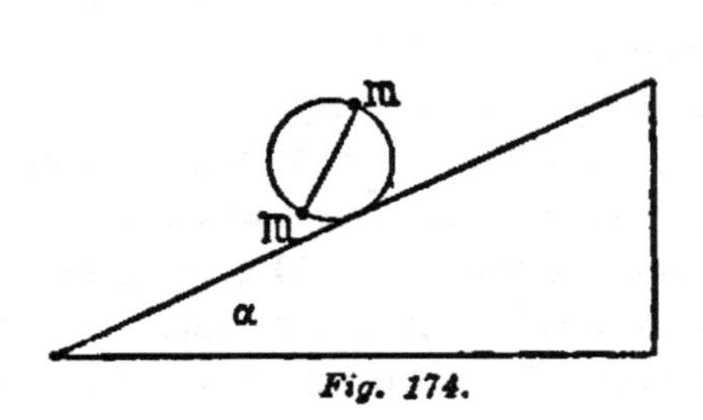

Fig. 174.

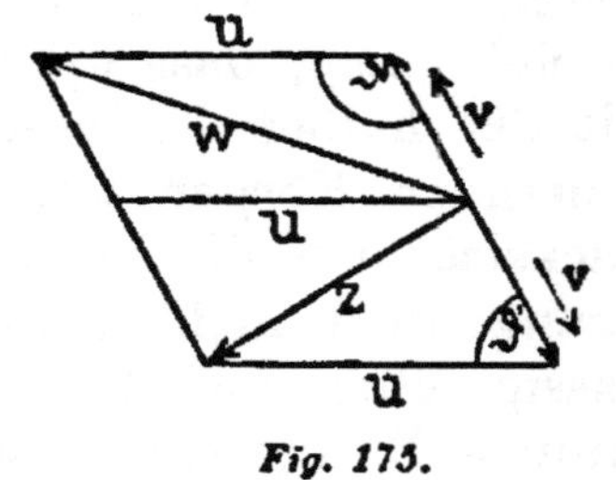

Fig. 175.

Massen an der schiefen Ebene von der Elevation α abrollt. Zunächst überzeugen wir uns, dass wir die lebendige Kraft der Rotation und der fortschreitenden Bewegung einfach summiren können, um die gesammte lebendige Kraft darzustellen. Die Axe des Cylinders hätte die Geschwindigkeit u längs der Länge der schiefen Ebene erlangt, und v sei die absolute Rotationsgeschwindigkeit des Cylindermantels. Die Rotationsgeschwindigkeiten v der beiden Massen m bilden mit der Progressivgeschwindigkeit u die Winkel $\mathfrak{J}$ und $\mathfrak{J}'$ Fig. 175 wobei $\mathfrak{J} + \mathfrak{J}' = 180°$. Die Gesammtgeschwindigkeiten w und z genügen also den Gleichungen

$$w^2 = u^2 + v^2 - 2\,u\,v \cos \mathfrak{J}$$
$$z^2 = u^2 + v^2 - 2\,u\,v \cos \mathfrak{J}'.$$

Weil nun $\cos \vartheta = -\cos \vartheta'$, so folgt

$$w^2 + z^2 = 2u^2 + 2v^2 \text{ oder}$$

$$\tfrac{1}{2} m w^2 + \tfrac{1}{2} m z^2 = \tfrac{1}{2} m\, 2u^2 + \tfrac{1}{2} m\, 2v^2 = m u^2 + m v^2.$$

Dreht sich der Cylinder um den Winkel φ, so legt m durch die Rotation den Weg $r\varphi$ zurück und die Axe des Cylinders verschiebt sich ebenfalls um $r\varphi$. Wie diese Wege verhalten sich auch die Geschwindigkeiten v und u, welche demnach gleich sind. Die gesammte lebendige Kraft lässt sich demnach durch $2mu^2$ ausdrücken. Legt der Cylinder auf der Länge der schiefen Ebene den Weg l zurück, so ist die geleistete Arbeit $2mg \cdot l \sin\alpha = 2mu^2$ und demnach $u = \sqrt{gl \cdot \sin\alpha}$. Vergleicht man hiermit die beim Gleiten auf der schiefen Ebene erlangte Geschwindigkeit $\sqrt{2gl \sin\alpha}$, so sieht man, dass die betrachtete Vorrichtung sich nur mit der halben Fallbeschleunigung bewegt, welche ein gleitender Körper unter denselben Umständen (ohne Rücksicht auf die Reibung) annimmt. Die ganze Ueberlegung wird nicht geändert, wenn die Masse gleichmässig über den Cylindermantel vertheilt ist. Eine ähnliche Betrachtung lässt sich für eine auf der schiefen Ebene abrollende Kugel ausführen, woraus man sieht, dass Galilei's Fallexperiment in Bezug auf das Quantitative einer Correctur bedarf.

Legen wir nun die Masse m gleichmässig auf den Mantel eines Cylinders vom Radius R, der mit dem masselosen Cylinder vom Radius r, welcher auf der schiefen Ebene abrollt, conaxial und fest verbunden ist. Da in diesem Fall $\frac{v}{u} = \frac{R}{r}$, so liefert der Satz der lebendigen Kräfte $mgl \sin\alpha = \frac{1}{2} m u^2 \left(1 + \frac{R^2}{r^2}\right)$ und

$$u = \sqrt{\frac{2gl \sin\alpha}{1 + \frac{R^2}{r^2}}}.$$

Für $\frac{R}{r} = 1$ erhält die Fallbeschleunigung den frühern Werth $\frac{g}{2}$. Für sehr grosse Werthe von $\frac{R}{r}$ wird die Fallbeschleunigung sehr klein. Für $\frac{R}{r} = \infty$ kann also kein Abrollen eintreten.

Als drittes Beispiel betrachten wir eine Kette von der Gesammtlänge l, welche zum Theil auf einer Horizontalebene, zum Theil auf einer schiefen Ebene von dem Elevationswinkel α liegt. Denken wir uns die Unterlage sehr glatt, so zieht der kleinste überhängende Theil der Kette den andern nach sich. Ist μ die Masse der Längeneinheit, und hängt bereits das Stück x über, so liefert der Satz der lebendigen Kräfte für die gewonnene Geschwindigkeit v die Gleichung

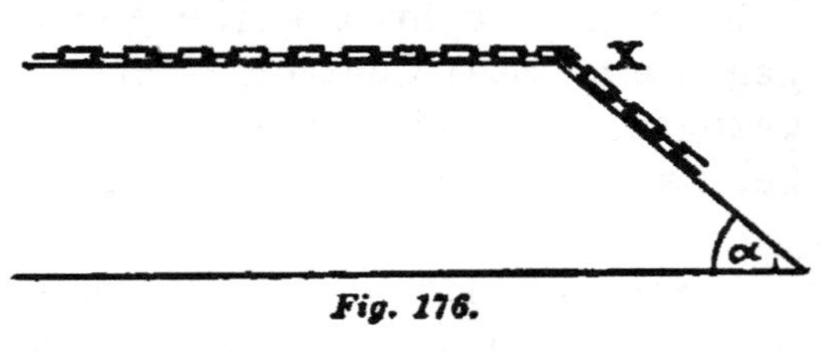

Fig. 176.

$$\frac{\mu l v^2}{2} = \mu x g \frac{x}{2} \sin \alpha = \mu g \frac{x^2}{2} \sin \alpha,$$

oder $v = x \sqrt{\frac{g \sin \alpha}{l}}$. In diesem Fall ist also die erlangte Geschwindigkeit dem zurückgelegten Wege proportional. Es findet dasselbe Gesetz statt, welches Galilei zuerst als Fallgesetz vermuthete. Die Betrachtung lässt sich also wie oben (S. 231) weiter führen.

4. Die Gleichung 1 der lebendigen Kräfte kann immer angewendet werden, wenn für die bewegten Körper der ganze Weg und die Kraft, welche in jedem Wegelement ins Spiel kommt, bekannt ist. Es hat sich aber durch die Arbeiten von Euler, Daniel Bernoulli und Lagrange herausgestellt, dass es Fälle gibt, in welchen man den

Satz der lebendigen Kräfte anwenden kann, ohne den Verlauf der Bewegung zu kennen. Wir werden später sehen, dass sich auch Clairaut in dieser Richtung ein Verdienst erworben hat.

Schon Galilei wusste, dass die Geschwindigkeit eines schweren fallenden Körpers nur von der durchsetzten Verticalhöhe abhängt, nicht von dem Wege oder der Form der Bahn, welche er durchlaufen hat. Huyghens findet die lebendige Kraft eines schweren Massensystems von den Verticalhöhen der Massen abhängig. Euler konnte einen Schritt weiter gehen. Wird ein Körper K gegen ein festes Centrum C nach irgendeinem Gesetz angezogen, so lässt sich der Zuwachs der lebendigen Kraft bei geradliniger Annäherung aus der Anfangs- und Endentfernung (r_0, r_1) berechnen. Derselbe Zuwachs ergibt sich aber, wenn K überhaupt aus der Entfernung r_0 in die Entfernung r_1 übergeht, unabhängig von der Form des Weges KB. Denn nur auf die radialen Verschiebungselemente entfallen Arbeitselemente und zwar dieselben wie zuvor.

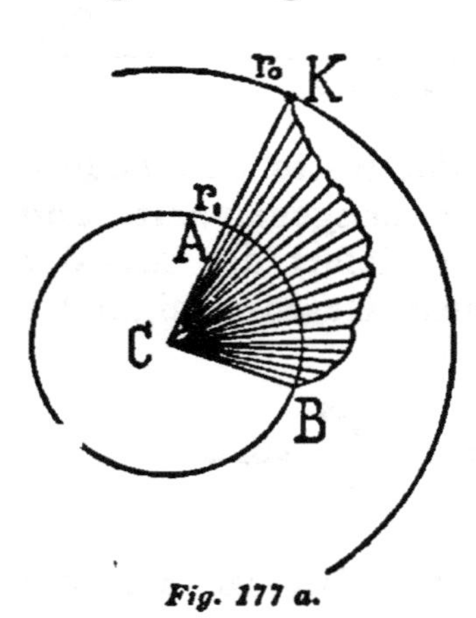

Fig. 177 a.

Wird K gegen mehrere feste Centren C, C', C'' ... gezogen, so hängt der Zuwachs der lebendigen Kraft von den Anfangsentfernungen r_0, r_0', r_0'' ... und von den Endentfernungen r_1, r_1', r_1'' ..., also von der Anfangslage und Endlage von K ab. Daniel Bernoulli hat diese Ueberlegung noch weiter geführt und gezeigt, dass auch bei gegenseitigen Anziehungen beweglicher Körper die Aenderung der lebendigen Kraft nur durch die Anfangslagen und Endlagen dieser Körper bestimmt ist. Für die analytische Behandlung der hierher gehörigen Aufgaben hat Lagrange am meisten gethan. Verbindet man einen Punkt mit den Coordinaten a, b, c mit einem Punkt mit den Coordinaten x, y, z, bezeichnet mit r die Länge der Verbindungslinie und mit α, β, γ deren Winkel mit den Axen der x, y, z, so ist nach der Bemerkung von Lagrange

$$\cos\alpha = \frac{x-a}{r} = \frac{dr}{dx}, \quad \cos\beta = \frac{y-b}{r} = \frac{dr}{dy},$$

$$\cos\gamma = \frac{z-c}{r} = \frac{dr}{dz},$$

$$\text{weil } r^2 = (x-a)^2 + (y-b)^2 + (z-c)^2.$$

Ist also $f(r) = d \cdot \frac{F(r)}{dr}$, die Kraft zwischen beiden Punkten, so sind die Componenten

$$X = f(r)\cos\alpha = \frac{dF(r)}{dr}\frac{dr}{dx} = \frac{dF(r)}{dx},$$

$$Y = f(r)\cos\beta = \frac{dF(r)}{dr}\frac{dr}{dy} = \frac{dF(r)}{dy},$$

$$Z = f(r)\cos\gamma = \frac{dF(r)}{dr}\frac{dr}{dz} = \frac{dF(r)}{dz}.$$

Die Kraftcomponenten sind also die partiellen Ableitungen einer und derselben Function von r oder der Coordinaten der sich anziehenden Punkte. Auch wenn mehrere Punkte in Wechselwirkung sind, ergibt sich

$$X = \frac{dU}{dx}$$

$$Y = \frac{dU}{dy}$$

$$Z = \frac{dU}{dz},$$

wobei U eine Function der Coordinaten der Punkte ist, welche später von Hamilton Kraftfunction genannt worden ist.

Formen wir mit Hülfe der gewonnenen Anschauungen und unter den gegebenen Voraussetzungen die Gleichung 1 für rechtwinkelige Coordinaten um, so erhalten wir $\Sigma\int(X dx + Y dy + Z dz) = \Sigma \frac{1}{2} m (v^2 - v_0^2)$ oder weil der Ausdruck links ein vollständiges Differential ist

$$\Sigma\left(\int \frac{dU}{dx} dx + \frac{dU}{dy} dy + \frac{dU}{dz} dz\right) =$$

$$\Sigma \int dU = \Sigma (U_1 - U_0) = \Sigma \frac{1}{2} m (v^2 - v_0^2),$$

wobei U_1 eine Function der Endwerthe, U_0 dieselbe Function der Anfangswerthe der Coordinaten ist. Die Gleichung hat sehr viele Anwendungen erfahren, und drückt nur die Erkenntniss aus, dass unter den bezeichneten Umständen die Arbeiten und demnach auch die lebendigen Kräfte nur von den Lagen oder Coordinaten der Körper abhängen.

Denkt man sich alle Massen fixirt, und nur eine einzige bewegt, so ändert sich die geleistete Arbeit nur nach Maassgabe von U. Die Gleichung $U =$ const stellt eine sogenannte Niveaufläche (oder Fläche gleicher Arbeit) vor. Eine Bewegung in derselben führt keine Arbeitsleistung herbei.

7. *Der Satz des kleinsten Zwanges.*

1. Gauss hat (Crelle's „Journal für Mathematik", IV, 1829, S. 233) ein neues Gesetz der Mechanik, den Satz des kleinsten Zwanges ausgeprochen. Er bemerkt, dass bei der Form, welche die Mechanik historisch angenommen hat, die Dynamik sich auf die Statik gründet (wie z. B. der D'Alembert'sche Satz auf das Princip der virtuellen Verschiebungen), während man eigentlich erwarten sollte, dass auf der höchsten Stufe der Wissenschaft die Statik sich als ein specieller Fall der Dynamik darstellen würde. Der zu besprechende Gauss'-

sche Satz ist nun von der Art, dass er sowol dynamische als statische Fälle umfasst; er entspricht also in dieser Richtung der Forderung der wissenschaftlichen und logischen Aesthetik. Es wurde schon bemerkt, dass dies eigentlich auch beim D'Alembert'schen Satz in der Lagrange'schen Form und bei der angeführten Ausdrucksweise zutrifft. Ein wesentlich neues Princip der Mechanik, bemerkt Gauss, könne nicht mehr aufgestellt werden, was aber die Auffindung neuer Gesichtspunkte, von welchen aus die mechanischen Vorgänge betrachtet werden können, nicht ausschliesst. Ein solcher neuer Gesichtspunkt wird nun durch den Gauss'schen Satz angegeben.

2. Es seien $m\, m_{,} \ldots$ Massen, die sich in irgendwelchen Verbindungen befinden. Wären die Massen frei, so würden sie durch die angreifenden Kräfte in einem sehr kleinen Zeitelement die Wege $a\,b$, $a_{,}\,b_{,} \ldots$ zurücklegen, während sie infolge der Verbindungen in demselben Zeitelement die Wege $a\,c$, $a_{,}\,c_{,} \ldots$ beschreiben. Die Bewegung der verbundenen Punkte findet nun nach dem Gauss'schen Satz so statt, dass bei der wirklichen Bewegung

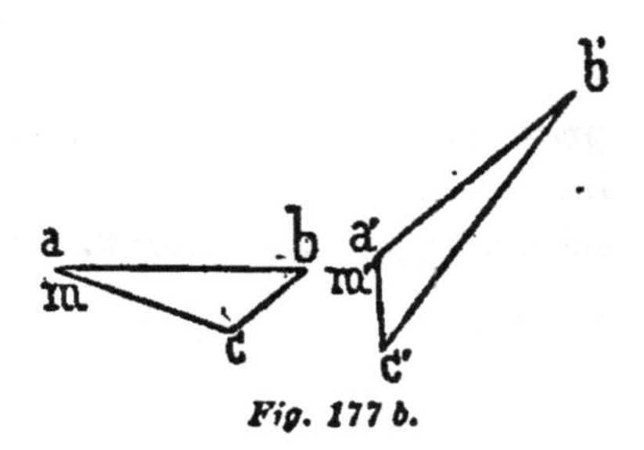

Fig. 177 b.

die Summe $m\,(bc)^2 + m_{,}\,(b_{,}\,c_{,})^2 + \ldots = \Sigma\, m\,(bc)^2$ ein Minimum wird, d. h. kleiner ausfällt als bei jeder andern bei denselben Verbindungen denkbaren Bewegung. Wenn jede Bewegung eine grössere Summe $\Sigma\, m\,(b\,c)^2$ darbietet als die Ruhe, so besteht Gleichgewicht. Der Satz schliesst also statische und dynamische Fälle in gleicher Weise ein.

Wir können die Summe $\Sigma\, m\,(b\,c)^2$ kurz die Abweichungssumme oder die Abweichung von der ungehinderten Bewegung nennen. Dass bei Bildung der Abweichungssumme die im System vorhandenen Geschwindigkeiten aus der Betrachtung fallen, weil durch dieselben die relativen Lagen von *a, b, c* nicht geändert werden, liegt auf der Hand.

3. Der neue Satz vermag den D'Alembert'schen zu ersetzen und lässt sich, wie Gauss zeigt, aus dem letztern ableiten, wodurch die Gleichwerthigkeit beider Sätze nachgewiesen ist. Die angreifenden Kräfte führen die freie Masse m in einem Zeitelement durch $a\,b$, die wirklichen Kräfte dieselbe Masse vermöge der Verbindungen in derselben Zeit durch $a\,c$. Wir zerlegen $a\,b$ in $a\,c$ und $c\,b$. Dies führen wir für alle Massen aus. Die Kräfte, welche den Wegen $c\,b$, $c_{,}\,b_{,}\ldots$ entsprechen, und welche denselben proportional sind, werden also vermöge der Verbindungen nicht wirksam, sondern halten sich an den Verbindungen das Gleichgewicht. Führen wir von den Endlagen c, $c_{,}$, $c_{,,}\ldots$ die virtuellen Verschiebungen $c\gamma$, $c_{,}\gamma_{,}\ldots$ aus, welche mit $c\,b$, $c_{,}\,b_{,}\ldots$ die Winkel ϑ, $\vartheta_{,}\ldots$ bilden, so lässt sich, da den $c\,b$, $c_{,}\,b_{,}\ldots$ proportionale Kräfte (nach dem D'Alembert'schen Satz) im Gleichgewicht sind, das Princip der virtuellen Verschiebungen anwenden. Es ist also

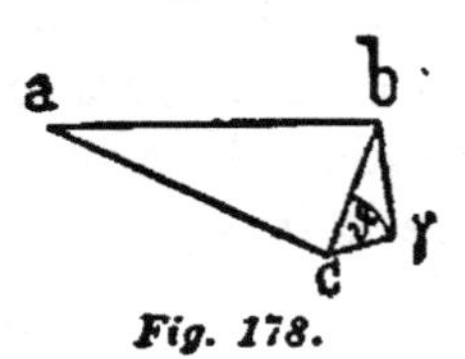

Fig. 178.

$$\Sigma\, c\,b \cdot c\gamma \cos\vartheta \overset{=}{<} o \quad \ldots\ldots\ldots\ldots\ldots \quad 1)$$

Nun haben wir

$$(b\gamma)^2 = (b\,c)^2 + (c\gamma)^2 - 2\,b\,c \cdot c\gamma\cos\vartheta$$

$$(b\gamma)^2 - (b\,c)^2 = (c\gamma)^2 - 2\,b\,c \cdot c\gamma\cos\vartheta$$

$$\Sigma m\,(b\gamma)^2 - \Sigma m\,(b\,c)^2 = \Sigma m (c\gamma)^2 - 2\,\Sigma\, m\,b\,c \cdot c\gamma\cos\vartheta \quad 2)$$

Da nun nach 1 das zweite Glied der rechten Seite der Gleichung 2 nur $= o$ oder negativ sein kann, die Summe $\Sigma\, m\,(c\,\gamma)^2$ also durch die Subtraction nie vermindert, sondern nur vermehrt werden kann, so ist auch die linke Seite von 2 stets positiv, also $\Sigma\, m\,(b\,\gamma)^2$ immer grösser als $\Sigma\, m\,(b\,c)^2$, d. h. jede denkbare Abweichung von der ungehinderten Bewegung ist immer grösser als diejenige, welche wirklich stattfindet.

4. Wir wollen den Abweichungsweg $b\,c$ für das sehr

kleine Zeitelement τ kürzer mit s bezeichnen und mit Scheffler (Schlömilch's „Zeitschrift für Mathematik", III, 197) bemerken, dass $s = \frac{\gamma \tau^2}{2}$, wobei γ die Beschleunigung bedeutet, und dass folglich die Abweichungssumme $\Sigma m s^2$ auch in den Formen

$$\Sigma m \cdot s \cdot s = \frac{\tau^2}{2} \Sigma m \gamma \cdot s = \frac{\tau^2}{2} \Sigma p \cdot s = \frac{\tau^4}{4} \Sigma m \gamma^2$$

dargestellt werden kann. Hierin bedeutet p die von der freien Bewegung ablenkende Kraft. Da der constante Factor auf die Minimumbestimmung keinen Einfluss hat, so können wir sagen, die Bewegung findet so statt, dass $\Sigma m s^2$ . . . . 1)

oder $\Sigma p s$ . . . . 2)

oder $\Sigma m \gamma^2$ . . . . 3)

ein Minimum wird.

5. Wir wollen zunächst die dritte Form zur Behandlung einiger Beispiele verwenden. Als erstes Beispiel wählen wir wieder die Bewegung des Wellrades durch Ueberwucht mit den schon mehrmals verwendeten Bezeichnungen. Wir haben die wirkliche Beschleunigung γ von P und $\gamma_{,}$ von Q so zu bestimmen, dass $\frac{P}{g}(g-\gamma)^2 + \frac{Q}{g}(g-\gamma_{,})^2$ ein Minimum wird, oder da $\gamma_{,} = -\gamma \frac{r}{R}$, dass

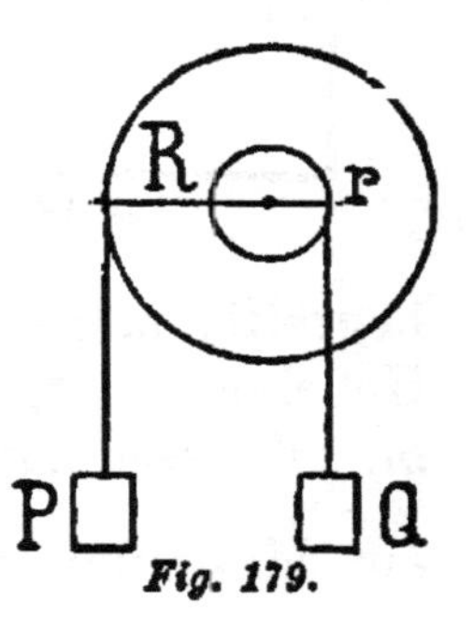

Fig. 179.

$$P(g-\gamma)^2 + Q\left(g+\gamma\frac{r}{R}\right)^2 = N$$ den kleinsten Werth annimmt. Setzen wir zu diesem Zweck

$$\frac{dN}{d\gamma} = -P(g-\gamma) + Q\left(g+\gamma\frac{r}{R}\right)\frac{r}{R} = o,$$

so findet sich $\gamma = \frac{PR - Qr}{PR^2 + Qr^2} Rg$, wie bei den frühern Behandlungsweisen derselben Aufgabe.

Die Fallbewegung auf der schiefen Ebene diene als zweites Beispiel. Hierbei verwenden wir die erste Form $\Sigma m s^2$. Da wir nur mit einer Masse zu thun haben, so suchen wir jene Fallbeschleunigung γ für die schiefe Ebene, durch welche das Quadrat des Abweichungsweges (s^2) ein Minimum wird. Es ist Fig. 180

$$s^2 = \left(g\frac{\tau^2}{2}\right)^2 + \left(\gamma\frac{\tau^2}{2}\right)^2 - 2\left(g\frac{\tau^2}{2}\cdot\gamma\frac{\tau^2}{2}\right)\sin\alpha,$$

und indem wir $\frac{d(s^2)}{d\gamma} = o$ setzen, finden wir mit Hinweglassung der constanten Factoren $2\gamma - 2g\sin\alpha = o$ oder $\gamma = g\cdot\sin\alpha$, wie es aus den Galilei'schen Untersuchungen bekannt ist.

Dass der Gauss'sche Satz auch Gleichgewichtsfälle

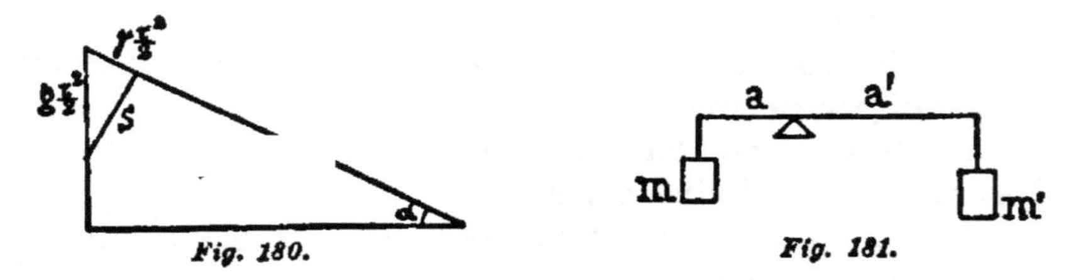

Fig. 180. Fig. 181.

begreift, möge das folgende Beispiel zeigen. An den Hebelarmen a, a' befinden sich die schweren Massen m, m'. Der Satz fordert, dass $m(g-\gamma)^2 + m'(g-\gamma')^2$ ein Minimum werde. Nun ist $\gamma' = -\gamma\cdot\frac{a'}{a}$. Wenn aber die Massen den Hebelarmen verkehrt proportionirt sind, so ist $\frac{m}{m'} = \frac{a'}{a}$, und $\gamma' = -\gamma\frac{m}{m'}$. Demnach soll $m(g-\gamma)^2 + m'\left(g+\gamma\frac{m}{m'}\right)^2 = N$ ein Minimum werden. Aus der Gleichung $\frac{dN}{d\gamma} = o$ ergibt sich $m\left(1+\frac{m}{m'}\right)\gamma = o$ oder $\gamma = o$. Das Gleichgewicht bietet also in diesem Falle die kleinste Abweichung von der freien Bewegung.

Jeder neu aufgelegte Zwang vermehrt die Abweichungssumme, aber immer so wenig als möglich. Werden zwei oder mehrere Systeme miteinander verbunden, so findet die Bewegung mit der kleinsten Abweichung von den Bewegungen der unverbundenen Systeme statt.

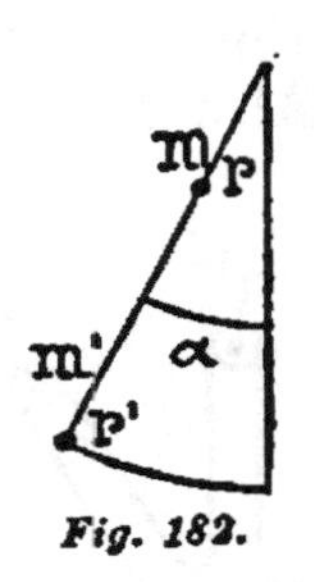

Fig. 182.

Vereinigen wir z. B. mehrere einfache Pendel zu einem linearen zusammengesetzten Pendel, so schwingt dieses mit der kleinsten Abweichung von der Bewegung der einzelnen Pendel. Für die Excursion α hat das einfache Pendel die Beschleunigung $g \cdot \sin\alpha$ in seiner Bahn. Bezeichnet $\gamma \cdot \sin\alpha$ die Beschleunignng, welche derselben Excursion in der Entfernung 1 von der Axe am zusammengesetzten Pendel entspricht, so wird $\Sigma m (g \sin\alpha - r\gamma \sin\alpha)^2$ oder $\Sigma m (g - r\gamma)^2$ ein Minimum. Demnach ist $\Sigma m (g - r\gamma) r = o$ und $\gamma = g \frac{\Sigma mr}{\Sigma mr^2}$. Die Aufgabe erledigt sich daher in der einfachsten Weise, aber freilich nur weil in dem Gauss'schen Satze schon alle die Erfahrungen stecken, welche von Huyghens, den Bernoullis und Andern im Laufe der Zeit gesammelt worden sind.

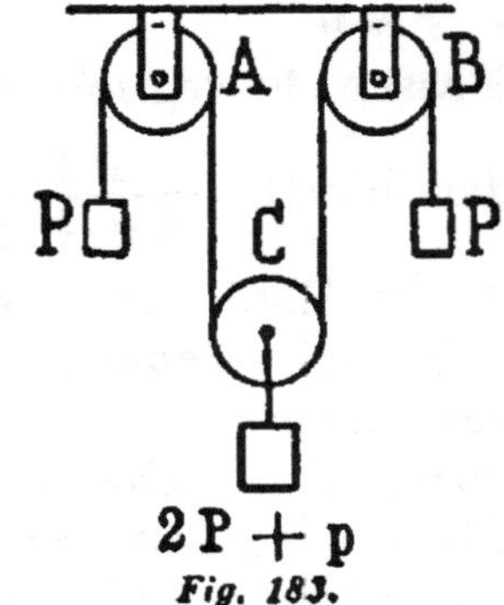

Fig. 183.

6. Die Vergrösserung der Abweichung von der freien Bewegung durch jeden neu aufgelegten Zwang lässt sich durch folgende Beispiele erläutern. Ueber zwei fixe Rollen A, B und eine bewegliche Rolle C ist ein Faden geschlungen, der beiderseits mit P belastet ist, während an der beweglichen Rolle das Gewicht $2P + p$ hängt. Die bewegliche Rolle sinkt dann mit der Beschleunigung $\frac{p}{4P + p} \cdot g$. Stellen wir die Rolle

A fest, so legen wir dem System einen neuen Zwang auf, und die Abweichung von der freien Bewegung wird vergrössert. Die an *B* hängende Last ist dann als vierfache Masse in Rechnung zu bringen, weil sie sich mit der doppelten Geschwindigkeit bewegt. Die bewegliche Rolle sinkt mit der Beschleunigung $\frac{p}{6P+p} \cdot g$. Eine leichte Rechnung zeigt, dass im zweiten Fall die Abweichungssumme grösser ist als im ersten.

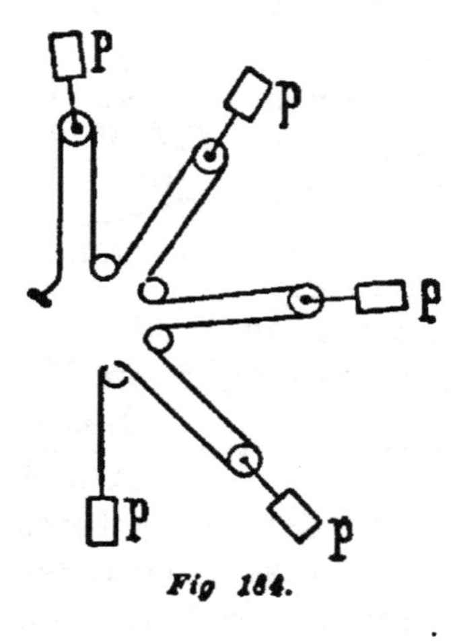

Fig 184.

Eine Anzahl n gleicher Gewichte p sind auf einer glatten Horizontalebene an n beweglichen Rollen befestigt, über welche in der aus der Figur ersichtlichen Weise eine Schnur gezogen und am freien Ende mit p belastet ist. Je nachdem alle Rollen beweglich, oder alle bis auf eine fixirt sind, erhalten wir mit Rücksicht auf das Geschwindigkeitsverhältniss der Massen in Bezug auf das bewegende p, für letzteres die Beschleunigung $\frac{4n}{1+4n} g$ beziehungsweise $\frac{4}{5} g$. Wenn alle $n+1$ Massen beweglich sind, erhält die Abweichungssumme den Werth $\frac{pg}{4n+1}$, welcher grösser wird, wenn man n, die Zahl der beweglichen Massen, verkleinert.

7. Wir denken uns einen Körper vom Gewicht Q auf einer Horizontalebene auf Rollen beweglich und durch eine schiefe Ebene begrenzt. Auf der schiefen Ebene liegt ein Körper vom Gewicht P. Man erkennt schon instinctiv, dass P mit grösserer Beschleunigung sinkt, wenn Q beweglich ist und ausweichen kann, als wenn Q fixirt wird, also die Fallbewegung von P mehr behindert. Der Falltiefe h von P soll eine Horizontal-

geschwindigkeit v und eine Verticalgeschwindigkeit u von P, hingegen eine Horizontalgeschwindigkeit w von Q entsprechen. Wegen der Erhaltung der Quantität der Horizontalbewegung (bei welcher nur innere Kräfte wirken) ist

$P \cdot v = Q w$ und aus einleuchtenden geometrischen Gründen (Fig. 185) ist ferner

$$u = (v + w) \operatorname{tang} \alpha.$$

Die Geschwindigkeiten sind demnach

$$u = u$$

$$v = \frac{Q}{P + Q} \cot \alpha \cdot u,$$

$$w = \frac{P}{P + Q} \cot \alpha \cdot u.$$

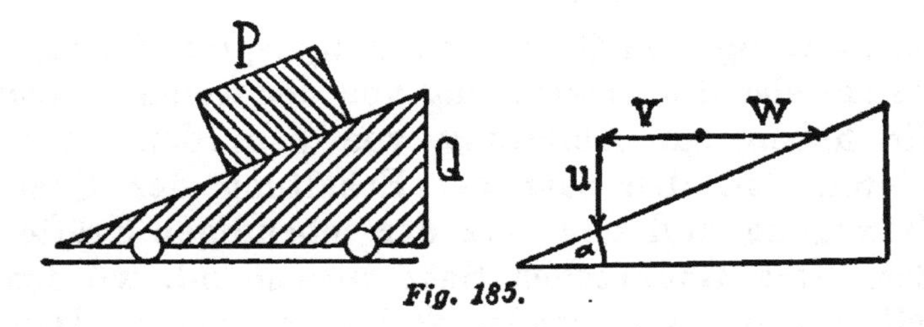

Fig. 185.

Mit Rücksicht auf die geleistete Arbeit Ph liefert der Satz der lebendigen Kräfte die Gleichung

$$Ph = \frac{P}{g}\frac{u^2}{2} + \frac{P}{g}\left(\frac{Q}{P+Q} \cot \alpha\right)^2 \frac{u^2}{2} + \frac{Q}{g}\left(\frac{P}{P+Q} \cot \alpha\right)^2 \frac{u^2}{2}.$$

Hebt man $\frac{PQ}{P+Q} \cot \alpha^2$ als Factor heraus, und führt die sich ergebenden Kürzungen aus, so erhält man

$$g h = \left(1 + \frac{Q}{P + Q} \frac{\cos \alpha^2}{\sin \alpha^2}\right) \frac{u^2}{2}.$$

Um die Verticalbeschleunigung γ zu finden, mit welcher die Falltiefe h zurückgelegt wurde, bemerken wir, dass $h = \frac{u^2}{2\gamma}$. Führt man diesen Werth für h in die letzte Gleichung ein, so findet sich

$$\gamma = \frac{(P + Q) \sin \alpha^2}{P \sin \alpha^2 + Q} \cdot g.$$

Für $Q = \infty$ wird $\gamma = g \sin \alpha^2$ wie auf einer festen schiefen Ebene. Für $Q = o$ wird $\gamma = g$ wie im freien Fall. Für $\sin \alpha = 1$ ist $\gamma = g$ wie im freien Fall. Für endliche Werthe von $Q = m P$ erhalten wir für

$$\gamma = \frac{(1 + m) \sin \alpha^2}{m + \sin \alpha^2} \cdot g > g \sin \alpha^2, \text{ weil}$$

$$\frac{1 + m}{\sin \alpha^2 + m} > 1.$$

Die Fixirung von Q als neu aufgelegter Zwang vergrössert also die Abweichung von der freien Bewegung.

Wir haben zur Ableitung von γ in dem eben betrachteten Fall den Satz der Erhaltung der Quantität der Bewegung und den Satz der lebendigen Kräfte verwendet. Den Gauss'schen Satz anwendend, würden wir denselben Fall in folgender Weise behandeln. Den mit u, v, w bezeichneten Geschwindigkeiten entsprechen die Beschleunigungen γ, δ, ε. Mit Rücksicht darauf, dass nur der Körper P im freien Zustande die Verticalbeschleunigung g haben würde, die übrigen Beschleunigungen aber den Werth $= o$ annehmen würden, haben wir

$$\frac{P}{g}(g - \gamma)^2 + \frac{P}{g}\delta^2 + \frac{Q}{g}\varepsilon^2 = N$$

zu einem Minimum zu machen. Da die ganze Aufgabe nur einen Sinn hat, solange die Körper P und Q sich berühren, so lange also $\gamma = (\delta + \varepsilon) \tan \alpha$, so erhalten wir

$$N = \frac{P}{g}[g - (\delta + \varepsilon) \operatorname{tg} \alpha]^2 + \frac{P}{g}\delta^2 + \frac{Q}{g}\varepsilon^2.$$

Bilden wir die Differentialquotienten nach den beiden noch vorhandenen unabhängigen Veränderlichen δ und ε, so findet sich

$$\frac{dN}{d\delta} = o \text{ und } \frac{dN}{d\varepsilon} = o, \text{ oder}$$

$$-[g - (\delta + \varepsilon)\operatorname{tg}\alpha] P \operatorname{tg}\alpha + P\delta = o \text{ und.}$$

$$-[g - (\delta + \varepsilon)\operatorname{tg}\alpha] P \operatorname{tg}\alpha + Q\varepsilon = o.$$

Aus diesen beiden Gleichungen folgt unmittelbar $P\delta - Q\varepsilon = o$, und schliesslich für γ derselbe Werth, den wir oben erhalten haben.

Dieselbe Aufgabe wollen wir noch aus einem andern Gesichtspunkt betrachten. Der Körper P legt unter dem Winkel β gegen den Horizont den Weg s zurück, dessen Horizontal- und Verticalcomponenten v und u seien, während Q den Horizontalweg w beschreibt. Die Kraftcomponente, welche nach der Richtung von s wirkt, ist $P \cdot \sin\beta$, demnach die Beschleunigung nach dieser Richtung mit Rücksicht auf die relativen Bewegungsgeschwindigkeiten der Körper P und Q

$$\frac{P \cdot \sin\beta}{\frac{P}{g} + \frac{Q}{g}\left(\frac{w}{s}\right)^2}$$

Mit Rücksicht auf die sich unmittelbar ergebenden Gleichungen

$$Q w = P v$$

$$v = s \cos\beta$$

$$u = v \operatorname{tg}\beta,$$

findet man die Beschleunigung nach s

$$\frac{Q \sin\beta}{Q + P \cos\beta^2} g$$

und die zugehörige Verticalbeschleunigung

$$\gamma = \frac{Q \sin\beta^2}{Q + P \cos\beta^2} \cdot g,$$

welcher Ausdruck, sobald wir durch Verwendung der bereits angeführten Gleichung $u = (v + w) \operatorname{tg} \alpha$ für die Winkelfunctionen von β, jene von α einsetzen, wieder die schon angegebene Form annimmt. Mit Hülfe des erweiterten Begriffes der Trägheitsmomente gelangen wir also zu demselben Ergebniss.

Endlich wollen wir dieselbe Aufgabe in der directesten Weise behandeln. Der Körper P fällt auf der beweglichen schiefen Ebene nicht mit der Verticalbeschleunigung g wie im freien Fall, sondern mit der Verticalbeschleunigung γ. Er erleidet also eine verticale Gegenkraft $\frac{P}{g}(g - \gamma)$. Da P und Q, von der Reibung abgesehen, nur durch einen gegen die schiefe Ebene normalen Druck S aufeinander wirken können, so ist

$$\frac{P}{g}(g - \gamma) = S \cos \alpha \text{ und}$$

$$S \sin \alpha = \frac{Q}{g} \varepsilon = \frac{P}{g} \delta.$$

Hieraus folgt

$\frac{P}{g}(g - \gamma) = \frac{Q}{g} \varepsilon \cot \alpha$ und mit Hülfe von

$$\gamma = (\delta + \varepsilon) \operatorname{tang} \alpha$$

schliesslich wie oben

$$\gamma = \frac{(P + Q) \sin \alpha^2}{P \sin \alpha^2 + Q} g \quad . \quad . \quad . \quad . \quad . \quad . \quad 1)$$

$$\delta = \frac{Q \sin \alpha \cos \alpha}{P \sin \alpha^2 + Q} g \quad . \quad . \quad . \quad . \quad . \quad . \quad 2)$$

$$\varepsilon = \frac{P \sin \alpha \cos \alpha}{P \sin \alpha^2 + Q} g. \quad . \quad . \quad . \quad . \quad . \quad . \quad 3)$$

Setzen wir $P = Q$, und $\alpha = 45°$, so finden wir für diesen Specialfall $\gamma = \frac{2}{3} g$, $\delta = \frac{1}{3} g$, $\varepsilon = \frac{1}{3} g$. Für $\frac{P}{g} = \frac{Q}{g} = 1$ findet sich die Abweichungssumme $= \frac{g^2}{3}$.

Fixirt man die schiefe Ebene, so findet sich die entsprechende Summe $= \frac{g^2}{2}$. Würde sich der Körper P auf einer fixen schiefen Ebene von der Elevation β, wobei $\operatorname{tg}\beta = \frac{\gamma}{\delta}$, also in derselben Bahn bewegen, in welcher er sich auf der beweglichen Ebene bewegt, so wäre die Abweichungssumme nur $\frac{g^2}{5}$. Er wäre dann aber auch wirklich weniger behindert, als wenn er durch Verschieben von Q dieselbe Beschleunigung erlangt.

8. Die behandelten Beispiele haben wol bereits fühlbar gemacht, dass eine wesentlich neue Einsicht durch den Gauss'schen Satz nicht geboten wird. Verwenden wir die Form 3 des Satzes, indem wir alle Kräfte und Beschleunigungen nach den drei zueinander senkrechten Coordinatenrichtungen zerlegen, und den Buchstaben dieselbe Bedeutung geben wie in Gleichung 1 (S. 318), so tritt an die Stelle der Abweichungssumme $\Sigma m \gamma^2$ der Ausdruck

$$N = \Sigma m \left[\left(\frac{X}{m} - \xi \right)^2 + \left(\frac{Y}{m} - \eta \right)^2 + \left(\frac{Z}{m} - \zeta \right)^2 \right] \qquad 4)$$

und wegen der Minimumbedingung

$$dN = 2 \Sigma m \left[\left(\frac{X}{m} - \xi \right) d\xi + \left(\frac{Y}{m} - \eta \right) d\eta + \left(\frac{Z}{m} - \zeta \right) d\zeta \right] = o$$

oder

$$\Sigma [(X - m\xi) d\xi + (Y - m\eta) d\eta + (Z - m\zeta) d\zeta] = o.$$

Bestehen keine Verbindungen, so liefern die Coefficienten der alsdann willkürlichen $d\xi$, $d\eta$, $d\zeta$ einzeln $= o$ gesetzt, die Bewegungsgleichungen. Bestehen aber Verbindungen, so haben wir zwischen $d\xi$, $d\eta$, $d\zeta$ dieselben Relationen wie oben in Gleichung 1 (S. 318) zwischen δx, δy, δz. Die Bewegungsgleichungen werden dieselben, wie dies die Behandlung desselben Beispiels nach dem d'Alembert'schen und Gauss'schen Satz sofort lehrt. Der erstere Satz liefert nur die Bewegungsgleichungen unmittelbar, der zweite erst durch Differentiiren. Sucht man nach einem Ausdruck, welcher durch Differentiiren die d'Alembert'schen Gleichungen liefert, so kommt man von selbst auf den Gauss'schen Satz. Der Satz ist also nur in der Form und nicht in der Sache neu. Auch den Vorzug, statische und dynamische Aufgaben zu umfassen, hat er vor der Lagrange'schen Form des d'Alembert'schen Satzes nicht voraus, wie dies schon bemerkt wurde. (Vgl. S. 318).

Einen mystischen oder metaphysischen Grund des Gauss'schen Satzes brauchen wir nicht zu suchen. Wenn auch der Ausdruck „kleinster Zwang" sehr ansprechend ist, so fühlen wir doch sofort, dass mit dem Namen noch nichts Fassbares gegeben ist. Die Antwort auf die Frage, worin dieser Zwang besteht, können wir nicht bei der Metaphysik, sondern nur bei den Thatsachen holen. Der Ausdruck 2 (S. 329) oder 4 (S. 337), welcher ein Minimum wird, stellt die Arbeit dar, welche in einem Zeitelement die Abweichung der gezwungenen Bewegung von der freien hervorbringt. Diese Abweichungsarbeit ist bei der wirklichen Bewegung kleiner als bei jeder andern denkbaren.

Haben wir die Arbeit als das Bewegungsbestimmende erkannt, haben wir den Sinn des Princips der virtuellen Verschiebungen so verstanden, dass nur da keine Bewegung eintritt, wo keine Arbeit geleistet werden kann, so macht es uns auch keine Schwierigkeit, zu erkennen, dass umgekehrt jede Arbeit, die in einem Zeitelement geleistet werden kann, auch wirklich geleistet wird. Die Arbeitsverminderung durch die Verbindungen in einem Zeitelement beschränkt sich also auf den durch die Gegenarbeiten aufgehobenen Theil. Es ist also wieder nur eine neue Seite einer bereits bekannten Thatsache, die uns hier begegnet.

Das erwähnte Verhältniss tritt schon in den einfachsten Fällen hervor. Zwei Massen m und m seien in A, die eine von der Kraft p, die andere von der Kraft q afficirt. Verbinden wir sie miteinander, so folgt die Masse $2m$ der resultirenden Kraft r. Werden die Wege in einem Zeitelement für die freien Massen durch AC, AB dargestellt, so ist der Weg der verbundenen (doppelten) Masse $AO = \frac{1}{2} AD$. Die Abweichungssumme wird $m(\overline{OB}^2 + \overline{OC}^2)$. Sie ist kleiner, als wenn die Masse am Ende des Zeitelements in M oder gar in einem Punkte ausserhalb BC etwa in N anlangen würde, wie sich dies in der einfachsten geometrischen Weise ergibt. Die Summe ist proportional dem Ausdruck $\frac{p^2 + q^2 + 2pq\cos\vartheta}{2}$, der sich für gleiche entgegengesetzte Kräfte auf $2p^2$, für gleiche gleichgerichtete auf Null reducirt.

Zwei Kräfte p und q mögen dieselbe Masse ergreifen. Die Kraft q werde parallel und senkrecht zur Richtung von p in r und s zerlegt. Die Arbeiten in einem Zeitelement sind den Quadraten der Kräfte proportional und ohne Verbindung durch $p^2 + q^2 = p^2 + r^2 + s^2$ ausdrückbar. Wenn nun etwa r der Kraft p direct entgegenwirkt, tritt eine Arbeitsverminderung ein, und die Summe wird $(p - r)^2 + s^2$. Schon in dem Princip der Zusammensetzung der Kräfte, oder der Unabhängigkeit der Kräfte voneinander, liegen die Eigenschaften, welche der Gauss'sche Satz verwerthet. Man erkennt dies, wenn man sich alle Beschleunigungen gleichzeitig ausgeführt denkt. Lassen wir den verschwommenen Ausdruck in Worten fallen, so verschwindet auch der metaphysische Eindruck des Satzes. Wir sehen die einfache Thatsache, und sind enttäuscht, aber auch aufgeklärt.

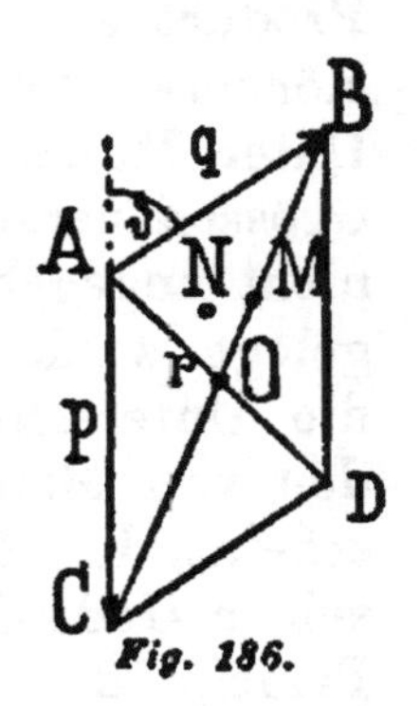

Fig. 186.

Die hier gegebenen Aufklärungen über das Gauss'sche

Gesetz sind grossentheils schon in der oben citirten Abhandlung von Scheffler enthalten. Jene Ansichten Scheffler's, mit welchen wir nicht ganz einverstanden sein konnten, haben wir hier stillschweigend modificirt. So können wir z. B. das von ihm selbst aufgestellte Princip nicht als ein neues gelten lassen, denn es ist sowol der Form nach als auch dem Sinne nach mit dem d'Alembert-Lagrange'schen identisch.

8. Der Satz der kleinsten Wirkung.

1. Maupertuis hat (1747) einen Satz ausgesprochen, welchen er „principe de la moindre quantité d'action", Princip der kleinsten Wirkung, nennt. Dieses Princip bezeichnet er als der Weisheit des Schöpfers besonders angemessen. Als Maass der Wirkung betrachtet er das Product aus Masse, Geschwindigkeit und Weg eines Körpers mvs, man sieht allerdings nicht warum. Unter Masse und Geschwindigkeit kann man bestimmte Grössen verstehen; nicht so aber unter dem Weg, wenn nicht angegeben wird, in welcher Zeit derselbe zurückgelegt wird. Meint man aber die Zeiteinheit, so ist die Unterscheidung von Weg und Geschwindigkeit in den von Maupertuis behandelten Fällen sonderbar. Es scheint, dass Maupertuis durch eine unklare Vermischung seiner Gedanken über die lebendigen Kräfte und das Princip der virtuellen Verschiebungen zu dem verschwommenen Ausdruck gekommen ist, dessen Undeutlichkeit durch die Einzelheiten noch mehr hervortreten wird.

2. Wir wollen sehen, wie Maupertuis sein Princip anwendet. Sind M, m zwei unelastische Massen, C und c deren Geschwindigkeiten vor dem Stosse, u deren gemeinschaftliche Geschwindigkeit nach dem Stosse, so fordert Maupertuis, indem er hier die Geschwindigkeiten statt der Wege eintreten lässt, dass die „Wirkung"

bei Aenderung der Geschwindigkeiten im Stoss ein Minimum sei. Es ist also

$M(C - u)^2 + m(c - u)^2$ ein Minimum und

$M(C - u) + m(c - u) = o$, woraus

$u = \frac{MC + mc}{M + m}$ folgt.

Für den Stoss elastischer Massen haben wir bei gleicher Bezeichnung, wenn wir noch V und v für die beiden Geschwindigkeiten nach dem Stosse wählen,

$M(C - V)^2 + m(c - v)^2$ ein Minimum und

$M(C - V)\,dV + m(c - v)\,dv = o \quad . \; . \; . \quad 1.$

Mit Rücksicht darauf, dass die Annäherungsgeschwindigkeit vor dem Stosse gleich ist der Entfernungsgeschwindigkeit der beiden Massen nach dem Stosse, haben wir

$C - c = -(V - v)$ oder

$C + V - (c + v) = o \quad . \; . \; . \; . \; . \; . \; . \; . \; . \quad 2.$

und $dV - dv = o \quad . \; . \; . \; . \; . \; . \; . \; . \; . \; . \; . \quad 3.$

Die Verbindung der Gleichungen 1, 2 und 3 liefert sehr leicht die bekannten Ausdrücke für V und v. Wie man sieht, lassen sich diese beiden Fälle als Vorgänge auffassen, in welchen eine kleinste Aenderung der lebendigen Kraft durch Gegenwirkung, also eine kleinste Gegenarbeit stattfindet. Sie fallen unter das Gauss'sche Princip.

3. In eigenthümlicher Weise leitet Maupertuis das Hebelgesetz ab. Zwei Massen M und m befinden sich an einer Stange a, welche durch den Drehpunkt in die Stücke x und $x - a$ getheilt ist. Erhält die Stange eine Drehung, so sind die Geschwindigkeiten und Wege den Hebelarmen proportional, und es soll

$Mx^2 + m(a - x)^2$ ein Minimum oder

$Mx - m(a - x) = o$ werden, woraus folgt

$x = \frac{ma}{M + m}$, was im Gleichgewichtsfall wirklich erfüllt ist. Dagegen haben wir nun zu bemerken, dass erstens Massen ohne Schwere und ohne Kräfte, wie sie Maupertuis stillschweigend voraussetzt, immer im Gleichgewicht sind, und dass zweitens aus der Deduction folgen würde, dass das Princip der kleinsten Wirkung nur im Gleichgewichtsfall erfüllt ist, was zu beweisen doch nicht des Autors Absicht ist.

Wollte man die Behandlung dieses Falles mit dem vorigen in möglichste Uebereinstimmung bringen, so müsste man annehmen, dass die schweren Massen M und m sich fortwährend die kleinstmögliche Aenderung der lebendigen Kraft beibringen. Dann wäre, wenn wir die Hebelarme kurz mit a, b, die in der Zeiteinheit erlangten Geschwindigkeiten mit u und v, die Beschleunigung der Schwere mit g bezeichnen,

Fig. 187.

$M(g-u)^2 + m(g-v)^2$ ein Minimum oder

$M(g-u)\,du + m(g-v)\,dv = o$, und wegen der Hebelverbindung

$$\frac{u}{a} = -\frac{v}{b}$$

$$du = -\frac{a}{b}dv,$$

aus welchen Gleichungen sofort richtig folgt

$$u = a\,\frac{Ma - mb}{Ma^2 + mb^2}\,g, \quad v = -\,b\,\frac{Ma - mb}{Ma^2 + mb^2}\,g,$$

und für den Gleichgewichtsfall $u = v = o$

$$Ma - mb = o.$$

Auch diese Ableitung also, wenn man dieselbe zu berichtigen sucht, führt zum Gauss'schen Princip.

4. Auch die Lichtbewegung behandelt Maupertuis nach dem Vorgange von Fermat und Leibnitz in seiner Weise, nimmt aber hier die „kleinste Wirkung" wieder in

einem ganz andern Sinn. Für die Brechung soll der Ausdruck $m \cdot AR + n \cdot RB$ ein Minimum sein, wobei AR und RB die Lichtwege im ersten und zweiten Medium, m und n die zugehörigen Geschwindigkeiten bedeuten. Allerdings erhält man, wenn R der Minimumbedingung entsprechend bestimmt wird, $\frac{\sin\alpha}{\sin\beta} = \frac{n}{m} = \text{const.}$ Allein vorher bestand die „Wirkung" in der Aenderung der Ausdrücke Masse $\times$ Geschwindigkeit $\times$ Weg, hier besteht sie in der Summe derselben. Vorher kamen die in der Zeiteinheit zurückgelegten Wege, jetzt kommen die überhaupt durchlaufenen Wege in Betracht. Haben wir nicht $m\,AR - n\,RB$ oder $(m - n)$. $(AR - RB)$ als ein Minimum zu betrachten, und warum nicht? Nimmt man aber auch die Maupertuis'sche Auffassung an, so kommen doch die reciproken Werthe der Lichtgeschwindigkeiten statt der wirklichen zum Vorschein.

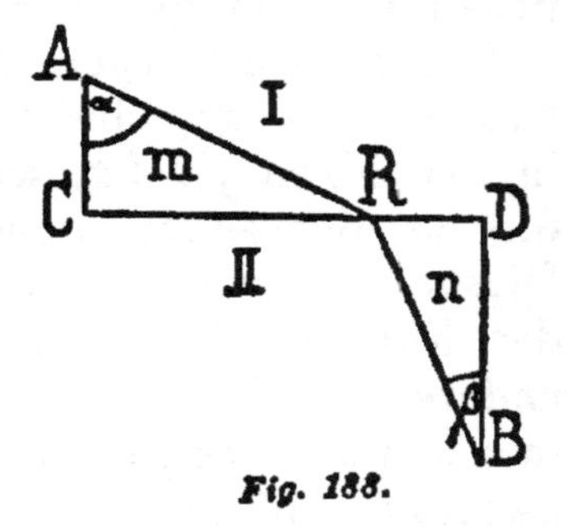

Fig. 188.

Wie man sieht, kann von einem Maupertuis'schen Princip eigentlich nicht die Rede sein, sondern nur von einer verschwommenen symbolischen Formel, welche mit Hülfe grosser Ungenauigkeit und einiger Gewalt verschiedene bekannte Fälle unter einen Hut bringt. Es war nothwendig hierauf einzugehen, weil Maupertuis' Leistung noch immer mit einem gewissen historischen Nimbus umgeben ist. Fast scheint es, als ob etwas von dem frommen Glauben der Kirche in die Mechanik übergegangen wäre. Doch ist Maupertuis' Streben, einen weitern Blick zu thun, wenn auch seine Kräfte nicht zureichten, nicht ganz erfolglos gewesen. Euler, vielleicht auch Gauss, ist durch diese Versuche angeregt worden.

5. Euler meint, man könne die Naturerscheinungen sowol aus den wirkenden Ursachen wie aus dem End-

zweck begreifen. Nimmt man den letztern Standpunkt ein, so wird man von vornherein vermuthen, dass jede Naturerscheinung ein Maximum oder Minimum darbietet. Welcher Art dieses Maximum oder Minimum sei, kann allerdings durch metaphysische Betrachtungen schwer ermittelt werden. Löst man aber z. B. mechanische Aufgaben in der gewöhnlichen Weise, so kann man bei genügender Aufmerksamkeit den Ausdruck finden, welcher in allen Fällen zu einem Maximum oder Minimum wird. Euler wird also durch seinen metaphysischen Hang nicht irregeführt, und geht viel wissenschaftlicher vor als Maupertuis. Er sucht einen Ausdruck, dessen Variation $= o$ gesetzt, die gewöhnlichen Gleichungen der Mechanik liefert.

Für einen Körper, der sich unter dem Einfluss von Kräften bewegt, findet Euler den gesuchten Ausdruck in der Form $\int v\, ds$, wobei ds das Wegelement und v die zu demselben gehörige Geschwindigkeit bedeutet. Dieser Ausdruck wird nämlich für die Bahn, welche der Körper wirklich einschlägt, kleiner als für jede andere unendlich nahe Nachbarbahn mit demselben Anfangs- und Endpunkte, welche man dem Körper aufzwingen möchte. Man kann also auch umgekehrt dadurch, dass man die Bahn sucht, welche $\int v\, ds$ zu einem Minimum macht, diese Bahn selbst bestimmen. Die Aufgabe $\int v\, ds$ zu einem Minimum zu machen, hat natürlich, wie dies Euler als selbstverständlich voraussetzt, nur einen Sinn, wenn v von dem Orte der Elemente ds abhängt, wenn also für die wirkenden Kräfte der Satz der lebendigen Kräfte gilt, oder eine Kraftfunction besteht, d. h. wenn v eine blosse Function der Coordinaten ist. Für die Bewegung in einer Ebene würde der Ausdruck dann die Form

$$\int \varphi(x, y) \sqrt{1 + \left(\frac{dy}{dx}\right)^2} \cdot dx$$

annehmen. In den einfachsten Fällen ist der Euler'sche

Satz leicht zu prüfen. Wirken keine Kräfte, so bleibt v constant und die Bewegungscurve wird eine Gerade, für welche $\int v\,ds = v\int ds$ zweifellos kürzer wird als für jede andere Curve zwischen denselben Endpunkten. Auch ein Körper, der sich ohne Kräfte auf einer krummen Fläche ohne Reibung bewegt, behält auf derselben seine Geschwindigkeit bei, und beschreibt auf der Fläche eine kürzeste Linie.

Betrachten wir die Bewegung eines geworfenen Körpers in einer Parabel ABC, so ist auch für dieselbe $\int v\,ds$ kleiner als für eine andere Nachbarcurve, ja selbst als für die Gerade ADC zwischen denselben Endpunkten. Die Geschwindigkeit hängt hier nur von der verticalen Höhe ab, welche der Körper durchlaufen hat, sie ist also für alle Curven in derselben Höhe über OC dieselbe. Theilen wir durch ein System von horizontalen Geraden die Curven in entsprechende Elemente, so fallen zwar für die obern Theile der Geraden AD die mit denselben v zu multiplicirenden Elemente kleiner aus als für AB, für die untern Theile DB, BC kehrt sich aber dieses Verhältniss um, und da gerade hier die grössern v ins Spiel kommen, so fällt dennoch für ABC die Summe kleiner aus.

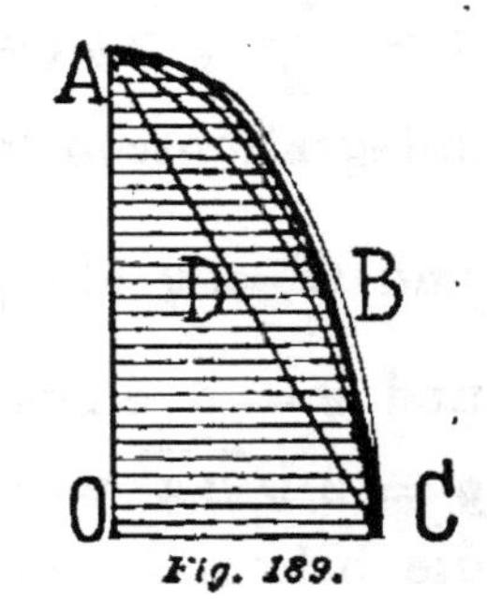

Fig. 189.

Legen wir den Anfangspunkt der Coordinaten nach A, rechnen wir die Abscisse x vertical abwärts positiv, und nennen y die zu derselben senkrechte Ordinate, so ist

$$\int_0^x \sqrt{2g(a+x)}\,\sqrt{1+\left(\frac{dy}{dx}\right)^2}\cdot dx \text{ zu einem Mini-}$$

mum zu machen, wobei g die Beschleunigung der Schwere und a die Falltiefe bedeutet, welche der Anfangsgeschwindigkeit entspricht. Die Variationsrechnung ergibt als Bedingung des Minimums

$$\frac{\sqrt{2g(a+x)}\frac{dy}{dx}}{\sqrt{1+\left(\frac{dy^2}{dx}\right)}} = C \text{ oder}$$

$$\frac{dy}{dx} = \frac{C}{\sqrt{2g(a+x)-C^2}} \text{ oder}$$

$$y = \int \frac{C\,dx}{\sqrt{2g(a+x)-C^2}}$$

und

$y = \frac{C}{g}\sqrt{2g(a+x)-C^2} + C'$, wobei C und C' Integrationsconstante bedeuten, welche in $C = \sqrt{2ga}$ und $C' = o$ übergehn, wenn man für $x = o$, $\frac{dx}{dy} = o$ und $y = o$ nimmt, wodurch

$y = 2\sqrt{ax}$ wird. Man erhält also auf diesem Wege die bekannte parabolische Wurfbahn.

6. Lagrange hat später ausdrücklich hervorgehoben, dass der Euler'sche Satz nur in jenen Fällen anwendbar ist, in welchen der Satz der lebendigen Kräfte gilt. Jacobi hat gezeigt, dass man eigentlich nicht behaupten kann, dass für die wirkliche Bewegung $\int v\,ds$ ein Minimum ist, sondern nur, dass die Variation dieses Ausdruckes beim Uebergang zu einem unendlich nahen Nachbarweg $= o$ wird. Diese Bedingung trifft wol im allgemeinen mit einem Maximum oder Minimum zusammen, sie kann aber auch statthaben, ohne dass ein Maximum oder Minimum vorhanden ist, und die Minimumeigenschaft insbesondere hat gewisse Grenzen. Be-

wegt sich z. B. ein Körper auf einen Anstoss hin auf einer Kugelfläche, so beschreibt er einen grössten Kreis, im allgemeinen eine kürzeste Linie. Ueberschreitet aber die Länge des grössten Kreises 180°, so lässt sich leicht nachweisen, dass es dann kürzere unendlich nahe Nachbarwege zwischen den Endpunkten gibt.

7. Es ist also bisher nur gezeigt worden, dass man die gewöhnlichen Bewegungsgleichungen erhält, indem man die Variation von $\int v\, ds$ der Null gleichsetzt. Da nun die Eigenschaften der Bewegung der Körper oder der zugehörigen Bahnen sich immer durch der Null gleichgesetzte Differentialausdrücke definiren lassen, da ferner die Bedingung, dass die Variation eines Integralausdrucks der Null gleich werde, ebenfalls durch Differentialausdrücke, welche der Null gleichgesetzt werden, gegeben ist, so lassen sich ohne Zweifel noch viele andere Integralausdrücke erdenken, welche durch Variation die gewöhnlichen Bewegungsgleichungen liefern, ohne dass diese Integralausdrücke deshalb eine besondere physikalische Bedeutung haben müssten.

8. Auffallend bleibt es immer, dass ein so einfacher Ausdruck wie $\int v\, ds$ die berührte Eigenschaft hat, und wir wollen nun versuchen, den physikalischen Sinn desselben zu ermitteln. Hierbei werden uns die Analogien zwischen der Massenbewegung und der Lichtbewegung, sowie zwischen der Massenbewegung und dem Fadengleichgewicht sehr nützlich sein, welche von Johann Bernoulli, beziehungsweise von Möbius bemerkt worden sind.

Ein Körper, auf den keine Kraft wirkt, der also eine constante Geschwindigkeit und Richtung beibehält, beschreibt eine Gerade. Ein Lichtstrahl in einem homogenen Medium (von überall gleichem Brechungsexponenten) beschreibt eine Gerade. Ein Faden, der nur an seinen Endpunkten von Kräften ergriffen wird, bildet eine Gerade.

Ein Körper, der sich auf einer krummen Bahn von A nach B bewegt, und dessen Geschwindigkeit $v = \varphi(x, y, z)$

von den Coordinaten abhängt, beschreibt zwischen A und B eine Curve, für welche $\int v\,ds$ im allgemeinen ein Minimum ist. Dieselbe Curve kann ein von A nach B verlaufender Lichtstrahl beschreiben, wenn der Brechungsexponent des Mediums $n = \varphi(x, y, z)$ dieselbe Function der Coordinaten ist, und in diesem Fall wird $\int n\,ds$ ein Minimum. Dieselbe Curve kann endlich auch ein von A nach B verlaufender Faden einnehmen, wenn dessen Spannung $S = \varphi(x, y, z)$ die obige Function der Coordinaten ist, und wieder wird für diesen Fall $\int S\,ds$ ein Minimum.

Aus einem Fall des Fadengleichgewichts lässt sich der entsprechende Fall der Massenbewegung leicht in folgender Weise herleiten. An dem Element ds eines Fadens wirken zu beiden Seiten die Spannungen S, S', und wenn auf die Längeneinheit des Fadens die Kraft P entfällt, noch die Kraft $P \cdot ds$. Diese drei Kräfte, welche wir der Grösse und Richtung nach durch BA, BC, BD darstellen, halten sich das Gleichgewicht. Tritt nun ein Körper mit einer der Grösse und Richtung nach durch AB dargestellten Geschwindigkeit v in das Bahnelement ds ein, und erhält in demselben die Geschwindigkeitscomponente $BF = -BD$, so geht er mit der Geschwindigkeit $v' = BC$ fort. Ist Q eine der P entgegengesetzte beschleunigende Kraft, so entfällt auf die Zeiteinheit die Beschleunigung Q, auf die Fadenlängeneinheit $\frac{Q}{v}$ und auf das Fadenelement der Geschwindigkeitszuwachs $\frac{Q}{v}\,ds$. Die Bewegung findet also nach der Fadencurve statt, wenn wir zwischen den Kräften P und den Spannungen S am Faden einerseits, den beschleunigenden Kräften Q,

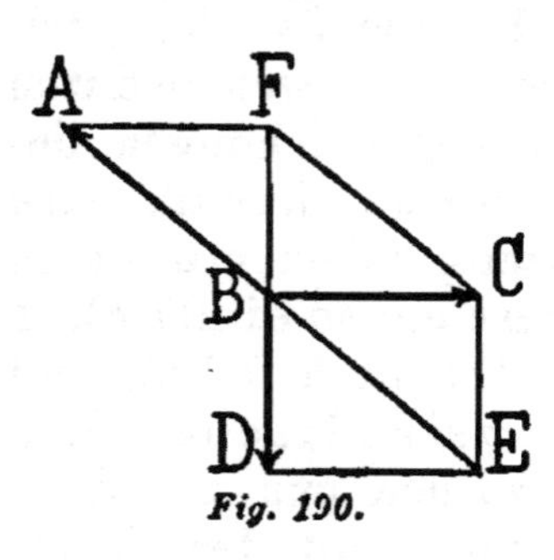

Fig. 190.

welche die Masse ergreifen, und ihren Geschwindigkeiten v andererseits die Beziehung festsetzen:

$$P : -\frac{Q}{v} = S : v.$$

Durch das Zeichen — ist der Gegensatz der Richtung zwischen P und Q fixirt.

Ein kreisförmiger geschlossener Faden ist im Gleichgewicht, wenn zwischen der überall constanten Fadenspannung S und der radial auswärts auf die Längeneinheit entfallenden Kraft P die Beziehung besteht $P = \frac{S}{r}$, wobei r der Kreisradius ist. Ein Körper bewegt sich mit der constanten Geschwindigkeit v im Kreise, wenn zwischen der Geschwindigkeit und der radial einwärts wirkenden beschleunigenden Kraft Q die Beziehung besteht

$$\frac{Q}{v} = \frac{v}{r} \text{ oder } Q = \frac{v^2}{r}.$$

Ein Körper bewegt sich mit constanter Geschwindigkeit v in einer beliebigen Curve, wenn stets nach der Richtung gegen den Krümmungsmittelpunkt des Elementes eine beschleunigende Kraft $Q = \frac{v^2}{r}$ auf denselben wirkt. Ein Faden verläuft mit constanter Spannung S nach einer beliebigen Curve, wenn auf die Längeneinheit desselben vom Krümmungsmittelpunkt des Elementes weg eine Kraft $P = \frac{S}{r}$ wirkt.

In Bezug auf die Lichtbewegung ist ein dem Kraftbegriff analoger Begriff nicht gebräuchlich. Die Ableitung der entsprechenden Lichtbewegung aus einem Fadengleichgewicht oder einer Massenbewegung muss daher in anderer Weise stattfinden. Eine Masse bewege sich mit der Geschwindigkeit $AB = v$. Fig. 191. Nach BD wirke eine Kraft, welche den Geschwindigkeitszuwachs BE bedingt, sodass durch die Zusammensetzung der Geschwindigkeiten $BC = AB$ und BE die neue Geschwindigkeit $BF = v'$ entsteht. Zerlegt man die Geschwindigkeiten v, v' in Componenten parallel und senkrecht zu jener Kraft, so erkennt man, dass nur die Parallelcomponente durch die Kraftwirkung geändert wird. Dann ist aber, wenn k die senkrechte Componente heisst, und die Winkel von v und v' mit der Kraftrichtung mit α, α' bezeichnet werden,

$$k = v \cdot \sin\alpha$$
$$k = v' \cdot \sin\alpha' \quad \text{oder}$$
$$\frac{\sin\alpha}{\sin\alpha'} = \frac{v'}{v}.$$

Denken wir uns einen Lichtstrahl, welcher nach der Richtung von v eine zur Kraftrichtung senkrechte brechende Ebene durchsetzt, und hierbei aus einem Medium vom Brechungsexponenten n in ein Medium vom Brechungsexponenten n' übergeht, wobei $\frac{n}{n'} = \frac{v}{v'}$, so beschreibt dieser Lichtstrahl denselben Weg, wie der gedachte Körper. Will man eine Massenbewegung durch eine Lichtbewegung (in derselben Curve) nachahmen, so hat man überall die Brechungsexponenten n den Geschwindigkeiten proportional zu setzen. Um die Brechungsexponenten n aus den Kräften abzuleiten, ergibt sich zunächst für die Geschwindigkeit

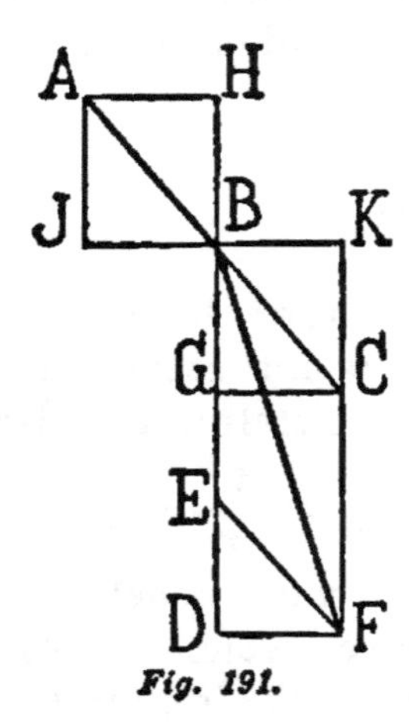

Fig. 191.

$$d\left(\frac{v^2}{2}\right) = P\,dq \quad \text{und analog}$$
$$d\left(\frac{n^2}{2}\right) = P\,dq,$$

wobei P die Kraft und dq ein Wegelement nach der

Richtung derselben bedeutet. Heisst ds das Bahnelement und α der Winkel desselben gegen die Kraftrichtung, so ist

$$d\left(\frac{v^2}{2}\right) = P \cos\alpha \cdot ds$$

$$d\left(\frac{n^2}{2}\right) = P \cos\alpha \cdot ds.$$

Für die Bahn eines geworfenen Körpers erhielten wir unter den oben angegebenen Voraussetzungen $y = 2\sqrt{ax}$. Dieselbe parabolische Bahn kann ein Lichtstrahl beschreiben, wenn für den Brechungsexponenten das Gesetz $n = \sqrt{2g(a+x)}$ angenommen wird.

9. Wir wollen nun näher untersuchen, wie die fragliche Minimumeigenschaft mit der Form der Curve zusammenhängt. Nehmen wir zunächst eine gebrochene Gerade ABC an, welche die Gerade MN durchschneidet, setzen $AB = s$, $BC = s'$, und suchen die Bedingung dafür, dass $v \cdot s + v' \cdot s'$ für die durch die festen Punkte A und B hindurchgehende Linie ein Minimum werde, wobei v und v' oberhalb und unterhalb MN einen verschiedenen, aber constanten Werth haben soll. Verschieben wir den Punkt B unendlich wenig nach D, so bleibt der neue Linienzug durch A und C dem ursprünglichen parallel, wie dies die Zeichnung symbolisch andeutet. Der Werth des Ausdrucks

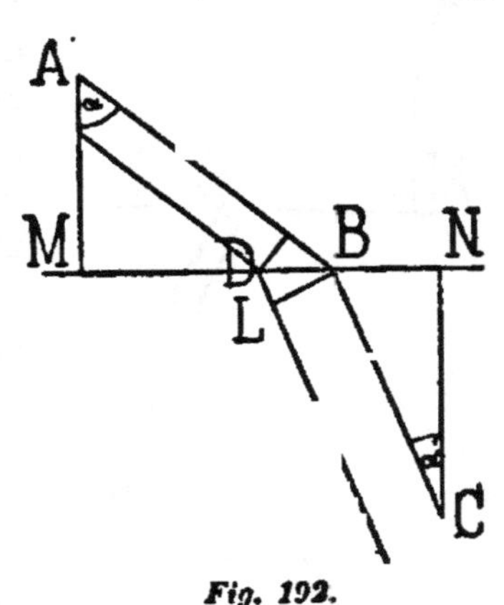

Fig. 192.

$$v s + v' s' \text{ wird hierbei um}$$

$$- v m \sin\alpha + v' m \sin\alpha'$$

vermehrt, wenn $m = DB$, oder um

$$- v \sin\alpha + v' \sin\alpha'.$$

Es ist demnach die Bedingung des Minimums, dass

$$-v \sin \alpha + v' \sin \alpha' = o$$

der

$$\frac{\sin \alpha}{\sin \alpha'} = \frac{v'}{v}.$$

Soll der Ausdruck $\frac{s}{v} + \frac{s'}{v'}$ ein Minimum werden, so ergibt sich ganz analog

$$\frac{\sin \alpha}{\sin \alpha'} = \frac{v}{v'}.$$

Wenn wir zunächst einen nach ABC gespannten Faden betrachten, dessen Spannungen S und S' ober und unter MN verschieden sind, so handelt es sich um das Minimum von $S \cdot s + S' \cdot s'$. Um einen anschaulichen Fall vor Augen zu haben, denken wir uns den Faden zwischen A und B einmal, zwischen B und C dreimal gewunden, und schliesslich ein Gewicht P angehängt. Dann ist $S = P$, $S' = 3P$. Verschieben wir den Punkt B um m, so drückt die Verminderung des Ausdrucks $Ss + S's'$ die Vermehrung der Arbeit aus, welche das angehängte Gewicht P hierbei leistet. Ist $-Sm \cdot \sin \alpha + S'm \sin \alpha' = o$, so wird keine Arbeit geleistet. Mit dem Minimum von $Ss + S' \cdot s'$ fällt also ein Maximum von Arbeitsleistung zusammen, und somit ist der Satz der kleinsten Wirkung in diesem Fall nur eine andere Form des Satzes der virtuellen Verschiebungen.

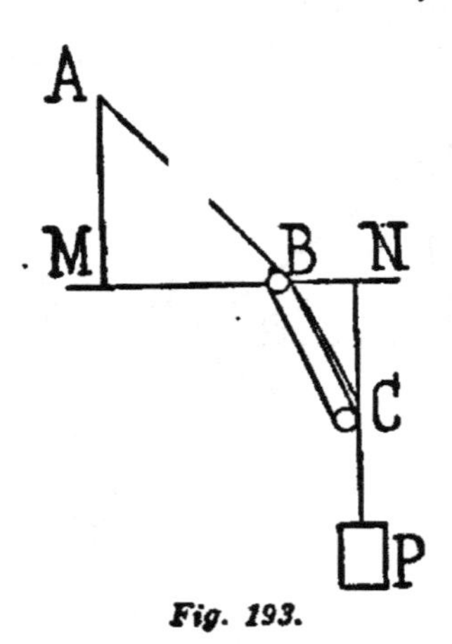

Fig. 193.

ABC sei nun ein Lichtstrahl, dessen Geschwindigkeiten v und v' ober und unter MN sich beispielsweise wie 3 zu 1 verhalten mögen. Ein Lichtstrahl bewegt sich zwischen A und B so, dass er in einem

Minimum von Zeit von A nach B gelangt. Das hat einen einfachen physikalischen Grund. Das Licht geht in Form von Elementarwellen auf verschiedenen Wegen von A nach B. Wegen der Periodicität des Lichts zerstören sich aber die Wellen im allgemeinen, und nur die, welche in gleichen Zeiten, also mit gleichen Phasen eintreffen, geben ein Resultat. Dies findet aber nur für die Wellen statt, welche auf dem Minimumwege und dessen nächsten Nachbarwegen anlangen. Deshalb ist für den vom Lichte thatsächlich eingeschlagenen Weg $\frac{s}{v} + \frac{s'}{v'}$ ein Minimum. Da die Brechungsexponenten n den Lichtgeschwindigkeiten v umgekehrt proportionirt sind, so ist auch

$$n \cdot s + n' \cdot s' \text{ ein Minimum.}$$

Bei Betrachtung einer Massenbewegung tritt uns die Bedingung, dass $vs + v's'$ ein Minimum sei, als etwas Neues entgegen. Erhält eine Masse beim Ueberschreiten eines Niveaus MN eine Geschwindigkeitsvermehrung von v auf v' durch die Wirkung einer nach DB gerichteten Kraft, so ist für den wirklich eingeschlagenen Weg $v \sin \alpha = v' \sin \alpha' = k$. Diese Gleichung, welche zugleich die Bedingung des Minimums ist, drückt nichts anderes aus, als dass nur die der Kraftrichtung parallele Geschwindigkeitscomponente eine Veränderung erleidet, während die zu derselben senkrechte Componente k ungeändert bleibt. Der Euler'sche Satz gibt also auch hier nur den Ausdruck einer geläufigen Thatsache in neuer Form.

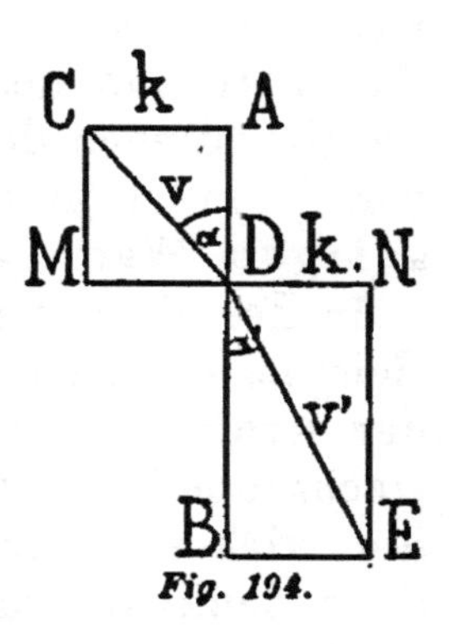

Fig. 194.

Zu dieser 1883 gegebenen Darstellung habe ich Folgendes hinzuzufügen. Man sieht, dass das Princip der kleinsten Wirkung, und so auch alle andern Minimumprincipien der Mechanik, nichts anderes ausdrücken, als dass in den betreffenden Fällen gerade so viel geschicht, als unter den gegebenen Umständen geschehen kann, als durch dieselben bestimmt und zwar eindeutig bestimmt ist. Die Ableitung von Gleichgewichtsfällen aus der eindeutigen Bestimmtheit wurde schon besprochen, und dieselbe wird noch an einer spätern Stelle in Betracht gezogen. In Bezug auf die dynamischen Fälle ist aber die Bedeutung der eindeutigen Bestimmtheit besser und durchsichtiger, als es mir gelungen war, von J. Petzoldt dargestellt worden in seiner Schrift: „Maxima, Minima und Oekonomie" (Altenburg 1891). Er sagt daselbst (S. 11): „Bei allen Bewegungen lassen sich also die wirklich genommenen Wege immer als ausgezeichnete Fälle unter unendlich vielen denkbaren auffassen. Analytisch heisst das aber nichts Anderes als: es müssen sich immer Ausdrücke finden lassen, welche dann, wenn ihre Variation der Null gleichgesetzt wird, die Differentialgleichungen der Bewegung liefern, denn die Variation verschwindet ja nur, wenn das Integral einen einzigartigen Werth annimmt."

In der That sieht man, dass in dem eben behandelten Beispiel ein Geschwindigkeitszuwachs lediglich im Sinne der Kraft eindeutig bestimmt ist, dass dagegen zuwachsende Geschwindigkeitscomponenten senkrecht gegen die wirksame Kraft unendlich viele ganz gleichberechtigte denkbar wären, die also durch das Princip der eindeutigen Bestimmtheit ausgeschlossen sind. Ich stimme Petzoldt vollkommen bei, wenn er sagt: „Somit sind die Sätze von Euler und Hamilton und nicht minder der von Gauss nichts Anderes als analytische Ausdrücke für die Erfahrungsthatsache, dass die Naturvorgänge eindeutig bestimmte sind." Die „Einzigartigkeit" des Minimums ist entscheidend.

10. Die oben angeführte Minimumbedingung

$$-v \sin \alpha + v' \sin \alpha' = o$$

können wir, wenn wir von einer endlichen geknickten Geraden zu Curvenelementen übergehen, auch so schreiben

$$-v \sin \alpha + (v + dv) \sin (\alpha + d\alpha) = o$$

oder

$$d (v \sin \alpha) = o$$

oder endlich

$$v \sin \alpha = \text{const.}$$

Entsprechend erhalten wir für die Fälle der Lichtbewegung

$$d (n \sin \alpha) = o, \quad n \sin \alpha = \text{const}$$

$$d\left(\frac{\sin \alpha}{v}\right) = o, \quad \frac{\sin \alpha}{v} = \text{const}$$

und für das Fadengleichgewicht

$$d (S \sin \alpha) = o, \quad S \sin \alpha = \text{const.}$$

Um das Vorgebrachte gleich durch ein Beispiel zu erläutern, betrachten wir die parabolische Wurfbahn, wobei also α stets den Winkel α des Bahnelementes gegen die Verticale bedeutet. Die Geschwindigkeit sei $v = \sqrt{2 g (a + x)}$, und die Axe der y sei horizontal. Die Bedingung $v \cdot \sin \alpha = \text{const}$, oder $\sqrt{2 g (a + x)} \frac{dy}{ds} = \text{const.}$ fällt mit derjenigen zusammen, welche die Variationsrechnung ergibt, und wir kennen nun den einfachen physikalischen Sinn derselben. Denken wir uns einen Faden, dessen Spannung $S = \sqrt{2 g (a + x)}$, was etwa erreicht werden könnte, wenn man auf parallele in einer Verticalebene liegende horizontale Schienen Rollen ohne Reibung legen, zwischen diesen den Faden entsprechend winden, und schliesslich ein Gewicht anhängen würde, so erhalten wir für das Gleichgewicht wieder die obige Bedingung, deren physikalischer

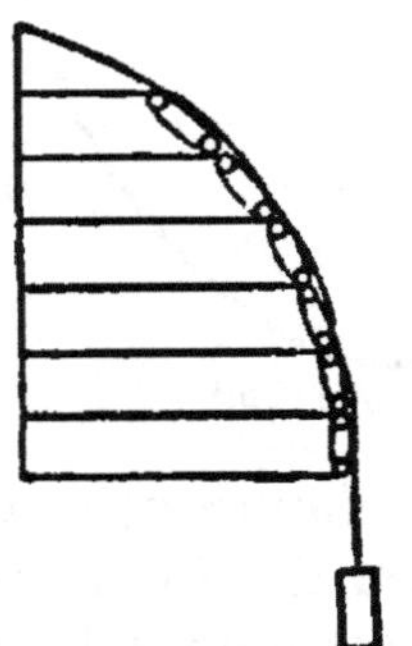

Fig. 195.

Sinn nun einleuchtet. Die Form des Fadens wird parabolisch, wenn wir die Distanzen der Schienen unendlich klein werden lassen. In einem Medium, dessen Brechungsexponent nach dem Gesetz $n = \sqrt{2g(a+x)}$ oder dessen Lichtgeschwindigkeit nach dem Gesetz $v = \frac{1}{\sqrt{2g(a+x)}}$ in verticaler Richtung variirt, beschreibt ein Lichtstrahl eine parabolische Bahn. Würde man in einem solchen Medium $v = \sqrt{2g(a+x)}$ setzen, so würde der Strahl eine Cycloïde beschreiben, für welche nicht $\int \sqrt{2g(a+x)} \cdot ds$, sondern $\int \frac{ds}{\sqrt{2g(a+x)}}$ ein Minimum wäre.

11. Bei Vergleichung eines Fadengleichgewichts mit der Massenbewegung kann man statt des mehrfach durchgewundenen Fadens einen einfachen homogenen Faden anwenden, wenn man denselben einem passenden Kraftsystem unterwirft, welches die verlangten Spannungen bewirkt. Man bemerkt leicht, dass die Kraftsysteme, welche die Spannung, beziehungsweise die Geschwindigkeit, zu gleichen Functionen der Coordinaten machen, verschieden sind. Betrachtet man z. B. die Schwerkraft, so ist $v = \sqrt{2g(a+x)}$. Ein Faden unter dem Einfluss der Schwere bildet aber eine Kettenlinie, für welche die Spannung durch die Formel $S = m - nx$ gegeben ist, wobei m und n Constanten sind. Die Analogie zwischen dem Fadengleichgewicht und der Massenbewegung ist wesentlich dadurch bedingt, dass für den Faden, der Kräften unterworfen ist, welchen eine Kraftfunction U entspricht, im Gleichgewichtsfalle die leicht nachweisbare Gleichung $U + S = \text{const}$ besteht. Die

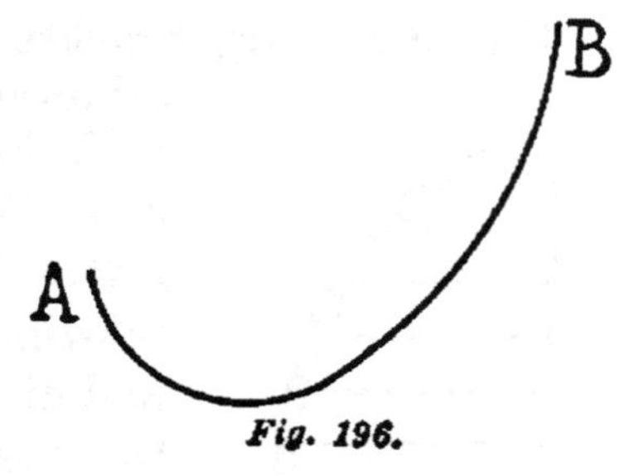

Fig. 196.

oben für die einfachen Fälle gegebene physikalische Interpretation des Satzes der kleinsten Wirkung lässt sich auch in complicirtern Fällen festhalten, wenn man sich Scharen von Flächen gleicher Spannung, gleicher Geschwindigkeit oder gleicher Brechungsexponenten construirt denkt, welche den Faden, die Bewegungsbahn oder die Lichtbahn in Elemente theilen, und nun unter α den Winkel dieser Elemente gegen die zugehörigen Flächennormalen versteht. Lagrange hat den Satz der kleinsten Wirkung auf ein System von Massen ausgedehnt, und in der Form gegeben

$$\delta \Sigma m \int v\, d s = o.$$

Bedenkt man, dass durch die Verbindung der Massen der Satz der lebendigen Kräfte, welcher die wesentliche Grundlage des Satzes der kleinsten Wirkung ist, nicht aufgehoben wird, so findet man auch für diesen Fall letztern Satz gültig und physikalisch verständlich.

9. *Der Hamilton'sche Satz.*

1. Es wurde schon bemerkt, dass sich verschiedene Ausdrücke erdenken lassen, welche so beschaffen sind, dass durch Nullsetzung der Variationen derselben die gewöhnlichen Bewegungsgleichungen gewonnen werden. Einen solchen Ausdruck enthält der Hamilton'sche Satz

$$\delta \int_{t_0}^{t_1} (U + T)\, dt = o$$

oder

$$\int_{t_0}^{t_1} (\delta U + \delta T)\, dt = o$$

in welchem δU und δT die Variationen der Arbeit und der lebendigen Kraft bedeuten, die aber für die Anfangs- und Endzeit verschwinden müssen. Der Hamilton'sche Satz ist leicht aus dem d'Alembert'schen abzuleiten und umgekehrt letzterer aus dem erstern, weil beide eigentlich identisch und nur der Form nach verschieden sind.[1]

2. Wir wollen, von weitläufigern Untersuchungen absehend, zur Darlegung der Identität beider Sätze ein Beispiel benutzen, und zwar dasselbe, welches uns zur Erläuterung des d'Alembert'schen Satzes schon gedient hat. Wir betrachten die Bewegung des Wellrades durch Ueberwucht. Wir können statt der wirklichen Bewegung des Wellrades uns eine von derselben unendlich wenig verschiedene in derselben Zeit ausgeführte denken, welche zu Anfang und zu Ende mit der wirklichen genau zusammenfällt. Dadurch entstehen in jedem Zeitelement dt Aenderungen der Arbeit (δU) und der lebendigen Kraft (δT), derjenigen Werthe U und T, welche bei der wirklichen Bewegung vorhanden wären. Der obige Integralausdruck ist aber für die wirkliche Bewegung $= 0$, und kann also auch zur Bestimmung derselben benutzt werden. Aendert sich in einem Zeitelement dt der Drehungswinkel um α gegen denjenigen, welcher bei der wirklichen Bewegung vorhanden wäre, so ist die entsprechende Aenderung der Arbeit

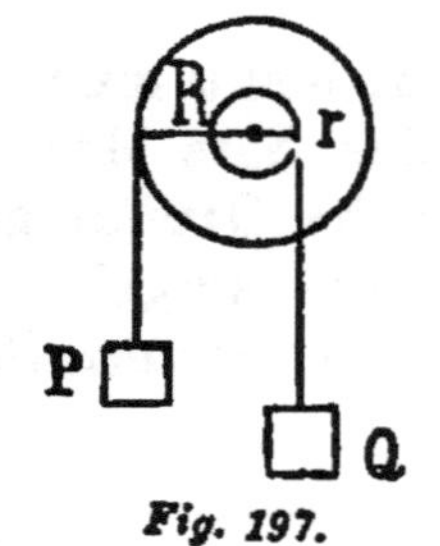

Fig. 197.

$$\delta U = (PR - Qr)\alpha = M\alpha.$$

Für die Winkelgeschwindigkeit ω ist die lebendige Kraft

$$T = \frac{1}{g}\left(PR^2 + Qr^2\right)\frac{\omega^2}{2},$$

und für die Variation $\delta\omega$ wird

$$\delta T = \frac{1}{g}\left(PR^2 + Qr^2\right)\omega\,\delta\omega.$$

---

[1] Vgl. z. B. Kirchhoff, Vorlesungen über mathematische Physik, Mechanik, S. 25, und Jacobi, Vorlesungen über Dynamik, S. 58.

Variirt aber der Drehungswinkel in dem Elemente dt um α, so ist $\delta\,\omega = \frac{d\,\alpha}{d\,t}$ und

$$\delta\,T = \frac{1}{g}(P R^2 + Q\,r^2)\,\omega\,\frac{d\,\alpha}{d\,t} = N\,\frac{d\alpha}{dt}.$$

Der Integralausdruck hat also die Form

$$\int\limits_{t_0}^{t_1}\left[M\alpha + N\,\frac{d\,\alpha}{dt}\right] dt = o.$$

Da nun

$$\frac{d}{dt}(N\alpha) = \frac{d\,N}{dt}\,\alpha + N\frac{d\,\alpha}{dt},$$

so ist

$$\int\limits_{t_0}^{t_1}\left(M - \frac{d\,N}{d\,t}\right)\alpha \cdot dt + \left(N\alpha\right)_{t_0}^{t_1} = o.$$

Der zweite Theil der linken Seite fällt aber, weil zu Anfang und zu Ende der Bewegung $\alpha = o$ vorausgesetzt wird, aus. Wir erhalten demnach

$$\int\limits_{t_0}^{t_1}\left(M - \frac{d\,N}{dt}\right)\alpha\,dt = o,$$

was, weil α in jedem Zeitelement willkürlich ist, nicht bestehen kann, wenn nicht allgemein

$$M - \frac{dN}{dt} = o$$

ist. Mit Rücksicht auf die Bedeutung der Buchstaben gibt dies die schon bekannte Gleichung

$$\frac{d\,\omega}{d\,t} = \frac{P\,R - Q\,r}{P\,R^2 + Q\,r^2}\,g.$$

Man könnte umgekehrt von der für jede mögliche Verschiebung gültigen Gleichung

$$\left(M - \frac{dN}{dt}\right)\alpha = o,$$

welche der d'Alembert'sche Satz gibt, zu dem Ausdruck

$$\int_{t_0}^{t_1}\left(M - \frac{dN}{dt}\right)\alpha\, dt = o,$$

von diesem zu

$$\int_{t_0}^{t_1}\left(M\alpha + N\frac{d\alpha}{dt}\right)dt - \Big(N\alpha\Big)_{t_0}^{t_1} =$$

$$\int_{t_0}^{t_1}\left(M\alpha + N\frac{d\alpha}{dt}\right)dt = o$$

übergehen.

3. Als ein zweites noch einfacheres Beispiel betrachten wir die verticale Fallbewegung. Für jede unendlich kleine Verschiebung s besteht die Gleichung $\left(mg - m\frac{dv}{dt}\right)s = o$, in welcher die Buchstaben die conventionelle Bedeutung haben. Folglich besteht auch die Gleichung

$$\int_{t_0}^{t_1}\left(mg - m\frac{dv}{dt}\right)s \cdot dt = o,$$

welche vermöge der Beziehungen

$$d\frac{(mvs)}{dt} = m\frac{dv}{dt}s + mv\frac{ds}{dt} \text{ und}$$

$$\int_{t_0}^{t_1}\frac{d(mvs)}{dt}dt = \Big(mvs\Big)_{t_0}^{t_1} = o,$$

falls s an beiden Grenzen verschwindet in

$$\int_{t_0}^{t_1} \left(m g s + m v \frac{ds}{dt}\right) dt = o,$$

also in die Form des Hamilton'schen Satzes übergeht.

So verschieden also die mechanischen Sätze auch aussehen, enthalten sie doch nicht den Ausdruck verschiedener Thatsachen, sondern gewissermaassen nur die Betrachtung verschiedener Seiten derselben Thatsache.

10. Einige Anwendungen der Sätze der Mechanik auf hydrostatische und hydrodynamische Aufgaben.

1. Wir wollen die gegebenen Beispiele für die Anwendung der Sätze der Mechanik, welche sich auf Systeme von starren Körpern bezogen, noch durch einige hydrostatische und hydrodynamische Anwendungen ergänzen. Wir besprechen zunächst die Gleichgewichtsgesetze einer schwerlosen Flüssigkeit, die nur unter dem Einfluss der sogenannten Molecularkräfte steht. Wir wollen bei unserer Ueberlegung von den Schwerkräften absehen. Wir können aber nach Plateau eine Flüssigkeit auch in Verhältnisse bringen, in welchen dieselbe sich so befindet, als ob keine Schwerkräfte vorhanden wären. Dies geschieht z. B., wenn wir Olivenöl in eine Alkohol-Wassermischung von dem specifischen Gewichte des Oels eintauchen. Nach dem Satz des Archimedes wird das Gewicht der Oeltheile in einem solchen Gemenge eben getragen und die Flüssigkeit verhält sich in der That wie schwerlos.

2. Denken wir zunächst an eine frei im Raume befindliche schwerlose Flüssigkeitsmasse. Wir wissen von den Molecularkräften zunächst, dass sie nur auf sehr kleine Entfernungen wirken. Um ein Theilchen a, b, c im Innern der Flüssigkeitsmasse können wir mit der

Entfernung, auf welche die Molecularkräfte keine messbare Wirkung mehr üben, als Radius eine Kugel beschreiben, die sogenannte Wirkungssphäre. Diese Wirkungssphäre ist um die Theilchen *a*, *b*, *c* herum gleichmässig und regelmässig mit andern Theilchen erfüllt. Die resultirende Kraft auf die Theilchen *a*, *b*, *c* reducirt sich also auf Null. Nur jene Theile, deren Entfernung von der Oberfläche kleiner ist als der Radius der Wirkungssphäre, befinden sich in andern Kraftverhältnissen als die Theilchen im Innern. Betrachten wir sämmtliche Krümmungsradien der Oberflächenelemente der Flüssigkeitsmasse als sehr gross gegen den Radius der Wirkungssphäre, so können wir eine Oberflächenschicht von der Dicke des Radius der Wirkungssphäre abschneiden, in welcher sich nun die Theilchen

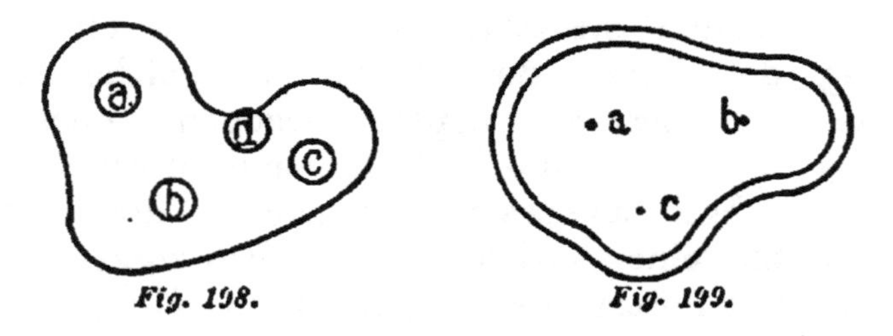

Fig. 198. Fig. 199.

in **andern** physikalischen Verhältnissen befinden als im Innern. Führen wir ein Theilchen *a* im Innern von *a* nach *b* oder *c*, so bleibt es in denselben physikalischen Verhältnissen, und dasselbe gilt von den Theilchen, welche die von dem erstern verlassenen Räume einnehmen. Arbeit kann auf diese Weise nicht geleistet werden. Arbeit wird im Gegentheil nur geleistet, wenn ein Theilchen aus der Oberflächenschicht ins Innere oder aus dem Innern in die Oberflächenschicht geführt wird. Arbeit kann also nur geleistet werden bei **Veränderung** der Grösse der Oberfläche. Es kommt hierbei zunächst gar nicht darauf an, ob etwa die Dichte in der Oberflächenschicht dieselbe ist wie im Innern, oder ob sie durch die ganze Dicke der Schicht constant ist. Wie man leicht erkennt, bleibt die Arbeitsleistung an die Veränderung der Oberfläche auch noch gebunden, wenn die fragliche Flüssigkeitsmasse in eine andere Flüssigkeit eingetaucht ist, wie dies bei Plateau's Versuchen der Fall war.

Wir müssen nun fragen, ob bei Verkleinerung der Oberfläche durch Ueberführung von Theilchen ins Innere die Arbeit positiv oder negativ ist, d. h. ob Arbeit geleistet oder hierbei aufgewandt wird. Da zwei sich berührende Flüssigkeitstropfen von selbst in einen zusammenfliessen, wobei sich die Oberfläche verkleinert, so ergibt sich eine Arbeitsleistung (positive Arbeit) bei Verkleinerung der Oberfläche. Van der Mensbrughe hat die positive Arbeitsleistung bei Verkleinerung der Flüssigkeitsoberfläche durch ein anderes sehr schönes Experiment demonstrirt. Man taucht ein Drahtquadrat in Seifenlösung und legt auf die sich bildende Seifenhaut einen benetzten geschlossenen Faden. Stösst man die vom Faden eingeschlossene Flüssigkeit durch, so zieht sich die umgebende Seifenhaut zusammen, und der Faden begrenzt ein kreisförmiges Loch der Flüssigkeitsplatte. Da der Kreis die grösste Fläche bei gegebenem Fadenumfang vorstellt, so hat sich also die übrigbleibende Flüssigkeitshaut auf ein Minimum von Fläche zusammengezogen.

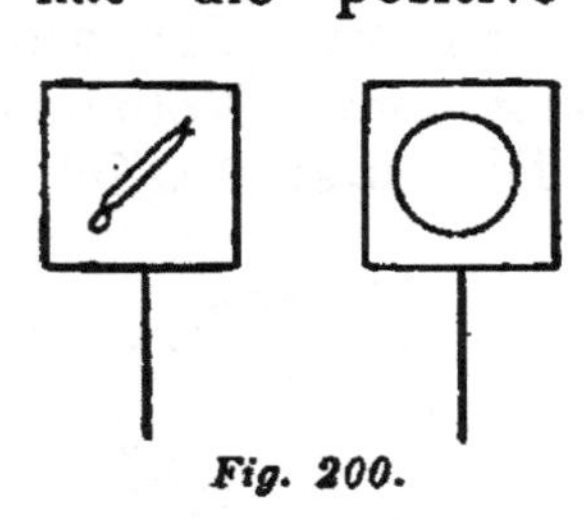
Fig. 200.

Wir erkennen nun ohne Schwierigkeit Folgendes. Eine schwerlose, den Molecularkräften unterworfene Flüssigkeit wird bei jener Form im Gleichgewicht sein, bei welcher ein System von virtuellen Verschiebungen keine Veränderung der Oberflächengrösse hervorbringt. Als virtuelle Verschiebungen können aber alle unendlich kleinen Formänderungen angesehen werden, welche ohne Veränderung des Flüssigkeitsvolums zulässig sind. Gleichgewicht besteht also für jene Formen, für welche eine unendlich kleine Deformation eine Oberflächenvariation $= o$ hervorbringt. Für ein Minimum von Oberfläche bei gegebenem Flüssigkeitsvolum erhalten wir stabiles, für ein Maximum von Oberfläche labiles Gleichgewicht.

Die Kugel bietet die kleinste Oberfläche bei gegebenem Volum dar. Für eine freie Flüssigkeitsmasse wird sich also die Kugelform als Form des stabilen Gleichgewichts herstellen, für welche ein Maximum von Arbeit geleistet ist, also keine Arbeit zu leisten mehr übrigbleibt. Haftet die Flüssigkeit zum Theil an starren Körpern, so ist die Form an Nebenbedingungen geknüpft, und die Aufgabe wird complicirter.

3. Um den Zusammenhang zwischen der Oberflächengrösse und Oberflächenform zu untersuchen, schlagen wir folgenden Weg ein. Wir denken uns die geschlossene Oberfläche der Flüssigkeit ohne Volumsänderung unendlich wenig variirt. Die ursprüngliche Oberfläche zerschneiden wir durch zwei Scharen von (zueinander senkrechten) Krümmungslinien in rechtwinkelige unendlich kleine Elemente. In den Ecken dieser Elemente errichten wir auf die ursprüngliche Oberfläche Normalen und lassen durch dieselben die Ecken der entsprechenden Elemente der variirten Oberfläche bestimmen. Einem Element $d O$ der ursprünglichen Oberfläche entspricht dann ein Element $d O'$ der variirten Oberfläche; $d O$ wird in $d O'$ durch eine unendlich kleine Verschiebung δn nach der Normale auswärts oder einwärts und eine entsprechende Grössenveränderung übergeführt.

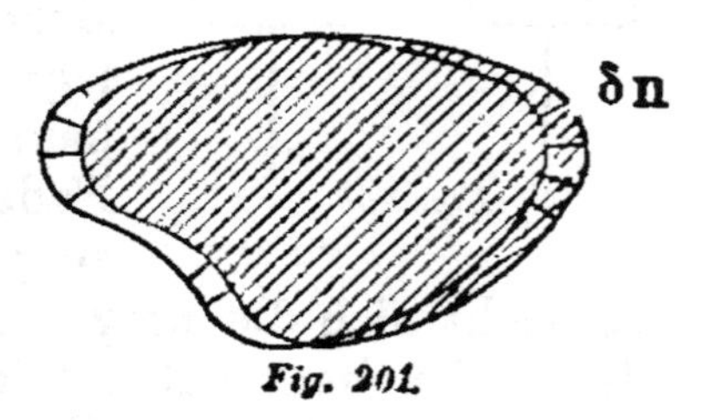

Fig. 201.

Es seien dp, dq die Seiten des Elementes dO. Dann gelten für die Seiten dp', dq' des Elementes dO' die Beziehungen

$$dp' = dp\left(1 + \frac{\delta n}{r}\right)$$

$$d q' = d q \left(1 + \frac{\delta n}{r'}\right),$$

wobei r und r' die Krümmungsradien der die Krümmungslinienelemente p, q berührenden Hauptschnitte, die sogenannten Hauptkrümmungsradien, vorstellen. Wir rechnen in der üblichen Weise den Krümmungsradius eines nach aussen convexen Elementes positiv, jenen eines nach aussen concaven Elementes negativ. Für die Variation des Elementes erhalten wir dann

$$\delta \cdot dO = dO' - dO = dp\, dq \left(1 + \frac{\delta n}{r}\right)\left(1 + \frac{\delta n}{r'}\right) - dp\, dq.$$

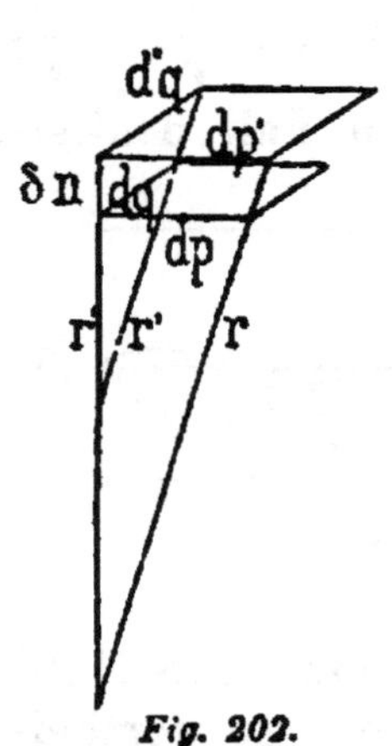

Fig. 202.

Mit Vernachlässigung der höheren Potenzen von δn finden wir

$$\delta \cdot d O = \left(\frac{1}{r} + \frac{1}{r'}\right) \delta n \cdot d O.$$

Die Variation der gesammten Oberfläche wird ausgedrückt durch

$$\delta O = \int \left(\frac{1}{r} + \frac{1}{r'}\right) \delta n \cdot d O \quad . \quad 1)$$

und die Normalverschiebungen müssen so gewählt werden, dass zugleich

$$\int \delta n \cdot d O = o \quad . \quad . \quad . \quad 2)$$

d. h. die Summe der Räume, welche durch Hinaus- und Hineinschieben der Oberflächenelemente entstehen (die letztern negativ gerechnet) Null wird, dass also das Volum constant bleibt.

Die Ausdrücke 1 und 2 können nur dann beide zugleich allgemein $= o$ gesetzt werden, wenn $\frac{1}{r} + \frac{1}{r'}$ für alle Punkte der Oberfläche denselben Werth hat. Dies sehen wir leicht durch folgende Ueberlegung. Die Elemente $d O$ der ursprünglichen Oberfläche stellen wir uns symbolisch durch die Elemente der Linie $A X$

vor, und tragen auf dieselben als Ordinaten in der Ebene E die Normalverschiebungen δn auf, und zwar die Verschiebungen auswärts nach oben als positive, die Verschiebungen einwärts nach unten als negative. Wir verbinden die Endpunkte dieser Ordinaten zu einer Curve und bilden deren Quadratur, wobei Flächen oberhalb AX als positiv, unterhalb als negativ gelten. Bei allen Systemen von δn, bei welchen die Quadratur $= o$ wird, ist auch der Ausdruck 2 der Null gleich, und alle solche Systeme von Verschiebungen sind zulässig (virtuell).

Tragen wir nun als Ordinaten in der Ebene E die zu den Elementen dO gehörigen Werthe von $\frac{1}{r} + \frac{1}{r'}$ auf. Wir können uns jetzt leicht einen Fall denken, in welchem die Ausdrücke 1 und 2 zugleich den Werth Null annehmen. Hat aber $\frac{1}{r} + \frac{1}{r'}$ einen verschiedenen Werth für verschiedene Elemente, so können wir immer, ohne den Nullwerth des Ausdrucks 2 zu ändern, die δn so vertheilen, dass der Ausdruck 1 von der Null verschieden wird. Nur wenn $\frac{1}{r} + \frac{1}{r'}$ für alle Elemente denselben Werth hat, ist nothwendig und allgemein mit dem Ausdruck 2 zugleich der Ausdruck 1 der Null gleichgesetzt.

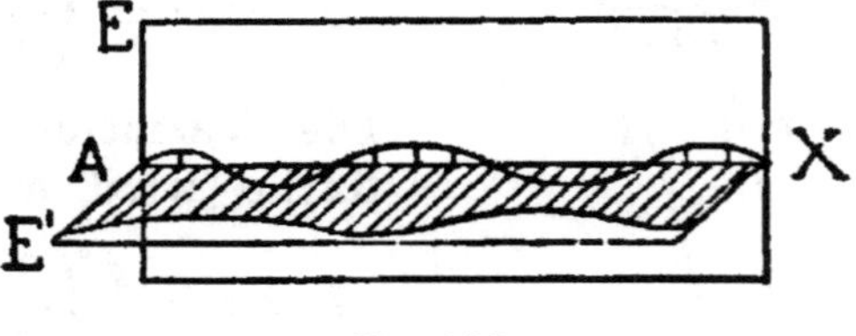

Fig. 203.

Aus den beiden Bedingungen 1 und 2 folgt also $\frac{1}{r} + \frac{1}{r'} = \text{const}$, d. h. die Summe der reciproken Werthe der Hauptkrümmungsradien (oder der Krümmungsradien der Hauptnormalschnitte) ist im Gleichgewichtsfalle über die ganze Oberfläche constant. Durch diesen Satz ist die Abhängigkeit der Oberflächen grösse von der Oberflächen form klargelegt. Der hier entwickelte Gedankengang wurde zuerst in viel ausführlicherer und umständlicherer Weise von Gauss eingeschlagen. Es hat aber keine Schwierigkeit, das Wesentliche desselben an einem einfachern Fall, wie es hier geschehen ist, in Kürze darzustellen.

4. Eine ganz freie Flüssigkeitsmasse nimmt, wie bereits erwähnt, die Kugelform an, und bietet ein absolutes Minimum der Oberfläche dar. Die Gleichung $\frac{1}{r} + \frac{1}{r'} =$ const wird hier in der Form $\frac{2}{R} =$ const, wobei R der Kugelradius ist, sichtlich erfüllt. Wird die freie Flüssigkeitsoberfläche durch zwei starre Kreisringe begrenzt, deren Ebenen einander parallel sind, und welche so liegen, dass die Verbindungslinie der Mittelpunkte zu jenen Ebenen senkrecht ist, so nimmt die Oberfläche die Form einer Rotationsfläche an. Die Natur der Meridiancurve und das von der Fläche eingeschlossene Volum sind durch den Radius der Ringe R, den Abstand der Kreisebenen und den Werth der Summe $\frac{1}{r} + \frac{1}{r'}$ für die Rotationsfläche bestimmt. Die Rotationsfläche wird eine Cylinderfläche, wenn

$$\frac{1}{r} + \frac{1}{r'} = \frac{1}{r} + \frac{1}{\infty} = \frac{1}{R} \text{ wird.}$$

Für $\frac{1}{r} + \frac{1}{r'} = o$, wobei also ein Normalschnitt convex, der andere concav ist, wird die Meridiancurve eine Kettenlinie. Plateau hat die hierher gehörigen Fälle dargestellt, indem er 2 Kreisringe aus Draht in dem Alkohol-Wassergemisch mit Oel übergossen hat.

Wir denken uns eine Flüssigkeitsmasse, welche von Flächentheilen begrenzt ist, für welche der Ausdruck $\frac{1}{r} + \frac{1}{r'}$ einen positiven, und von andern Flächentheilen, für welche derselbe einen negativen Werth hat, oder wie wir kurz sagen wollen, von convexen und concaven Flächentheilen. Unschwer erkennt man, dass die Verschiebung der Flächenelemente nach der Normale auswärts an concaven Flächentheilen eine Verkleinerung, an convexen eine Vergrösserung der Fläche zur Folge hat. Es wird also Arbeit geleistet, wenn concave Flächentheile auswärts, convexe einwärts sich bewegen. Es wird auch schon Arbeit geleistet, wenn ein Flächentheil sich auswärts bewegt, an welchem $\frac{1}{r} + \frac{1}{r'} = + a$ ist, während ein gleicher Flächentheil, für welchen $\frac{1}{r} + \frac{1}{r'} > a$ ist, sich einwärts bewegt.

Solange also verschieden gekrümmte Flächentheile eine Flüssigkeitsmasse begrenzen, werden die convexen Theile einwärts, die concaven auswärts getrieben, bis die Bedingung $\frac{1}{r} + \frac{1}{r'} = \text{const}$ für die ganze Oberfläche erfüllt ist. Auch wenn eine zusammenhängende Flüssigkeitsmasse mehrere gesonderte Oberflächentheile hat, welche durch starre Körper begrenzt sind, muss für den Gleichgewichtszustand der Werth des Ausdrucks $\frac{1}{r} + \frac{1}{r'}$ für alle freien Oberflächentheile derselbe sein.

Wenn man z. B. den Raum zwischen den beiden erwähnten Kreisringen (im Alkohol-Wassergemisch) mit Oel erfüllt, so kann man bei passender Oelmenge eine Cylinderfläche erhalten, die mit zwei Kugelabschnitten als Basisflächen combinirt ist. Die Krümmungen der Mantel- und Basisflächen stehen nun in der Beziehung $\frac{1}{R} + \frac{1}{\infty} = \frac{1}{\rho} + \frac{1}{\rho}$ oder $\rho = 2R$, wobei ρ den Kugelradius und R den Radius des Kreisringes vorstellt. Plateau hat diese Folgerung durch den Versuch bestätigt.

5. Betrachten wir eine schwerlose Flüssigkeitsmasse, welche einen Hohlraum umschliesst. Die Bedingung, dass $\frac{1}{r} + \frac{1}{r'}$ denselben Werth für die innere und äussere Oberfläche der Flüssigkeit haben soll, ist hier nicht erfüllbar. Im Gegentheil, da diese Summe für die geschlossene äussere Fläche immer einen grössern positiven Werth hat, als für die geschlossene innere Fläche, so wird die Flüssigkeit Arbeit leistend von der äussern nach der innern Fläche strömen und den Hohlraum zum Verschwinden bringen. Hat aber der Hohlraum einen flüssigen oder gasförmigen Inhalt, der unter einem gewissen Druck steht, so kann die bei dem erwähnten Vorgang geleistete Arbeit durch die bei der Compression aufgewandte Arbeit compensirt werden, und dann tritt Gleichgewicht ein.

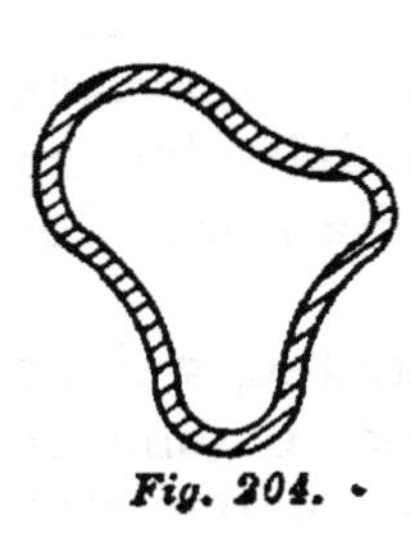
Fig. 204.

Denken wir uns eine Flüssigkeit, welche zwischen zwei einander sehr nahe liegenden ähnlichen und ähnlich liegenden Flächen eingeschlossen ist. Eine solche Flüssigkeit stellt eine Blase vor. Sie kann nur mit Hülfe eines Ueberdruckes des eingeschlossenen Gasinhaltes im Gleichgewicht sein. Hat die Summe $\frac{1}{r} + \frac{1}{r'}$ für die äussere Fläche den Werth $+a$, so hat sie für die innere Fläche sehr nahe den Werth $-a$. Eine ganz freie Blase wird stets die Kugelform annehmen. Denken wir uns eine derartige kugelförmige Blase, von deren Dicke wir absehen, so beträgt bei Verkleinerung des Radius r um dr die gesammte Oberflächenverminderung $16 \cdot r\pi dr$. Wird also für die Verminderung der Oberfläche um die Flächeneinheit die Arbeit A geleistet, so ist $A \cdot 16 r\pi dr$ die gesammte Arbeit, welche im Gleichgewichtsfalle durch die auf den Inhalt vom Drucke p aufgewendete Compressionsarbeit $p \cdot 4r^2\pi dr$

compensirt sein muss. Hieraus folgt $\frac{4A}{r} = p$, aus welcher Gleichung sich A berechnen lässt, wenn r gemessen und p durch ein in die Blase eingeführtes Manometer bestimmt wird.

Eine offene kugelförmige Blase kann nicht bestehen. Soll eine offene Blase eine Gleichgewichtsform sein, so muss die Summe $\frac{1}{r} + \frac{1}{r'}$ nicht nur über jede der beiden Grenzflächen für sich constant, sondern sie muss auch für beide gleich sein. Bei der entgegengesetzten Krümmung derselben folgt $\frac{1}{r} + \frac{1}{r'} = o$. Hierbei ist also für alle Punkte $r = -r'$. Die Fläche ist eine sogenannte Fläche von nullgleicher Krümmung, sie ist eine Minimumfläche und ihre Elemente sind, wie leicht ersichtlich, stets sattelförmig. Man erhält solche Flächen, indem man irgendeine geschlossene Raumcurve aus Draht darstellt und diesen Draht in Seifenlösung taucht. Die Seifenhaut nimmt von selbst die Form der erwähnten Fläche an.

6. Die Gleichgewichtsfiguren der Flüssigkeiten, welche aus dünnen Häuten bestehen, haben eine besondere Eigenschaft. Die Arbeit der Schwerkräfte äussert sich an der ganzen Masse der Flüssigkeit, die Arbeit der Molecularkräfte nur an einer Oberflächenschicht. Im allgemeinen überwiegt die Arbeit der Schwerkraft. Bei dünnen Häuten treten aber die Molecularkräfte in ein sehr günstiges Verhältniss zu den Schwerkräften, so zwar, dass die betreffenden Figuren ohne besondere Veranstaltung in der freien Luft dargestellt werden können. Derartige Figuren erhielt Plateau durch Eintauchen des Kantengerüstes eines Polyëders (aus Draht) in Seifenlösung. Es bilden sich hierbei ebene Flüssigkeitsplatten, welche mit den Drahtkauten und untereinander zusammenhängen. Wenn ebene dünne Flüssigkeitsplatten so zusammenhängen, dass sie

in einer (hohlen) Kante aneinanderstossen, so ist für die Flüssigkeitsoberfläche das Gesetz $\frac{1}{r} + \frac{1}{r'} = \text{const}$ nicht mehr erfüllt, denn diese Summe hat für die ebenen Flächen den Werth Null, für die hohle Kante aber einen sehr grossen negativen Werth. Nach den bisher gewonnenen Anschauungen sollte also die Flüssigkeit aus den Platten, deren Dicke immer geringer würde, ausströmen und bei den Kanten austreten. Diese Bewegung findet auch statt. Wenn aber die Dicke der Platten bis zu einer gewissen Grenze abgenommen hat, so tritt aus physikalischen Gründen, welche, wie es scheint, noch nicht vollkommen bekannt sind, ein Gleichgewichtszustand ein.

Wenn auch an diesen Figuren die Grundgleichung $\frac{1}{r} + \frac{1}{r'} = \text{const}$ nicht mehr erfüllt ist, weil sehr dünne Flüssigkeitsplatten (namentlich zäher Flüssigkeiten) etwas andere physikalische Verhältnisse darbieten, als diejenigen, von welchen wir ausgegangen sind, so zeigen auch diese Figuren noch immer ein Minimum der Oberfläche. Die Flüssigkeitsplatten, welche mit den Drathkanten und untereinander in Zusammenhang bleiben, stossen immer zu je dreien unter nahe gleichen Winkeln von 120° in einer Kante zusammen, und je 4 Kanten schneiden sich abermals unter nahe gleichen Winkeln in einer Ecke. Es lässt sich geometrisch nachweisen, dass diese Verhältnisse einem Minimum von Oberfläche entsprechen. In der ganzen Mannichfaltigkeit der hier besprochenen Erscheinungen drückt sich also immer nur die Thatsache aus, dass die Molecularkräfte durch Verminderung der Oberfläche (positive) Arbeit leisten.

7. Die Gleichgewichtsfiguren, welche Plateau durch Eintauchen der Kantengerüste von Polyëdern in Seifenlösung erhielt, bilden Systeme von Flüssigkeitsplatten, die eine wunderbare Symmetrie darbieten. Es drängt sich da die Frage auf: Was hat das Gleichgewicht über-

haupt mit Symmetrie und Regelmässigkeit zu schaffen? Die Aufklärung liegt nahe. An jedem symmetrischen System ist zu jeder symmetriestörenden Deformation eine gleiche entgegengesetzte möglich. Beiden entspricht zugleich eine positive oder eine negative Arbeit. Eine, wenn auch nicht hinreichende, Bedingung dafür, dass der Gleichgewichtsform ein Maximum oder Minimum von Arbeit entspreche, ist somit durch die Symmetrie erfüllt. Regelmässigkeit ist mehrfache Symmetrie. Wir dürfen uns also darüber nicht wundern, dass die Gleichgewichtsformen oft symmetrisch und regelmässig sind.

8. Die mathematische Hydrostatik hat sich an einer speciellen Aufgabe, betreffend die Gestalt der Erde,

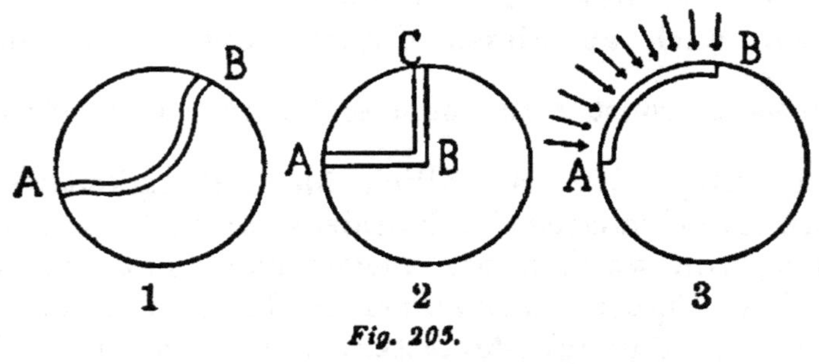

Fig. 205.

entwickelt. Physikalische und astronomische Anhaltspunkte führten bekanntlich Newton und Huyghens zu der Ansicht, dass die Erde ein abgeplattetes Rotationsellipsoïd sei. Newton versuchte diese Abplattung zu berechnen, indem er sich die rotirende Erde als flüssig dachte, und annahm, dass alle von der Oberfläche zum Centrum geführten Flüssigkeitsfäden auf letzteres denselben Druck ausüben müssten. Huyghens hingegen ging von der Annahme aus, dass die Kraftrichtungen auf den Oberflächenelementen senkrecht seien. Bouguer vereinigt beide Annahmen. Clairault endlich zeigt (Théorie de la figure de la terre, Paris 1743), dass auch die Erfüllung beider Bedingungen das Bestehen des Gleichgewichts nicht sichert.

Clairault geht von folgender Ueberlegung aus. Wenn

die flüssige Erde im Gleichgewicht ist, so können wir uns ohne Störung des Gleichgewichts einen beliebigen Theil derselben erstarrt denken, sodass nur ein mit Flüssigkeit gefüllter Kanal *AB* von beliebiger Form übrigbleibt, in welchem die Flüssigkeit ebenfalls im Gleichgewicht sein wird. Das Gleichgewicht in einem solchen Kanal ist nun leichter zu untersuchen. Besteht es in jedem derartigen denkbaren Kanal, so ist auch die ganze Masse im Gleichgewicht. Nebenbei bemerkt Clairault, dass man den Newton'schen Grundsatz erhält, wenn man den Kanal durch das Centrum (wie Fig. 205 in 2), und den Huyghens'schen, wenn man denselben an der Oberfläche führt, wie in 3.

Der Kern der Frage liegt aber nach Clairault in einer andern Bemerkung. In jedem denkbaren Kanal, auch in einem in sich zurücklaufenden, muss die Flüssigkeit

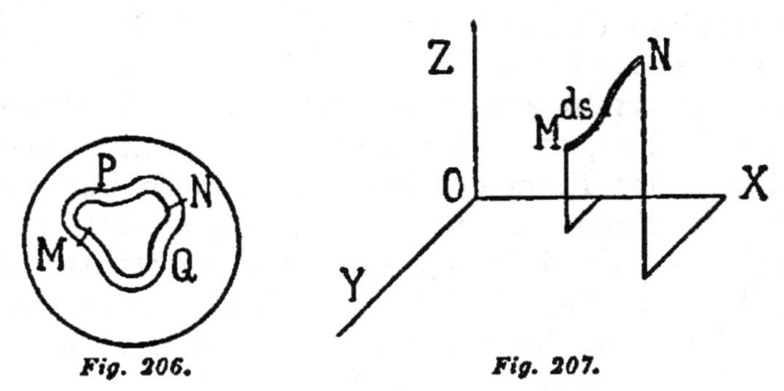

Fig. 206. *Fig. 207.*

im Gleichgewicht sein. Wenn also der Kanal Fig. 206 an den beliebigen Stellen *M* und *N* quer durchschnitten wird, so müssen beide Flüssigkeitssäulen *MPN* und *MQN* auf die Schnittflächen bei *M* und *N* den gleichen Druck ausüben. Der Druck der Flüssigkeitssäule in einem Kanal an den Enden darf also gar nicht von der Länge und Form der Säule, sondern nur von der Lage der Enden abhängen.

Denken wir uns einen Kanal *MN* Fig. 207 von beliebiger Form in der fraglichen Flüssigkeit auf ein rechtwinkeliges Coordinatensystem bezogen. Die Flüssigkeit sei von der constanten Dichte ρ und die Kraftcomponenten X, Y, Z

nach den Coordinatenrichtungen, welche auf die Masseneinheit der Flüssigkeit wirken, seien Functionen der Coordinaten x, y, z dieser Masse. Ein Längenelement des Kanals heisse ds, dessen Projectionen auf die Axen seien dx, dy, dz. Die Kraftcomponenten, welche nach der Richtung des Kanals auf die Masseneinheit wirken, sind dann $X\frac{dx}{ds}$, $Y\frac{dy}{ds}$, $Z\frac{dz}{ds}$. Die Gesammtkraft, welche das Massenelement $\rho q ds$ des Kanals, wobei q der Querschnitt, nach der Richtung von ds treibt, ist

$$\rho q ds \left(X\frac{dx}{ds} + Y\frac{dy}{ds} + Z\frac{dz}{ds}\right).$$

Dieselbe muss durch den Zuwachs des Druckes beim Durchschreiten des Längenelementes im Gleichgewicht gehalten werden, und ist also $q \cdot dp$ gleichzusetzen. Wir erhalten demnach $dp = \rho(Xdx + Ydy + Zdz)$. Der Unterschied des Druckes (p) zwischen den Enden M und N ergibt sich, wenn man diesen Ausdruck von M bis N integrirt. Da aber dieser Unterschied gar nicht von der Form des Kanals, sondern nur von der Lage der Enden M und N abhängen soll, so muss $\rho(Xdx + Ydy + Zdz)$, oder bei constanter Dichte auch $Xdx + Ydy + Zdz$, ein vollständiges Differential sein. Hierzu ist bekanntlich nothwendig, dass

$$X = \frac{dU}{dx},\ Y = \frac{dU}{dy},\ Z = \frac{dU}{dz},$$

wobei U eine Function der Coordinaten vorstellt. Das Gleichgewicht einer Flüssigkeit ist also nach Clairault überhaupt nur möglich, wenn dieselbe von Kräften beherrscht wird, welche sich als die partiellen Ableitungen einer und derselben Function der Coordinaten darstellen lassen.

9. Die Newton'schen Schwerkräfte, und überhaupt alle Centralkräfte, d. h. solche Kräfte, welche die Massen nach den Richtungen ihrer Verbindungslinien ausüben, und welche Functionen der Entfernungen dieser Massen

voneinander sind, haben die verlangte Eigenschaft. Unter dem Einfluss solcher Kräfte kann das Gleichgewicht der Flüssigkeiten bestehen. Kennen wir die Function U, so können wir die obige Gleichung durch

$$dp = \rho \left(\frac{dU}{dx} dx + \frac{dU}{dy} dy + \frac{dU}{dz} dz\right)$$

oder $dp = \rho\, dU$ und $p = \rho\, U + \text{const}$ · ersetzen.

Der Inbegriff aller Punkte, für welche $U = \text{const}$, ist eine Fläche, die sogenannte Niveaufläche. Für dieselbe ist auch $p = \text{const}$. Da durch die Natur der Function U alle Kraftverhältnisse, und wie wir eben sehen, auch alle Druckverhältnisse bestimmt sind, so geben die Druckverhältnisse eine Abbildung der Kraftverhältnisse, wie dies bereits S. 91 bemerkt worden ist. In der eben vorgeführten Betrachtung Clairault's liegt unzweifelhaft der Grundgedanke der Lehre von der Kraftfunction oder vom Potential, welche später so erfolgreich von Laplace, Poisson, Green, Gauss u. A. entwickelt worden ist. Ist einmal die Aufmerksamkeit auf die erwähnte Eigenschaft gewisser Kräfte, sich als Ableitungen derselben Function U darzustellen, hingelenkt, so erkennt man es sofort als sehr vortheilhaft und ökonomisch, statt der Kräfte selbst die Function U zu untersuchen.

Wenn wir die Gleichung

$$dp = \rho\,(X dx + Y dy + Z dz) = \rho\, dU$$

betrachten, so sehen wir, dass $X dx + Y dy + Z dz$ das Element der Arbeit vorstellt, welche die Kräfte an der Masseneinheit der Flüssigkeit bei der Verschiebung ds (deren Projectionen dx, dy, dz sind) leisten. Führen wir also die Masseneinheit von einem Punkt, für welchen $U = C_1$ ist, über zu irgendeinem andern Punkt, für welchen $U = C_2$ ist, oder allgemeiner von der Fläche $U = C_1$ zur Fläche $U = C_2$, so haben wir, gleichgültig auf welchem Wege die Ueberführung geschah, dieselbe Arbeit geleistet. Zugleich bieten alle Punkte der ersten

Fläche in Bezug auf jene der zweiten Fläche dieselbe Druckdifferenz dar, so zwar, dass

$$p_2 - p_1 = \rho\,(C_2 - C_1),$$

wobei die mit demselben Index bezeichneten Grössen derselben Fläche angehören.

10. Denken wir uns eine Schar solcher sehr nahe aneinander liegender Flächen, von welchen je zwei aufeinander folgende um denselben sehr kleinen Arbeitsbetrag verschieden sind, also die Flächen $U = C$, $U = C + dC$, $U = C + 2\,dC$ u. s. w.

Man erkennt, dass eine Masse in einer und derselben Fläche verschoben keine Arbeit leistet. Die Kraftcomponente, welche in das Flächenelement entfällt, ist demnach $= o$. Die Richtung der Gesammtkraft, welche auf die Masse wirkt, steht demnach überall senkrecht auf dem Flächenelement. Nennen wir dn das Element der Normalen, welches zwischen zwei aufeinander folgende Flächen liegt, und f die Kraft, welche eine Masseneinheit durch dieses Element von der einen zur andern Fläche überführt, so ist die Arbeit $f \cdot dn = dC$.

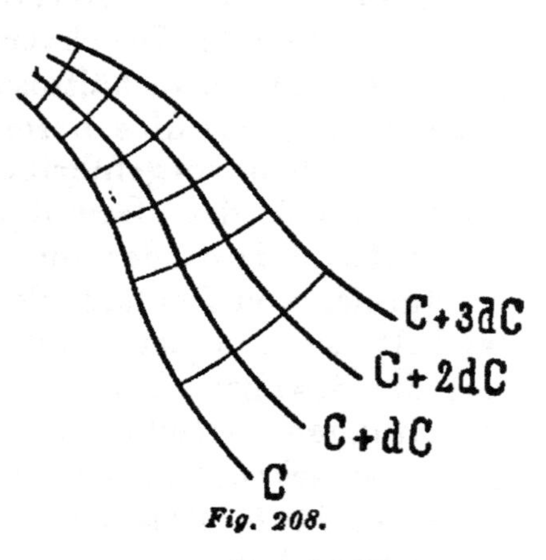

Fig. 208.

Die Kraft $f = \frac{dC}{dn}$, weil dC als constant vorausgesetzt wurde, ist überall umgekehrt proportional dem Abstande der betrachteten Flächen. Sind also einmal die Flächen U bekannt, so sind die Kraftrichtungen durch die Elemente einer Schar von Curven gegeben, die auf diesen Flächen überall senkrecht stehen, und die Abstände der Flächen veranschaulichen uns die Grösse der Kräfte. Diese Flächen und Curven begegnen uns auch in den übrigen Gebieten der Physik.

Wir finden sie als Potentialniveaus und Kraftlinien im Gebiete der Elektrostatik und des Magnetismus, als Isothermenflächen und Stromlinien im Gebiete der Wärmeleitung, als Niveauflächen und Stromcurven bei Betrachtung der elektrischen und Flüssigkeitsströmungen.

11. Wir wollen nun den Hauptgedanken Clairault's noch durch ein sehr einfaches Beispiel erläutern. Wir denken uns zwei zueinander senkrechte Ebenen, welche die Ebene des Papiers in den Geraden OX und OY senkrecht schneiden. Wir nehmen an, es gebe eine Kraftfunction $U = -xy$, wobei x, y die Abstände von jenen beiden Ebenen bedeuten. Dann sind die Kraftcomponenten parallel zu OX und OY beziehungsweise

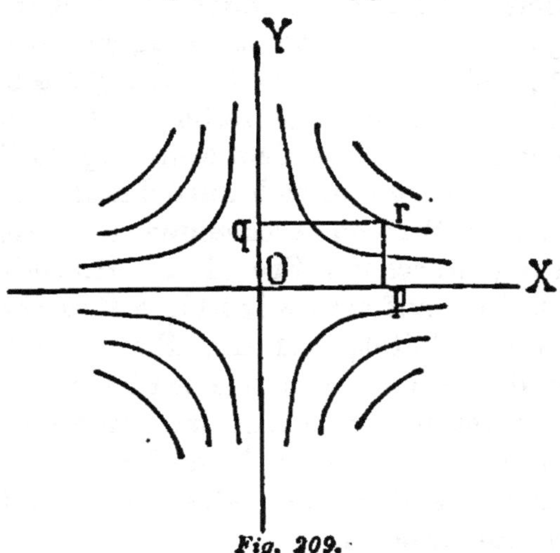

Fig. 209.

$$X = \frac{dU}{dx} = -y$$

und

$$Y = \frac{dU}{dy} = -x.$$

Die Niveauflächen sind Cylinderflächen, deren Erzeugende senkrecht zur Ebene des Papiers stehen, und deren Leitlinien, $xy = \text{const}$, gleichseitige Hyperbeln sind. Die Kraftlinien erhält man, wenn man in der Zeichnungsebene das ersterwähnte Curvensystem um 45° um O dreht. Uebergeht die Masseneinheit von dem Punkte r nach O auf dem Wege rpO, oder rqO, oder auf irgendeinem ander Wege, so ist die geleistete Arbeit stets $Op \times Oq$. Denken wir uns einen geschlossenen mit Flüssigkeit gefüllten Kanal $OprqO$, so ist die Flüssigkeit in demselben im Gleichgewicht. Legen wir an irgendwelchen zwei Stellen Querschnitte, so erleidet jeder derselben von beiden Seiten denselben Druck.

Wir wollen nun das Beispiel ein wenig modificiren. Die Kräfte seien nun $X = -y$, $Y = -a$, wobei a einen constanten Werth hat. Es gibt jetzt keine Function U von der Beschaffenheit, dass $X = \frac{dU}{dx}$ und $Y = \frac{dU}{dy}$ wäre, denn hierzu müsste $\frac{dX}{dy} = \frac{dY}{dx}$ sein, was augenscheinlich nicht zutrifft. Es gibt also keine Kraftfunction und auch keine Niveauflächen. Führt man die Masseneinheit von r über p nach O, so ist die geleistete Arbeit $a \times Oq$. Findet die Ueberführung auf dem Wege rqO statt, so ist hingegen die Arbeit $a \times Oq + Op \times Oq$. Wäre der Kanal $OprqO$ mit Flüssigkeit erfüllt, so könnte dieselbe nicht im Gleichgewicht sein, sondern müsste in dem Sinne $OprqO$ fortwährend rotiren. Derartige in sich zurücklaufende und endlos fortbestehende Ströme erscheinen uns als etwas unserer Erfahrung durchaus Fremdes. Hiermit ist aber die Aufmerksamkeit auf eine wichtige Eigenschaft der Naturkräfte geleitet, auf die Eigenschaft nämlich, dass die von denselben geleistete Arbeit als eine Function der Coordinaten dargestellt werden kann. Wo wir Ausnahmen von diesem Satz bemerken, sind wir geneigt dieselben für scheinbare zu halten, und sind bemüht, uns dieselben aufzuklären.

12. Wir betrachten nun einige Fälle der Flüssigkeitsbewegung. Der Begründer der Lehre von derselben ist Torricelli. Durch Beobachtung der aus der Bodenöffnung eines Gefässes ausfliessenden Flüssigkeit fand er folgenden Satz. Wenn man die Zeit der Entleerung eines Gefässes in n gleiche Theile theilt, und die in dem letzten $(n)^{\text{ten}}$ Theile ausgeflossene Menge als Einheit annimmt, so fliesst in dem $(n-1)^{\text{ten}}$ $(n-2)^{\text{ten}}$, $(n-3)^{\text{ten}}$ u. s. w. Theil beziehungsweise die Menge 3, 5, 7 u. s. w. aus. Die Aehnlichkeit zwischen der Fallbewegung und der Flüssigkeitsbewegung tritt bei dieser Beobachtung klar hervor. Nun bietet sich leicht

die Bemerkung dar, dass sich die sonderbarsten Folgerungen ergeben würden, wenn die Flüssigkeit, mit Hülfe ihrer aufwärts gekehrten Ausflussgeschwindigkeit sich über den Spiegel der Flüssigkeit im Gefässe erheben könnte. Torricelli bemerkt auch, dass sie höchstens bis zu dieser Höhe steigen kann, und nimmt an, dass sie genau zu dieser Höhe steigen würde, wenn man alle Widerstände beseitigen könnte. Von den Widerständen abgesehen, ist also die Ausflussgeschwindigkeit v aus der Bodenöffnung eines Gefässes an die Höhe der Flüssigkeit h in dem Gefässe durch die Gleichung gebunden $v = \sqrt{2gh}$, d. h. die Ausflussgeschwindigkeit ist die Endgeschwindigkeit, welche beim freien Fall durch die Druckhöhe h erlangt würde, denn mit dieser Geschwindigkeit kann die Flüssigkeit eben wieder bis zu dem Spiegel aufsteigen.*

Der Satz von Torricelli schliesst sich unsern übrigen Erfahrungen gut an, allein man empfindet noch das Bedürfniss einer genaueren Einsicht. Varignon hat versucht, den Satz aus der Beziehung zwischen der Kraft und der von derselben erzeugten Bewegungsquantität abzuleiten. Die bekannte Beziehung $pt = mv$ gibt in dem vorliegenden Falle, wenn wir mit α die Fläche der Bodenöffnung, mit h die Druckhöhe, mit s das specifische Gewicht, mit g die Beschleunigung frei fallender Körper, mit v die Ausflussgeschwindigkeit, und mit τ einen kleinen Zeittheil bezeichnen

$$\alpha h s \cdot \tau = \frac{\alpha v \tau s}{g} \cdot v \text{ oder } v^2 = gh.$$

Hierbei stellt $\alpha h s$ den durch die Zeit τ auf die Flüssigkeitsmasse $\frac{\alpha v \tau s}{g}$ wirkenden Druck vor. Be-

* Die ältern Forscher leiten ihre Sätze in der unvollständigen Form von Proportionen ab, und setzen daher meist nur v proportional $\sqrt{gh}$ oder $\sqrt{h}$.

rücksichtigen wir noch, dass v eine Endgeschwindigkeit ist, so erhalten wir genauer

$$\alpha h s \cdot \tau = \frac{\alpha \frac{v}{2} \cdot \tau s}{g} \cdot v$$

und die richtige Formel

$$v^2 = 2 g h.$$

13. Daniel Bernoulli hat die Flüssigkeitsbewegungen mit Hülfe des Satzes der lebendigen Kräfte untersucht. Wir wollen den vorliegenden Fall von diesem Gesichtspunkte aus behandeln, den Gedanken aber in etwas mehr moderner Form durchführen. Die Gleichung, die wir zu verwenden haben, ist $p s = \frac{m v^2}{2}$. In einem Gefäss Fig. 210 von dem Querschnitte q, in welchem Flüssigkeit vom specifischen Gewicht s auf die Druckhöhe h eingegossen ist, sinkt der Spiegel um die kleine Grösse dh, und es tritt hierbei die Flüssigkeitsmasse $\frac{q \cdot dh \cdot s}{g}$ mit der Geschwindigkeit v aus. Die geleistete Arbeit ist dieselbe, als ob das Gewicht $q \cdot dh \cdot s$ durch die Höhe h gesunken wäre. Auf die Bewegungsform im Gefässe kommt es hierbei gar nicht an. Es ist einerlei, ob die Schicht $q \cdot dh$ direct durch die Bodenöffnung herausfällt, oder sich nach a begibt, während die Flüssigkeit von a nach b, jene von b nach c verdrängt wird, und jene von c ausfliesst. Die Arbeit bleibt immer $q \cdot dh \cdot s \cdot h$. Indem wir diese Arbeit der lebendigen Kraft der ausgeflossenen Flüssigkeit gleichsetzen, finden wir

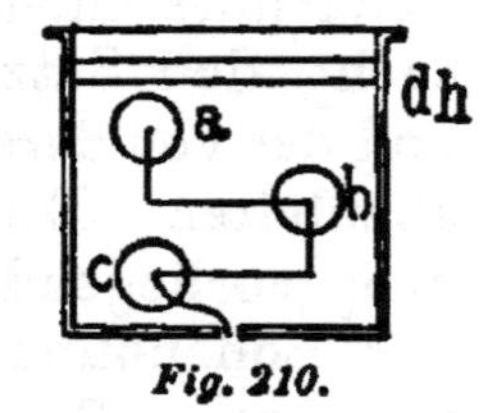

Fig. 210.

$$q \cdot dh \cdot s \cdot h = \frac{q \cdot dh \cdot s}{g} \frac{v^2}{2}$$

oder $v = \sqrt{2 g h}$.

Nur die Voraussetzung wird bei dieser Entwickelung gemacht, dass die gesammte im Gefäss geleistete Arbeit als lebendige Kraft der ausgeflossenen Flüssigkeit erscheint, dass also die Geschwindigkeiten im Gefässe selbst und die daselbst durch Reibung aufgezehrten Arbeiten vernachlässigt werden können. Diese Voraussetzung entfernt sich bei genügend weiten Gefässen nicht sehr von der Wahrheit.

Sehen wir von der Schwere der Flüssigkeit in dem Gefäss ab, und denken wir uns dieselbe durch einen beweglichen Kolben, auf dessen Flächeneinheit der Druck p entfällt, belastet. Bei Verschiebung des Kolbens um die Strecke dh tritt das Flüssigkeitsvolum $q \cdot dh$ aus. Nennen wir ρ die Dichte der Flüssigkeit und v deren Geschwindigkeit, so ist

$$q \cdot p \cdot dh = q \cdot dh \cdot \rho \frac{v^2}{2} \text{ oder } v = \sqrt{\frac{2p}{\rho}}.$$

Unter demselben Druck strömen also verschiedene Flüssigkeiten mit Geschwindigkeiten aus, welche der Wurzel ihrer Dichte umgekehrt proportionirt sind. Man meint gewöhnlich diesen Satz unmittelbar auf die Gase übertragen zu können. Die Form desselben ist auch richtig, die Ableitung aber, die man häufig anwendet, schliesst einen Irrthum ein, wie wir sofort sehen werden.

14. Wir betrachten zwei nebeneinander befindliche Gefässe Fig. 211, welche durch eine kleine Wandöffnung am Boden miteinander verbunden sind. Zur Bestimmung der Druckflussgeschwindigkeit durch diese Oeffnung erhalten wir, unter denselben Voraussetzungen wie vorher,

$$q\,dh \cdot s(h_1 - h_2) = q \frac{dh \cdot s}{g} \frac{v^2}{2} \text{ oder } v = \sqrt{2g(h_1 - h_2)}.$$

Sehen wir von der Schwere der Flüssigkeit ab, und denken uns in den Gefässen durch Kolben den Druck p_1 und p_2 hervorgebracht, so ist $v = \sqrt{\frac{2(p_1 - p_2)}{\rho}}$.

Wären beispielsweise die gleichen Kolben mit den Gewichten P und $\frac{P}{2}$ belastet, so würde das Gewicht P um die Höhe h sinken, und $\frac{P}{2}$ sich um dieselbe Höhe erheben, sodass die geleistete Arbeit $\frac{P}{2}h$ übrigbliebe, welche die lebendige Kraft der durchfliessenden Flüssigkeit erzeugen würde.

Ein Gas würde sich unter den angegebenen Umständen anders verhalten. Ueberströmt es aus dem Gefäss mit der Belastung P in jenes mit der Belastung $\frac{P}{2}$, so sinkt ersteres Gewicht um h, letzteres aber, da sich das Gas unter dem halben Druck auf das doppelte Volum ansdehnt, steigt um $2h$, sodass also die Arbeit $Ph - \frac{P}{2} 2h = o$ verrichtet wird. Es muss also im Fall eines Gases noch eine andere Arbeit geleistet werden, welche das Durchfliessen bewirkt. Diese Arbeit leistet das Gas selbst, indem es sich ausdehnt, und durch seine Expansivkraft einen Druck überwindet.

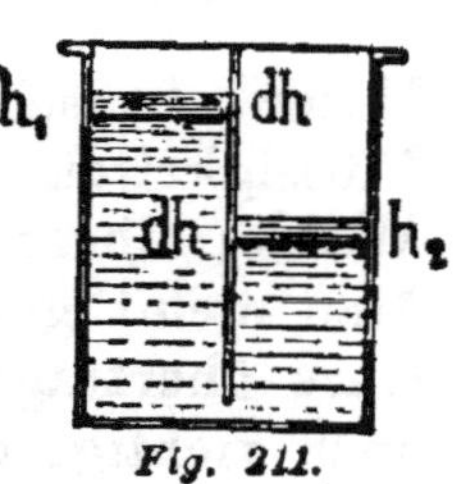

Fig. 211.

Die Expansivkraft p und das Volum w eines Gases stehen in der bekannten Beziehung $pw = k$, wobei k eine Constante ist (so lange die Temperatur des Gases unverändert bleibt). Dehnt sich das Gasvolum unter dem Druck p um dw aus, so ist die geleistete Arbeit

$$\int p\,dw = k \int \frac{dw}{w}.$$

Bei Ausdehnung von w_0 bis w, oder von dem Druck p_0 bis p, finden wir die Arbeit

$$k \log\left(\frac{w}{w_0}\right) = k \log\left(\frac{p_0}{p}\right).$$

Denken wir uns durch diese Arbeit das Gasvolum w_0 von der Dichte ρ mit der Geschwindigkeit v bewegt, so erhalten wir

$$v = \sqrt{\frac{2\, p_0 \log \left(\frac{p_0}{p}\right).}{\rho}}$$

Die Durchflussgeschwindigkeit bleibt also der Wurzel der Dichte verkehrt proportionirt, allein der Betrag derselben ist verschieden von demjenigen, welcher nach der frühern Auffassung sich ergeben würde. Wir können die Bemerkung nicht unterlassen, dass auch diese Betrachtung sehr mangelhaft ist. Rasche Volumänderungen eines Gases sind immer mit Temperaturveränderungen und folglich auch mit Aenderungen der Spannkraft verbunden. Fragen über die Bewegung der Gase können also überhaupt nicht als blosse mechanische Fragen behandelt werden, sondern sind immer zugleich Wärmefragen.

15. Da wir eben gesehen haben, dass ein comprimirtes Gas eine Arbeit enthält, so liegt es nahe, zu untersuchen, ob dies nicht auch bei einer comprimirten Flüssigkeit der Fall ist. In der That ist jede Flüssigkeit, welche unter einem Drucke steht, comprimirt. Zur Compression gehört Arbeit, welche wieder zum Vorschein kommt, sobald sich die Flüssigkeit ausdehnt. Allein bei den tropfbaren Flüssigkeiten ist diese Arbeit sehr klein. Stellen wir uns Fig. 212 ein Gas und eine tropfbare Flüssigkeit unter gleichem Volum (welches wir durch OA messen) und unter gleichem Druck (den wir durch AB bezeichnen), etwa unter dem Druck einer Atmosphäre vor. Sinkt der Druck auf eine halbe Atmosphäre, so steigt das Volum des Gases auf das Doppelte, jenes der Flüssigkeit aber nur um etwa 25 Millionstheile des ursprünglichen Volums. Die Ausdehnungsarbeit für das Gas wird durch die Fläche

ABDC, für die Flüssigkeit durch *ABLK* vorgestellt, wobei aber $AK = 0{\cdot}000025\,OA$ zu setzen ist. Lassen wir den Druck bis auf Null abnehmen, so ist die ganze Arbeit der Flüssigkeit durch die Fläche *ABI*, wobei $AI = 0{\cdot}00005\,OA$, jene des Gases aber durch die zwischen *AB*, der unendlichen Geraden *ACEG*... und dem unendlichen Hyperbelast *BDFH*... eingeschlossene Fläche dargestellt. Die Ausdehnungsarbeit der Flüssigkeiten kann also gewöhnlich vernachlässigt werden. Es gibt aber Vorgänge, z. B. die

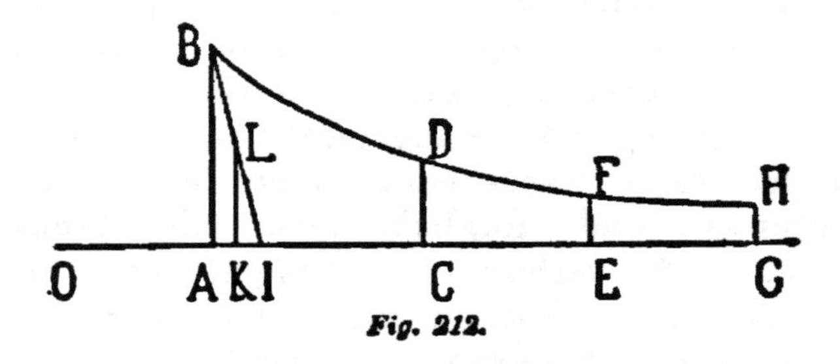

Fig. 212.

tönenden Schwingungen der Flüssigkeiten, wobei eben Arbeiten dieser Art und Ordnung die Hauptrolle spielen. In diesem Falle sind dann auch die zugehörigen Temperaturänderungen der Flüssigkeit zu beachten. Es ist also lediglich einem glücklichen Zusammentreffen der Umstände zu danken, wenn ein Vorgang mit hinreichender Annäherung als ein rein mechanischer betrachtet werden kann.

16. Wir besprechen nun den Hauptgedanken, den Daniel Bernoulli (1738) in seiner Hydrodynamik durchzuführen sucht. Wenn eine Flüssigkeitsmasse sinkt, so ist die Falltiefe ihres Schwerpunktes (*descensus actualis*) gleich der möglichen Steighöhe des Schwerpunktes der mit ihren erlangten Geschwindigkeiten behafteten und voneinander befreiten Flüssigkeitstheile (*ascensus potentialis*). Ohne Schwierigkeit erkennen wir diesen Gedanken als identisch mit dem schon von Huyghens ver-

wendeten. Wir denken uns ein mit Flüssigkeit gefülltes Gefäss, und nennen den horizontalen Querschnitt desselben in dem Abstande x von der durch die Bodenöffnung bestimmten Horizontalebene $f(x)$. Die Flüssigkeit bewege sich, und der Spiegel derselben sinke um dx. Der Schwerpunkt sinkt hierbei um $\frac{x f(x) \cdot dx}{M}$ wobei $M = \int f(x)\, dx$. Ist k die potentielle Steighöhe der Flüssigkeit in dem Querschnitte, welcher der Flächeneinheit gleich ist, so beträgt sie $\frac{k}{f(x)^2}$ in dem Querschnitte $f(x)$, und die potentielle Steighöhe des Schwerpunktes ist

Fig. 213.

$$\frac{k\int\frac{dx}{f(x)}}{M} = k\frac{N}{M},$$

wobei $N = \int\frac{dx}{f(x)}$.

Für eine Verschiebung des Flüssigkeitsspiegels um dx ergibt sich nach dem ausgesprochenen Princip, da sich hierbei sowol N als k ändert

$$-x f(x)\, dx = N\, dk + k\, dN,$$

welche Gleichung von Bernoulli zur Lösung verschiedener Aufgaben benutzt wird. Man sieht leicht, dass der Bernoulli'sche Satz nur dann mit Erfolg angewendet werden kann, wenn die Verhältnisse der Geschwindigkeiten der einzelnen Flüssigkeitstheile zueinander bekannt sind. Bernoulli setzt, wie man schon aus den angeführten Formeln erkennt, voraus, dass alle Theile, welche sich zu irgendeiner Zeit in einer Horizontalebene befinden, immer in einer Horizontalebene bleiben, und dass die Geschwindigkeiten in verschiedenen Horizontalebenen sich umgekehrt wie die Querschnitte verhalten. Es ist dies die Voraussetzung des „Parallelismus der Schichten". Dieselbe entspricht den Thatsachen in vielen Fällen gar nicht, in andern nur beiläufig. Ist das Gefäss sehr weit gegen die Ausflussöffnung, so braucht man, wie wir bei Entwickelung des Torricelli'schen Satzes gesehen haben, über die Bewegung im Gefäss gar keine Voraussetzung zu machen.

17. Einzelne Fälle der Flüssigkeitsbewegung haben schon Newton und Johann Bernoulli behandelt. Wir wollen hier einen Fall betrachten, auf welchen sich unmittelbar ein bereits bekanntes Gesetz anwenden lässt. Eine cylindrische Heberröhre mit verticalen Schenkeln ist mit Flüssigkeit gefüllt. Die Länge der ganzen Flüssigkeitssäule sei l. Drückt man die Säule einerseits um das Stück x unter das Niveau, so erhebt sie sich anderseits um x, und die der Excursion x entsprechende Niveaudifferenz beträgt $2x$. Wenn α den Querschnitt der Röhre und s das specifische Gewicht der Flüssigkeit bedeutet, so entspricht

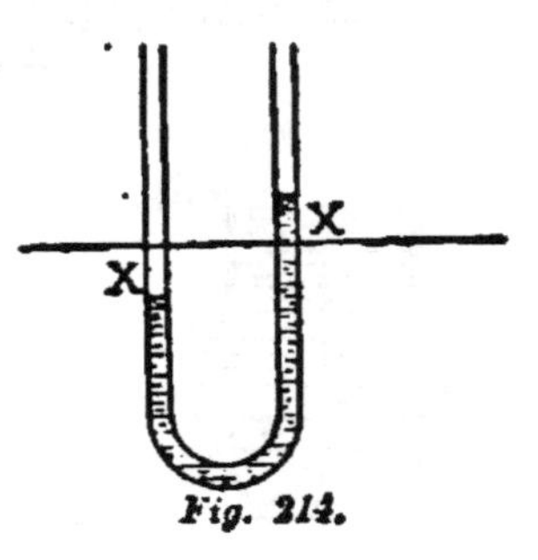

Fig. 214.

der Excursion x

die Kraft $2\alpha s x$, welche, da sie

die Masse $\frac{\alpha l s}{g}$ zu bewegen hat,

die Beschleunigung $\frac{2\alpha s x}{\frac{\alpha l s}{g}} = \frac{2g}{l}x$ und für

die Einheit der Excursion die Beschleunigung $\frac{2g}{l}$ bedingt. Man erkennt, dass pendelförmige Schwingungen von der Dauer

$$T = \pi\sqrt{\frac{l}{2g}}$$

stattfinden werden. Die Flüssigkeitssäule schwingt also

wie ein einfaches Pendel von der halben Länge der Flüssigkeitssäule.

Eine ähnliche, aber etwas allgemeinere Aufgabe hat Johann Bernoulli behandelt. Die beiden Schenkel einer beliebig gekrümmten cylindrischen Heberröhre haben an den Stellen, an welchen die Flüssigkeitsspiegel sich bewegen, die Neigungen α und β gegen den Horizont. Verschiebt man den einen Spiegel um das Stück x, so erleidet der andere die gleiche Verschiebung. Es entsteht dadurch die Niveaudifferenz $x(\sin\alpha + \sin\beta)$ und wir finden durch eine ähnliche Ueberlegung wie zuvor, und mit Beibehaltung derselben Bezeichnung

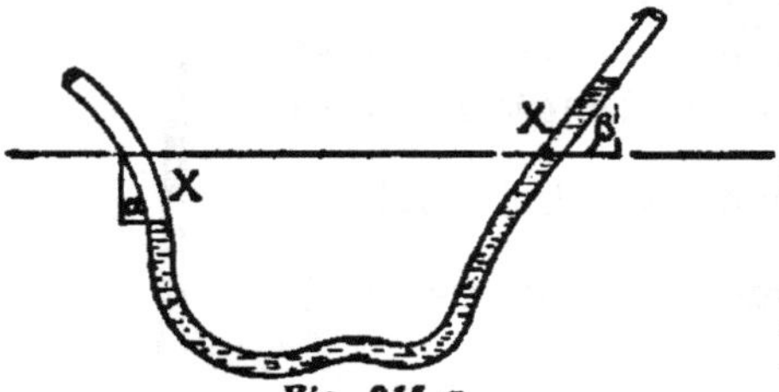

$$T = \pi\sqrt{\frac{l}{g(\sin\alpha + \sin\beta)}}$$

Fig. 215 a.

Für das Flüssigkeitspendel Fig. 214 gelten die Pendelgesetze (von der Reibung abgesehen) genau auch bei grossen Schwingungsweiten, während sie für das Fadenpendel nur annähernd für kleine Ausweichungen gelten.

18. Der Gesammtschwerpunkt der Flüssigkeit kann sich nur so hoch erheben, als er zur Erzeugung der Geschwindigkeiten sinken musste. Ueberall, wo dieser Satz eine Ausnahme zu erleiden scheint, kann man dieselbe eben als scheinbar nachweisen. Der Heronsbrunnen besteht bekanntlich aus drei Gefässen, welche in der Ordnung von oben nach unten A, B, C heissen mögen. Das Wasser von A fliesst nach C ab, die aus C verdrängte Luft drückt auf B und treibt einen Wasserstrahl aufwärts, der nach A zurückfällt. Das Wasser aus B erhebt sich zwar bedeutend über das Niveau in diesem Gefäss, es fliesst aber eigentlich nur auf dem Umwege über den Springbrunnen und das Gefäss A auf das viel tiefere Niveau in C ab.

Eine scheinbare Ausnahme von dem fraglichen Satz

bietet auch der Montgolfier'sche **Stossheber** dar, in welchem sich die Flüssigkeit durch ihre eigene Schwerearbeit bedeutend über das ursprüngliche Niveau zu erheben scheint. Die Flüssigkeit fliesst aus dem Gefäss *A* durch das lange Rohr *R R* und das sich nach innen öffnende Ventil *V* in das Gefäss *B* ab. Ist die Strömung schnell genug, so schliesst sich das Ventil *V* und wir haben in dem Rohre *R R* eine mit der Geschwindigkeit v behaftete plötzlich angehaltene Flüssigkeitsmasse m, welcher ihre Bewegungsquantität genommen werden muss. Geschieht dies in der Zeit t, so vermag während derselben die Flüssigkeit den Druck $q = \frac{mv}{t}$ auszuüben, welcher sich zu dem hydrostatischen Druck p hinzuaddirt. Die Flüssigkeit vermag also während dieser Zeit durch ein Ventil mit dem Druck $p + q$ in einen Heronsball *H* einzudringen, und erhebt sich dem entsprechend in dem Steigrohr *S S* auf ein höheres Niveau als dasjenige, welches dem blossen Druck p entspricht.

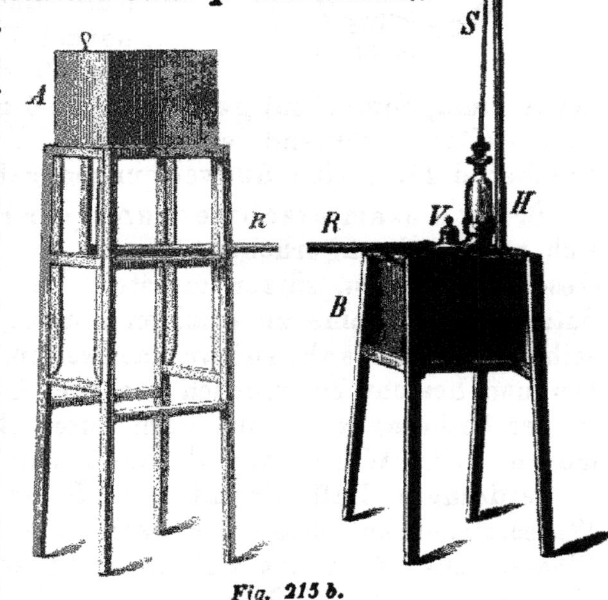

Fig. 215 b.

Man hat hier zu bedenken, dass immer ein beträchtlicher Theil der Flüssigkeit nach *B* abfliessen muss, bevor durch dessen Arbeit in dem Rohre *R R* die zur

Schliessung von V nöthige Geschwindigkeit erzeugt ist. Nur ein kleiner Theil erhebt sich durch das Steigrohr SS über das ursprüngliche Niveau, während der grössere Theil von A nach B abfliesst. Würde man die aus SS tretende Flüssigkeit sammeln, so würde es sich leicht herausstellen, dass der Schwerpunkt dieser und der nach B abgeflossenen Flüssigkeit wegen der Verluste unter dem Niveau von A liegt.

Das Princip des Stosshebers, Uebertragung der Arbeit einer grossen Flüssigkeitsmasse auf einen kleinern Theil, welcher hierdurch eine grosse lebendige Kraft erhält, lässt sich in folgender sehr einfacher Weise anschaulich machen. Man verschliesst die enge Oeffnung o eines Filtrirtrichters, und taucht denselben mit der weiten Oeffnung nach unten gekehrt möglichst tief in ein grosses Gefäss mit Wasser. Entfernt man rasch den verschliessenden Finger, so füllt sich der Raum des Trichters rasch mit Wasser, wobei natürlich der Spiegel der äussern Flüssigkeit etwas sinkt. Die geleistete Arbeit entspricht dem Fall des Trichterinhaltes vom Schwerpunkt der Oberflächenschicht S nach dem Schwerpunkt S' des Trichterinhalts. Bei gehöriger Weite des Gefässes sind alle Geschwindigkeiten in demselben sehr klein, und fast die ganze erzeugte lebendige Kraft steckt in dem Trichterinhalt. Hätten alle Theile des Inhalts gleiche Geschwindigkeit, so könnten sie sich alle bis zum ursprünglichen Niveau erheben, oder die Masse als Ganzes könnte so hoch steigen, dass ihr Schwerpunkt mit S zusammenfiele. In den engern Trichterquerschnitten ist aber die Geschwindigkeit grösser als in den weitern, und erstere enthalten deshalb den weitaus grössern

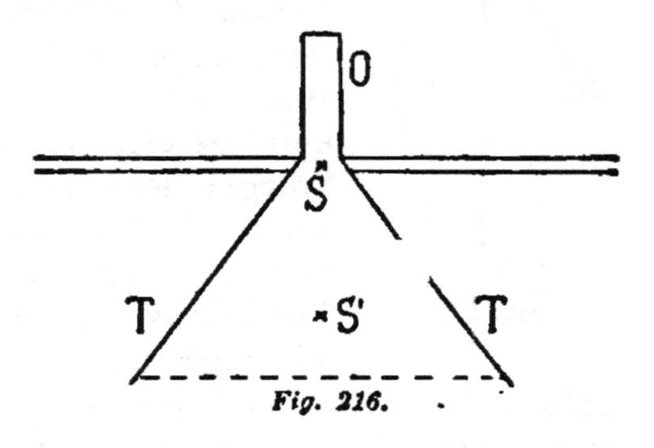

Fig. 216.

Theil der lebendigen Kraft. Die betreffenden Flüssigkeitstheile reissen sich deshalb los und springen durch den Trichterhals hoch über das ursprüngliche Niveau hinaus, während der Rest bedeutend unter demselben zurückbleibt und der Gesammtschwerpunkt nicht einmal das ursprüngliche Niveau von S erreicht.

19. Zu den wichtigsten Leistungen von Daniel Bernoulli gehört dessen Unterscheidung des hydrostatischen und hydrodynamischen Druckes. Bei Bewegung der Flüssigkeiten ändert sich nämlich der Druck derselben, und es kann der Druck der bewegten Flüssigkeit nach den Umständen grösser oder kleiner sein, als jener der ruhenden Flüssigkeit bei gleicher Anordnung der Theile. Wir wollen dieses Verhältniss durch ein einfaches Beispiel erläutern. Das Gefäss A, welches die Form eines Rotationskörpers mit verticaler Axe hat, werde stets mit einer reibungslosen Flüssigkeit gefüllt erhalten, sodass sich der Spiegel derselben bei mn nicht ändert, während das Ausfliessen bei kl stattfindet. Den verticalen Abstand eines Theilchens von dem Spiegel mn rechnen wir nach unten positiv und nennen denselben z. Wir verfolgen ein prismatisches Volumelement von der horizontalen Grundfläche α und der Höhe β, während es sich abwärts bewegt, und sehen, den Parallelismus der Schichten voraussetzend, von allen Geschwindigkeiten senkrecht zu z ab. Die Dichte der Flüssigkeit nennen wir ρ, die Geschwindigkeit des Elementes v, den Druck, der von z abhängt, p. Sinkt das Theilchen um dz, so gibt der Satz der lebendigen Kräfte

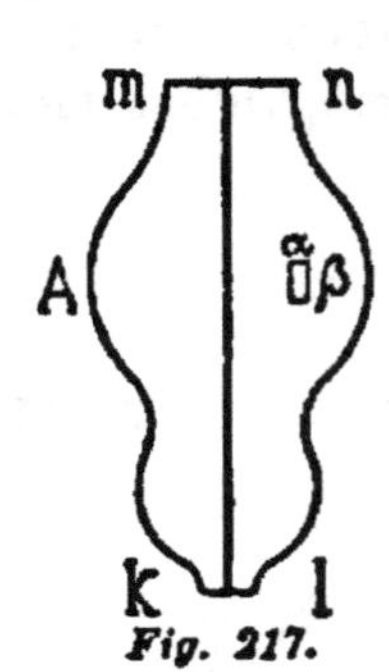

Fig. 217.

$$\alpha\beta\rho\, d\left(\frac{v^2}{2}\right) = \alpha\beta\rho g\, dz - \alpha\frac{dp}{dz}\beta\, dz \quad . \quad . \quad . \quad 1)$$

d. h. der Zuwachs der lebendigen Kraft des Elementes ist gleich der Arbeit der Schwere bei der betreffenden Verschiebung vermindert um die Arbeit der Druckkräfte der Flüssigkeit. Der Druck auf die obere Fläche des Elementes ist nämlich αp, auf die untere aber $\alpha\left(p+\frac{dp}{dz}\beta\right)$. Das Element erleidet also, wenn der Druck nach unten zunimmt, einen Druck $\alpha\,\frac{dp}{dz}\cdot\beta$ aufwärts, und es ist bei der Verschiebung um dz die Arbeit $\alpha\frac{dp}{dz}\beta\,dz$ in Abzug zu bringen. Die Gleichung 1 nimmt gekürzt die Form an

$$\rho\cdot d\left(\frac{v^2}{2}\right)=\rho g\,dz-\frac{dp}{dz}\,dz$$

und gibt integrirt

$$\rho\cdot\frac{v^2}{2}=\rho g z-p+\text{const} \quad \ldots\ldots\ 2)$$

Bezeichnen wir die Geschwindigkeiten in zwei verschiedenen horizontalen Querschnitten a_1 und a_2 in den Tiefen z_1 und z_2 unter dem Spiegel beziehungsweise mit v_1, v_2, und die zugehörigen Drucke mit p_1, p_2, so können wir die Gleichung 2 in der Form schreiben

$$\frac{\rho}{2}\cdot(v_1^2-v_2^2)=\rho g\,(z_1-z_2)+(p_2-p_1) \quad .\ 3)$$

Legen wir den Querschnitt a_1 in den Spiegel, so ist $z_1=o$, $p_1=o$, und weil durch alle Querschnitte in derselben Zeit dieselbe Flüssigkeitsmenge hindurchströmt $a_1\,v_1=a_2\,v_2$. Hieraus ergibt sich

$$p_2=\rho g z_2+\frac{\rho}{2}v_1^2\left(\frac{a_2^2-a_1^2}{a_2^2}\right).$$

Der Druck der bewegten Flüssigkeit p_2 (der hydrodynamische Druck) setzt sich zusammen aus dem Druck der ruhenden Flüssigkeit $\rho g z_2$ (dem hydrostatischen Druck) und einem Druck $\frac{\rho}{2} v_1^2 \left(\frac{a_2^2 - a_1^2}{a_2^2}\right)$ der von der Dichte, der Stromgeschwindigkeit und den Querschnitten abhängt. In den Querschnitten, welche grösser sind als der Spiegel der Flüssigkeit, ist auch der hydrodynamische Druck grösser als der hydrostatische und umgekehrt.

Um den Sinn des Bernoulli'schen Satzes noch deutlicher zu machen, denken wir uns die Flüssigkeit in dem Gefäss A schwerlos und das Ausfliessen durch einen constanten Druck p_1 auf den Spiegel hervorgebracht. Die Gleichung 3 nimmt dann die Form an

$$p_2 = p_1 + \frac{\rho}{2}(v_1^2 - v_2^2).$$

Verfolgen wir ein Theilchen vom Spiegel an durch das Gefäss, so entspricht jeder Zunahme der Stromgeschwindigkeit (in engern Querschnitten) eine Abnahme des Druckes, jeder Abnahme der Stromgeschwindigkeit (in weitern Querschnitten) eine Zunahme des Druckes. Das lässt sich auch ohne alle Rechnung leicht übersehen. In dem gegebenen Falle muss jede Geschwindigkeitsänderung eines Flüssigkeitselementes ganz allein durch die Arbeit der Druckkräfte der Flüssigkeit aufgebracht werden. Tritt ein Element in einen engern Querschnitt, in welchem eine höhere Stromgeschwindigkeit herrscht, so kann es diese höhere Geschwindigkeit nur erlangen, wenn auf die Hinterfläche des Elementes ein grösserer Druck wirkt als auf die Vorderfläche, wenn es sich also von Punkten höhern zu Punkten niedern Druckes bewegt, wenn im Bewegungssinne der Druck abnimmt. Denken wir uns einen Augenblick in dem weitern und in dem darauffolgenden engern Querschnitt den Druck gleich, so findet die Beschleunigung der Elemente in dem engern Querschnitt nicht statt. Die Elemente entweichen nicht schnell genug, drängen sich vor dem engern Querschnitt zusammen, und es entsteht vor diesem sofort die entsprechende Druckerhöhung. Die Umkehrung liegt auf der Hand.

20. Wenn es sich um complicirtere Fälle handelt, so bieten schon Aufgaben über die Flüssigkeitsbewegung ohne Rücksicht auf die Reibung grosse Schwierigkeiten. Die Schwierigkeiten werden noch bedeutender, wenn der Einfluss der Reibung in Rechnung gezogen werden soll. In der That hat man bisher, obgleich diese Untersuchungen schon von Newton begonnen wurden, nur einige wenige einfachere Fälle dieser Art bewältigen können. Wir begnügen uns mit einem einfachen Beispiel. Wenn wir aus einem Gefäss mit der Druckhöhe h die Flüssigkeit nicht durch eine Bodenöffnung, sondern durch ein langes cylindrisches Rohr ausströmen lassen, so ist die Ausflussgeschwindigkeit v kleiner, als sie nach dem Torricelli'schen Satze sich ergeben sollte, da ein Theil der Arbeit durch die Reibung verzehrt wird. Wir finden, dass $v = \sqrt{2gh_1}$, wobei $h_1 < h$ ist. Wir können $h = h_1 + h_2$ setzen, h_1 die Geschwindigkeitshöhe, h_2 die Widerstandshöhe nennen. Bringen wir an die cylindrische Röhre verticale Seitenröhrchen an, so steigt die Flüssigkeit in denselben so weit, dass sie dem Druck in dem Hauptrohr das Gleichgewicht hält, und denselben anzeigt. Bemerkenswerth ist nun, dass am Einflussende des Rohres diese Flüssigkeitshöhe $= h_2$ ist, und dass sie gegen das Ausflussende nach dem Gesetz einer geraden Linie bis zu Null abnimmt. Es handelt sich nun darum, sich diese Verhältnisse aufzuklären.

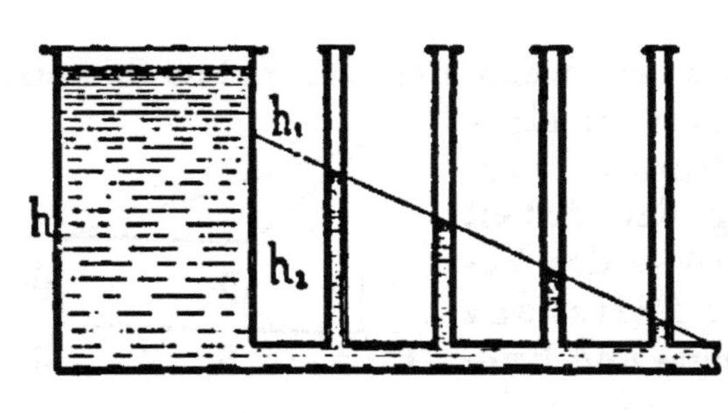

Fig. 218.

Auf die Flüssigkeit in dem horizontalen Ausflussrohr

wirkt die Schwere direct nicht mehr, sondern alle Wirkungen werden auf dieselbe nur durch den Druck der umgebenden Flüssigkeit übertragen. Denken wir uns ein prismatisches Flüssigkeitselement von der Grundfläche α und der Länge β, in der Richtung der Länge um dz verschoben, so ist, wie in dem zuvor betrachteten Falle, die hierbei geleistete Arbeit

$$-\alpha \frac{dp}{dz} \beta\, dz = -\alpha \beta \frac{dp}{dz} dz.$$

Für eine endliche Verschiebung finden wir

$$-\alpha \beta \int_{p_1}^{p_2} \frac{dp}{dz} dz = -\alpha \beta (p_2 - p_1) \quad . \quad . \quad . \quad 1)$$

Es wird Arbeit geleistet, wenn sich das Volumelement von einer Stelle höhern zu einer Stelle niedern Druckes verschiebt. Der Betrag der Arbeit hängt nur von der Grösse des Volumelementes und der Differenz des Druckes am Anfangs- und Endpunkt der Bewegung, nicht von der Länge und Form des Weges ab.

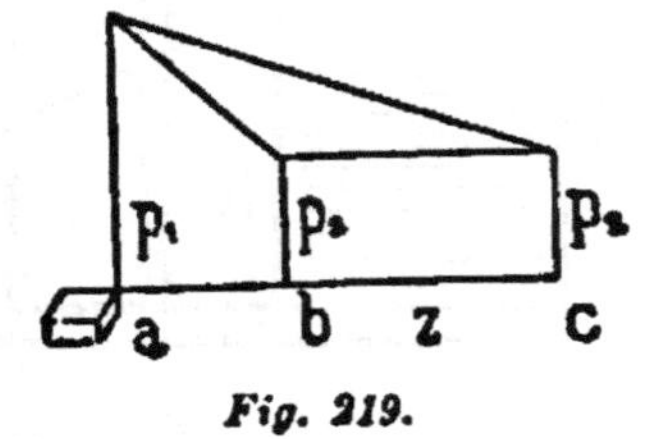

Fig. 219.

Wäre die Abnahme des Druckes in einem Falle doppelt so rasch als in einem andern, so wäre die Differenz der Drucke auf die Vorder- und Hinterfläche, also die arbeitende Kraft verdoppelt, der Arbeitsweg aber halbirt. Die Arbeit bliebe dieselbe (auf der Strecke ab oder ac in der Figur 219).

Durch jeden Querschnitt q des horizontalen cylindrischen Rohrs strömt die Flüssigkeit mit derselben Geschwindigkeit v. Betrachten wir, von Geschwindigkeitsdifferenzen in demselben Querschnitt absehend, ein Element der Flüssigkeit, welches den Röhrenquerschnitt q ausfüllt, und die Länge β hat, so ist dessen lebendige Kraft $q \beta \rho \frac{v^2}{2}$ auf dem ganzen Wege durch die Röhre unverändert. Das ist nur möglich, wenn die durch Reibung verzehrte lebendige Kraft durch die Arbeit der Druckkräfte der Flüssigkeit ersetzt wird. In dem Bewegungssinne des Elementes muss also der Druck abnehmen, und zwar für gleiche Wegstrecken, welchen eine gleiche Reibungsarbeit entspricht, um gleich viel. Die gesammte Arbeit der Schwere, welche für ein austretendes Flüssigkeitselement $q \beta \rho$ geleistet wird, ist $q \beta \rho g h$. Hiervon entfällt auf die lebendige Kraft des in die Rohrmündung mit der Geschwindigkeit v eintretenden Elementes der Antheil $q \beta \rho \frac{v^2}{2}$, oder mit Rücksicht darauf, dass $v = \sqrt{2 g h_1}$, der Antheil $q \beta \rho g h_1$. Der Rest der Arbeit $q \beta \rho g h_2$ wird also im Rohr verbraucht, wenn wir wegen der langsamen Bewegung von Verlusten im Gefäss absehen.

Bestehen im Gefäss, am Anfang und Ende des Rohres beziehungsweise die Druckhöhen h, h_2, o oder die Drucke $p = h g \rho$, $p_2 = h_2 g \rho$, o, so ist nach Gleichung 1 S. 393 die Arbeit zur Erzeugung der lebendigen Kraft des in die Rohrmündung eintretenden Elementes

$$q \beta \rho \frac{v^2}{2} = q \beta (p - p_2) = q \beta g \rho (h - h_2) = q \beta g \rho h_1,$$

und die Arbeit, welche durch den Druck der Flüssigkeit auf das die Rohrlänge durchlaufende Element übertragen wird, ist

$$q \beta p_2 = q \beta g \rho h_2,$$

also diejenige, welche im Rohr eben verbraucht wird.

Nehmen wir einen Augenblick an, der Druck würde vom Anfang zum Ende des Rohres nicht von p_2 bis Null nach dem Gesetz einer geraden Linie abnehmen, sondern die Druckvertheilung wäre eine andere, der Druck wäre z. B. constant durch die ganze Rohrlänge. Sofort werden die vorausgehenden Theile durch die Reibung an Geschwindigkeit verlieren, die folgenden werden nachdrängen und dadurch am Anfang des Rohres jene Druckerhöhung erzeugen, welche die constante Geschwindigkeit durch die ganze Rohrlänge bedingt. Am Ende des Rohres kann der Druck nur $= 0$ sein, weil die Flüssigkeit daselbst nicht gehindert ist, jedem andern Druck sofort auszuweichen.

Stellt man sich die Flüssigkeit unter dem Bilde eines Aggregates von glatten elastischen Kugeln vor, so sind diese Kugeln am Boden des Gefässes am stärksten comprimirt, treten in einem Zustande der Compression in das Rohr ein, und verlieren denselben erst allmählich im Verlauf der Bewegung. Wir wollen es dem Leser überlassen, sich dieses Bild weiter zu entwickeln.

Es versteht sich nach einer frühern Bemerkung, dass die Arbeit, die in der Compressiou der Flüssigkeit selbst liegt, sehr gering ist. Die Bewegung der Flüssigkeit entspringt aus der Arbeit der Schwere im Gefäss, die sich mit Hülfe des Druckes der comprimirten Flüssigkeit auf die Theile im Rohr überträgt.

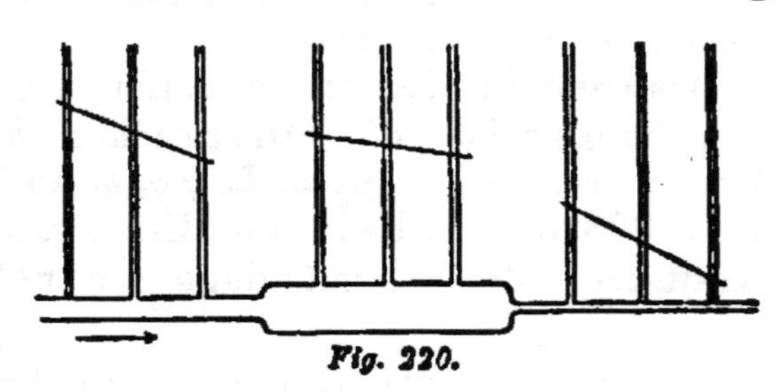

Fig. 220.

Eine interessante Modification des eben besprochenen Falles erhält man, wenn man die Flüssigkeit durch ein Rohr ausfliessen lässt, welches aus mehreren cylindrischen Stücken von verschiedener Weite zusammengesetzt ist. Der Druck nimmt dann Fig. 220 in der Ausflussrichtung in den engern Röhren, in welchen ein grösserer Verbrauch an Reibungsarbeit stattfindet, rascher ab als in den weitern. Ausserdem bemerkt man bei jedem Uebergang in ein weiteres Rohr, also zu einer kleinern Stromgeschwindigkeit einen Druckzuwachs (eine positive Stauung), bei jedem Uebergang in ein engeres Rohr, also zu einer grössern

Stromgeschwindigkeit, eine plötzliche Druckabnahme (eine negative Stauung). Die Geschwindigkeit eines Flüssigkeitselementes, auf welches keine directen Kräfte wirken, kann eben nur vermindert oder vermehrt werden, wenn es zu Punkten höhern oder niedern Druckes übergeht.

VIERTES KAPITEL.

Die formelle Entwickelung der Mechanik.

1. Die Isoperimeterprobleme.

1. Sind einmal alle wichtigen Thatsachen einer Naturwissenschaft durch Beobachtung festgestellt, so beginnt für diese Wissenschaft eine neue Periode, die deductive, welche wir im vorigen Kapitel behandelt haben. Es gelingt dann, die Thatsachen in Gedanken nachzubilden, ohne die Beobachtung fortwährend zu Hülfe zu rufen. Wir bilden allgemeinere und complicirtere Thatsachen nach, indem wir uns dieselben aus einfachern, durch die Beobachtung gegebenen wohlbekannten Elementen zusammengesetzt denken. Allein wenn wir auch aus dem Ausdruck für die elementarsten Thatsachen (den Principien) den Ausdruck für häufiger vorkommende complicirtere Thatsachen (Sätze) abgeleitet und überall dieselben Elemente erschaut haben, ist der Entwickelungsprocess der Naturwissenschaft noch nicht abgeschlossen. Es folgt der deductiven die formelle Entwickelung. Es handelt sich dann darum, die vorkommenden und nachzubildenden Thatsachen in eine übersichtliche Ordnung, in ein System zu bringen, sodass jede einzelne mit dem geringsten Aufwand gefunden und nachgebildet werden kann. In diese Anweisungen zur Nachbildung trachtet man die möglichste

Gleichförmigkeit zu bringen, sodass dieselben leicht anzueignen sind. Man bemerkt, dass die Perioden der Beobachtung, Deduction und der formellen Entwickelung nicht scharf voneinander getrennt sind, sondern dass diese verschiedenen Processe häufig nebeneinander hergehen, wenngleich die bezeichnete Aufeinanderfolge im ganzen unverkennbar ist.

2. Auf die formelle Entwickelung der Mechanik hat eine besondere Art von mathematischen Fragen, welche die Forscher zu Ende des 17. und zu Anfang des 18. Jahrhunderts intensiv beschäftigt hat, einen bedeutenden Einfluss geübt. Auf diese Fragen, die sogenannten Isoperimeterprobleme, wollen wir jetzt einen Blick werfen. Aufgaben über die grössten und kleinsten Werthe gewisser Grössen, über Maxima und Minima wurden schon von den alten griechischen Mathematikern behandelt. Pythagoras soll schon gelehrt haben, dass der Kreis bei gegebenem Umfang unter allen ebenen Figuren die grösste Fläche darbietet. Auch der Gedanke an eine gewisse Sparsamkeit in den Vorgängen der Natur war den Alten nicht fremd. Heron leitete das Reflexionsgesetz für das Licht aus der Annahme ab, dass das Licht von einem Punkt A durch Reflexion an M (Fig. 221) auf dem kürzesten Wege nach B gelange.

Ist die Ebene der Zeichnung die Reflexionsebene, SS der Durchschnitt der reflectirenden Ebene, A der Ausgangs-, B der Endpunkt und M der Reflexionspunkt des Lichtstrahles, so erkennt man sofort, dass die Linie AMB', wobei B' das Spiegelbild von B vorstellt, eine Gerade ist. Die Linie AMB' ist kürzer als etwa ANB', und demnach auch AMB kürzer als ANB. Aehnliche Gedanken cultivirt Pappus in Bezug auf die organische Natur, indem er z. B. die Form der Bienenzellen durch das Bestreben erklärt, möglichst an Material zu ersparen. Diese Gedanken fielen beim Wiederaufleben der Wissenschaften nicht auf unfruchtbaren Boden. Sie wurden zunächst von Fermat und Roberval aufgenommen, welche die Methode zur Behandlung derartiger Aufgaben ausbildeten. Diese Forscher bemerkten, was auch schon Kepler aufgefallen war, dass eine Grösse y, welche von einer andern x abhängt, in der Nähe ihrer grössten und kleinsten Werthe im allgemeinen ein eigenthümliches Verhalten zeigt. Stellen wir x als Abscisse und y als Ordinate dar, so wird, wenn y mit dem Wachsen von x durch einen Maximalwerth hindurchgeht, das Steigen in ein Fallen übergehen, beim Minimalwerth umgekehrt das Fallen in ein Steigen. Die Nachbarwerthe des Maximal- oder Minimalwerthes werden also einan-

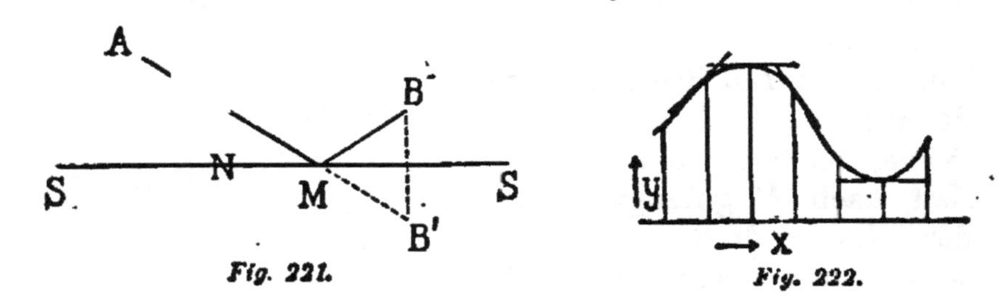

Fig. 221. Fig. 222.

der sehr nahe liegen, und die betreffenden Curventangenten werden der Abscissenaxe parallel werden. Zur Auffindung der Maximal- oder Minimalwerthe sucht man demnach diese Paralleltangenten auf.

Diese Tangentenmethode lässt sich auch unmittelbar in die Rechnung übersetzen. Soll z. B. von einer gegebenen Linie a ein Stück x derart abgeschnitten werden, dass das Product der beiden Abschnitte x und $a - x$ möglichst gross wird, so betrachten wir dieses Product $x(a - x)$ als die von x abhängige Grösse y. Für den Maximalwerth von y wird eine unendlich kleine Aenderung des x, etwa um ξ, keine Aenderung des y nach sich ziehen. Wir finden also den betreffenden Werth des x, indem wir setzen

$$x(a - x) = (x + \xi)(a - x - \xi) \text{ oder}$$
$$a x - x^2 = a x + a \xi - x^2 - x \xi - x \xi - \xi^2 \text{ oder}$$
$$o = a - 2x - \xi.$$

Da ξ beliebig klein sein kann, ist auch

$$o = a - 2x,$$

wodurch also $x = \frac{a}{2}$ bestimmt ist.

Man sieht, dass dieses Verfahren die Anschauung der Methode der Tangenten auf das Gebiet der Rechnung überträgt, und zugleich schon den Keim der Differentialrechnung enthält.

Fermat versuchte für das Brechungsgesetz des Lichtes einen dem Heron'schen Reflexionsgesetz analogen Ausdruck zu finden. Hierdurch kam er zu der Bemerkung, dass das Licht von einem Punkt A durch Brechung über M nicht auf dem kürzesten Wege, sondern in der kürzesten Zeit nach B gelangt. Wenn der Weg AMB in der kürzesten Zeit ausgeführt werden soll, so nimmt der unendlich nahe Nachbarweg ANB dieselbe Zeit in Anspruch. Ziehen wir von N aus auf AM und von M aus auf NB beziehungsweise die Senkrechten NP und MQ, so fällt vor der Brechung der Weg $MP = NM \sin\alpha$ aus, nach der Brechung wächst der Weg $NQ = NM \sin\beta$ zu. Wenn also die Geschwindigkeiten im ersten und zweiten Medium beziehungsweise v_1 und v_2 sind, so wird die Zeit für AMB ein Minimum sein, wenn

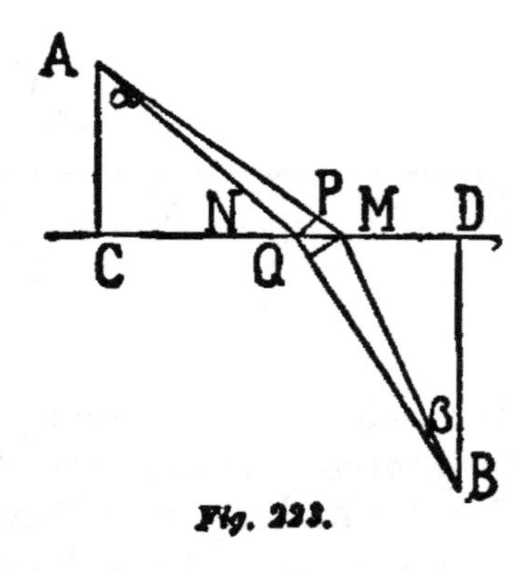

Fig. 223.

$$\frac{NM \sin\alpha}{v_1} - \frac{NM \sin\beta}{v_2} = o$$

oder

$$\frac{v_1}{v_2} = \frac{\sin\alpha}{\sin\beta} = n,$$

wobei n den Brechungsexponenten bedeutet. Das

Heron'sche Reflexionsgesetz stellt sich nun, wie Leibnitz bemerkt, als ein specieller Fall des Brechungsgesetzes dar. Für gleiche Geschwindigkeiten $v_1 = v_2$ wird nämlich die Bedingung des Zeitminimums mit der Bedingung des Wegminimums identisch.

Huyghens hat bei seinen optischen Untersuchungen die Ideen von Fermat festgehalten und ausgebildet, indem er nicht nur geradlinige, sondern auch krummlinige Lichtbewegungen in Medien von continuirlich von Stelle zu Stelle variirender Lichtgeschwindigkeit betrachtet, und auch für diese das Fermat'sche Gesetz als gültig erkannt hat. In allen Lichtbewegungen schien sich somit bei aller Mannichfaltigkeit als Grundzug das Bestreben nach einem Minimum von Zeitaufwand auszusprechen.

3. Aehnliche Maximum- oder Minimumeigenschaften zeigten sich auch bei Betrachtung mechanischer Naturvorgänge. Wie schon bei einer andern Gelegenheit erwähnt wurde, war es Johann Bernoulli bekannt, dass eine frei aufgehängte Kette diejenige Form annimmt, für welche der Schwerpunkt der Kette möglichst tief zu liegen kommt. Diese Einsicht lag natürlich dem Forscher sehr nahe, der zuerst die allgemeine Bedeutung des Satzes der virtuellen Verschiebungen erkannte. Durch diese Bemerkungen angeregt, fing man überhaupt an, Maximum-Minimumeigenschaften genauer zu untersuchen. Den mächtigsten Anstoss erhielt die bezeichnete wissenschaftliche Bewegung durch das von Johann Bernoulli aufgestellte Problem der Brachystochrone. In einer Verticalebene liegen zwei Punkte A, B. Es soll diejenige Curve in dieser Ebene angegeben werden, durch welche ein Körper, der auf derselben zu bleiben gezwungen ist, in der kürzesten Zeit von A nach B fällt. Die Aufgabe wurde in sehr geistreicher Weise von Johann Bernoulli selbst, ausserdem aber noch von Leibnitz, L'Hôpital, Newton und Jakob Bernoulli gelöst.

Die merkwürdigste Lösung ist jene von Johann Bernoulli selbst. Er bemerkt, dass Aufgaben dieser Art zwar nicht für die Fallbewegung, wohl aber für die Lichtbewegung schon gelöst seien. Er denkt sich also die Fallbewegung in zweckmässiger Weise durch eine Lichtbewegung ersetzt (vgl. S. 365). Die beiden Punkte A und B sollen sich in einem Medium befinden, in welchem die Lichtgeschwindigkeit vertical nach unten nach demselben Gesetz zunimmt wie die Fallgeschwindigkeit. Das Medium soll etwa aus horizontalen Schichten mit nach unten abnehmender Dichte bestehen, sodass $v = \sqrt{2gh}$ die Lichtgeschwindigkeit in einer Schicht bedeutet, welche in der Tiefe h unter A liegt. Ein Lichtstrahl, der bei dieser Anordnung von A nach B gelangt, beschreibt diesen Weg in der kürzesten Zeit, und gibt zugleich die Curve der kürzesten Fallzeit an.

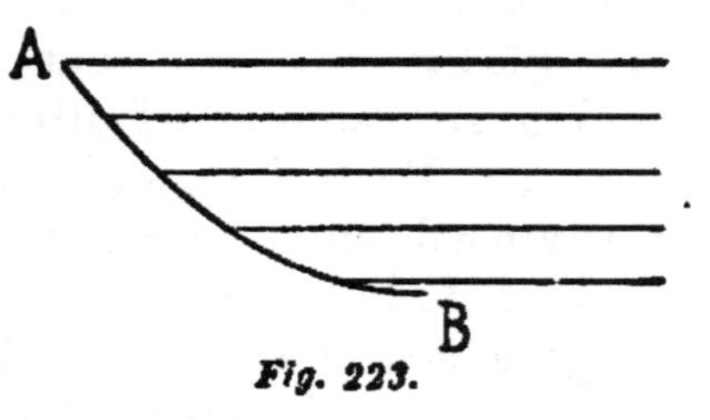

Fig. 223.

Nennen wir den Neigungswinkel des Curvenelementes gegen die Verticale, also gegen die Schichtennormale für verschiedene Schichten α, α', α'', und die zugehörigen Geschwindigkeiten v, v', v'' . . ., so ist

$$\frac{\sin\alpha}{v} = \frac{\sin\alpha'}{v'} = \frac{\sin\alpha''}{v''} = \ldots\ldots = k = \text{const},$$

oder wenn wir die Verticaltiefe unter A mit x, die horizontale Entfernung von A mit y und den Curvenbogen mit s bezeichnen

$$\frac{\left(\frac{dy}{ds}\right)}{v} = k. \quad \text{Hieraus folgt}$$

$$dy^2 = k^2 v^2 ds^2 = k^2 v^2 (dx^2 + dy^2)$$

und mit Rücksicht darauf, dass $v = \sqrt{2gx}$

$$dy = dx\sqrt{\frac{x}{a-x}}, \text{ wobei } a = \frac{1}{2gk^2}.$$

Dies ist die Differentialgleichung einer Cycloïde, welche ein Punkt der Peripherie eines Kreises vom Radius $r = \frac{a}{2} = \frac{1}{4gk^2}$ durch Rollen auf einer Geraden beschreibt.

Um die Cycloïde zu finden, welche durch A und B hindurchgeht, bedenken wir, dass alle Cycloïden, da sie durch ähnliche Constructionen zu Stande kommen, ähnlich sind, und wenn sie durch Rollen auf AD von dem Punkte A aus entstehen, auch in Bezug auf den Punkt A ähnlich liegen. Wir ziehen also durch AB eine Gerade und construiren irgendeine Cycloïde, welche dieselbe in B' schneidet; der Radius des Erzeugungskreises sei r'. Dann ist der Radius des Erzeugungskreises der gesuchten Cycloïde $r = r' \frac{AB}{AB'}$.

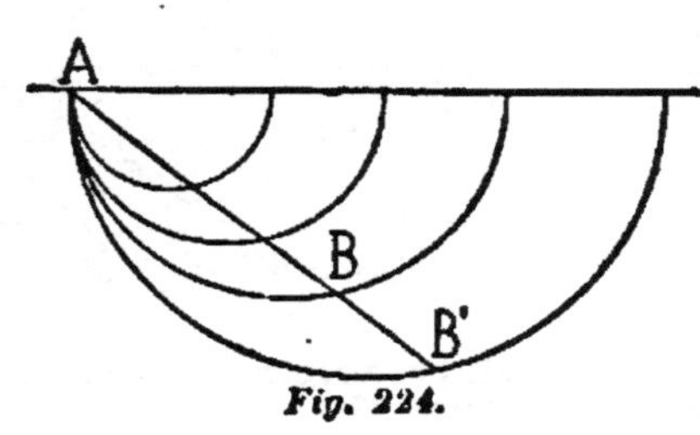

Fig. 224.

Die Art, wie Johann Bernoulli, noch ohne alle Methode, blos durch seine geometrische Phantasie die Aufgabe mit einem Blick löst, und wie er das zufällig schon Bekannte hierbei zu benutzen weiss, ist wirklich bemerkenswerth und wunderbar schön. Wir erkennen in Johann Bernoulli eine wahre auf dem Gebiet der Naturwissenschaft thätige Künstlernatur. Sein Bruder Jakob Bernoulli war ein ganz anderer wissenschaftlicher Charakter. Ihm ward viel mehr Kritik, aber viel weniger schöpferische Phantasie zutheil. Auch Jakob Bernoulli löste dieselbe Aufgabe, wenngleich in viel mehr schwerfälliger Weise. Dafür unterliess er aber nicht, die allgemeine Methode zur Behandlung dieser Klasse von Aufgaben mit grosser Gründlichkeit zu entwickeln. Wir finden so in den beiden Brüdern die beiden Seiten des wissenschaftlichen Talentes, welche sich in den grössten Naturforschern, wie

z. B. Newton, in ungewöhnlicher Stärke vereinigt finden, getrennt vor. Wir werden bald sehen, wie diese beiden Fähigkeiten, weil an verschiedene Personen gebunden, miteinander in heftigen offenen Kampf gerathen, der unter andern Umständen unbemerkt in derselben Person hätte austoben können.

Titelvignette zu: Leibnitzii et Johann. Bernoullii comercium epistolicum Lausannae et Genevae, Bousquet, 1745.

4. Jakob Bernoulli findet, dass man bisher hauptsächlich untersucht habe, für welche *Werthe* einer veränderlichen Grösse eine davon abhängige veränderliche Grösse (oder Function derselben) einen grössten oder kleinsten Werth annimmt. Nun soll aber unter *unzähligen Curveu* eine aufgefunden werden, welche eine gewisse Maximum- oder Minimumeigenschaft darbietet. Das sei eine Aufgabe ganz neuer Art, bemerkt Jakob Bernoulli richtig, und erfordere eine neue Methode.

Die Grundsätze, deren sich Jakob Bernoulli (Acta eruditorum 1697) zur Lösung der Aufgabe bedient, sind folgende:

1) Wenn eine Curve eine Maximum-Minimumeigen-

schaft darbietet, so bietet jedes noch so kleine Stück der Curve dieselbe Eigenschaft dar.

2) So wie die Nachbarwerthe des Maximal- oder Minimalwerthes einer Grösse für unendlich kleine Aenderungen der unabhängig Variablen dem Maximal- oder Minimalwerthe gleich werden, so behält jene Grösse, welche für die gesuchte Curve ein Maximum oder Minimum werden soll, für die unendlich nahen Nachbarcurven denselben Werth.

3) Ausserdem wird für den besondern Fall der Brachystochrone nur noch angenommen, dass die erlangte Fallgeschwindigkeit $v = \sqrt{2gh}$ sei, wobei h die Falltiefe bedeutet.

Denkt man sich ein sehr kleines Stück ABC der fraglichen Curve gegeben, zieht durch B eine Horizontale, und lässt das Curvenstück in ADC übergehen, so erhält man durch ganz analoge Betrachtungen, wie wir dieselben bei Besprechung des Fermat'schen Gesetzes angestellt haben, die bereits bekannte Beziehung zwischen den Sinusen der Neigungswinkel der Curvenelemente gegen die Verticale und den Fallgeschwindigkeiten. Hierbei hat man nach 1 vorauszusetzen, dass auch das Stück ABC brachystochron sei, und nach 2, dass ADC in derselben Zeit durchfallen werde wie ABC. Die Rechnung Bernoulli's ist sehr umständlich, das Wesen derselben liegt aber auf der Hand, und mit den angedeuteten Sätzen ist die Aufgabe gelöst.

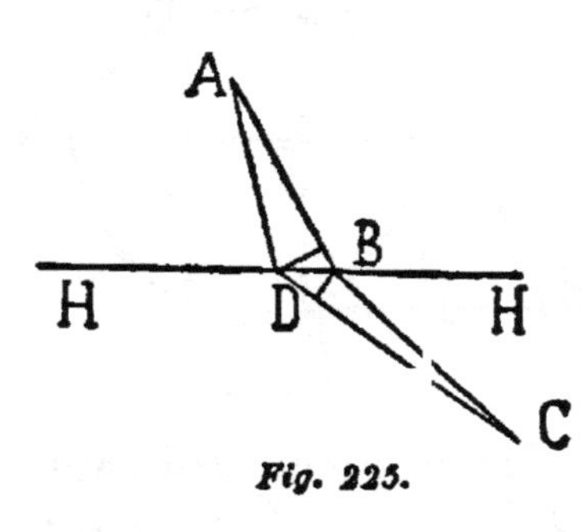

Fig. 225.

Mit der Lösung der Aufgabe der Brachystochrone legte Jakob Bernoulli nach der damaligen Sitte der Mathematiker folgende allgemeinere „Isoperimeteraufgabe“ vor:

„Unter allen zwischen denselben zwei festen Punkten gelegenen isoperimetrischen Curven (d. h. Curven von gleichem Umfange oder gleicher Länge) diejenige zu finden, welche bewirkt, dass der von einer andern Curve, deren jede Ordinate eine gewisse bestimmte Function der derselben Abscisse entsprechenden Ordinate oder des entsprechenden Bogens der zu suchenden Curve ist, ferner den Ordinaten ihrer Endpunkte und dem zwischen diesen gelegenen Theile der Abscissenaxe eingeschlossene Flächenraum ein Maximum oder Minimum ist."

Es sei z. B. die durch B und N hindurchgehende Curve BFN so zu bestimmen, dass sie unter allen durch B und N hindurchgehenden Curven von gleicher Länge die Fläche BZN zu einem Maximum macht, wobei die Ordinate $PZ = (PF)^n$, $LM = (LK)^n$ u. s. w. Die Beziehung zwischen den Ordinaten für BZN und den entsprechenden Ordinaten für BFN sei durch die Curve BH gegeben. Wir ziehen, um PZ aus PF abzuleiten, FGH senkrecht zu BG, wobei BG wieder senkrecht zu BN ist. Hierbei soll nun $PZ = GH$ sein, und ebenso für die übrigen Ordinaten. Wir setzen $BP = y$, $PF = x$, $PZ = x^n$. Johann Bernoulli gab sofort eine Auflösung der Aufgabe in der Form

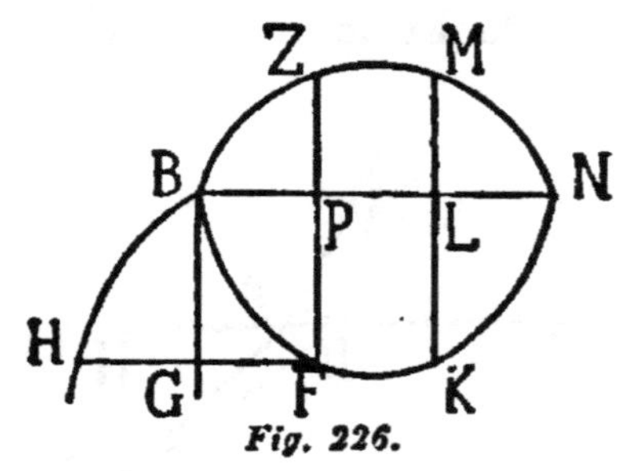

Fig. 226.

$$y = \int \frac{x^n\, dx}{\sqrt{a^{2n} - x^{2n}}},$$

wobei a eine willkürliche Constante bedeutet. Für $n = 1$ wird

$$y = \int \frac{x\, dx}{\sqrt{a^2 - x^2}} = a - \sqrt{a^2 - x^2},$$

also BFN ein Halbkreis über BN als Durchmesser und die Fläche BZN ist dann auch gleich der Fläche BFN. Für diesen speciellen Fall ist die

Lösung auch richtig, dies gilt aber nicht von der allgemeinen Formel.

Hierauf erbot sich Jakob Bernoulli, erstens den Gedankengang seines Bruders zu errathen, zweitens die Widersprüche und Fehler in demselben nachzuweisen, und drittens die wahre Auflösung zu geben. Die gegenseitige Eifersucht und Gereiztheit der beiden Brüder kam hierdurch zum Ausbruch und führte zu einem unerquicklichen bittern und heftigen Streite, der bis zu dem Tode Jakob's währte. Nach Jakob's Tode gestand Johann seinen Irrthum ein, und nahm die richtige Methode seines Bruders an.

Jakob Bernoulli hat wol richtig errathen, dass Johann wahrscheinlich durch die Ergebnisse seiner Untersuchungen über die Kettenlinie und die Segelcurve verführt, wieder eine indirecte Lösung versucht hat, indem er sich BFN mit Flüssigkeit von variablem specifischem Gewicht gefüllt gedacht, und die Curve BFN für die tiefste Lage des Schwerpunktes bestimmt hat. Setzt man die Ordinate $PZ = p$, so soll in der Ordinate $PF = x$ das specifische Gewicht der Flüssigkeit $\frac{p}{x}$ sein, und analog in jeder andern Ordinate. Das Gewicht eines verticalen Fadens ist dann $\frac{p \cdot dy}{x}$, und dessen Moment in Bezug auf B N ist

$$\tfrac{1}{2} x \frac{p\, dy}{x} = \tfrac{1}{2} p\, dy.$$

Für die tiefste Lage des Schwerpunktes wird also $\frac{1}{2} \int p\, dy$ oder $\int p\, dy = BZ$N ein Maximum. Hierbei wird aber, wie Jakob Bernoulli richtig bemerkt, übersehen, dass mit der Variation der Curve BFN auch das Gewicht der Flüssigkeit variirt, und die Ueberlegung in dieser einfachen Form nicht mehr zulässig ist.

Jakob Bernoulli selbst löst die Aufgabe, indem er wieder annimmt, dass auch das kleine Curvenstück $FF_{,,,}$ Fig. 227 noch die verlangte Eigenschaft hat, und indem er von den vier aufeinander folgenden Punkten $F\, F_{,}\, F_{,,}$ $F_{,,,}$, die beiden äussersten $F\, F_{,,,}$ als fest betrachtend, $F_{,}$ und $F_{,,}$ so variirt, dass die Bogenlänge $F\, F_{,}\, F_{,,}\, F_{,,,}$ unverändert bleibt, was natürlich nur bei Verschiebung von zwei Punkten möglich ist. Den complicirten und schwerfälligen Rechnungen wollen wir nicht folgen. Das Princip derselben ist mit dem eben gesagten deutlich bezeichnet. Nach Jakob Bernoulli wird bei Festhaltung der obigen Bezeichnung

für $dy = \frac{p\,dx}{\sqrt{a^2 - p^2}}$,

$\int p\,dy$ ein Maximum und

für $dy = \frac{(a - p)\,dx}{\sqrt{2ap - p^2}}$

$\int p\,dy$ ein Minimum.

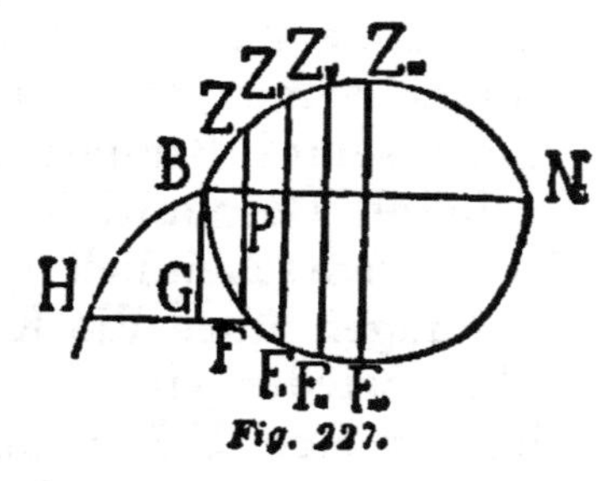

Fig. 227.

Die Mishelligkeiten unter den beiden Brüdern waren allerdings bedauerlich. Allein das Genie des einen und die Gründlichkeit des andern haben doch die schönsten Früchte getragen durch die Anregung, welche Euler und Lagrange aus den behandelten Aufgaben schöpften.

5. Euler (Problematis isoperimetrici solutio generalis. Com. Acad. Petr. T. VI, 1738) hat zuerst eine allgemeinere Methode zur Behandlung der fraglichen Maximum-Minimumaufgaben oder Isoperimeterprobleme gegeben, wenn auch noch immer sich auf umständliche geometrische Betrachtungen stützend. Er theilt auch die hierher gehörigen Probleme, ihre Verschiedenheit klar erkennend und überblickend, in folgende Classen.

1) Es soll von allen Curven diejenige bestimmt werden, für welche eine Eigenschaft A ein Maximum oder Minimum ist.

2) Es soll von allen Curven, welche eine und dieselbe Grösse A gemeinsam haben, diejenige bestimmt werden, für welche B ein Maximum oder Minimum ist.

3) Es soll von allen Curven, welche A und B ge-

meinsam haben, diejenige bestimmt werden, welche C zu einem Maximum oder Minimum macht u. s. w.

Eine Aufgabe der ersten Classe ist z. B. die Auffindung der kürzesten Curve, welche durch M und N hindurchgeht. Wird die durch M und N hindurchgehende Curve von der gegebenen Länge A gesucht, welche den Flächenraum MPN zu einem Maximum macht, so liegt eine Aufgabe der zweiten Classe vor. Eine Aufgabe der dritten Classe ist es, unter allen Curven von der gegebenen Länge A, welche durch M, N hindurchgehen und den gleichen Flächenraum $MPN = B$ begrenzen, diejenige zu finden, welche durch Rotation um MN die kleinste Rotationsfläche beschreibt u. s. w.

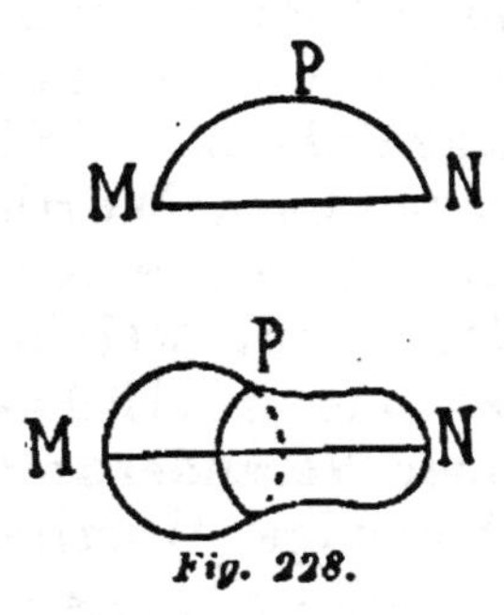

Fig. 228.

Wir wollen gleich hier bemerken, dass die Aufsuchung eines absoluten Maximums oder Minimums ganz ohne alle Nebenbedingungen keinen Sinn hat. In der That haben z. B. auch alle Curven, unter welchen bei der ersten Aufgabe die kürzeste gesucht wird, die gemeinsame Eigenschaft, dass sie durch die Punkte M und N hindurchgehen.

Zur Lösung der Aufgaben der ersten Classe genügt die Variation von zwei Curvenelementen oder von einem Curvenpunkt. Bei Behandlung der Aufgaben der zweiten Classe müssen drei Elemente (oder zwei Curvenpunkte) variirt werden, da das variirte Stück mit dem nicht variirten die Eigenschaft A, und weil B ein Maximum oder Minimum sein soll, auch den Werth B gemein haben muss, also zwei Bedingungen erfüllen soll. Ebenso verlangt die Lösung der Aufgaben der dritten Classe die Variation von vier Curvenelementen u. s. w.

Man sieht, dass man bei Behandlung der Aufgabe einer höhern Classe auch ihre Umkehrungen löst. Für die dritte Classe variirt man z. B. vier Curvenelemente so, dass das variirte Curvenstück mit dem ursprünglichen die Werthe A und B (und weil C ein Maximum oder Minimum werden soll) auch *C* gemein hat. Dieselben Bedingungen müssen aber auch erfüllt werden, wenn unter allen Curven mit gemeinsamem *B* und *C* diejenige mit einem Maximum oder Minimum von *A*, oder unter allen Curven mit gemeinsamem *A* und *C*, diejenige mit einem Maximum oder Minimum von *B* gesucht werden soll. So schliesst, um ein Beispiel aus der zweiten Classe zu geben, der Kreis unter allen Linien von gleicher Länge *A* die grösste Fläche *B* ein, und der Kreis hat auch unter allen Curven, welche dieselbe Fläche *B* umschliessen, die kürzeste Länge *A*. Da die Bedingung dafür, dass die Eigenschaft *A* gemeinsam oder dass sie ein Maximum sein soll, ganz in derselben Weise ausgedrückt wird, so erkannte Euler die Möglichkeit, die Aufgaben der höhern Classen auf die Aufgaben der ersten Classe zurückzuführen. Soll z. B. unter allen Curven mit dem gemeinsamen Werth *A* die Curve gefunden werden, welche *B* zu einem Maximum macht, so suche man die Curve, für welche $A + mB$ ein Maximum wird, wobei m eine willkürliche Constante bedeutet. Soll bei einer Veränderung der fraglichen Curve $A + mB$ für beliebige Werthe von m seinen Werth nicht ändern, so ist dies allgemein nur möglich, indem hierbei die Aenderung von *A* für sich und jene von *B* für sich $= o$ wird.

6. Euler hat noch einen andern wichtigen Fortschritt herbeigeführt. Bei der Behandlung der Aufgabe, die Brachystochrone im widerstehenden Mittel zu finden, welche von Herrmann und ihm versucht worden war, ergaben sich die vorhandenen Methoden als unzureichend. Für die Brachystochrone im luftleeren Raum hängt nämlich die Geschwindigkeit nur von der Falltiefe ab. Die Geschwindigkeit in einem Curvenstück hängt gar nicht von den andern Curvenstücken ab. Man kann dann in der That sagen, dass jedes beliebig kleine Curvenstück ebenfalls brachystochron ist. Im widerstehenden Mittel ist dies anders. Die ganze Länge und Form der vorausgehenden Bahn hat Einfluss auf die Geschwin-

digkeit in dem Element. Die ganze Curve kann brachystochron sein, ohne dass jedes kleine Stück diese Eigenschaft aufzuweisen braucht. Durch derartige Betrachtungen erkannte Euler, dass das von Jakob Bernoulli eingeführte Princip keine allgemeine Gültigkeit habe, sondern, dass in Fällen der angedeuteten Art eine umständlichere Behandlung nöthig sei.

7. Durch die Menge der Aufgaben und die übersichtliche Ordnung derselben gelang es Euler nach und nach im Wesentlichen dieselben Methoden zu finden, welche nachher Lagrange in seiner Weise entwickelt hat, und deren Inbegriff den Namen Variationsrechnung führt. Johann Bernoulli fand also durch Analogie eine zufällige Lösung einer Aufgabe. Jakob Bernoulli entwickelte zur Lösung analoger Probleme eine geometrische Methode. Euler verallgemeinerte die Probleme und die geometrische Methode. Lagrange endlich befreite sich gänzlich von der Betrachtung der geometrischen Figur und gab eine analytische Methode. Er bemerkte nämlich, dass die Zuwüchse, welche Functionen durch Aenderung der Functionsform erfahren, vollkommen analog sind den Zuwüchsen durch Aenderung der unabhängig Variablen. Um den Unterschied beider Zuwüchse festzuhalten, bezeichnet er erstere mit δ, letztere mit d. Durch Beachtung der Analogie ist aber Lagrange in den Stand gesetzt, sofort die Gleichungen hinzuschreiben, welche zur Lösung der Maximum-Minimumaufgabe führen. Eine weitere Begründung dieses Gedankens, welcher sich als sehr fruchtbar erwiesen hat, hat Lagrange nie gegeben, ja nicht einmal versucht. Seine Leistung ist eine ganz eigenthümliche. Er erkennt mit grossem ökonomischen Scharfblick die Grundlagen, welche ihm genügend sicher und brauchbar erscheinen, um auf denselben ein Gebäude zu errichten. Die Grundsätze selbst rechtfertigen sich durch ihre Ergiebigkeit. Statt sich mit der Ableitung der Grundsätze zu beschäftigen, zeigt er, mit welchem Erfolg man sie benutzen kann. (Essai d'une nouvelle méthode etc. Misc. Taur. 1762).

Wie schwer es den Zeitgenossen und Nachfolgern geworden ist, sich ganz in den Gedanken von Lagrange hineinzufinden, davon kann man sich leicht überzeugen. Euler bemüht sich vergeblich, sich den Unterschied einer Variation und eines Differentials dadurch aufzuklären, dass er sich Constanten in der Function enthalten denkt, mit deren Veränderung die Form der Function sich ändert. Die Zuwüchse des Werthes der Function, welche von den Zuwüchsen dieser Constanten herrühren, sollen nun die Variationen sein, während die Zuwüchse der Function, welche Zuwüchsen der unabhängig Variablen entsprechen, die Differentiale sind. Es ergibt sich durch diese Ansicht eine eigenthümlich ängstliche engherzige und inconsequente Auffassung der Variationsrechnung, welche sicherlich an jene Lagrange's nicht hinanreicht. Noch Lindelöf's modernes sonst ausgezeichnetes Buch leidet an diesem Uebelstand. Eine vollkommen zutreffende Darstellung des Lagrange'schen Gedankens hat unsers Erachtens erst Jellett gegeben. Er scheint das ausgesprochen zu haben, was Lagrange vielleicht nicht ganz auszusprechen vermochte, vielleicht auch auszusprechen für überflüssig hielt.

8. Die Auffassung Jellett's ist in Kürze folgende. So wie man die Werthe mancher Grössen als constant, die Werthe anderer als veränderlich betrachtet, unter den letztern Grössen aber wieder unabhängig (oder willkürlich) veränderliche von abhängig veränderlichen (variablen) unterscheidet, so kann man auch eine Functionsform als bestimmt oder unbestimmt (veränderlich) ansehen. Ist eine Functionsform $y = \varphi(x)$ veränderlich, so kann sich der Werth der Function y sowol durch einen Zuwachs dx der unabhängig Variable x, als auch durch eine Veränderung der Form, Uebergang von φ zu φ_1 ändern. Die erstere Aenderung ist das Differential dy, die letztere die Variation δy. Es ist also $dy = \varphi(x + dx) - \varphi(x)$ und

$$\delta y = \varphi_1(x) - \varphi(x).$$

Die Werthänderung einer unbestimmten Function durch Formänderung schliesst noch keine Aufgabe ein, sowie die Werthänderung einer unabhängig Variablen auch keine Aufgabe enthält. Man kann eben jede beliebige Formänderung und damit jede beliebige Werthänderung annehmen. Eine Aufgabe entsteht erst, wenn die Werthänderung einer der Form nach bestimmten Function F von einer (darin enthaltenen) unbestimmten Function φ, welche durch die Formänderung der letztern herbeigeführt wird, angegeben werden soll. Wenn z. B. eine ebene Curve von unbestimmter Form $y = \varphi(x)$ vorliegt, so ist die Bogenlänge derselben zwischen den Abscissen x_0 und x_1

$$S = \int_{x_0}^{x_1} \sqrt{1 + \left(\frac{d\,\varphi(x)}{dx}\right)^2} \cdot dx = \int_{x_0}^{x_1} \sqrt{1 + \left(\frac{dy}{dx}\right)^2} \cdot dx,$$

eine bestimmte Function dieser unbestimmten Function. Sobald eine feste Form der Curve angenommen ist, kann sofort der Werth von S angegeben werden. Für jede beliebige Formänderung der Curve ist die Werthänderung der Bogenlänge δS bestimmbar. In dem gegebenen Beispiel enthält die Function S nicht direct die Function y, sondern deren ersten Differentialquotienten $\frac{dy}{dx}$, der aber selbst wieder von y abhängt. Wenn $u = F(y)$ eine bestimmte Function einer unbestimmten $y = \varphi(x)$, so ist

$$\delta u = F(y + \delta y) - F(y) = \frac{d\,F(y)}{dy}\,\delta y.$$

Es sei $u = F\left(y, \frac{dy}{dx}\right)$ eine bestimmte Function von $y = \varphi(x)$, einer unbestimmten Function. Für Formänderungen von φ ändert sich der Werth von y um δy

und jener von $\frac{dy}{dx}$ um $\delta\frac{dy}{dx}$. Die entsprechende Werthänderung von u ist

$$\delta u = \frac{dF\left(y, \frac{dy}{dx}\right)}{dy}\delta y + \frac{dF\left(y, \frac{dy}{dx}\right)}{d\frac{dy}{dx}}\delta\frac{dy}{dx}.$$

Der Ausdruck $\delta\frac{dy}{dx}$ wird nach der Definition erhalten durch

$$\delta\frac{dy}{dx} = \frac{d(y+\delta y)}{dx} - \frac{dy}{dx} = \frac{d\delta y}{dx}.$$

Ebenso findet man ohne Schwierigkeit

$$\delta\frac{d^2 y}{dx^2} = \frac{d^2\delta y}{dx^2} \text{ u. s. w.}$$

Wir gehen nun an die Aufgabe, zu untersuchen, für welche Form der Function $y = \varphi(x)$ der Ausdruck

$$U = \int_{x_0}^{x_1} V\,dx,$$

in welchem

$$V = F\left(x, y, \frac{dy}{dx}, \frac{d^2y}{dx}, \ldots\right)$$

bedeutet, einen Maximal- oder Minimalwerth annimmt, wobei also φ eine unbestimmte, F eine bestimmte Function bezeichnet. Der Werth U kann sich ändern durch Veränderung der Grenzen x_0, x_1, denn die Aenderung der unabhängig Variablen x als solche hat ausser den Grenzen keinen Einfluss auf U. Betrachten wir die Grenzen als fest, so haben wir auf x weiter nicht zu achten. Ausserdem ändert sich aber der Werth von U nur durch die Formänderung von $y = \varphi(x)$, welche eine Werthänderung von

$$y, \frac{dy}{dx}, \frac{d^2y}{dz^2}, \ldots \text{ um } \delta y, \delta\frac{dy}{dx}, \delta\frac{dy^2}{dx^2}, \ldots$$

u. s. w. herbeiführt. Die gesammte Aenderung von U, welche wir mit DU bezeichnen, und um die Maximum-Minimumbedingung auszudrücken $= o$ setzen, besteht aus dem Differential dU und der Variation δU, sodass

$$DU = dU + \delta U = o.$$

Wir finden nun

$$DU = V_1\, dx_1 - V_0\, dx_0 + \delta\int_{x_0}^{x_1} V dx =$$

$$V_1\, dx_1 - V_0\, dx_0 + \int_{x_0}^{x_1} \delta V \cdot dx = o.$$

Hierbei sind $V_1\, dx_1$ und $V_0\, dx_0$ die Elemente, welche bei Aenderung der Grenzen zuwachsen und ausfallen. Nach dem Obigen haben wir ferner

$$\delta V = \frac{dV}{dy}\delta y + \frac{dV}{d\frac{dy}{dx}}\delta\frac{dy}{dx} + \frac{dV}{d\frac{d^2y}{dx^2}}\delta\frac{d^2y}{dx^2} + \ldots\ldots =$$

$$\frac{dV}{dy}\delta y + \frac{dV}{d\frac{dy}{dx}}\frac{d\delta y}{dx} + \frac{dV}{d\frac{d^2y}{dx^2}}\frac{d^2\delta y}{dx^2} + \ldots$$

Zur Abkürzung setzen wir

$$\frac{dV}{dy} = N, \quad \frac{dV}{d\frac{dy}{dx}} = P_1, \quad \frac{dV}{d\frac{dy}{dx^2}} = P_2, \ldots\ldots$$

Dann ist also

$$\delta \int_{x_0}^{x_1} V\,dx =$$

$$\int_{x_0}^{x_1} \left(N\,\delta y + P_1 \frac{d\,\delta y}{dx} + P_2 \frac{d^2\delta y}{dx^2} + P_3 \frac{d^3\delta y}{dx^3} + -\right) dx$$

Hier wird die Uebersicht dadurch erschwert, dass in dem Ausdruck rechter Hand nicht nur δy, sondern auch die Ausdrücke $\frac{d\,\delta y}{dx}$, $\frac{d^2\,\delta y}{dx^2}$ ... u. s. w. vorkommen, welche zwar voneinander abhängen, aber in nicht unmittelbar ersichtlicher Weise. Dieser Uebelstand kann behoben werden, indem man die bekannte Formel

$$\int u\,dv = uv - \int v\,du$$

wiederholt anwendet. Hierdurch wird

$$\int P_1 \frac{d\,\delta y}{dx}\,dx = P_1\,\delta y - \int \frac{d\,P_1}{dx}\,\delta y\,dx$$

$$\int P_2 \frac{d^2\delta y}{dx^2}\,dx = P_2 \frac{d\delta y}{dx} - \int \frac{d\,P_2}{dx}\,\frac{d\,\delta y}{dx}\,dx =$$

$$P_2 \frac{d\,\delta y}{dx} - \frac{d\,P_2}{dx}\,\delta y + \int \frac{d^2\,P_2}{d\,x^2}\,\delta y\,dx \text{ u. s. w.}$$

Wir erhalten demnach, diese Integrationen consequent zwischen den Grenzen ausführend, für die Bedingung $D\,U = o$ den Ausdruck

$$o = V_1\,dx_1 - V_0\,dx_0$$

$$+ \left(P_1 - \frac{d\,P_2}{dx} + \ldots\right)_1 \delta\,y_1 - \left(P_1 - \frac{d\,P_2}{dx} + \ldots\right)_0 \delta y_0$$

$$+ \left(P_2 - \frac{d\,P_3}{dx} + -\right)_1 \left(\frac{d\delta y}{dx}\right)_1 - \left(P_2 - \frac{dP_3}{dx} + \ldots\right)_0 \left(\frac{d\,\delta y}{dx}\right)_0$$

$$+ \ldots\ldots\ldots\ldots\ldots\ldots$$

$$+\int_{x_0}^{x_1}\left(N-\frac{dP_1}{dx}+\frac{d^2P_2}{dx^2}-\frac{d^3P_3}{dx^3}+\ldots\right)\delta y\cdot dx,$$

welcher unter dem Integralzeichen nur mehr δy enthält.

Hierbei sind die Glieder der ersten Zeile unabhängig von der Formänderung der Function, und hängen nur von der Aenderung der Grenzen ab. Die Glieder der folgenden Zeilen, mit Ausnahme der letzten, hängen von der Formänderung der Function lediglich an den Grenzen ab, und die Indices 1, 2 zeigen an, dass für die allgemeinen Ausdrücke die Grenzwerthe einzusetzen sind. Der Ausdruck der letzten Zeile endlich hängt von der Formänderung der Function in ihrer ganzen Ausdehnung ab. Fassen wir alle Glieder mit Ausnahme jener der letzten Zeile unter der Bezeichnung $\alpha_1-\alpha_0$ zusammen, und nennen den Ausdruck in der Klammer der letzten Zeile β, so ist

$$o=\alpha_1-\alpha_0+\int_{x_0}^{x_1}\beta\cdot\delta y\cdot dx.$$

Aus dieser Gleichung folgt aber

$$\alpha_1-\alpha_0=o \quad \ldots\ldots\ldots\ldots \quad 1)$$

und

$$\int_{x_0}^{x_1}\beta\,\delta y\,dx=o \quad \ldots\ldots\ldots\ldots \quad 2)$$

Wäre nicht jedes der Glieder für sich gleich Null, so wäre eines durch das andere bestimmt. Es kann aber nicht das Integrale einer unbestimmten Function durch die Werthe derselben an den Grenzen allein gegeben sein. Soll also allgemein

$$\int_{x_0}^{x_1}\beta\,\delta y\,dx=o$$

sein, so ist, weil die δy in der ganzen Ausdehnung willkürlich sind, dies nur möglich, wenn $\beta = o$. Es ist also durch die Gleichung

$$N - \frac{dP_1}{dx} + \frac{d^2 P_2}{dx^2} - \frac{d^3 P_3}{dx^3} + \ldots = o \quad . \quad . \quad 3)$$

die Natur der Function $y = \varphi(x)$, welche den Ausdruck U zu einem Maximum oder Minimum macht, bestimmt. Die Gleichung 3 hat schon Euler gefunden. Dagegen hat erst Lagrange die Verwendung der Gleichung 1 zur Bestimmung der Function durch die Grenzbedingungen gelehrt. Die Form der Function $y = \varphi(x)$ ist zwar im allgemeinen durch die Gleichung 3, welcher sie genügen muss, bestimmt, allein dieselbe enthält eine Anzahl willkürlicher Constanten, deren Werth erst durch die Bedingungen an den Grenzen fixirt wird. In Bezug auf die Bezeichnung bemerkt Jellett wol mit Recht, dass die Schreibweise der beiden ersten Glieder $V_1 \delta x_1 - V_0 \delta x_0$ in Gleichung 1, welche Lagrange anwendet, eine Inconsequenz sei, und setzt für die Zuwüchse der unabhängig Variablen die gewöhnlichen Zeichen dx_1, dx_0.

9. Um den Gebrauch der gefundenen Gleichungen zu erläutern, suchen wir die Functionsform, welche

$$\int_{x_0}^{x_1} \sqrt{1 + \left(\frac{dy}{dx}\right)^2}\, dx$$

zu einem Minimum macht, die kürzeste Linie. Hier ist

$$V = F\left(\frac{dy}{dx}\right).$$

Alle Ausdrücke ausser

$$P_1 = \frac{dV}{d\frac{dy}{dx}} = \frac{\frac{dy}{dx}}{\sqrt{1 + \left(\frac{dy}{dx}\right)^2}}$$

verschwinden in der Gleichung 3, und dieselbe wird $\frac{d P_1}{dx} = o$, was besagt, dass P_1 und folglich auch die einzige darin enthaltene Variable $\frac{dy}{dx}$ von x unabhängig ist. Demnach ist $\frac{dy}{dx} = a$ und $y = a x + b$, worin a und b Constanten bedeuten.

Die Constanten a, b sind durch die Grenzbedingungen zu bestimmen. Soll die Gerade durch die Punkte x_0, y_0, und x_1, y_1 hindurchgehen, so ist

$$\left.\begin{array}{l} y_0 = a x_0 + b \\ y_1 = a x_1 + b \end{array}\right\} \quad \ldots \ldots \ldots \quad m)$$

und die Gleichung 1 fällt weg, weil $dx_0 = dx_1 = o$, $\delta y_0 = \delta y_1 = o$. Die Coefficienten $\delta \frac{dy}{dx}$, $\delta \frac{d^2y}{dx^2}$ u. s. w. fallen von selbst aus. Durch die Gleichungen m allein werden also die Werthe von a und b bestimmt.

Sind nur die Grenzwerthe x_0, x_1 gegeben, dagegen y_0, y_1 unbestimmt, so wird $dx_0 = dx_1 = o$, und die Gleichung 1 nimmt die Form an

$$\frac{a}{\sqrt{1 + a^2}} (\delta y_1 - \delta y_0) = o,$$

welche bei der Willkürlichkeit von δy_0 und δy_1 nur erfüllt sein kann, wenn $a = o$ ist. Die Gerade ist in diesem Fall $y = b$, in einem beliebigen Abstand parallel der Abscissenaxe, da b unbestimmt bleibt.

Man bemerkt, dass im allgemeinen die Gleichung 1 und die Nebenbedingungen (in dem obigen Beispiele m) sich in Bezug auf die Constantenbestimmung ergänzen. Soll

$$Z = \int_{x_1}^{x_2} y \sqrt{1 + \left(\frac{dy}{dx}\right)^2}\, dx$$

ein Minimum werden, so liefert die Integration der zugehörigen Gleichung 3

$$y = \frac{c}{2}\left(e^{\frac{x-c'}{c}} + e^{-\frac{x-c}{c}}\right).$$

Ist Z ein Minimum, so ist es auch $2\pi Z$, und die gefundene Curve liefert um die Abscissenaxe rotirt die kleinste Umdrehungsfläche. Einem Minimum von Z entspricht auch die tiefste Lage des Schwerpunktes der homogen schwer gedachten Curve, welche demnach eine Kettenlinie ist. Die Bestimmung der Constanten c, c' geschieht wie oben mit Hülfe der Grenzbedingungen.

Bei Behandlung mechanischer Aufgaben unterscheidet man die in der Zeit wirklich eintretenden Zuwüchse der Coordinaten dx, dy, dz von den möglichen Verschiebungen δx, δy, δz, welche man (z. B. bei Verwendung des Princips der virtuellen Verschiebungen) in Betracht zieht. Letztere sind im allgemeinen keine Variationen, d. h. keine Werthänderungen, welche von Formänderungen einer Function herrühren. Nur wenn wir ein mechanisches System betrachten, welches ein Continuum ist, wie z. B. ein Faden, eine biegsame Fläche, ein elastischer Körper, eine Flüssigkeit, können wir die δx, δy, δz als unbestimmte Functionen der Coordinaten x, y, z ansehen, und haben es dann mit Variationen zu thun.

Wir haben hier keine mathematischen Theorien zu entwickeln, sondern den eigentlich naturwissenschaftlichen Theil der Mechanik zu behandeln. Die Geschichte der Isoperimeterprobleme und der Variationsrechnung musste aber berührt werden, weil die betreffenden Untersuchungen einen grossen Einfluss auf die Entwickelung der Mechanik geübt haben. Der Blick in Bezug auf allgemeinere Eigenschaften von Systemen überhaupt, und auf Maximum-Minimumeigenschaften insbesondere, wurde durch die Beschäftigung mit den erwähnten Aufgaben so geschärft, dass man derartige Eigenschaften an mechanischen Systemen sehr leicht entdeckte. In der That drückt man seit Lagrange allgemeinere mechanische Sätze gern in Form von Maximum-Minimumsätzen aus. Diese Vorliebe bliebe unverständlich ohne Kenntniss der historischen Entwickelung.

2. Theologische animistische und mystische Gesichtspunkte in der Mechanik.

1. Wenn wir in eine Gesellschaft eintreten, in welcher eben von einem recht frommen Manne die Rede ist, dessen Namen wir nicht gehört haben, so werden wir an den Geheimrath X oder den Herrn *v.* Y denken, wir werden aber schwerlich zuerst und zunächst auf einen tüchtigen Naturforscher rathen. Dennoch wäre es ein Irrthum zu glauben, dass dieses etwas gespannte Verhältniss zwischen der naturwissenschaftlichen und theologischen Auffassung der Welt, welches sich zeitweilig zu einem erbitterten Kampfe steigert, zu allen Zeiten und überall bestanden habe. Ein Blick auf die Geschichte der Naturwissenschaft überzeugt uns vom Gegentheil.

Man liebt es, die Conflicte der Wissenschaft mit der Theologie, oder besser gesagt mit der Kirche, zu schildern. Und in der That ist dies ein reichhaltiges und dankbares Thema. Einerseits ein stattliches Verzeichniss von Sünden der Kirche gegen den Fortschritt, andererseits eine ansehnliche Reihe von Märtyrern, unter welchen keine Geringern als Giordano Bruno und Galilei sich befinden, und unter welche einzutreten selbst einem so frommen Manne wie Descartes nur durch die günstigsten Umstände knapp erspart wurde. Allein diese Conflicte sind genügend dargestellt worden, und wenn man allein diese Conflicte betont, stellt man die Sache einseitig dar, und wird ungerecht. Man kommt dann leicht zu der Ansicht, die Wissenschaft sei nur durch den Druck der Kirche niedergehalten worden, und hätte sich sofort zu ungeahnter Grösse erhoben, wenn nur dieser Druck gewichen wäre. Allerdings war der Kampf der Forscher gegen die fremde äussere Gewalt kein unbedeutender. Der Kirche war auch in diesem Kampfe kein Mittel zu schlecht, welches zum Siege verhelfen konnte, und sie ist hierbei eigennütziger, rücksichtsloser und grausamer vorgegangen als irgendeine andere politische Partei. Einen nicht geringen Kampf hatten aber auch die Forscher mit ihren eigenen hergebrachten Ideen zu bestehen, namentlich mit dem Vorurtheil, dass alles theologisch behandelt werden müsse. Nur allmählich und langsam wurde dieses Vorurtheil überwunden.

2. Lassen wir die Thatsachen sprechen, und machen wir zunächst einige persönliche Bekanntschaften!

Napier, der Erfinder der Logarithmen, ein strenger Puritaner, welcher im 16. Jahrhundert lebte, war nebenbei ein eifriger Theologe. Er verlegte sich auf höchst sonderbare Speculationen. Er schrieb eine Auslegung der Apokalypse mit Propositionen und mathematischen Beweisen. Proposition 26 behauptet z. B., dass der Papst der Antichrist sei, Proposition 36 lehrt, dass die Heuschrecken die Türken und Mohammedaner seien u. s. w.

Wenn wir auch kein besonderes Gewicht darauf legen, dass Blaise Pascal (17. Jahrhundert), einer der genialsten Denker auf dem Gebiete der Mathematik und Physik, höchst orthodox und ascetisch war, dass er trotz seines milden Charakters zu Rouen einen Lehrer der Philosophie aus voller Ueberzeugung als Ketzer denuncirte, dass die Heilung seiner Schwester durch Berührung einer Reliquie einen tiefen Eindruck auf ihn machte, und dass er dieselbe als ein Wunder ansah, wenn wir auch darauf kein Gewicht legen, weil seine ganze zu religiöser Schwärmerei neigende Familie in diesem Punkte sehr schwach war, so gibt es doch noch andere Beispiele dieser Art genug. Die tiefe Religiosität Pascal's zeigt sich in seinem Entschlusse, die Wissenschaften gänzlich aufzugeben, und nur dem Christenthum zu leben. Wenn er Trost suche, pflegte er zu sagen, so könne er denselben nur bei den Lehren des Christenthums finden, und alle Weisheit der Welt könne ihm nichts nützen. Dass er es mit der Bekehrung der Ketzer aufrichtig meinte, zeigen seine „Lettres provinciales“, in welchem er gegen die horrenden Spitzfindigkeiten eiferte, die von den Doctoren der Sorbonne eigens erfunden worden waren, um die Jansenisten zu verfolgen. Sehr merkwürdig ist Pascal's Briefwechsel mit verschiedenen Theologen, und wir erstaunen nicht wenig, wenn Pascal in einem dieser Briefe ganz ernsthaft die Frage discutirt, ob der Teufel auch Wunder wirken könne.

Otto von Guericke, der Erfinder der Luftpumpe, beschäftigt sich gleich zu Anfang seines vor kaum 200 Jahren verfassten Buches mit dem Wunder des Josua, welches er mit dem Kopernicanischen System in Einklang zu bringen sucht. Und vor den Untersuchungen über den leeren Raum und über die Natur der Luft finden wir Fragen über den Ort des Himmels, über den Ort der Hölle u. s. w. Wenn Guericke auch alle diese Fragen möglichst vernünftig zu beantworten sucht, so sieht man doch, was sie ihm zu schaffen machen, dieselben Fragen, die heute ein gebildeter Theologe nicht einmal aufwerfen wird. Und in Guericke haben wir einen Mann nach der Reformation vor uns!

Auch Newton verschmähte es nicht, sich mit der Erklärung der Apokalypse zu beschäftigen. Es war in solchen Dingen schwer mit ihm zu sprechen. Als Halley sich einmal einen Scherz über theologische Discussionen erlaubte, soll er ihn kurz mit der Bemerkung abgewiesen haben: „Ich habe diese Dinge studirt, Sie nicht!“

Bei Leibnitz, dem Erfinder der besten Welt und der prästabilirten Harmonie, welche Erfindung in Voltaire's anscheinend komischem, in Wirklichkeit aber tief ernstem philosophischen Roman „Candide“ ihre gebührende Abfertigung gefunden hat, brauchen wir nicht zu verweilen. Er war bekanntlich fast ebenso sehr Theologe als Philosoph und Naturforscher.

Wenden wir uns an einen Mann des vorigen Jahrhunderts. Euler in seinen „Briefen an eine deutsche Prinzessin“ behandelt · mitten unter naturwissenschaftlichen Fragen auch theologisch-philosophische. Er bespricht die Schwierigkeit, bei der gänzlichen Verschiedenheit von Körper und Geist, die für ihn feststeht, die Wechselbeziehung beider zu begreifen. Zwar will ihm das von Descartes und seinen Nachfolgern entwickelte System des Occasionalismus nicht recht gefallen, wonach Gott zu jeder Absicht der Seele die entsprechende Bewegung des Körpers ausführt, weil die Seele selbst dies nicht im Stande ist. Er verspottet auch nicht ohne Witz die prästabilirte Harmonie, nach welcher von Ewigkeit her Einklang zwischen den Bewegungen des Körpers und den Absichten der Seele hergestellt ist, obgleich beide einander gar nichts angehen, gerade so wie zwischen zwei verschiedenen, aber genau gleichgehenden Uhren. Er bemerkt, dass nach dieser Ansicht sein eigener Leib ihm eigentlich so fremd sei, wie der eines Rhinoceros mitten in Afrika, welcher ebensowol in prästabilirter Harmonie mit seiner Seele sein könnte. Hören wir ihn selbst. Man schrieb damals fast nur lateinisch. Wollte ein deutscher Gelehrter einmal besonders herablassend sein, und deutsch schreiben, so schrieb er französisch: „Si dans le cas d'un déréglement de mon corps Dieu ajustait celui d'un Rhinoceros, ensorte, que ses mouvements fussent tellement d'accord avec les ordres de mon âme, qu'il levât la patte au moment que je voudrais lever la main, et ainsi des autres opérations, ce serait alors mon corps. Je me trouverais subitement dans la forme d'un Rhinoceros au milieu de l'Afrique, mais non obstant cela mon âme continuerait les mêmes opérations. J'aurais également l'honneur d'écrire à V. A., mais je ne sais pas comment elle recevrait mes lettres.“ Fast möchte man glauben, Eulern hätte die Lust angewandelt, einmal Voltaire zu spielen. Und doch, so sehr er mit seiner Kritik den Nagel auf den Kopf trifft, ist ihm die Wechselwirkung von Leib und Seele ein Wunder. Und doch hilft er sich in höchst sophistischer Weise über die Freiheit des Willens hinweg. Um uns eine Vorstellung davon zu verschaffen, welche Fragen damals ein Naturforscher behandeln konnte, bemerken wir, dass Euler in seinen physikalischen „Briefen" über die Natur der Geister, über die Verbindung von Leib und Seele, über die Freiheit des Willens, über den Einfluss der Freiheit auf die Ereignisse der Welt, über das Gebet, über das physische und moralische Uebel, über die Bekehrung der Sünder und ähnliche Stoffe Untersuchungen anstellt. Dies geschieht alles in derselben Schrift, welche so viele klare physikalische Gedanken und die schöne Darstellung der Logik mit Hülfe der Kreise enthält.

3. Diese Beispiele mögen vorläufig genügen. Wir haben sie mit Absicht unter den ersten Naturforschern gewählt. Was wir bei diesen Männern an Theologie gefunden haben, gehört ganz ihrem innersten Privatleben an. Sie sagen uns öffentlich Dinge, zu welchen sie nicht gezwungen sind, von welchen sie auch schweigen können. Es sind nicht fremde ihnen aufgedrungene Ansichten, es sind ihre eigenen Meinungen, welche sie vorbringen. Sie fühlen sich durch die Theologie nicht gedrückt. In einer Stadt und an einem Hofe, die Lamettrie und Voltaire beherbergten, bestand für Euler kein Grund seine Ueberzeugungen zu verbergen.

Nach unserer heutigen Meinung hätten diese Männer mindestens bemerken sollen, dass die Fragen dort nicht hingehören, wo sie dieselben behandeln, dass es keine naturwissenschaftlichen Fragen sind. Mag dieser Widerspruch zwischen überkommenen theologischen und selbstgeschaffenen naturwissenschaftlichen Ueberzeugungen uns immer einen sonderbaren Eindruck machen, nichts berechtigt uns, diese Männer deshalb geringer zu achten. Denn das eben beweist ihre gewaltige Geisteskraft, dass sie trotz der beschränkten Anschauungen ihrer Zeit, von welchen sich ganz frei zu machen ihnen nicht vergönnt war, ihren Gesichtskreis doch so erweitern, und uns zu einem freiern Standpunkte verhelfen konnten.

Der Unbefangene wird nicht mehr darüber im Zweifel sein, dass das Zeitalter, in welches die Hauptentwickelung der Mechanik fiel, theologisch gestimmt war. Theologische Fragen wurden durch alles angeregt, und hatten auf alles Einfluss. Kein Wunder also, wenn auch die Mechanik von diesem Hauch berührt wurde. Das Durchschlagende der theologischen Stimmung wird noch deutlicher, wenn wir auf Einzelheiten eingehen.

4. Die antiken Anregungen durch Heron und Pappus wurden schon im vorigen Kapitel besprochen. Galilei finden wir zu Anfang des 17. Jahrhunderts mit Fragen über die Festigkeit beschäftigt. Er zeigt, dass hohle Röhren eine grössere Biegungsfestigkeit darbieten als massive Stäbe von gleicher Länge und gleichem Material, und wendet diese Erkenntniss sofort an, um die Formen der Thierknochen zu erläutern, welche gewöhnlich hohle Röhren vorstellen. Man kann dieses Verhältniss ohne Schwierigkeit durch einen flach gefalteten und durch einen zusammengerollten Bogen Papier anschaulich machen. Ein einerseits befestigter und andererseits belasteter horizontaler Balken kann ohne Schaden für die Festigkeit und mit Materialgewinn am belasteten Ende dünner genommen werden. Galilei bestimmt die Form des Balkens von in jedem Querschnitt gleichem Widerstand. Er bemerkt endlich noch, dass geometrisch ähnliche Thiere von sehr verschiedener Grösse den Gesetzen der Festigkeit auch in sehr ungleichem Maasse entsprechen würden.

Die bis in die feinsten Einzelheiten zweckmässigen Formen der Knochen, Federn, Halme und anderer organischer Gebilde, die in der That geeignet sind, auf den gebildeten Beschauer einen tiefen Eindruck zu machen, sind bis auf den heutigen Tag unzähligemal zu Gunsten einer in der Natur waltenden Weisheit angeführt worden. Betrachten wir z. B. die Schwungfeder eines Vogels. Der Kiel ist eine hohle Röhre, die gegen das freie Ende hin an Dicke abnimmt, also zugleich ein Körper von gleichem Widerstande. Jedes

Blättchen der Federfahne wiederholt ähnliche Verhältnisse im Kleinen. Es würde bedeutende technische Kenntnisse erfordern, eine solche Feder in ihrer Zweckmässigkeit auch nur nachzubilden, geschweige denn sie zu erfinden. Wir dürfen aber nicht vergessen, dass nicht die blosse Bewunderung, sondern die Erforschung die Aufgabe der Wissenschaft ist. Es ist bekannt, in welcher Weise Darwin nach seiner Theorie der Anpassung diese Fragen zu lösen sucht. Dass die Darwin'sche Auflösung eine vollständige sei, kann billig bezweifelt werden; Darwin selbst bezweifelt es. Alle äussern Umstände vermöchten nichts, wenn nicht etwas da wäre, was sich anpassen will. Darüber aber kann kein Zweifel sein, dass die Darwin'sche Theorie der erste ernste Versuch ist, an die Stelle der blossen Bewunderung der organischen Natur die Erforschung zu setzen.

Des Pappus Ideen über die Bienenzellen werden noch im 18. Jahrhundert lebhaft discutirt. Wood erzählt in seiner 1867 erschienenen Schrift: „Ueber die Nester der Thiere", folgende Geschichte: „Maraldi war die grosse Regelmässigkeit der Bienenzellen aufgefallen. Er maass die Winkel der rautenförmigen Grenzflächen und fand dieselben 109° 28′ und 70° 32′. Réaumur in der Ueberzeugung, dass diese Winkel mit der Oekonomie der Zelle zusammenhängen müssten, bat den Mathematiker König, jene Form eines sechsseitigen durch drei Rauten geschlossenen Gefässes zu berechnen, bei welcher der grösste Inhalt mit der kleinsten Oberfläche zusammentrifft.. Réaumur erhielt die Antwort, dass die Winkel der Rauten 109° 26′ und 70° 34′ betragen müssten. Der Unterschied betrug also zwei Minuten. Maclaurin, von dieser Uebereinstimmung nicht befriedigt, wiederholte die Messung von Maraldi, fand sie richtig, und bemerkte bei Wiederholung der Rechnung einen Fehler in der von König verwendeten Logarithmentafel. Nicht die Bienen also, sondern der Mathematiker hatte gefehlt, und die Bienen hatten zur Aufdeckung des Fehlers verholfen! „Wem es bekannt ist, wie man Krystalle misst, und wer eine Bienenzelle gesehen hat, welche ziemlich rohe und nicht spiegelnde Flächen hat, der wird es bezweifeln, dass man beim Messen der Zellen eine Genauigkeit von zwei Minuten erreichen kann. Man muss also die Geschichte für ein frommes mathematisches Märchen halten, abgesehen davon, dass nichts daraus folgt, wenn sie wahr ist. Nebenbei sei bemerkt, dass die Aufgabe mathematisch zu unvollständig gestellt worden ist, um beurtheilen zu können, wie weit die Bienen sie gelöst haben.

Die im vorigen Kapitel erwähnten Ideen von Heron und Fermat über die Lichtbewegung erhielten durch Leibnitz sofort eine theologische Färbung und spielten, wie erwähnt, eine hervorragende Rolle bei Entwickelung der Variationsrechnung. In Leibnitzens Briefwechsel mit Johann Bernoulli werden unter mathematischen wiederholt auch theologische Fragen berührt. Nicht selten wird auch in biblischen Bildern gesprochen. So sagt z. B. Leibnitz, das Problem der Brachystochrone hätte ihn angezogen wie der Apfel die Eva.

Maupertuis, der bekannte Präsident der berliner Akademie und Günstling Friedrich's des Grossen, hat der theologisirenden Richtung der Physik einen neuen Anstoss gegeben durch Aufstellung seines Princips der kleinsten Wirkung. In der Schrift, welche die Aufstellung dieses Princips enthält, und zwar in sehr unbestimmter Form, und in welcher Maupertuis einen entschiedenen Mangel an mathematischer Schärfe zeigt, erklärt er sein Princip für dasjenige, welches der Weisheit des Schöpfers am besten entspräche. Maupertuis war geistreich, aber kein starker Kopf, er war ein Projectenmacher. Dies zeigen seine kühnen Vorschläge, eine Stadt zu gründen, in der blos lateinisch gesprochen würde, ein grosses, tiefes Loch in die Erde zu graben, um neue Stoffe zu finden, psychologische Untersuchungen mit Hülfe des Opiums und der Section von Affen anzustellen, die Bildung des Embryo durch die Gravitation zu erklären u. s. w. Er ist von Voltaire scharf kritisirt worden in seiner „Histoire du docteur Akakia", welche bekanntlich den Bruch zwischen Friedrich und Voltaire herbeigeführt hat.

Maupertuis' Princip wäre wol bald wieder vom Schauplatz verschwunden, allein Euler benutzte die Anregung. Er liess als wahrhaft bedeutender Mensch dem Princip den Namen, Maupertuis den Ruhm der Erfindung, und machte ein neues wirklich brauchbares Princip daraus. Was Maupertuis meinte, lässt sich schwer ganz klar machen. Was Euler meint, kann man an einfachen Beispielen leicht zeigen. Wenn ein Körper gezwungen ist, auf einer festen Fläche, z. B. der Erdoberfläche, zu bleiben, so bewegt er sich auf einen Anstoss hin so, dass er zwischen seiner Anfangs- und Endlage den kürzesten Weg nimmt. Jeder andere Weg, den man ihm vorschriebe, würde länger sein und mehr Zeit erfordern. Das Princip findet Anwendung in der Theorie der Luft- und Wasserströmungen auf der Erdoberfläche. Den theologischen Standpunkt hat Euler beibehalten. Er spricht sich dahin aus, dass man nicht allein aus den physikalischen Ursachen, sondern auch aus dem Zweck die Erscheinungen erklären könne. „Da nämlich die Einrichtung der ganzen Welt die vorzüglichste ist, und da sie von dem weisesten Schöpfer herstammt, wird nichts in der Welt angetroffen, woraus nicht irgendeine Maximum- oder Minimumeigenschaft hervorleuchtete; deshalb kann kein Zweifel bestehen, dass alle Wirkungen in der Welt ebensowol durch die Methode der Maxima und Minima aus den Zwecken wie aus den wirkenden Ursachen selbst abgeleitet werden können." [1]

5. Auch die Vorstellungen von der Unveränderlichkeit der Menge der Materie, von der Unveränderlich-

---

[1] Quum enim mundi universi fabrica sit perfectissima, atque a creatore sapientissimo absoluta, nihil omnino in mundo contingit, in quo non maximi minimive ratio quaepiam eluceat; quam ob rem dubium prorsus est nullum, quin omnes mundi effectus ex causis finalibus, ope methodi maximorum et minimorum, aeque feliciter determinari quae-

keit der Summe der Bewegung, von der Unzerstörbarkeit der Arbeit oder Energie, welche die ganze heutige Naturwissenschaft beherrschen, sind unter dem Einflusse theologischer Ideen herangewachsen. Sie sind angeregt durch einen schon erwähnten Ausspruch von Descartes in den Principien der Philosophie, nach welchen die zu Anfang erschaffene Menge der Materie und Quantität der Bewegung unverändert bleibt, wie dies allein mit der Beständigkeit des Schöpfers der Welt verträglich sei. Die Vorstellung von der Art, wie die Summe der Bewegung zu rechnen sei, hat sich von Descartes auf Leibnitz und später bei den Nachfolgern sehr bedeutend modificirt, und es ist nach und nach das entstanden, was man heute „Gesetz der Erhaltung der Energie" nennt. Der theologische Hintergrund hat sich aber nur sehr allmählich verloren. Ja es lässt sich nicht leugnen, dass auch heute noch manche Naturforscher mit dem Gesetz der Erhaltung der Energie eine eigene Mystik treiben.

Durch das ganze 16. und 17. Jahrhundert bis gegen das Ende des 18. Jahrhunderts war man geneigt, überall in den physikalischen Gesetzen eine besondere Anordnung des Schöpfers zu sehen. Dem aufmerksamen Beobachter kann aber eine allmähliche Umbildung der Ansichten nicht entgehen. Während bei Descartes und Leibnitz Physik und Theologie noch vielfach vermengt sind, zeigt sich später ein deutliches Streben, zwar nicht das Theologische ganz zu beseitigen, aber dasselbe von dem Physikalischen zu sondern. Es wird das Theologische an den Anfang oder das Ende einer physikalischen Untersuchung verlegt. Es wird das Theologische womöglich auf die Schöpfung concentrirt, um von da an für die Physik Raum zu gewinnen.

Gegen das Ende des 18. Jahrhunderts trat nun eine Wendung ein, welche äusserlich auffällt, welche wie ein

---

ant, atque ex ipsis causis efficientibus. (Methodus inveniendi lineas curvas maximi minimive proprietate gaudentes. Lausannae 1741.)

plötzlich gethaner Schritt aussieht, die aber im Grunde nur eine nothwendige Consequenz des angedeuteten Entwickelungsganges ist. Nachdem Lagrange in einer Jugendarbeit versucht hatte, die ganze Mechanik auf das Euler'sche Princip der kleinsten Wirkung zu gründen, erklärt er bei einer Neubearbeitung desselben Gegenstandes, er wolle von allen theologischen und metaphysischen Speculationen als sehr p r e c ä r e n, und nicht in die Wissenshaft gehörigen, gänzlich absehen. Er führt einen Neubau der Mechanik auf andern Grundlagen aus, und kein Sachverständiger kann dessen Vorzüge verkennen. Alle spätern bedeutenden Naturforscher haben sich der Auffassung von Lagrange angeschlossen, und damit war im Wesentlichen die heutige Stellung der Physik zur Theologie gegeben.

6. Fast drei Jahrhunderte waren also nöthig, bis die Ansicht, dass Theologie und Naturwissenschaft zwei verschiedene Dinge seien, von ihrem ersten Aufkeimen bei Kopernicus bis Lagrange sich zur vollen Klarheit entwickelt hat. Dabei ist nicht zu verkennen, dass den grössten Geistern, wie Newton, diese Wahrheit immer klar war. Nie hat Newton trotz seiner tiefen Religiosität die Theologie in naturwissenschaftliche Fragen eingemengt. Zwar schliesst auch er seine „Optik", während noch auf den letzten Seiten der helle klare Geist leuchtet, mit dem Ausdruck der Zerknirschung über die Nichtigkeit alles Irdischen. Allein seine optischen Untersuchungen s e l b s t enthalten im Gegensatz zu jenen Leibnitzens nicht die Spur von Theologie. Aehnliches kann man von Galilei und Huyghens sagen. Ihre Schriften entsprechen fast vollständig dem Standpunkt von Lagrange, und können in dieser Richtung als classisch gelten. Die Anschauung und Stimmung einer Zeit darf aber nicht nach den Spitzen, sondern muss nach dem Mittel gemessen werden.

Um den geschilderten Vorgang einigermaassen zu begreifen, haben wir Folgendes zu überlegen. Es ist selbstverständlich, dass auf einer Culturstufe, auf welcher die Religion fast die einzige Bildung, also auch die einzige Weltanschauung ist, nothwendig die Meinung besteht, dass alles theologisch zu betrachten sei, und dass diese Betrachtungsweise auch überall ausreichen müsse. Versetzen wir uns in die Zeit, da man mit der Faust die Orgel schlug, da man das Einmaleins schriftlich vor sich haben musste, wenn man rechnen wollte, da man so manches mit der Faust verrichtete, was man heute mit dem Kopfe thut, so werden wir von einer solchen Zeit nicht verlangen, dass sie gegen ihre eigenen Ansichten kritisch zu Werke gehe. Mit der Erweiterung des Gesichtskreises durch die grossen geographischen, technischen und naturwissenschaftlichen Entdeckungen und Erfindungen des 15. und 16. Jahrhunderts, mit der Auffindung von Gebieten, auf welchen mit dieser Anschauung nicht auszukommen war, weil dieselbe vor Kenntniss dieser Gebiete sich gebildet hatte, weicht allmählich und langsam dieses Vorurtheil. Schwerverständlich bleibt immer die grosse Freiheit des Denkens, die im frühen Mittelalter vereinzelt, zuerst bei Dichtern, dann bei Forschern auftritt. Die Aufklärung muss damals das Werk einzelner ganz ungewöhnlicher Menschen gewesen sein, und nur an ganz dünnen Fäden mit den Anschauungen des Volkes zusammengehangen haben, mehr geeignet, an diesen Anschauungen zu zerren, und sie zu beunruhigen, als dieselben umzugestalten. Erst in der Literatur des 18. Jahrhunderts scheint die Aufklärung einen breitern Boden zu gewinnen. Humanistische, philosophische, historische und Naturwissenschaften berühren sich da, und ermuthigen sich gegenseitig zu freierm Denken. Jeder, der diesen Aufschwung und diese Befreiung auch nur zum Theil durch die Literatur miterlebt hat, wird lebenslänglich ein elegisches Heimweh empfinden nach dem 18. Jahrhundert.

7. Der alte Standpunkt ist also aufgegeben. Nur an der Form der Sätze der Mechanik erkennt man noch deren Geschichte. Diese Form bleibt auch so lange befremdlich, als man ihren Ursprung nicht berücksich-

tigt. Die theologische Auffassung wich nach und nach einer sehr nüchternen, welche aber mit einem bedeutenden Gewinn an Aufklärung verbunden war, wie wir dies in Kürze andeuten wollen.

Wenn wir sagen, das Licht bewege sich auf einem Wege kürzester Zeit, so können wir dadurch manches überschauen. Wir wissen aber noch nicht, warum das Licht die Wege kürzester Zeit vorzieht. Mit der Annahme der Weisheit des Schöpfers verzichten wir auf weitere Einsicht. Wir wissen heute, dass sich das Licht auf allen Wegen bewegt, dass aber nur auf den Wegen kürzester Zeit die Lichtwellen sich so verstärken, dass ein merkliches Resultat zu Stande kommt. Das Licht scheint sich also nur auf Wegen kürzester Zeit zu bewegen. Nach Beseitigung des Vorurtheils fand man alsbald Fälle, in welchen neben der vermeintlichen Sparsamkeit der Natur die auffallendste Verschwendung auftritt. Solche hat z. B. Jacobi in Bezug auf das Euler'sche Princip der kleinsten Wirkung nachgewiesen. Manche Naturerscheinungen machen also blos deshalb den Eindruck der Sparsamkeit, weil sie nur dann sichtbar hervortreten, wenn eben zufällig ein Zusammensparen der Effecte stattfindet. Dies ist derselbe Gedanke im Gebiete des Unorganischen, welchen Darwin im Gebiete der organischen Natur ausgeführt hat. Wir erleichtern uns instinctiv die Auffassung der Natur, indem wir die uns geläufigen ökonomischen Vorstellungen auf dieselbe übertragen.

Zuweilen zeigen die Naturvorgänge darum eine Maximum- oder Minimumeigenschaft, weil in diesem Falle des Grössten oder Kleinsten die Ursachen weiterer Veränderung wegfallen. Die Kettenlinie weist den tiefsten Schwerpunkt auf, weil nur bei dem tiefsten Schwerpunkt kein weiterer Fall der Kettenglieder mehr möglich ist. Die Flüssigkeiten unter dem Einfluss der Molecularkräfte bieten ein Minimum der Oberfläche dar, weil stabiles Gleichgewicht nur bestehen kann, wenn die Molecularkräfte die Oberfläche nicht weiter verkleinern können. Das

Wesentliche liegt also nicht im Maximum oder Minimum, sondern in dem Wegfall der Arbeit von diesem Zustande aus, welche Arbeit eben das Bestimmende der Veränderung ist. Es klingt also viel weniger erhaben, ist aber dafür viel aufklärender, ist zugleich richtiger und allgemeiner, wenn man, statt von dem Ersparungsbestreben der Natur zu sprechen, sagt: „Es geschieht immer nur so viel, als vermöge der Kräfte und Umstände geschehen kann."

Man kann nun mit Recht die Frage aufwerfen: Wenn der theologische Standpunkt, welcher zur Aufstellung der mechanischen Sätze geführt hat, ein verfehlter war, wie kommt es, dass gleichwol diese Sätze im Wesentlichen richtig sind? Darauf lässt sich leicht antworten. Erstens hat die theologische Anschauung nicht den Inhalt der Sätze geliefert, sondern nur die Färbung des Ausdrucks bestimmt, während der Inhalt sich durch Beobachtung ergeben hat. Aehnlich würde eine andere herrschende Anschauung, z. B. eine mercantile gewirkt haben, die muthmaasslich auch auf Stevin's Denkweise Einfluss geübt hat. Zweitens verdankt die theologische Auffassung der Natur selbst ihren Ursprung dem Streben, einen umfassendern Blick zu thun, also einem Streben, welches auch der Naturwissenschaft eigen ist, und welches sich ganz wohl mit den Zielen derselben verträgt. Ist also auch die theologische Naturphilosophie als eine verunglückte Unternehmung, als ein Rückfall auf eine niedere Culturstufe zu bezeichnen, so brauchen wir doch die gesunde Wurzel, aus welcher sie entsprossen ist, welche von jener der wahren Naturforschung nicht verschieden ist, nicht zu verwerfen.

In der That kann die Naturwissenschaft durch blosse Beachtung des Einzelnen nichts erreichen, wenn sie nicht zeitweilig auch den Blick ins Grosse richtet. Die Galilei'schen Fallgesetze, das Huyghens'sche Princip der lebendigen Kräfte, das Princip der virtuellen Verschiebungen, selbst der Massenbegriff, konnten, wie wir uns erinnern, nur gewonnen werden, indem abwechselnd das Einzelne und das Ganze der Naturvorgänge betrachtet wurde. Man kann bei der Nachbildung der mechanischen Naturvorgänge in Gedanken von den Eigenschaften der einzelnen Massen (von den Elementargesetzen) ausgehen, nnd das Bild des Vorganges zusammensetzen. Man kann sich aber auch an die Eigenschaften des ganzen Systems (an die Integralgesetze) halten. Da aber die Eigenschaften einer Masse immer Beziehungen zu andern Massen enthalten, z. B. in der Geschwindigkeit und Beschleunigung schon eine Beziehung auf die Zeit, also auf die ganze Welt liegt, so erkennt man, dass es reine Elementargesetze eigentlich gar nicht gibt. Es wäre also inconsequent, wenn man den doch unentbehrlichen Blick auf das Ganze, auf allgemeinere Eigenschaften, als weniger sicher ausschliessen wollte. Wir werden nur, je allgemeiner ein neuer Satz, und je grösser dessen Tragweite ist, mit Rücksicht auf die Möglichkeit des Irrthums, desto bessere Proben für denselben verlangen.

Die Vorstellung von dem Wirken eines Willens und einer Intelligenz in der Natur ist keineswegs durch den christlichen Monotheismus allein erzeugt. Dieselbe ist vielmehr dem Heidenthum und dem Fetischismus vollkommen geläufig. Das Heidenthum sucht den Willen und die Intelligenz nur im Einzelnen, während der Monotheismus den Ausdruck derselben im Ganzen vermuthet. Einen reinen Monotheismus gibt es übrigens thatsächlich nicht. Der jüdische Monotheismus der Bibel ist von dem Glauben an Dämonen, Zauberer und Hexen durchaus nicht frei, der christliche Monotheismus des Mittelalters ist an solchen heidnischen Vorstellungen noch viel reicher. Von dem bestialischen Sport, den Kirche und Staat mit dem Hexenfoltern und Hexenverbrennen getrieben haben, und der wol grösstentheils nicht durch Gewinnsucht, sondern eben durch die erwähnten Vorstellungen bedingt war, wollen wir schweigen. Tylor hat in seiner lehrreichen

„Ueber die Anfänge der Cultur“ das Zauberwesen, den Aberglauben und Wunderglauben, der sich bei allen wilden Völkern findet, studirt, und mit den Meinungen des Mittelalters über Hexerei verglichen. Die Aehnlichkeit ist in der That auffallend. Und was im 16. und 17. Jahrhundert in Europa so häufig war, das Hexenverbrennen, das wird heute noch in Centralafrika fleissig betrieben. Auch bei uns finden sich noch, wie Tylor nachweist, Spuren dieser Zustände in einer Unzahl von Gebräuchen, deren Verständniss uns mit dem veränderten Standpunkt verloren gegangen ist.

8. Die Naturwissenschaft ist diese Vorstellungen nur sehr langsam los geworden. Noch in dem berühmten Buche von Porta („Magia naturalis“), welches im 16. Jahrhundert erschien, und wichtige physikalische Entdeckungen enthält, finden sich Zaubereien und Teufeleien aller Art, welche jenen des indianischen „Medicinmannes“ wenig nachgeben. Erst durch Gilbert's Schrift „De magnete“ (1600) wurde diesem Spuk eine gewisse Grenze gesetzt. Wenn noch Luther persönliche Begegnungen mit dem Teufel gehabt haben soll, wenn Kepler, dessen Muhme als Hexe verbrannt worden war, und dessen Mutter beinahe dasselbe Schicksal ereilt hätte, sagt, die Hexerei lasse sich nicht leugnen, und wenn er nicht wagt, sich frei über die Astrologie auszusprechen, so kann man sich die Denkweise der weniger Aufgeklärten lebhaft vorstellen.

Auch die heutige Naturwissenschaft weist in ihren „Kräften“ noch Spuren des Fetischismus auf, wie Tylor richtig bemerkt. Und dass die heidnischen Anschauungen von der gebildeten Gesellschaft nicht überwunden sind, können wir an dem albernen abgeschmackten Spiritistenspuk sehen, welcher jetzt die Welt erfüllt.

Es hat einen triftigen Grund, dass diese Vorstellungen sich so hartnäckig behaupten. Von den Trieben, welche den Menschen mit so dämonischer Gewalt beherrschen, die ihn nähren, erhalten und fortpflanzen, ohne sein Wissen und seine Einsicht, von diesen Trieben, deren gewaltige pathologische Ausschreitungen uns das Mittelalter vorführt, ist nur der kleinste Theil der wissenschaftlichen Analyse und der begrifflichen Erkenntniss zugänglich. Der Grundzug aller dieser Triebe ist das Gefühl der Zusammengehörigkeit und Gleichartigkeit mit der ganzen Natur, welches durch einseitige intellectuelle Beschäftigung zeitweilig übertäubt, aber nicht erstickt werden kann, welches gewiss auch einen gesunden Kern hat, zu welch monströsen religiösen Vorstellungen es auch Anlass gegeben haben mag.

9. Wenn die französischen Encyklopädisten des 18. Jahrhunderts dem Ziel nahe zu sein glaubten, die ganze Natur physikalisch-mechanisch zu erklären, wenn Laplace einen Geist fingirt, welcher den Lauf der Welt in alle Zukunft anzugeben vermöchte, wenn ihm nur einmal alle Massen mit ihren Lagen und Anfangsgeschwindigkeiten gegeben wären, so ist diese freudige Ueberschätzung der Tragweite der gewonnenen physikalisch-mechanischen Einsichten im 18. Jahrhundert verzeihlich, ja ein liebenswürdiges, edles, erhebendes Schauspiel, und wir können diese intellectuelle, einzig in der Geschichte dastehende Freude lebhaft mitempfinden.

Nach einem Jahrhundert aber, nachdem wir besonnener geworden sind, erscheint uns die projectirte Weltanschauung der Encyklopädisten als eine mechanische Mythologie im Gegensatz zur animistischen der alten Religionen. Beide Anschauungen enthalten ungebührliche und phantastische Uebertreibungen einer einseitigen Erkenntniss. Die besonnene physikalische Forschung wird aber zur Analyse der Sinnesempfindungen führen. Wir werden dann erkennen, dass unser Hunger nicht so wesentlich verschieden von dem Streben der Schwefelsäure nach Zink, und unser Wille nicht so sehr verschieden von dem Druck des Steines auf die Unterlage ist, als es gegenwärtig den Anschein hat. Wir werden uns dann der Natur wieder näher fühlen, ohne dass wir nöthig haben, uns selbst in eine uns nicht mehr verständliche Staubwolke von Molecülen, oder die Natur in ein System von Spukgestalten aufzulösen. Die Richtung, in welcher die Aufklärung durch eine lange und mühevolle Untersuchung zu erwarten ist, kann natürlich nur vermuthet werden. Das Resultat anticipiren, oder es gar in die gegenwärtigen wissenschaftlichen Untersuchungen einmischen zu wollen, hiesse Mythologie statt Wissenschaft treiben.

Die Naturwissenschaft tritt nicht mit dem Anspruch auf, eine fertige Weltanschauung zu sein, wohl aber mit dem Bewusstsein, an einer künftigen Weltanschauung zu arbeiten. Die höchste Philosophie des Naturforschers besteht eben darin, eine unvollendete Weltanschauung zu ertragen, und einer scheinbar abgeschlossenen, aber unzureichenden vorzuziehen. Die religiösen Ansichten bleiben jedes Menschen eigenste Privatsache, solange er mit denselben nicht aufdringlich wird, und sie nicht auf Dinge überträgt, die vor ein anderes Forum gehören. Selbst die Naturforscher verhalten sich, je nach der Weite ihres Blickes und je nach ihrer Werthschätzung der Consequenz, in dieser Richtung höchst verschieden.

Die Naturwissenschaft fragt gar nicht nach dem, was einer exacten Erforschung nicht zugänglich, oder noch nicht zugänglich ist. Sollten aber einmal Gebiete der exacten Forschung erreichbar werden, die es jetzt noch nicht sind, nun dann wird wol kein wohlorganisirter Mensch, keiner, der es mit sich und andern ehrlich meint, Anstand nehmen, die Meinung über ein Ding mit dem Wissen von einem Ding zu vertauschen.

Wenn wir die heutige Gesellschaft oft schwanken sehen, wenn sie ihren Standpunkt auch in derselben Frage je nach der Stimmung und Lebenslage wechselt, wie die Register einer Orgel, wenn dies nicht ohne tiefen Gemüthsschmerz abgehen kann, so ist dies eine natürliche nothwendige Folge der Halbheit und des Uebergangszustandes ihrer Ansichten. Eine zureichende Weltanschauung kann uns nicht geschenkt werden, wir müssen sie erwerben! Nur dann aber, wenn man dem Verstande und der Erfahrung freien Lauf lässt, wo sie allein zu entscheiden haben, werden wir uns hoffentlich zum Wohle der Menschheit langsam, allmählich aber sicher, jenem Ideale einer einheitlichen Weltanschauung nähern, welches allein verträglich ist mit der Oekonomie eines gesunden Gemüthes.

3. *Die analytische Mechanik.*

1. Newton's Mechanik ist eine rein geometrische. Er entwickelt seine Sätze von gewissen Annahmen ausgehend mit Hülfe von Constructionen an der Figur. Der Gang ist häufig so künstlich, dass, wie schon Laplace bemerkt hat, eine Auffindung der Sätze auf diesem Wege nicht wahrscheinlich ist. Man erkennt auch, dass die Newton'schen Darstellungen nicht ebenso aufrichtig sind, als jene von Galilei und Huyghens. Die Methode Newton's wird, sowie jene der alten Geometer, auch als die synthetische bezeichnet.

Zieht man aus gegebenen Voraussetzungen eine Folgerung, so nennt man diesen Vorgang synthetisch. Sucht man umgekehrt zu einem Satz oder zu den Eigenschaften einer Figur die Bedingungen auf, so geht man analytisch vor. Das letztere Verfahren ist hauptsächlich erst durch Anwendung der Algebra auf die Geometrie in ausgedehntern Gebrauch gekommen. Es ist deshalb üblich geworden, das rechnende Verfahren überhaupt das analytische zu nennen. Was heute analytische Mechanik im Gegensatze zur Newton'schen Mechanik heisst, ist genau genommen rechnende Mechanik.

2. Der Grund zur analytischen Mechanik ist von Euler gelegt worden (Mechanica, sive motus scientia analytice exposita, Petrop. 1736). Während aber Euler's Verfahren noch dadurch an die alte geometrische Methode erinnert, dass er alle Kräfte bei krummlinigen Bewegungen in Tangential- und Normalkräfte zerlegt, begründet Maclaurin (A complete system of fluxions, Edinb. 1742) einen wesentlichen Fortschritt. Er nimmt alle Zerlegungen nach drei unveränderlichen Richtungen

vor, wodurch alle Rechnungen eine viel grössere Symmetrie und Uebersichtlichkeit gewinnen.

3. Auf die höchste Stufe der Entwickelung ist endlich die analytische Mechanik durch Lagrange gebracht worden. Lagrange (Mécanique analytique, Paris 1788) bestrebt sich, alle nothwendigen Ueberlegungen ein für allemal abzuthun, möglichst viel in einer Formel darzustellen. Jeden vorkommenden Fall kann man nach einem sehr einfachen symmetrischen und übersichtlichen Schema behandeln, und was noch zu überlegen bleibt, wird durch rein mechanische Kopfarbeit ausgeführt. Die Lagrange'sche Mechanik ist eine grossartige Leistung in Bezug auf die Oekonomie des Denkens.

In der Statik geht Lagrange von dem Princip der virtuellen Verschiebungen aus. Auf eine Anzahl Massenpunkte $m_1, m_2, m_3 \ldots$, welche in gewissen Verbindungen stehen, wirken die Kräfte $P_1, P_2, P_3 \ldots$ Erhalten diese Punkte die unendlich kleinen mit den Verbindungen verträglichen Verschiebungen $p_1, p_2, p_3 \ldots$, so ist für den Gleichgewichtsfall $\Sigma Pp = o$, wobei wir von dem bekannten Ausnahmefall, in welchem die Gleichung in eine Ungleichung übergeht, absehen.

Beziehen wir nun das ganze System auf ein rechtwinkeliges Coordinatensystem. Die Coordinaten der Massenpunkte seien $x_1\ y_1\ z_1,\ x_2\ y_2\ z_2 \ldots$ Die Kräfte mögen in die Componenten $X_1, Y_1\ Z_1,\ X_2\ Y_2\ Z_2$ parallel den Coordinatenaxen, und die Verschiebungen ebenfalls parallel den Axen in $\delta x_1, \delta y_1, \delta z_1, \delta x_2, \delta y_2, \delta z_2 \ldots$ zerlegt werden. Bei Bestimmung der Arbeit kommt für jede Kraftcomponente nur die parallele Verschiebung ihres Angriffspunktes in Betracht, und der Ausdruck des Princips ist

$$\Sigma (X \delta x + Y \delta y + Z \delta z) = o \quad . \quad . \quad . \quad 1)$$

wobei alle Indices für die einzelnen Punkte einzusetzen, und die betreffenden Ausdrücke zu summiren sind.

Als Grundformel der Dynamik wird das D'Alembert'sche Princip verwendet. Auf die Massenpunkte

$m_1\ m_2\ m_3 \ldots$ mit den Coordinaten $x_1\ y_1\ z_1,\ x_2\ y_2\ z_2 \ldots$ wirken die Kraftcomponenten $X_1\ Y_1\ Z_1,\ X_2\ Y_2\ Z_2 \ldots$ ein. Vermöge der Verbindungen führen aber die Massen Bewegungen aus, welche durch andere Kräfte

$$m_1 \frac{d^2 x_1}{dt^2},\quad m_1 \frac{d^2 y_1}{dt^2},\quad m_1 \frac{d^2 z_1}{dt^2} \ldots$$

an den freien Massen hervorgebracht werden könnten. Die angreifenden Kräfte $X, Y, Z \ldots$ und die wirklichen Kräfte

$$m \frac{d^2 x}{dt^2},\quad m \frac{d^2 y}{dt^2},\quad m \frac{d^2 z}{dt^2} \ldots$$

halten sich aber an dem System das Gleichgewicht. Das Princip der virtuellen Verschiebungen anwendend finden wir

$$\Sigma \left\{ \left(X - m \frac{d^2 x}{dt^2}\right) \delta x + \left(Y - m \frac{d^2 y}{dt^2}\right) \delta y + \left(Z - m \frac{d^2 z}{dt^2}\right) \delta z \right\} = o \quad \ldots \ldots \quad 2)$$

4. Lagrange trägt, wie man sieht, dem Herkommen Rechnung, indem er die Statik der Dynamik vorausschickt. Dieser Gang war durchaus kein nothwendiger. Man kann ebenso gut von dem Satze ausgehen, dass die Verbindungen (von deren Dehnung man absieht) keine Arbeit leisten, oder dass alle mögliche geleistete Arbeit von den angreifenden Kräften herrührt. Dann kann man von der Gleichung 2 ausgehen, welche dies ausdrückt, und welche für den Fall des Gleichgewichtes (oder der unbeschleunigten Bewegung) sich auf 1 als einen speciellen Fall zurückzieht. Dadurch würde aus der analytischen Mechanik ein noch consequenteres System.

Die Gleichung 1, welche für den Gleichgewichtsfall das der Verschiebung entsprechende Arbeitselement $= o$ setzt, ergibt leicht die Folgerungen, welche schon S. 64 besprochen wurden. Ist

$$X = \frac{dV}{dx},\quad Y = \frac{dV}{dy},\quad Z = \frac{dV}{dz},$$

sind also X, Y, Z die partiellen Ableitungen derselben Function der Coordinaten, so ist der ganze Ausdruck unter dem Summenzeichen die totale Variation δV von V. Ist dieselbe $= o$, so ist V selbst im allgemeinen ein Maximum oder Minimum.

5. Wir wollen zunächst den Gebrauch der Gleichung 1 durch ein einfaches Beispiel erläutern. Sind alle Angriffspunkte der Kräfte voneinander unabhängig, so liegt eigentlich keine Aufgabe vor. Jeder Punkt ist dann nur im Gleichgewicht, wenn die ihn ergreifenden Kräfte, also auch deren Componenten $= o$ sind. Alle $\delta x, \delta y, \delta z \ldots$ sind dann vollkommen willkürlich, und die Gleichung 1 kann also nur allgemein bestehen, wenn die Coefficienten aller $\delta x, \delta y, \delta z \ldots.$ der Null gleich sind.

Bestehen aber Gleichungen zwischen den Coordinaten der einzelnen Punkte, d. h. sind die Punkte nicht unabhängig voneinander beweglich, so sind diese von der Form $F(x_1, y_1, z_1, x_2, y_2, z_2 \ldots.) = o$ oder kürzer $F = o$. Dann bestehen auch zwischen den Verschiebungen Gleichungen von der Form

$$\frac{dF}{dx_1}\delta x_1 + \frac{dF}{dy_1}\delta y_1 + \frac{dF}{dz_1}\delta z_1 + \frac{dF}{dx_2}\delta x_2 + \ldots. = o,$$

die wir kurz mit $DF = o$ bezeichnen wollen. Besteht ein System aus n Punkten, so entsprechen diesen $3n$ Coordinaten und die Gleichung 1 enthält $3n$ Grössen $\delta x, \delta y, \delta z \ldots.$ Bestehen nun zwischen den Coordinaten m Gleichungen von der Form $F = o$, so sind hiermit zugleich m Gleichungen $DF = o$ zwischen den Variationen $\delta x, \delta y, \delta z \ldots$ gegeben. Aus denselben lassen sich m Variationen durch die übrigen ausdrücken, und in Gleichung 1 einsetzen. Es bleiben also $3n - m$ willkürliche Verschiebungen in 1 übrig, deren Coefficienten $= o$ gesetzt werden. Hierdurch entstehen $3n - m$ Gleichungen zwischen den Kräften und Coordinaten, zu welchen die m Gleichungen $(F = o)$ hinzugefügt werden. Man hat also im ganzen $3n$ Gleichungen, die zur Bestimmung der $3n$ Coordinaten der Gleichgewichtslage genügen, wenn die Kräfte gegeben sind und die Gleichgewichtsform des Systems gesucht wird.

Ist umgekehrt die Form des Systems gegeben, und sucht man die Kräfte, welche das Gleichgewicht erhalten, so bleibt die Aufgabe unbestimmt. Man kann dann zur Bestimmung der $3n$ Kraftcomponenten nur $3n - m$ Gleichungen verwenden, da die m Gleichungen $(F = o)$ die Kraftcomponenten gar nicht enthalten.

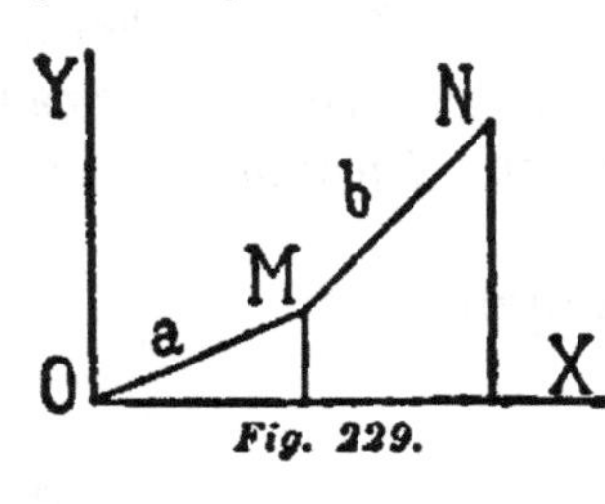

Fig. 229.

Als Beispiel wählen wir einen um den Anfangspunkt der Coordinaten in der Ebene XY drehbaren Hebel $OM = a$, um dessen Endpunkt M ein zweiter Hebel $MN = b$ beweglich ist. In M und N, deren Coordinaten x, y und $x_1\ y_1$ heissen mögen, greifen die Kräfte X, Y beziehungsweise X_1, Y_1 an.

Die Gleichung 1 hat hier die Form

$$X\delta x + X_1\delta x_1 + Y\delta y + Y_1\delta y_1 = o \quad . \quad . \quad 3)$$

Gleichungen von der Form $F = o$ existiren im gegebenen Fall zwei, und zwar

$$\left.\begin{array}{l} x^2 + y^2 - a^2 = o \\ (x_1 - x)^2 + (y_1 - y)^2 - b^2 = o \end{array}\right\} \quad . \quad . \quad . \quad . \quad 4)$$

Die Gleichungen $DF = o$ lauten nun

$$\left.\begin{array}{l} x\delta x + y\delta y = o \\ (x_1 - x)\delta x_1 - (x_1 - x)\delta x + (y_1 - y)\delta y_1 - \\ \qquad (y_1 - y)\delta y = o \end{array}\right\} \quad . \quad 5)$$

Wir können in unserm Fall zwei der Variationen aus 5) durch die andern bestimmen und in 3) einsetzen. Auch zum Zwecke der Elimination hat Lagrange ein ganz gleichförmiges systematisches Verfahren angewandt, welches ganz mechanisch ohne weiteres Nachdenken ausgeführt werden kann. Wir wollen dasselbe gleich hier benutzen. Es besteht darin, dass jede der

Gleichungen 5) mit einem noch unbestimmten Coefficienten λ, μ multiplicirt, und zu 3) addirt wird. Hierdurch ergibt sich

$$\left.\begin{array}{l}[X+\lambda x-\mu(x_1-x)]\,\delta x \quad +[X_1+\mu(x_1-x)]\,\delta x_1 \\ [Y+\lambda y-\mu(y_1-y)]\,\delta y \quad +[Y_1+\mu(y_1-y)]\,\delta y_1\end{array}\right\}=o.$$

Die Coefficienten der vier Verschiebungen können nun ohne weiteres $=o$ gesetzt werden. Denn zwei Verschiebungen sind willkürlich, die beiden andern Coefficienten aber können durch die noch freie Wahl von λ und μ der Null gleich gemacht werden, was einer Elimination der beiden letztern Verschiebungen gleichkommt.

Wir haben also die vier Gleichungen

$$\left.\begin{array}{l}X+\lambda x-\mu(x_1-x)=o \\ X_1+\mu(x_1-x)=o \\ Y+\lambda y-\mu(y_1-y)=o \\ Y_1+\mu(y_1-y)=o\end{array}\right\} \quad \ldots\ldots\ldots \quad 6)$$

Betrachten wir zunächst die Coordinaten als gegehen und suchen die das Gleichgewicht erhaltenden Kräfte. Die beiden Werthe von λ und μ sind natürlich durch die Annullirung zweier Coefficienten bestimmt. Es folgt aus der zweiten und vierten Gleichung

$$\mu=\frac{-X_1}{x_1-x},\quad \mu=\frac{-Y_1}{y_1-y} \text{ also}$$

$$\frac{X_1}{Y_1}=\frac{x_1-x}{y_1-y} \quad \ldots\ldots\ldots\ldots \quad 7)$$

d. h. die bei N angreifende Gesammtkraft hat die Richtung MN. Aus der ersten und dritten Gleichung erhalten wir

$$\lambda=\frac{-X+\mu(x_1-x)}{x},\quad \lambda=\frac{-Y+\mu(y_1-y)}{y},$$

demnach nach einfacher Reduction

$$\frac{X+X_1}{Y+Y_1}=\frac{x}{y} \quad \ldots\ldots\ldots\ldots \quad 8)$$

d. h. die Resultirende der in M und N angreifenden Kräfte hat die Richtung OM[1].

Die vier Kraftcomponenten unterliegen also nur den zwei Bedingungen 7) und 8.) Die Aufgabe ist also eine unbestimmte, was in der Natur der Sache liegt, da es nicht auf die absolute Grösse der Kraftcomponenten, sondern nur auf die Kraftverhältnisse ankommt.

Nehmen wir die Kräfte als gegeben an und suchen wir die vier Coordinaten, so können wir die Gleichungen 6) ganz in derselben Weise behandeln. Zu denselben treten aber die Gleichungen 4) hinzu. Wir haben also nach Beseitigung von λ, μ die Gleichungen 7), 8) und die beiden Gleichungen 4). Aus denselben ergibt sich leicht

$$x = \frac{a(X + X_1)}{\sqrt{(X + X_1)^2 + (Y + Y_1)^2}}$$

$$y = \frac{a(Y + Y_1)}{\sqrt{(X + X_1)^2 + (Y + Y_1)^2}}$$

$$x_1 = \frac{a(X + X_1)}{\sqrt{(X + X_1)^2 + (Y + Y_1)^2}} + \frac{b X_1}{\sqrt{X_1^2 + Y_1^2}}$$

---

[1] Die mechanische Bedeutung der Einführung der unbestimmten Coefficienten λ, μ lässt sich in folgender Weise darlegen. Die Gleichungen 6) drücken das Gleichgewicht zweier freien Punkte aus, auf welche ausser den Kräften X, Y, X_1, Y_1 noch Kräfte wirken, die den übrigen Ausdrücken entsprechen, und welche diese Kraftcomponenten eben annulliren. Der Punkt N z. B. ist im Gleichgewicht, wenn X_1 durch die der Grösse nach noch unbestimmte Kraft $\mu(x_1 - x)$ und Y_1 durch $\mu(y_1 - y)$ vernichtet wird. Die Richtung dieser von der Verbindung herrührenden und dieselbe ersetzenden Zusatzkraft ist aber bestimmt. Nennen wir α den Winkel, den sie mit der Abscissenaxe einschliesst, so ist

$$\tang \alpha = \frac{\mu(y_1 - y)}{\mu(x_1 - x)} = \frac{y_1 - y}{x_1 - x}$$

d. h. die von der Verbindung herrührende Kraft hat die Richtung von b.

$$y_1 = \frac{a(Y + Y_1)}{\sqrt{(X + X_1)^2 + (Y + Y_1)^2}} + \frac{b Y_1}{\sqrt{X_1^2 + Y_1^2}}$$

womit die Aufgabe gelöst ist. So einfach dieses Beispiel ist, wird es doch genügen, um die Art und den Sinn der Lagrange'schen Behandlungsweise deutlich zu machen. Der Mechanismus der Methode ist einmal für alle Fälle überlegt, und man hat bei Anwendung desselben auf einen besondern Fall fast nichts mehr zu denken. Das ausgeführte Beispiel ist zugleich so einfach, dass es durch den blossen Anblick der Figur gelöst werden kann. Man hat also bei Einübung des Verfahrens den Vortheil einer leichten Controle.

6. Wir wollen nun die Anwendung der Gleichung 2), des D'Alembert'schen Satzes in der Lagrange'schen Form, erläutern. Auch hier entsteht keine Aufgabe, wenn alle Massen voneinander unabhängig sind. In diesem Falle folgt jede Masse den zugehörigen Kräften. Die Variationen δx, δy, δz .... sind dann vollkommen willkürlich, und jeder Coefficient wird für sich $= o$ gesetzt. Für die Bewegung von n Massen erhält man auf diese Weise $3n$ gleichzeitig geltende Differentialgleichungen.

Bestehen aber Bedingungsgleichungen ($F = o$) zwischen den Coordinaten, so führen diese zu andern ($DF = o$) zwischen den Verschiebungen oder Variationen. Mit letztern verfährt man ganz wie bei Anwendung der Gleichung 1). Es muss nur bemerkt werden, dass man schliesslich die Gleichungen $F = o$, sowol in undifferentiirter als in differentiirter Form verwenden muss, wie dies am besten durch die folgenden Beispiele klargestellt wird.

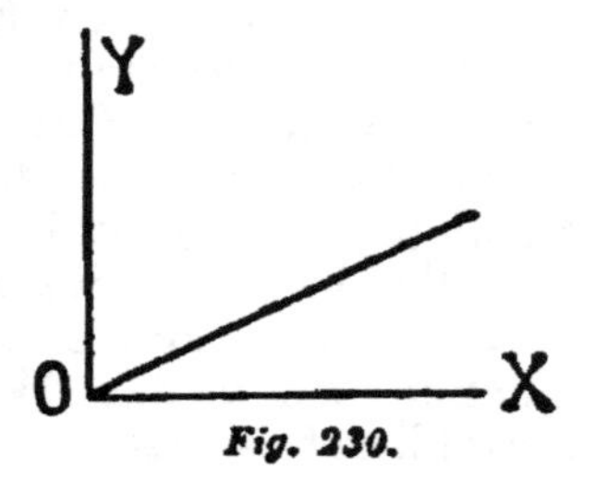

Fig. 230.

Ein schwerer Massenpunkt m befinde sich in einer Verticalebene (XY) auf einer gegen den Horizont geneigten Geraden $y = ax$ beweglich. Die Gleichung 2) wird hier

$$\left(X - m\frac{d^2x}{dt^2}\right)\delta x + \left(Y - m\frac{d^2y}{dt^2}\right)\delta y = o.$$

und weil $X = o$, $Y = -mg$

$$\frac{d^2x}{dt^2}\delta x + \left(g + \frac{d^2y}{dt^2}\right)\delta y = o \quad . \; . \; . \; . \quad 9)$$

An die Stelle von $F = o$ tritt hier

$$y = ax \quad . \; . \; . \; . \; . \; . \; . \; . \quad 10)$$

und für $DF = o$ erhalten wir

$$\delta y = a\,\delta x.$$

Dadurch übergeht 9), weil δy ausfällt, und δx willkürlich bleibt, in die Form

$$\frac{d^2x}{dt^2} + \left(g + \frac{d^2y}{dt^2}\right)a = o.$$

Durch Differentiiren von 10) ($F = o$) folgt

$$\frac{d^2y}{dt^2} = a\,\frac{d^2x}{dt^2}$$

und demnach

$$\frac{d^2x}{dt^2} + a\left(g + a\,\frac{d^2x}{dt^2}\right) = o \quad . \; . \; . \; . \quad 11)$$

Wir erhalten also durch Integriren von 11)

$$x = \frac{-a}{1 + a^2}\,g\,\frac{t^2}{2} + bt + c$$

und

$$y = \frac{-a^2}{1 + a^2}\,g\,\frac{t^2}{2} + abt + ac,$$

wobei b und c Integrationsconstanten sind, welche durch die Anfangslage und Anfangsgeschwindigkeit von m

bestimmt werden. Dieses Resultat kann leicht ganz direct gefunden werden.

Einige Vorsicht bei Anwendung der Gleichung 1) ist nothwendig, wenn $F=o$ die Zeit enthält. Das Verfahren hierbei mag durch folgendes Beispiel erläutert werden. Wir betrachten den frühern Fall, nehmen aber an, dass die Gerade mit der Beschleunigung γ vertical aufwärts bewegt werde. Wir gehen wieder von der Gleichung 9)

$$\frac{d^2x}{dt^2}\delta x + \left(g + \frac{d^2y}{dt^2}\right)\delta y = o \text{ aus.}$$

$F=o$ wird durch

$$y = ax + \gamma\frac{t^2}{2} \quad \ldots \ldots \ldots \quad 12)$$

vertreten.

Um $DF=o$ zu bilden, variiren wir 12) nur nach x und y, denn es handelt sich nur um die mögliche Verschiebung bei einer augenblicklich gegebenen Form des Systems, keineswegs um die Verschiebung, welche in der Zeit wirklich eintritt. Wir setzen also wie vorher

$$\delta y = a\delta x.$$

und erhalten wie zuvor

$$\frac{d^2x}{dt^2} + \left(g + \frac{d^2y}{dt^2}\right)a = o \quad \ldots \ldots \quad 13)$$

Um aber eine Gleichung in x allein zu erhalten, haben wir, weil in 13) x und y durch die wirkliche Bewegung miteinander verknüpft sind, 12) nach t zu differentiiren, und die gefundene Beziehung

$$\frac{d^2y}{dt^2} = a\frac{d^2x}{dt^2} + \gamma$$

zur Substitution in 13) zu benutzen, wodurch die Gleichung

$$\frac{d^2x}{dt^2} + \left(g + \gamma + a\frac{d^2x}{dt^2}\right)a = o$$

entsteht, die durch Integration

$$x = \frac{-a}{1+a^2}(g+\gamma)\frac{t^2}{2} + bt + c$$

$$y = \left[\gamma - \frac{a^2}{1+a^2}(g+\gamma)\right]\frac{t^2}{2} + abt + ac \text{ gibt.}$$

Liegt ein schwerloser Körper m auf der bewegten Geraden, so erhalten wir die Gleichungen

$$x = \frac{-a}{1+a^2}\gamma\frac{t^2}{2} + bt + c$$

$$y = \frac{\gamma}{1+a^2}\frac{t^2}{2} + abt + ac,$$

welche sich leicht durch die Ueberlegung ergeben, dass m sich auf der mit der Beschleunigung γ aufwärts bewegten Geraden so verhält, als ob er auf der ruhenden Geraden die Beschleunigung γ abwärts hätte.

7. Um uns das Verfahren mit der Gleichung 12) im vorigen Beispiel noch klarer zu machen, überlegen wir Folgendes. Die Gleichung 2), der D'Alembert'sche Satz, sagt, dass alle mögliche Arbeit bei einer Verschiebung von den angreifenden Kräften und nicht von den Verbindungen herrührt. Dies ist aber nur richtig, solange man von der Veränderung der Verbindungen in der Zeit absieht. Aendern sich die Verbindungen mit der Zeit, so leisten sie auch Arbeiten, und man kann auf die wirklich in der Zeit eintretenden Verschiebungen nur dann die Gleichung 2) anwenden, wenn man unter die angreifenden Kräfte auch diejenigen einrechnet, welche die Veränderung der Verbindungen bewirken.

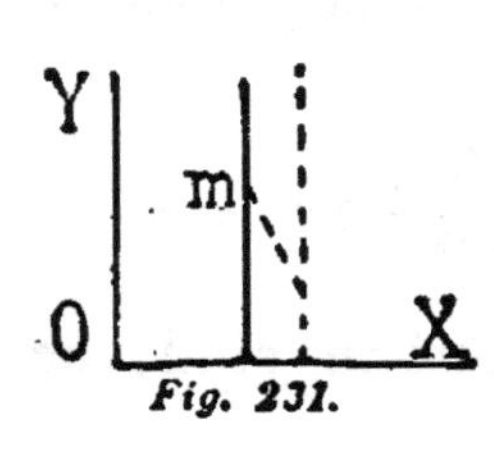

Fig. 231.

Eine schwere Masse m sei auf einer zu OY parallelen Geraden beweglich. Die Gleichung der letzteren, welche ihre Lage mit der Zeit ändert, sei

$$x = \gamma\frac{t^2}{2},\ (F = o) \quad . \quad . \quad . \quad . \quad . \quad . \quad . \quad 14)$$

Der D'Alembert'sche Satz liefert wieder die Gleichung 9), da aber aus $DF = o$, $\delta x = o$ folgt, so zieht sich dieselbe auf

$$\left(g + \frac{d^2y}{dt^2}\right)\delta y = o \quad . \quad . \quad . \quad . \quad . \quad . \quad . \quad . \quad 15)$$

zurück, in welcher δy ganz willkürlich ist. Daher folgt

$$g + \frac{d^2y}{dt^2} = o$$

und

$$y = \frac{-gt^2}{2} + at + b$$

wozu noch 14), d. i.

$$x = \gamma \frac{t^2}{2} \text{ kommt.}$$

Es liegt auf der Hand, dass 15) nicht die ganze geleistete Arbeit bei der in der Zeit wirklich eintretenden Verschiebung, sondern nur jene bei der möglichen auf der momentan fix gedachten Geraden angibt.

Denken wir uns die Gerade masselos, parallel zu sich selbst in einer Führung durch die Kraft $m\gamma$ bewegt, so tritt an die Stelle der Gleichung 2)

$$\left(m\gamma - m\frac{d^2x}{dt^2}\right)\delta x + \left(-mg - m\frac{d^2y}{dt^2}\right)\delta y = o,$$

und da hier δx, δy vollkommen willkürlich sind, erhalten wir die beiden Gleichungen

$$\gamma - \frac{d^2x}{dt^2} = o$$

$$g + \frac{d^2y}{dt^2} = o,$$

welche dieselben Resultate liefern wie zuvor. Die scheinbar verschiedene Behandlung solcher Fälle liegt blos an der kleinen Inconsequenz, welche dadurch entsteht, dass man der bequemeren Rechnung wegen nicht gleich von vorn herein alle vorhandenen Kräfte berücksichtigt, sondern einen Theil erst nachträglich in Betracht zieht.

8. Da die verschiedenen mechanischen Sätze nur verschiedene Seiten derselben Thatsache ausdrücken, so lässt sich einer leicht aus dem andern herleiten, wie wir dies erläutern wollen, indem wir den Satz der lebendigen Kräfte aus der Gleichung 2 S. 459 entwickeln. Die Gleichung 2 bezieht sich auf augenblicklich mögliche (virtuelle) Verschiebungen. Sind die Verbindungen von der Zeit unabhängig, so sind auch die wirklich eintretenden Bewegungen virtuelle Verschiebungen. Der Satz ist also auch auf diese anwendbar. Wir können dann für δx, δy, δz auch dx, dy, dz, die in der Zeit stattfindenden Verschiebungen schreiben, und setzen

$$\Sigma (X\,dx + Y\,dy + Z\,dz) =$$
$$\Sigma\, m \left(\frac{d^2x}{dt^2}\,dx + \frac{d^2y}{dt^2}\,dy + \frac{d^2z}{dt^2}\,dz\right).$$

Der Ausdruck rechts kann auch geschrieben werden

$$\Sigma\, m \left(\frac{d^2x}{dt^2}\frac{dx}{dt}dt + \frac{d^2y}{dt^2}\frac{dy}{dt}dt + \frac{d^2z}{dt^2}\frac{dz}{dt}dt\right) =$$
$$\tfrac{1}{2}\,d\,\Sigma\, m \left[\left(\frac{dx}{dt}\right)^2 + \left(\frac{dy}{dt}\right)^2 + \left(\frac{dz}{dt}\right)^2\right] = \tfrac{1}{2}\,d\,\Sigma\, mv^2,$$

indem man für dx einführt $\frac{dx}{dt}dt$ u. s. w., was auch bei dem Ausdruck linker Hand geschehen kann, und indem man mit v die Geschwindigkeit bezeichnet. Hieraus folgt

$$\int \Sigma (X\,dx + Y\,dy + Z\,dz) = \Sigma\, \tfrac{1}{2}\, m\, (v^2 - v_0^2)$$

wobei v_0 die Geschwindigkeit am Anfang und v jene am Ende der Bewegung bedeutet. Das Integral links lässt sich immer finden, wenn man im Stande ist dasselbe auf eine Variable zu reduciren, also den Verlauf der Bewegung in der Zeit, oder doch den Weg kennt, welchen die beweglichen Punkte durchlaufen. Sind aber

X, Y, Z die partiellen Ableitungen derselben Function U der Coordinaten, also

$$X = \frac{dU}{dx}, \; Y = \frac{dU}{dy}, \; Z = \frac{dU}{dz},$$

wie es immer stattfindet, wenn nur sogenannte Centralkräfte vorhanden sind, so ist diese Reduction unnöthig. Es ist dann der ganze Ausdruck links ein vollständiges Differential. Wir haben dann

$$\Sigma (U - U_0) = \Sigma \tfrac{1}{2} m (v^2 - v_0^2),$$

d. h. die Differenz der Kraftfunctionen (Arbeiten) am Anfang und Ende der Bewegung ist gleich der Differenz der lebendigen Kräfte am Anfang und Ende der Bewegung. Die lebendigen Kräfte sind dann ebenfalls Functionen der Coordinaten.

Es seien beispielsweise für einen in der XY-Ebene beweglichen Körper $X = -y$, $Y = -x$, so haben wir

$$\int (-y\,dx - x\,dy) = -\int d(xy) =$$
$$x_0 y_0 - xy = \tfrac{1}{2} m (v^2 - v_0^2.)$$

Sind aber $X = -a$, $Y = -x$, so ist das Integrale linker Hand $-\int (a\,dx + x\,dy)$. Dasselbe kann angegeben werden, sobald man den Weg kennt, welchen der Körper durchlaufen hat, d. h. sobald y als Function von x gegeben ist. Wäre z. B. $y = px^2$, so würde das Integrale

$$-\int (a + 2p\,x^2)\,dx = a(x_0 - x) + \frac{2p\,(x_0 - x)^3}{3}.$$

Der Unterschied der beiden Fälle besteht darin, dass im ersten die Arbeit lediglich eine Function der Coordinaten ist, dass eine Kraftfunction existirt, dass das Arbeitselement ein vollständiges Differential ist, sodass also durch die Anfangs- und Endwerthe der Coordinaten die Arbeit gegeben ist, während sie im zweiten Fall von dem ganzen Ueberführungswege abhängt.

9. Die einfachen hier angeführten Beispiele, welche an

sich gar keine Schwierigkeiten bieten, dürften genügen, um den Sinn der Operationen der analytischen Mechanik zu erläutern. Neue principielle Aufklärungen über die Natur der mechanischen Vorgänge darf man von der analytischen Mechanik nicht erwarten. Vielmehr muss die principielle Erkenntniss im wesentlichen abgeschlossen sein, bevor an den Aufbau einer analytischen Mechanik gedacht werden kann, welche nur die einfachste praktische Bewältigung der Aufgaben zum Ziel hat. Wer dieses Verhältniss verkennen würde, dem würde Lagrange's grosse Leistung, welche auch hier eine wesentlich ökonomische ist, unverständlich bleiben. Poinsot ist von diesem Fehler nicht ganz freizusprechen.

Erwähnt muss werden, dass durch Möbius, Hamilton, Grassmann u. A. eine neue Formwandlung der Mechanik sich vorbereitet, indem die genannten Forscher mathematische Begriffe entwickelt haben, welche sich genauer und unmittelbarer den geometrischen Vorstellungen anschliessen, als jene der gewöhnlichen analytischen Geometrie, wodurch also die Vortheile analytischer Allgemeinheit und geometrischer Anschaulichkeit vereinigt werden. Diese Wandlung liegt freilich noch ausserhalb der Grenzen einer historischen Darstellung.

4. Die Oekonomie der Wissenschaft.

1. Alle Wissenschaft hat Erfahrungen zu ersetzen oder zu ersparen durch Nachbildung und Vorbildung von Thatsachen in Gedanken, welche Nachbildungen leichter zur Hand sind als die Erfahrung selbst, und dieselbe in mancher Beziehung vertreten können. Diese ökonomische Function der Wissenschaft, welche deren Wesen ganz durchdringt, wird schon durch die allgemeinsten Ueberlegungen klar. Mit der Erkenntniss des ökonomischen Charakters verschwindet auch alle Mystik aus der Wissenschaft. Die Mittheilung der Wissenschaft durch den Unterricht bezweckt, einem Individuum

Erfahrung zu ersparen durch Uebertragung der Erfahrung eines andern Individuums. Ja es werden sogar die Erfahrungen ganzer Generationen durch die schriftliche Aufbewahrung in Bibliotheken spätern Generationen übertragen, und diesen daher erspart. Natürlich ist auch die Sprache, das Mittel der Mittheilung, eine ökonomische Einrichtung. Die Erfahrungen werden mehr oder weniger vollkommen in einfachere, häufiger vorkommende Elemente zerlegt, und zum Zwecke der Mittheilung, stets mit einem Opfer an Genauigkeit, symbolisirt. Diese Symbolisirung ist bei der Lautsprache durchgängig noch eine rein nationale, und wird es wol noch lange bleiben. Die Schriftsprache nähert sich aber allmählich dem Ideale einer internationalen Universalschrift, denn sie ist keine reine Lautschrift mehr. Wir müssen die Zahlzeichen, die algebraischen und mathematischen Zeichen überhaupt, die chemischen Zeichen, die musikalische Notenschrift, die (Brücke'sche) phonetische Schrift, schon als Theile einer künftigen Universalschrift betrachten, die zum Theil schon sehr abstracter Natur und fast ganz international sind. Die Analyse der Farben ist physikalisch und physiologisch auch bereits so weit, dass eine unzweideutige internationale Bezeichnung der physikalischen Farben und der Farbenempfindungen keine principiellen Schwierigkeiten mehr hat. Endlich liegt in der chinesischen Schrift eine wirkliche Begriffsschrift vor, welche von verschiedenen Völkern phonetisch ganz verschieden gelesen, aber von allen in demselben Sinne verstanden wird. Ein einfacheres Zeichensystem könnte diese Schrift zu einer universellen machen. Die Beseitigung des conventionellen und historisch zufälligen aus der Grammatik, und die Beschränkung der Formen auf das Nothwendige, wie dies im Englischen fast erreicht ist, wird der Einführung einer solchen Schrift vorausgehen müssen. Der Vortheil einer solchen Schrift läge nicht allein in deren Allgemeinheit. Das Lesen einer derartigen Schrift wäre von dem Verstehen derselben nicht verschieden. Unsere Kinder lesen oft, was sie nicht verstehen. Der Chinese kann nur lesen, was er versteht.

2. Wenn wir Thatsachen in Gedanken nachbilden, so bilden wir niemals die Thatsachen überhaupt nach, sondern nur nach jener Seite, welche für uns wichtig ist, wir haben hierbei ein Ziel, welches unmittelbar oder mittelbar aus einem praktischen Interesse hervorgewachsen ist. Unsere Nachbildungen sind immer Abstractionen. Auch hierin spricht sich ein ökonomischer Zug aus.

Die Natur setzt sich aus den durch die Sinne gegebenen Elementen zusammen. Der Naturmensch fasst aber zunächst gewisse Complexe dieser Elemente heraus, die mit einer relativen Stabilität auftreten, und die für ihn wichtiger sind. Die ersten und ältesten Worte sind Namen für „Dinge". Hierin liegt schon ein Absehen von der Umgebung der Dinge, von den fortwährenden kleinen Veränderungen, welche diese Complexe erfahren, und welche als weniger wichtig nicht beachtet werden. Es gibt in der Natur kein unveränderliches Ding. Das Ding ist eine Abstraction, der Name ein Symbol für einen Complex von Elementen, von deren Veränderung wir absehen. Dass wir den ganzen Complex durch ein Wort, durch ein Symbol bezeichnen, geschieht, weil wir ein Bedürfniss haben, alle zusammengehörigen Eindrücke auf einmal wach zu rufen. Sobald wir auf einer höhern Stufe auf diese Veränderungen achten, können wir natürlich nicht zugleich die Unveränderlichkeit festhalten, wenn wir nicht zum „Ding an sich" und ähnlichen widerspruchsvollen Vorstellungen gelangen wollen. Die Empfindungen sind auch keine „Symbole der Dinge". Vielmehr ist das „Ding" ein Gedankensymbol für einen Empfindungscomplex von relativer Stabilität. Nicht die Dinge (Körper), sondern Farben, Töne, Drucke, Räume, Zeiten (was wir gewöhnlich Empfindungen nennen) sind eigentliche Elemente der Welt.

Der ganze Vorgang hat lediglich einen ökonomischen

Sinn. Wir beginnen bei Nachbildung der Thatsachen mit den stabilern gewöhnlichen uns geläufigen Complexen, und fügen nachträglich das Ungewöhnliche corrigirend hinzu. Wenn wir z. B. von einem durchbohrten Cylinder, von einem Würfel mit abgestutzten Ecken sprechen, so ist dies genau genommen eigentlich ein Widerspruch, wenn wir nicht die eben angegebene Auffassung annehmen. Alle Urtheile sind derartige Ergänzungen und Correcturen schon vorhandener Vorstellungen.

3. Wenn wir von Ursache und Wirkung sprechen, so heben wir willkürlich jene Momente heraus, auf deren Zusammenhang wir bei Nachbildung einer Thatsache in der für uns wichtigen Richtung zu achten haben. In der Natur gibt es keine Ursache und keine Wirkung. Die Natur ist nur einmal da. Wiederholungen gleicher Fälle, in welchen *A* immer mit *B* verknüpft wäre, also gleiche Erfolge unter gleichen Umständen, also das Wesentliche des Zusammenhanges von Ursache und Wirkung, existiren nur in der Abstraction, die wir zum Zweck der Nachbildung der Thatsachen vornehmen. Ist uns eine Thatsache geläufig geworden, so bedürfen wir dieser Heraushebung der zusammenhängenden Merkmale nicht mehr, wir machen uns nicht mehr auf das Neue, Auffallende aufmerksam, wir sprechen nicht mehr von Ursache und Wirkung. Die Wärme ist die Ursache der Spannkraft des Dampfes. Ist uns das Verhältniss geläufig geworden, so stellen wir uns den Dampf gleich mit der zu seiner Temperatur gehörigen Spannkraft vor. Die Säure ist die Ursache der Röthung der Lackmustinctur. Später gehört aber diese Röthung unter die Eigenschaften der Säure.

Hume hat sich zuerst die Frage vorgelegt: Wie kann ein Ding *A* auf ein anderes *B* wirken? Er erkennt auch keine Causalität, sondern nur eine uns gewöhnlich und geläufig gewordene Zeitfolge an. Kant hat richtig erkannt, dass nicht die blosse Beobachtung uns die Nothwendigkeit der Verknüpfung von *A* und *B* lehren kann. Er nimmt einen angeborenen Verstandesbegriff an, unter welchen ein in der Erfahrung gegebener Fall subsumirt wird. Schopenhauer, der im wesentlichen denselben Standpunkt hat, unterscheidet eine vierfache Form des „Satzes vom zureichenden Grunde", die logische, physische, mathematische Form, und das Gesetz der Motivation. Diese Formen unterscheiden sich aber nur nach dem Stoff, auf welchen sie angewandt werden, welcher theils der äussern und theils der innern Erfahrung angehört.

Die naive und natürliche Aufklärung scheint folgende zu sein. Die Begriffe Ursache und Wirkung entstehen erst durch das Bestreben, die Thatsachen nachzubilden. Zunächst entsteht nur eine Gewohnheit der Verknüpfung von A und B, C und D, E und F u. s. w. Beobachtet man, wenn man schon viele Erfahrung besitzt, eine Verknüpfung von M und N, so erkennt man oft M als aus A, C, E, und N als aus B, D, F bestehend, deren Verknüpfung schon geläufig ist, und uns mit einer höhern Autorität gegenübertritt. Dadurch erklärt es sich, dass der erfahrene Mensch jede neue Erfahrung mit andern Augen ansieht als der Neuling. Die neue Erfahrung tritt der ganzen ältern gegenüber. In der That gibt es also einen „Verstandesbegriff", unter welchen jede neue Erfahrung subsumirt wird; derselbe ist aber durch die Erfahrung selbst entwickelt. Die Vorstellung von der Nothwendigkeit des Zusammenhanges von Ursache und Wirkung bildet sich wahrscheinlich durch unsere willkürliche Bewegung, und die Veränderungen, welche wir mittelbar durch diese hervorbringen, wie dies Hume flüchtig angenommen, selbst aber nicht aufrecht gehalten hat. Wichtig ist es für die Autorität der Begriffe Ursache und Wirkung, dass sich dieselben instinctiv und unwillkürlich entwickeln, dass wir deutlich fühlen, persönlich nichts zur Bildung derselben beigetragen zu haben. Ja, wir können sogar sagen, dass das Gefühl für Causalität nicht vom Individuum erworben, sondern durch die

Entwickelung der Art vorgebildet sei. Ursache und Wirkung sind also Gedankendinge von ökonomischer Function. Auf die Frage, warum sie entstehen, lässt sich keine Antwort geben. Denn eben durch die Abstraction von Gleichförmigkeiten erlernen wir erst die Frage „warum".

4. Fassen wir die Einzelheiten der Wissenschaft ins Auge, so tritt ihr ökonomischer Charakter noch mehr hervor. Die sogenannten beschreibenden Wissenschaften müssen sich vielfach damit begnügen, einzelne Thatsachen nachzubilden. Wo es angeht wird das Gemeinsame mehrerer Thatsachen ein für allemal herausgehoben. Bei höher entwickelten Wissenschaften gelingt es, die Nachbildungsanweisung für sehr viele Thatsachen in einen einzigen Ausdruck zu fassen. Statt z. B. die verschiedenen vorkommenden Fälle der Lichtbrechung uns einzeln zu merken, können wir alle vorkommenden sofort nachbilden oder vorbilden, wenn wir wissen, dass der einfallende, der gebrochene Strahl und das Loth in einer Ebene liegen und $\frac{\sin \alpha}{\sin \beta} = n$ ist. Wir haben dann statt der unzähligen Brechungsfälle bei verschiedenen Stoffcombinationen und Einfallswinkeln nur diese Anweisung und die Werthe der n zu merken, was viel leichter angeht. Die ökonomische Tendenz ist hier unverkennbar. In der Natur gibt es auch kein Brechungsgesetz, sondern nur verschiedene Fälle der Brechung. Das Brechungsgesetz ist eine zusammenfassende concentrirte Nachbildungsanweisung für uns, und zwar nur bezüglich der geometrischen Seite der Thatsache.

5. Am weitesten nach der ökonomischen Seite sind die Wissenschaften entwickelt, deren Thatsachen sich in nur wenige gleichartige abzählbare Elemente zerlegen lassen, wie z. B. die Mechanik, in welcher wir nur mit Räumen, Zeiten, Massen zu thun haben. Die ganze vorgebildete Oekonomie der Mathematik kommt diesen Wissenschaften zugute. Die Mathematik ist eine

Oekonomie des Zählens. Zahlen sind Ordnungszeichen, die aus Rücksichten der Uebersicht und Ersparung selbst in ein einfaches System gebracht sind. Die Zähloperationen werden als von der Art der Objecte unabhängig erkannt, und ein für allemal eingeübt. Wenn ich zu 5 gleichartigen Objecten 7 hinzufüge, so zähle ich zur Bestimmung der Summe zuerst noch einmal alle durch, dann bemerke ich, dass ich von 5 gleich weiter zählen kann, und bei mehrmaliger Wiederholung solcher Fälle erspare ich mir das Zählen ganz, und anticipire das bereits bekannte Resultat des Zählens.

Alle Rechnungsoperationen haben den Zweck, das directe Zählen zu ersparen, und durch die Resultate schon vorher vorgenommener Zählprocesse zu ersetzen. Wir wollen dieselbe Zähloperation nicht öfter wiederholen, als es nöthig ist. Schon die vier Species enthalten reichliche Belege für die Richtigkeit dieser Auffassung. Dieselbe Tendenz führt aber auch zur Algebra, welche die formgleichen Zähloperationen, soweit sie sich unabhängig von dem Werthe der Zahlen ausführen lassen, ein für allemal darstellt. Aus der Gleichung

$$\frac{x^2 - y^2}{x + y} = x - y$$

lernen wir z. B., dass die complicirtere Zähloperation links, sich stets durch die einfachere rechts ersetzen lässt, was auch x und y für Zahlen sein mögen. Wir ersparen uns dadurch die complicirtere Operation in jedem künftigen Fall auszuführen. Mathematik ist die Methode, neue Zähloperationen soweit als möglich, und in der sparsamsten Weise durch bereits früher ausgeführte, also nicht zu wiederholende, zu ersetzen. Es kann hierbei vorkommen, dass die Resultate von Operationen verwendet werden, welche vor Jahrhunderten wirklich ausgeführt worden sind.

Anstrengendere Kopfoperationen können oft durch

mechanische Kopfoperationen mit Vortheil ersetzt werden. Die Theorie der Determinanten verdankt z. B. ihren Ursprung der Bemerkung, dass es nicht nöthig ist, die Auflösung der Gleichungen von der Form

$$a_1 x + b_1 y + c_1 = o$$
$$a_2 x + b_2 y + c_2 = o$$

aus welchen sich ergibt

$$x = -\frac{c_1 b_2 - c_2 b_1}{a_1 b_2 - a_2 b_1} = -\frac{P}{N}$$

$$y = -\frac{a_1 c_2 - a_2 c_1}{a_1 b_2 - a_2 b_1} = -\frac{Q}{N}$$

jedesmal aufs neue durchzuführen, sondern, dass man die Auflösung aus den Coefficienten herstellen kann, indem man dieselben nach einem gewissen Schema anschreibt und in *mechanischer* Weise mit denselben operirt. Es ist

$$\begin{vmatrix} a_1 & b_1 \\ a_2 & b_2 \end{vmatrix} = a_1 b_2 - a_2 b_1 = N$$

und analog

$$\begin{vmatrix} c_1 & b_1 \\ c_2 & b_2 \end{vmatrix} = P, \quad \begin{vmatrix} a_1 & c_1 \\ a_2 & c_2 \end{vmatrix} = Q.$$

Bei mathematischen Operationen kann sogar eine *gänzliche* Entlastung des Kopfes eintreten, indem man einmal ausgeführte Zähloperationen durch mechanische Operationen mit Zeichen *symbolisirt*, und statt die Hirnfunction auf Wiederholung schon ausgeführter Operationen zu verschwenden, sie für wichtigere Fälle spart. Aehnlich sparsam verfährt der Kaufmann, indem er, statt seine Kisten selbst herumzuschieben, mit Anweisungen auf dieselben operirt. Die Handarbeit des Rechners kann sogar noch durch Rechenmaschinen übernommen werden. Solcher Maschinen gibt es bekanntlich schon mehrere. Dem Mathematiker Babbage, der eine derartige Maschine construirt hat, waren die hier dargelegten Gedanken schon sehr klar.

Nicht immer muss ein Zählresultat durch wirkliche Zählung, es kann auch indirect gefunden werden. Man kann z. B. leicht ermitteln, dass eine Curve deren Quadratur für die Abscisse x den Werth x^m hat, einen Zuwachs $m x^{m-1} dx$ der Quadratur für den Abscissenzuwachs dx ergibt. Dann weiss man auch, dass $\int m x^{m-1} dx = x^m$, d. h. man erkennt, dass zu dem Zuwachs $m x^{m-1} dx$ die Grösse x^m gehört, sowie man eine Frucht an ihrer Schale erkennt. Solche durch Umkehrung zufällig gefundene Resultate werden in der Mathematik vielfach verwendet.

Es könnte auffallen, dass längst geleistete wissenschaftliche Arbeit wiederholt verwendet werden kann, was bei mechanischer Arbeit natürlich nicht angeht. Wenn jemand, der täglich einen Gang zu machen hat, einmal durch Zufall einen kürzern Weg findet, und nun stets denselben einschlägt, indem er sich der Abkürzung erinnert, erspart er sich allerdings die Differenz der Arbeit. Allein die Erinnerung ist keine eigentliche Arbeit, sondern eine Auslösung von zweckmässigerer Arbeit. Gerade so verhält es sich mit der Verwendung wissenschaftlicher Gedanken.

Wer Mathematik treibt, ohne sich in der angedeuteten Richtung Aufklärung zu verschaffen, muss oft den unbehaglichen Eindruck erhalten, als ob Papier und Bleistift ihn selbst an Intelligenz überträfen. Mathematik in dieser Weise als Unterrichtsgegenstand betrieben ist kaum bildender, als die Beschäftigung mit Kabbala oder dem magischen Quadrat. Nothwendig entsteht dadurch eine mystische Neigung, welche gelegentlich ihre Früchte trägt.

6. Die Physik liefert nun ganz ähnliche Beispiele einer Oekonomie der Gedanken, wie diejenigen, welche

wir eben betrachtet haben. Ein kurzer Hinweis darauf wird genügen. Das Trägheitsmoment erspart uns die Betrachtung der einzelnen Massentheile. Mit Hülfe der Kraftfunction ersparen wir die Untersuchung der einzelnen Kraftcomponenten. Die Einfachheit der Ueberlegungen mit Hülfe der Kraftfunction beruht darauf, dass schon eine Menge Ueberlegungen dem Auffinden der Eigenschaften der Kraftfunction vorausgehen mussten. Die Gauss'sche Dioptrik erspart uns die Betrachtung der einzelnen brechenden Flächen eines dioptrischen Systems, und ersetzt diese durch die Haupt- und Brennpunkte. Die Betrachtung der einzelnen Flächen musste aber der Auffindung der Haupt- und Brennpunkte vorausgehen. Die Gauss'sche Dioptrik erspart nur die fortwährende Wiederholung dieser Betrachtung.

Man muss also sagen, dass es gar kein wissenschaftliches Resultat gibt, welches principiell nicht auch ohne alle Methode gefunden werden könnte. Thatsächlich ist aber in der kurzen Zeit eines Menschenlebens und bei dem begrenzten Gedächtniss des Menschen ein nennenswerthes Wissen nur durch die grösste Oekonomie der Gedanken erreichbar. Die Wissenschaft kann daher selbst als eine Minimumaufgabe angesehen werden, welche darin besteht, möglichst vollständig die Thatsachen mit dem geringsten Gedankenaufwand darzustellen.

7. Alle Wissenschaft hat nach unserer Auffassung die Function Erfahrung zu ersetzen. Sie muss daher zwar einerseits in dem Gebiete der Erfahrung bleiben, eilt aber doch andererseits der Erfahrung voraus, stets einer Bestätigung aber auch Widerlegung gewärtig. Wo weder eine Bestätigung noch eine Widerlegung möglich ist, dort hat die Wissenschaft nichts zu schaffen. Sie bewegt sich immer nur auf dem Gebiete der unvollständigen Erfahrung. Muster solcher Zweige der Wissenschaft sind die Theorien der Elasticität und der Wärmeleitung, die beide den kleinsten Theilen der Körper nur dieselben Eigenschaften beilegen, welche

uns die Beobachtung an grössern Theilen direct kennen lehrt. Die Vergleichung zwischen Theorie und Erfahrung kann mit der Verfeinerung der Beobachtungsmittel immer weiter getrieben werden.

Die Erfahrung allein, ohne die sie begleitenden Gedanken, würde uns stets fremd sein. Diejenigen Gedanken, welche auf dem grössten Gebiet festgehalten werden können, und am ausgiebigsten die Erfahrung ergänzen, sind die wissenschaftlichsten. Man geht bei der Forschung nach dem Princip der Continuität vor, weil nur nach diesem Princip eine nützliche und ökonomische Auffassung der Erfahrung sich ergeben kann.

8. Wenn wir einen langen elastischen Stab einklemmen, so kann derselbe in langsame direct beobachtbare Schwingungen versetzt werden. Diese Schwingungen kann man sehen, tasten, graphisch verzeichnen u. s. w. Bei Abkürzung des Stabes werden die Schwingungen rascher, und können nicht mehr direct gesehen werden; der Stab gibt ein verwischtes Bild, eine neue Erscheinung. Allein die Tastempfindung ist der frühern noch ähnlich, wir können den Stab seine Bewegungen noch aufzeichnen lassen, und wenn wir die Vorstellung der Schwingungen noch festhalten, so sehen wir die Ergebnisse der Versuche voraus. Bei weiterer Abkürzung des Stabes ändert sich auch die Tastempfindung, er fängt zudem an zu tönen, es tritt also wieder eine neue Erscheinung auf. Da sich aber nicht alle Erscheinungen auf einmal gänzlich ändern, sondern immer nur eine oder die andere, bleibt der begleitende Gedanke der Schwingung, der ja nicht an eine einzelne gebunden ist, noch immer nützlich, noch immer ökonomisch. Selbst wenn der Ton so hoch und die Schwingungen so klein geworden sind, dass die erwähnten Beobachtungsmittel der frühern Fälle versagen, stellen wir uns mit Vortheil noch den tönenden Stab schwingend vor, und können die Schwingungen der dunklen Streifen im Spectrum des polarisirten Lichtes eines Glasstabes voraussagen. Würden alle Er-

scheinungen bei weiterer Abkürzung plötzlich in neue übergehen, so würde die Vorstellung der Schwingung nichts mehr nützen, weil dieselbe kein Mittel mehr bieten würde, die neuen Erfahrungen durch die frühern zu ergänzen.

Wenn wir zu den wahrnehmbaren Handlungen der Menschen uns unwahrnehmbare Empfindungen und Gedanken, ähnlich den unserigen, hinzudenken, so hat diese Vorstellung einen ökonomischen Werth, indem sie uns die Erfahrung verständlich macht, d. h. ergänzt und erspart. Diese Vorstellung wird nur deshalb nicht als eine grosse wissenschaftliche Entdeckung betrachtet. weil sie sich so mächtig aufdrängt, dass jedes Kind sie findet. Man verfährt ganz ähnlich, wenn man sich einen eben hinter einer Säule verschwundenen bewegten Körper, oder einen eben nicht sichtbaren Kometen mit allen seinen vorher beobachteten Eigenschaften in seiner Bahn fortbewegt denkt, um durch das Wiedererscheinen nicht überrascht zu werden. Man füllt die Erfahrungslücken durch die Vorstellungen aus, welche eben die Erfahrung an die Hand gegeben hat.

9. Nicht jede bestehende wissenschaftliche Theorie ergibt sich so natürlich und ungekünstelt. Wenn z. B. chemische, elektrische, optische Erscheinungen durch Atome erklärt werden, so hat sich die Hülfsvorstellung der Atome nicht nach dem Princip der Continuität ergeben, sie ist vielmehr für diesen Zweck eigens erfunden. Atome können wir nirgends wahrnehmen, sie sind wie alle Substanzen Gedankendinge. Ja, den Atomen werden zum Theil Eigenschaften zugeschrieben, welche allen bisher beobachteten widersprechen. Mögen die Atomtheorien immerhin geeignet sein, eine Reihe von Thatsachen darzustellen, die Naturforscher, welche Newton's Regeln des Philosophirens sich zu Herzen genommen haben, werden diese Theorien nur als provisorische Hülfsmittel gelten lassen, und einen Ersatz durch eine natürlichere Anschauung anstreben.

Die Atomtheorie hat in der Physik eine ähnliche

Function, wie gewisse mathematische Hülfsvorstellungen, sie ist ein mathematisches Modell zur Darstellung der Thatsachen. Wenn man auch die Schwingungen durch Sinusformeln, die Abkühlungsvorgänge durch Exponenzielle, die Fallräume durch Quadrate der Zeiten darstellt, so denkt doch niemand daran, dass die Schwingung an sich mit einer Winkel- oder Kreisfunction, der Fall an sich mit dem Quadriren etwas zu schaffen hat. Man hat eben bemerkt, dass zwischen den beobachteten Grössen ähnliche Beziehungen stattfinden wie zwischen gewissen uns geläufigen Functionen, und benutzt diese geläufigern Vorstellungen zur bequemen Ergänzung der Erfahrung. Naturerscheinungen, welche in ihren Beziehungen nicht jenen der uns geläufigen Functionen gleichen, sind jetzt sehr schwer darzustellen. Das kann anders werden mit den Fortschritten der Mathematik. — Als solche mathematische Hülfsvorstellungen können auch Räume von mehr als drei Dimensionen nützlich werden, wie ich dies anderwärts auseinander gesetzt habe. Man hat deshalb nicht nöthig, dieselben für mehr zu halten als für Gedankendinge. [1]

---

[1] Bekanntlich hat sich durch die Bemühungen von Lobatschefsky, Bolyai, Gauss, Riemann allmählich die Einsicht Bahn gebrochen, dass dasjenige, was wir Raum nennen, ein specieller wirklicher Fall eines allgemeineren denkbaren Falles mehrfacher quantitativer Mannichfaltigkeit sei. Der Raum des Gesichtes und Getastes ist eine dreifache Mannichfaltigkeit, er hat drei Dimensionen, jeder Ort in demselben kann durch drei voneinander unabhängige Merkmale bestimmt werden. Es ist nun eine vierfache, oder noch mehrfache raumähnliche Mannichfaltigkeit denkbar. Und auch die Art der Mannichfaltigkeit kann anders gedacht werden, als sie im gegebenen Raum angetroffen wird. Wir halten diese Aufklärung, um die sich Riemann am meisten verdient gemacht hat, für sehr wichtig. Die Eigenschaften des gegebenen Raumes erscheinen sofort als Objecte der Erfahrung, und alle geometrischen Pseudotheorien, welche dieselben herausphilosophiren wollen, entfallen.

Einem Wesen, welches in der Kugelfläche leben würde und keinen andern Raum zum Vergleich hätte, würde sein

So verhält es sich auch mit allen Hypothesen, welche zur Erklärung neuer Erscheinungen herangezogen wer-

---

Raum überall gleich beschaffen erscheinen. Es könnte denselben für unendlich halten, und würde nur durch die Erfahrung vom Gegentheil überzeugt. Von zwei Punkten eines grössten Kreises senkrecht zu demselben ebenfalls nach grössten Kreisen fortschreitend, würde dieses Wesen kaum erwarten, dass diese Kreise sich irgendwo schneiden. So kann auch für den uns gegebenen Raum nur die Erfahrung lehren, ob derselbe endlich ist, ob Parallellinien in demselben sich schneiden u. s. w. Diese Aufklärung kann kaum hoch genug angeschlagen werden. Eine ähnliche Aufklärung, wie sie Riemann für die Wissenschaft herbeigeführt, hat sich für das gemeine Bewusstsein in Bezug auf die Erdoberfläche durch die Entdeckungen der ersten Weltumsegler ergeben.

Die theoretische Untersuchung der erwähnten mathematischen Möglichkeiten hat zunächst mit der Frage, ob denselben Realitäten entsprechen, nichts zu thun, und man darf daher auch nicht die genannten Mathematiker für die Monstrositäten verantwortlich machen, welche durch ihre Untersuchungen angeregt worden sind. Der Raum des Gesichtes und Getastes ist dreidimensional, daran hat nie jemand gezweifelt. Würden aus diesem Raume Körper verschwinden, oder neue in denselben hineingerathen, so könnte die Frage, ob es eine Erleichterung der Einsicht und Uebersicht gewährt, sich den gegebenen Raum als Theil eines vier- oder mehrdimensionalen Raumes zu denken, wissenschaftlich discutirt werden. Diese vierte Dimension bliebe darum immer noch ein Gedankending.

So steht aber die Sache nicht. Derartige Erscheinungen sind vielmehr erst nach dem Bekanntwerden der neuen Anschauungen in Gegenwart gewisser Personen in Spiritistengesellschaften aufgetreten. Manchen Theologen, welche in Verlegenheit waren die Hölle unterzubringen, und den Spiritisten kam die vierte Dimension sehr gelegen. Der Nutzen der vierten Dimension für die Spiritisten ist folgender. Aus einer begrenzten Linie kann man ohne die Endpunkte zu passiren durch die zweite Dimension, aus einer begrenzten geschlossenen Fläche durch die dritte und analog aus einem geschlossenen Raum durch die vierte Dimension entweichen, ohne die Grenzen zu durchbrechen. Selbst das, was die Taschenspieler bisher harmlos in drei Dimensionen trieben, erhält nun durch die vierte Dimension einen neuen Nimbus

den. Unsere Gedanken über elektrische Vorgänge folgen diesen sofort, beinahe von selbst in den gewohnten Bahnen ablaufend, sobald wir bemerken, dass alles so vorgeht, als ob sich anziehende und abstossende Flüssigkeiten auf der Oberfläche der Leiter wären. Diese Hülfsvorstellungen selbst haben aber mit der Erscheinung an sich nichts zu schaffen. Vgl. die Ausführungen in meinen „Populär-wissenschaftlichen Vorlesungen“, S. 203 fg.; Petzoldt's Einwendungen in „Vierteljahrsschr. f. w. Philosophie“, 1891, und meine Replik in „Wärmelehre“, S. 392.

Alle Spiritistenkünste, in geschlossene Schnüre Knoten zu machen, oder dieselben zu lösen, aus verschlossenen Räumen Körper zu entfernen, gelingen nur in Fällen, wo gar nichts darauf ankommt. Alles läuft auf nutzlose Spielerei hinaus. Ein Accoucheur, der eine Geburt durch die vierte Dimension bewerkstelligt hätte, ist noch nicht aufgetreten. Die Frage würde sofort eine ernste, wenn dies geschähe. Professor Simony's schöne Knotenkünste, welche sich taschenspielerisch sehr hübsch verwerthen lassen, sprechen nicht für, sondern gegen die Spiritisten.

Es sei jedem unbenommen, eine Meinung aufzustellen und Beweise für dieselbe beizubringen. Ob aber ein Naturforscher auf irgendeine aufgestellte Meinung in einer ernsten Untersuchung einzugehen werth findet, das zu entscheiden muss seinem Verstand und Instinct überlassen werden. Sollten diese Dinge sich als wahr erweisen, so werde ich mich nicht schämen, der letzte zu sein, der sie glaubt. Was ich davon gesehen habe, war nicht geeignet mich gläubiger zu machen.

Als mathematisch-physikaliches Hülfsmittel habe ich selbst die mehrdimensionalen Räume schon vor dem Erscheinen der Riemann'schen Abhandlung betrachtet. Ich hoffe aber, dass mit dem, was ich darüber gedacht, gesagt und geschrieben habe, niemand die Kosten einer Spukgeschichte bestreiten wird. (Vgl. Mach, Die Geschichte und die Wurzel des Satzes von der Erhaltung der Arbeit.)

FÜNFTES KAPITEL.

Beziehungen der Mechanik zu andern Wissensgebieten.

1. Beziehungen der Mechanik zur Physik.

1. Rein mechanische Vorgänge gibt es nicht. Wenn Massen gegenseitige Beschleunigungen bestimmen, so scheint dies allerdings ein reiner Bewegungsvorgang zu sein. Allein immer sind mit diesen Bewegungen in Wirklichkeit auch thermische, magnetische und elektrische Aenderungen verbunden, und in dem Maasse, als diese hervortreten, werden die Bewegungsvorgänge modificirt. Umgekehrt können auch thermische, magnetische, elektrische und chemische Umstände Bewegungen bestimmen. Rein mechanische Vorgänge sind also Abstractionen, die absichtlich oder nothgedrungen zum Zwecke der leichtern Uebersicht vorgenommen werden. Dies gilt auch von den übrigen Classen der physikalischen Erscheinungen. Jeder Vorgang gehört genau genommen allen Gebieten der Physik an, welche nur durch eine theils conventionelle, theils physiologische, theils historisch begründete Eintheilung getrennt sind.

2. Die Anschauung, dass die Mechanik als Grundlage aller übrigen Zweige der Physik betrachtet werden müsse, und dass alle physikalischen Vorgänge mechanisch zu erklären seien, halten wir für ein Vorurtheil. Das historisch Aeltere muss nicht immer die Grundlage für das Verständniss des später Gefundenen bleiben. In dem Maasse, als mehr Thatsachen bekannt und geordnet werden, können auch ganz neue leitende Anschauungen platzgreifen. Wir können jetzt noch gar nicht wissen, welche von den physikalischen Erscheinungen am tiefsten gehen, ob nicht die mechanischen gerade die oberflächlichsten sind, ob nicht alle gleich tief gehen. Auch in der Mechanik betrachten wir ja nicht mehr das älteste Gesetz, das Hebelgesetz, als die Grundlage aller übrigen.

Die mechanische Naturansicht erscheint uns als eine

historisch begreifliche, verzeihliche, vielleicht sogar auch vorübergehend nützliche, aber im ganzen doch künstliche Hypothese. Wollen wir der Methode treu bleiben, welche die bedeutendsten Naturforscher, Galilei, Newton, S. Carnot, Faraday, J. R. Mayer, zu ihren grossen Erfolgen geführt hat, so beschränken wir unsere Physik auf den Ausdruck des Thatsächlichen, ohne hinter diesem, wo nichts Fassbares und Prüfbares liegt, Hypothesen aufzubauen. Wir haben dann einfach den wirklichen Zusammenhang der Massenbewegungen, Temperaturänderungen, Aenderungen der Werthe der Potentialfunction, chemischen Aenderungen zu ermitteln, ohne uns unter diesen Elementen anderes zu denken, als mittelbar oder unmittelbar durch Beobachtung gegebene physikalische Merkmale oder Charakteristiken.

In Bezug auf die Wärmevorgänge wurde dieser Gedanke schon anderwärts[1] ausgeführt, in Bezug auf Elektricität daselbst angedeutet. Jede Fluidums- oder Mediumshypothese entfällt in der Elektricitätslehre als unnöthig, wenn man bedenkt, dass mit den Werthen des Potentials V und der Dielektricitätsconstanten alle elektrischen Umstände gegeben sind. Denkt man sich die Differenzen der Werthe von V durch die Kräfte (am Elektrometer) gemessen, und betrachtet nicht die Elektricitätsmenge Q, sondern V als den primären Begriff, als eine messbare physikalische Charakteristik, so ist (für einen einzigen Isolator) die Elektricitätsmenge

$$Q = \frac{-1}{4\pi} \int \left(\frac{d^2 V}{dx^2} + \frac{d^2 V}{dy^2} + \frac{d^2 V}{dz^2} \right) dv,$$

wobei x, y, z die Coordinaten und dv das Volumelement bedeutet, und die Energie

---

[1] Mach, Die Geschichte und die Wurzel des Satzes von der Erhaltung der Arbeit.

$$W = \frac{-1}{8\pi} \int V \left(\frac{d^2 V}{dx^2} + \frac{d^2 V}{dy^2} + \frac{d^2 V}{dz^2} \right) dv.$$

Es erscheinen dann Q und W als abgeleitete Begriffe, in welchen gar keine Fluidums- oder Mediumsvorstellung mehr enthalten ist. Führt man die ganze Physik analog durch, so beschränkt man sich auf den begrifflichen quantitativen Ausdruck des Thatsächlichen. Alle unnöthigen müssigen Vorstellungen und die daran geknüpften vermeintlichen Probleme entfallen.

Die vorstehenden Zeilen, welche 1883 niedergeschrieben wurden, mochten damals bei der grossen Mehrzahl der Physiker noch wenig Anklang finden. Man wird aber bemerken, dass sich die physikalischen Darstellungen seither dem hier bezeichneten Ideale sehr genähert haben. Hertz' „Untersuchungen über die Ausbreitung der elektrischen Kraft" (1892) geben für diese Beschreibung der Vorgänge durch blosse Differentialgleichungen ein gutes Beispiel.

Sehr nützlich zur Beseitigung zufälliger historisch begründeter oder conventioneller Vorstellungen ist es, die Begriffe verschiedener Gebiete miteinander zu vergleichen, für jeden Begriff des einen Gebietes den entsprechenden des andern zu suchen. Man findet so, dass den Geschwindigkeiten der Massenbewegung die Temperaturen und die Potentialfunctionen entsprechen. Ein Werth der Geschwindigkeit, Potentialfunction oder Temperatur ändert sich nie allein. Während aber für die Geschwindigkeiten und Potentialfunctionen, soviel wir bisjetzt sehen, nur die Differenzen in Betracht kommen, liegt die Bedeutung der Temperatur nicht blos in der Differenz gegen andere Temperaturen. Den Massen entsprechen die Wärmecapacitäten, der Wärmemenge das Potential einer elektrischen Ladung, der Entropie die Elektricitätsmenge u. s. w. Die Verfolgung solcher Aehnlichkeiten und Unterschiede führt zu einer vergleichenden Physik, welche schliesslich einen zusammenfassenden Ausdruck sehr grosser Gebiete von Thatsachen, ohne willkürliche Zugaben, gestatten wird. Man wird dann zu einer homogenen Physik auch ohne Zuhülfenahme der künstlichen Atomtheorie gelangen. Vgl. hierzu die Ausführungen in den „Principien der Wärmelehre", S. 396 fg.

Man sieht auch leicht ein, dass durch mechanische Hypothesen eine eigentliche Ersparniss an wissenschaftlichen Gedanken nicht erzielt werden kann. Selbst wenn eine Hypothese vollständig zur Darstellung eines Gebietes von Erscheinungen, z. B. der Wärmeerscheinungen, ausreichen würde, hätten wir nur an die Stelle der thatsächlichen Beziehung zwischen mechanischen und Wärmevorgängen die Hypothese gesetzt. Die Zahl der Grundthatsachen wird durch eine ebenso grosse Zahl von Hypothesen ersetzt, was sicherlich kein Gewinn ist. Hat uns eine Hypothese die Erfassung neuer Thatsachen durch Substitution geläufiger Gedanken nach Möglichkeit erleichtert, so ist hiermit ihre Leistungsfähigkeit erschöpft. Man geräth auf Abwege, wenn man von derselben mehr Aufklärung erwartet als von den Thatsachen selbst.

3. Die Entwickelung der mechanischen Naturansicht wurde durch mehrere Umstände begünstigt. Zunächst ist ein Zusammenhang aller Naturvorgänge mit mechanischen Vorgängen unverkennbar, wodurch das Bestreben nahe gelegt wird, die noch weniger bekannten Vorgänge durch die bekannteren mechanischen zu erklären. Ausserdem wurden im Gebiete der Mechanik zuerst grosse allgemeine Gesetze von weittragender Bedeutung erkannt. Ein derartiges Gesetz ist der Satz der lebendigen Kräfte $\Sigma (U_1 - U_0) = \Sigma \frac{1}{2} m (v_1^2 - v_0^2)$, welcher sagt, dass der Zuwachs der lebendigen Kräfte eines Systems bei dem Uebergang desselben aus einer Lage in die andere dem Zuwachs der Kraftfunction (oder der Arbeit) gleich ist, welcher sich als eine Function der Anfangs- und Endlagen darstellt. Achtet man auf die Arbeit, welche in dem System verrichtet werden kann, und nennt dieselbe mit Helmholtz Spann-

kraft S, so erscheint jede wirklich geleistete Arbeit U als eine Verminderung der anfänglich vorhandenen Spannkraft K, dann ist $S = K - U$, und der Satz der lebendigen Kräfte nimmt die Form an

$$\Sigma S + \frac{1}{2} \Sigma m v^2 = \text{const},$$

d. h. jede Verminderung der Spannkraft wird durch eine Vermehrung der lebendigen Kraft ausgeglichen. In dieser Form nennt man den Satz auch Gesetz der Erhaltung der Energie, indem die Summe der Spannkraft (der potentiellen Energie) und der lebendigen Kraft (der kinetischen Energie) im System constant bleibt. Da nun in der Natur überhaupt für eine geleistete Arbeit nicht nur lebendige Kraft, sondern auch eine Wärmemenge, oder das Potential einer elektrischen Ladung u. s. w. auftreten kann, so sah man hierin den Ausdruck eines mechanischen allen Naturerscheinungen zu Grunde liegenden Vorganges. Es spricht sich aber hierin nichts aus, als ein unveränderlicher quantitativer Zusammenhang zwischen mechanischen und andern Vorgängen.

4. Es wäre ein Irrthum zu glauben, dass ein grosser und weiter Blick in die Naturwissenschaft erst durch die mechanische Naturansicht hineingekommen ist. Derselbe war vielmehr zu allen Zeiten den ersten Forschern eigen und hat schon beim Aufbau der Mechanik mitgewirkt, ist also nicht erst durch diese entstanden. Galilei und Huyghens haben stets mit der Betrachtung des Einzelnen und des grossen Ganzen gewechselt, und sind in dem Bestreben nach einer einfachen und widerspruchslosen Auffassung zu ihren Ergebnissen gelangt. Dass die Geschwindigkeiten einzelner Körper und Systeme an die Falltiefen gebunden sind, erkennen Galilei und Huyghens nur durch die genaueste Untersuchung der Fallbewegung im Einzelnen zugleich mit der Beachtung des Umstandes, dass die Körper von selbst überhaupt nur sinken. Huyghens betont schon bei dieser Gelegenheit die Unmöglichkeit eines mechanischen Perpetuum mo-

bile, er hat also schon den modernen Standpunkt. Er fühlt die Unvereinbarkeit der Vorstellung des Perpetuum mobile mit den ihm geläufigen Vorstellungen der mechanischen Naturvorgänge.

Die Stevin'schen Fictionen, z. B. jene der geschlossenen Kette auf dem Prisma, sind ebenfalls Beispiele eines solchen weiten Blickes. Es ist die an vielen Erfahrungen geschulte Vorstellung, welche an den einzelnen Fall herangebracht wird. Die bewegte geschlossene Kette erscheint Stevin als eine Fallbewegung ohne Fall, als eine ziellose Bewegung, wie eine absichtliche Handlung, die der Absicht nicht entspricht, ein Streben nach einer Aenderung, das jene Aenderung nicht herbeiführt. Wenn die Bewegung im allgemeinen an das Sinken gebunden ist, so ist auch im speciellen Fall an die Bewegung das Sinken gebunden. Es ist das Gefühl der gegenseitigen Abhängigkeit von v und h in der Gleichung $v = \sqrt{2gh}$, welches hier, wenn auch nicht in so bestimmter Form, auftritt. Für Stevin's feines Forschergefühl besteht in der Fiction ein Widerspruch, der weniger tiefen Denkern entgehen kann.

Derselbe, das Einzelne mit dem Ganzen, das Besondere mit dem Allgemeinen vergleichende Blick zeigt sich, nur nicht auf Mechanik beschränkt, in den Arbeiten von S. Carnot. Wenn Carnot findet, dass die von einer höhern Temperatur t auf eine tiefere Temperatur t' für die Arbeitsleistung L abgeflossene Wärmemenge Q nur von den Temperaturen und nicht von der Natur der Körper abhängen kann, so denkt er ganz nach der Methode Galilei's. Ebenso verfährt J. R. Mayer bei Aufstellung seines Satzes der Aequivalenz von Wärme und Arbeit. Die mechanische Naturansicht bleibt ihm hierbei fremd, und er bedarf ihrer gar nicht. Wer die Krücke der mechanischen Naturansicht braucht, um zur Erkenntniss der Aequivalenz von Wärme und Arbeit zu gelangen, hat den Fortschritt, der darin liegt, nur halb begriffen. Stellt man aber auch Mayer's originelle Leistung noch so hoch, so ist es deshalb nicht nöthig, die Verdienste der Fachphysiker Joule, Helmholtz, Clausius, Thomson, welche sehr viel, vielleicht alles, zur Befestigung und Ausbildung der neuen Anschauung im Einzelnen beigetragen haben, zu unterschätzen. Die Annahme einer Entlehnung der Mayer'schen Ideen erscheint uns ebenfalls unnöthig. Wer sie vertritt, hat zudem auch die Verpflichtung, sie zu beweisen. Ein mehrfaches Auftreten derselben Idee ist in der Geschichte nicht neu. Die Discussion von Personalfragen, die nach 30 Jahren schon kein Interesse mehr haben werden, wollen wir hier vermeiden. Auf keinen Fall ist es aber zu loben, wenn Männer, angeblich aus Gerechtigkeit, insultirt werden, die schon hochgeehrt und ruhig leben würden, wenn sie nur ein Drittheil ihrer wirklichen Leistungen aufzuweisen hätten.

5. Wir wollen nun sehen, dass der weite Blick, welcher sich im Satze der Erhaltung der Energie ausspricht, nicht der Mechanik eigenthümlich, sondern dass er an das consequente und umfassende naturwissenschaftliche Denken überhaupt gebunden ist. Unsere Naturwissenschaft besteht in der Nachbildung der Thatsachen in Gedanken oder in dem begrifflichen quantitativen Ausdruck der Thatsachen. Die Nachbildungsanweisungen sind die Naturgesetze. In der Ueberzeugung, dass solche Nachbildungsanweisungen überhaupt möglich sind, liegt das Causalgesetz. Das Causalgesetz spricht die Abhängigkeit der Erscheinungen voneinander aus. Die besondere Betonung des Raumes und der Zeit im Ausdruck des Causalgesetzes ist unnöthig, da alle Raum- und Zeitbeziehungen wieder auf Abhängigkeit der Erscheinungen voneinander hinauslaufen.

Die Naturgesetze sind Gleichungen zwischen den messbaren Elementen $\alpha\ \beta\ \gamma\ \delta \ldots \omega$ der Erscheinungen. Da die Natur veränderlich ist, so sind diese Gleichungen stets in geringerer Anzahl vorhanden als die Elemente.

Verfügen wir über alle Werthe von $\alpha \beta \gamma \delta \ldots$, durch welche z. B. die Werthe von $\lambda\,\mu\,\nu \ldots$ gegeben sind, so können wir die Gruppe $\alpha\,\beta\,\gamma\,\delta \ldots.$ die Ursache, die Gruppe $\lambda\,\mu\,\nu \ldots$ die Wirkung nennen. In diesem Sinne können wir sagen, dass die Wirkung durch die Ursache eindeutig bestimmt sei. Der Satz des zureichenden Grundes, wie ihn z. B. Archimedes bei Entwickelung der Hebelgesetze anwendet, sagt also nichts, als dass die Wirkung durch eine Anzahl Umstände nicht zugleich bestimmt und unbestimmt sein kann.

Stehen zwei Umstände α und λ im Zusammenhang, so entspricht, bei Unveränderlichkeit der übrigen, einer Veränderung von α eine Aenderung von λ, im allgemeinen aber einer Aenderung von λ auch eine Aenderung von α. Dieses Beachten der gegenseitigen Abhängigkeit finden wir bei Stevin, Galilei, Huyghens u. s. w. Derselbe Gedanke hat die Auffindung der Gegenerscheinungen zu bekannten Erscheinungen bewirkt. Der Volumsänderung der Gase durch Temperaturänderung entspricht eine Temperaturänderung durch Volumsänderung, der Seebeck'schen Erscheinung die Peltier'sche u. s. w. Bei derartigen Umkehrungen muss man natürlich mit Rücksicht auf die Form der Abhängigkeit vorsichtig sein. Die Figur 232 macht es deutlich, wie jeder Veränderung von λ eine merkliche Aenderung von α entsprechen kann, aber nicht umgekehrt. Die Beziehungen zwischen den elektromagnetischen und Inductionserscheinungen, die Faraday fand, geben hierfür ein gutes Beispiel.

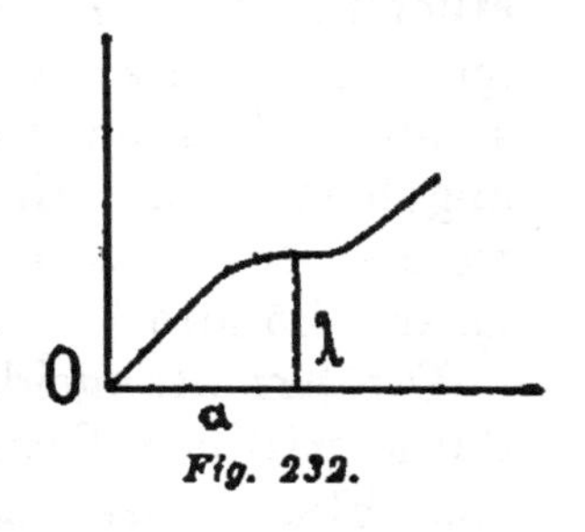

Fig. 232.

Lässt man eine Gruppe von Umständen $\alpha\,\beta\,\gamma\,\delta \ldots.$, durch welche eine andere Gruppe $\lambda\,\mu\,\nu \ldots$ bestimmt ist, von ihren Anfangswerthen zu den Endwerthen $\alpha'\,\beta'\,\gamma'\,\delta' \ldots$ übergehen, so übergeht auch $\lambda\,\mu\,\nu \ldots.$ in $\lambda'\,\mu'\,\nu' \ldots.$ Kehrt die erstere Gruppe zu ihren Anfangswerthen zurück, so geschieht dies auch mit der zweiten Gruppe. Hierin liegt die „Aequivalenz von Ursache und Wirkung“, welche Mayer wiederholt betont.

Wenn die erstere Gruppe nur periodische Aenderungen eingeht, so kann auch die letztere nur periodische und keine fortwährenden bleibenden Aenderungen erfahren. Die so fruchtbaren Denkmethoden von Galilei, Huyghens, S. Carnot, Mayer u. A. lassen sich auf die eine wichtige und einfache Einsicht zurückführen, dass rein periodische Aenderungen einer Gruppe von Umständen auch nur zur Quelle von ebenfalls periodischen und nicht von fortdauernden und bleibenden Aenderungen einer andern Gruppe von Umständen werden können. Die Sätze, „die Wirkung ist der Ursache äquivalent“, „Arbeit kann nicht aus Nichts erzeugt werden“, „ein Perpetuum mobile ist unmöglich“, sind specielle weniger bestimmte und klare Formen dieser Einsicht, welche an sich nichts mit Mechanik allein zu schaffen hat, sondern dem naturwissenschaftlichen Denken überhaupt angehört. Hiermit entfällt jede metaphysische Mystik, welche dem Satze der Erhaltung der Energie noch anhaften könnte.[1]

Die Erhaltungsideen haben wie der Substanzbegriff ihren triftigen Grund in der Oekonomie des Denkens. Eine blosse zusammenhangslose Veränderung ohne festen Anhaltspunkt ist nicht fassbar und nachbildbar. Man fragt also, welche Vorstellung kann bei der Veränderung als bleibend festgehalten werden, welches Gesetz besteht, welche Gleichung bleibt erfüllt, welche Werthe bleiben constant? Wenn man sagt, bei allen Brechungen bleibt der Exponent constant, bei allen Bewegungen schwerer Körper bleibt $g = 9 \cdot 810^{m}$, in jedem abgeschlossenen System bleibt die Energie constant, so haben alle diese Sätze dieselbe ökonomische Function, die Nachbildung der Thatsachen in Gedanken zu erleichtern.

---

[1] Auch entfallen die monströsen Anwendungen des Satzes auf das ganze Weltall, wenn man bedenkt, dass jeder naturwissenschaftliche Satz ein Abstractum ist, welches die Wiederholung gleichartiger Fälle zur Voraussetzung hat.

Man vergleiche zu diesen 1883 niedergeschriebenen Zeilen die Ausführungen von Petzoldt über das Streben nach Stabilität im intellectuellen Leben („Maxima, Minima und Oekonomie. Vierteljahrsschr. f. w. Philosophie", 1891).

6. In Bezug auf das Energieprincip möchte ich hier noch hinzufügen, was ich über die seit 1883 erschienenen, diesen Gegenstand behandelnden Schriften von J. Popper („Die physikalischen Grundsätze der elektrischen Kraftübertragung", Wien 1883), G. Helm („Die Lehre von der Energie", Leipzig 1887), M. Planck („Das Princip der Erhaltung der Energie", Leipzig 1887), F. A. Müller („Das Problem der Continuität in der Mathematik und Mechanik", Marburg 1886) zu sagen habe. In der Tendenz stimmen die voneinander unabhängigen Arbeiten von Popper und Helm sowol untereinander als auch mit meinen Untersuchungen so überein, dass ich nur wenig mir in gleichem Grade Sympathisches gelesen habe, ohne dass deshalb die individuellen Unterschiede aufgehoben wären. Beide Verfasser treffen namentlich in dem Versuch einer allgemeinen Energetik zusammen, und einen Ansatz zu einer solchen findet man auch in einer Anmerkung meiner Schrift „Ueber die Erhaltung der Arbeit", S. 54. Seither ist die „allgemeine Energetik" durch Helm, Ostwald u. A. ausführlich behandelt worden.

Ich habe schon 1872 („Erhaltung der Arbeit", S. 42 fg.) dargelegt, dass die Ueberzeugung von dem Princip des ausgeschlossenen Perpetuum mobile sich auf die allgemeinere Ueberzeugung von der eindeutigen Bestimmtheit einer Gruppe (mechanischer) Elemente $\alpha \beta \gamma \ldots$ durch eine Gruppe anderer Elemente $x y z \ldots$ gründet. Die nur der Form nach etwas verschiedenen Aufstellungen Planck's, S. 99, 138, 139, stimmen hiermit wesentlich überein. Uebrigens habe ich wiederholt dargelegt, dass alle Formen des Causalgesetzes subjectiven Trieben entspringen, welchen zu entsprechen eine Nothwendigkeit für die Natur nicht besteht, worin meine Auffassung jener von Popper und Helm verwandt ist.

Auf die „metaphysischen“ Gesichtspunkte, durch welche Mayer geleitet war, kommt Planck, S. 21 fg., 135, Helm S. 25 fg. zu sprechen und beide erkennen an, Planck S. 26 fg., Helm S. 28, dass auch Joule durch analoge, wenn auch unausgesprochene, Gedanken geleitet sein musste, welcher Ansicht ich vollkommen zustimme.

Ueber die sogenannten „metaphysischen“ Gesichtspunkte Mayer's, welche nach Helmholtz' Worten von den Anhängern der metaphysischen Speculation als das Höchste gepriesen werden, während sie Helmholtz als die schwächste Seite der Auseinandersetzung erscheinen, habe ich Folgendes zu bemerken. Mit Sätzen wie: „aus Nichts wird Nichts“, „die Wirkung ist der Ursache gleich“ u. s. w. wird man einem Andern nichts beweisen. Wie wenig solche auch bis vor kurzem in der Wissenschaft anerkannte leere Sätze zu leisten vermögen, habe ich (in „Erhaltung der Arbeit“) durch Beispiele erläutert. Deshalb aber erscheinen mir diese Sätze bei Mayer doch noch nicht als Schwächen. Sie sind im Gegentheil bei ihm der Ausdruck eines gewaltigen instinctiven, noch unbefriedigten und ungeklärten Bedürfnisses (das ich nicht gerade metaphysisch nennen möchte) nach einer substantiellen Auffassung dessen, was wir heute Energie nennen. Dass Mayer auch die begriffliche Kraft nicht fehlte, seinem Drang zur Klarheit zu verhelfen, wissen wir heute. Mayer verhielt sich hierin gar nicht wesentlich anders als Galilei, Black, Faraday und andere grosse Forscher, wenngleich manche vielleicht schweigsamer und vorsichtiger waren.

Auf diesen Punkt habe ich schon („Beiträge zur Analyse der Empfindungen“, S. 161 fg.) hingewiesen. Abgesehen davon, dass ich den Kant'schen Standpunkt nicht theile, ja einen metaphysischen Standpunkt überhaupt nicht einnehme, auch nicht den Berkeley'schen, wie flüchtige Leser meiner letzterwähnten Schrift angenommen haben, stimme ich darin mit F. A. Müller (S. 104 fg.) überein. Ausführliche Erörterungen über das Energieprincip finden sich in meinen „Principien der Wärmelehre“.

2. Beziehungen der Mechanik zur Physiologie.

1. Alle Wissenschaft geht ursprünglich aus dem Bedürfniss des Lebens hervor. Mag sich dieselbe durch den besondern Beruf, die einseitige Neigung und Fähigkeit ihrer Pfleger in noch so feine Zweige theilen, seine volle frische Lebenskraft kann jeder Zweig nur im Zusammenhange mit dem Ganzen erhalten. Nur durch diese Verbindung kann er seinem eigentlichen Ziele erfolgreich zustreben, und vor monströsen einseitigen Entwickelungen bewahrt bleiben.

Die Theilung der Arbeit, die Beschränkung eines Forschers auf ein kleines Gebiet, die Erforschung dieses Gebietes als Lebensaufgabe, ist die nothwendige Bedingung einer ausgiebigen Entwickelung der Wissenschaft. Mit dieser Einseitigkeit und Beschränkung können erst die besondern intellectuellen ökonomischen Mittel zur Bewältigung dieses Gebietes die nöthige Ausbildung erlangen. Zugleich liegt aber hierin die Gefahr, diese Mittel, mit welchen man immer beschäftigt ist, zu überschätzen, ja dieselben, die doch nur Handwerkszeug sind, für das eigentliche Ziel der Wissenschaft zu halten.

2. Durch die unverhältnissmässig grössere formelle Entwickelung der Physik, gegenüber den übrigen Naturwissenschaften, ist nun ein derartiger Zustand unseres Erachtens wirklich geschaffen worden. Den Denkmitteln der Physik, den Begriffen Masse, Kraft, Atom, welche keine andere Aufgabe haben, als ökonomisch geordnete Erfahrungen wach zu rufen, wird von den meisten Naturforschern eine Realität ausserhalb des Denkens zugeschrieben. Ja man meint, dass diese Kräfte und Massen das eigentlich zu Erforschende seien, und wenn diese einmal bekannt wären, dann würde alles aus dem Gleichgewicht und der Bewegung dieser Massen sich von selbst ergeben. Wenn jemand die Welt nur durch das Theater kennen würde, und nun hinter die mechanischen Einrichtungen der Bühne

käme, so könnte er wol auch meinen, dass die wirkliche Welt eines Schnürbodens bedürfe, und dass alles gewonnen wäre, wenn nur dieser einmal erforscht wäre. So dürfen wir auch die intellectuellen Hülfsmittel, die wir zur Aufführung der Welt auf der Gedankenbühne gebrauchen, nicht für Grundlagen der wirklichen Welt halten.

3. In der richtigen Erkenntniss der Unterordnung des Specialwissens unter das Gesammtwissen liegt eine besondere Philosophie, die von jedem Specialforscher gefordert werden kann. Ihr Mangel äussert sich durch das Auftreten vermeintlicher Probleme, in deren Aufstellung schon, einerlei ob man sie als lösbar betrachtet oder nicht, eine Verkehrtheit liegt. Ein solches Ueberschätzen der Physik gegenüber der Physiologie, ein Verkennen des wahren Verhältnisses, spricht sich in der Frage aus, ob es möglich sei, die Empfindungen durch Bewegung der Atome zu erklären?

Forschen wir nach den Umständen, die zu einer so sonderbaren Frage drängen können. Zunächst bemerken wir, dass allen Erfahrungen über räumliche und zeitliche Verhältnisse ein grösseres Vertrauen entgegengebracht wird, dass man ihnen einen objectiveren, realeren Charakter zuschreibt, als Erfahrungen über Farben, Töne, Wärmen u. s. w. Doch kann man bei genauerer Untersuchung sich nicht darüber täuschen, dass Raum- und Zeitempfindungen ebenso Empfindungen sind wie Farben-, Ton-, Geruchsempfindungen, nur dass wir in Uebersicht der erstern viel geübter und klarer sind als in Bezug auf letztere. Raum und Zeit sind wohlgeordnete Systeme von Empfindungsreihen. Die Grössen in den Gleichungen der Mechanik sind nichts als Ordnungszeichen der in der Vorstellung herauszuhebenden Glieder dieser Reihen. Die Gleichungen drücken die Abhängigkeit dieser Ordnungszeichen voneinander aus.

Ein Körper ist eine verhältnissmässig beständige Summe von Tast- und Lichtempfindungen, die an dieselben Raum- und Zeitempfindungen geknüpft ist. Mechanische Sätze, wie z. B. jener der Gegenbeschleunigung zweier Massen, geben unmittelbar oder mittelbar den Zusammenhang von Tast-, Licht-, Raum- und Zeitempfindungen. Sie erhalten nur (durch den oft complicirten) Empfindungsinhalt einen verständlichen Sinn.

Es hiesse also wol das Einfachere und näher Liegende durch das Complicirtere und ferner Liegende erklären, wollte man aus Massenbewegungen die Empfindungen ableiten, abgesehen davon, dass die mechanischen Begriffe ökonomische Mittel sind, welche zur Darstellung mechanischer und nicht physiologischer oder psychologischer Thatsachen entwickelt wurden. Bei richtiger Unterscheidung der Mittel und Ziele der Forschung, bei Beschränkung auf die Darstellung des Thatsächlichen, können solche falsche Probleme gar nicht auftreten.

4. Alles Naturwissen kann nur Complexe von jenen Elementen nachbilden und vorbilden, die wir gewöhnlich Empfindungen nennen. Es handelt sich um den Zusammenhang dieser Elemente. Ein solches Element wie die Wärme eines Körpers *A* hängt nicht nur mit andern Elementen zusammen, deren Inbegriff wir z. B. als eine Flamme *B* bezeichnen, sondern es hängt auch mit der Gesammtheit der Elemente unsers Körpers, z. B. eines Nerven *N* zusammen. Als Object und Element unterscheidet sich *N* nicht wesentlich, sondern nur conventionell von *A* und *B*. Der Zusammenhang von *A* und *B* gehört der Physik, jener von *A* und *N* der Physiologie an. Keiner ist allein vorhanden, beide sind zugleich da. Nur zeitweilig können wir von dem einen oder andern absehen. Selbst die scheinbar rein mechanischen Vorgänge sind also stets auch physiologische, als solche auch elektrische, chemische u. s. w. Die Mechanik fasst nicht die Grundlage, auch nicht einen Theil der Welt, sondern eine Seite derselben.

ANHANG.

Belegstellen aus Galilei's Schriften.

Dialogo sopra i due massimi sistemi del mondo. Dialogo secondo.

„Sagr. Ma quando l' artiglieria si piantasse non a perpendicolo, ma inclinata verso qualche parte, qual dovrebbe esser' il moto della palla? andrebbe ella forse, come nel l' altro tiro, per la linea perpendicolare, e ritornando anco poi per l' istessa?"

„Simpl. Questo non farebbe ella, ma uscita del pezzo seguiterebbe il suo moto per la linea retta, che continua la dirittura della canna, se non in quanto il proprio peso la farebbe declinar da tal dirittura verso terra."

„Sagr. Talche la dirittura della canna è la regolatrice del moto della palla: nè fuori di tal linea si muove, o muoverebbe, se 'l peso proprio non la facesse declinare in giù...."

Discorsi e dimostrazioni matematiche. Dialogo terzo.

„Attendere insuper licet, quod volocitatis gradus, quicunque in mobili repariatur, est in illo snapte natura indelebiliter impressus, dum externae causae accelerationis, aut retardationis tollantur, quod in solo horizontali plano contingit: nam in planis declivibus adest jam causa accelerationis majoris, in acclivibus vero retardationis. Ex quo pariter sequitur, motum in horizontali esse quoque aeternum: si enim est aequabilis, non debiliatur, aut remittitur, et multo minus tollitur."

Wenn auch Galilei nur allmählich zur Kenntniss des Trägheitsgesetzes gelangte, wenn sich ihm dasselbe auch nur als ein gelegentlicher Fund darbot, die angeführten, der Paduaner Ausgabe von 1744 entnommenen Stellen lassen die Beschränkung dieses Gesetzes auf die horizontale Bewegung als eine in dem behandelten Stoff begründete erscheinen, und die Annahme, dass Galilei gegen das Ende seiner wissenschaftlichen Laufbahn die volle Kenntniss des Gesetzes gefehlt habe, wird sich kaum aufrechthalten lassen.

Chronologische Uebersicht einiger hervorragender Forscher und ihrer für die Grundlegung der Mechanik wichtigern Schriften.

Archimedes (287—212 v. Chr.). Deutsche Ausgabe seiner Werke von Ernst Nizze (Stralsund 1824).

Leonardo da Vinci (1452—1519). Seine Manuscripte benutzt von H. Grothe in dessen Schrift: Leonardo da Vinci als Ingenieur und Philosoph (Berlin 1874).

Guido Ubaldi (o) *e* Marchionibus Montis (1545—1607). Mechanicorum liber (Pesaro 1577).

S. Stevinus (1548—1620). Beghinselen der Weegkonst (Leiden 1585); Hyponmemata mathematica (Leiden 1608).

Galilei (1564—1642). Discorsi e dimostracioni matematiche. (Leiden 1638). Viele Gesammtausgaben der Galilei'schen Werke.

Kepler (1571—1630). Astronomia nova (Heidelberg 1609); Harmonices mundi (Linz 1615); Stereometria doliorum (Linz 1615). Gesammtausgabe von Frisch (Frankfurt 1858).

Marcus Marci (1595—1667). De proportione motus (Prag 1639).

Descartes (1596—1650). Principia philosophiae (Amsterdam 1644).

Roberval (1602—1675). Sur la composition des mouvements. Anc. Mém. de l'Acad. de Paris, T. VI.

Guericke (1602—1686). Experimenta Magdeburgica (Amsterdam 1672).

Fermat (1608—1665). Varia Opera (Paris 1679).

Torricelli (1608—1647). Opera geometrica (Florenz 1644).

Wallis (1616—1703). Mechanica sive de motu (London 1670).

Mariotte (1620—1684). Oeuvres (Leiden 1717).

Pascal (1623—1662). Récit de la grande expérience de l'équilibre des liqueurs (Paris 1648); Traité de l'équilibre des liqueurs et de la pesanteur de la masse de l'air. (Paris 1662).

Boyle (1627—1691). Experimenta physico mechanica (London 1660).

Huyghens (1629—1695). The laws of motion on the collision of bodies. Philos. Trans. 1669; Horologium oscillatorium (Paris 1673); Opuscula posthuma (Leiden 1703).

Wren (1632—1723). The law in the collision of bodies. Philos. Trans. 1669.

Lami (1640—1715). Nouvelle manière de démontrer les

principaux théorèmes des élémens des méchaniques (Paris 1687).

Newton (1642—1726). Philosophiae naturalis principia mathematica (London 1686).

Leibnitz (1646—1716). Acta eruditorum 1686, 1695; Leibnitzii et Joh. Bernoullii comercium epistolicum (Lausanne u. Genf 1745).

Jakob Bernoulli (1654—1705). Opera omnia (Genf 1744).

Varignon (1654—1722). Projet d'une nouvelle mécanique (Paris 1687).

Johann Bernoulli (1667—1748). Acta erudit. 1693; Opera omnia (Lausanne 1742).

Maupertuis (1698—1759). Mém. de l'Acad. de Paris 1740; Mém. de l'Acad. de Berlin 1745, 1747; Oeuvres (Paris 1752).

Maclaurin (1698—1746). A complete system of fluxions (Edinburgh 1742).

Daniel Bernoulli (1700—1782). Comment. Acad. Petrop., T. I. Hydrodynamica (Strassburg 1738).

Euler (1707—1783). Mechanica sive motus scientia (Petersburg 1736); Methodus inveniendi lineas curvas (Lausanne 1741). Viele Abhandlungen in den Schriften der berliner und petersburger Akademie.

Clairault (1713—1765). Théorie de la figure de la terre (Paris 1743).

D'Alembert (1717—1783). Traité de dynamique (Paris 1743).

Lagrange (1736—1813). Essai d'une nouvelle méthode pour déterminer les maxima et minima. Misc. Taurin. 1762; Mécanique analytique (Paris 1788).

Laplace (1749—1827). Mécanique céleste (Paris 1799).

Fourier (1768—1830). Théorie analytique de la chaleur (Paris 1822).

Gauss (1777—1855). De figura fluidorum in statu aequilibrii. Comment. societ. Gotting 1828; Neues Princip der Mechanik (Crelle's Journal, IV, 1829); Intensitas vis magneticae terrestris ad mensuram absolutam revocata (1833) Gesammtausgabe (Göttingen 1863).

Poinsot (1777—1859). Éléments de statique (Paris 1804).

Poncelet (1788—1867). Cours de mécanique (Metz 1826).

Belanger (1790—1874). Cours de mécanique (Paris 1847).

Möbius (1790—1867). Statik (Leipzig 1837).

Coriolis (1792—1843). Traité de mécanique (Paris 1829).

C. G. J. Jacobi (1804—1851). Vorlesungen über Dynamik, herausgegeben von Clebsch (Berlin 1866.)

R. Hamilton (1805—1865). Lectures on Quaternions 1853— Abhandlungen.

Grassmann (1809—1877). Ausdehnungslehre (Leipzig 1844).

H. Hertz, Principien der Mechanik (Leipzig 1894).

REGISTER.

Absolute Maasse
Absoluter Raum
Absolute Zeit
Aegyptische Denkmäler
Aehnlichkeit, phoronomische
Analytische Mechanik
Anfänge der Wissenschaft
Animistische Gesichtspunkte in der Mechanik
Anpassung der Gedanken
Antrieb
Anziehung
Aporieen
Arbeit
— der Compression
Archimedes
Aristoteles
Assyrische Denkmäler
Atomtheorie
Atwood 141.
Ausfluss der Flüssigkeiten
Austausch der Geschwindigkeit

Babbage
Babo, von
Balliani
Ballistisches Pendel
Belanger
Benedetti
Bernoulli, Dan. 39.
— Jak.
— Joh.
Beschleunigung
Bewegung, gleichförmig beschleunigte
— auf der schiefen Ebene
— Zusammensetzung der 193.
Black
Blase
Bodendruck
Boyle
Brachystochrone
Budde

Canton
Carnot
Carnot'sche Formel
Cauchy
Causalgesetz
Causalität
Cavendish
Centralkräfte
Centrifugalkraft
Clairault
Clausius
Commandinus
Componente
Compressibilität
Continuität, Princip der
Courtivron 70.
Curtius Rufus
Cycloïde

D'Alembert
Darwin
Descartes
Dimension
Druck der Flüssigkeit
— fallender Körper

Ebene, schiefe
Eindeutige Bestimmtheit
Einheiten
Elasticität
Electricität
Elementargesetze
Energie
Erde, Gestalt der
Erhaltung des Schwerpunktes
— der Flächen
— der Energie
— der Quantität der Bewegung
Erkenntniss, instinktive
Erklärung 5.
Euler
Evolute

Fadengleichgewicht
Fallapparate
Fallgesetz
Falltiefe des Schwerpunktes
Faraday
Fermat
Fingirte Bewegung

*F*lächen, Erhaltung der
Flüssigkeit, Eigenschaften der
— Bewegung der
— Gleichgewicht der
— Reibung der
— schwerlose
— Schwingung der
*F*lut
Formelle Entwickelung der Mechanik
Friedländer, P. und J.

Galilei

Gauss
Gedankenexperiment 29.
Gegenerscheinung 493.
Gegenwirkung
Geradeste Bahn
Geschwindigkeit
Gestalt der Erde
Gilbert
Gleichgewicht, Arten des
Gleichgewichtsfiguren
Grassmann
Gravitation
Grundgleichungen der Mechanik

Grund, zureichender
Guericke

Hamilton
Hebel
— materieller
— potentieller
Helm
Helmholtz
Heron
Herrmann
Hertz 253.
Hipp
Homogen
Hooke
Horror vacui
Huyghens
Hydrodynamik
Hydrodynamischer Druck
Hydrostatik
Hypothese

Jacobi
Jellett
Instinktive Erkenntniss
Integralgesetze 253.
Johannesson
Joule
Isolation
Isoperimeterprobleme
— allgemeinere 426.
— Classificirung der

Kegelpendel
Kepler
Kettenlinie
Kleinste Wirkung 358.
Kleinster Zwang
Kopernikus
Kräfte, Zusammensetzung
Kraftbegriff, allgemeiner
Kraft, lebendige
— todte
— Antrieb der
Kraftfunction
Kraftlinien
Kraftmaass
Krümmungskreis
Krümmungslinie
Ktesibius

Laborde
Lagrange
Lami
Lange
Laplace 455.
Lasswitz
Leibnitz
Lichtbewegung
Lippich
Luftpumpe

Maasse, absolute
— terrestrische
MacGregor
Maclaurin
Marci, Marcus
Mariotte
Maschinen
Masse
Mathematik
Maupertuis
Mayer, J. R.
Mechanische Naturansicht
Mersenne
Minimum der Oberfläche
Mittelpunkt des Stosses
Möbius
Moment, statisches
Montgolfier
Morin
Müller, F. A.
Mystik der Wissenschaft
Mystische Gesichtspunkte in der Mechanik

Napier
Neumann, C.
Newton
Niveauflächen

Oberfläche, Minimum der
Oberflächengefäss
Oberflächenspannung
Oekonomie der Wissenschaft
Oerstedt
Ort, absoluter
Ostwald

Pappus
Parabel
Parallelismus der Schichten
Pascal
Pearson
Pendel
— zusammengesetztes
— ballistisches 322.
Perier
Petzoldt
Phoronomische Aehnlichkeit
— Verwandtschaft
Physiologie
Planck
Plateau
Poggendorff's Fallmaschine
Poinsot
Poisson
Poncelet
Popper
Porta
Poselger
Potential 393.

Quantität der Bewegung
— der Materie
Quecksilberluftpumpe

Raum, absoluter
— mehrdimensionaler
Reactionsrad
— Umkehrung seiner Bewegung
Reihung der Flüssigkeiten
Resultirende
Richer 154.
Riemann
Roberval
Robins
Rollen
Rollenzüge
Rosenberger

Saugen
Scheffler
Schwerlose Flüssigkeiten
Schwerpunkt
— Satz der Erhaltung des
— Steighöhe
Schwingung
— der Flüssigkeiten
Schwingungsmittelpunkt
Sectorengesetz
Segner
Seilmaschine
Seitendruck
Stevin
Stoss
Stossheber
Stossmaschine
Stossmoment
Stossversuch Galilei's
Streintz
Superposition
Symmetrieprincip

Tangentenmethode
Taylor
Terrestrische Maasse
Theologische Ideen
Theorie
Thomson, W.
Todte Kraft
Torricelli
Trägheit
— allgemeiner Ausdruck
Trägheitsmoment
Tylor

Ubaldi
Unabhängigkeit der Kräfte voneinander
Unbestimmtheit der Newton'schen Aufstellungen
Ursache und Wirkung

Variationsrechnung
Varignon
Venturi
Vergleichende Physik
Verwandtschaft, phoronomische
Vicaire
Vinci, Leonardo da
Virtuelle Verschiebung
Vitruv
Viviani
Volkmann, P.
Voltaire

Wallis
Wasser, Compressibilität
Wasserstoff
Wellrad
Weston
Wheatstone
Wirkung, kleinste
Wirkungsfähigkeit
Wohlwill
Wren
Wurf

Zählen
Zeit, absolute
Zeitmessung Galilei's
Zureichender Grund
Zusammensetzung der Bewegung
— der Kräfte
Zwang, kleinster

Druck von F. A. Brockhaus in Leipzig.

WS - #0031 - 031221 - C0 - 229/152/28 - PB - 9781332364275 - Gloss Lamination